“十四五”时期国家重点出版物出版专项规划项目

食品科学前沿研究丛书

食品生物成味

王彦波 孙宝国 等 编著

科学出版社

北京

内 容 简 介

本书阐述了食品生物成味的基础理论、实践应用与发展趋势，从化学、生物、心理及生理等多角度系统解析了食品生物成味的理论与实践，并针对各类典型食品详细论述了生物成味的研究现状与趋势，丰富并创新了食品风味科学的理论，旨在顺应人民群众食物结构和需求的变化趋势，积极践行大食物观，加快提升食品风味与健康的科技创新能力，为消费者提供兼具风味与健康双导向的食品。

本书可供食品科学与工程类领域教学、科研人员和工程技术人员参考。

图书在版编目（CIP）数据

食品生物成味 / 王彦波，孙宝国等编著. -- 北京 ：科学出版社，2024.9. -- (食品科学前沿研究丛书). -- ISBN 978-7-03-079242-6

Ⅰ. TS201.2

中国国家版本馆 CIP 数据核字第 2024B6U000 号

责任编辑：贾　超　韩书云/责任校对：杜子昂

责任印制：赵　博/封面设计：东方人华

科 学 出 版 社 出版

北京东黄城根北街 16 号

邮政编码：100717

http://www.sciencep.com

北京富资园科技发展有限公司印刷

科学出版社发行　各地新华书店经销

*

2024 年 9 月第　一　版　　开本：720×1000　1/16

2025 年 1 月第二次印刷　　印张：30 1/2

字数：610 000

定价：160.00 元

（如有印装质量问题，我社负责调换）

本书编委会

主　编： 王彦波　孙宝国

副主编： 曾　黉　李文璐

编　委（排名不分先后）**：**

王　蓓（北京工商大学）

李　健（北京工商大学）

孙啸涛（北京工商大学）

刘　野（北京工商大学）

张玉玉（北京工商大学）

许朵霞（北京工商大学）

谭　晨（北京工商大学）

刘红芝（北京工商大学）

孔春丽（北京工商大学）

赵国萍（北京工商大学）

毕　爽（北京工商大学）

董　蔚（北京工商大学）

蒲丹丹（北京工商大学）

朱绪春（北京工商大学）

李鑫昕（北京工商大学）

倪皓洁（北京工商大学）

毛相朝（中国海洋大学）

周绪霞（浙江工业大学）

何文佳（浙江工业大学）

周　琦（中国农业科学院油料作物研究所）

刘　源（上海交通大学/宁夏大学）

郭学骞（上海交通大学）

李　欢（浙江工商大学）

岑丛楠（浙江工商大学）

田洪磊（陕西师范大学）

詹　萍（陕西师范大学）

何婉莺（陕西师范大学）

王　鹏（陕西师范大学）

裘思哲（牛津大学）

序言

风味是食物的一种属性，也是人的一种受体机制和感觉现象。食品风味不仅是人们选择和评价食品的标准，对一个国家的饮食文化和消费者的生活质量也具有重要的影响，因此食品风味一直是全球食品科学与技术研究领域的重要组成部分。近年来，人们对美好生活的需求不断提升，不同学科领域技术快速发展，食品风味研究的切入点和着力点也由对风味的理解、掌控转变为改造和创造，从而正成为当下食品科技研究的热点和未来食品发展的重要趋势。大量的研究表明，通过生物媒介（如微生物、细胞、酶等）生成食品风味的现象，即食品生物成味，成为食品风味的重要组成部分，持续深入研究和普及食品生物成味的现代理论与实践技术具有重要的现实意义。

北京工商大学孙宝国院士团队等在长期研究工作的基础上，结合国内外食品生物成味相关研究最新进展，以典型食品贮藏和加工过程中通过发酵、生物催化或生物转化等方式形成食物风味的全过程为对象，认真撰写了著作《食品生物成味》。该书首先综述了食品生物成味的研究范畴和行业发展意义，然后分别从化学、微生物、酶学等维度介绍了食品生物成味过程中风味物质合成的理论基础，从心理、生理等维度介绍了风味感知的主要规律。在此基础上，进一步总结了食品风味感知和风味物质分析技术，解析了食品生物成味的分子调控机制。为使读者能更深入地理解并在工作中应用该书所述内容，该书还重点剖析了乳制品、豆制品、油脂、酿酒、调味品、水产品、食用菌、畜禽肉、果蔬食品、粮谷食品等十大典型食品体系中生物成味的实践案例和相应的风味调控技术。此外，结合科技发展对包括食品风味在内的饮食方式的全方位影响，该书前瞻性地讨论和展望了人工智能、未来食品和系统生物学等三大前沿科技领域下的食品生物成味的发展趋势，以及其不断满足人们对美好生活新期待的可能途径。

当下食品风味备受关注，该书的出版具有很重要的意义。书中对食品生物成味现有理论和技术的系统总结与归纳，对该领域国际前沿研究和趋势展望的深度剖析与挖掘，可供食品风味科技领域的相关从业人员参考。因此，相信该书能对风味健康双导向的未来食品产业可持续发展及新时代背景下科技创新体系创建起到积极的推动作用。

是为序。

陈坚

中国工程院院士、江南大学教授

2024 年 4 月 8 日

目录

第一篇　绪　　论

第二篇　理　论　篇

第三篇　实　践　篇

第四篇　展　望　篇

第一篇

绪　论

第 1 章

食品风味与生物成味

1.1 食品风味概述与现状

1.1.1 食品风味概述

食品风味与人类生活息息相关，是影响感官品质的关键因素。除了满足生存需求，食品还应该使人类获得感官的享受与心理的愉悦，食品风味在很大程度上决定食品是否能够引起人的食欲。食品风味还可用来判断食品的分类、地理来源、成熟度、腐败度和感官质量等方面的信息，进而把控食品生产加工过程中的重要参数。随着生活水平的提高及消费观念的改变，消费者对优化风味的需求大幅提升，对令感官愉悦的风味创新产品的期望也与日俱增，食品风味已然成为推动食品工业高质量发展的重要动力之一。

食品风味是一个综合而广义的概念，是指人体在摄入食品的过程中，各种风味物质与相应味觉受体结合产生的综合感觉。其主要包括鼻腔中的嗅觉和口腔中的味觉感知，此外也包括食品中某些物质作用在口腔乃至皮肤上产生的痛觉、触觉和对温度的感觉，这些感觉主要由三叉神经感知。

食品风味主要包括气味和滋味。食物的气味是一种感官特征，主要通过鼻腔嗅部的嗅细胞与后鼻腔受体对挥发性气味化合物进行感知。例如，由短链有机物、芳香族化合物、杂环化合物等产生的花香味、果香味、清香味、焦香味、腥味等气味属性，这些属性之间再通过促进或抑制等相互作用，最终赋予食品独特的气味。滋味同样也是食品的基本感知特征，主要由分布在舌头、软腭、会厌、咽喉后壁等部位的不同味觉受体感知，包括甜味、咸味、酸味、苦味和鲜味，它们主要由糖类、无机盐、有机酸等滋味物质引起。例如，蔗糖会带来甜味，氯化钠会提供咸味，柠檬酸会呈现酸味，谷氨酸则会产生鲜味。分布在鼻腔和口腔的黏膜及舌头表面的三叉神经对痛、热等刺激具有高度敏感性，可以感知微弱的刺激，如辣感、麻感、冰凉感等，因此在很多食品的风味感知中也扮演着重要角色。

在品尝食品的过程中，风味的感知分为三个阶段：首先，挥发性风味物质传递到鼻内受体产生嗅觉，这一阶段称为鼻效应；其次，食品被摄入口腔，滋味相关信息传递到口腔，气味信息沿着鼻后通路传递，这一阶段称为嗅觉-味觉共存；最后，吞咽时风味物质的回味信息传递到鼻后受体，这一阶段称为后鼻效应。嗅觉是挥发性成分与鼻腔中嗅觉受体相互作用的结果，比味觉更复杂、更灵敏，具有易疲劳、个体差异大、受身体生理因素影响等特点。尤其在后鼻效应阶段，食物经口腔咀嚼后释放出的挥发性物质并不能都以最初释放的比例通过呼吸道到达鼻后嗅上皮，它们在经过呼吸道运输的途中被再次吸附和稀释，导致嗅觉衰减。味觉由滋味物质刺激口腔内的味觉受体，经神经系统将信息传导至大脑的味觉中枢而产生，其特点是感受速度快。味蕾是口腔内主要的味觉受体，通常由20～250个味细胞组成，味细胞与神经纤维相连，集成神经束通向大脑；不同味感物质的受体组成与结构不同，甜味物质的受体是蛋白质，苦味和咸味物质的受体是脂质。此外，风味物质的分子体积、油水分配系数及在口腔上皮的渗透性也会影响风味的感知。

风味物质赋予食物独特的味道和香气，直接影响着消费者对食物的满意度。食品风味的感知过程由多种因素影响，感知程度取决于食品中存在的风味物质的成分与含量、风味物质对感官的作用性质，以及这些物质的释放速率与起作用的时间长短。风味物质的种类对于食物的风味特征起着决定性的作用。例如，水果中的酯类和挥发性醇类物质赋予其丰富的水果香气，水产品中的氨基酸和肽赋予其独特的鲜味。风味物质的含量对于食物的口感和风味平衡至关重要，过高或过低的风味物质含量都可能导致食物的味道失衡，适当的风味物质含量可以增强食物的风味特点，提升口感的丰富度和平衡度。例如，在咖啡中，适度的苦味物质含量可以增加咖啡的深度和复杂性，但过高的含量可能使咖啡过于苦涩。风味物质的释放速率对于食物的味觉体验和持久性有着重要影响，风味物质的迅速释放能给予食物瞬间的味觉冲击，而缓慢释放的风味物质则能使风味持久延续。此外，食品中的风味物质在加工、运输、储存等食用前步骤中容易发生蒸发、降解甚至副反应，影响最终的食用体验，因此需要合理控制风味在食用前的释放。食品风味前期的释放程度主要取决于食品的种类和风味物质的理化性质。一般来说，食品风味的释放程度随着食品基质中脂质水平的增加而减少，盐会增加芳香化合物的挥发性，明胶凝胶会使食品风味的释放大幅增加，而淀粉和果胶凝胶则会使风味的释放减少。通过合理的手段对风味物质进行控释，则可以减少运输储存过程中的风味与营养流失，提升食品的风味与品质，对食品的整体物理封装与对关键成分的纳米封装是当前控释的主要方法。

1.1.2 食品风味现状

风味是食品的重要属性，对食品风味的研究主要分为了解风味、调控风味和预测风味三个阶段：①了解风味，主要包括对风味成分的分析及风味形成过程与机制的研究；②调控风味，包括对愉悦风味的加强，对不良风味的抑制，以及健康需求下“减盐”“降糖”的实施等；③预测风味，包括基于系统生物学、大数据、机器学习等人工智能手段对风味物质的生成过程及成味特性的预测。

风味分析是食品风味研究的基础，在食品分类、掺假鉴定、成熟度检测、生产线监测中都扮演着重要角色。除了基于色谱和质谱的常规定性与定量分析，电子鼻、电子舌等非破坏性手段也受到大家的广泛关注。电子鼻和电子舌是模拟人类的嗅觉和味觉感官系统制成的传感设备，可通过部分特异性的电子化学传感器阵列识别气味和滋味，有望替代人体感官评价。此外，在组学技术和大数据加持下，在宏观层面构建的风味指纹图谱也为食品品质的鉴定提供了便利。随着风味数据库的完善和多仪器、多组学的联合使用，食品风味形成与腐败变质机制也得到了深入的挖掘。

风味调控对食品的感官体验和品质提升意义重大。在对食品风味形成过程有足够认识的基础上，通过对加工和储存条件的调节，如微生物发酵和酶催化，对温度、湿度、pH 因素的控制，以抑制不良风味的产生，提升整体风味的受喜爱程度。此外，通过适当的香料和香精调味也是食品加工的关键手段，烹饪时加入的盐、味精、天然植物香料等对食品整体风味的提升大有裨益，各种口味香精的使用也赋予了很多食品（如饮料、糖果等）更丰富多彩的嗅觉与味觉体验。在考虑感官享受的同时，饮食导致的长期健康影响也是大家所关注的，最典型的就是“减盐”和“降糖”，咸味肽作为氯化钠的替代品，能满足特殊人群的低钠摄入需求，一些高甜度的甜肽衍生物的使用，既能满足消费者对甜度的需求，又能降低升糖的风险。

食品风味的预测对提高生产效率，改善风味品质，推动食品工业发展也是十分必要的。机器学习基于大量的数据和复杂的模式学习对风味进行预测，可以提高风味识别的准确率，降低模型预测的复杂性，并避免出现数据分析的主观性。目前，机器学习已经通过构建神经信息传递网络，实现了分子结构的成味特性以及食品整体香气类型、香气分布、香气强度和香气感知的客观和高精度的预测，这对于筛选关键风味化合物和优良基因型靶点作物意义重大。

1.2　食品生物成味的意义

食品生物成味是指利用生物媒介如微生物、细胞、酶等，通过发酵、生物催化或生物转化等方式生成食物风味的现象，它普遍存在于食物自然生长成熟、加工生产及储存过程中，是食品风味形成的重要途径。生物成味的过程包括将特定的风味前体物质或中间体添加到含有微生物、细胞或酶的介质中，以促使所需的食品风味物质的形成。因此，对食品生物成味的研究在提升食品风味品质、提高食品安全与健康性能及促进食品行业的可持续发展三个方面展现出重要意义。

1.2.1 提升食品风味品质

一方面，生物成味天然存在于植物性食物的生长成熟与储存过程中，在特定酶与微生物的作用下，食物在生长的不同阶段会产生不同组成和含量的风味物质，形成独特的风味特性，尤其在成熟阶段，产生的诱人香气大大提升了消费者的食欲与使用体验。另一方面，生物成味在人为的加工处理过程中也占据了重要的地位，在酶催化或微生物的发酵作用下，食物获得更加复杂与丰富的风味，如乳制品发酵产生的酸奶、豆制品发酵产生的腐乳和臭豆腐，为消费者带来了更多的选择与体验。此外，食品在储存过程中也经常会因为微生物与酶的作用而发生腐败或产生异味物质，因此需要充分研究和了解这些生物成味过程，施以对应性措施，实现对异味的抑制，提升食品的风味品质。由于酶和微生物的多样性，人们还可以利用生物成味技术开发出具有创新风味特征的产品，经过对生物成味过程的精准调控打造出具有个性化风味特征的产品，满足市场对于新奇与个性化食品的追求。

1.2.2 提高食品安全与健康性能

相较于化学合成的添加剂，利用微生物、细胞或酶这些生物媒介生成的风味物质通常具有天然与安全的特点，并且一些生物转化过程可以降解或转化食品中的有害成分，提高食品的安全性，这一点也更容易被消费者接受。此外，生物成味过程中也会产生一些有益于健康的次生产物。微生物代谢可以产生维生素、氨基酸等营养物质，提高食品的营养价值；益生菌可以产生益生元，有助于肠道微生物的平衡；发酵可以产生具有天然防腐特性的有机酸，延长食品保质期。食品生物成味可以有效减少化学合成香料与添加剂的使用，提高食品安全与健康性能，提升消费者的喜爱程度。

1.2.3 促进食品行业可持续性

酶和微生物的反应通常能在温和环境中实现高效率和高选择性，因此，生物成味技术具有更高的原料利用率和能源转化效率，可以有效减少原料的损耗、反应废弃物的产生及对化石能源的消耗与依赖；通过生物成味技术优化的食品风味，可以减少对昂贵天然风味提取物或合成风味剂的依赖[1]，降低生产成本，促进食品行业的可持续发展与环境保护。另外，农副产品与食品加工中产生的废物也可以通过生物成味技术转化为有价值的风味产品，对于减少粮食浪费和碳排放具有现实意义。同时，独特风味的创造也能够增加产品的市场价值和竞争力。

生物成味技术是构筑未来食品行业发展的关键创新之一，其应用不仅加深了人们对食材潜在属性的理解，同时也为消费者提供了更加健康、定制化的饮食选择。随着全球对健康、环保和食品质量要求的不断提高，生物成味技术将在保证食品口味丰富性的同时，促进食品产业的绿色转型和创新升级，成为未来食品产业不可或缺的一部分。通过科技进步，它将持续引领食品工业走向低碳、高效率、高营养价值的明天，为全球消费者带来更美妙的食品体验和更优质的生活方式。

参考文献

[1] 廖小军, 赵婧, 饶雷, 等. 未来食品: 热点领域分析与展望. 食品科学技术学报, 2022, 40(2): 1-14

第2章

食品生物成味的范畴

2.1 食品生物成味的研究内容

食品的生物成味是指利用生物媒介如微生物、细胞、酶等，通过发酵、生物催化或生物转化等方式生成食物风味的现象。它既包括食品中一些天然存在的成味过程，如天然的果蔬、谷物及肉类的风味，也包括人为利用发酵工程、酶工程等技术手段的成味过程，如酸奶、火腿等产品的独特风味。食品生物成味的研究覆盖范围较广，主要研究内容包括食品生物成味中的风味物质、风味感知，食品生物成味的反应过程、调控，以及在不同种类食品中的应用。

2.1.1 食品生物成味的风味物质

食品中的风味物质主要分为气味物质和滋味物质两类，气味物质主要是一些挥发性短链或环状有机小分子；滋味物质种类丰富，包括有机小分子、短肽、蛋白质及无机盐。

食品生物成味中的挥发性气味物质大多源于酶作用下的脂肪分解与氧化，产生酯类、酸类、酮类、醛类、醇类、酚类、萜类等成分，也有少量的风味物质源于蛋白质代谢或多组分共同作用，如一些含硫和氮的脂肪族、芳香族及杂环化合物。

食品生物成味中的滋味物质主要包括酸味、甜味、苦味、咸味和鲜味物质。酸味物质主要是一些短链有机酸；天然的甜味物质主要是单糖和双糖，源于多糖的分解与代谢；苦味物质有奎宁、苷、肽及一些无机盐；咸味物质主要是氯化钠，目前发现的一些碱性氨基酸和小肽也具有咸味；鲜味物质主要包括谷氨酸钠与核苷酸。

2.1.2 食品生物成味的风味感知

食品生物成味的风味感知是在生理和心理共同作用下对食物产生的主观印

象，受风味感知受体、消化系统、基因、文化背景、感官记忆及健康状况等因素的影响。

味觉系统由味蕾、传导神经和大脑中枢组成，风味成分在味蕾与人体作用，产生信号并通过神经传递至大脑，形成对味觉的整体感受。人的口腔中有 5000～10 000 个味蕾，一个味蕾包含大约 100 个味细胞，味细胞对不同食品风味的感知依赖于细胞表面的味觉受体，味觉受体本质上是具有特殊结构的蛋白质，具有识别和结合特定风味物质的能力，对应不同的味觉类型，如酸味、甜味、苦味、咸味、鲜味等。当特定味道的化学物质与味觉受体结合时，会触发一系列生物化学和细胞电生理反应，最终导致味觉信号的产生。消化系统也会通过参与营养感应、化学感知、食欲相关激素释放等多项机体代谢过程，对味觉产生影响，在 5 种基本味道中，酸味和咸味由离子通道感知，而甜味、苦味和鲜味则通过与 G 蛋白偶联受体（GPCR）相连来传递信号。

嗅觉系统由嗅觉受体、嗅上皮、嗅球和嗅觉皮质组成。在嗅觉感知中，挥发性气味分子对嗅上皮中嗅觉受体的刺激，激活腺苷酸环化酶，促进受体细胞膜阳离子通道打开，细胞膜去极化，产生神经冲动，随后冲动沿嗅神经传入嗅球，在嗅球内对神经冲动进行换元编码后，由嗅束传入大脑的嗅觉皮质产生相应的判断和反应而引起嗅觉。嗅觉受体是嗅细胞膜上的一类能被气味分子激活的受体蛋白，每种嗅觉受体都可以与多种气味分子相结合，每种气味分子也可以结合多种嗅觉受体，两者之间是多对多的关系，不同嗅觉受体的组合可以实现对不同气味分子的特定编码。

在心理方面，对味觉的记忆和联想是机体的重要生理功能，安全味觉记忆和厌恶味觉记忆受神经通路调节，帮助机体对食物类型进行筛选，趋利避害，并协助机体对未知的食品风味进行联想和预测。饮食期望与偏好取决于人类的味觉偏好，影响味觉偏好的因素包括人类进化、基因、文化背景、成长经历、情绪记忆和人格等。例如，肥胖人群偏爱高甜高脂肪的食物，与其味觉感知灵敏度降低导致味觉阈值增加有关。不同的文化与地域差异造成的饮食习惯，也会影响味觉感知的灵敏度与味觉记忆，形成不同人群对特殊风味的感知差异。

2.1.3　食品生物成味的反应过程

食品生物成味主要的反应过程有脂质氧化降解、蛋白质及氨基酸降解、碳水化合物降解和美拉德反应。

（1）脂质氧化降解

脂肪存在于多种食品中，其首先经过水解酶作用成为游离脂肪酸，酯酶可水解 2～8 个碳原子的酯链，脂肪酶可水解超过 10 个碳原子的酰基链。游离脂肪酸进一步在脂肪分解酶、脂肪氧化酶（脂氧合酶）等的作用下发生碳链的断裂与氧化，产生短链含氧小分子、内脂等具有丰富风味特征的挥发性风味物质。脂氧合酶特异性作用于含有(Z,Z)-1,4-戊二烯结构的多不饱和脂肪酸，将其氧化生成相应共轭多不饱和酸的氢过氧化物，随后在氢过氧化物裂解酶、乙醇酰基转移酶、乙醇脱氢酶等的作用下产生已醛和（Z）-烯醛[1]。

（2）蛋白质及氨基酸降解

在食品加工中，蛋白质被蛋白酶分解成多肽，产生的多肽再经肽酶水解成氨基酸小分子，部分短肽和氨基酸可以被味觉神经感知，产生酸、甜、苦、咸、鲜等各种滋味特征。氨基酸也可以在酶和微生物的作用下，进一步分解产生挥发性化合物，该过程大致可分为 5 部分，即 Ehrlich-Neubauer 途径、氨基酸侧链的分解、风味物质的半胱氨酸固定化、氨基酸 Ehrlich-Neubauer 降解产物与糖降解产物的缩合及氨基酸的环化。除了常规的醛、醇、酸或酯类，还可以生成胺、吡嗪和吡啶、硫醇、多硫化物、噻吩、噻唑等含 N 和 S 物质，使食品的风味更加丰富，但同时也可能会伴随异味物质的产生。

（3）碳水化合物降解

食品中的碳水化合物主要以多糖的形式存在，在水解酶的作用下发生解聚产生单糖和双糖，它们是天然甜味最主要的来源。不同种类糖的甜度差异很大，在食品加工中，利用一些糖异构酶与转化酶，将低甜度的糖转为高甜度的糖，以改善食品风味品质。这些单糖和双糖也会在酶和微生物的作用下经过糖酵解、脱氢、酰基转移等途径发生进一步的代谢降解，产生短链酯类、醛类、醇类及氧杂环（如呋喃酮、吡喃酮）等挥发性的次级代谢风味物质。

（4）美拉德反应

美拉德反应发生在羰基（源于还原糖）和氨基（源于氨基酸或蛋白质中的氨基酸残基）之间，会形成各种风味物质，并伴随褐变现象。美拉德反应的过程包括：糖类与氨基酸的结合生成席夫碱，接着席夫碱发生一系列的重排反应，转变为糖基胺或脱氧糖酮等风味前体物质，脱氧糖酮继续发生烯醇化、脱水、氧化等反应生成羟甲基糖醛、还原酮、醛及烯醇胺等香气物质。美拉德反应可以生成超过 3500 种挥发性化合物，它们大多具有较低的感官阈值，对风味的形成有重要贡献。

2.1.4 食品生物成味的调控

食品风味对人体感官体验乃至长期的健康都有影响，可以从风味物质形成途径和感知系统两个角度对食品的“生物成味”进行调控。生物成味途径的调控主要从微生物和酶两个方面的作用入手，感知系统的调控主要针对口腔和胃肠道系统。

微生物调控食品生物成味主要源于微生物对蛋白质、糖、脂肪及其他物质的发酵作用，此过程中微生物可以直接作用于原料来合成风味物质，也可以通过产生催化酶，借助酶的作用将食物成分转化为一系列风味物质。食品通过微生物合成途径产生的风味极为广泛，其调控涉及发酵时选择的原料、菌种、发酵条件等因素，在不同的调控机制下生成的风味物质千差万别，形成各自独特的风味。微生物发酵涉及不同类型微生物之间复杂的相互作用，通常是细菌和真菌在共存与相互作用的基础上，通过自发或在外部发酵环境控制下产生风味化合物。多种微生物之间的作用分为协同作用和拮抗作用，协同作用促进更多不同风味物质的产生，增强风味物质的表达，拮抗作用抑制一些有害物质和不良风味物质的产生。微生物代谢会产生多种酶，也是原料或前体物质转化为风味物质的重要途径，尤其在发酵食品的后熟阶段对风味的形成有较大的贡献。因此，控制酶的活性是调节微生物代谢的关键组成部分，可以从酶活性的控制和酶合成的调节两个角度来实现。食品本征风味的形成与内源酶的作用相关，对于内源酶反应途径的调控主要包括储藏保鲜中对优良风味酶活性的保持与不良风味酶活性的抑制或破坏，如对温度、pH 等因素的调节。为了产生或增强各种愉悦的风味物质或抑制不良风味的形成，还可以人为添加外源酶。外源蛋白酶可以促进蛋白质的分解，产生多肽与氨基酸；脂肪酶可以促进脂肪的水解与氧化，生成多种挥发性风味物质。

口腔系统对食品生物成味风味的感知依赖于食物组成、咀嚼行为、唾液参数、食物-唾液相互作用、个体生理学敏感性和风味释放动力学等诸多变量因素，口腔系统对食品生物成味的调控主要依靠味觉感知、嗅觉感知和温觉感知。口腔加工过程、口腔中代谢酶/微生物，以及味觉、嗅觉和温觉感知相互联系、相互影响、共同作用，通过对这些因素的调控使口腔感受到丰富多样的食物风味。肠道主要是通过对消化酶和微生物菌群的调控，关键酶活性的调节及关键益生菌的定植，从而通过肠-脑轴调节人体对风味的感知与喜好。

2.2　食品生物成味的分类特点

从食品生物成味的媒介和途径来看，生物成味可以分为微生物作用下的生物成味与酶作用下的生物成味两部分。随着相关的研究和开发越来越多，微生物和酶在食品制造中的角色变得更加重要，并持续推动着食品工业的创新和可持续性发展。

2.2.1　微生物作用下的生物成味

微生物在食品风味的形成和发展中发挥着重要作用，它们通过各种代谢途径将食品的原料转化为具有特定风味和香气的化合物，使食品风味实现多样化和个性化[2]。发酵是通过微生物实现生物成味的主要手段，在食品发酵过程中，通过控制微生物的菌株类型与发酵条件，使食品达到不同风味与感官状态，形成独特的风味、特殊的质地及较长的保质期。目前，随着需求的增加和研究的深入，微生物发酵作用下的生物成味技术正在飞速发展，风味泡菜、风味火腿、酸奶、果醋和发酵植物奶等发酵食品的种类与风味越来越丰富，极大地提升了食品的多样性，为不同口味的消费者提供了优质的选择。

当下，微生物的成味技术仍有较大的发展空间，如不同微生物种间的相互作用对风味形成的影响；何种配比的微生物群落能更好地优化食物风味；能增强或产生独特风味的微生物种群探索；发酵技术的异同会影响特定风味化合物的生产。未来利用微生物作用实现生物成味可能趋向于以下几点：①基于微生物组学的分析生成个性化风味，利用精密发酵技术探索合适的微生物菌种复合发酵以产生食物特定需要的风味。②构建微生物合成风味的数据库，发展更完善的数据库不仅有助于更精确地分析食物风味，也有助于食物的风味预测，以及增强或添加食物中的特定风味。③合成生物学到微生物生物成味的加成，从微生物基因组出发，改善作用于目标风味特定酶的基因，增加或减少某种酶的合成，可以实现食物风味的改善。

2.2.2 酶作用下的生物成味

在食品类作物的生长成熟、食品加工与储藏过程中，酶参与多种生化反应从而影响食品的风味、口感及外观。酶在生物成味中的作用是指利用酶参与食品中风味形成所涉及的生化反应，从而起到产生、增强或改善食物风味的过程。酶在生物成味过程中的机制涉及多种酶促反应，这些反应能够释放或产生风味化合物，包括挥发性和非挥发性成分，这些化合物通常具有强烈的气味或口感，并对食品的整体风味做出重大贡献。

首先是食品中天然存在的内源酶作用下的生物成味，包括谷物、果蔬等植物性食物在生长成熟过程中经内源酶催化产生风味成分，以及各类食品在加工与储存过程中经自身所含内源酶代谢产生风味物质。这些内源性的酶促生物成味是许多食品产生本源特征性风味的重要因素。例如，苹果中的脂质在内源酶作用下产生异戊酸己酯、2-己烯醛、己酸己酯和丁酸-3-甲基戊酯等具有苹果香气的挥发性风味物质[3]。同时，内源酶作用也是食品储存过程中发生变质和产生异味的诱因之一。例如，水产品在捕捞后储存的过程中产生的腥味就与酶作用下的蛋白质和脂肪代谢相关。因此，内源酶作用下的生物成味对食品风味的贡献是多样化的，在食品加工与储存过程中，要采取针对性措施对内源酶活性进行调控，从而实现风味与健康的优化和保持。

此外，外源酶在生物成味中的应用是十分广泛的，与微生物相比，酶在生物成味中的作用更趋向于精细化特定风味的生成。单一研究特定的酶成味就是对微生物成味的细化，酶成味的研究可以更细致地呈现风味物质生成的过程，有助于研究人员更精确地了解单一风味物质的生成，从而为添加或增强特定风味的研究提供一定的帮助。目前，消费者越来越多地追求天然和清洁标签的食品，这增加了基于酶的解决风味问题的需求。未来酶在生物成味中的研究可能会在以下几方面呈现：①向食物中添加适合的酶和对应的风味前体物质，实现风味修饰和转化，将风味前体物质转化为所需的风味化合物，用来创造新的风味或增强原有的风味。②“风味基因”技术，如今食品合成生物学相关的研究是一大热潮，酶对食品风味的形成至关重要，让酶更高效、更有效地参与风味物质形成的过程是科学界正在探究的问题之一。“风味基因”技术基于基因工程，使修饰酶的单个或多个基因失活或过表达，从而增加代谢中间体或目标物质的浓度，甚至产生新的代谢产物，最终达到增强风味的目的[4]。③与深度学习（DL）和机器学习（ML）相结合，人工智能可以用于设计和优化酶之间的组合，以实现特定的风味目标，还可以经过大量数据库学习，最终实现食物风味的预测。就乳制品加工而言，脂肪酶的应用十分广泛[5]。向乳制品中添加脂肪酶可以显著改善乳制品风味的品质。脂肪酶在酸奶风味的形成中也发挥着重要作用，它可以将甘油三酯分解成游离脂肪酸和甘油，有助于在酸奶中形成脂肪和黄油味，生成理想风味。在发酵的酸奶中添加脂肪酶可以增加挥发性风味化合物的浓度，有助于酸奶整体香气和味道的形成[6]。

2.3　食品生物成味的分析方法

风味分析是食品生物成味研究的重要组成部分，对于描绘食品的风味轮廓、识别关键风味物质及认识相关风味物质的生成与衍变过程等意义重大。食品生物成味的分析方法主要分为基于人体感觉的宏观感官分析和基于风味物质的微观分子分析两大类。宏观感官分析主要依靠人类或模拟人体器官的整体感官评价，微观分子分析是在分子层面上针对风味物质的定性与定量分析。

风味感官分析是指用感觉器官检验样品的感官特性，以准确测定和理解食品风味特性的方法。感官分析的概念始于 20 世纪 30 年代，随后一些心理学家、统计学家和食品科学专家共同对风味感官进行了系统研究，确定了感官分析的理论基础，并被广泛用于食品品质管理和新产品开发。1958 年，Amoore 提出了风味物质“分子结构和感觉定性”的关系。1978 年，Beets 提出了“人体化学受体的结构和活性关系”。而后现代统计学的发展将食品风味感官分析的研究推到新的高度，并提出了一系列成熟的检验方法，包括：①分类，将样品归到预先命名的类别；②分等，将样品按照质量的顺序标度分组；③排序，将系列样品按某一指定特性强度或程度次序排列；④评估，将每个样品定位于顺序标度上的某一位置点。

食品感官分析方法可分为人工感官评价法和智能感官评价法两大类。人工感官评价法将人类的品鉴过程与科学的实验程序相结合，旨在运用系统化的方法对食品的感官特性进行评估，通常需要挑选受过专业培训的评价员组成评定小组开展感官评价试验。人工感官评价法的评判结果接近人们的日常生活体验，但易受评价员身体状况、情绪及测试时间等因素的影响，重现性较低。智能感官评价法主要基于电子鼻和电子舌等人体嗅觉与味觉模拟识别技术来评估食品的气味和滋味，它们具有操作便捷、分析速度快及结果客观准确等优点，是食品风味研究中极具价值的工具。电子鼻发展于 20 世纪 90 年代，由选择性的气敏传感器阵列和相应的图像模式识别装置组成，能模仿人的嗅觉功能，可对大多数挥发性成分进行分析、识别和检测。它不仅可以根据各种不同的气味检测到不同的信号，还可以将这些信号与经过“学习”和“训练”建立的数据库中的信号进行比较识别和判断。电子舌诞生于 1995 年，是由俄罗斯 A. Legin 课题小组构建的一种以非特异性传感器组成的传感器阵列，它通过传感器阵列代替生物味蕾细胞检测待测对象，经信号模式识别处理及专家系统学习识别，得出不同物质的感官信息，对样品进行定性或定量分析。电子舌的重点不在于测出检测对象的化学组成及各个组分的浓度、检测限的高低，而在于辨识并反映检测对象之间的整体特征差异性，也称“指纹”数据。

风味物质的微观分子分析与现代仪器分析技术和分子感官科学有机结合，从分子层面对食品中的风味成分进行精确、全面的分析与量化，开辟了非靶向和靶向风味分析的全新路径。

食品风味的非靶向分析是一种被广泛用于食品科学中的分析方法，旨在探索样品中尽可能多的化合物，而不是事先针对特定化合物进行测试。非靶向分析可以揭示传统靶向分析可能忽略的未知化合物，为食品工业提供更全面的风味档案，对新产品开发、食品安全评估和食品欺诈检测等领域具有重要意义。食品风味的非靶向分析包括对挥发性成分、非挥发性成分及微生物组学的分析，通常先通过气相色谱和液相色谱等对待测成分进行分离，而后由质谱、离子迁移谱、火焰电离检测器和热导检测器等检测器进行检测，并通过内置数据库检索、多变量统计分析、机器学习与人工智能等方法对复杂数据背后的成分进行定性与定量分析。

食品中的风味物质通常含量较低，且与食品基质有较强的相互作用，为了提高监测的准确度，需要经过前处理将待测物质从食品基质中分离与富集。挥发性成分使用的前处理方法主要包括静态顶空法、动态顶空法、吸附萃取法、溶剂萃取法等，非挥发性成分主要通过液液萃取、固相萃取、基质固相分散萃取、加速溶剂萃取等方法作前处理。挥发性成分非靶向分析最常用的方法是气相色谱-质谱

（GC-MS），灵敏度高、精准可靠，并具有成熟的数据库，可以实现对大批量样品的定性和定量分析。此外，气相色谱-离子迁移谱（GC-IMS）是近年来新兴的方法，其分析速度快、检出限低、设备轻便，在挥发性成分分析中具有巨大的潜力与前景，但是其检测上限不高，数据库不够完善。全二维气相色谱-质谱（GC×GC/MS）是将两根分离机制不同的色谱柱进行串联，对待测物质进行两重分离的方法。该方法相较于一维的 GC-MS 成分分离更彻底，具有更高的分辨率和灵敏度，减轻低含量组分被高含量组分的掩蔽作用，在复杂组分的分析中具有独特的优越性。非挥发性成分的非靶向分析主要依靠液相色谱-质谱（LC-MS），其具有灵敏度高、重复性好的优势，被广泛应用于氨基酸、有机酸、核苷酸等成分的检测分析。对于食品中的一些痕量非挥发性风味物质，可以采用多维液相色谱进行分离，以提升结果的真实性。微生物组学分析是通过分析风味化合物的组成与微生物的结构信息，建立微生物与风味之间的联系，包括风味的产生与代谢途径，以及风味化合物对应的微生物群体/酶/基因。常见的微生物组学技术包括高通量测序、宏基因组学、代谢组学及蛋白质组学等技术。

不同于非靶向分析对整体性和全面性的追求，食品风味的靶向分析是有针对性地对其中的关键成分进行更精确的定量分析，以及评估其对风味的贡献情况。在对关键风味成分靶向定量分析时，色谱-质谱也是最常用的方法，其定量主要依靠内标法或外标法。此外，稳定同位素稀释法是一种更准确的定量方法，其通过添加一定量的标记有稳定同位素的风味化合物作为内标，实现对待测物质的绝对定量，可以矫正制样和分析带来的误差。核磁共振谱基于原子核在外加磁场中吸收和重新发射电磁辐射的性质，实现对关键风味化合物的定性与定量。关键气味物质的风味贡献度评价，可以通过在气相色谱后增加嗅闻装置来实现，常用的有气相色谱-嗅闻（GC-O）和 GC-O-MS。GC-O-MS 在关键气味物质的鉴定中，通常采用香气萃取稀释分析（AEDA）和检测频率分析（DFA）两种方法，AEDA 使用溶剂逐级稀释香气物质，直到稀释样品不能被嗅闻出气味为止，由此得到不同风味化合物的感官阈值，香气稀释因子越高，表明气味越强；DFA 以气味物质对鼻子冲击频率来衡量气味贡献度，香气物质对鼻子冲击频率越高，表明对整体气味的贡献越大。衡量气味贡献度的另一个指标是气味活性值（OAV），它是挥发性风味物质的浓度与其阈值的比值。一般情况下，当 OAV>1 时，认为该化合物对样品的整体风味有贡献，OAV 越大，说明该组分对样品整体风味特征的贡献度越大。关键滋味活性物质的分析方法与气味分析相似，滋味稀释分析（TDA）对应气味中的 AEDA，滋味活性值（TAV）对应气味中的 OAV。

在食品风味分析的实际应用中，都是以上方法的多维综合使用，认识食品中的风味物质及其感官特征，评价它们的风味阈值与贡献度，并结合酶与微生物的组学信息揭示生物成味的机制。

参 考 文 献

[1] XU L, ZANG E, SUN S, et al. Main flavor compounds and molecular regulation mechanisms in fruits and vegetables. Critical Reviews in Food Science and Nutrition, 2023, 63(33): 11859-11879

[2] DERTLI E, ÇON A H. Microbial diversity of traditional kefir grains and their role on kefir aroma. LWT - Food Science and Technology, 2017, 85: 151-157

[3] FENG S, YAN C, ZHANG T, et al. Comparative study of volatile compounds and expression of related genes in fruit from two apple cultivars during different developmental stages. Molecules, 2021, 26(6): 1553

[4] TIAN H, JING Y, YU H, et al. Effect of *alsD* deletion and overexpression of nox and *alsS* on diacetyl and acetoin production by *Lacticaseibacillus casei* during milk fermentation. Journal of Dairy Science, 2022, 105(4): 2868-2879

[5] HUANG Y Y, YU J J, ZHOU Q Y, et al. Preparation of yogurt-flavored bases by mixed lactic acid bacteria with the addition of lipase. LWT - Food Science and Technology, 2020, 131(23): 109577

[6] ZINJANAB M S, GOLMAKANI M T, ESKANDARI M H, et al. Natural flavor biosynthesis by lipase in fermented milk using in situ produced ethanol. Journal of Food Science and Technology, 2021, 58(5): 1858-1868

第 3 章

食品生物成味的发展趋势

3.1 食品行业与食品生物成味

近年来，随着人们对食品安全和化学合成物的担忧日益增加，天然风味市场在国内外得到了广泛关注和发展。欧美等发达国家早在 20 世纪 70 年代就开始引入天然风味理念，并逐渐应用于食品风味市场。如今，天然风味在全球风味物质市场中所占比例约为 25%。

国际食用香料工业组织将风味物质分为天然香料、天然等同香料和人造香料三大类，其中只有极少数风味物质是从天然产物中提取纯化得到的，而大约 84%的产品则通过化学合成的方法生产。过去 10 年间，全球香精香料行业呈现出持续增长的态势。2023 年，全球香精香料市场规模约为 306 亿美元，同比增长 2.3%。预计到 2025 年时将达到 321 亿美元，其中天然香料的市场增长速度更为迅猛。中国作为一个拥有丰富香料植物资源的国家，具备得天独厚的优势。目前，中国已工业化生产的天然香料种类有 120 多种，占据了全球天然香料总数的 60%左右，成为全球天然香料生产的重要国家之一。

综上所述，天然风味市场在国内外都呈现出快速发展的趋势。人们对于食品安全和健康的关注推动了天然风味在食品行业的广泛应用，并且全球香精香料行业持续增长。天然香料在其中扮演着重要的角色，而中国作为一个香料植物资源丰富的国家，在全球天然香料生产中发挥着重要作用。可以预见，天然风味市场在未来将继续保持良好的增长势头。食品生物成味技术作为一种天然、安全、环保的食品成味技术，将成为未来食品行业发展的重要趋势之一。该技术利用生物酶、酵母、真菌、细胞等生物体产生的代表性化合物，为食品赋予特定的香味和口感。

近年来，全球食品行业的快速发展聚焦于几大核心领域：食品安全、健康与功能性食品的发展、微生物发酵与酶技术的应用、生物技术用以延长食品货架期，以及对未来食品资源的探索，这些领域构成了食品行业未来发展的主要趋势。食品生物成味技术正沿着这些发展趋势进步，特别是在提升食品安全性和健康价值方面发挥着重要作用。

首先，是提升食品的安全性。食品生物成味技术是一种天然且安全的调味方法，通过利用微生物等生物手段产生的代表性化合物来赋予食品特定的香味和口感，从而避免了传统化学合成添加剂的健康风险。在使用该技术的过程中，食品企业需要从源头对原料、微生物、酶等进行严格的科学筛选，并在生产过程中实施严密的卫生控制和质量监测，以确保其安全性和稳定性。目前，食品生物成味技术正朝着利用基因编辑等先进技术的方向发展，以实现对微生物产物种类和含量的精准控制，进一步提高食品的安全性与品质。

其次，是丰富味觉体验和提升营养价值。通过适当的微生物发酵和酶催化技术，生产出代表性化合物，不仅能够提升食品的营养价值和口感，一些化合物还能够起到延长食品保质期的作用，这有助于减少食品浪费，降低生产成本，带来显著的社会和经济效益。

最后，是探索与开发未来食品资源。随着人口增长和资源紧缺，寻求新的食品资源变得尤为重要。目前，未来食品资源主要包括植物基、动物基、微生物源及其他来源（如藻类、昆虫）的食品。在植物基未来食品中，生物技术对于风味的改善和增强发挥着至关重要的作用，主要聚焦在生物成味和掩蔽异味（如豆腥味、苦味、草本味、涩味等）两个方面。借助发酵、酶工程、基因改造等生物技术可以创造和增强植物肉中期望的风味特性，或减少和掩蔽植物肉的不良风味。在动物基未来食品中，为确保细胞培养肉产品在颜色、风味方面与真实动物肉相似，采用动物或植物蛋白的酶解产物与氨基酸（半胱氨酸）和还原糖（木糖或果糖）反应，可以有效地产生各种强烈且逼真的香味物质。在此基础上，脂质成分的适当添加通过与美拉德反应产物相互作用以增强人造肉产品的风味复杂性和丰富性。微生物蛋白、菌菇基食品和微藻类食品的开发也受益于先进的代谢工程和合成生物学技术。可食昆虫是优质蛋白质和能量来源，富含多种必需氨基酸、维生素和 ω-3、ω-6 等不饱和脂肪酸，以及铜、铁、镁、磷、硒、锌等微量营养素和核黄素、泛酸、生物素等营养成分，但昆虫本身可能产生的不良气味限制了它在食品中的广泛应用，食品生物成味技术可用于解决这一难题。

总之，在食品行业中，食品生物成味技术的应用与未来食品资源的探索表明其具有巨大的潜力。这项技术不仅提高了食品的味觉和口感，同时也对食品的安全性和保质期产生了积极影响。通过合适的微生物发酵和酶技术，食品行业能够生产出代表性化合物，从而提升食品的营养价值、口感和香味，带来了显著的社会和经济效益。随着植物基、动物基、微生物源及其他来源未来食品的探索工作不断深入，食品生物成味技术将继续发挥重要作用，为食品行业未来的发展注入新的活力。

3.2　学科交叉与食品生物成味

多学科交叉可将非本学科中具有充分研究基础的方法与结论应用于食品科学中，以更全面、更专业、更新颖的角度对食品科学进行研究，从而更好地进行深入的研究，解决现存的复杂问题。相较于应用气相色谱-质谱、液相色谱-质谱等联用仪对食品中关键气味与滋味化合物进行表征和研究的风味组学，食品生物成味主要聚焦于风味物质经由生物途径生成机制及调控，探索上述关键风味物质如何形成、如何提高产量，从而提升食品的感官品质与消费者的喜爱程度。风味物质作为一种小分子物质，形成机制复杂、调控困难，涉及多种生物途径（如酶和微生物等）的多条代谢通路。因此，想要对食品生物成味进行深入探究，需要借助多学科交叉，应用其现有的研究基础与思路。本章节主要介绍了食品科学与合成生物学、系统生物学、化学、材料学的交叉内容，展示上述学科在食品生物成味中的应用，并对多学科交叉在食品生物成味中的应用进行了展望。

3.2.1　合成生物学

合成生物学最初的灵感来源于电子电路，即将生物的遗传系统看作一个类似电子电路的“生物电路”，通过使用外源或修饰后的“生物部件”对遗传系统进行重组装。合成生物学旨在设计、改造、重建生物分子、生物元件和生物分化过程，以构建具有生命活性的生物元件、系统及人造细胞或生物体，将代谢途径从原有的生物体转移到更适合生产的异源宿主（如酿酒酵母、大肠杆菌等）中，合成有价值的化合物（如风味物质、生物活性物质等）[1]。食品科学与合成生物学的学科交叉主要聚焦于通过细胞工厂合成与调控有价值的物质，包括蛋白质、甜味剂、维生素、膳食纤维等，这为食品生物成味的应用方式提供了新的技术路线，深化了食品生物成味的研究。

合成生物学可以通过基因工程技术改造微生物，提高蛋白质的品质与产量，满足人类的需求。例如，Zhao 等在大肠杆菌中实现了亚铁血红素的高效生产[2]，Ishchuk 等也在酿酒酵母中实现了血红蛋白的高效表达[3]。合成生物学也可合成低热量稀有糖类替代传统的甜味剂。一些公司已经获批 2′-岩藻乳糖（2-FL）和乳-*n*-新四糖（LNnT）的微生物合成技术，实现两种人乳中最丰富寡糖的生物合成。Liu 设计了一种碳分配策略，通过引入 β-葡萄糖苷酶、木糖还原酶、纤维二糖转运体和半乳糖-2-脱氢酶，并删除酿酒酵母中的内源性半乳糖激酶，使塔格糖的生产和葡萄糖消耗同时进行，实现了低热量甜味剂的生产[4]。过去，人们主要从食物中获取维生素，现在通过微生物合成维生素用于额外补剂也成为大家的共识。比如，Zhou 等利用 DNA 组装工具，采用蛋白质融合策略优化维生素 C 的生物合成途径，在表达菌株中，最终维生素 C 发酵量为 44mg/L[5]。膳食纤维是维持人体健康所必需的，可以由几种细菌自然产生。如今，合成生物学技术不仅进一步提高了纤维素的产量，还改善了纤维素的结构特性，以满足各种潜在的应用。例如，Liu 等发现透明颤菌中表达的血红蛋白可通过调节氧张力使纤维素的产量提高 1.58 倍[6]。Yadav 等[7]将一种合成生物学方法应用于木质素葡萄糖醋酸杆菌中，通过重新设计细胞代谢物来合成纤维素-几丁质共聚物来改变纤维素的结构。

3.2.2　系统生物学

系统生物学是一门综合多学科、多层次信息的新兴学科，它运用整体论的方法分析生物系统的结构和功能。目前，系统生物学已成为各种生物领域的常用研究方法，包括细胞信号通路、生理现象机制、药物作用机制等的研究。在食品生物成味领域，系统生物学可以帮助人们理解微生物通过代谢反应合成风味物质的机制和影响因素。本节主要介绍代谢建模、基因组挖掘和逆合成三种系统生物学的分析方法，以及它们在食品生物成味研究中的应用和前景。

代谢建模是利用基因组信息构建微生物的代谢网络模型，模拟细胞的生长和代谢流分布，预测风味物质的合成效率和产量。代谢建模需要先搭建基因组规模的代谢网络模型，然后利用流平衡分析等算法对模型进行求解和优化，最后通过模型评估和验证保证模型的可靠性[8]。代谢建模可以为食品生物成味的工艺优化和菌种改良提供理论指导与数据支持。

基因组挖掘是利用生物信息学技术在微生物基因组中搜索与风味物质合成相关的基因或基因簇，推断出风味物质的合成通路和关键酶的技术。基因组挖掘需要先从数据库中获取已知的风味物质合成相关基因的序列，然后利用 BLAST、隐马尔可夫模型或机器学习等算法在目标基因组中寻找同源基因，最后根据基因-蛋白质-反应的对应关系重建风味物质的合成通路[9]。基因组挖掘可以为食品生物成味的分子机制研究和基因工程提供基础知识与候选靶点。

逆合成是利用化学反应规则和目标风味物质的分子结构，反向推导出风味物质可能的合成途径和前体。逆合成需要先从数据库中获取反应规则，然后利用逆合成软件将目标风味物质分解为一系列基本的代谢物前体，最后输出包含多个生化反应的合成途径[10, 11]。逆合成可以为发现食品生物成味的新颖化合物和探索合成途径提供创新思路和候选方案。

系统生物学的分析方法为食品生物成味的研究提供了新的视角和工具，有助于揭示食品风味的形成规律和调控机制，为食品风味的改良和创新提供科学依据与技术支持。随着风味数据库的完善和机器学习算法的发展，系统生物学在食品生物成味领域的应用将更加广泛和深入。

3.2.3 化学与材料学

风味物质通常是低分子量的挥发性化合物，容易受到空气、热量和光线的影响，在亲水性基质中分散性差，食品科学同化学与材料学的结合为风味保护与释放提供了新的解决方式——风味封装。通过封装的方式将风味物质或风味前体物质添加到食品中，可解决风味物质在加工和储存过程中不稳定与易挥发的问题[12]。将风味物质封装在壁材料中，可以形成一种物理屏障，保护风味物质不受外界环境的影响[13]，从而提高风味物质的稳定性，便于在加工和储存过程中进行处理。此外，风味封装技术还可以通过控制释放速率，实现对风味物质的延迟释放，从而提高食品的质量和改善其口感。风味释放是风味分子在一定时期内从一种环境迁移到另一种环境的过程。由于风味化合物可能会在加工、运输、储存等食用前步骤中挥发和降解，风味物质的释放率对食品的风味和品质至关重要。风味的释放可以通过扩散、降解或熔化等方式实现，扩散是受控释放的主要机制，以基质两侧挥发性物质的蒸气压为主要驱动力。

风味封装技术包括喷雾干燥（SD）、喷雾冷却、冷冻干燥（FD）、流化床包衣、超临界流体的应用、分子包涵和酵母细胞微载体等。其中 SD 具有成本效益佳、应用灵活等优点，因此被广泛用于香精的封装。SD 封装中使用的壁材料要求在高浓度下表现出高水溶性、乳化和成膜性能及低黏度。此外，壁材料的热阻、风味载体比和工艺参数也是影响壁材料封装性能的重要因素。就封装后的颗粒大小而言，有微胶囊化与纳米胶囊化之分。与微胶囊化相比，风味的纳米胶囊化在稳定性、胶囊效率和随时间推移的控制释放方面具有更大的优势[12]。纳米胶囊具有较少的颗粒聚集或重力分离的趋势，散射光线较弱，看起来透明或不那么浑浊。因此，纳米封装的香精和香气化合物非常适合被用于晶莹剔透的饮料和其他食品中，不会对颜色属性产生任何负面影响。纳米颗粒在食品中具有独特的流变特性，更容易被人体吸收，因此在风味封装方面有着更高的生物利用度。

3.3 科技创新与食品生物成味

食品生物成味技术应用多学科交叉研究食品中风味的形成机制，涉及对生物途径代谢机制的深入研究。近年来，随着对生物代谢途径研究的不断增多，其研究广度与深度逐渐加深，多种新型技术革新涌现出来，为食品生物成味的研究提供了更为便利的方法途径。同时，数字时代的到来，标志着科学研究更加注重多维度的信息获取和收集，从而对食品生物成味机制进行深入的基础性研究。原有应用于生物成味机制研究的技术很难满足现代多角度、全方位的信息需求，因此革新技术的应用迫在眉睫。本章节主要介绍了应用于食品生物成味中的高新技术，包括高通量测序技术、组学技术、大数据与人工智能。

3.3.1 高通量测序技术

食品生物成味技术聚焦于风味物质经由生物途径产生的过程与机制，涉及多种微生物的初、次级代谢途径，因此全面、清晰地了解其代谢途径内基因的调控对生物成味的研究具有重要意义。从 1975 年 Frederick Sanger 发明双脱氧法（桑格测序、链终止法）开始，科研工作者对核酸测序的兴趣不断增强，推动了核酸序列检测手段的不断更新。高通量测序（high-throughput sequencing，HTS）技术可以同时对多组食品样本中的 DNA 或 RNA 进行快速、高效的测序，从而快速、可靠地识别食品样本中出现的大多数微生物种类，并提供详细的遗传信息，因此已在食品领域得到广泛的应用。

发酵食品依赖于微生物或微生物群落的代谢作用，以改善其质构与口感，产生独特的风味物质。使用 HTS 技术可以科学地研究发酵食品制备过程中的生物成味，能够几乎实时地测序微生物的标记基因、全基因组和转录组，全面了解微生物群落的代谢作用与相互作用。以白酒为例，白酒由固态发酵法制备时，微生物群落在该过程中的变化对酒的产量和质量有重要影响[14, 15]。自 1960 年开始，国内科研人员便对白酒酒曲中的微生物进行了探索研究[16]，HTS 在酿酒中的应用正在快速发展。Wang 等对小曲白酒进行了 HTS 分析，研究了小曲白酒发酵过程中微生物的多样性和演替，并通过高通量测序全面了解小曲白酒发酵过程中微生物的组成和变化，揭示了微生物在白酒发酵过程中的贡献和作用，为小曲白酒行业的发展提供了理论支持和基础[17]。

3.3.2 组学技术

组学是指对生物体生命活动规律进行的系统性研究，这些研究对象的集合称为“组”。组学的目标是对生物分子库进行集体表征和定量，以揭示这些分子对生物体结构、功能和动态的影响。组学技术主要包括基因组学（genomics）、蛋白质组学（proteomics）、代谢组学（metabolomics）、转录组学（transcriptomics）、脂质组学（lipidomics）、免疫组学（immunomics）、糖组学（glycomics）和 RNA 组学（RNomics）等。多组学分析技术是针对“组”这一整体的分析表征，其核心在于分析思路的革新，已被广泛应用于食品科学的研究中。目前通常将代谢组学、转录组学、基因组学、蛋白质组学等多组学联用对食品生物成味机制进行表征，从基因、蛋白质和代谢物之间的相互作用中获得对食品风味形成复杂和动态过程的系统级理解，从而全面了解在食品中贡献于风味发展的分子组分和过程[18]。下文将对在生物成味研究中应用的三种主要组学技术进行简要介绍。

基因组学是全面研究生物体的全部基因组的技术。在食品生物成味的研究中，与食品风味相关的蛋白质、酶和受体的基因的表达对食品风味的形成有决定性的作用，利用基因组学可以分析并识别出这些基因，并深入理解这些基因的特性和功能，为食品成味中生物途径的认知与调节提供理论支撑，也对食品科学和食品工业的发展具有积极的意义。蛋白质组学是一种研究生物样本中所有蛋白质的技术，它能够全面地揭示蛋白质的表达、修饰和相互作用。在食品风味的研究中，通过蛋白质组学技术可以定性与定量地分析与风味相关的蛋白质、酶及其他参与前体化合物转化的分子，为理解食品风味的形成和变化机制提供了重要依据，也为食品工业的发展提供了有力的支持。代谢组学是一种研究生物样本中所有小分子代谢物的技术，它能够全面地揭示生物体的代谢状态。在食品风味研究中，通过代谢组学可以识别并定量与风味相关的代谢物及其前体物质，并提供食品加工和储存过程中生物代谢途径与代谢产物浓度的全局视图。

通过将上述多组学数据进行整合与分析，研究人员能够构建风味形成机制的综合模型。将基因信息（基因组学）与蛋白质表达（蛋白质组学）、代谢产物轮廓（代谢组学）和基因活性（转录组学）相互关联，可深入剖析导致风味发育的纷繁复杂过程，并由此衍生出新兴的风味组学（flavoromics）。风味组学专注于与风味相关的挥发性和非挥发性化合物成分的研究，并将基因型与表型信息相互印证，旨在阐明风味形成的复杂性。

3.3.3　大数据与人工智能

随着生物成味研究的深入，风味组分定性和定量分析的数据量与数据处理需求也爆炸式增加，为数据处理与解析带来了巨大的挑战，如何高效、高通量地处理食品风味数据是亟待解决的问题。人工智能（AI）作为一种高效的数据挖掘、模式识别和预测建模方法，为食品风味的数据处理与传统食品风味感官创新研究提供了新的思路和途径[19]。尤其是在生物发酵风味领域，人工智能可以帮助人们整合和利用相关研究成果，揭示风味形成的机制，指导风味改良和创新。

人工智能是一种模拟人类智能行为的计算机系统，包括机器学习、深度学习、神经网络等多种技术。机器学习是人工智能的一个分支，是一种从数据中学习规律和知识，实现自动决策的算法。Popenici 和 Kerr 将机器学习定义为“能够识别模式、做出预测，并将新发现的模式应用于其初始设计未包含或未涵盖情境的软件”[20]。神经网络是一种受生物神经系统启发的机器学习模型，是一种通过多层非线性变换，实现复杂功能近似的监督学习算法，被广泛应用于分类预测、图像识别等领域。深度学习是一种基于多层神经网络的机器学习技术，是一种模拟人类大脑处理信息的端到端的问题解决方法[21]。目前，人工智能在食品生物成味分析中已有应用，主要集中在食品风味分析、风味数据分析、发酵过程优化、生物合成途径预测和食品风味创新等方面。

3.4 个性需求与食品生物成味

我国饮食结构问题主要包括高钠、高脂、高糖、低水果蔬菜和低杂粮饮食，造成的心血管疾病和癌症的死亡率较高。随着消费者健康意识的觉醒，其对食品营养和健康提出了更高的要求，尤其在新冠疫情的冲击下，实现饮食营养和安全的愿望持续高涨，健康意识也开始逐渐由“被动治疗”转变为“主动预防”[22]。同时，人们的营养消费意识正逐渐从“大众化”向“个性化”转变，消费者对个性化定制营养健康食品的期待在迅速增长，消费者对食品的需求呈现出越来越明显的个性化、多元化特点。这一变化不仅反映了消费者对食品的基本生理需求的满足，更体现了消费者对食品品质、口感、风味、营养等方面的更高追求。在当今的食品市场中，消费者不再满足于单一、乏味的食品选择，而是更加倾向于选择符合自己口味、偏好、健康需求和价值观的食品。这一变化推动着食品行业不断创新、细分市场，以满足不同消费者的个性化需求。

消费者对于个性化口味的需求同样推动了食品生物成味技术的发展。现代消费者对于食品口感、风味的要求越来越高，这不仅体现在对传统食品的改良和创新上，也体现在对新型食品的追求上。素食主义的兴起使得人们对非肉类食品的需求不断增加，消费者对素食产品的口感和营养价值的要求也越来越高。通过生物成味技术模拟肉类食品的风味和质地，生产出具有相似口感和风味的素食产品，满足了素食主义者的需求。针对消费者对特定食物的喜好和厌恶，利用生物成味技术可以将喜爱的风味加强，对厌恶的风味进行抑制或消除，从而满足消费者的风味需求，提升消费者的食用体验。未来，食品生物成味的发展趋势将更加注重消费者个性化与多样化需求的满足，食品行业将不断创新和完善生物成味技术，以满足不同消费者的口味和健康需求。同时，随着技术的进步和应用领域的拓展，生物成味技术将更加环保、高效和安全，为食品行业的发展提供更广阔的空间。

随着大家对健康饮食的重视，消费者越来越意识到过量的盐和糖摄入对身体健康的负面影响，减盐、减糖食品逐渐成为市场上的热门需求。生物成味技术在减盐、减糖食品中的应用主要体现在两个方面：一是通过生物转化技术，降低食品中的盐和糖含量；二是利用生物酶制剂，改善食品的口感和风味，使其在降低盐和糖的同时，保持或提升食品的品质和口感。在减盐方面，通过基因工程和酶工程对微生物进行改造，使其产生具有降盐效果的酶或代谢产物，这些酶或代谢产物可以与食品中的钠离子结合，降低其浓度，从而达到减盐的效果。在减糖方面，通过筛选和改造能高效转化糖的酶制剂，实现对食品中糖含量的有效控制。

此外，还可以通过生物转化手段产生低热量、高甜度的天然甜味剂，或通过对口腔微环境的调整降低甜味感知阈值，从而达到食品“减糖不减甜”的目的。

除了个性化需求，特殊人群（如老人、婴幼儿等）的食品需求也引起了广泛关注，需要食品生产商根据其特殊的生理特点和健康需求进行专门的研发和生产，推出健康与风味并重的产品[23]。对于老年人和婴幼儿这些特殊人群，他们的消化系统较为脆弱，因此针对他们的食品设计主要表现在改善食品的营养价值和促进消化吸收方面。例如，通过生物发酵或酶转化技术，将食品原料转化为更易于消化吸收的形式，同时保留其营养成分。此外，生物技术还可以用于生产富含特定营养成分的老年和婴幼儿食品，如富含蛋白质、维生素和矿物质的食品。此外，老年人的味觉和嗅觉感知能力减退，影响他们对食品风味的感知和偏好，因此他们更喜欢味道较浓郁、香味较重的食品。对此，可以利用生物成味技术生产风味增强剂，或对风味物质进行包埋控释，强化老人对风味的感知。

消费者个性化的需求推动了食品行业向多样化生产转变，也在一定程度上推动了健康食品的发展。为了满足不同消费者的口味、营养需求及实现健康目标，需要研发多种产品，提供不同风味、口感和营养成分的食品供消费者选择，生物成味技术的应用为个性化口味的实现提供了基础。

参 考 文 献

[1] TINAFAR A, JAENES K, PARDEE K. Synthetic biology goes cell-free. BMC Biology, 2019, 17(1): 64

[2] ZHAO X R, CHOI K R, LEE S Y. Metabolic engineering of *Escherichia coli* for secretory production of free haem. Nature Catalysis, 2018, 1(9): 720-728

[3] ISHCHUK O P, FROST A T, MUñIZ-PAREDES F, et al. Improved production of human hemoglobin in yeast by engineering hemoglobin degradation. Metabolic Engineering, 2021, 66(3): 259-267

[4] LIU J J, ZHANG G C, KWAK S, et al. Overcoming the thermodynamic equilibrium of an isomerization reaction through oxidoreductive reactions for biotransformation. Nature Communications, 2019, 10(1): 1356

[5] ZHOU M, BI Y, DING M, et al. One-step biosynthesis of vitamin C in *Saccharomyces cerevisiae*. Frontiers in Microbiology, 2021, 12: 153

[6] LIU M, LI S, XIE Y, et al. Enhanced bacterial cellulose production by *Gluconacetobacter xylinus* via expression of *Vitreoscilla* hemoglobin and oxygen tension regulation. Applied Microbiology and Biotechnology, 2018, 102(3): 1155-1165

[7] YADAV V, PANILIATIS B J, SHI H, et al. Novel *in vivo*-degradable cellulose-chitin copolymer from metabolically engineered *Gluconacetobacter xylinus*. Applied and Environmental Microbiology, 2010, 76(18): 6257-6265

[8] GU C, KIM G B, KIM W J, et al. Current status and applications of genome-scale metabolic models. Genome Biology, 2019, 20(1): 121-138

[9] BIERMANN F, WENSKI S L, HELFRICH E J N. Navigating and expanding the roadmap of natural product genome mining tools. Beilstein Journal of Organic Chemistry, 2022, 18: 1656-1671

[10] WATSON I A, WANG J, NICOLAOU C A. A retrosynthetic analysis algorithm implementation. Journal of Cheminformatics, 2019, 11(1): 1

[11] SCHWAB C H, BIENFAIT B, GASTEIGER J. THERESA - a new reaction database-driven tool for stepwise retrosynthetic analysis. Chemistry Central Journal, 2008, 2(1): 46

[12] ENGLISH M, OKAGU O D, STEPHENS K, et al. Flavour encapsulation: A comparative analysis of relevant techniques, physiochemical characterisation, stability, and food applications. Frontiers in Nutrition, 2023, 10: 1019211

[13] GHANDEHARI-ALAVIJEH S, KARACA A C, AKBARI-ALAVIJEH S, et al. Application of encapsulated flavors in food products; opportunities and challenges. Food Chemistry, 2024, 436: 137743

[14] XIE M, LV F, MA G, et al. High throughput sequencing of the bacterial composition and dynamic succession in Daqu for Chinese sesame flavour liquor. Journal of the Institute of Brewing, 2020, 126(1): 98-104

[15] WANG Y, CAI W, WANG W, et al. Analysis of microbial diversity and functional differences in different types of high-temperature Daqu. Food Science & Nutrition, 2021, 9(2): 1003-1016

[16] 张红霞, 徐岩, 杜海. 酱香型白酒堆积发酵过程中真菌的结构及其来源分析. 食品与发酵工业, 2024, DOI:10.13995lj.cnki.11-1802/ts.037910

[17] WANG Q, WANG C, XIANG X, et al. Analysis of microbial diversity and succession during Xiaoqu Baijiu fermentation using high-throughput sequencing technology. Engineering in Life Sciences, 2022, 22(7): 495-504

[18] YOUNG-HWA H, EUN-YEONG L, HYEN-TAE L, et al. Multi-omics approaches to improve meat quality and taste characteristics. Food Science of Animal Resources, 2023, 43(6): 1067-1086

[19] DING H, TIAN J, YU W, et al. The application of artificial intelligence and big data in the food industry. Foods, 2023, 12(24): 10. 3390/foods12244511

[20] POPENICI S A D, KERR S. Exploring the impact of artificial intelligence on teaching and learning in higher education. Research and Practice in Technology Enhanced Learning, 2017, 12(1): 22-34

[21] KRIEGESKORTE N, GOLAN T. Neural network models and deep learning. Current Biology, 2019, 29(7): R225-R240

[22] 廖小军, 赵婧, 饶雷, 等. 未来食品：热点领域分析与展望. 食品科学技术学报, 2022, 40(2): 1-14

[23] 贝利优. 对于健康晚年的诉求正在推升中国健康营养食品需求. 食品安全导刊, 2022, 35: I0009

第二篇

理　论　篇

第 4 章

食品风味物质的化学基础

风味物质是一类具有特定基团，能够通过特定途径对人的嗅觉和味觉产生刺激的物质。食品风味是食品材料的一种最重要的感官属性。从化学角度讲，它是风味和香气的结合，它们可能存在于食品原料中，也可能在加工过程中形成，或在加工过程中根据消费者的需求添加。风味物质的分子质量普遍较低（<400Da），包括天然物质成分和人工合成的物质成分。来源于食品的数千种风味物质可分为烃类、醛类、酮类、醇类、酯类、含硫化合物、呋喃类和吡嗪类等。通常情况下，食品所散发的味道是风味物质的平衡混合物，会直接或间接地影响消费者对食品的选择。因此，食品风味也被认为是决定消费者对食品接受程度的最重要属性之一。

4.1　固有风味物质的分子结构

固有风味物质是指食品本身所含有的、能赋予食品特定味道和香气，而非通过添加剂或其他手段添加的化合物。在自然界中，固有风味物质味道独特，来源广泛。一些风味物质具有鲜明的味道，如咸味、甜味和酸味等，而另一些则具有独特的香气，如花香、果香等。固有风味物质多来源于天然食品成分，如图 4.1 所示，包括植物、动物和发酵食品等。

固有风味物质的分子结构由多种化学成分组成，并且可以与食品中常见的组分发生相互作用，包括碳水化合物、脂肪、蛋白质、氨基酸和维生素等[1]。碳水化合物在加热时会发生美拉德反应，产生许多不同风味的物质，如酮、酯、吡嗪等；不饱和脂肪酸在加热时也会产生多种不同的风味物质，如醛、酮等；氨基酸的氨基和羧基可以与糖类发生反应，生成的小分子物质会产生不同的香气；维生素 C 可以增加食品的酸味，从而影响食品的风味。由此可见，食物本身含有的营养成分能形成一系列不同的风味物质，若明确固有风味物质之间的相互作用机制，可在生产过程中添加其固有风味物质成分来减少异味，使食物的味道更加鲜美。此外，固有风味物质也共同维持风味的持久性和稳定性。食品在加工时，受环境和本身特性的影响，各风味物质之间也在不断发生微妙的变化，人们不断对固有

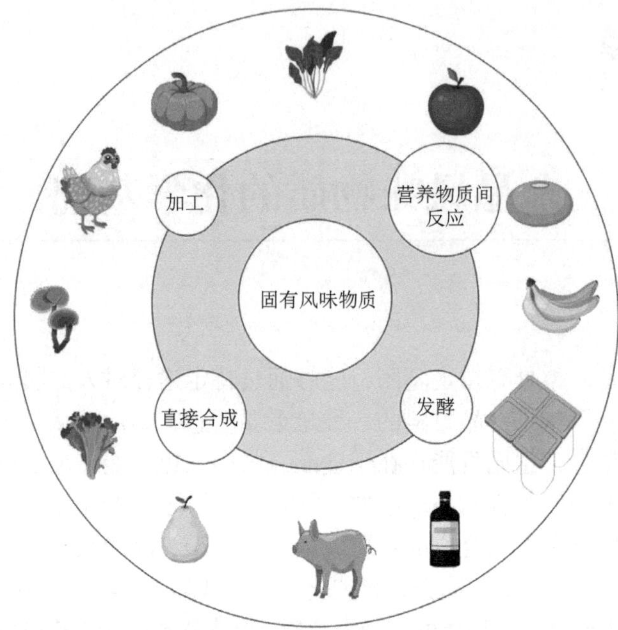

图 4.1　固有风味物质的来源

风味物质进行探究，渐渐揭开具体成分产生的风味影响[2]。以下将深入探讨植物性固有风味物质、动物性固有风味物质及发酵食品固有风味物质的存在形式和风味释放机制。

4.1.1　植物性固有风味物质

植物中的固有风味物质通常是由多个碳骨架组成的化合物，如类胡萝卜素、酚类化合物、含硫化合物等，这些化合物的分子结构单元如双键、羟基和甲基等，决定植物的固有风味特性。表 4.1 和表 4.2 显示，水果和蔬菜作为植物性食物的代表，其固有风味化合物组成丰富，独特的风味也赋予人们多元的消费观。水果的味道可归因于一系列挥发性香气化合物、糖、酸性物质和苦味化合物，其中甜度和酸度特征是影响消费者偏好与接受度的两个最重要的风味决定因素。蔬菜中的固有风味物质包括醛、酯、酮、醇和含硫化合物，以及一些表现出酸、甜、苦和辣味的化合物[3]。

表 4.1　常见水果和蔬菜中的挥发性风味物质

种类	挥发性风味物质	典型风味化合物
苹果	醇类	1-己醇、1-丁醇等
	酯类	乙酸己酯、乙酸丁酯、己酸丁酯、2-甲基乙酸丁酯等
	醛类	己醛、2-己烯醛等

续表

种类	挥发性风味物质	典型风味化合物
梨	醇类	乙醇、丙醇、戊醇、2-乙基己醇、3-甲基-1-丁醇等
	酯类	乙酸丙酯、乙酯、己酸丁酯等
	醛类	己醛、壬醛等
桃	醇类	2-丁醇、芳樟醇、1-己醇、3-己烯醇等
	酯类	乙酸甲酯、乙酸乙酯、乙酸己酯等
	醛类	己醛、2-己烯醛、苯甲醛、壬醛等
	酮类	*β*-紫罗兰酮、二苯甲酮、6-甲基-5-庚烯-2-酮等
葡萄	醇类	（*E*）-2-己烯醇、芳樟醇、香叶醇等
	酯类	乙酸乙酯等
	醛类	己醛、2-己烯醛、绿叶醛等
橙子	酯类	丁酸乙酯、乙酸辛酯等
	醛类	己醛、壬醛、癸醛等
	萜烯	柠檬烯、*α*-蒎烯、*d*-柠檬烯、*γ*-萜品烯等
白菜	醛酯类	2-己烯醛、3-己烯醛、苯乙基异硫氰酸酯等
	酮类	2（5*H*）-5-乙基呋喃酮、1-戊烯-3-酮等
	醇类	乙醇、3-己烯-1-醇、2-戊烯-1-醇、1-戊烯-3-醇、苯乙醇等
	腈类	5-甲基硫代腈、苯基丙腈、3-戊腈等
番茄	醛类	顺-3-己烯醛、苯甲醛、3-甲基丁醛等
	酯类	乙酸丁酯、2-甲基乙酸丁酯、水杨酸甲酯等
	醇类	2-甲基丙醇、3-甲基丁醇、2-甲基丁醇等
	酮类	香叶丙酮等
芹菜	醇类	3-乙烯醇等
	酮类	2,8-丁二酮、芹菜酮、*α*-紫罗兰酮等
胡萝卜	萜烯	红没药烯、石竹烯、萜品烯等
	醛类	辛醛、壬醛、壬二烯醛等
	碳氢化合物	对异丙烯等

表 4.2　常见水果和蔬菜中的非挥发性风味物质

风味种类	来源	典型风味化合物
酸味	苹果	苹果酸、乙酸、酒石酸、草酸、柠檬酸等
	梨	苹果酸、酒石酸、柠檬酸等

续表

风味种类	来源	典型风味化合物
酸味	桃	苹果酸、柠檬酸、奎宁酸、莽草酸等
	葡萄	苹果酸、酒石酸等
	番茄	苹果酸、柠檬酸等
甜味	苹果	蔗糖、山梨糖醇、果糖、葡萄糖、木糖等
	梨	葡萄糖、蔗糖、山梨糖醇、果糖等
	桃	蔗糖、果糖、葡萄糖、山梨糖醇等
	西瓜	果糖、蔗糖、葡萄糖等
	番茄	蔗糖、果糖、葡萄糖等
辛酸味	橙子	柚皮苷、新橙皮苷、柑橘素、柠檬素、诺米林、宜昌橙皮苷等
	番茄	番茄红素、番茄碱等
	茄子	*α*-茄碱
	土豆	*α*-茄碱
	西瓜	葫芦素 B、葫芦素 E、葫芦素 D、葫芦素 B 葡萄糖苷等

（1）水果中的固有风味物质

对大多数水果来说，固有风味物质的产生与果实成熟过程密切相关。其中，具有挥发性的固有风味物质包括脂肪酸、氨基酸、硫代葡萄糖苷、萜烯、酚类物质和其他相关化合物，具体取决于其生物合成途径。从化学角度来看，这些物质主要包括醛类、酯类、酚类、酮类、醇类、氨基酸类和含硫化合物。例如，（*E*）-2-壬醛具有黄瓜、鸢尾和脂肪的气味；（*E*）-2-己烯醛具有苹果、香蕉和奶酪的香气；辛醛具有脂肪、肥皂和柠檬的香味；苯乙醛来源于苯丙氨酸，具有玫瑰和果味的香气；1-辛烯-3-醇具有蘑菇的香气特征；3-甲基-1-丁醇具有醇厚的味道。一些低分子量的酯类呈果味，如乙酸乙酯、丁酸乙酯、乙酸丁酯等。一些典型硫化物具有特别的香气。例如，二甲基硫醚被描述为芦笋、玉米和糖蜜的香气，3-巯基-1-己醇具有葡萄柚和百香果的香味，而 3-巯基己基乙酸酯则通过 3-巯基-1-己醇与乙酸酯化形成百香果、柑橘和葡萄柚的香气。因为不同化合物产生风味物质的香气有差别，所以固有风味物质也可以依据香气类别分为花香、甜味、清淡、果味和脂肪味等。

水果中一系列非挥发性物质，包括氨基酸、脂肪酸、碳水化合物等，是大多数挥发性芳香族物质的合成前体。水果在生长过程中，内部的营养组分在不断变化，其新陈代谢主要是分解代谢，即碳水化合物、蛋白质及脂肪等在一系列酶的作用下分解成小分子物质，固有风味物质大多由此产生。虽然一种水果中可以检测到多种风味物质，但占主导地位的固有风味物质赋予了不同水果独特的香气。

除挥发性固有风味物质外，非挥发性固有风味物质也赋予水果酸味和甜味。水果中存在的非挥发性固有风味物质主要包括可溶性糖（如蔗糖、果糖和葡萄糖）和有机酸（如苹果酸和柠檬酸）。苹果酸和柠檬酸等决定水果的酸性风味，而果糖和蔗糖等糖类则决定水果的甜味，这些成分的含量一般被认为是评价水果风味的重要指标。

水果具有较高的营养价值，其各种化合物在代谢过程中产生的直接产物、中间产物和最终产物之间相互作用，所形成的最终味道是产物中挥发性和非挥发性物质之间微妙结合的结果。

（2）蔬菜中的固有风味物质

蔬菜中存在的香气和风味物质包括醛、醇、酮、酯、萜烯和含硫化合物。当这些挥发性物质共同作用时，它们可以产生具有独特香气特征的风味。这些香气特征与它们的化学组成有关。一般而言，C_6 化合物表现出青草香气，C_8 化合物表现出紫罗兰香气，而 C_9 化合物表现出瓜类的香气。

蔬菜中的固有风味物质大多来源于氨基酸、脂肪酸和类胡萝卜素，其中来源于脂肪酸的醛类物质占香气成分的很大一部分。例如，黄瓜中的固有风味物质主要包括醛类和醇类，如反-2-顺-6-壬二烯醛、反-2-顺-6-壬醇-2-烯醇、己醛和丙醛；卷心菜中存在的固有风味物质主要来源于异硫氰酸酯；豇豆中最丰富的风味物质是乙酸和乙醇，但酯类[如（*Z*）-己酸-3-己烯酯和乙酸己酯]也会影响豇豆的风味。

蔬菜中的非挥发性固有风味物质一般是水溶性小分子物质，这些固有风味物质大多来源于蔬菜中存在的游离氨基酸、烹饪过程中产生的氨基酸，以及有机酸、无机盐和核酸降解过程中产生的可溶性小分子物质和核苷酸。这些化合物之间相互作用，形成蔬菜独特的风味特征。例如，茄科蔬菜往往具有苦味，这可归因于生物碱的生物合成。

植物性固有风味物质主要来源于其含有的香气成分和滋味成分。香气成分主要来自植物中的挥发性化合物，如醇、醛、酮、醚等，这些化合物在植物生长、成熟和加工过程中产生，赋予植物性食物特有的香气。滋味成分则是由植物中的可溶性物质如糖、酸、盐等组成，它们在植物中起到调节口感的作用。植物性食品的香气和滋味往往是协同作用的，共同形成独特的口感和风味。例如，水果中的香气成分往往伴随着甜味和酸味，使口感更加丰富；蔬菜中的苦味成分则可以与其他滋味物质相互协调，形成独特的口感。

4.1.2　动物性固有风味物质

动物性固有风味物质通常是由氨基酸、肽、蛋白质和核苷酸等构成的复杂分子。动物性食物主要可以分为畜禽肉制品、蛋类、水产品、奶及奶制品等。不同的动物性食物具有其特有的风味。例如，猪肉的主要香味来源是脂肪中的脂肪酸和酯类化合物；内脏中氨基酸和核苷酸的存在可以增强肉的风味；硫化物和羰基化合物是鸡肉加热后产生的固有风味物质。下面主要以畜禽肉制品和水产品为例加以介绍。

（1）畜禽肉制品中的固有风味物质

不同种类的动物肉制品（如牛肉、羊肉、猪肉和鸡肉等）具有不同的风味特性，这是它们所含化学成分和物质不同所致的[4]。动物肉制品的风味特性受到许多因素的影响，如品种、饲养方式、生长环境等。除此之外，动物肉制品的加工方式和烹饪方法也会对风味产生影响。

生肉通常具有令人不快的味道，如金属味、咸味、血腥味及其他异味等，主要由硫化物、醛类、醇类及酯类构成。生肉的味道受动物的饮食、品种、年龄和肌内脂肪等的影响。

肉类通常经过加工处理后，才具有独特诱人的风味和浓郁的香气，这些归因于一系列复杂的化学反应。肉香的形成是由前体物（如多肽、氨基酸、脂质、核酸、糖类等）经过脂质氧化、美拉德反应和蛋白质氧化分解等途径生成的。如图 4.2 所示，脂质氧化降解及美拉德反应是肉制品固有风味物质的来源。此外，核糖是鸡肉中关键风味物质的前体；醛糖对猪肉风味的发展有重要作用；含硫氨基酸，尤其是半胱氨酸，是肉香味化合物发生美拉德反应最重要的氨基酸之一，其他氨基酸也发挥重要作用。例如，甘氨酸和缬氨酸可以形成吡嗪类化合物，亮氨酸和异亮氨酸易形成糠醛。

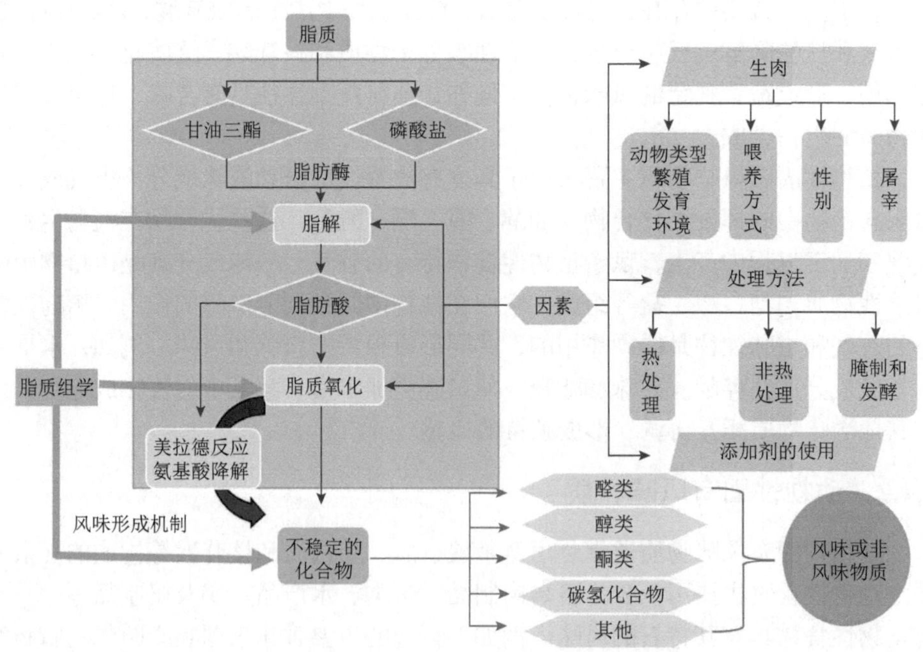

图 4.2　脂质氧化降解产生的风味化合物及影响因素

熟肉香气物质主要包括内酯类、含硫化合物、呋喃和吡嗪衍生物等。除前体物质外，烹调加工的方式与肉制品风味也息息相关，如炖肉、烤肉、熏肉、腌肉、炸肉等。肉在熏制过程中，烟熏肉制品特征风味中的酚类物质（包括愈创木基型和紫丁香基型等）大部分由熏制过程中木质素的热裂解产生，如图 4.3 所示。酚类物质通过转化，可赋予熏肉不同的风味。另外，烟熏肉制品味道香浓，得益于烘烤加热时肉类中的氨基酸和还原糖之间发生美拉德反应和脂肪降解所产生的大量芳香物质。此外，加工温度也会影响肉制品的香气成分，肉制品中生物大分子会受热降解，不同温度对降解反应物和产物的影响不同，这会影响固有风味物质的形成。

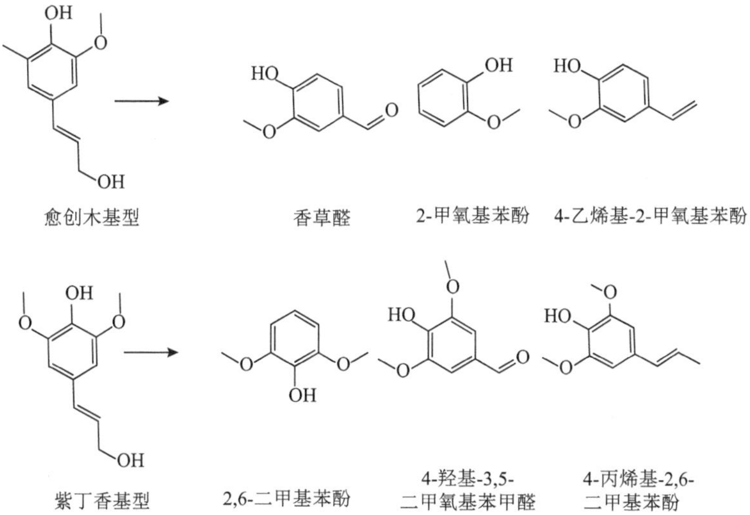

图 4.3　烟熏肉制品特征风味中酚类物质的形成

（2）水产品中的固有风味物质

水产品具有独特的风味、质地和营养价值，是优质蛋白质、脂肪和矿物质的极好来源。水产品在油炸、烘烤、腌制和熏制等加工过程中会形成独特的固有风味物质。通常而言，氨基酸、脂肪酸、核苷酸和含氮有机化合物的相互作用决定了水产品的最终风味特征。

水产品中的风味化合物主要与酶促反应、脂质氧化、微生物作用及环境有关。氧化三甲胺是一种含氮化合物，是水产品中一种独特的内源性物质，可赋予新鲜水产品甜味和新鲜度。如图 4.4 所示，鱼类及其他水产养殖动物死亡后，因酶促反应，氧化三甲胺在肌肉中由于细菌作用而被还原为三甲胺，三甲胺的存在使水产品出现腥臭味。此外，在贮存过程中，鱼类等动物表面的黏液和一些蛋白质会变质分解，产生 δ-氨基戊酸、δ-氨基戊醛和六氢吡啶等鱼腥味化合物。

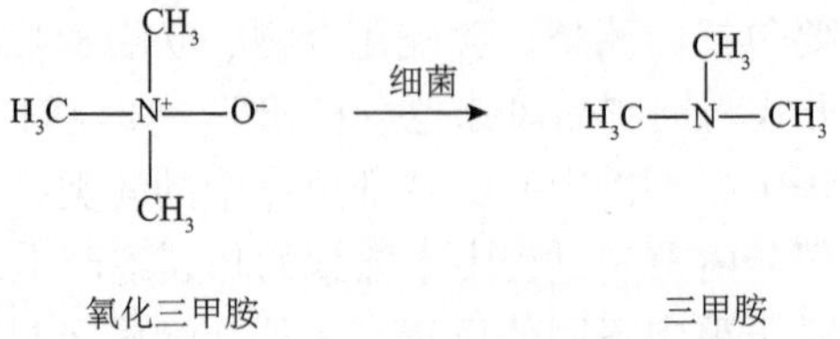

$$H_3C-\overset{\displaystyle CH_3}{\underset{\displaystyle CH_3}{N^{+}}}-O^{-} \xrightarrow{\text{细菌}} H_3C-\overset{\displaystyle CH_3}{N}-CH_3$$

氧化三甲胺　　　　三甲胺

图 4.4　氧化三甲胺还原为三甲胺

含硫化合物依浓度和阈值不同，对水产品气味特性的影响显著。研究表明，二甲基硫醚在较低浓度下会散发出令人愉悦的螃蟹般的香气，而在较高浓度下则会散发出令人不快的硫黄气味。直链和杂环含硫化合物被认为是海洋甲壳类动物（如磷虾、虾和蟹）的关键挥发性成分，如烷基噻吩和 3,5-二甲基-1,2,4-三硫杂环。

畜禽肉制品和水产品作为产生动物性固有风味物质的代表，因其本身的特点，在固有风味形成过程中有较大差异，产生的固有风味化合物各有特点，加工方式的不同也对两者固有风味物质的产生有重要影响。

4.1.3　发酵食品固有风味物质

微生物发酵产生的食品风味独特，能提供各种各样受人喜欢的风味。常见的发酵食品主要有乳制品（酸奶、干酪、奶酪等）、酒类（白酒、黄酒、葡萄酒等）和豆类发酵物（腐乳、酱油等）。发酵食品原材料中，各种化合物的分子结构与发酵形成的风味密切相关，微生物利用原料中的化合物发酵，形成特有的风味物质。发酵食品固有风味物质主要包括发酵过程中产生的风味物质、微生物代谢产物等。发酵过程中会产生大量的挥发性化合物，如醇类、酯类、酸类、酚类、硫化物等，这些化合物会赋予发酵食品独特的香气和滋味。此外，微生物代谢产物会对发酵食品的风味产生极大的影响。例如，细菌代谢产生的乳酸和乙酸会为酸奶带来特有的风味。不同发酵食品的风味特点也不尽相同。例如，泡菜的主要风味来源于发酵过程中的乳酸菌代谢产物；酱油的固有风味是发酵过程中的氨基酸、糖类等相互作用的结果。

（1）乳制品中的固有风味物质

鲜奶经加工处理所形成的酸奶深受大众的喜爱，但不同的奶源，其风味也千差万别。酸奶由乳酸菌发酵生成，固有风味物质主要有酮类、醇类、酸类、酯类和醛类等，如 2,3-丁二酮、2-丁酮、3-甲基丁醇、苯乙醇、乳酸、乙酸、丙酸、乙酸乙酯、丁酸乙酯、2-甲基丁醛、己醛、3-甲基丁醛和壬醛等典型物质（图 4.5）。其中，具有果味和奶油味的酮，在赋予酸奶令人愉悦的气味方面发挥重要作用。研究表明，2,3-丁二酮是酸奶中香草风味的主要贡献者。并且，醇类、酸类和酯类的存在为酸奶增添了特有的芳香，丰富了酸奶的风味层次，还影响了酸奶的整体风味轮廓。此外，高水平的亚油酸和油酸可被脂氧合酶氧化，分解成己醛和壬醛，壬醛是酸奶香气的潜在重要贡献者。脂肪酸分解产生的挥发性化合物是酸奶中关键的风味物质，由乳酸菌代谢引起。总之，酸奶的风味是由多种风味物质相互作用的结果，这些物质包括但不限于上述提到的各类化合物。它们共同作用，形成了酸奶独有的香味、酸味、芳香味及乳糖带来的甜味，这些风味特质共同构成了酸奶丰富多彩的感官体验。

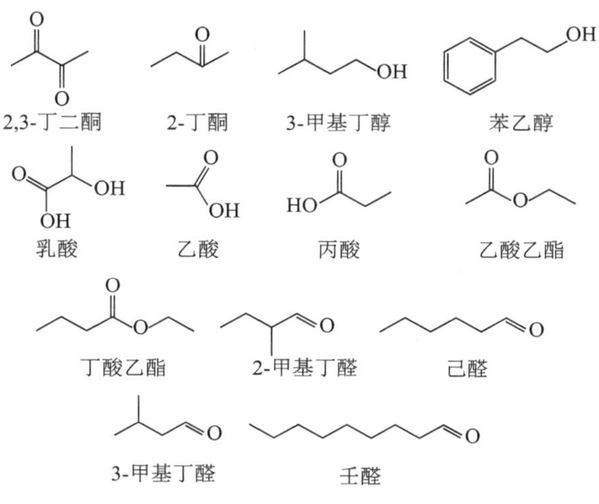

图 4.5　酸奶中部分固有风味化合物的化学结构

奶酪成熟是一个过程，在这个过程中，微生物发酵伴随着一系列酶和化学反应，这些反应形成最终的质地和固有风味特征。奶酪制作时，涉及复杂的生物化学变化，在蛋白酶的催化下，乳蛋白可降解成多肽和各种氨基酸，这些氨基酸不仅有呈味作用，还会在微生物的作用下发生脱氨作用，生成酮、醛、醇、酸和硫化物等，奶酪中的香气由此形成。同样，风味化合物也可以通过脂肪分解产生，甘油三酯通过脂肪酶和酯酶水解成游离脂肪酸、甘油二酯、甘油单酯及甘油。虽然短链脂肪酸直接影响风味，但游离脂肪酸也可以作为多种其他化合物的前体，如与各种奶酪风味相关的酯类、内酯类、甲基酮类和仲醇，酸、酮、硫化合物、醛、仲醇和内酯是影响奶酪最终香气的挥发性化合物。因此，各种化合物的复杂相互作用使得每种奶酪都具有其独特的风味轮廓。

（2）酒类中的固有风味物质

酒的风味特征是决定消费者接受度和采用度的关键。酒的主要成分是乙醇和水，而酒中的微量成分如酸类、酯类、醛类、酮类、缩醛类、呋喃类、萜烯类、含硫和含氮化合物对酒的风味形成具有关键作用[6]。如图 4.6 所示，白酒中的微量物质对不同香型有显著影响。

蒸馏酒制造过程中会发生酶促和非酶促反应。这些反应涉及芳香族、含硫氨基酸、亚麻酸、亚油酸、色素和其他成分等前体物质的生物合成。酒中各组分之间的相互作用或热降解（美拉德反应）有助于酒香的形成，发酵环境对酒香的形成有至关重要的作用。例如，白酒最初在陶罐中储存一段时间，随后在不锈钢罐中进行长时间发酵；白兰地、威士忌和朗姆酒需在橡木桶中发酵，半纤维素和木质素的降解会促进挥发性酚类物质和内酯的形成。

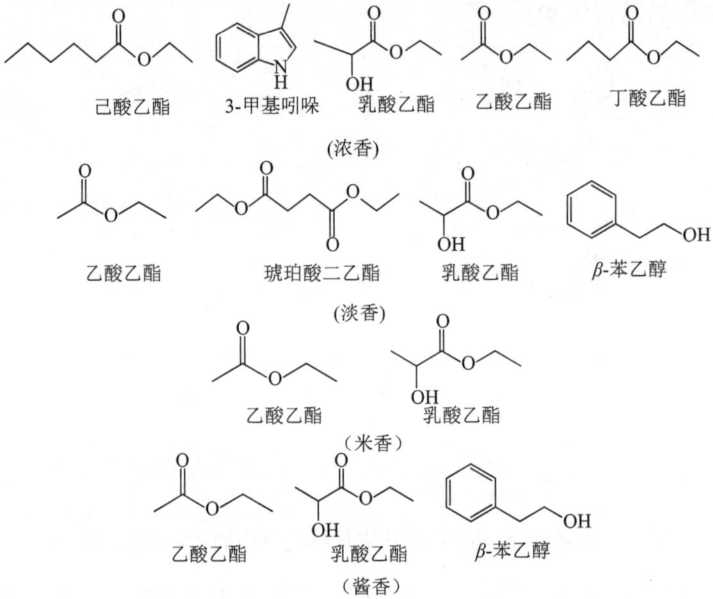

己酸乙酯 3-甲基吲哚 乳酸乙酯 乙酸乙酯 丁酸乙酯

（浓香）

乙酸乙酯 琥珀酸二乙酯 乳酸乙酯 β-苯乙醇

（淡香）

乙酸乙酯 乳酸乙酯

（米香）

乙酸乙酯 乳酸乙酯 β-苯乙醇

（酱香）

图 4.6 白酒香型中部分固有风味物质代表

葡萄酒成熟过程中，风味化合物包括萜类（‘麝香’葡萄和葡萄酒的特征）、C13-去甲异戊二烯类（‘霞多丽’的特征）、甲氧基吡嗪（‘赤霞珠’葡萄和葡萄酒的特征）和硫醇（‘赤霞珠’‘长相思’和‘梅洛’的特征）。由于内源性或外源性糖苷酶的作用，葡萄酒中会产生有气味的糖苷元。在内源酶的作用下，葡萄酒酿造前，葡萄需要进行差异化技术操作，即采收、运输和压榨。在收获和发酵之间的时期，葡萄经生物途径合成了预发酵香气，即 C_6 醛和 C_6 醇。这些操作过程使葡萄酶系统与膜脂质相互作用，释放出多不饱和脂肪酸，如亚油酸和亚麻酸，它们通过氧化产生 C_6 化合物使得葡萄酒的香气更加诱人。有些陈酿数年后的葡萄酒仍香气怡人，而另一些则经不起长时间的储存，这是因为陈酿香气的好坏不同，而陈酿香气的好坏又因葡萄酒产地、葡萄园土壤、气候条件、年份及从橡木桶到葡萄酒的不同化合物的扩散而异。同时，这种扩散过程也取决于橡树的特性，如地理来源、橡树种类及年限等。

（3）豆类发酵物中的固有风味物质

豆类发酵过程中涉及美拉德反应、淀粉糖化、脂质氧化、蛋白质降解、氨基酸转化和乙醇发酵等，形成的关键芳香成分有醛类、酯类、醇类和酸类[7]。例如，腐乳特有的甜味和酯香来源于乙酸、鸟苷酸、肌苷酸等有机酸与醇酯化产生的芳香酯类化合物。蛋白质被微生物及其酶水解为多肽和氨基酸，氨基酸是鲜味和芳香味的主要来源。例如，典型的鲜味氨基酸有谷氨酸和天冬氨酸，典型的芳香族氨基酸有苯丙氨酸和酪氨酸。豆类在发酵过程中，氨基酸分解代谢生成胺，或发生美拉德反应生成醛类，一些氨基酸还可以参与降解形成醇、醛和酮，生成的物质具有特殊风味。碳水化合物在一系列酶（如淀粉酶、纤维素酶等）的作用下转化为糊精和麦芽糖，并最终转化为单糖（葡萄糖和果糖）。以豆类为主的发酵食品，微生物的存在显著影响其发酵过程中风味物质的形成。微生物的初级代谢产物如糖、氨基酸、有机酸等，以及次生代谢产物如异黄酮、生育酚、皂苷等，不仅有助于甜味、美味、鲜味的形成，还与发酵物的功能和抗氧化性能密切相关。

固有风味物质在食品中的表现并不仅仅取决于其本身，还与其他化合物的相互作用有关。这些相互作用可以增强或减弱固有风味物质的口感和香气，从而影响食品的整体风味。一些固有风味物质在加工和储存过程中可能会发生变化或降解，从而影响食品的口感和香气。因此，如何保持或提高固有风味物质的持久性和稳定性也十分重要。

小小风味，大有乾坤。了解固有风味物质的特性对于食品加工、烹饪及健康具有重要意义。一些固有风味物质同时具有抗氧化、抗炎、抗菌等作用，适量摄入对健康有益。例如，类黄酮、花青素等植物性风味物质具有抗氧化和抗炎作用，可以帮助人们降低患慢性病的风险。随着时代的发展和科技的进步，固有风味物质的探究应不断深入，以适应对市场和健康的需求。

4.2　合成风味物质的分子结构

依据获取途径的不同，风味物质可分为天然风味物质和合成风味物质。天然风味物质由于受到原料有限、提取分离过程复杂及获取成本高的限制，通常难以大规模生产和使用。合成风味物质在一定程度上解决了这一难题。通过控制合成条件，可以精准控制合成风味物质的结构，同时它在有效性、贮藏性等方面也优于天然风味物质。目前，消费者倾向于天然风味物质。通常在无法替代或成本差距过大时，才会使用合成风味物质。

4.2.1　合成风味物质

合成风味物质是通过化学合成而获得的一类风味物质，且该类风味物质并非天然存在的，如乙基香兰素、乙基麦芽酚等。合成风味物质的开发和使用需要经过严格的安全评估和监管。不同国家和地区可能对合成风味物质使用的限制和规定不同。合成风味物质已被广泛用于食品行业，以改善食品口感、增加吸引力和提供特定的风味体验为目标，既可以模仿天然风味物质的风味特征，也可以提供一些特殊的风味，如咖啡、烤肉、糖果等[8]。若将所有风味物质按风味特征分类，大致可分为 16 种，部分合成风味物质的分子结构式如图 4.7 所示。下文将以风味特征作为分类依据对合成风味物质进行阐述。

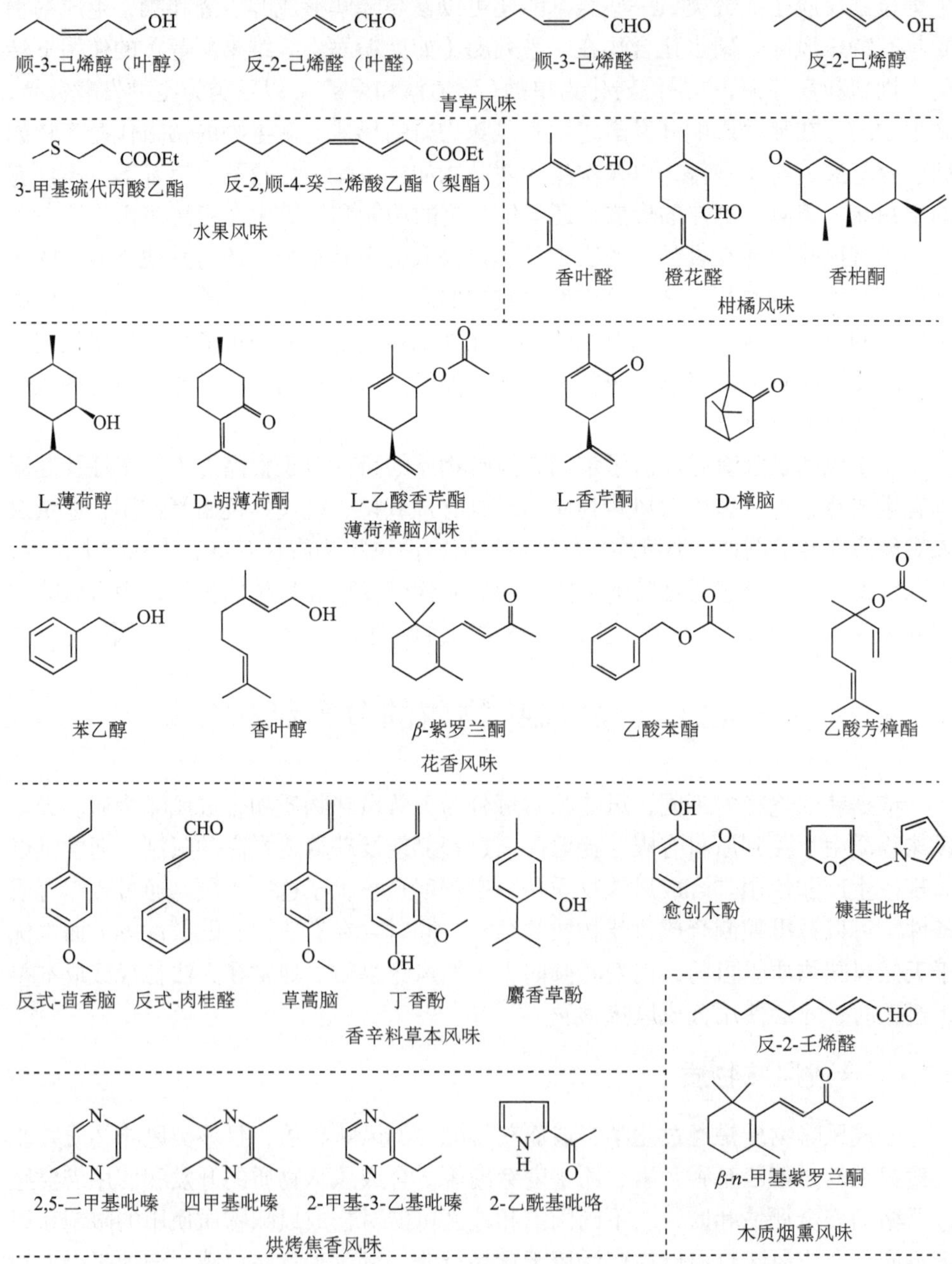

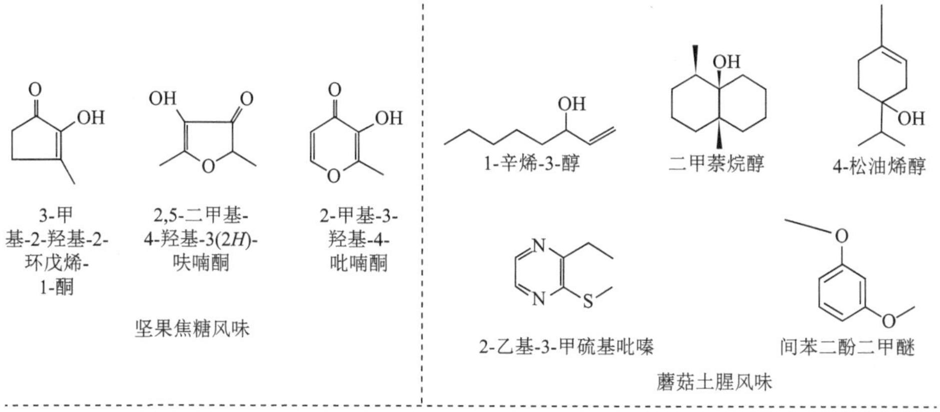

3-甲基-2-羟基-2-环戊烯-1-酮　2,5-二甲基-4-羟基-3(2*H*)-呋喃酮　2-甲基-3-羟基-4-吡喃酮

坚果焦糖风味

1-辛烯-3-醇　二甲萘烷醇　4-松油烯醇

2-乙基-3-甲硫基吡嗪　间苯二酚二甲醚

蘑菇土腥风味

图 4.7　部分合成风味物质的分子结构式

（1）青草风味

青草风味是指一种如刚切割或碾碎的青草的味道，典型代表物质是短链不饱和醛和醇，如叶醇（顺-3-己烯醇）、叶醛（反-2-己烯醛）及二者对应的醛（顺-3-己烯醛）或醇（反-2-己烯醇）。以上都是六碳的不饱和醇或醛，均有相似的生物合成途径。这些物质大多天然存在于水果和蔬菜中，但由于稳定性和商业成本的限制，只有叶醇和叶醛普遍使用。在工业生产过程中，叶醇化学合成的关键步骤为三键的选择性氢化。此外，还有一些典型的酯类和杂环化合物，如 2-戊基-4,5-二甲基噻唑和 2-异丁基-噻唑等。

（2）水果风味

水果风味，顾名思义，是指水果香甜的风味特征。呈现该类风味的物质大多是酯和内酯，也包括酮、醚、乙缩醛等。乙酸异戊酯为绝大多数水果提供甜味；3-甲基硫代丙酸乙酯是热带水果典型风味的主要来源，也是凤梨的特征风味物质；梨酯（反-2,顺-4-癸二烯酸乙酯）是西洋梨中最重要的风味物质之一。其中，3-甲基硫代丙酸乙酯的化学合成主要通过甲硫氨酸的 Strecker 降解，再经氧化和酯化获得。梨酯的化学合成原料主要是亚油酸，经过多步 β-氧化降解，每次减少两个碳原子，且其中酶促反应所需的脂肪代谢酶均相同，并可以双向进行（图 4.8）；梨酯的化学合成也可以通过克莱森重排（Claisen rearrangement）的延伸来获得。

（3）柑橘风味

柑橘风味是柑橘类植物（柑橘、柠檬、柚子等）的特征风味，其是由一类萜烯化合物呈现的。柑橘风味的代表性物质是柠檬醛（香叶醛和橙花醛的混合物），天然的柠檬醛由柠檬草中分离提取。香叶醇是一种典型的萜醇类化合物，化学名称为 3,7-二甲基-2,6-辛二烯-1-醇；橙花醇为香叶醇的异构体，化学名称为顺-3,7-二甲基-2,6-辛二烯醇。这两种物质均具有类似柑橘和柠檬的香气，这种香气主要来自 C1 上的羟基。用乙酸基代替 C1 上的羟基，能够显著降低这种香气的效力，

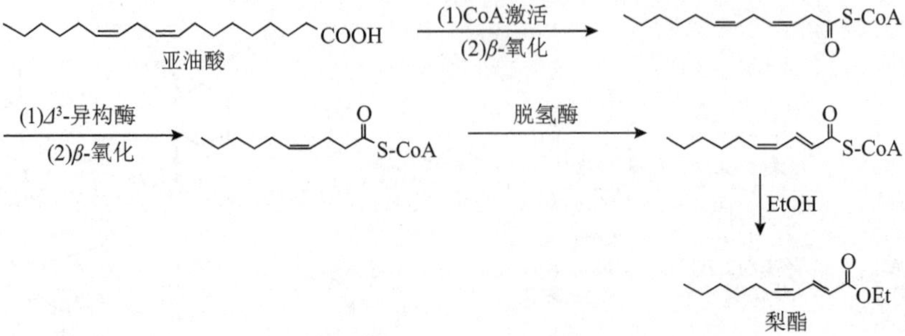

图 4.8　梨酯的合成

但不会改变香气的种类；而如果使用羰基取代 C8 上的羟基，则会产生霉味。柚子中的苦味物质主要是萜类物质，具有代表性的是香柏酮。此外，中链脂肪醛（辛醛、癸醛）、不饱和 C_{15} 醛、单萜醇酯（乙酸芳樟酯）也能提供苦味特征。

上述三种萜类物质在化学合成中具有共同前体——3-甲基-3,5-二羟基戊酸和异戊二烯单元，其详细合成步骤如图 4.9 所示，该过程可以在不同阶段产生全部三种萜类物质。首先焦磷酸香叶酯经过氧化，得到香叶醛；焦磷酸香叶酯进一步延长碳链成为焦磷酸法尼酯，经氧化后生成 α-甜橙醛；焦磷酸法尼酯再经过环化和甲基迁移等步骤，最终形成香柏酮。

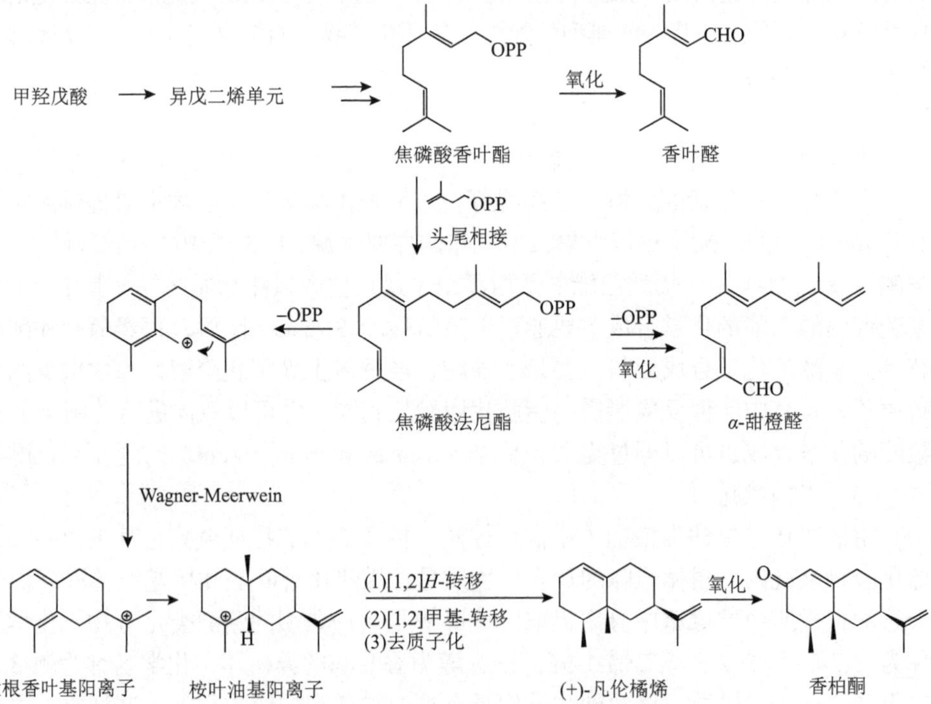

图 4.9　香叶醛、α-甜橙醛和香柏酮的合成

（4）薄荷樟脑风味

薄荷樟脑风味主要来自L-薄荷醇、D-胡薄荷酮、L-乙酸香芹酯、L-香芹酮和D-樟脑，具有香甜、清新、凉爽的风味特征。其中薄荷类风味物质主要是单环萜类的小环酮，而樟脑类则主要是桥环连接的高密度堆积的刚性球形分子。

薄荷风味常被用于特殊风味产品如口香糖、化妆品、饮料等中。其中，L-薄荷醇由于合成廉价，成为最经济、最重要的薄荷味合成物质。L-薄荷醇通常由芳樟基正离子环化，再经过羟基的引入和双键的氢化制得。樟脑风味物质中的葑酮则是由酶结合阳离子合成的，该过程中不存在其他游离中间体，且发生了碳骨架的重排，使得葑酮以不规则的单萜形式存在。

（5）花香风味

花香风味由一些醇类（苯乙基醇、香叶醇）、酮类（β-紫罗兰酮）和酯类（乙酸苯酯、乙酸芳樟酯）化合物提供，具有花朵散发出的甜、清香、果味及草本的风味特征。紫罗兰酮是由胡萝卜素降解得到的，具有独特的香味，是风味和香料工业中应用最为广泛的一类风味物质。天然状态下有α-紫罗兰酮和β-紫罗兰酮两种立体构型，而人工合成能够获得除此以外的第三种立体构型——γ-紫罗兰酮。三者的风味非常相似，均呈现紫罗兰香气，但环上双键的位置不同，其理化性质也略有区别。

乙酸芳樟酯和β-紫罗兰酮的化学合成具有相同的前体物质——甲基庚烯酮。其首先经过生炔过程生成脱氢芳樟醇（DLL），该反应从此处分支生成不同的产物：其一，DLL经乙酰化和部分脱氢后生成乙酸芳樟酯；其二，DLL和三碳单元共热后再经酸作用生成β-紫罗兰酮（图4.10）。

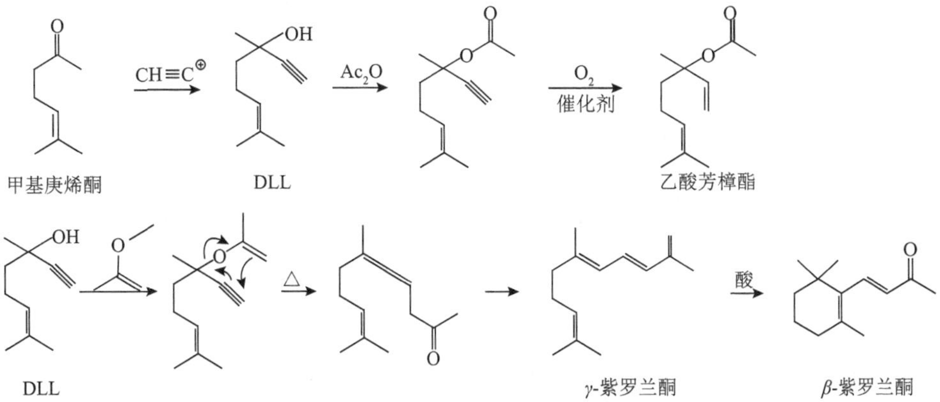

甲基庚烯酮　$CH\equiv C^{\oplus}$　DLL　Ac_2O　O_2 催化剂　乙酸芳樟酯

DLL　△　γ-紫罗兰酮　酸　β-紫罗兰酮

图4.10　乙酸芳樟酯和β-紫罗兰酮的合成

（6）香辛料草本风味

香辛料草本风味是人类使用的最古老的食品配料呈现的，主要的化学物质是芳香醛、醇和酚的衍生物，如茴香脑、肉桂醛、草蒿脑、丁香酚、D-香芹酚、麝香草酚等。该类物质风味强度较高，使用量一般比较小，且常被用于焙烤食品、乙醇饮料、牙膏和口香糖等中。其中使用最为广泛的是肉桂醛和丁香酚，通常采用大规模工业生产。

生物合成的肉桂醛、茴香脑、草蒿脑、丁香酚常与苯基丙酸类化合物代谢有关。苯丙氨酸能够转化成肉桂酸，进而转化为肉桂醛；肉桂酸也能够通过另一条途径生成 *p*-香豆酸，进而转化为茴香脑或草蒿脑；*p*-香豆酸也能够转化为咖啡酸，进一步转化为阿魏酸，最终生成丁香酚。

肉桂醛的化学合成是由苯甲醛和乙醛通过醇醛缩合获得的；而草蒿脑的化学合成主要是通过 Grignard 反应，由对氯苯甲醚和烯丙基氯合成，该反应可以由碱催化进行双键异构化，进而获得反式茴香脑。

丁香酚具有显著的丁香香气，化学名称为 2-甲氧基-4-(2-丙烯基)苯酚。丁香酚的位置异构体为异丁香酚，二者风味较为相似。但异丁香酚有顺式和反式两种，其中反式异丁香酚的风味特征更优。

（7）木质烟熏风味

木质烟熏风味主要来自酚类（愈创木酚等）、酮类（甲基紫罗兰酮等）、醛类（反-2-壬烯醛等），具有极强的木质、芳香及烟熏风味。该类风味物质难以从天然资源中获得，往往需要经过热处理和贮藏过程，使用时需要与其他风味一起使用，并且需要控制用量，否则会转变为令人不适的异味。

糠基吡咯是一种经典的提供檀香的风味物质，常被用于焙烤食品及烟熏制品中，其化学合成起始于糠基胺和 2,5-二甲氧基-四氢呋喃（图 4.11）。甲基紫罗兰酮的化学合成则是借助丁酮和环柠檬醛在碱性条件下反应，通过控制碱的用量，最终生成甲基紫罗兰酮的混合物。愈创木酚的合成主要是基于儿茶素的甲基化，近年来也有人采用二氧化钛、氧化锆和二氧化铈为催化剂对木质素进行快速热解，进而合成愈创木酚及其衍生物。

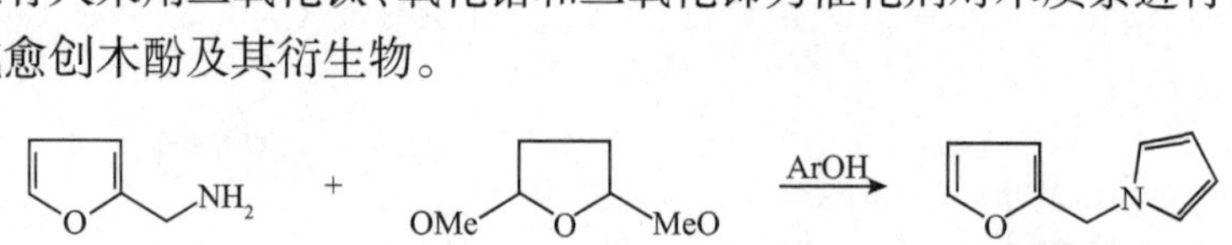

图 4.11 糠基吡咯的合成

（8）烘烤焦香风味

烘烤焦香风味主要来自吡嗪类物质，如 2,5-二甲基吡嗪、四甲基吡嗪、2-甲基-3-乙基吡嗪、2-乙酰基吡嗪、2-乙酰基吡咯等。依吡嗪环上取代基的不同，该类物质能够产生焦香味、烘烤味、清香味、土腥味等不同的风味特征。这类物质中，使用最广泛也最重要的化合物是烷基和乙酰基取代的吡嗪。化学合成吡嗪的方法有两种，由两分子氨基酸缩合生成 2,5-二酮哌嗪，再经过脱水生成吡嗪化合物；或通过氨基酸 Strecker 降解后得到的 α-氨基酮经缩合和氧化获得。

（9）坚果焦糖风味

坚果焦糖风味物质能提供烘烤坚果时产生的微苦和焦香风味，常被用于焦糖风味食品及烘焙食品中。代表性物质有环戊烯酮（3-甲基-2-羟基-2-环戊烯-1-酮）、呋喃酮[2,5-二甲基-4-羟基-3(2*H*)-呋喃酮]、麦芽酚、糠醇等，该类化合物具有相同的结构单元——环状的烯醇酮。该类物质无法从天然资源中获得，但几乎都能在食品热加工过程中伴随美拉德反应而生成。2-乙基-4-羟基-5-甲基-3(2*H*)-呋喃酮的化学合成需要以鼠李糖为原料，反应涉及氨基酸排定和乙酸取代。该合成过程是美拉德反应的一个特例，产率往往能够达到 80%，因此被广泛应用于工业化生产中（图 4.12）。

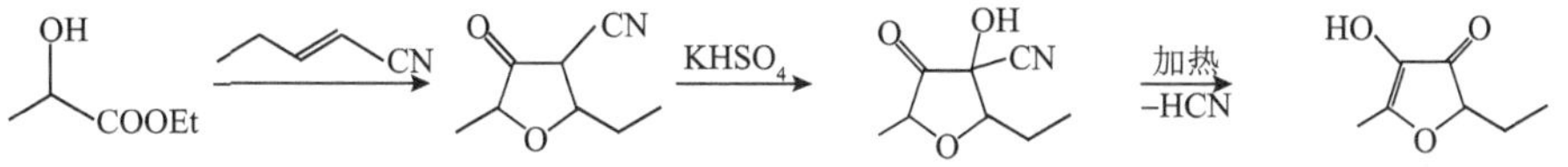

KHSO$_4$　加热 −HCN　2-乙基-4-羟基-5-甲基-3(2*H*)-呋喃酮

图 4.12　2-乙基-4-羟基-5-甲基-3(2*H*)-呋喃酮的合成

（10）蘑菇土腥风味

蘑菇土腥风味主要来自 1-辛烯-3-醇及二甲萘烷醇，其中 1-辛烯-3-醇提供蘑菇风味，因此又叫蘑菇醇。蘑菇醇的双键远离羟基及中等的链长，使其没有强烈的刺激味，而且可以通过生物合成。在双孢蘑菇中，借由亚油酸到 1-辛烯-3-醇的合成途径，通过基因调控生产蘑菇醇。除了蘑菇醇，一系列以 C_8 为主的醇和羰基化合物也能够产生蘑菇风味。蘑菇土腥风味主要由二甲萘烷醇提供，4-松油烯醇、2-乙基-3-甲硫基吡嗪、间苯二酚二甲醚等物质也能够提供土腥风味。

以上 10 种风味及所包含的风味物质，其中大多数是既可以在天然资源中获得又可以人工合成的。除烘烤焦香风味不能通过天然资源获得以外，其他几类风味物质虽然可以在天然资源中获得，但许多情况下受到效率和成本的限制，大规模生产时仍会采用人工合成的方法。而除了以上提到的 10 种风味以外，还有肉汤风味、肉香风味、脂肪酸败风味、奶油黄油风味、芹菜汤风味和含硫葱蒜风味 6 种，其中脂肪酸败风味是不受欢迎的风味。

4.2.2　风味增效剂

风味增效剂是指用于增强食品和饮料中风味的物质，它们一般不会直接赋予食品新的味道，而是通过增强已有风味的方式来提升整体的口感体验。根据来源和性质，风味增效剂包括天然香精、人工合成香精、食物添加剂及植物提取物等。在食品工业中最常用的人工合成风味增效剂是谷氨酸钠、5′-肌苷酸钠和 5′-鸟苷酸钠。

（1）增效原理

风味增强效果与分子结构息息相关。例如，5′-核苷酸钠 6 号位上的羟基是风味增强的关键[2]，如果失去羟基，它将失去风味增效作用。对于 2-硫代核苷酸，取代硫元素能够增强其风味增效功能。在实际使用过程中，谷氨酸钠能够显著增强甜味和咸味，而 5′-核苷酸能增强甜味和酸味。

风味增效剂的作用原理与其结构的关系尚未完全探明，目前已知鲜味风味物质对应的鲜味受体是被称为 G 蛋白偶联受体的 T1R1 和 T1R3。T1R1/T1R3 异构体被谷氨酸、天冬氨酸和茶氨酸等 L-氨基酸选择性激活，并识别 5′-核糖核苷酸呈现的鲜味刺激。谷氨酸结合到捕蝇草结构域（VFTD）的结合位点上，诱导结构域关闭，由此触发电信号，使大脑意识到鲜味物质；而位于 VFTD 开放位点的核苷酸则增强了这种封闭构象的稳定性，从而增强了鲜味感知的强度。

（2）谷氨酸的人工合成

常用的风味增效剂已经能够进行大规模工业化生产。例如，利用谷氨酸棒杆菌生产 L-谷氨酸，是目前应用最为广泛的谷氨酸工业生产方法。自 20 世纪发现该生产方法后，针对该生产工艺的优化一直未停止，已由简单的优化生产条件和参数，发展到借助基因工程等新兴技术来实现谷氨酸的高密度生产。例如，运用基因重组技术，构建重组谷氨酸棒杆菌菌株，该菌株过表达 L-半胱氨酸生产组合基因，进而提高谷氨酸产率。通过丝氨酸乙酰转移酶（CysE）、*O*-乙酰丝氨酸巯基化酶（CysK）和转录调节因子 CysR 联合过表达，使得 L-半胱氨酸加速生成，进而大幅提高谷氨酸产率，使其产量成功地提高了约 3 倍。

（3）其他风味增效剂

除了谷氨酸等 L-氨基酸，还有许多其他风味增效剂，如牛肉风味肽、阿拉吡啶盐[*N*-(1-羧乙基)-6-羟甲基-吡啶-3-醇内盐]、甜味增效剂等。牛肉风味肽是一种从牛肉木瓜蛋白酶消化液中分离的八肽，具有增强牛肉风味和鲜味的作用。阿拉吡啶盐是一种独特的风味增效剂，能同时增强咸、甜和鲜三种味道，并且它降低阈值的能力很强，所以深受食品行业青睐。

甜味增效剂的种类很多，包括麦芽酚、香兰素等。麦芽酚及其衍生物是一种广谱甜味增效剂，常被用于果酱、巧克力、水果制品等甜食中。其主要衍生物是乙基麦芽酚，完全需人工合成，相比麦芽酚有更强的风味增效能力。香兰素及其衍生物同样常被用于甜食中，能够提供香草味的风味特征。通过人工合成可以生产乙基香兰素，环上三号位连接的乙氧基赋予了乙基香兰素更强的效用。

合成风味物质和风味增效剂在食品工业中扮演着重要角色，它们为食品生产提供了灵活性和创新性，同时也满足了消费者对口味多样性和新颖体验的需求。未来合成风味物质和风味增效剂的发展方向将更加注重健康、天然、个性化和新技术的应用，以满足现代消费者对食品品质和口味的更高追求。

4.3　食品风味物质在加工过程中的化学变化

在食品加工过程中，风味物质的改变和产生会极大地影响食品的质量与特征品质。对食品风味物质进行深入研究、开发与利用，有助于食品产业的发展。本节着重介绍食品在加工或制作过程中风味物质的改变和产生，以及不同化学反应对风味物质的影响。

4.3.1　焦糖化反应

焦糖化反应是糖类尤其是蔗糖和还原糖在没有氨基化合物存在的情况下，加热到熔点以上温度时（一般是 140～170℃甚至以上），糖类发生脱水与降解，并伴随褐变反应。焦糖化反应在酸碱条件下都可以进行，一般在碱性条件下反应速率更快。糖类在强热条件下生成两类物质：一类经脱水生成焦糖，另一类在高温下裂解生成小分子醛酮类，进一步缩聚生成深色物质。

在加热过程中，糖分子由于发生脱水作用而引入双键或环化。在酸性条件下，单糖经加热后会产生多种糠醛、呋喃及异麦芽糖醇等。在形成焦糖香气过程中，烯醇化是还原糖形成呋喃类和吡喃类物质必不可少的一步，可以生成重要的中间产物，即烯二醇。不同的还原糖会形成不同的烯二醇，已糖较容易生成 1,2-烯二醇，而戊糖则更易生成 2,3-烯二醇。烯醇化反应也称为 Lobry de Bruyn-Alberda van Ekenstein 转化（图 4.13），烯二醇可通过消去反应去掉一分子水形成脱氧糖酮，由于脱氧糖酮含有多个羟基，因而可以进一步脱水，最终形成结构稳定的呋喃和吡喃。

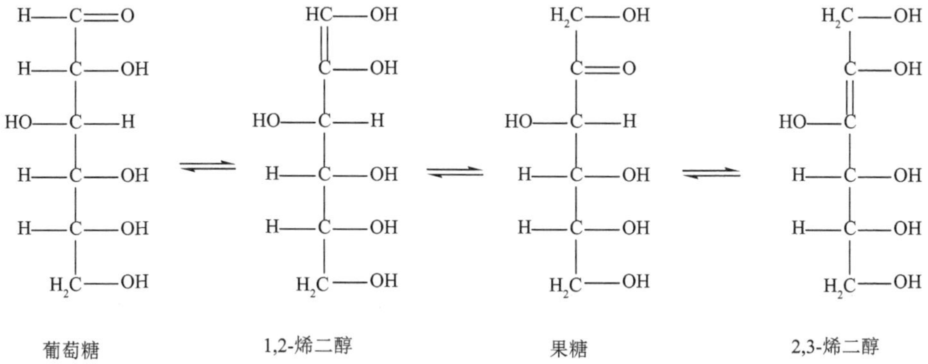

葡萄糖　　1,2-烯二醇　　果糖　　2,3-烯二醇

图 4.13　葡萄糖与果糖的烯醇化反应

当 pH 为 8～10 时，加热葡萄糖可以形成其他香气化合物，如二氢呋喃酮、

环戊烯酮、环已烯酮、吡喃酮，其中环戊烯酮是典型的焦糖类香气的代表，它们的形成经历了烯醇化、脱水和羟醛缩合。图 4.14 显示了 2-羟基-3-甲基-2-环戊烯酮的形成途径。若用 1-羟基-2-丁酮或 3-羟基-2-丁酮替换羟基丙酮分子，则可通过相同的途径生成 2-羟基-3-甲基-2-环戊烯酮或 2-羟基-3,4-二甲基-2-环戊烯酮。

2-羟基-3-甲基-2-环戊烯酮

2-羟基-3,4-二甲基-2-环戊烯酮

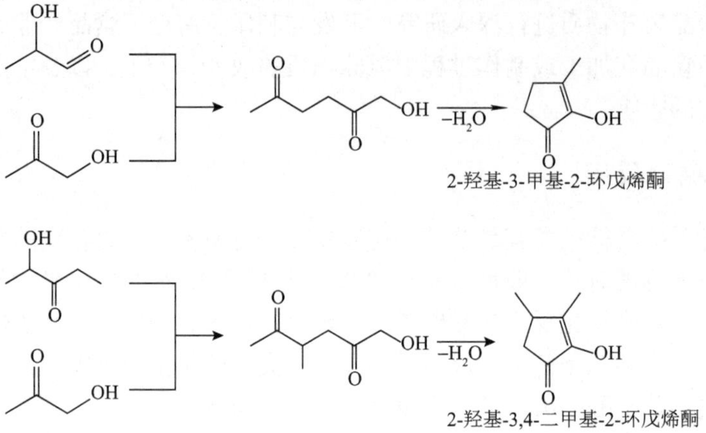

图 4.14　2-羟基-3-甲基-2-环戊烯酮与 2-羟基-3,4-二甲基-2-环戊烯酮的形成

4.3.2　美拉德反应

美拉德反应是食品中氨基化合物（胺、氨基酸、肽和蛋白质）和羰基化合物（还原糖类）发生的一系列化学反应，在食品的加工过程中广泛存在[9]。食品经历美拉德反应后会形成多种风味物质，同时伴随着褐变反应。例如，新鲜出炉的面包、牛排、一杯现煮的咖啡或者一块巧克力都会伴随着美拉德反应。美拉德反应是食品色泽和香味产生的主要来源之一（表 4.3）。

表 4.3　氨基酸的香味类型

香味类型	氨基酸种类	分子式
焦糖香气	甘氨酸	$C_2H_5NO_2$
	丙氨酸	$C_3H_7NO_2$
	酪氨酸	$C_9H_{11}NO_3$
	天冬氨酸	$C_4H_7NO_4$
巧克力香气	缬氨酸	$C_5H_{11}NO_2$
烤面包香气	组氨酸	$C_6H_9N_3O_2$
	赖氨酸	$C_6H_{14}N_2O_2$

续表

香味类型	氨基酸种类	分子式
烤面包香气	脯氨酸	$C_5H_9NO_2$
紫罗兰香气	苯丙氨酸	$C_9H_{11}NO_2$
烤蔗糖香气	L-精氨酸	$C_6H_{14}N_4O_2$
土豆香气	L-甲硫氨酸	$C_5H_{11}O_2NS$
奶油糖果香气	L-谷氨酸	$C_5H_9NO_4$
烤干酪香气	L-亮氨酸	$C_6H_{13}NO_2$
	L-异亮氨酸	$C_6H_{13}NO_2$

美拉德反应是羰基和氨基之间的反应。食品中的羰基化合物大多数是还原糖，而氨基则来自氨基酸或蛋白质。美拉德反应过程中会生成超过 3500 种挥发性化合物，终产物是类黑素和一些非挥发性化合物，这些物质具有很低的感官阈值，因此它们对食品风味相当重要。值得注意的是，过度的美拉德反应会使加工食品的营养成分损失，特别是必需氨基酸如赖氨酸的损失。同时，由于氨基化合物的参与，美拉德反应在较低温度下（<100℃）即可发生。因此，在加工过程中应把握加工时间和加工温度，以避免褐变反应过度发生。

美拉德反应是一个十分复杂的化学过程，其本质是羰基化合物如醛、酮、还原糖及脂肪氧化物与含有氨基的化合物如胺、氨基酸、肽、蛋白质甚至氨之间的缩合反应。美拉德反应过程可以分为风味前体的形成、风味物质的形成和醛类/氨基酸碎片的缩合反应，每一阶段又可细分为若干反应（图 4.15）。目前已能较好地阐释该反应中低分子和中分子的形成机制，但对高分子聚合物的形成机制仍不明晰。

（1）风味前体的形成

风味前体的形成过程包括形成阿马道里重排产物（Amadori rearrangement product，ARP）、海恩斯重排产物（Heyns rearrangement product，HRP）和脱氧糖酮[10]。氨基化合物中游离氨基酸与羰基化合物的游离羧基缩合形成亚胺衍生物，该产物不稳定，随即环化成 *N*-葡萄糖胺。*N*-葡萄糖胺在酸的催化下经葡萄糖胺重排反应生成有反应活性的 1-氨基-1-脱氧-2-酮糖，即单果糖胺。此外，酮糖还可与氨基化合物生成酮糖胺，即酮糖经海恩斯重排转变成活性中间体 2-氨基-2-脱氧-1-醛糖。美拉德反应初级产物不会引起食品色泽和香味的变化，但其产物是不挥发性香味物质的前体成分。

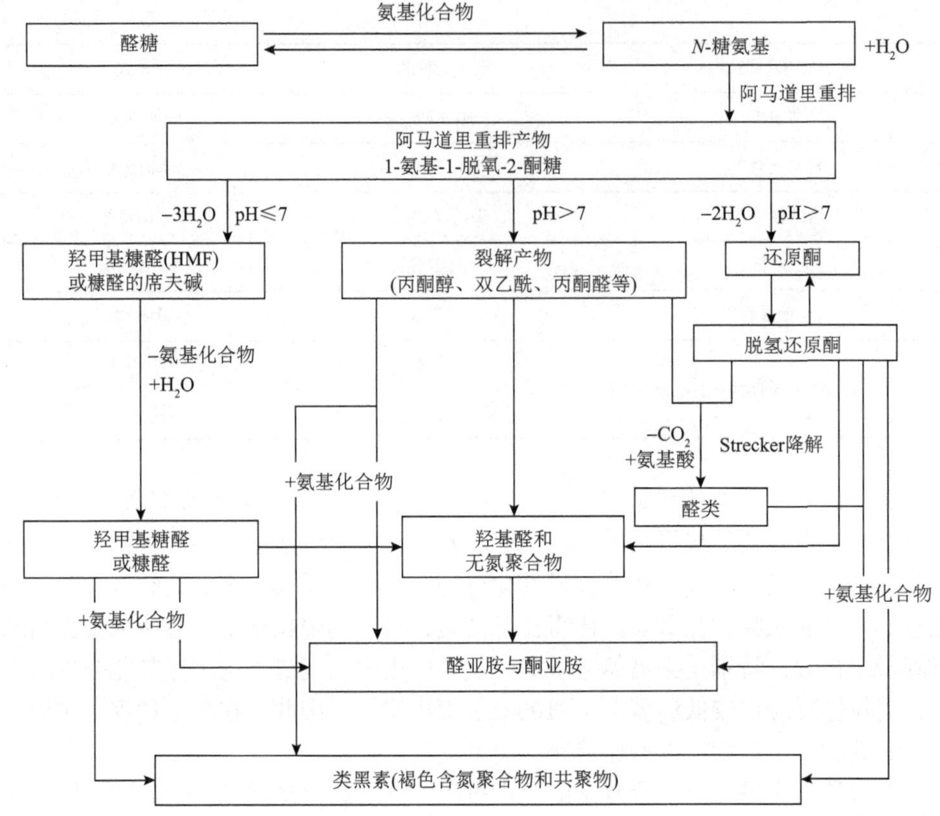

图 4.15 美拉德反应基本途径

（2）风味物质的形成

活性中间体 2-氨基-2-脱氧-1-醛糖是不稳定的，经过烯醇化与逆迈克尔加成反应失去氨基酸或氨基，形成 1-脱氧糖酮、3-脱氧糖酮和 4-脱氧糖酮。脱氧位置的选择性与反应体系 pH 和反应物氨基酸氨基的碱性有关。在此阶段，阿马道里重排产物有 3 种不同的反应路线。

一是在酸性（pH≤7）条件下烯醇式与酮式的互变异构，之后在酸的作用下，C3 上的羟基脱水，形成碳正离子；碳正离子发生分子内重排，失去 N 上的质子而形成席夫碱，然后经过烯醇式和酮式的重排得到 3-脱氧奥苏糖；其 C3 和 C4 之间会发生消去反应形成烯键，最后 C5 上的羟基与 2-羰基发生半缩酮反应而成环，消去一分子水形成羟甲基糖醛糠醛。

二是在碱性条件下进行 2,3-烯醇化反应，产生还原酮类及脱氢还原酮类。

三是继续进行裂解反应形成含羰基或二羰基化合物，或与氨基进一步氧化降解。在 Strecker 降解中，α-氨基酸与 α-二羰基化合物反应，失去一分子 CO_2，形成少一个碳原子的醛类及烯醇胺，这些特殊醛类是造成食品不同香气的因素之一。

（3）醛类、氨基酸碎片的缩合反应

该阶段主要为醛类和胺类在低温下聚合生成高分子的类黑素的过程。此阶段反应相当复杂，会产生众多活性中间体，如葡萄酮醛、3-脱氧糖酮、羟甲基呋喃、不饱和醛亚胺等。活性中间体还可以继续与氨基酸发生反应，最终生成类黑素——褐色含氮色素。此阶段反应机制尚不清楚，但可以确定的是，碱性条件下的碳水化合物裂解与褐变显著增强有关。

4.3.3 脂质氧化降解

在食品加工过程中除焦糖化反应、美拉德反应外，脂质氧化降解也会对食品的风味产生一定的影响。一提到脂质氧化降解，人们可能会想到由于油脂氧化分解而产生的不良风味，但实际上脂质氧化降解也会产生许多令人愉悦的风味物质。例如，食品在煎炸一段时间后会产生令人愉悦的风味，是由于煎炸过后的食品会发生脂质氧化降解产生酮、醛、酸等易挥发性化合物，产生特有的香气。脂质产生特征风味物质的途径主要包括氧化降解及降解产物的次级反应。首先，脂质在酶或加热的作用下分解为游离脂肪酸，其中不饱和脂肪酸如油酸、亚油酸、花生四烯酸等，因含有双键而易发生氧化反应，生成过氧化物。这些过氧化物进一步分解为酮、醛、酸等挥发性羰基化合物，产生特有的香气。而另一些含有羰基的脂肪酸经过脱水环化生成具有令人愉悦气味的内酯类化合物。其次，热降解产物还可以继续与脂质间的蛋白质、氨基酸发生非酶褐变，形成的杂环化合物也具有某些特征香气。

（1）脂质的非酶氧化降解途径

具有挥发性的脂肪酸二级产物的形成对于食品品质及保质期有着重要的影响。由于活性氧在食品内部和环境中含量丰富，因此绝大多数的食品都处于氧化过程中。活性氧的形成与化学反应、光化学反应及酶的存在有关，活性氧可以与食物中的蛋白质、糖和脂类发生化学反应，从而生成风味化合物，也正是这些活性氧的存在，使得脂质可以进行非酶氧化降解。脂肪酸氧化形成风味化合物的过程遵循自由基自动氧化和单线态氧氧化两条途径。

食品中脂质氧化动力学存在一个诱导期，之后会进入指数增长阶段，氧化产物开始快速形成。脂肪的自动氧化受多种因素的影响，如氧浓度、促氧化剂和抗氧化剂、食品与氧的接触面、脂肪酸的不饱和度、贮存条件等。当不饱和酰基酯类与空气接触时就会发生自动氧化，自由基反应是该过程的主要步骤，包括链引发、链传递和链终止三个主要阶段。

在链引发阶段，食物中已形成或存在自由基。该阶段需要较高的活化能，所以反应较难进行，因此链引发阶段对自动氧化反应的初始影响很小。链传递阶段包括烷基自由基和氧气形成过氧化物自由基，以及过氧化物自由基和烷氧自由基与脂肪酸反应分别生成烷基自由基、氢过氧化物和氢氧化物，此阶段是整个反应的限速步骤。链终止阶段通常被描述为一组碰撞反应，其中自由基相互反应形成稳定的、非自由基的最终产物。在氧气充足的条件下，所有酰基自由基都转化为过氧化物自由基，然后通过两个过氧化物自由基的碰撞而终止。在氧气不足的情况下，可通过两个烷基自由基碰撞或者一个烷基自由基和一个过氧化物自由基碰撞而终止。

（2）脂质的酶促氧化降解途径

在动物、植物和真菌中发现油脂不仅可以自身氧化，还可以被酶催化发生降解。在植物性食品的加工过程中，植物组织会被破坏，使得原本完整的细胞结构中的酶和底物混合在一起，进而引发一系列的酶促反应及挥发性物质的形成。脂肪氧化酶在食品加工中受到广泛关注，因为它可以影响食品的颜色与味道，其中多酚氧化酶和抗坏血酸氧化酶会引起酶褐变，使得食物颜色发生变化。而脂氧合酶可以催化多不饱和脂肪酸的氧化及类胡萝卜素的共氧化，导致食品营养的流失并形成新的风味。

（3）脂质的酶解降解途径

事实上，并非所有的脂类形成的香气都是由脂肪酸氧化形成的。甘油三酯作为游离脂肪酸的来源，通过脂质降解过程释放游离脂肪酸，并进一步转化为甲基酮，羟基脂肪酸转化为内酯。短链脂肪酸也会产生自身独特的气味，如丁酸和己酸会产生强烈的气味，但癸酸或月桂酸的气味则相对缓和一些。这些不同风味化合物的形成都需要脂肪分解酶的参与，脂肪分解酶根据不同的特征和特异性可分为酯酶和脂肪酶，酯酶可水解 2～8 个碳原子的酯链，脂肪酶可水解超过 10 个碳原子的酰基链，酯酶在水溶液中活性较高，而脂肪酶在乳化基质中活性较高。

（4）脂质降解的次级反应

油脂不仅可以通过降解脂肪酸来形成风味物质，还可通过其他反应途径产生风味，其中最主要的就是美拉德反应。油脂及降解产物参与美拉德反应的方式主要有 4 种，即油脂降解产物与 Strecker 降解产物氨及半胱氨酸的氨基反应、磷脂酰乙醇胺的—NH_2 与糖发生羰基反应、油脂氧化产生的自由基参与美拉德反应、羟基或羰基脂类降解产物与美拉德反应产生的游离硫化氢反应。此类反应可以使食品在加工过程中产生自身独特的风味。

4.3.4 氨基酸降解

蛋白质分解在食品感官中十分重要，因为其会产生众多感官特征有关的化合物。在食品生物加工过程中，蛋白质被蛋白酶分解，产生的肽再由肽酶（氨肽酶和羧肽酶）水解成氨基酸（图 4.16），然而肽和氨基酸并不具有挥发性，因此不能被嗅觉受体感知，但味觉神经可以感知肽和氨基酸，所以氨基酸的降解与加工食品的适口性有关。肽具有酸、甜、苦、咸、鲜等滋味特征，苦味很少有消费者可以接受，所以经常设计多种加工方式避免苦味的形成。

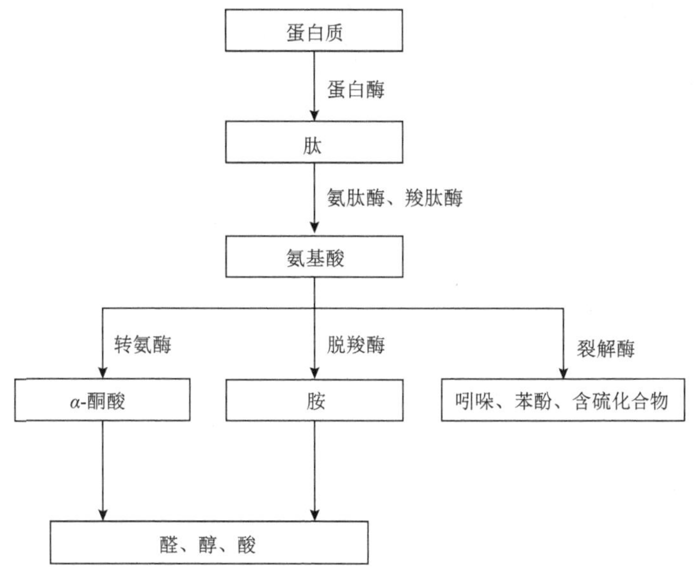

图 4.16 蛋白质和氨基酸分解的一般过程

氨基酸分解后可产生大量且种类繁多的挥发性化合物。在自然界中有许多植物和微生物都可以分解氨基酸，使用微生物发酵易于控制氨基酸分解，在发酵类食品中广泛使用它，因此对微生物（细菌和真菌）介导的氨基酸发酵途径的研究也较多。

氨基酸的分解作用会导致支链或苯醛、醇、酸或酯的生成。除此之外，氨基酸的分解也可以生成含氮化合物，如胺、吡嗪和吡啶。同时含硫氨基酸（甲硫氨酸和半胱氨酸）是含硫化合物的来源之一，包括硫醇、多硫化物和硫代乙酰基，以及多种杂环化合物如噻吩、噻唑和羊毛硫氨酸。在富含氨基酸食品的热加工过程中，氨基酸及其降解产物会参与到美拉德反应中，让食品具有更为丰富的风味物质。在食品发酵过程中，氨基酸也可以作为扰乱细胞新陈代谢的代谢物来源。例如，丙氨酸能够诱导细菌、真菌、叶绿体合成萜类物质。

氨基酸也能够固定挥发性化合物，并成为新的挥发性化合物的来源，如半胱氨酸前体。在这种情况下，氨基酸可以促进挥发性前体的合成，这一途径在百香果、葡萄和葡萄酒中尤为普遍。

氨基酸产生风味物质的过程大致分为 5 条途径：Ehrlich-Neubauer 途径、氨基酸侧链的分解、风味物质的半胱氨酸固定化、氨基酸 Ehrlich-Neubauer 降解产物与糖降解产物的缩合及氨基酸的环化。虽然都与氨基酸的降解有关，但是每条途径所产生的风味物质有很大的差别。

（1）Ehrlich-Neubauer 途径

Ehrlich-Neubauer 途径是微生物分解氨基酸最常见的途径。此途径中氨基酸在转氨酶的作用下生成 α-酮酸，α-酮酸可进一步脱羧产生比原始氨基酸少一个碳的醛、醇和酸。同时，Ehrlich-Neubauer 途径中产生的酸很容易进一步与由同一代谢途径或其他途径产生的醇合成一系列酯类物质。在 Ehrlich-Neubauer 途径中，脱氨/转氨往往是氨基酸代谢的限速步骤。例如，乳制品中的乳酸菌依靠此步骤控制自身代谢过程。

在 Ehrlich-Neubauer 途径中，醛还可通过氨基酸脱羧后再转氨基生成。醛在此途径中常常作为中间产物，因为醛在氧化条件下可以转化为酸，而在还原条件下，醛可以被还原为具有花果香的醇。

（2）氨基酸侧链的分解

不同的氨基酸含有的侧链基团不同，加工过程中可以通过不同的侧链基团来产生不同的风味物质。例如，酪氨酸-苯酚裂解酶可以将酪氨酸的侧链基团降解，而色氨酸-吲哚裂解酶可以降解色氨酸的侧链基团，两种基团降解后可以生成苯酚和吲哚，所有的酵母和细菌都可以通过发酵来产生吲哚。

在干酪中，含硫化合物主要来源于甲硫氨酸-γ-去甲硫醇酶裂解碳-硫键引起的甲硫氨酸降解。甲硫氨酸是甲硫醇的前体，而甲硫醇的氧化可以产生二甲基二硫醚和二甲基三硫醚，这是甲硫氨酸产生的主要风味物质。而许多微生物可以利用甲硫氨酸生成甲硫醇，从而产生不同的风味物质。

（3）风味物质的半胱氨酸固定化

半胱氨酸的巯基是反应活性较强的基团，因此半胱氨酸可以与一些醛、酮或不饱和化合物反应，将这些物质固定化为硫醇类物质。固定挥发性化合物的分子可以是游离的半胱氨酸，也可以是以氨基酸残基形式存在的谷胱甘肽。此过程存在于葡萄酒中，影响着葡萄酒的风味，其原因是半胱氨酸可以将固定化的风味化合物在酵母裂解酶的作用下以游离的硫醇形式释放出来，而硫醇的嗅觉阈值往往很低，对葡萄酒风味的形成贡献很大。

（4）氨基酸 Ehrlich-Neubauer 降解产物与糖降解产物的缩合

丙氨酸通过 Ehrlich-Neubauer 途径可脱氨基生成丙酮酸，这会严重干扰生物的正常形成代谢。该途径主要存在于叶绿体、细菌和真菌中。叶绿体中的单萜烯就是通过这种途径构建的，而倍半萜是在细胞质中合成的，因此该过程需要中间体从质体流入细胞质中。

（5）氨基酸的环化

美拉德反应和微生物都可以产生吡嗪，吡嗪是一种十分具有辨识度的风味化合物，主要带来坚果或蔬菜的香气。一些发酵食品如纳豆的特征风味就与吡嗪密切相关。枯草芽孢杆菌、谷氨酸棒杆菌等微生物都可以利用聚烷基吡嗪类和甲氧基吡嗪类合成吡嗪。现如今在食品加工过程中主要使用细菌来实现纯吡嗪的生成，这些产物可以被用作天然的调味剂。

食品的风味加工过程并不是单一的，而是多种反应共同进行、相辅相成的。伴随着国家城市化进程和经济社会的高速发展，人们对高营养价值、膳食搭配合理、具有良好风味的食品的需求越来越大，这也促进了食品加工业的基础科学和应用技术的研究。在基础研究领域，食品加工风味的形成与维持成为研究热点，其影响因素涉及食品原料及辅料、加工工艺、包装贮运等关键环节。只有厘清食品的风味形成及维持机制，食品风味和品质保障技术的研发才有据可依。未来的研究重点是进一步探究加工食品风味的形成途径，揭示各加工工艺环节温度、湿度、气流、光照、氧化还原等关键因素的影响机制，研发调控风味形成与维持的应用技术，可使不同食品具有独特风味，并且确保食品的优异品质。

4.4　风味物质与其他成分互作

人们对风味的感知主要取决于风味物质的分子组成，以及风味物质在食品基质中的释放或保留程度。风味物质的释放和保留程度主要受以下因素影响：①风味物质自身的化学性质，如疏水性、亲水性和挥发性；②介质组成，如脂质、蛋白质、盐、糖等；③环境条件，如温度、pH、离子强度、压力、氧化条件等。研究表明，极性较高的化合物在水中的溶解度也相对较高，在通过干燥工艺进行封装的情况下，水溶性越高的风味物质越易损失。在给定的环境条件下，风味物质与食品基质成分如蛋白质、多糖、脂质等的相互作用较大程度决定了其释放和稳态化。因此，可以通过改变产品的配方和组成，从而改变风味物质与基质成分的相互作用，进而改善食品的风味。

4.4.1　风味物质与其他成分互作机制

（1）脂质

脂质一般通过对风味物质感知、风味物质稳定性和风味物质的生成等途径来影响食品的风味。在含有脂质的食品体系中，风味物质按照物理分配定律在脂质和水相之间进行分配。几乎所有体系在较高固体脂肪含量下的风味释放都较低，这可能是晶体排阻效应造成的。当食品中有脂质成分存在时，食品中的蛋白质与风味物质的保留更为明显。举例来说，当在水中加入 1%的植物油后，脂肪族醛类化合物的气味阈值会明显降低，由于疏水性较强，这种效果在同系物中尤为明显。在法兰克福香肠中，脂肪含量的减少会增加高分子量风味物质的释放；在酸奶中，脂肪含量的增加会显著降低风味物质的气味强度；在奶酪中，全脂奶酪味道更浓郁，减脂奶酪的味道更明显、持久。

（2）蛋白质

食品基质中的蛋白质通常被认为是一种营养和功能成分，它不仅为人类提供必需的氨基酸，还具有起泡性、乳化性、凝胶性及风味结合性等功能特性。食品基质中的蛋白质本身没有风味，但在食用时，它们可以结合或吸收风味物质，从而影响风味的感知。

蛋白质分子能够螯合亲脂性风味物质，导致不良风味物质传递到食品中，严重影响食品的感官和食用品质。这种异味特性的传递常在一些含有乳清蛋白和大豆蛋白的产品中观察到，使得产品中存在一定的豆腥味。此外，由不饱和脂肪酸氧化产生的不良风味物质如醛、酮、醇等，也可以通过非共价或共价结合蛋白质中特定的氨基酸残基，进而修饰食品的风味特征。蛋白质由于自身的乳化性和稳定性等功能特性，经常被用作食品配料。其中，β-乳球蛋白由于突出的乳化性，能与醛、酮、酯等风味物质相互作用，蛋白质溶液中的风味分配模型如图 4.17 所示。研究表明，酯类、醛类、酮类和醇类的同源系列风味物质的疏水性与蛋白质的结合作用呈现线性相关关系。疏水性越强，它与蛋白质的结合能力越强，疏水性越弱，它与蛋白质的结合能力则越弱，说明这些风味物质极有可能与蛋白质的疏水区域相结合，同时也可以与脂肪酸相结合。也就是说，在风味物质与蛋白质相互作用过程中，蛋白质和风味物质的疏水性呈正相关关系。由于蛋白质与风味物质的化学结构和官能团不同，目前存在多种理论来解释蛋白质与风味物质的相互作用。研究人员倾向于认为风味成分与蛋白质的结合强度顺序为：醛类>酮类>醇类。

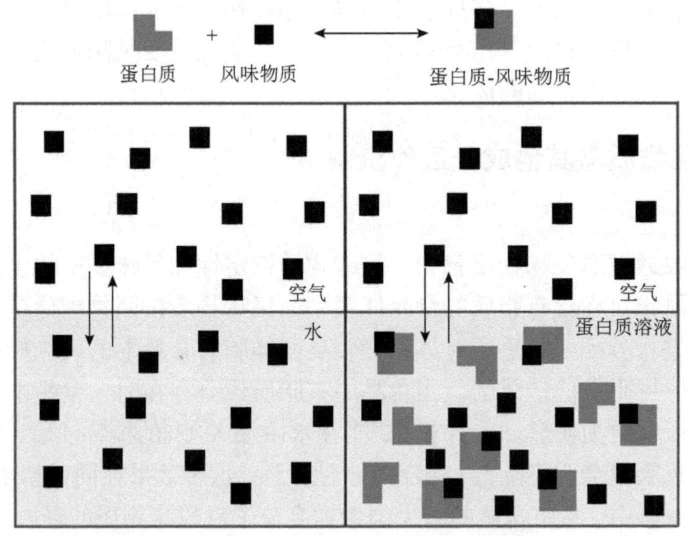

图 4.17　蛋白质溶液中的风味分配模型示意图

蛋白质与风味物质的相互作用主要表现为可逆或不可逆作用。其中，共价键介导的酰胺、酯类的形成，以及醛类和巯基的缩合作用是不可逆的。一些风味物质可以通过共价结合的方式与蛋白质的侧链相互作用，包括醛基-赖氨酸和胺基-羰基等，这些相互作用通常是不可逆的。非共价键介导的疏水作用、静电相互作用、氢键作用和范德瓦耳斯力的相互作用是可逆的，含硫化合物与蛋白质的结合也可以归类为共价相互作用。只有通过非共价作用力与蛋白质相互作用的风味物质才有利于改善含蛋白质食品的风味，可逆结合的作用可用于减少加工过程中的风味损失，并在食用过程中重新释放风味成分，而不可逆作用则在去除食品中的异味方面发挥着重要作用。蛋白质与风味物质相互作用的类型如表 4.4 所示。

表 4.4　蛋白质与风味物质相互作用的类型

相互作用类型	键合作用	风味物质类别
非共价键相互作用	氢键、疏水相互作用、静电相互作用、范德瓦耳斯力等弱作用力	醇类、酚类
共价键相互作用	通过共价键将风味物质与蛋白质结合	糖类衍生物
离子键相互作用	通过正、负电荷的吸引形成的相互作用	无机盐、有机酸
疏水相互作用	基于亲水和疏水性质的相互作用	脂类
金属离子催化作用	风味物质与蛋白质结合涉及金属离子	金属元素

另外，蛋白质可作为理想的风味载体，用来稳定和保留食品中的风味物质。若在加工过程中得以保留，风味物质应与包括蛋白质在内的食品基质紧密结合，但在咀嚼过程中食物的味道必须立即释放。这些矛盾的需求激发了科学家寻求食品基质中风味释放和保留的平衡机制。

一般而言，挥发性化合物的损失会随着食品基质中蛋白质含量的增加或脂肪含量的减少而发生。由于蛋白质化学结构的多样性，风味物质与蛋白质的相互作用比脂类、碳水化合物和其他食品组分更加多样。蛋白质构象状态的化学或物理变化也会明显改变其风味结合特征（如疏水区域、蛋白质末端基团等）。未折叠或适度变性的蛋白质可以提供大量具有强或弱作用力的结合位点来吸引具有活性基团的风味配体。蛋白质的侧链也可以提供包括非共价作用力和共价作用力在内的多重作用力。因此，任何影响蛋白质结构的因素都可以改变蛋白质与风味物质结合的能力。风味物质与蛋白质的结合作用如图 4.18 所示。此外，风味物质的稳定性和反应活性在其与蛋白质的相互作用中也起着关键作用。

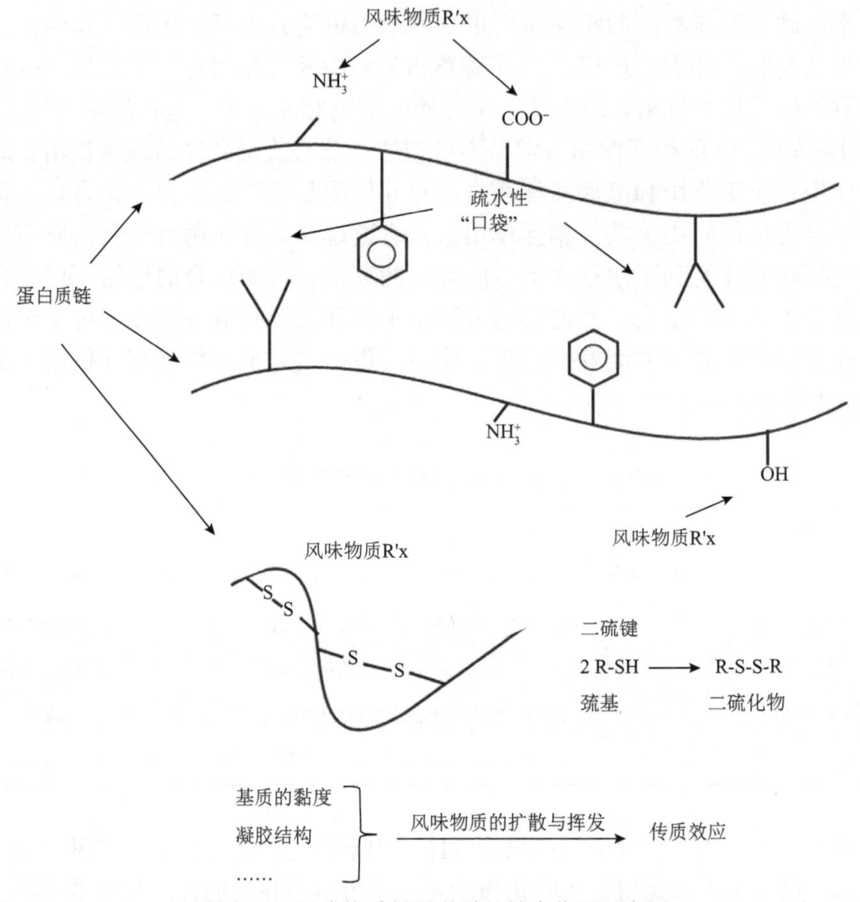

图 4.18　风味物质与蛋白质的结合作用示意图

由于真实的食品系统非常复杂，风味物质可能同时与食品基质中的其他成分如水、脂类、碳水化合物、维生素和矿物质等发生作用。尽管如此，对于乳制品和肉制品等蛋白质含量丰富的食品，蛋白质仍被认为是造成风味损失或释放的主要成分。与此同时，“三减食品”（减盐、减糖、减脂）的倡议被提出，低脂或脱脂食品体系的发展趋势日益提升。为减少食品中碳水化合物、脂肪等原料的摄入，食品中蛋白质的使用也在不断增加，这就需要对食品基质中的蛋白质和风味物质的相互作用机制有更多、更深入的了解。

（3）碳水化合物

单糖、多糖等碳水化合物作为主要产品和食品添加剂被广泛应用于食品工业中。在冰淇淋、饮料、果冻、酱油等食品中，碳水化合物经常被用作甜味剂、增稠剂、稳定剂和胶凝剂。近年来，由于消费者健康意识提高，碳水化合物的应用逐渐扩展到减脂产品领域。此外，多糖也是最常见的诱导风味物质的基质，较多研究表明，碳水化合物会影响挥发性风味物质的保留和释放。

碳水化合物对于风味物质的影响是多样且难以预测的，根据其结构、种类的差异而具有不同的作用机制。对于同一类别的风味物质，碳水化合物的保留能力随挥发性风味物质分子量的增加而增加。一般来说，挥发性风味物质的分子量越大，风味物质在基质中的扩散速率越低，越容易被碳水化合物基质所保留，而低分子量的风味物质由于尺寸较小，更容易扩散和释放。通常风味物质的极性越高，在水中溶解性越大，越容易被基质所保留。相反，其极性越弱，越易挥发。例如，与酯类和酮类相比，麦芽糖对醇类的保留效果更好。碳水化合物会改变风味物质相对于水的挥发性，但这种影响取决于特定风味物质和碳水化合物分子之间的相互作用。一般来说，单糖和双糖会产生盐析效应，导致风味物质相对于水的挥发性增加。由于功能基团的多样性，复合碳水化合物提供了比单糖更多的化学作用可能性。在模拟系统中，多糖通常会因黏度增加或与风味物质的分子相互作用而导致香味释放的减少。

淀粉是最常用的风味物质的食品基质，也是最常见的多糖结构之一。直链淀粉和支链淀粉均对风味物质有结合作用，特别是直链淀粉，能够与小分子配体（如脂肪酸、乳化剂、醇、酮、醛、酚、苯、碳氢化合物、碘等）形成分子络合物。直链淀粉是由 α-(1-4)-连接的 D-葡萄糖单元的线形多糖和极小的 α-（1-6）-交联分支组成的线形聚合物。最著名、研究最广泛的为 Vh-直链淀粉，它具有明显亲水的外表面和明显的疏水通道，因此 Vh-直链淀粉有可能成为风味包合物的载体[11]。在 Vh-直链淀粉与风味物质络合过程中，配体的疏水部分被包裹在直链淀粉的中心螺旋腔中，形成 Vh 排列。其中，配体既可以包含在直链淀粉螺旋的空腔中，也可以包含在螺旋间隙中。形成的包合物的总螺旋直径约为 1.35nm，通道宽度为 0.54nm，轴向节距为 0.81nm/圈。风味物质的亲脂性部分可以保留在淀粉螺旋结构内的疏水区域，并且风味物质含有羟基的极性部分位于螺旋结构之外。此外，直链淀粉含量高的淀粉往往会结合更多的风味物质。大多数风味物质都是具有短碳链的小分子，一般呈环状结构，从疏水性的角度看，油脂与大多数风味物质具有相似的性质，风味物质的水分散性普遍较差。因此，可以通过与直链淀粉形成包合物来包裹风味物质，从而提高风味物质的稳定性，淀粉颗粒结构对于风味物质的包封情况如图 4.19 所示。

（4）盐类

盐类物质对风味物质的影响通常被称为盐溶或盐析效应。其通过改变蛋白质的构象，暴露疏水结合位点，导致其与风味物质的结合能力发生变化，进而影响风味的释放和保留。在水中加入盐溶液可以提高风味物质的浓度，虽远远超出在食品中添加的范围，但在风味物质的研究分析中是十分重要的。

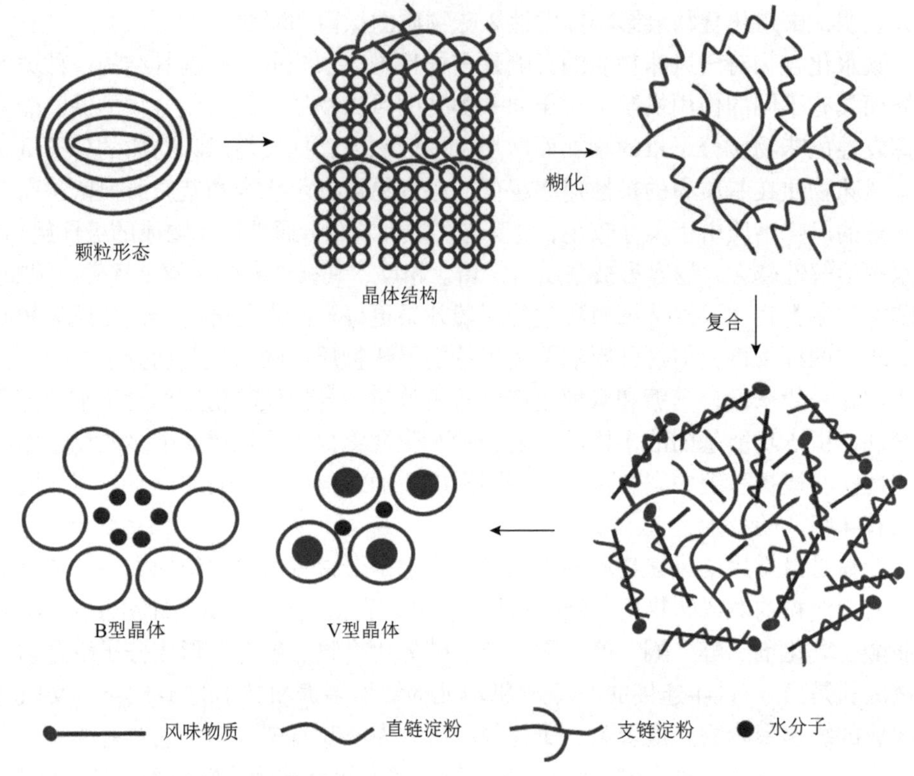

图 4.19　淀粉颗粒形态、晶体结构及与风味物质结合示意图

4.4.2　风味物质释放的控制

风味物质的释放可定义为风味物质在一定时间内从一种环境或状态向另一种环境或状态的迁移。风味物质的释放对于食品非常重要，甚至在食品放入口中之前，人们就可以对食品的质量和味道做出评估。在咀嚼食物的过程中，一些风味物质会在口腔中释放出来，并与进入鼻腔的空气混合，与气味蛋白相互作用，从而触发嗅觉传导。如图 4.20 所示，影响风味物质释放的因素和机制主要包括控制风味释放的热力学因素（分配系数）和动力学因素（如扩散和传质）、风味物质的化学结构、风味物质的理化性质（如挥发性和疏水性）、风味的初始浓度、风味物质与主要食品成分（如脂类、蛋白质、碳水化合物）的相互作用、食品口腔加工过程（如咀嚼速率、唾液流量、吞咽频率等）。

在食品加工过程中，通常会经历非常复杂的加工工序，在极端条件下，风味物质非常容易挥发和散失。为此，可以采用微胶囊技术对风味物质进行保护。但目前在食品工业中常用的喷雾干燥法已经无法满足食品加工的需求，而且在高温高湿的环境条件下，玻璃化的载体非常容易破裂，从而释放内部风味物质。开发形式新颖的载体对包封风味物质变得十分重要[12]。

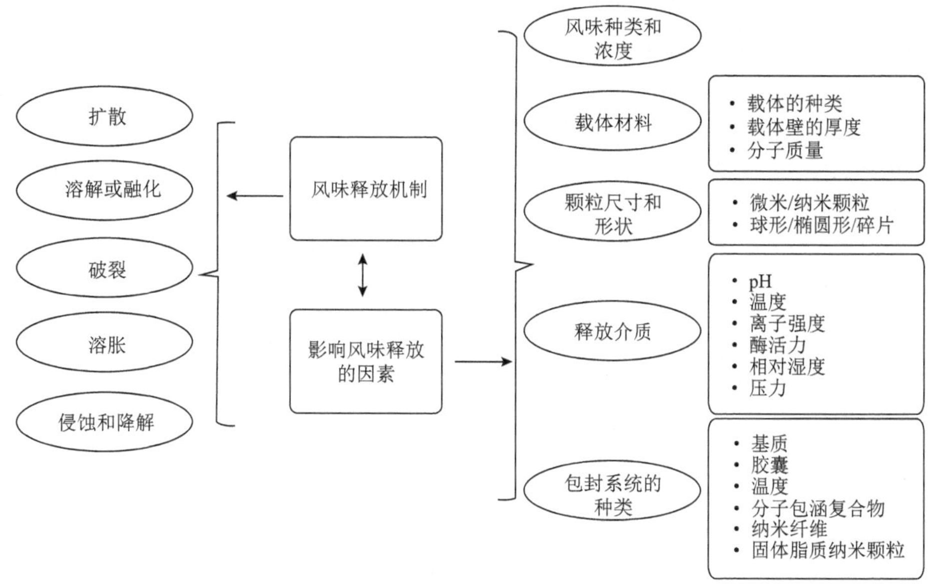

图 4.20　风味释放影响因素及释放机制

载体的分子量和化学成分会影响其阻隔性能。例如，分子量较高的载体材料可最大限度地减少风味物质的扩散。当无定形载体处于玻璃态时，其分子的流动性可能非常低，这与结晶相非常相似。从玻璃态向橡胶态的转变由玻璃化转变温度（T_g）来表征。当超过 T_g 时，具有较高分子量的无定形载体显示出更好的防止风味释放的保护作用；而当低于 T_g 时，低分子量基质比高分子量基质具有更好的贮藏稳定性，因为低分子量基质具有较低的孔隙率。

被封装风味物质的释放遵循特定的机制，通过 Avrami's 方程 $R=\exp[-(kt)n]$（其中，R 为风味物质在释放过程中的保留量；t 为时间；n 为释放机制的参数；k 为释放速率常数），可以确定风味物质的释放速率。一级反应动力学参数 n 为 1，扩散限制反应动力学参数 n 为 0.54。取两边的对数和方程的简化形，$\ln(-\ln R) = n \ln k + n \ln t$，利用该方程，参数 n 可由 $\ln(-\ln R)$ 对 $\ln t$ 作图确定，而释放速率常数 k 则由 $\ln t = 0$ 时的截留率确定。当风味释放现象主要由风味在载体基质内部的扩散控制时，n 值通常等于 0.5，称为半级释放；当被包封风味物质为液体时，则发生一级释放，n 为 1；在风味释放的初始阶段，$n > 1$。

4.4.3　风味物质的稳态化

风味是食品最重要的方面，风味物质的稳定性对食品品质属性起关键作用。

因此，防止食品中活性挥发性风味物质的降解或氧化，对维持食品工业的感官品质具有重要意义。食品风味的品质属性主要受以下因素的影响：食品风味物质的化学反应性，食品保存的环境（如光照性和氧气条件），食品基质体系及其组成成分（如蛋白质、脂肪、碳水化合物、过渡金属、自由基等），以及食品在热加工过程中的不稳定性（如形成褐色类黑素物质等）。在上述因素中，风味稳定性是最重要的因素之一，风味物质的结构与其可能发生的化学反应密切相关，活性官能团（如羰基、羟基和巯基官能团）的存在影响着风味物质的化学反应活性，使其易氧化、分解或聚合。例如，醛易被氧化成酸，胺易与金属离子形成络合物，萜烯在酸性条件下发生重排和异构化，这些易损性后果会对食品整体风味品质产生影响。目前，主要有两种方法用于稳定易挥发和易降解的风味物质，即利用包埋技术在风味分子表面形成包覆膜，或在食品材料上涂覆特殊材料[13]。其他常见的用于提高风味物质稳态化的手段如表 4.5 所示。

表 4.5　提高风味物质在食品基质中稳定性的方法

方法	描述	实际应用
调节 pH	调整食品的 pH 来影响风味物质的稳定性和溶解度	酸奶中调整 pH 以保留水果风味
包埋技术	利用脂质、蛋白质或碳水化合物基质将风味物质包裹起来，以减少挥发	将香精香料包埋于麦芽糖中添加到糖果中
使用抗氧化剂	添加抗氧化剂以延长风味物质的保质期，防止因氧化而发生变质	添加维生素 E 到油炸食品中以防止油脂氧化
控制温度	在低温下储存食品以减缓化学变化，抑制微生物活性	冷藏储存鱼类产品以延缓腥味的生成
包装技术	使用气体障碍性强的材料或改良包装以保护食品中的风味	使用氮气充填包装膨化食品以防止风味的氧化变质
控制水分活性	通过降低食品中的水分，减缓风味物质的损失和微生物的繁殖	添加食盐或糖以降低肉制品的水分活性
酶抑制剂	添加抑制特定酶活性的物质，以减少风味物质的降解	在果汁中添加抑制酶（如多酚氧化酶）以保持风味和色泽

最大限度地提高食品质量和市场竞争力的重要手段之一是改善产品风味，通过了解特定风味物质的化学结构和性质以及与其他食品基质的相互作用机制，对于控制其释放和稳态化具有非常重要的作用。在食品基质中，风味物质通常以不稳定、易挥发的形式存在，为了实现风味物质理想释放，首先需要在加工、贮藏过程中实现风味物质的稳态化，其次在食用时实现风味物质的充分释放。风味物质与其他食品基质成分的相互作用形式、特性对于整体风味物质的稳态化和释放起到十分重要的作用，其中涉及许多化学键能作用，包括氢键、疏水相互作用、

静电相互作用、范德瓦耳斯力等弱作用力在内的非共价键相互作用，共价键相互作用，离子键相互作用，以及金属离子催化作用。通过对风味物质自身的化学性质（如疏水性、亲水性和挥发性等），食品基质成分（如脂质、蛋白质、盐、糖等），环境条件（如温度、pH、离子强度、压力、氧化条件等）进行充分了解，可以更好地综合利用这些客观规律，这将有助于提高对食品风味物质的更广泛认识，通过进一步了解其中作用，掌握其中规律，挖掘其中潜力，从而可以更好地开发出风味好、品质佳的优良产品。

风味物质赋予了食品材料最重要的感官属性，它们可能存在于食品原料中，也可能在加工过程中形成，或在加工过程中根据消费者的需求添加。天然食品成分的固有风味物质赋予了食品原有的特定味道和香气，为了满足消费者日益增长的需求，化学合成风味物质起到了锦上添花的作用，通过精准控制合成风味物质的结构，可以得到多种多样的特征风味和风味增效剂。除此之外，风味物质与食品中其他组分的相互作用，以及在食品加工过程中发生的一系列化学反应，也会赋予食品独特的风味，并且在一定程度上决定了风味物质的稳态化和释放。

参考文献

[1] 张晓鸣, 夏书芹, 宋诗清. 食品风味化学. 2版. 北京：中国轻工业出版社, 2023

[2] 丁耐克. 食品风味化学. 北京：中国轻工业出版社, 2006

[3] XU L, ZHANG E, SUN S, et al. Main flavor compounds and molecular regulation mechanisms in fruits and vegetables. Critical Reviews in Food Science and Nutrition, 2023, 63 (33): 11859-11879

[4] AASLYNG M D, MEINERT L. Meat flavour in pork and beef: From animal to meal. Meat Science, 2017, 132: 112-117

[5] UTZ F, KREISSL J, STARK T D, et al. Sensomics-assisted flavor decoding of dairy model systems and flavor reconstitution experiments. Journal of Agricultural and Food Chemistry, 2021, 69 (23): 6588-6600

[6] QIAO L, WANG J, WANG R, et al. A review on flavor of Baijiu and other world-renowned distilled liquors. Food Chemistry: X, 2023, 20: 100870

[7] LIU L, CHEN X, HAO L, et al. Traditional fermented soybean products: processing, flavor formation, nutritional and biological activities. Critical Reviews in Food Science and Nutrition, 2020, 62 (7): 11-19

[8] SURBURG H, PANTEN J. Common Fragrance and Flavor Materials: Preparation, Properties and Uses. 6th ed. Hoboken: John Wiley Sons Inc, 2016

[9] NURSTEN H. The Maillard Reaction Chemistry, Biology and Implications. Cambridge: Royal Society of Chemistry, 2005

[10] CUI H, YU J, ZHAI Y, et al. Formation and fate of Amadori rearrangement products in Maillard

reaction. Trends in Food Science & Technology, 2021, 115: 391-408

[11] CONDE-PETIT B, ESCHER F, NUESSLI J. Structural features of starch-flavor complexation in food model systems. Trends in Food Science & Technology, 2006, 17 (5): 227-235

[12] 许时婴, 张晓鸣, 夏书芹, 等. 微胶囊技术——原理与应用. 北京：化学工业出版社, 2006

[13] PREMJIT Y, PANDHI S, KUMAR A, et al. Current trends in flavor encapsulation: A comprehensive review of emerging encapsulation techniques, flavour release, and mathematical modelling. Food Research International, 2022, 151: 110879

第 5 章

食品风味的生理心理基础

民以食为天，食以味为重。作为食品 5 种基础原味的酸、甜、苦、咸、鲜，以及新近提出的脂肪味和淀粉味，辅以辛辣味、涩味和厚重味等，构成了纷繁复杂的食品风味。食品风味是指人的感觉系统，包括味觉、嗅觉、触觉、温觉和痛觉等对摄入口腔的食物产生的整体感觉，由个体生理基础和心理基础整合，对食物客观性产生的主观感觉印象的总和。食品风味感知始于口腔味觉受体，味觉受体还广泛存在于口外组织，如消化系统，经由肠-脑轴调控人体的风味偏好和摄食行为。食品风味的个体差异源自遗传背景、文化背景、感官记忆等，还会受到食品标签和营销模式的影响。此外，机体的健康状况也会对食品风味感知产生影响。因此，深入理解食品风味形成的生理学和心理学基础，可以为更好地呈现食品风味提供依据。

5.1 食品风味的生理学基础

5.1.1 味觉系统

味觉系统主要包括味蕾、神经和大脑中枢等部分。食品风味感知主要是味蕾负责。人的口腔中有 5000～10 000 个味蕾，主要分布在舌上表面、上颚及咽部。其中，舌表面大约 30%的味蕾位于舌前 2/3 处，镶嵌于菌状乳头（fungiform papilla）内，受面神经鼓索神经调节。舌两侧分布有叶状乳头（foliate papilla），褶皱中含有大约 30%的味蕾，受面神经鼓索神经和舌咽神经调节。此外，大约 40%的味蕾位于舌后 1/3 处，镶嵌于轮廓乳头（circumvallate papilla）内，受舌咽神经调节（图 5.1）。上颚部的味蕾受面神经岩浅大神经调节，咽部味蕾受迷走神经调节。上述不同传导神经在各自位置接收来自味蕾的风味信号，经孤束到达孤束核，上行连接至丘脑腹侧后核、感觉运动皮层前下部及岛叶等区域。最后，经由轴突投射至大脑皮层的味觉皮层，味觉信息在此被翻译为特定的味觉[1]。

早期研究认为舌面不同区域负责不同食品风味的感知。例如，舌前部对甜味敏感，舌尖和边缘对咸味敏感，舌两侧偏后部对酸味敏感，而舌根部则对苦味敏感（图 5.1），这一味觉区域分布图谱仍需要进一步证实。目前研究普遍认为，不同味觉感知是由于味蕾中不同类型味细胞的激活。味蕾整体呈洋葱状，平行镶嵌于舌乳头中，一个味蕾包含大约 100 个味细胞。这些味细胞共有 4 种类型：Ⅰ型味觉上皮细胞是味蕾中含量最丰富的细胞类型，缺乏经典的突触结构，属于神经胶质样细胞，呈长纺锤形，从基底层延伸到味觉孔，顶端终止于浓密的微绒毛，含有钠钾泵，被认为介导咸味。Ⅱ型味觉上皮细胞呈细长形，直径比Ⅰ型味觉上皮细胞大，细胞核呈圆形或卵圆形，顶端微绒毛具有电压门控钙通道和 G 蛋白偶联受体（G protein-coupled receptor，GPCR），介导苦味、甜味、鲜味和脂肪味[2]。Ⅲ型味觉上皮细胞和Ⅱ型味觉上皮细胞相似，呈细长状，核膜内陷，顶端有单个微绒毛，包含质子通道和突触蛋白，同时具有经典的突触结构，被认为是“突触前细胞”，主要介导酸味。Ⅳ型味觉上皮细胞位于基底层，是Ⅰ～Ⅲ型味觉上皮细胞未成熟或未分化的前体（图 5.1）。

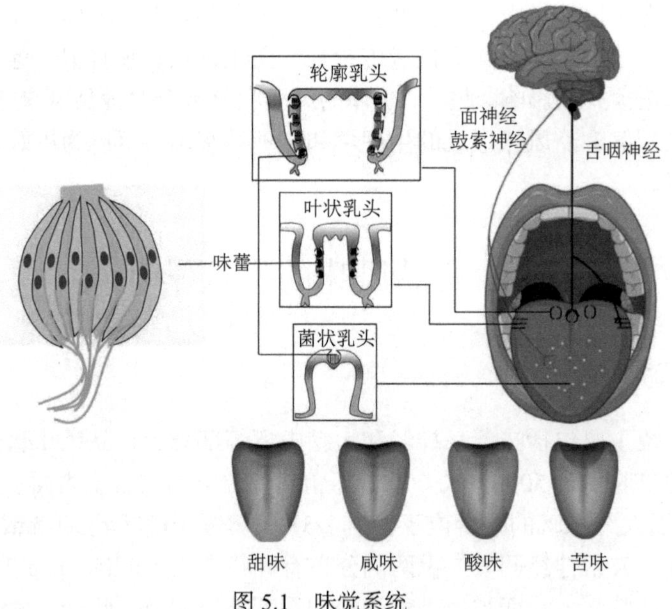

图 5.1 味觉系统

味觉上皮细胞对不同食品风味的感知依赖于细胞表面的味觉受体，味觉受体本质上是具有特殊结构的蛋白质，具有识别和结合特定风味物质的能力，对应不同的味觉类型，如酸味、甜味、苦味、咸味、鲜味等。当特定味道的化学物质与味觉受体结合时，会触发一系列生物化学和细胞电生理反应，最终导致味觉信号的产生。

（1）酸味受体

酸味感知是鉴定食物是否成熟或者腐败变质的重要因素。酸味受体负责酸味的感知，主要分布于Ⅲ型味觉上皮细胞。目前提出的酸味受体及可能的酸味转导机制包括多囊肾病（polycystic kidney disease，PKD）蛋白家族、Otopetrin、酸敏感离子通道（acid-sensing ion channel，ASIC）、超极化环核苷酸门控通道（hyperpolarization-activated and cyclic nucleotide-gated channel，HCN）和钾离子通道 KIR2.1 等。其中，部分通道存在证据不足，仍未完全得到证实。例如，*ASIC2* 基因失活并未影响细胞对酸刺激的反应而被认为对酸味转导作用微弱。HCN1 和 HCN4 虽然在Ⅲ型味觉上皮细胞表达，也可对酸刺激产生超极化激活的电流，但因超极化过程对于酸味转导的作用尚未可知，而仅被认为调节对酸的反应。目前，酸味受体和转导机制研究集中于 PKD 和 ASIC。

多囊肾病（PKD）蛋白家族：其中，PKD2L1 是瞬时受体电位（transient receptor potential，TRP）多囊蛋白类离子通道的一员，在Ⅲ型味觉上皮细胞大量富集，在轮廓乳头中和 PKD1L3 共表达为 PKD2L1/1L3 异聚复合物（图 5.2）。研究表明，当表达 PKD2L1 的Ⅲ型味觉上皮细胞缺失时，小鼠完全丧失了对酸味的感知能力，但未影响对其他味觉刺激的感知，这一研究结果对于理解酸味感知提供了强有力的理论支撑[3]。然而通过敲除Ⅲ型味觉上皮细胞中的 *PKD2L1* 基因，仅观察到鼓索神经对酸味反应减少了 25%～45%，并未完全消除。*PKD1L3* 基因的单敲除或者 *PKD2L1/1L3* 双敲除均未改变鼓索神经或者舌咽神经对酸刺激的反应。这些结果表明，Ⅲ型味觉上皮细胞对于酸味的表达不可或缺，PKD2L1 而不是 PKD1L3 可能更有助于酸的检测，但也不能完全解释酸味感知机制。

Otopetrin：因其对小鼠耳石发育的影响而命名。直到 2018 年，Otopetrin 蛋白被确定为新型质子选择性离子通道，才将其与酸味受体联系起来。通过高通量测序技术对小鼠Ⅲ型味觉上皮细胞（表达 PKD2L1）进行转录组分析后，筛选出 41 个候选基因。将其在非洲爪蟾卵母细胞和 HEK-293 细胞中分别进行表达，应对细胞外 pH 的降低，只有 Otopetrin1（*OTOP1*）基因诱导产生了大量内向电流，表明 *OTOP1* 基因编码蛋白可形成质子选择性离子通道[4]。当 *OTOP1* 基因被敲除后，OTOP1−/−小鼠鼓索神经对柠檬酸和盐酸刺激味觉受体的神经反应显著减弱[5]，而不会影响其他味觉反应，同时伴随着内向质子流消失。质子进入细胞质是酸味转导的第一步，引发细胞质酸化和动作电位的产生，进一步为 OTOP1 确证酸味受体提供了依据。在果蝇中，Otopetrin 样蛋白 OtopLa 也同样被鉴定为酸味受体[6]，这可能表明 OTOP1 是跨物种的通用酸味受体。

但是与其他离子通道不同，*OTOP* 编码一种具有由 12 个跨膜 α 螺旋形成的两个同源六螺旋的结构域，即 1～6 的 N 结构域和 7～12 的 C 结构域形成伪四聚体结构，围绕中心空腔形成筒状褶皱。OTOP 空腔充满脂质，因此不能介导离子传输。目前，质子通过的途径可能有 N 结构域、C 结构域或者 N 和 C 结构域的亚基界面三种，但尚未定论。包括上述 OTOP1 在内，大多数脊椎动物中还表达有 OTOP2 和 OTOP3 质子通道，但因其表达水平较低，对于由 *OTOP1* 基因敲除带来的酸味刺激降低修复作用也较弱[4]。最新研究表明，三种 OTOP 通道门控调节均表现出 pH 敏感性，其中，OTOP1 和 OTOP3 在中性 pH 下基本没有活性，当 pH 降低时被激活，而 OTOP2 在中性和碱性 pH 下具有活性，pH 降低时则被抑制。这可能意味着三种 OTOP 通道在感知不同酸碱度的食品时，具有相应调控质子渗透或阻断的功能（图 5.2）。

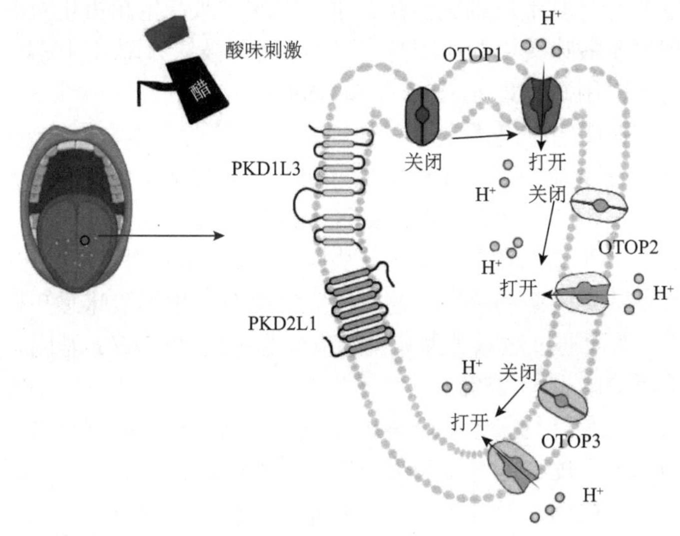

图 5.2　酸味转导机制

（2）甜味受体

甜味受体是重要的能量传感器，负责感知碳水化合物，存在于Ⅱ型味觉上皮细胞。人类的甜味受体是由 T1R2（taste type 1 receptor 2）和 T1R3 亚基组成的异源二聚体，属于 C 类 G 蛋白偶联受体家族，具有典型的 α 螺旋七跨膜结构域（transmembrane domain，TMD）。TMD 通过一个富含半胱氨酸结构域（cysteine-rich domain，CRD）和胞外氨基端结构域的“双叶”捕蝇草结构域（venus flytrap domain，VFD）连接。通常情况下，T1R2/T1R3 以异源二聚体形式表达甜味，VFD 负责结合甜味化合物，其运动信号由 CRD 传递至 TMD，TMD 在细胞质中与 G 蛋白相互作用进行甜味信号转导。然而，菌状乳头内发现有特殊的Ⅱ型味觉上皮细胞，仅表达 T1R3，形成低亲和力的同源二聚体 T1R3/T1R3，仅对高浓度单糖和双糖敏感。此外，独立于 T1R 受体，Ⅱ型味觉上皮细胞还存在葡萄糖转运蛋白 4（glucose transporter 4，GLUT4）和钠-葡萄糖协同转运蛋白 1（sodium-glucose linked transporter 1，SGLT1）。SGLT1 利用钠离子-钾离子-ATP 酶产生的钠梯度将钠和葡萄糖共同转运到细胞中，这一甜味感知平行途径解释了当 NaCl 存在时甜味信号得以增强的原因。

T1R2/T1R3 异源二聚体是甜味物质的主要感知途径，具有多个结合位点。甜味物质首先与甜味受体结合，引发其构象变化，通过胞内结构域（intracellular domain，ID）激活偶联的 G 蛋白，刺激磷脂酶 C-β2 催化产生肌醇三磷酸（inositol triphosphate，IP3），IP3 作用于受体 IP3R3，促进内质网释放 Ca^{2+}。随后，瞬时受体电位阳离子通道亚家族 M5（transient receptor potential cation channel subfamily M member 5，TRPM5）打开，通过激活电压门控 Na^{+}通道，使 Na^{+}内流，Ⅱ型味觉上皮细胞去极化，诱导钙稳态调节剂 1（calcium homeostasis modulator 1，CALHM1）通道打开释放 ATP，ATP 作为神经递质激活邻近传入神经元，将甜味信息传递至延髓头端孤束核，通过丘脑腹后内侧核，投射到大脑初级味觉皮层，产生甜味的感觉（图 5.3）。

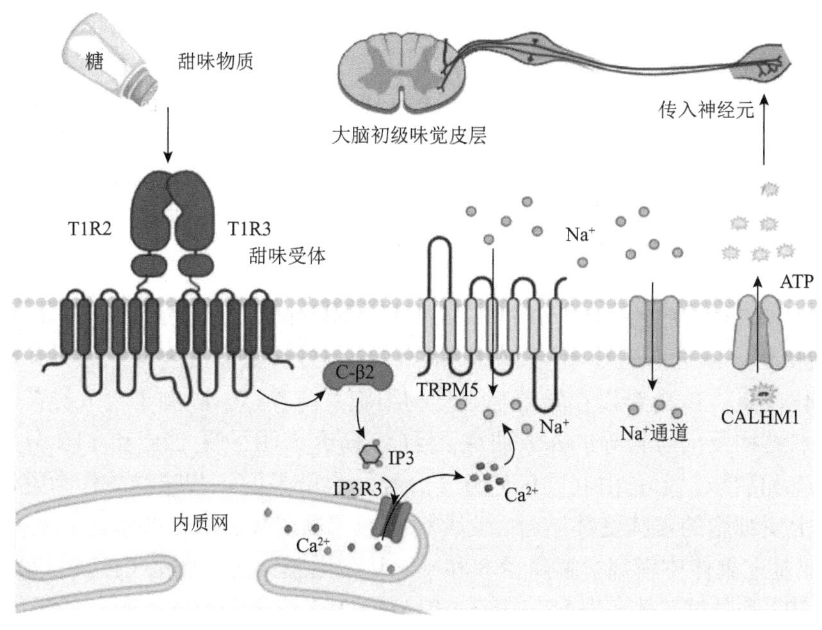

图 5.3　甜味转导机制

不同的甜味物质包括天然糖、人工甜味剂、甜味蛋白质等都可以激活 T1R2/T1R3 受体，但是会结合到受体的不同部位，引发不同的甜味感觉。例如，天然糖葡萄糖和蔗糖可以与 T1R2 和 T1R3 两个单体的 VFD 区域相互作用，而人工甜味剂三氯蔗糖、阿斯巴甜、纽甜、糖精、甜菊苷、D-色氨酸与 T1R2 单体的

VFD 区域结合，另有甜味剂甜蜜素和新橙皮苷二氢查耳酮与 T1R3 单体的 TMD 区域结合。据报道，T1R3 单体的 CRD 区域对于甜味蛋白索马甜的甜味感知至关重要，T1R2 和 T1R3 两个单体的 VFD 区域都可以介导对甜味蛋白莫奈林的感知，而甜味蛋白 Brazzein 可以与多个结构域相互作用。对于大分子量和体积的甜味蛋白，研究认为通过表面电荷互补，以楔形结合到 T1R2/T1R3 受体胞外空间。人工甜味剂在和甜味受体结合的同时，也会与苦味受体相互作用，因此目前适口性普遍较低。

（3）苦味受体

苦味感知是鉴定食物潜在毒性或微生物污染的重要指标，对摄食行为和人体健康起着警告和防御作用。目前，有 1000 多种天然或合成的化合物对人类表现出苦味或厌恶的味道，多数为生物碱，如士的宁和阿托品等有毒物质，要避免食用。同时，许多营养物质如矿物质、氨基酸和维生素也具有强烈的苦味。苦味受体负责苦味感知，由位于味蕾Ⅱ型味觉上皮细胞表达的 A 类 G 蛋白偶联受体家族 T2R（taste type 2 receptor）启动。苦味受体的数量因物种不同而差异较大，人类 T2R 受体有 25 个成员。其中，T2R10、T2R14 和 T2R46 受体均可以识别约 1/3 的苦味物质，联合起来约占苦味物质的一半，属于广谱感知受体[7]；大多数的受体如 T2R1、T2R4、T2R7、T2R9、T2R30、T2R31、T2R39、T2R40 和 T2R43 表现出中等识别宽度，称为适度调谐受体；T2R3、T2R5、T2R8、T2R13、T2R20、T2R41 和 T2R50 受体仅涉及少量苦味物质感知，称为更具选择性受体；T2R16 和 T2R38 对苦味化合物感知表现出相同的特性。目前，T2R19、T2R42、T2R45 和 T2R60 可识别的苦味物质仍需要进一步确定。

T2R 和 T1R 糖蛋白受体均由 7 个跨膜 α 螺旋组成，与 T1R 相比，T2R 的胞外 N 端更短，缺乏 VFD。由于 T2R 第二个细胞外环具有高度保守的天冬酰胺连接糖基化位点，T2R 难以在异源哺乳动物细胞系内表达，限制了对人类苦味受体结合位点结构及信号转导的深入研究。目前，研究表明尽管 T2R 和 T1R 分别负责感知苦味和甜味，但是由共同信号分子介导。也就是说，苦味物质作为配体与Ⅱ型味觉上皮细胞的苦味受体结合，激活 G 蛋白偶联受体，导致 G 蛋白 α 亚基从 α、β 和 γ 亚基三聚体中解离。解离后 β 和 γ 亚基激活膜结合磷脂酶 C2（PLCβ2），进而产生 IP3 和甘油二酯（diacylglycerol，DAG）。IP3 与位于内质网膜上的受体 IP3R 结合，从而激活钙通道，导致 Ca^{2+}从内质网释放。Ca^{2+}和 DAG 结合，激活 TRPM5 通道，Na^{+}转运到细胞内，从而使细胞膜去极化。CALHM1 和 CALHM3 通道打开，诱导神经递质 ATP 释放，从而激活附近传入神经元的 P2X 离子型嘌呤能受体 2 和 3（P2X2/P2X3）进一步传递苦味信号[8]。另有研究表明，G 蛋白解离出的 α 亚基，可以通过激活磷酸二酯酶（PDE）促进 cAMP 水解，可能会进一步促进 Ca^{2+}从内质网释放，增强苦味信号转导（图 5.4）[9]。

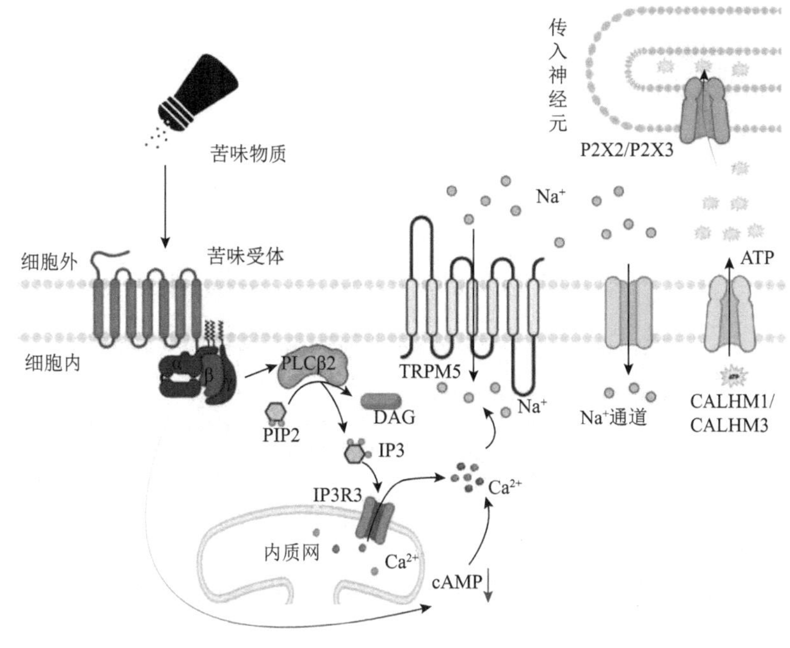

图 5.4　苦味转导机制

PIP2. 磷脂酰肌醇-4,5-二磷酸

值得注意的是，T2R 的功能不止局限于味觉，研究表明 T2R 在机体口外组织包括鼻腔、肠道、皮肤、免疫细胞和大脑等中广泛表达，功能延伸至呼吸系统、先天性免疫、新陈代谢及生殖能力等，但现有对口外组织功能的研究主要基于基因表达，蛋白质层面仍需要进一步阐明和验证。

（4）咸味受体

氯化钠是产生咸味的主要风味物质。不同于甜味、苦味和鲜味成味的吸附假说，即通过风味物质配体与味细胞受体结合转导成味信号，咸味和酸味一样，成味是通过离子通道渗入吸收而不是吸附。哺乳动物对咸味的感知由两条不同的途径触发，称为阿米洛利敏感途径和阿米洛利不敏感途径，分别对应钠味和高盐味。阿米洛利敏感途径通过上皮 Na^+通道 ENaC 感知，选择性地与钠盐和锂盐发生反应，具有适度的钠味偏好，通常表现出较低的味觉阈值。ENaC 蛋白是由 α、β 和 γ 亚基组成的异三聚体，在舌菌状乳头和叶状乳头的味细胞中表达。Na^+通过位于细胞顶膜中的 ENaC 流入咸味细胞内，产生动作电位，细胞膜去极化，激活多聚体 CALHM1/CALHM3，释放出神经递质 ATP，与味觉神经末梢上的 P2X2/P2X3 受体结合转导咸味信号至中枢神经系统。而阿米洛利不敏感途径缺乏对阳离子的选择，可以与大量的钠盐和非钠盐发生反应，介导避盐行为（图 5.5）。

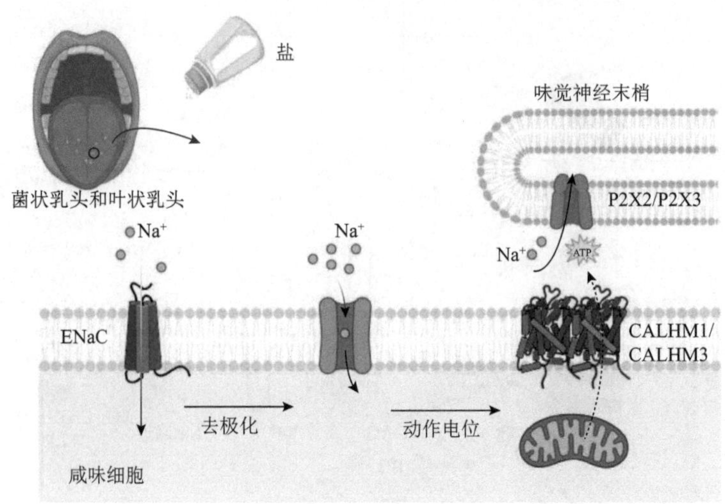

图 5.5　咸味转导机制

Na^+的过量摄入与心血管疾病、高血压、肾病和胃癌的发病率相关。目前人们通过各种方式来降低 Na^+的摄入，包括低钠盐和咸味增效剂研发等。除了氯化钠，其他矿物质和有机盐也会产生咸味。两种主要的钠替代策略是氯化钾和味精，但是与氯化钠相比，氯化钾咸味较弱，过量使用时通常会带来苦味、化学味和金属味。虽然味精只含有一部分 Na^+，但可以部分降低食物中的净 Na^+含量。类似的替代品还有葡萄糖酸钠和氯化铵，需要考虑的还是过量使用带来的异味不适。咸味增效剂可能是一种更为可行的策略。研究表明，强酸性（pH 2.6）环境可以增强 ENaC 通道的活性，包括升高通道打开速率、降低其关闭速率来调节 ENaC 门控特性，表征为盐味增强剂。而 *N*-香叶基环丙基甲酰胺可以调节阿米洛利不敏感 Na^+途径的打开，增强咸味。其他化合物包括天冬氨酸钠、阿拉吡啶、胶原糖肽及微生物酶修饰的增味肽均有显著的咸味增强效果，但精细调控机制仍需进一步探究[10]。

（5）鲜味受体

鲜味是令人愉悦的风味，类似于甜味是能量或热量的信号，鲜味是食物富含蛋白质的信号。人类可感知的鲜味物质包括谷氨酸、天冬氨酸、核苷酸和鲜味增强肽。目前提出的鲜味受体有 T1R1/T1R3、代谢型谷氨酸受体 1（metabotropic glutamate receptor 1，mGluR1）、mGluR4、钙敏感受体（calcium sensitive receptor，CaSR）、红藻氨酸受体（kainate receptor，KAR）和 *N*-甲基-D-天冬氨酸（*N*-methyl-D-aspartate，NMDA）。研究最为深入的是 T1R1/T1R3 亚基组成的异源二聚体。T1R1/T1R3 同属于 C 类 G 蛋白偶联受体，存在于Ⅱ型味觉上皮细胞中。研究表明，单独敲除小鼠 *T1R1* 或 *T1R3* 完全消除了对谷氨酸的感知，据此提出了

T1R1/T1R3 是唯一的鲜味感知受体[11]。但另有研究表明单独敲除 *T1R3* 并未消除小鼠对谷氨酸鲜味信号的感知，仅是减弱了核苷酸对谷氨酸鲜味的增强作用[12]。这可能强调了 T1R1 主要负责鲜味物质的检测，而 T1R3 辅助鲜味物质的检测，主要负责增强鲜味感知。

鲜味肽包括三个重要的功能部分：带正电荷的分子基、带负电荷的分子基和亲水残基分子基。这些基团通过氢键、范德瓦耳斯力、疏水相互作用和静电相互作用与 T1R1/T1R3 受体氨基酸残基等关键位点结合，激活其为活性结构。同时，鲜味增强肽与 T1R1/T1R3 结合位点附近的变构调节位点结合，主要是 T1R3，起到稳定激活的受体活性结构构象的作用[13]。同甜味和苦味分子信号转导路径类似，鲜味受体 T1R1/T1R3 接收到鲜味刺激后，会导致 G 蛋白 α 亚基和 βγ 亚基的分离。α 亚基通过激活磷酸二酯酶（PDE）以解除对环核苷酸离子通道的抑制，调节环磷酸腺苷水平，促进胞内 Ca^{2+}的释放。另一条 βγ 亚基转导途径在鲜味转导过程中占主导地位。βγ 亚基刺激磷脂酶 PLCβ2 产生甘油二酯（DAG）和 IP3，这些信使同样可促进胞内 Ca^{2+}的释放，继而激活 TRPM5 离子通道，味细胞膜去极化，Na^{+}内流，激发动作电位，促进 ATP 释放，将鲜味信号传递至味觉神经纤维，使大脑皮层感知鲜味（图 5.6）[14]。

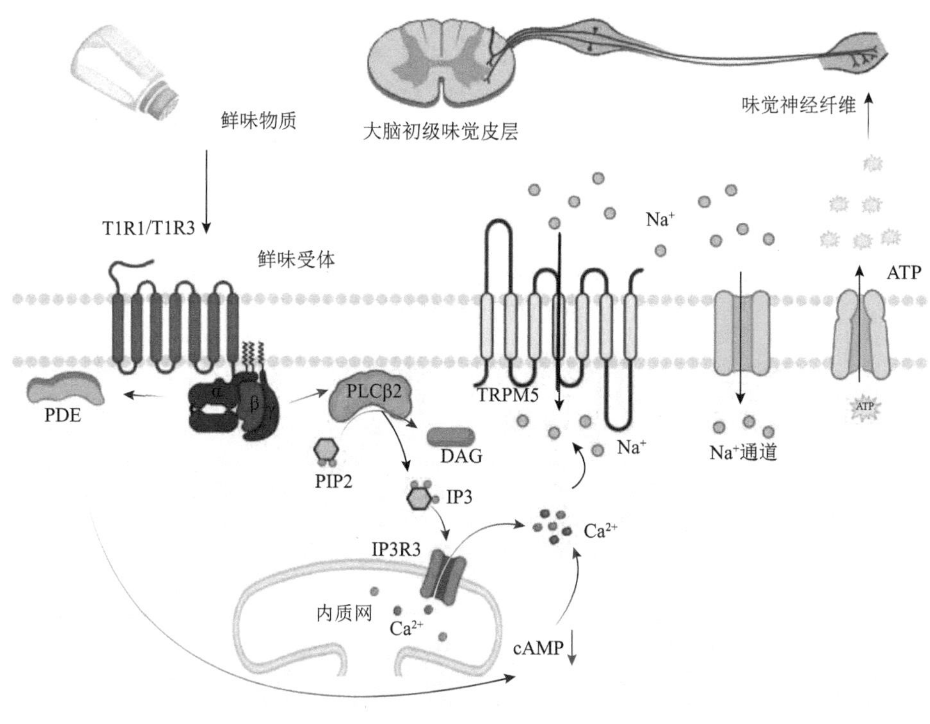

图 5.6　鲜味转导机制

T1R1/T1R3 介导的鲜味信号转导主要发生在舌头前部，因 T1R1 集中在舌前 2/3 部分的菌状乳头中表达，而在轮廓乳头内鲜有表达，T1R3 在菌状乳头和轮廓乳头内均有表达，T1R1/T1R3 共表达的就是在舌前部的菌状乳头，并且由Ⅱ型味觉上皮细胞检测。但值得注意的是，最新研究表明对于鲜味转导的新的细胞类型，称为广泛味觉反应细胞（broadly responsive taste cell，BR 细胞）。经活细胞 Ca^{2+} 成像，BR 细胞表征为Ⅲ型味觉上皮细胞的一个子集，单个 BR 细胞就可以对不同味觉刺激做出反应，并且通过 PLCβ3 来实现味觉信号传递。

5.1.2 嗅觉系统

人体对于食物风味的感知，一部分通过前述舌面味细胞转导。此外，嗅觉系统也发挥着重要的作用。人的嗅觉系统主要由嗅觉受体、嗅上皮、嗅球和嗅觉皮质组成。嗅觉的产生主要是挥发性气味分子通过刺激嗅上皮中的嗅觉感受器，即嗅觉受体蛋白，激活腺苷酸环化酶。该酶可催化 ATP 转化为 cAMP，胞内 cAMP 的增加可促进受体细胞膜阳离子通道打开，细胞膜去极化，产生神经冲动。随后，冲动沿嗅神经传入嗅球，在嗅球内对神经冲动进行换元编码后由嗅束传入大脑的特定皮层区域产生相应的判断和反应而引起嗅觉（图 5.7）。

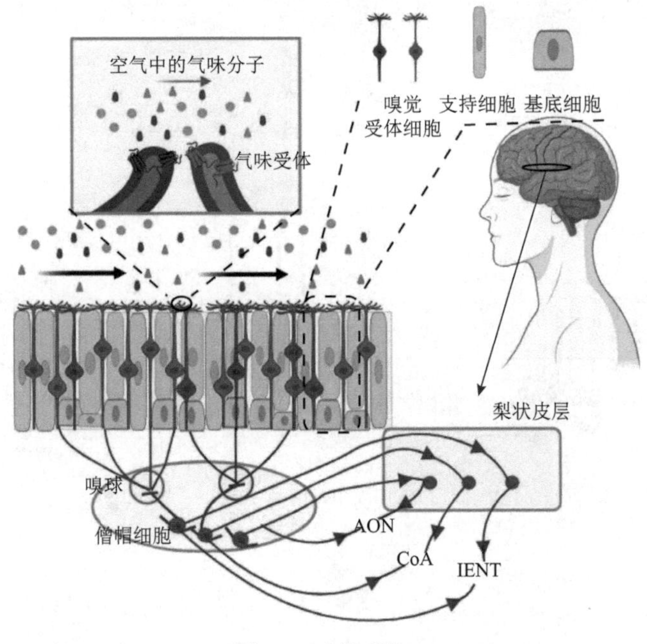

图 5.7 嗅觉系统

AON. 前嗅核；CoA. 皮质杏仁核；IENT. 外侧内嗅皮层

（1）嗅觉感受器

嗅觉感受器，即嗅觉受体（olfactory receptor，OR），是嗅细胞膜上的一类能被气味分子激活的受体蛋白。1991 年，Richard Axel 和 Linda Buck 首先在分子水平上克隆出嗅觉受体 *GPCR* 基因家族的 18 个成员，并且发现其仅表达于嗅觉上皮细胞，由此找到了研究嗅觉系统的“钥匙”[15]。脊椎动物中 OR 基因组研究发展迅速，某些物种可以编码数千个 OR 的基因，人类目前发现有大约 400 种 OR 的亚型表达。嗅觉受体基因主要有三个家族，包括四跨膜蛋白家族（MS4A）和两个七跨膜 G 蛋白偶联受体家族，即气味受体和痕量胺相关受体（trace amine-associated receptor，TAAR）[16]。这些受体家族的一个共同特征是每种嗅觉受体都可以与多种气味分子相结合，每种气味分子也可以结合多种嗅觉受体，两者之间是多对多的关系，不同嗅觉受体的组合可以实现对不同气味分子的特定编码。当气味分子与嗅觉受体结合时，受体胞内段偶联的 G 蛋白会发生解离以激活下游相关信号通路。

气味分子在结合到嗅觉受体之前，首先需要与气味结合蛋白（odorant-binding protein，OBP）结合。OBP 存在于嗅上皮黏液层，是一类由 150～160 个氨基酸组成的脂质载体蛋白家族的可溶性蛋白，分子质量约为 14kDa。OBP 可以可逆地与挥发性有机化合物结合，形成气味分子-OBP 复合体，尤其是对于疏水性气味分子，可增加其溶解性，并起到预富集的作用，以提高其感知灵敏度。人体 OBP 主要由 β 折叠构成，分为 OBP2a 和 OBP2b 两种亚型，对中长链脂肪酸的亲和力较高，且与其碳链长度呈正相关。

（2）嗅上皮

嗅上皮（olfactory epithelium，OE）分布在鼻腔上方，主要的细胞组成包括嗅觉感受器细胞（olfactory receptor cell）、支持细胞（supporting cell）和基底细胞（basal cell）。嗅觉感受器细胞也称为嗅觉感觉神经元（olfactory sensory neuron，OSN），属于初级传入神经元，顶端具有纤毛，负责气味分子的结合、感知和转导，每个 OSN 仅表达一种受体，但可以与多种气味分子相结合。OSN 轴突到达嗅球前均需穿过颅骨底部的筛板，因此，筛板的功能完整对于嗅觉感知至关重要。支持细胞是柱状上皮细胞，为 OSN 提供支撑，顶端具有微绒毛黏膜，负责黏液分泌。基底细胞位于嗅上皮底部，是产生 OSN 的未分化的干细胞。OSN 的存活周期较短，基底细胞可以不断增殖分化形成新的 OSN，为持续的嗅觉神经感知提供保障。同时，嗅上皮因与体外环境相通，极易受到慢性炎症、病毒感染、外伤及衰老等多种因素的损害，受损的神经元发生变性并被新生的神经元所取代。在正常生理状态下，嗅上皮在一定周期内也会产生一批新的嗅觉感觉神经元，它们的轴突重新汇入嗅球，并与嗅球内的二级神经元形成突触。新生出的嗅觉感觉神经元与中枢神经系统重新建立连接，且仍具有神经传递功能。

（3）嗅球

嗅球具有典型的层状结构，从外到内一共有 6 层，分别为嗅神经层（olfactory nerve layer，ONL）、嗅小球层（glomerulus，GL）、外网层（external plexiform layer，EPL）、僧帽细胞层（mitral cell layer，MCL）、内网层（internal plexiform layer，IPL）和颗粒细胞层（granule cell layer，GCL）。各层级之间共同构成了嗅上皮和下游初级嗅觉皮层之间所有嗅觉信号传递的中继站。嗅神经层的嗅觉感觉神经元的轴突在嗅小球层中形成突触结构。嗅小球层中的每个嗅小球均表达单个的气味受体，传输相似类型气味的嗅觉感觉神经元会集中汇聚在特定的肾小球中。嗅小球层中包含三种细胞类型：球旁细胞（PG）、浅表短轴突触细胞（sSA）和外部丛状细胞（ET）。其中，球旁细胞不仅可以与嗅觉感觉神经元的轴突末端形成轴树突触，还可以与外网层中的丛状细胞及贯穿嗅小球层、外网层和僧帽细胞层的僧帽细胞的树突形成树树突触。此外，在外网层，颗粒细胞与僧帽细胞和丛状细胞的树突侧边形成树树突触，提高机体对气味的辨别能力。

（4）嗅觉皮质

嗅觉皮质是嗅觉信息处理的主要场所，与其他皮质层和边缘结构相互作用，主要包括 5 个区域：前嗅核（anterior olfactory nucleus，AON）、皮质杏仁核（cortical amygdala，CoA）、嗅结节（olfactory tubercle）、外侧内嗅皮层（lateral entorhinal cortex，lENT）和梨状皮层（piriform cortex），这些区域具有整合嗅觉信息、编码、识别和情景化等多种功能。其中，梨状皮层是气味类型鉴定的主要皮层区域。研究表明，僧帽细胞神经元投射至梨状皮层具有一个关键特征：一方面，梨状皮层前端的神经元会继续投射至梨状皮层之外的区域——前嗅核；另一方面，僧帽细胞会经过另外一条路径直接投射至前嗅核，即嗅球、梨状皮层前端和前嗅核形成了一个三元组的环路结构。同样，僧帽细胞投射至梨状皮层中端和后端时，也会分别与杏仁核及外侧内嗅皮层形成环状三元组。并且，嗅球向不同皮质层区域的投射是沿着梨状皮层从前端到后端平行进行的，因此信息传导神经环路形成分工，之间互不干扰，负责处理不同的嗅觉信息[17]。

5.1.3　触觉和温度感知

（1）触觉

口腔触觉是指食物在口腔加工过程中，分布于口腔黏膜及颌面皮肤的感受器（机械感受器、压力感受器和温度感受器）所产生的口感和质地感知，包括食物的形状、大小、黏度、粗糙度、平滑度和温度等。对于口腔触觉感知的理解大部分源自手部皮肤，目前已确定的机械感受器有缓慢适应受体和快速适应受体两大类，每大类又细分为Ⅰ型和Ⅱ型。Ⅰ型适应受体的感受范围具有小而清晰的边界，而Ⅱ型适应受体具有范围大而不明确的特性。缓慢适应受体有Ⅰ型默克尔盘（Merkel disk）和Ⅱ型鲁菲尼小体（Ruffini corpuscle），对持续的静态刺激如边缘、点状或者拉伸做出反应；快速适应受体有Ⅰ型迈斯纳小体（Meissner corpuscle）和Ⅱ型帕奇尼小体（Pacinian corpuscle），主要对动态刺激如上皮的运动和振动等做出反应。除了Ⅱ型帕奇尼小体尚未在口腔表面发现，其他三类受体同皮肤表面的受体类似，可能通过激活三叉神经末梢的一些受体，向大脑皮层传导出口腔触觉信号（图 5.8）。然而，目前触觉受体在人体口腔内的具体排布仍未充分解析。有研究对 4 名受试者的 21 个单舌传入神经进行了研究，发现舌背侧和腹侧均存在触觉感受器，主要集中于舌背侧前 2/3，尤其是舌尖区域。对小鼠模型的研究表明，位于舌前端的菌状乳头的数量和触觉刺激强度识别呈正相关。人体口腔触觉受体类型、区域分布及触觉信号转导仍需要进一步探究[18]。

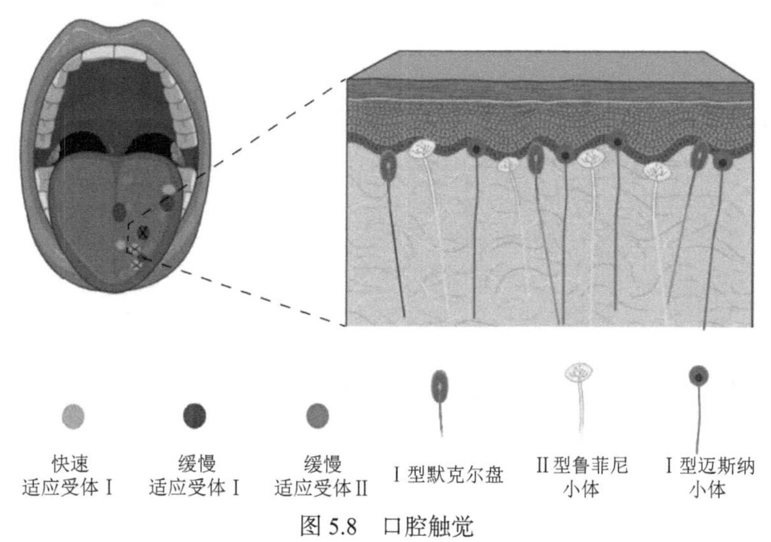

图 5.8　口腔触觉

涩味被认为是通过激活口腔机械感受器而感知到的一种收敛、粗糙或干燥的口腔触觉，而不是味觉。引起涩味的物质主要有低分子量的多酚和单宁，通常存在于红酒、茶、未成熟的水果或种子中。研究表明，产生涩味的机制起始于酚类化合物和唾液中的游离蛋白，包括富含脯氨酸的唾液蛋白、黏蛋白、组胺素和富酪蛋白等的结合及聚集形成不溶性复合物，导致唾液黏度降低，口腔摩擦系数增大，继而口腔黏膜层发生聚集。复合物在黏膜层的聚集会破坏口腔上皮细胞跨膜黏蛋白 MUC1 的结构，引起胞外 α 亚基和胞内 β 亚基分离，β 亚基磷酸化后，激活胞内 Ca^{2+}信号转导，促进神经递质乙酰胆碱释放，激活三叉神经产生涩味[19]。然而，另有研究表明，某些涩味物质在不聚集口腔黏膜蛋白的情况下，依然可以产生强烈的涩味，推测可能是由于涩味物质与口腔上皮的直接作用。例如，涩味物质可以通过氢键与细胞膜磷脂双分子层结合，激活细胞膜上的 Piezo1 和 Piezo2

阳离子通道，Ca^{2+}内流产生动作电位。同时，涩味物质与细胞表面黏膜的相互作用可能也会直接改变舌面三类机械感受器的神经信号转导（图 5.9）。

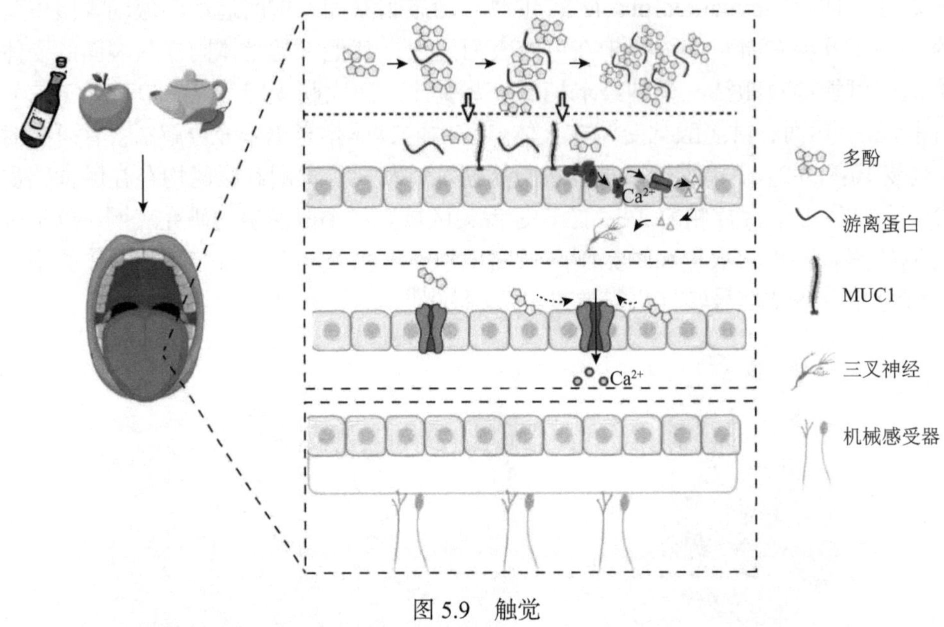

图 5.9　触觉

（2）温度感知

温度感知对食品风味有很重要的影响。例如，冰淇淋在口腔缓慢融化带来甜度的提升，啤酒加热后苦味加重等。另有不同类型的食物可能会带来不同的温度感知，如辣椒被感知为高温，而薄荷带来清凉的口感等。口腔对温度的感知主要通过热敏 TRP 离子通道进行，TRP 离子通道由 4 个相同或相近的亚基组成，每个亚基有 6 个跨膜片段和一个阳离子孔道，特定的通道类型在不同的温度范围被激活。热敏通道有 8 个，包括 TRPV1（>43℃）、TRPV2（>52℃）、TRPV3（>33℃）、TRPV4（>27℃）、TRPM2（>35℃）、TRPM3（>35℃）、TRPM4（>15℃）和 TRPM5（>15℃）；冷敏感通道有两个，包括 TRPM8（<28℃）和 TRPA1（<18℃）。TRP 离子通道家族位于细胞膜上，是对 Ca^{2+}具有高渗透性的非选择性阳离子通道，通过调节胞内 Ca^{2+}浓度，产生动作电位，激活三叉神经温度感觉神经元，将温度信号传递至神经中枢。其中，部分离子通道包括 TRPV1 和 TRPV2 及 TRPA1 对有害温度刺激（>50℃或<5℃）或与特定化合物结合时，会产生神经痛觉反应，激发机体保护机制。TRPM5 通道因同时参与食品甜味、鲜味和苦味信号转导，其对温度的敏感性为进一步解释温度对食品风味的影响提供了重要的理论基础（图 5.10）[20]。

TRPM5 构成了甜味信号转导级联反应的最后一步，当食物在口腔中处于较高温度状态时，TRPM5 通道打开得更宽，允许更多的 Na^{+}内流，激发更强的神经信号转导，使得相同甜度的甜味物质在高温下风味更浓。例如，37℃的蔗糖溶液要比 27℃时更甜，对于低温冷冻或冷藏的即食食品，要达到相当的甜味感知，则需要更高含量的甜味物质。TRPM5 激活的温度阈值为 15℃，研究表明在 15～35℃内，随着温度升高，小鼠对甜味化合物的味觉神经反应显著增强，但当敲除 TRPM5 后，温度变化对甜味感知的影响就明显减弱了，进一步印证了温度敏感性 TRMP5 通道对于风味感知的重要性。鲜味和甜味转导类似，也需要经过 TRMP5，进行舌尖鲜味感知测定时，发现在 10～37℃内，随着温度降低，鲜味敏感性也降低。此外，温度对味觉的影响有一定的范围限制，最佳的味觉温度为 10～40℃，尤以 30℃最为敏感。在较宽的温度检测范围，味觉感知呈倒“U”形，温度过高或过低均会降低其敏感性。例如，在对奎宁苦味检测时发现，在 20～30℃苦味感知最为灵敏。温度也会对咸味和酸味两类离子型风味感知通道产生影响，但研究相对较少。目前发现，酸味在 23℃左右最灵敏，咸味在接近或低于平均体温时最灵敏。另有研究表明，咸味的低温激活是经由阿米洛利敏感上皮 ENaC 通道，而阿米洛利不敏感 TRPV1t 门控则参与高温条件下咸味的增强，同样，电压依赖性 Cl^- 通道——跨膜通道样 TMC4 可以在 40℃左右被激活，也可能参与咸味感知增强过程[21]。

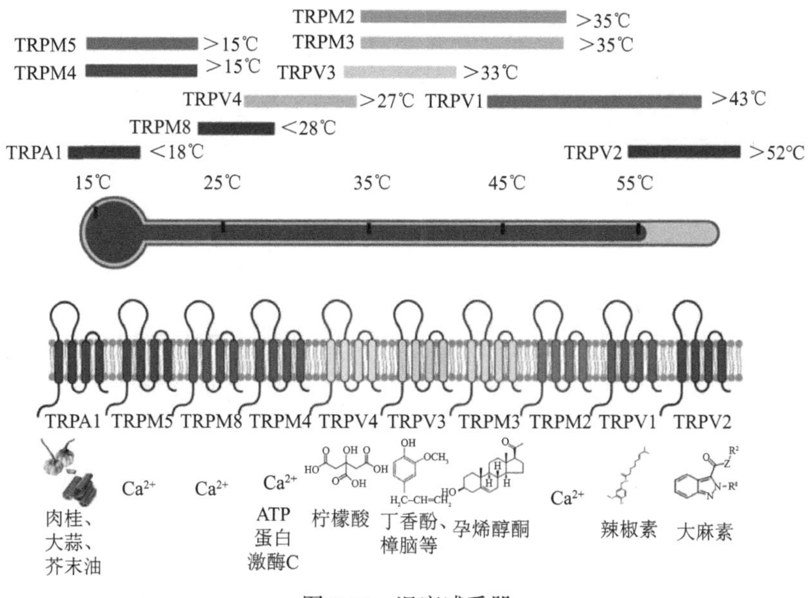

图 5.10　温度感受器

5.1.4　消化系统

味觉受体主要在口腔中表达，研究表明它们同样存在于口腔以外的组织中，并且参与多项机体代谢，包括营养感应、化学感知、食欲相关激素释放，以及其他与胃肠道功能相关的重要生理过程。在 5 种基本味道中，酸味和咸味由离子通道感知，而甜味、苦味和鲜味则通过与 G 蛋白偶联受体相连的受体来传递信号。在胃肠道中，有两个味觉受体家族 T1R 和 T2R 负责感知鲜味、甜味和苦味。第一味觉受体家族 T1R 由 T1R1、T1R2 和 T1R3 三个成员组成，它们可以形成异源二聚体。T1R1/T1R3 二聚体被称为鲜味受体，是一种广谱受体，其配体有 L-谷氨酸和其他氨基酸。T1R2/T1R3 二聚体被称为甜味受体，对甜味化合物具有广泛的特异性，包括碳水化合物、多元醇和非营养性甜味剂。而 T2R 受体家族由大约 25 种不同的受体亚型组成，特异于苦味物质（图 5.11）。

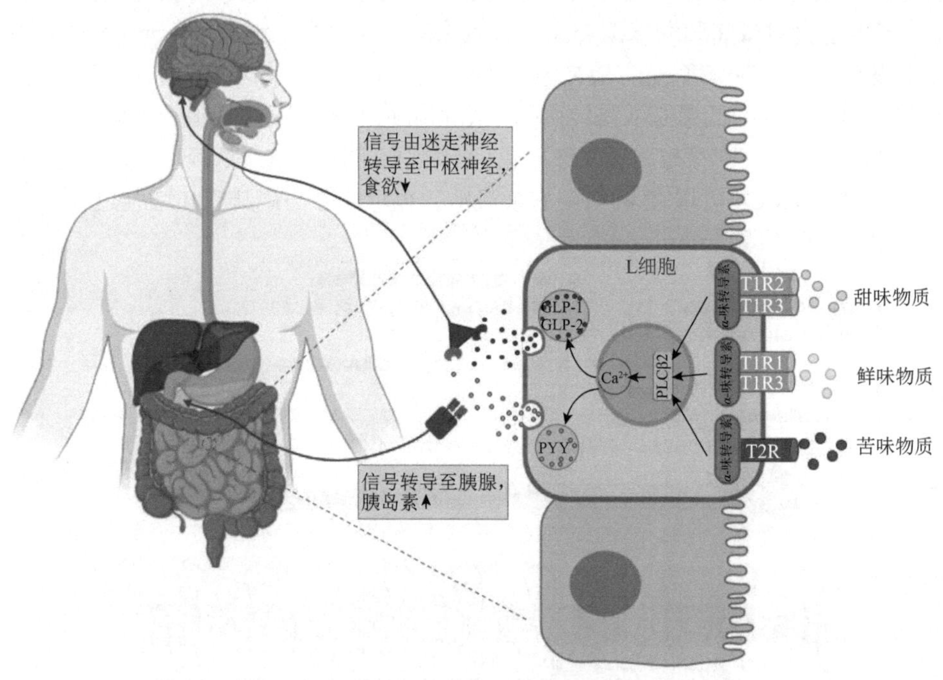

图 5.11　胃肠道内味觉感知机制

（1）胃肠道内甜味和鲜味感知机制

味觉的感知不仅仅局限于其传统的口腔味觉功能，而是延伸到对整个胃肠道营养物质的检测。肠内分泌细胞位于肠上皮中，可以检测营养物质、微生物及其代谢物。这些细胞表达味觉感知受体，许多研究已经在肠内分泌细胞中发现了 T1R 家族成员和 α-味转导素，表明胃肠道中存在甜味和鲜味物质的感知[22]。肠道味觉受体可以调节食欲和体重，并通过靶向激素分泌或调节肠道微生物群来维持体内平衡。例如，碳水化合物和甜味剂能够激活肠上皮与 α-味转导素偶联的受体

T1R2/T1R3，触发信号通路导致胰高血糖素样肽-1（glucagon-like peptide-1，GLP-1）分泌。当肠道内存在葡萄糖时，引起肠内分泌 L 细胞和 K 细胞分泌 GLP-1 和葡萄糖依赖性促胰岛素肽（glucose dependent insulinotropic peptide，GIP），促进胰岛素释放[22]。肠 L 细胞上的特定受体可识别糖和蛋白质降解产物等，糖分子的检测是由 T1R2/T1R3 异源二聚体介导的，而蛋白质降解产物的检测是由 T1R1/T1R3 介导的。这些受体的激活导致细胞内 Ca^{2+}浓度增加，刺激 L 细胞 GLP-1、GLP-2 和肠肽激素（PYY）在固有层释放，当信号转导至胰腺时，会引发胰岛素分泌增加，从而降低血糖水平，而当信号转导至中枢神经系统时，会使人产生饱腹感，控制食欲。肠道 T1R2/T1R3 受体也被证明对人工甜味剂有反应。通过对大鼠进行三氯蔗糖喂养实验发现，所有 4 个肠段中甜味受体表达均显著上调，长期摄入营养性甜味剂或非营养性甜味剂，再加上高脂肪饮食，都可能导致肠道甜味受体表达的失调[1]。肠道中表达的甜味受体主要驻留在 L 细胞中，并对膳食甜味添加剂做出反应。这一发现成功地开启了治疗疾病的新方向，这些在 L 细胞中表达的受体，目前正在评估作为治疗糖尿病和肥胖症的新途径。

（2）胃肠道内苦味感知机制

人类对苦味化合物具有高度敏感性，源于人体表达有大约 25 个 *T2R* 基因编码的苦味受体。研究表明，T2R 也存在于小鼠和大鼠的胃肠道组织（如胃和十二指肠）以及小鼠肠内分泌细胞系 1（secretin tumor cell line 1，STC-1）中。随后的研究证实了在人类和啮齿动物的小肠、大肠及肠内分泌细胞系中存在多样异源表达的 T2R[23]。T2R 在肠道中表达并参与苦味物质的检测、胃肠激素的释放、胃排空和肠道运动，进而影响食欲和饱腹感。苦味化合物与 T2R 的结合，触发苦味信号转导，与 α-味转导素偶联激活 PLCβ2，IP3 的产生增加了细胞内储存的 Ca^{2+}释放和随后 GLP-1 的分泌。GLP-1 有助于加强胰腺对胰岛素依赖性营养物质（如葡萄糖）代谢的胰岛素反应。胃肠道对苦味化合物的感知最终通过迷走神经传递到中枢神经系统。这使得肠道能够引发保护性反应，抵抗摄入的毒素，如呕吐。

虽然目前对 T2R 的研究主要依赖于细胞培养，对胃肠道激素分泌的信号转导途径尚不完全清楚，但已经明确地观察到不同的 T2R 与 GLP-1 在人肠内分泌 L 细胞及小肠和大肠中的表达。近期的研究还揭示了苦味受体在慢性病，尤其是胃肠道代谢疾病中的调节作用。Kok 等的研究表明具有抗糖尿病特性的啤酒花异葎草酮的纯衍生物 KDT501 和天然异葎草酮可以通过调节肠道中的苦味受体来发挥其抗糖尿病作用。KDT501 能够激活单个小鼠苦味受体 T2R108 或人类苦味受体 T2R1，引发 GLP-1 的分泌增加，而在缺乏苦味受体的细胞中，这种效应减弱[24]。采用靶向苦味受体的特异性激动剂，如人 T2R1 和 T2R38，可能通过调节代谢综合征个体或患有血脂异常的糖尿病患者的肠内分泌激素的分泌和胆汁酸循环来调节代谢和抗炎。这表明，以口外苦味受体为靶点可能有助于调节机体代谢紊乱。

5.2 食品风味的心理学基础

5.2.1 味觉记忆和联想

“神农尝百草，一日而遇七十毒。”“神农氏尝百草”的神话故事蕴含了关于味觉记忆和联想的实践与应用。味觉记忆是机体的一项重要生理功能，有安全味觉记忆和厌恶味觉记忆两种形式，可能受到不同神经通路的调节，并且具有不同的分子机制。尤其是当摄入对机体产生愉悦或厌恶感受的食物后，帮助机体对食物类型进行筛选，趋利避害。面对新型味觉信息输入，大脑初级皮层的前岛叶皮质因存在有关味觉的表征和评价体系，会诱导产生神经调节剂乙酰胆碱。乙酰胆碱有助于提升注意力，诱发协调性，可以将陌生的味觉信息形成新的安全味觉记忆，属于非联想型学习形式。乙酰胆碱的持续释放还会对新味觉的记忆稳定和巩固产生重要影响，但是受 $GABA_A$ 受体调节，确保只引发新型味觉信息传导。最新研究还表明，在新味觉记忆形成过程中伴随着醌还原酶 2（quinone reductase 2，QR2）的减少。QR2 是一种功能性还原酶，通过去除前岛叶皮质中的 QR2，局部活性氧降低，从而电压门控钾通道 Kv2.1 发生聚集而减少，促进新味觉信息形成长期稳定的记忆。

食物的味道可以在接触一次或多次后产生记忆，人类借此记忆可以对未知食物的味道进行想象和预测。动物建立厌恶味觉记忆的经典方法之一就是味觉厌恶学习（conditioned taste aversion，CTA）。CTA 是基于恐惧而建立的一种神经厌恶学习，当摄入让人体产生不适如引发胃肠道疾病的食物时，特定食物（条件刺激）和机体不适（非条件刺激）便很快建立起 CTA。CTA 记忆的检索和恢复需要依赖于前岛-小白蛋白的激活和基底外侧杏仁核回路抑制的协同。引起机体不适的除了潜在品质劣变的食物，通常被认为属于开胃剂的糖精也可以被训练产生神经厌恶反应。这也可能解释为个体反应差异，尽管呈味物质相同，但伴随感知强度的增强，也可检测为有害信号，发生从积极到消极的神经享受的转变。与之相对的神经积极学习是 CTA 潜在抑制范式 LI-CTA，LI-CTA 的发生早于 CTA 的建立，主要涉及向机体呈现新口味，告知其新味觉的安全性，并且会降低 CTA 检索带来的神经有害反应。

5.2.2 期望与偏好

从茹毛饮血到刀耕火种再到满汉全席，华夏饮食文化日趋精细和熨帖的背后，是人类饮食偏好的不断革新，以及机体为适应环境和营养需求不断经历的进化。饮食期望与偏好取决于人类的味觉偏好，前提是不考虑经济和供应的限制。然而影响味觉偏好的因素有很多，包括人类进化、基因、文化背景、成长经历、情绪记忆和人格等。例如，脊椎动物在向陆地进化过程中，酸味得以保留。遗传分子学研究表明，与人类、大猩猩和黑猩猩距离最近的共同祖先（most recent common ancestor，MRCA），会选择食用掉落在地面含有较高浓度乙醇和酸的经酵母发酵后的水果，而不至于醉酒或产生神经毒性，源自谱系中 *ADH4* 基因单个氨基酸的替换，其将乙醇氧化能力提高了 40 倍。这一味觉偏好不仅更有利于顺利度过季节性环境更替造成的食物资源匮乏阶段，而且发酵过后水果中的酸还可抑制有害微生物，这一有利进化得以保留至今，转变为对抗坏血酸的营养需求。味觉的感知涉及味觉受体和味觉传输神经等生理基础，其基因表达水平也会对味觉偏好产生影响。例如，苦味受体 T2R 的遗传多态性与乙醇饮料偏好和消费行为有关。TAS2R38 单倍型受试者不太可能是饮酒者，而 TAS1R3 rs307355 CT 携带者更可能是重度饮酒者。

风味偏好通过影响食物选择而对人体的营养状况和机体健康产生影响。越来越多的研究表明肥胖症患者和味觉偏好存在一定的关联。具有甜味和咸味的高脂肪膳食具有很强的适口性，据调查，女性肥胖者偏爱高甜味的脂肪食物，而男性肥胖者更喜欢咸味丰富的脂肪食物。肥胖人群对味觉强度增强的需求可能与其味觉感知灵敏度降低，味觉阈值增加有关。研究表明，肥胖人群伴有味蕾丰度的降低，约降低 25%。这在一定程度上表明，要达到相当的味觉信号感知，肥胖人群需要摄入更多的呈味物质。此外，暴露于致肥胖的环境有助于增加人们对甜食的喜爱。另有证据表明，肥胖人群对于饱腹感的感官认知水平较低，这也可能导致他们的暴饮暴食行为。目前，从味蕾和味觉感知调控入手已成为预防和干预肥胖的新途径。

除了遗传、生理和环境等因素外，有些研究还提出人格在决定味觉偏好和摄食行为中扮演着重要的角色。这不仅包括与摄食行为直接相关的人格特质如新食物恐惧症，还包括与食物无直接关系的一般人格特质，如对奖励和惩罚的敏感性，此类人格更喜欢辛辣食物。对奖励的敏感性人格还与不健康行为包括更高脂肪摄入、更多乙醇消费量及更高频率的吸烟等相关。在人格特质和味觉偏好的关联方面，神经质得分更高的人格对咸味、酸味和高脂肪食物更具偏好性，而对牛奶和乳制品的偏好较低，神经症患者更喜欢通过含有不健康风味物质的食物来克服消极情绪，而具有开放性和责任性人格的人更习惯培养健康饮食习惯，对咸味、甜味食物的敏感性较高。

5.2.3　文化与地域

美食在人类社会和文明发展历程中扮演着重要的角色，不同国家和地区有着自己独特的饮食文化。文化因素也在一定程度上影响着人们对食品风味的选择，一项涵盖了来自中国和韩国志愿者的风味偏好研究，对 6 种韩国传统烤牛肉和不同腌料进行了评估，结果发现韩国传统烤牛肉对来自中国的参与者来说普遍较甜，而对来自韩国的参与者则恰到好处。其中的一些烤肉特征风味，比如甜味、黑胡椒香气、熟洋葱香气和芝麻香气增强了韩国参与者对烤肉的整体偏好，但对中国参与者的整体偏好产生了负面的影响。再比如，韩国人还偏好颇具辛辣和些许甜味的发酵泡菜，斯堪的纳维亚人和东南亚人偏好各自方式制作的发酵水产品，而欧洲人唯喜辛辣霉变的奶酪。尤其是发酵食物，最开始可能是出于延长食物保藏期，继而养成饮食习惯，慢慢演变成独特的饮食偏好，发展成为民族特色食品。民族特色食品也成为研究饮食偏好和味觉感知跨文化差异的重要工具。不同的味觉感知也可能与地理位置差异有关，我国幅员辽阔，南方气候潮湿，而北方地区则较为干燥，南方尤其是湘、川、渝地区的人们喜食辛辣食物，通过刺激味蕾增强咸味感知，促进排汗降温等。总之，在全球化不断加深的背景下，食品行业通过对不同饮食文化、风味偏好的研究可以更好地促进食品跨文化贸易。

5.2.4 营销与标签

在实际消费场景中，诸如食品颜色、包装、标签和品牌等因素在食品风味感知、期望与偏好等方面扮演着重要的角色。根据跨模态对应理论，食品包装或者食物的颜色已经被证明与风味相关，视觉影像可能通过影响食品的嗅觉属性、味觉品质及口腔-体感特征而影响食品的多感官风味感知。尤其是消费者在反复接触主流食品及包装后，可以在食品或包装的颜色与对应风味之间形成经验，通过内化后建立色彩-风味的对应联想。即使是不同的饮食文化背景，也会产生相似的联想。例如，对于不同颜色包装薯片的风味联想，绿色可能代表黄瓜味，红色可能代表番茄味，深红色可能代表烧烤味等。当面对由红色到绿色过渡的光谱，红色光谱端通常会让人们联想到甜味，而绿色光谱端通常与酸味或苦味相关。在一项对咖啡包装相关的喜好度与购买意向对比研究中发现，绿色和圆形包装对消费者更具吸引力，对应光谱研究可以看出绿色可能更贴近咖啡的酸味和苦味倾向[25]。

食品标签对消费者购买意向的影响在一定程度上也关系到消费者的营养诉求。越来越多的消费者开始关注健康饮食问题，有些消费者倾向于减少钠含量，有些希望降低热量摄入，而另一些则更专注于特定关键营养素，如铁、钙等。新型健康食品不断被开发出来，这类食品也通常会在正面标签加以标注，以满足消费者健康预期，如具有降血压或者减肥功效。但是目前针对标签提及的食物成分的减少或增加通常与食品风味的负面影响联系起来。比如，无糖可乐、低脂牛奶、减盐食品等，这些食品标签的健康声明会降低消费者的期望和偏好。因此，食品从业者认识到了改良食品风味及消费者风味感知培育的重要性。

5.3　食品风味生理心理互作

国际标准化组织将味道定义为：品尝过程中嗅觉、味觉和三叉神经感觉的复杂组合（ISO 5492—1992）。食品风味可能受到包括嗅觉、触觉、视觉甚至听觉等的影响。虽然有着各自的信号通路，但特定食物的风味感知是多维感官互作的整体结果。味觉的形成虽然与舌头有关，但是不止限于在舌头上形成。舌头作为感受器，味觉最终在大脑皮层形成，其他维度的感官对味觉产生的影响主要与心理因素有关（表 5.1）。

表 5.1　食品风味生理心理互作研究

味觉刺激	听/视/嗅/触觉刺激	基本味道					结果
		甜	酸	咸	苦	其他	
苦味和咸味	听觉			√	√		苦味和咸味与低音调密切相关
甜味、咸味和苦味品牌的食品	听觉	√		√	√		前元音（和后元音)、摩擦辅音（和顿音)和不发音辅音（和浊音)增加了甜味，不发音的辅音与苦味联系更紧密，咸味与浊音和顿音相关
甜味和苦味	听觉	√			√		假声与甜味联系紧密，而沙哑的声音更容易与苦味联系在一起
甜味和苦味	听觉	√			√		积极的音乐与最甜蜜评分相关，而消极的音乐更强烈地与苦涩相关
红葡萄酒	听觉	√			√		古典音乐下，葡萄酒被认为更甜
咸味花生	视觉	√		√			多重刺激降低风味偏好
软饮料	视觉	√					粉红色杯子中的软饮料比透明杯子中的更甜
甜点奶油冻	视觉	√					白色相较于黑色更为甜美
烘焙、比萨和肉桂及巧克力等	嗅觉					√	人造气味增强食欲，促进销售
巧克力	触觉					√	更软的巧克力加强了脂肪味
液体食品	触觉					√	黏度较低的液体风味更强
甜味、苦味、酸味和咸味	触觉	√	√	√	√		舌头升温会增强甜味和苦味感知，舌头降温则增强酸味和咸味感知

5.3.1 嗅觉和味觉

嗅觉在消费者心理学研究中逐渐成为关注的焦点，尤其是其对风味体验和消费行为的影响。尽管嗅觉与味觉之间存在紧密联系，但过去的研究主要聚焦于嗅觉对唾液分泌的生理影响，将其视为一种在进食时促进消化的无意识过程。然而，嗅觉不仅与唾液分泌紧密相关，还与食欲直接相关。食物释放的气味，如柠檬香气，已被证明在激发食欲方面具有显著效果。值得注意的是，食品公司早已认识到嗅觉、唾液分泌和食欲之间的密切联系，并巧妙地运用这一认知来吸引顾客。例如，一些烘焙坊、快餐店和香料店通过释放人造气味来激发人们的食欲，知名巧克力品牌也通过向商店中注入巧克力的人造香气来促进销售。Krishna 等引入了“嗅”的概念，对比了想象气味和真实气味，重点研究了直鼻嗅觉，即来自广告和想象中的气味对味觉反应和消费行为的影响[26]。研究表明，真实和想象的气味都能影响唾液分泌、激发食欲和促进消费。然而，不同的是，想象的气味在发挥作用时需要视觉刺激的支持，而实际的气味则无须依赖视觉输入。这一研究为嗅觉意象的存在提供了支撑。考虑到味觉和嗅觉相互作用在食品评价中的重要性，更多关于这一领域的消费者心理学研究将有望展开。

5.3.2 触觉和味觉

口腔触觉和口感在食物消费中扮演着关键的角色，对味觉同样产生重要的影响。研究表明，食物的硬度、外观和口感直接影响个体对食物的咀嚼行为，进而影响对脂肪的感知、热量的预期、食物的选择及最终的摄入量。Bult 等的研究采用了外观相同但硬度不同的巧克力，结果显示，更软的巧克力导致的咀嚼减少，却加强了对脂肪的感知，最终导致了对热量更高的预估。这凸显了口腔触觉和咀嚼行为在食物评价和消费中的关键作用。此外，口腔触觉对风味感知的影响也是显著的。例如，黏度较低的液体具有更强的风味感知[27]。食物的温度作为口腔触觉输入，也会直接影响味觉。舌头升温会增强其甜味和苦味的感知，而对舌头降温则会增强酸味和咸味的感知[28]。这些研究结果凸显了口腔触觉在味觉感知中的关键作用，食物的硬度、温度和容器的选择直接塑造了个体对食物的味觉感知，有助于创造更具吸引力的食物味觉体验。

5.3.3 视觉和味觉

视觉对味觉产生影响的研究近期在食品领域得到了广泛关注，尤其是在食品包装领域。研究表明，粉红色包装的软饮料被认为比透明包装的甜味更强，同样，用红橙色杯子盛放热巧克力被认为比用白色杯子味道更浓郁，凸显了包装颜色对风味强度感知的显著影响。甚至在涉及甜食感知的研究中，将甜点奶油冻放在圆形白色盘子上相较于黑色盘子被感知更为甜美，表明了视觉和味觉相互影响的复杂关系。一项有趣的实验通过对汉堡或沙拉食品采用光面或哑光包装，探讨了包装的光泽度对休闲食品选择和美味感知的影响。结果表明，选择沙拉的消费者倾向于选择哑光包装，而选择汉堡的人更喜欢光面包装的休闲食品，凸显了包装光泽度在健康选择和味觉心理激励中的作用。这些研究可以看出，消费者在选择和感知食物时受到视觉的强烈影响，这一影响涵盖了食物的健康属性和口味特征。由于视觉在感官体验中的主导地位，这些研究呼应了心理学和感知研究中的观点，即视觉对味觉产生深远而直接的影响。

5.3.4　听觉和味觉

音乐和周围的环境对个体的味觉偏好也会产生影响，近期的研究深入挖掘了听觉和味觉之间的紧密联系。在一项由我国学生参与的实验中，发现味觉偏好和音调的选择显著相关，特别是在低音调环境下，人们更偏好于苦味和咸味[29]。类似的，一项以日本的参与者为对象的研究，通过建立由不同元音（前元音：[i][e]，后元音：[a][u][o]）和辅音（摩擦音：[f][s]，清辅音：[p][t]）类型虚构的品牌名称，揭示前元音增加了甜味预期，而后元音增加了苦味预期，摩擦辅音增加了甜味预期，而清辅音增加了苦味和咸味预期，为语音元素对味觉体验的塑造提供了新的见解[30]。此外，人们对音乐中声音质量的情感偏好也与味觉感知有关。例如，假声与甜味联系紧密，而沙哑的声音更容易与苦味联系起来；积极甜美的音乐类型显示出对甜味的偏好，而消极的音乐类型则与苦味感知紧密相关；古典音乐和流行音乐也会产生不同的味觉偏好，凸显出情感状态对味觉体验的重要性，为深入理解听觉如何影响味觉提供了新的支撑。

5.4　食品风味的创新与实践

味蕾细胞的数量、完整性及味觉受体的表达水平和食品风味感知直接相关，也是开展食品风味创新实践与提升机体健康状况的重要靶点。味蕾细胞的持续更新与位于舌部位的干细胞相关，主要是在 Wnt 信号通路的调节下分化为成熟的味蕾细胞。但是在急性炎症发生时，比如与肥胖代谢功能障碍相关的脂多糖（LPS）诱导的炎症状态下，味觉干细胞活力降低，进入味蕾的新生细胞数量减少，导致了肥胖人群味觉功能障碍。癌症患者也常伴随着味觉异常，尤其在接受造血干细胞移植期间，化疗患者的苦味敏感性降低，并且发现与化疗药物马法兰的使用有关。另有研究表明，肿瘤患者在接受造血干细胞移植，中性粒细胞减少期间，饮食中的含盐量提高 16 倍，才能感受到咸味。2 型糖尿病（T2DM）患者也常伴随着味觉功能下降，尤其与年龄相关。这些临床调查研究揭示了开发针对特殊人群味觉食品的重要性。

以糖脂代谢紊乱人群的味觉调控研究为例。大鼠实验证明，黄芪多糖可以显著改善高脂膳食造成的肠道甜味信号转导损伤，提升 T2DM 大鼠肠道中胰高血糖素样肽 GLP-1 和甜味受体 STR 表达,同时下调葡萄糖转运蛋白 SGLT-1 和 GLUT-2 表达，T2DM 大鼠胰腺中 GLP-1 和 STR 也得以提升。GLP-1 可以通过多种途径影响食物摄入和体重，包括改善食欲、减少饥饿感、减少胃排空及改善风味偏好。肠道和胰腺中的 STR 分别参与机体葡萄糖的摄取及胰岛素的分泌，黄芪多糖可以通过上述通路调节最终改善胰腺组织病理学，促进胰岛素的分泌，逆转 T2DM 大鼠的代谢异常[31]。枇杷叶多糖、南瓜和龙须菜多糖还可以通过调节肠道微生物群落，发挥调节体重、改善小鼠糖脂代谢的作用。此外，苦味受体 TAS2R 也在口外组织广泛表达，不仅在鉴别有毒食物中发挥特殊作用，还可以影响食欲、饥饿感和摄入行为，有望成为治疗肥胖症的目标靶点[32]。KDT501 是一种纯啤酒花异葎草酮，研究表明，其可以通过激活肥胖小鼠肠道的苦味受体，减轻小鼠体重，改善葡萄糖耐量，提高胰岛素敏感性，展现了 KDT501 这一新型化合物通过味觉途径改善代谢疾病的潜在优势[24]。但是多糖目前的应用仍存在一些问题。例如，多糖-蛋白质饮料中羧甲基纤维素（CMC）浓度（1.5%）的增加造成聚合物的黏度增加，降低味觉受体的激活效率，会显著降低口腔甜味感知，影响味觉体验。

目前在食品工业中越来越普遍采用强效甜味剂作为能量糖的替代品，在减少热量摄入方面具有显著的效果。然而，研究表明强效甜味剂与葡萄糖稳态受损、体重增加和肠道微生物群改变密切相关。这些甜味剂不仅可以刺激甜味受体，还因其结构多样性而能够刺激苦味受体。多重受体的激活也可能是导致代谢复杂效应的原因之一。甜味剂对葡萄糖稳态的影响可能与其在口腔和肠道中引发的复杂生理信号有关。这一发现凸显了代谢状态与味觉途径之间可能存在的深层次相互作用，为未来更健康的食品风味研究提供了新的方向。

总体而言，这些研究不仅深化了人们对味觉系统的科学认识，同时也为未来针对代谢疾病的治疗和预防提供了新的方向。通过对这些话题的深入探讨，人们能够更全面地了解食品在机体代谢紊乱中的调控作用，以及味觉系统在这些过程中的关键作用。

参 考 文 献

[1] ZHANG Y, CHEN L, GAO J, et al. Nutritive/non-nutritive sweeteners and high fat diet contribute to dysregulation of sweet taste receptors and metabolic derangements in oral, intestinal and central nervous tissues. Eur J Nutr, 2023, 62(8): 3149

[2] KUMARI A, MISTRETTA C M. Anterior and posterior tongue regions and taste papillae: distinct roles and regulatory mechanisms with an emphasis on hedgehog signaling and antagonism. Int J Mol Sci, 2023, 24(5): 4833

[3] HUANG A L, CHEN X, HOON M A, et al. The cells and logic for mammalian sour taste detection. Nature, 2006, 442(7105): 934-938

[4] TU Y H, COOPER A J, TENG B, et al. An evolutionarily conserved gene family encodes proton-selective ion channels. Science, 2018, 359(6379): 1047-1050

[5] TENG B, WILSON C E, TU Y H, et al. Cellular and neural responses to sour stimuli require the proton channel Otop1. Curr Biol, 2019, 29(21): 3647-3656

[6] MI T, MACK J O, LEE C M, et al. Molecular and cellular basis of acid taste sensation in *Drosophila*. Nat Commun, 2021, 12(1): 3730

[7] MEYERHOF W, BATRAM C, KUHN C, et al. The molecular receptive ranges of human TAS2R bitter taste receptors. Chem Senses, 2010, 35(2): 157-170

[8] DESCAMPS-SOLA M, VILALTA A, JALSEVAC F, et al. Bitter taste receptors along the gastrointestinal tract: comparison between humans and rodents. Front Nutr, 2023, 10: 1215889

[9] JALSEVAC F, TERRA X, RODRIGUEZ-GALLEGO E, et al. The hidden one: what we know about bitter taste receptor 39. Front Endocrinol (Lausanne), 2022, 13: 854718

[10] DEEPANKUMAR S, KARTHI M, VASANTH K, et al. Insights on modulators in perception of taste modalities: a review. Nutr Res Rev, 2019, 32(2): 231

[11] ZHAO G Q, ZHANG Y F, HOON M A, et al. The receptors for mammalian sweet and umami taste. Cell, 2003, 115(3): 255-266

[12] DAMAK S, RONG M, YASUMATSU K, et al. Detection of sweet and umami taste in the absence of taste receptor T1r3. Science, 2003, 301(5634): 850

[13] SONG C, WANG Z, LI H, et al. Recent advances in taste transduction mechanism, analysis methods and strategies employed to improve the taste of taste peptides. Crit Rev Food Sci Nutr, 2023, https: //doi. org/10. 1080/10408398. 2023. 2280246

[14] WU B, BLANK I, ZHANG Y, et al. Investigating the influence of different umami tastants on brain perception via scalp electroencephalogram. J Agric Food Chem, 2022, 70(36): 11344

[15] BUCK L, AXEL R. A novel multigene family may encode odorant receptors: a molecular basis for odor recognition. Cell, 1991, 65(1): 175-187

[16] GUO L, CHENG J, LIAN S, et al. Structural basis of amine odorant perception by a mammal olfactory receptor. Nature, 2023, 618(7963): 193-200

[17] CHEN Y, CHEN X, BASERDEM B, et al. High-throughput sequencing of single neuron projections reveals spatial organization in the olfactory cortex. Cell, 2022, 185(22): 4117

[18] ALLISON T S, MORITZ J J R, TURK P, et al. Lingual electrotactile discrimination ability is associated with the presence of specific connective tissue structures (papillae) on the tongue surface. PLoS One, 2020, 15(8): e0237142

[19] WEI F, WANG J, LUO L, et al. The perception and influencing factors of astringency, and health-promoting effects associated with phytochemicals: A comprehensive review. Food Res Int, 2023, 170: 112994

[20] ZONG G F, DENG R, YU S Y, et al. Thermo-transient receptor potential channels: therapeutic potential in gastric cancer. Int J Mol Sci, 2022, 23(23): 15289

[21] KASAHARA Y, NARUKAWA M, KANDA S, et al. Transmembrane channel-like 4 is involved in pH and temperature-dependent modulation of salty taste. Biosci Biotechnol Biochem, 2021, 85(11): 2295-2299

[22] SHIRAZI-BEECHEY S P, DALY K, AL-RAMMAHI M, et al. Role of nutrient-sensing taste 1 receptor (T1R) family members in gastrointestinal chemosensing. Br J Nutr, 2014, 111 (Suppl 1): S8

[23] XIE C, WANG X, YOUNG R L, et al. Role of intestinal bitter sensing in enteroendocrine hormone secretion and metabolic control. Front Endocrinol (Lausanne), 2018, 9(1): 576-585

[24] KOK B P, GALMOZZI A, LITTLEJOHN N K, et al. Intestinal bitter taste receptor activation alters hormone secretion and imparts metabolic benefits. Mol Metab, 2018, 16: 76-87

[25] HUANG J, PENG Y, WAN X. The color-flavor incongruency effect in visual search for food labels: An eye-tracking study. Food Quality and Preference, 2021, 88(1): 104078

[26] KRISHNA A, MORRIN M, SAYIN E. Smellizing cookies and salivating: a focus on olfactory imagery. Journal of Consumer Research, 2014, 41(1): 18-34

[27] BULT J H, DE WIJK R A, HUMMEL T. Investigations on multimodal sensory integration: texture, taste, and ortho- and retronasal olfactory stimuli in concert. Neurosci Lett, 2007, 411(1): 6-10

[28] CRUZ A, GREEN B G. Thermal stimulation of taste. Nature, 2000, 403(6772): 889-892

[29] QI Y, HUANG F, LI Z, et al. Crossmodal correspondences in the sounds of Chinese instruments. Perception, 2020, 49(1): 81-97

[30] MOTOKI K, SAITO T, PARK J, et al. Tasting names: systematic investigations of taste-speech sounds associations. Food Quality and Preference, 2020, 80: 103801

[31] YANG Z M, WANG Y, CHEN S Y. Astragalus polysaccharide alleviates type 2 diabetic rats by reversing the glucose transporters and sweet taste receptors/GLP-1/GLP-1 receptor signaling pathways in the intestine-pancreatic axis. Journal of Functional Foods, 2021, 76: 104310

[32] WAGONER T B, ÇAKıR-FULLER E, DRAKE M, et al. Sweetness perception in protein-polysaccharide beverages is not explained by viscosity or critical overlap concentration. Food Hydrocolloids, 2019, 94(5): 229-237

第 6 章

食品生物成味微生物基础

微生物分布广泛、种属繁多，广泛存在于生态环境、人体和工业生产中，在全球生物循环、气候变化、环境修复和工农业生产中发挥着重要的作用。人类利用微生物进行食品发酵或者控制微生物进行食物保鲜已有 8000 余年的历史，但对于微生物的本质缺乏相关认识。直到 17 世纪中后叶，Antonie van Leeuwenhoek 首次利用显微镜发现了单细胞生命体——微生物。但当时“自然发生学说”盛极一时，van Leeuwenhoek 的相关发现未得到相应的重视。直到 19 世纪中叶，法国微生物学家 Louis Pasteur 对不同类型的发酵食品进行研究，才认识到不同发酵是由各种特定的微生物所引起的，且在 1860 年左右 Pasteur 首先通过加热杀菌的方法杀灭了葡萄酒和啤酒中的微生物，即沿用至今的巴斯德灭菌法。德国细菌学家 Robert Koch 建立了单一微生物分离及纯培养技术，这也是食品发酵与酿造技术的一个重要转折点。深层通气搅拌培养技术的建立使得青霉素（penicillin）大量生产，极大地促进了微生物发酵技术的进一步发展。此后，人工诱变育种和代谢控制发酵工程技术、微生物酶反应器的自动化连续化生产、DNA 重组技术的发展则进一步赋予了现代微生物技术崭新的内涵。

6.1 食品生物成味关联微生物的概念与种类

6.1.1 食品生物成味关联微生物的概念

微生物作为完整个体，体积虽小，但可以通过微生物整体细胞或者所分泌的胞外酶对复杂的底物进行结构修饰，即微生物代谢过程中所产生的某个或者某一系列酶对底物所进行的催化转化反应。食品生物成味作用与微生物的代谢活动紧密相联，在微生物代谢过程中会产生多种多样的代谢产物，这些代谢产物能够影响食品的感官及风味特性。也就是说，微生物能够通过多种代谢作用影响食品的感官、营养及功能特性，其代谢作用是形成食品风味的主要来源。其中，微生物风味物质种类、数量和结构等共同决定了食品风味物质的种类、含量和比例，显著影响着食品的品质、风味及产率[1]。微生物在食品加工中的应用主要分为以下两方面：一方面，有益微生物应用于食品的生物保鲜，包括微生物发酵技术、微生物脱腥技术及微生物调控保鲜技术等；另一方面，研究人员通过探明食品中特定腐败菌的生长情况，可以协助预测食品货架期。

（1）微生物发酵技术

微生物发酵技术作为最古老的保藏技术之一，可在延长食品保藏时间的同时改善食品的风味和营养品质。微生物的发酵作用可降解原料中的大分子化合物，产生具有特殊风味、色泽和质地的食品，种类繁多、形式多样，具有悠久的发展历史。根据发酵原料划分，发酵食品可以分为发酵谷物制品、发酵豆制品、发酵果蔬制品、发酵乳制品、发酵肉制品等食品。表 6.1 列举了常见的食品发酵原料及相应的发酵产品。

表 6.1　传统发酵食品的种类

发酵原料	食品种类
谷类	发酵面食、发酵米粉、酸浆面、醪糟、面酱、醋、酒
豆类	豆豉、腐乳、豆瓣酱、酱油、豆汁、丹贝、纳豆
蔬菜类	泡菜、腌渍菜、糖蒜、榨菜、酸菜
水果类	果醋、果酱、果酒
肉类	各式火腿、腊肉、香肠
水产类	熏鱼、腊鱼、虾酱、鱼酱、鱼酱油
奶类	奶豆腐、乳扇、酪干、奶卷、酥油
其他	发酵茶

根据发酵培养基质的物理状态划分，发酵可以分为固态发酵（solid state fermentation）、半固态发酵（semi-solid state fermentation）和液态发酵（liquid state fermentation）。中国、日本等国家的传统发酵食品多以固态发酵为主，如中国的发酵火腿、腐乳和豆豉，日本的纳豆（natto）及印度尼西亚的丹贝（tempeh）等，主要在多菌种共同作用下经过自然发酵而成。而西方传统发酵食品多以液态发酵为主。例如，保加利亚酸乳是以纯种的乳酸菌发酵而成的，西式果醋则是以果汁或麦汁为原料通过酵母与醋酸菌酿造而成的，所得产品风味较为纯净和单一。当然，西方也存在固态发酵食品，如面包、色拉米香肠等。半固态发酵则是指发酵基质为半流体状态，流体中悬浮有较大的原料颗粒，比如传统黄酒和高盐稀态型酱油的发酵均采用的是半固态发酵工艺。

现代发酵工业，特别是液态发酵，多以单一菌种的纯种发酵为主，而被污染的其他微生物称为杂菌，杂菌污染会导致：①发酵基质和（或）目标产物被消耗，生产能力降低或发酵失败；②杂菌所生成的代谢产物使得目标产物分离及提取困难，产品收率降低和质量下降；③杂菌大量繁殖导致培养基的理化性质改变，进而使微生物代谢产物的种类、生产速率改变，从而影响目标产物的得率及纯度；④噬菌体污染导致发酵菌种细胞被裂解，从而导致发酵生产失败。同样，杂菌污染也可对固态发酵带来上述不利影响。因此，在发酵生产过程中，对发酵基质、空气、流加物料及相关设备与管道等进行灭菌是必不可少的操作。此外，微生物在生长与繁殖过程中需要不断地从外界吸收营养物质，不同微生物所需营养物质的种类及浓度存在差异。

（2）微生物脱腥技术

微生物脱腥技术主要是通过菌种的新陈代谢作用将腥味重的小分子物质转化为无腥味的大分子物质，或者是利用微生物所产生的酶作用于腥味物质使其分子结构发生改变，从而消除或者掩蔽腥味[2]。相较于传统物理吸附、化学反应脱腥法，微生物脱腥法能够在极大程度上保留有食品中的营养物质，显著改善食品的风味成分。微生物脱腥技术作为一种安全、高效的方法，近年来被广泛应用于食品的异味脱除方面，包括鱼腥味、豆腥味等的脱除。目前，常见的微生物脱腥菌种有酵母、乳酸菌和醋酸杆菌等。微生物介导的食品脱腥过程十分复杂，主要依赖于微生物所分泌的各种微生物酶。理论上，生物脱腥涉及微生物所分泌的多种酶的独立或者协同作用下的连续催化。

（3）微生物调控保鲜技术

微生物调控保鲜技术在食品保鲜工作中的应用原理是利用微生物菌体及其代谢产物保鲜，该技术能够有效抑制食品中有害微生物的生长，从而大大减少食品所产生的腐烂损失，最终实现贮藏保鲜的目的。合理地利用微生物的诱导抗菌性能，或者使微生物与病原菌争夺空间和营养，能够科学、有效地抑制食品中的各类病原菌，实现食品防腐保鲜的目的。当前，酵母、木霉、枯草芽孢杆菌等微生物已被广泛应用于食品保鲜中。此外，纳他霉素、微生物糖类、乳酸链球菌素（nisin）等微生物的代谢产物也被合理运用于食品保鲜过程中，能够起到有效的护色和抑菌作用，有效延长食品货架期。

（4）微生物货架期预测技术

食品贮藏期间微生物的新陈代谢活动、胞外酶活动等生化反应是引起食品变质、货架期缩短的主要因素。目前，国外关于食品品质监测和剩余货架期的预测软件已经较为成熟，主要是通过对产品中腐败微生物的生长动力学模型的研究建立相应数学模型来预测货架期。我国关于食品货架期的研究时间还比较短，但目前关于食品中各种腐败微生物的鉴定方法已经较为成熟，急需通过建立相关货架期预测模型来快速预测食品中腐败菌及致病菌的生长规律。因此，预测食品微生物学（predictive food microbiology，PFM）应运而生。预测食品微生物学是将传统的微生物学与数学、统计学、工程学和计算机技术有机结合起来，联合数学模型预测食品中微生物的生长和消亡情况，从而预测食品的微生物安全性并达到防止食品腐败的目的。

6.1.2 食品生物成味关联微生物的种类

按照微生物分类系统，可将与食品生物成味密切相关的微生物分为细菌、酵母和霉菌三类。

（1）细菌

细菌在自然界分布广泛，特性各异，与食品生物成味特性密切相关，在现代食品工业中应用十分广泛。细菌常见的形态有球状、杆状及梭状（图 6.1），其中，乳酸菌、醋酸菌、芽孢杆菌等对微生物食品特征性的风味、营养及功能性都有着显著影响。

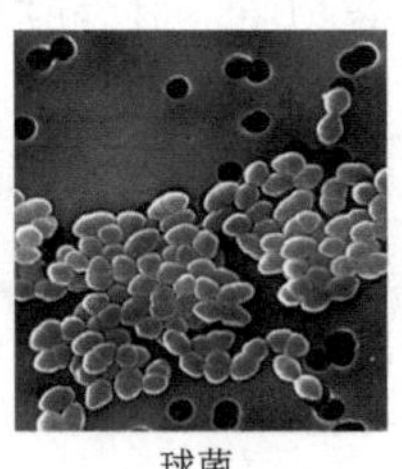
球菌

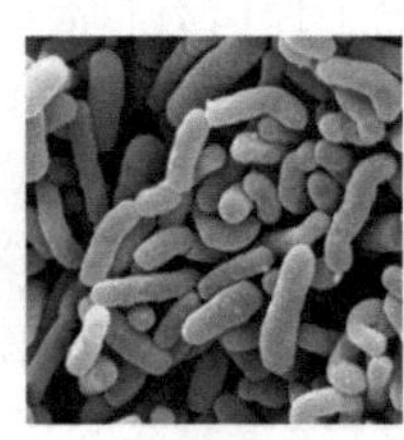
杆菌

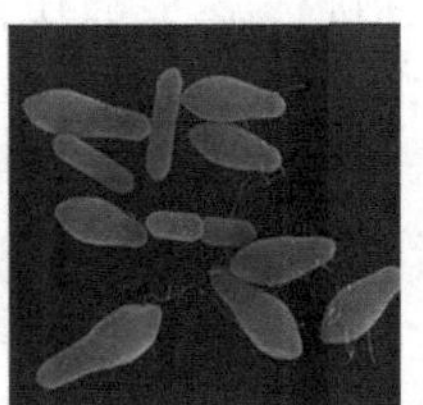
梭菌

图 6.1 常见细菌形态示意图

乳酸菌（lactic acid bacteria，LAB）是一群形态、代谢和生理特征不完全相同，发酵糖类物质产乳酸的细菌的总称。此类微生物的共有特征是革兰氏染色呈阳性，过氧化氢酶试验呈阴性，不产芽孢，不运动或者很少运动，微好氧或者厌氧，最适生长 pH 为 5.5～6.2，发酵最终产物为乳酸。乳酸菌能够代谢多种碳水化合物及其衍生物，其中，不同的糖类物质产酸能力是乳酸菌属和种间区别的重要特性[3]。乳酸菌根据其糖类发酵途径的差异可分为：①专性同型乳酸发酵（图 6.2），即只能通过糖酵解途径发酵产乳酸；②专性异型乳酸发酵（图 6.3），即只能通过 6-磷酸葡萄糖酸/磷酸酮糖酶途径产酸；③兼性异型乳酸发酵，即通过同型发酵代谢己糖，也可通过异型发酵代谢戊糖及相关底物。此外，不同乳酸菌的表型特征、生理生化类型及糖类发酵类型也有所差异。目前，乳酸菌主要在自然发酵乳中分离得到，主要包括肠球菌属（*Enterococcus*）、乳杆菌属（*Lactobacillus*）、乳球菌属（*Lactococcus*）、明串珠球菌属（*Leuconostoc*）、片球菌属（*Pediococcus*）、链球菌属（*Streptococcus*）等。此外，乳酸菌也多应用于肉制品、豆制品、果蔬制品、面制品、酒类及食醋类等发酵食品的发酵过程中。

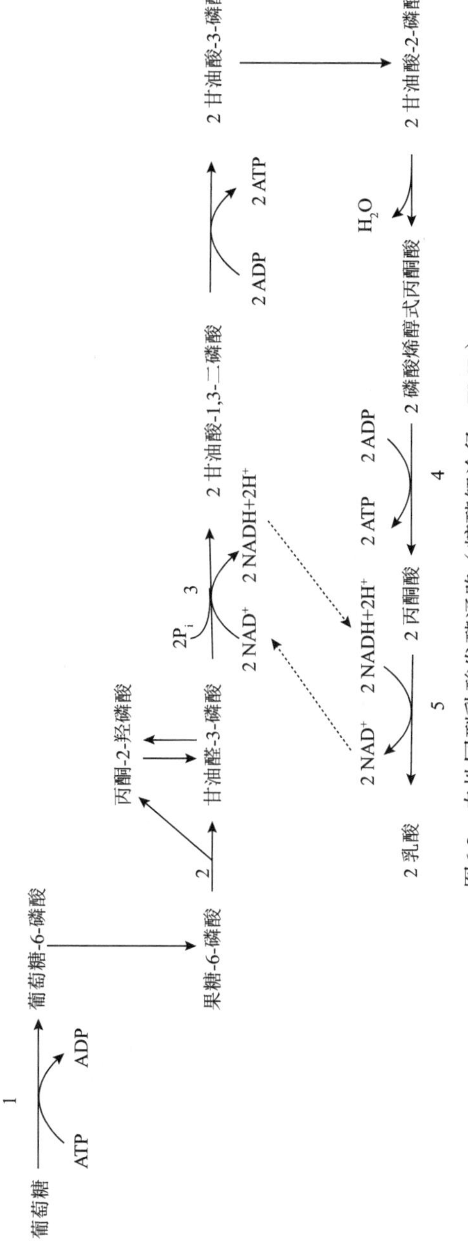

图6.2　专性同型乳酸发酵通路（糖酵解途径，EMP）

1. 葡萄糖激酶；2. 1,6-二磷酸果糖醛缩酶；3. 3-磷酸甘油醛脱氢酶；4. 丙酮酸激酶；5. 乳酸脱氢酶

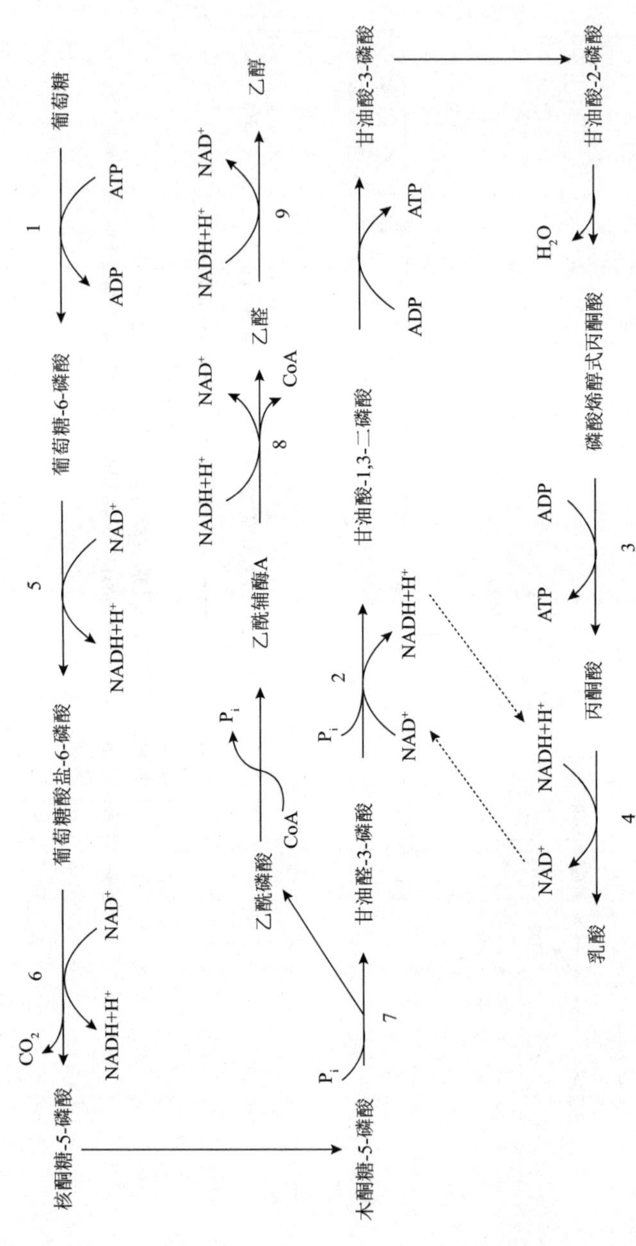

图6.3　专性异型乳酸发酵（6-磷酸葡糖酸/磷酸酮糖酶途径）

1. 葡萄糖激酶；2. 3-磷酸甘油醛脱氢酶；3. 丙酮酸激酶；4. 乳酸脱氢酶；5. 6-磷酸葡萄糖脱氢酶；6. 6-磷酸葡萄糖酸脱氢酶；7. 磷酸酮糖酶；8. 乙醛脱氢酶；9. 乙醇脱氢酶

醋酸菌（acetic acid bacteria，AAB）是一类革兰氏阴性菌或者革兰氏可变菌，好氧，无芽孢，最适生长温度为 30～35℃，最适 pH 为 3.5～6.5；其细胞呈椭圆、杆状或者短杆状，单生、对生或者链状排列。醋酸菌科共分为两类，即嗜酸细菌类（acidophilic group）和醋酸菌类（acetous group）。醋酸菌科共囊括 32 属，常见的醋酸菌包括醋杆菌属（*Acetobacter*）、葡糖杆菌属（*Gluconobacter*）和嗜酸菌属（*Acidiphilium*）[4]。醋酸菌能够在强酸性条件下氧化乙醇或糖类，是制造乙酸、葡萄糖酸、山梨糖等发酵工业产品的重要细菌。此外，醋酸菌也被广泛应用于食品行业中，从而更好地控制已知食品的发酵过程或生产新品种发酵食品，如传统食醋、红茶菌、德国酸啤等发酵食品的生产。

芽孢杆菌（*bacillus*）均为革兰氏阳性菌，是一类数量众多且具有多样性，需氧或者兼性厌氧，细胞呈杆状，对外界有害条件抵抗能力强，且在一定条件下能形成内生孢子的细菌。大多数芽孢杆菌为中温微生物，也有部分嗜寒及嗜热微生物，其最适生长温度为 25～40℃。但芽孢杆菌具有耐高温、快速复活及酶分泌能力强等特点，在营养匮乏、干旱等条件下易形成芽孢，在环境适宜时又能够重新萌发形成营养体。目前，芽孢杆菌科包括芽孢杆菌属（*Bacillus*）、芽孢乳杆菌属（*Sporolactobacillus*）、梭菌属（*Clostridium*）、脱硫肠状菌属（*Desulfotomaculum*）及芽孢八叠球菌属（*Sporosarcina*）等[5]。芽孢杆菌可通过三羧酸循环的氧化代谢途径利用淀粉、麦芽糖、葡萄糖、甘油、蔗糖等碳水化合物产生多种酸，包括柠檬酸、琥珀酸、苹果酸等，这些有机酸则可经过酯化反应形成各种酯类物质，从而增加发酵食品的风味特性。

（2）酵母

酵母属于单细胞真菌类，兼性厌氧，细胞形态呈球状、卵圆、椭圆、柱状等，无鞭毛。在厌氧条件下，酵母可分解糖类物质并将其转化成乙醇和二氧化碳来获取 ATP，常用于各种乙醇饮料、酱油、食醋、面食制品的制作工艺中。大多数酵母菌落特征与细菌相似，但比细菌菌落大而厚，菌落表面光滑、湿润、黏稠，容易被挑起，菌落颜色呈乳白色，少数为红色，极个别呈现黑色。酵母主要通过芽殖、裂殖、芽裂等无性繁殖方式增殖，但在营养状况不好的情况下，一些可进行有性生殖的酵母会产生孢子并进一步在合适条件下萌发。酿酒酵母（*Saccharomyces cerevisiae*，图 6.4）是发酵食品酿造过程中最常见的酵母种类，酵母的代谢产物对发酵食品的风味有着重要作用。其中，以酿酒酵母为主体的酒类纯种发酵，易于获得一致且稳定的口感和香气，但也易导致酒中风味化合物种类单一，酒体缺乏特色。因此，非酿酒酵母（non-*Saccharomyces cerevisiae*）近年来也被广泛应用于酒类饮料的生产中，以期得到具有更为丰富的风味轮廓的酒体品质。常见的非酿酒酵母种类主要包括假丝酵母属（*Candida*）、伊萨酵母属（*Issatchenkia*）、克鲁维酵母属（*Kluyveromyces*）、有孢汉逊酵母属（*Hanseniaspora*）、毕赤酵母属（*Pichia*）、梅奇酵母属（*Metschnikowia*）、有孢圆酵母属（*Torulaspora*）、接合酵母属（*Zygosaccharomyces*）和裂殖酵母属（*Schizosaccharomyces*）等[6]。非酿酒酵母与酿酒酵母的代谢特性迥异，所分泌的酶系能够改变酒中脂肪类、高级醇类、酯类和醛类物质的比例及含量，显著提升酒的香气。酵母应用在发酵肉制品中可使得肉制品发色更加稳定。此外，酵母可以通过转化肉制品中的亮氨酸、苯丙氨酸等氨基酸生成高级醇类和酯类等风味物质。

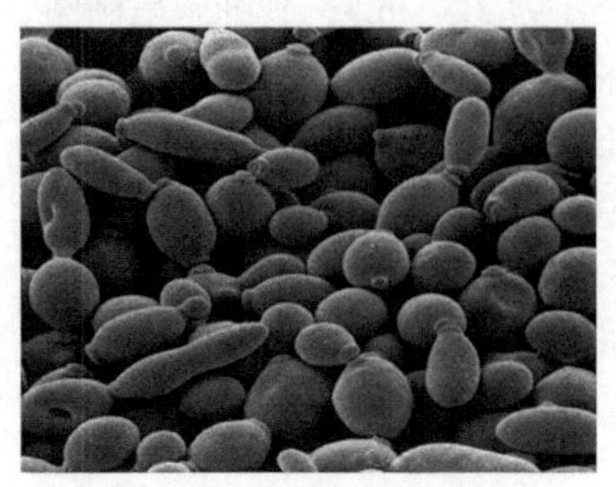

图 6.4　酿酒酵母形态示意图

（3）霉菌

霉菌是丝状真菌的统称，其菌丝体较为发达，无较大的子实体，有细胞壁，以寄生或腐生的方式存在。霉菌菌落形态较大、质地疏松、外观干燥，且不易挑取，其菌落正反面及边缘与中心的颜色、构造通常不一致。构成霉菌营养体的基本单位为菌丝，直径为 1～3μm，较细菌和放线菌的细胞粗几倍到几十倍，且菌丝可生长并产生分枝，许多分枝的菌丝交互则称为菌丝体。在发酵食品工业中常用到的霉菌主要有根霉（*Rhizopus* spp.）、毛霉（*Mucor* spp.）、曲霉（*Aspergillus* spp.）、青霉（*Penicillium* spp.）等（图 6.5）。毛霉主要用来制作霉菌型腐乳、豆豉、食醋与酒类产品。霉菌在食醋的酿造过程中能够起到降解蛋白质、多糖等大分子物质的作用；而在酒中主要起糖化作用，其中曲霉、根霉、红曲霉等霉菌均具有较强的糖化能力。在酱油酿造过程中，米曲霉（*Aspergillus oryzae*）可在发酵过程中分泌多种水解酶以水解原料中的蛋白质和碳水化合物，产生独特的风味和营养物质。在普洱茶的生产过程中，黑曲霉（*Aspergillus niger*）、青霉属（*Penicillium*）和根霉属（*Rhizopus*）的菌株均参与了其发酵过程，并利用发酵基质产生多种酶类和有机酸，其中黑曲霉与普洱茶中所含纤维素、茶色素、多糖及香气组分的形成存在着显著的相关性[7]。作为红曲发酵过程中的主要菌种，红曲霉（*Monascus* spp.）在发酵过程中以熟米制品为底物，发酵产生醇类、酯类、酸类等多种芳香类物质。此外，红曲霉能够代谢产生多种有益物质，如天然红曲色素、洛伐他汀、γ-氨基丁酸等，被广泛应用于食品发酵中。近年来，霉菌所引起的食源性疾病不断增长，如在酒类、酱油、豆酱、香肠等发酵过程中会监测到曲霉毒素。而在霉变的发酵香肠上常见到疣孢青霉、产黄青霉、纳地青霉、变幻青霉、灰绿青霉和杂色曲霉等，这些杂色曲霉所引起的杂菌污染在产生毒素的同时也会导致发酵食品腐败变臭。

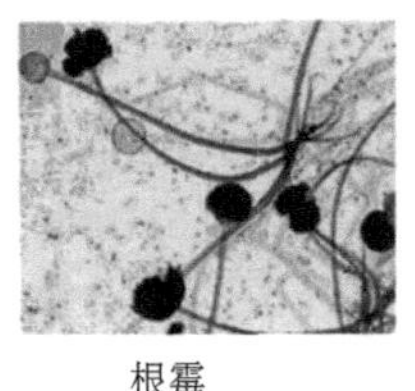
根霉

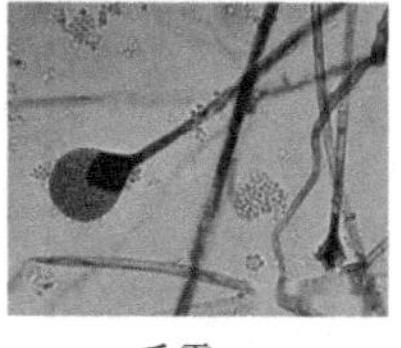
毛霉

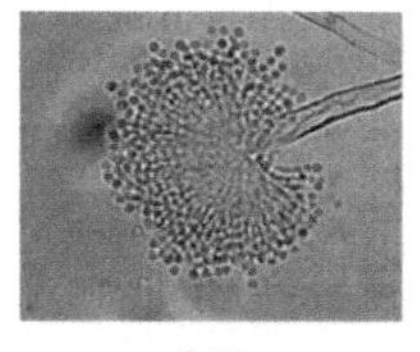
曲霉

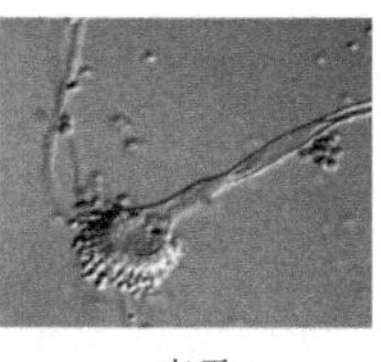
青霉

图 6.5　常见霉菌形态示意图

6.2　食品生物成味关联微生物的代谢调控

微生物的代谢作用是指微生物在生长繁殖期间的机体代谢活动可促进原料中碳水化合物、蛋白质、脂质的分解和氧化反应，产生多种代谢产物的过程[8]。微生物生长繁殖过程有一定的发育阶段，包括适应期、对数期、静止期和死亡期等，这些发育过程可以通过菌体的生长曲线和动力学特征来表征。微生物的对数生长期所产生的产物有氨基酸、蛋白质等，是菌体生长繁殖所必需的，即初级代谢产物；而在菌体生长静止期时，会产生一些对微生物无明显生理功能或者不是微生物生长和繁殖所必需的物质如抗生素、生物碱等，即微生物的次级代谢产物。

微生物的初级代谢是指微生物从外界吸收营养物质，通过分解代谢和合成代谢，生成维持生命活动所需要的物质和能量的过程。因此，初级代谢产物是微生物营养性生长所必需的，主要包括糖、氨基酸、脂肪酸、核苷酸及由这些化合物聚合而成的高分子化合物，如多糖、蛋白质、酯类和核酸等，微生物活细胞的合成代谢流普遍存在初级代谢途径。微生物的初级代谢及其代谢产物对生物成味食品尤其是发酵食品的生产有着重要意义。在微生物的作用下，食品中的蛋白质和碳水化合物被微生物降解，产生对食品风味贡献较大的小肽、氨基酸和糖类物质。其中，氨基酸代谢产物是发酵食品风味物质形成的前体物质，以甲硫氨酸、芳香族氨基酸（苯丙氨酸、酪氨酸、色氨酸）和支链氨基酸（亮氨酸、异亮氨酸、缬氨酸）为主的氨基酸是挥发性香气组分的重要前体物质，而谷氨酸钠盐则对发酵食品产品鲜味的贡献较大。在酱油的酿造过程中，乳酸菌代谢产生的乳酸，使发酵产品能够维持适宜的 pH，在促进酵母生长繁殖的同时抑制杂菌生长；而且代谢产物乳酸能够与酵母所产生的乙醇反应形成乳酸乙酯，进一步增添酱油的香气物质。

微生物次级代谢与初级代谢关系密切，是指微生物在一定生长时期，以初级代谢产物为前体物质，合成一些对于该微生物没有明显生理功能且不是微生物生长和繁殖所必需物质的过程。微生物次级代谢产物在微生物生命活动过程中的产生量很少，且对微生物本身的生命活动无明显作用，即次级代谢途径被阻断时，菌体生长繁殖情况不受到影响。微生物次级代谢过程中会合成抗生素、激素、生物碱、毒素、维生素，也包括对食品风味影响较大的挥发性风味物质及多酚等生物成味物质。

6.2.1　微生物源风味物质的分类与特征

食品的风味物质主要用来描述人体在食品摄入前、中、后的感受，是多种感觉系统协调作用的结果[9]。食品的风味主要包括：①气味，即嗅觉感官特性，是挥发性气体作用于嗅细胞所产生的感觉，包括醇类、酸类、酯类、醛类、酮类、酚类、烯烃类；②滋味，即味觉感官特性，是水溶性物质作用于味细胞的结果，包括氨基酸、多肽、核苷酸和有机酸。微生物源风味物质的形成途径可以大致分为生物合成代谢、酶促作用、氧化分解和高温分解 4 种机制[4]。其中，微生物的代谢作用是推动底物消耗、风味形成的核心动力，对改善微生物食品风味品质、提高工艺稳定性及降低安全风险等具有至关重要的作用。

（1）呈香物质

酯类物质是最重要的一类微生物源风味化合物，它具有较高的挥发性和较低的气味阈值，可赋予微生物源食品果香、花香等风味和香味。微生物是酯类物质的主要生产者，在微生物的作用下，脂肪酸与辅酶 A（CoA）结合形成相应的 RCO·CoA，再在醇酰基转移酶（alcohol acyltransferase，AATase）的作用下与醇类物质结合生成酯类物质（图 6.6）。其中，AATase 作为一种双底物酶，在乙醇饮料的发酵过程中主要负责乙酸酯的合成，催化乙醇、异丁醇或者异戊醇等醇类物质与乙酰 CoA 生成乙酸酯。此外，酯类物质还可以由醇类和羧酸类物质通过酯化反应生成，而贮藏阶段发酵食品中的酯类物质增加则主要依赖于酯化反应。

$$\mathrm{RCOOH+CoA} \xrightarrow[\mathrm{ATP}\ \ \mathrm{AMP+PP_i}]{} \mathrm{RCO\cdot CoA+R'OH} \xrightarrow{\mathrm{AATase}} \mathrm{RCOOR'}$$

图 6.6　酯类物质合成路径图

一般来说，发酵食品中的醇类物质主要来自原料本身的醇类物质，以及发酵过程中微生物代谢生成的乙醇和高级醇类物质，能够赋予发酵食品以清新的果香和草香。微生物代谢所生成的乙醇主要通过糖酵解途径产生，而高级醇类物质主要分为降解代谢途径和合成代谢途径两种[10]。降解代谢途径，即氨基酸在转氨酶的作用下，氨基转移到 α-酮戊二酸上，形成相应的谷氨酸和 α-酮酸，α-酮酸在酮酸脱羧酶的催化作用下脱羧转化生成少一个碳原子的醛，醛再经醇脱氢酶作用进一步还原形成相应的高级醇类物质，又称 Ehrlich-Neubauer 途径（图 6.7）。特定的氨基酸可以转化形成特定的高级醇。例如，亮氨酸被降解成为异戊醇，缬氨酸被降解为异丁醇，苯丙氨酸被降解为 β-苯乙醇，异亮氨酸被降解为活性戊醇。合成代谢途径，即葡萄糖经过糖酵解途径形成丙酮酸，丙酮酸在乙酰羟酸合酶作用下进入氨基酸生物合成途径，并在合成代谢最后阶段形成 α-酮酸中间体，进一步在相应酶的催化作用下还原形成高级醇，又称 Harris 途径（图 6.8）。

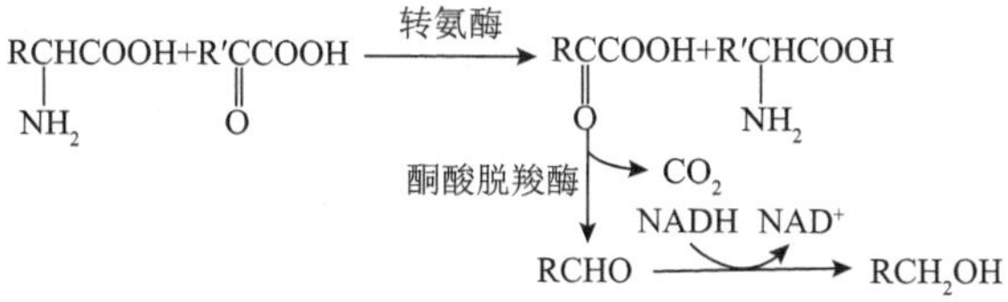

$$\mathrm{RCH(NH_2)COOH + R'C(=O)COOH \xrightarrow{\text{转氨酶}} RC(=O)COOH + R'CH(NH_2)COOH}$$

$$\mathrm{RC(=O)COOH \xrightarrow[\text{酮酸脱羧酶}]{-CO_2} RCHO \xrightarrow{NADH \to NAD^+} RCH_2OH}$$

图 6.7　降解代谢途径（Ehrlich-Neubauer 途径）

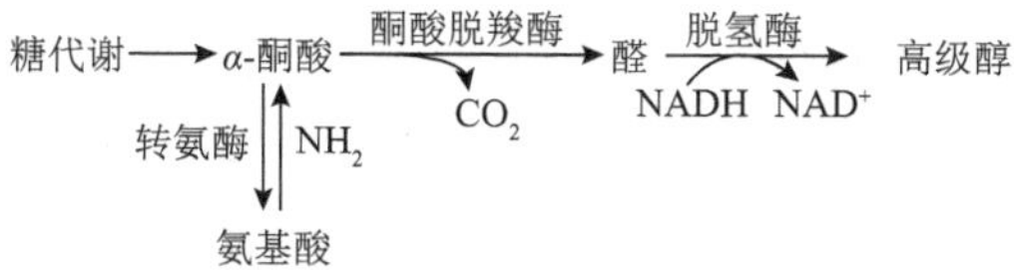

图 6.8　合成代谢途径（Harris 途径）

醛类化合物是对一类含有端位醛基化合物的统称，可以赋予微生物发酵食品以坚果香、草香和果香。一般来说，大多数直链醛类物质来源于不饱和脂肪酸的氧化，而支链醛类物质来源于支链氨基酸的降解。醛类物质一般具有与醛醇、甲硫醇、氨类物质结合或者缩合的特性，从而产生与自身不同的香气，使得发酵食品风味复杂化。乙醛作为代表性醛类物质，主要由氨基酸、核酸及丙酮酸代谢产生；丙酮酸可以在甲酸裂解酶和丙酮酸脱氢酶的催化作用下形成乙酰辅酶 A，所生成的乙酰辅酶 A 在乙醇脱氢酶的催化作用下生成乙醛。此外，丙酮酸还可以在丙酮酸脱羧酶的催化作用下合成乙醛（EMP 途径）。

酮类物质在低含量时通常呈现出独特的松香和草木清香，但是当酮类物质含量较高时则呈现出挥发性、刺激性的风味。常见的酮类物质如呋喃、糠醛、双乙酰等均具有显著的挥发性气味。其中，呋喃是豆瓣酱和酱油中一种具有特殊风味的化合物，由酵母通过磷酸戊糖途径或者美拉德反应生成。而糠醛则是由微生物发酵五碳糖产生的，阈值较高（3000μg/kg），可与其他风味物质相互作用以提升酱油的风味和口感。

其他挥发性物质如酚类、挥发性酸类、吡嗪、含硫化合物等也对微生物发酵食品香气的形成起着重要作用。例如，4-乙愈创木酚是酱油中典型的酚类化合物，具有典型的酱油香气和烟熏味，气味阈值低（25μg/kg），是改善酱油香气特征的关键性香气物质。啤酒中适量的酸类物质主要是脂肪酸，以乙酸为主，可以使啤酒的口感更为活泼爽口，而过量的挥发性酸类则导致啤酒口感粗糙，缺乏柔和及协调性。这些有机酸类物质主要在微生物代谢过程中产生。此外，大多数含硫化合物如硫醇、硫化物、二硫化物、三硫化物、硫酯和含硫的杂环化合物等，则通常含有令人不愉快的气味。

（2）呈味物质

游离氨基酸是由蛋白质降解生成的一种重要呈味物质，也是醇、醛、酮等重要挥发性风味化合物的前体物质，与微生物发酵食品品质密切相关。天然蛋白质中除甘氨酸外的其余游离氨基酸均为 L 型。目前，氨基酸的生产方法主要有合成法和发酵法两种，微生物发酵生产氨基酸是典型的代谢控制发酵。利用微生物发酵制造氨基酸的首个产品是 L 型谷氨酸（L-Glu），是由美国农业部农业研究所的 L. B. Lockwood 使用好气性培养荧光杆菌（*Bacillus fluorescens*）通过发酵淀粉积累 α-酮戊二酸转化而成的。谷氨酸的生物合成途径主要有糖酵解途径（EMP 途径）、磷酸己糖途径（HMP 途径）、三磷酸循环（TCA）、乙醛酸循环、伍德-沃克反应（CO_2 固定反应）等。游离氨基酸的种类和含量直接影响食品的品质，氨基酸分类如表 6.2 所示。在发酵型郫县豆瓣酱中，天冬酰胺（Asn）、谷氨酸（Glu）等酸味游离氨基酸含量最多，组氨酸（His）、亮氨酸（Leu）、脯氨酸（Pro）等苦味游离氨基酸含量次之。研究表明，氨基酸代谢是酱油的重要风味来源，其中苦味游离氨基酸含量最高，是构成酱油整体鲜味的重要组分。

表 6.2　氨基酸分类

氨基酸类型	种类	结构特点	风味特征
Ⅰ	谷氨酸 天冬氨酸 谷氨酰胺 天冬酰胺	酸性侧链	鲜味、酸味
Ⅱ	苏氨酸 丝氨酸 丙氨酸 甘氨酸 甲硫氨酸 半胱氨酸	短侧链	鲜味、甜味
Ⅲ	羟脯氨酸 脯氨酸	棱锥环链	甜味、微苦
Ⅳ	缬氨酸 亮氨酸 异亮氨酸 苯丙氨酸 酪氨酸 色氨酸	长侧链	苦味

续表

氨基酸类型	种类	结构特点	风味特征
V	组氨酸 赖氨酸 精氨酸	碱性侧链	苦味、微甜

呈味肽主要是指食物中所提取到的分子质量小于 5kDa 的寡肽，或者由风味氨基酸合成得到的寡肽[11]。呈味肽可以改善食物的感官特性，且一些小肽类物质也具有重要的生理功能，如抑制血管紧张肽转换酶活性、抗氧化特性和抗疲劳特性等。呈味肽的味觉特征与其肽链长度、氨基酸组成及序列、空间结构相关。而小分子肽，尤其是二肽的味道往往取决于其所组成氨基酸的原有味道。目前，鲜味肽是迄今检测到的种类最多的风味肽，呈味肽中所具有的正基团、负基团和亲水性残基与相应的鲜味传感器结合能使人感受到鲜味，且其成味特征会因鲜味肽的分子质量大小呈现不同的鲜味。相关研究表明，大豆水解液中 1～5kDa 分子质量的鲜味肽能够显著影响水解液的鲜味，一些二肽类物质如 pGlu-Asp、pGlu-Val 和 Lac-Glu 虽具有鲜味，但其浓度较低，对食品风味的贡献较小。相关研究表明，小肽类物质可以提供酱油的风味，在亚阈值水平上增强鲜味强度。苦味肽的苦味特性主要来源于侧链末端的精氨酸（Arg）、亮氨酸（Leu）、脯氨酸（Pro）、苯丙氨酸（Phe）等疏水性氨基酸。同时，疏水性氨基酸和亲水性氨基酸在氨基酸序列中的位置也会影响多肽的苦味特性，如碳链 C 端的疏水性氨基酸和碳链 N 端的亲水性氨基酸会产生强烈的苦味特性；而亲水性和疏水性区域的空间取向、组成及极性基团和疏水区域在同一平面内的接近程度也被研究者认为是多肽苦味的决定因素。当前研究表明，His-Pro-Ile、Lys-Pro、Leu-Pro、Ser-Val-Pro、Asn-Ala-Leu 等二/三肽呈现苦味。

有机酸作为食品酸味的主要物质来源，种类非常丰富，主要包括乳酸、乙酸、琥珀酸、焦谷氨酸、柠檬酸、富马酸等，其种类和含量与食品的酸味质量及产品特色密切相关。发酵食品中的有机酸形成途径多种多样，主要包括脂肪酸的水解作用、氨基酸的降解作用和糖酵解过程。食醋酿造过程中的醋酸菌、乳酸菌等产酸菌可以产生乙酸、乳酸及其他多种有机酸如草酸、酒石酸、丙酮酸和苹果酸等，这些丰富的有机酸能够为醋酸体系提供良好的缓冲体系，显著降低醋液的刺激性和酸涩味，极大地改善食醋产品的风味。酱油中的有机酸主要为乳酸和乙酸，乳酸是由嗜盐足球菌、酱油足球菌、酱油四联球菌及植物乳杆菌等嗜盐乳酸菌分解葡萄糖等碳源物质产生的，其含量直接与酱油品质相关，可以缓解酱油的咸味并赋予酱油以圆润绵长的口感；而酱油中的乙酸是由乙醇氧化而成的，具有微刺激性，能够显著调和酱油的风味。酱油中有机酸含量与其他非挥发性物质的比例对酱油酸味的柔和度有着显著影响，当酱油中的总酸含量为 1.5～2.5g/100mL 时，酸味特征不突出，而当总酸含量高于 2.0g/100mL，其他固形物含量不变时，酱油的酸味特性过强，导致酱油风味变差。

此外，在食品发酵过程中，酵母、霉菌等微生物自溶后会产生核酸，经核酸酶水解后产生肌苷酸（IMP）、鸟苷酸（GMP）、尿苷酸（UMP）等核酸，起改善发酵食品鲜味的作用。而大豆中与苦味相关的皂苷种类和含量在微生物作用下减少，则可以显著降低发酵豆制品的苦涩味。

6.2.2 微生物源风味物质调控类型

微生物细胞是一种相互联系、相互制约的代谢过程，微生物的生长是细胞内所有反应的总和。如果这些反应杂乱无章，微生物就无法生存和生长，实际上微生物细胞所进行的分解代谢与合成代谢是相互协调统一的，并具有相对的稳定性。这是因为微生物细胞具有一套极为灵敏、可塑性强、精确性高的自我代谢调控系统，能够保证细胞内数以千计的极其复杂的生化反应能准确无误、有条不紊地进行。微生物代谢所分泌的内源酶及相关胞外酶受到相关基因的表达控制，同时又受到某些环境因素的激活或者调控[12]。微生物的代谢调控发生在 DNA 复制、基因转录、翻译与表达、酶的激活或抑制等多个水平上，也有在细胞（细胞壁与细胞膜）水平上的调节，调节还常表现为多水平的协调作用。

（1）诱导作用

微生物在自然界中处于物理和化学调节不断变化的环境中，在一定的变化范围内，它们可以通过结构蛋白、转运蛋白、毒素、酶等生物活性物质形式的变化来适应条件的变化，由此适应特殊的生态环境。微生物代谢的诱导作用分为底物诱导作用和产物诱导作用[13]。底物诱导作用最经典的示例为大肠杆菌（*E. coli*）利用乳糖诱导合成 β-半乳糖苷酶的过程，在葡萄糖作为碳源存在的条件下，野生型大肠杆菌是不利用乳糖的，且每个细胞中仅含有 5 分子的 β-半乳糖苷酶；然而当将野生型大肠杆菌放入只有乳糖作为唯一碳源的培养基中时，一开始它们并不能利用乳糖，但 1～2min 后，它们就能合成大量 β-半乳糖苷酶将乳糖水解为半乳糖，而当被诱导的细胞继续被转移到只含有葡萄糖不含有乳糖的新鲜培养基中时，β-半乳糖苷酶的合成就迅速停止，且先前所诱导得到的半乳糖苷酶的活性也迅速降低到非常低的水平。产物诱导指的是某些分解代谢酶受到代谢途径中酶反应物的诱导，最典型的例子为色氨酸的分解作用，其代谢分解过程中酶的合成都受到犬尿氨酸（代谢中产物）的诱导作用（图 6.9）。

色氨酸 → 甲酰犬尿氨酸 → 犬尿氨酸 → 邻氨基苯甲酸 → 儿茶酚

图 6.9 犬尿氨酸产物诱导作用

（2）分解代谢物的调节作用

分解代谢物的调节作用涉及微生物细胞在混合代谢物发酵时优先利用哪一个基质的问题。分解代谢物调节主要包括碳分解代谢物阻遏（carbon catabolite repression，CCR）和氮分解代谢物阻遏（nitrogen catabolite repression，NCR）两种现象[14]。碳分解代谢物阻遏是指微生物在混合碳源发酵时优先利用速效碳源（通常为葡萄糖），并且该碳源的代谢产物会抑制其他非速效碳源代谢相关的基因表达和蛋白质活性，从而影响非速效碳源利用的现象（图 6.10）。当食品进行微生物发酵时，原料中供微生物利用的碳源通常为混合碳源，包含淀粉、葡萄糖、果糖和糖蜜中的几种或者多种，因此，食品发酵体系中微生物的物质和能量代谢存在着受碳分解代谢物负调控的现象。微生物菌株对氮源的选择和利用也有优先性或者偏好性，如酵母的偏好氮源主要为氨、谷氨酰胺和天冬氨酸，因此微生物细胞进化形成了氮分解代谢物阻遏作用以利用培养基中的最优氮源，而利用其他氮源的酶的合成反应则受到抑制直到这种底物用完为止。目前，已经报道的消除碳/氮源代谢物阻遏作用对发酵生产的影响主要有两种措施：一是对基因进行修改，即通过传统的遗传学方法分离出抗碳/氮源阻遏的突变菌株；二则是通过限制发酵培养基中抑制性氮源的浓度来减少或者消除碳/氮源代谢物的阻遏效应。发酵工业中应用的分批补料培养方式通过控制有限性底物的浓度使其保持非常低的水平，由此可以避免底物浓度过高而引起的碳/氮源抑制作用。

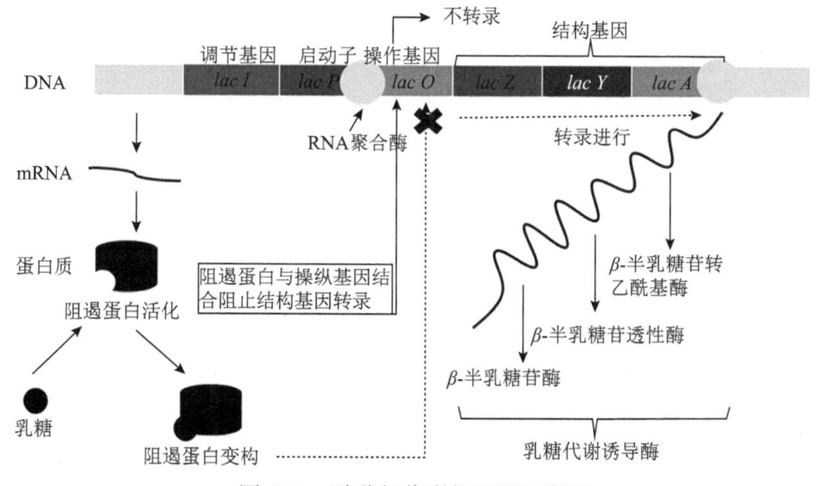

图 6.10　碳分解代谢物阻遏示意图

（3）反馈调节

反馈调节主要是指代谢过程中的中间产物或者终产物对于代谢早期阶段关键酶的抑制作用。目前已知的反馈调节作用主要有反馈抑制和反馈阻遏两种。反馈抑制（feedback inhibition）是指生物合成途径的最终代谢物质抑制该途径中第一个或者第二个酶的作用，即当某一代谢产物达到一定浓度时会使酶的活性受到抑制，从而使反应速率减慢或者停止[14]。通常来说，酶具有两个作用位点，包括底物位点和调节位点。当产物达到一定浓度时，它就和酶的调节位点相结合，于是酶分子构型发生变化，从而干扰了底物与酶底物位点结合的能力，进一步影响着酶的催化作用。反馈阻遏（feedback repression）则是指抑制酶的形成是由途径终点产物或者其衍生物执行的，也就是说，当代谢的最终产物大量存在并达到一定浓度时，它就会和细胞中早已存在的阻遏物结合起来共同发挥作用，阻止了一个或者几个反应步骤中酶的合成，从而抑制了产物的形成。如图 6.11 所示，当细胞中缺乏色氨酸时，阻遏蛋白缺乏活性，不能与操纵基因（*trp O*）相结合，即操纵子处于工作状态，而当细胞中代谢产物色氨酸浓度积累到一定量时，色氨酸作为辅助阻遏物阻遏蛋白变构并呈现活性构象，酶转录及色氨酸的合成也受到抑制。在食品发酵体系中，由于有多种微生物或者一种微生物的多个代谢支路的存在，反馈调控受到相互作用的影响，其作用机制相对比较复杂。

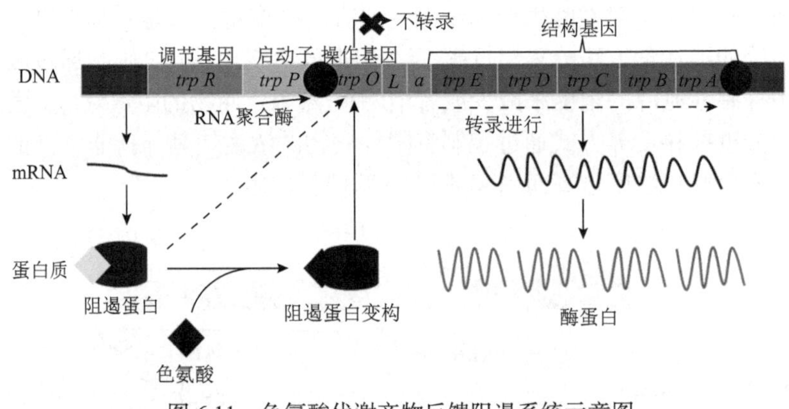

图 6.11　色氨酸代谢产物反馈阻遏系统示意图

（4）能荷调节

能荷调节是指通过调控在代谢功能中起作用的调节剂分子，如 NAD^+/NADPH、ADP、ATP、AMP 或者其他核苷酸等小分子物质，以起到将两个代谢途径偶联，或激活代谢途径中的酶，或抑制代谢途径中的酶，从而调控各种代谢功能的调节方式。其中细胞的能量状态一般以能荷表示。

6.2.3　代谢控制在微生物源食品生产中的应用

在微生物源食品生产过程中，尤其是发酵工业中，可通过遗传的改造和环境的控制人为地进行微生物代谢调节，以防止微生物代谢失调所引起的过量代谢产物的生成。目前，代谢控制发酵（metabolic control fermentation）已经能够人为地在转录和翻译等 DNA 分子水平上改变和控制微生物的代谢活动，使目的产物大量生成和积累。

（1）微生物代谢调控

在生产微生物发酵食品的过程中，发酵条件能显著影响微生物的生长，也可以影响风味物质的形成。除去不同菌株自身代谢差异和生长阶段之后，基于“三传一反”调控食品发酵过程的主要因素有：发酵培养基的营养组成和配比（碳源，氮源，碳氮比，磷、硫等微量元素）、发酵温度、发酵 pH、溶解氧、搅拌速率等，以及发酵培养的模式（分批发酵、补料分批发酵等）和反应器类型（机械搅拌式发酵罐、气升式发酵罐）等[15]。

常规的发酵培养基为多营养组分混合体系，培养基成分是微生物生长和发酵产物形成的物质基础。因此，通过调节培养基组成及各组分间的比例可以保证营养物质满足机体生长需要的同时有利于代谢产物的形成。培养基的碳氮比是衡量培养基是否适用于微生物发酵的重要指标之一。碳氮比不当，不仅会造成浪费，还会影响微生物的生长和目标产物的合成。一般情况下，微生物生长的最适培养基和产物合成的最适培养基是不同的，因此，在选择发酵培养基时，通常需要考虑到培养基是否有利于目标产物的分离，以及培养基中的渗透压是否有利于微生物的生长。碳源及氮源等培养基筛选主要通过在基础培养基中分别加入不同种类的碳源和氮源，用以取代原有的碳源和氮源进行试验，并以菌体或者目标产物为指标来衡量碳源和氮源的优劣。通常，工厂生产中会往发酵培养基中添加适量的速效碳源和氮源以促进机体生长和发酵产物的形成。此外，也可以围绕碳源和氮源的利用情况来设计发酵培养基，通过测算培养基中碳氮比可以较好地平衡分批发酵时酵母生长所需的碳源和氮源供给。在分批发酵中随着培养基中各底物浓度的消耗，碳氮比发生相应变化，因此，在发酵起始阶段，为使菌株发酵生长所需的营养物质均衡，通常会添加一定浓度的碳源和氮源用以供给菌株细胞合成足量的蛋白质、核酸等用于菌体生物量增长，然后根据碳源和氮源的消耗比来补足菌株发酵过程中所需的营养源。除了碳源和氮源限制，磷、硫等微量元素的限制也可以有效地调控微生物细胞分泌酶以促进风味物质的代谢与合成。

发酵温度、发酵 pH 等均为发酵过程控制的重要参数。发酵温度显著影响微生物的生长繁殖，这不仅是因为温度对菌体表面的作用，更涉及热量传导到菌体内部所引起的结构物质的变化。微生物的生命活动可以看作相互连续进行酶反应的表现，而任何化学反应又都和温度息息相关。一般来说，在生物学范围内，温度每升高 10℃，微生物细胞生长速度就加快 1 倍。各种微生物在一定条件下都有一个最适的生长温度范围，在此温度范围内，微生物生长繁殖速率最快。微生物正常生长需要一定的酸碱度，培养基的氢离子浓度对微生物的生命活动有着显著的影响，且各种微生物都有自己生长和合成酶的最适 pH，同一菌种合成酶的类型及酶系组成可以随着 pH 的改变而产生不同的变化。培养基的 pH 在发酵过程中能够被菌体代谢所改变，阴离子如乙酸根离子和磷酸根离子被吸收或者氮源被利用会产生氨气，导致 pH 上升；而阳离子如氨根离子和钾离子等被吸收或者发酵产物有机酸等物质的积累，则会导致 pH 下降。发酵 pH 在发酵过程中的变化与培养基的碳氮比息息相关，一般来说，碳源占比较高的培养基经微生物作用后，其 pH 下降，而高氮源培养基则倾向于向碱性 pH 转换。此外，发酵温度和发酵 pH 会显著影响微生物细胞膜的通透性、对底物的摄取和利用、微生物细胞内酶的活力及活性，进一步影响微生物的生长情况及代谢机制[16]。

在微生物发酵过程中，为满足微生物的呼吸作用和代谢产物合成需求，在发酵过程中必须进行合理的通气和搅拌。此外，通气速率或搅拌转速可以通过培养基溶解氧浓度来调控。好气性微生物发酵罐通常配有通风装置，主要供给需氧或者兼性厌氧微生物适量的空气，以满足微生物生长繁殖和代谢产物积累的需求。一般来说，高溶氧浓度有利于菌体的快速增殖及生物量增加。虽然增大通气量或者调大转速也可以提高发酵液中溶解氧浓度，但高转速也会导致剪切力增强，气泡更易形成，因此增强搅拌或者通入氧气也可以增大能耗和发酵成本。设备的供氧能力和微生物呼吸作用耗氧能力，是发酵罐中影响氧平衡的两个重要参数。如何保证在发酵过程中适当地供氧，使得氧的供需矛盾不至于成为生产上的限制因素，从而确保溶解氧含量既能满足生产菌对氧气的需求，又能稳定和提高目标产物的生成量，可以实现微生物发酵产物生产的降本增效。

值得一提的是，微生物液态发酵培养基的条件和营养水平的变化会导致微生物菌体形态发生相应的转变。宏观水平上，霉菌细胞一般以生物膜形态呈现，还有细菌及酵母的自絮凝现象、丝状真菌的菌丝团等，而在显微形态上，微生物可呈现为单细胞型、假丝型、细长的菌丝体等形态。微生物菌体细胞的集结形态会对液体深层发酵过程中料液的混合、传热、氧气和营养成分的传递、发酵液的黏度和流变性等产生影响，进而影响发酵过程中营养成分的浓度梯度、理化条件（发酵温度、发酵 pH、溶氧量及渗透压等）梯度差异及相关差异的扰动，进一步影响微生物发酵的生理状态、代谢和形态变化。

（2）优良菌株选育

食品发酵体系是由一种或者多种微生物构成的独特微生态环境，微生物作为发酵食品的灵魂，与产品质量和风味形成密切相关[17]。优良菌种是提高微生物发酵食品产量及品质的重要前提。筛选与发酵食品品质和风味直接相关的功能菌株，并保证其菌种质量的相对稳定，这是生产上控制风味物质含量最有效的途径。例如，在酒类产品生产用的酵母中，葡萄酒酵母生成杂醇油的含量最高，其次为酒精酵母和啤酒酵母。研究表明，酵母产高级醇能力与其相应的高级醇脱氢酶（ADH）活力相关，主要体现在酵母的高级醇脱氢酶活力与相应高级醇产量之间成正比关系。因此，在选育酵母菌种时，可考虑选择杂醇油生产量较低的生产菌株，并保持适宜的酵母接种量和酵母增殖倍数。

发酵食品工业生产菌种的选育包括两个层面：第一，菌种需要从自然环境中分离筛选得到；第二，已有的菌种要通过改造及育种获得更好的发酵性能。工业菌种选育应当满足以下条件：①能在廉价原料制成的培养基中快速生长，且生成的目标产物得率高，易于回收；②培养条件易于控制，发酵周期较短；③抗杂菌及噬菌体能力较强；④菌种遗传性能稳定，不易退化及变异；⑤确保所得菌株不产生有害的生物活性物质和毒素，生产的绝对安全性有保障。当前，生产菌种的选育方法主要包括自然选育、诱变育种、杂交育种、原生质体融合育种及基因工程育种等。自然选育是菌种选育的基本手段，即利用微生物在自然条件下发生自发变异，通过分离、筛选、排除劣质性状的菌株，选择出维持原有生产水平或具有优良性状的高产菌株。诱变育种则是利用物理因子诱变、化学因子诱变及复合因子诱变等方法处理均匀分散的细胞群，促使其发生更多的突变，并在此基础上筛选得到符合生产要求的高产菌株。研究人员通过物理诱变法诱导获得了营养缺陷型菌株，即使得菌种的合成途径中的某一步发生突变，合成反应不能完成，从而失去某种物质的合成能力，最终产物不能积累到一定浓度从而引起相应的反馈调节。杂交育种则是指两个基因型不同的菌株结合时遗传物质重新组合，从中分离筛选得到具有新性状菌株的方法。相关研究就有利用亚硝基胍分别处理枯草芽孢杆菌马堡菌株（*Bacillus subtilis* Marburg）和枯草芽孢杆菌，将其分别作为受菌体和供菌体，然后将其转化为一种新的菌种，从而得到一株具有高淀粉酶活力的菌株。原生质体融合育种则是通过媒介作用去除两个亲本菌株的细胞壁，并在高渗透压条件下释放出只有原生质膜被包被的球状原生质体并凝集混合，促使两套基因组之间的融合并获得重组体（图 6.12）。基因工程育种则是指将一种或者多种生物的基因及载体在体外进行拼接重组并转入另一种生物受体的过程，基因重组技术能够克服传统菌株育种的盲目性和随机性，能够带有目的性地改良菌株。目前，利用基因重组技术筛选新菌种的方法正在逐步被应用到实际生产中。

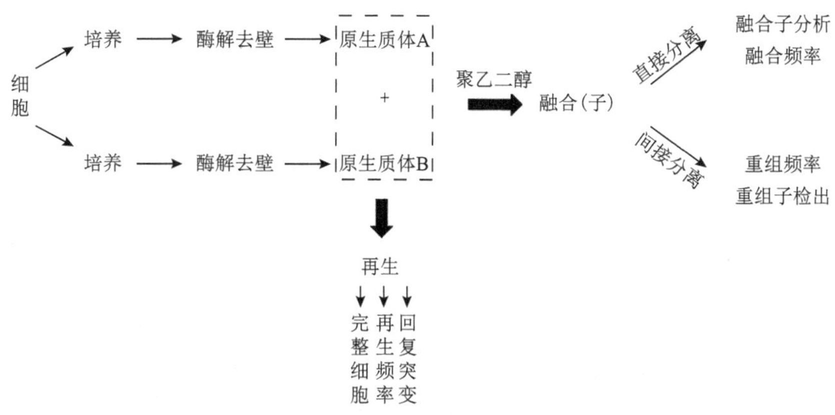

图 6.12　原生质体融合育种的一般程序

6.3　食品生物成味关联微生物的未来研究

随着分子生物学技术的发展，宏基因组、宏转录组和宏蛋白质组等多组学联用技术的应用，人们对发酵食品中的微生物多样性有了更多的认识，而基于多维液相/气相质谱及核磁共振氢谱技术等的代谢组学推动了发酵食品中微生物代谢调控及特征风味的研究，进一步促进了发酵食品中微生物演替规律及风味物质形成关联性的研究[18]。微生物源风味物质作为食品生物成味特性的重要来源，深入探索其风味形成机制及其与菌落组成的关联性可对发酵食品风味精准调控提供参考方向。因此，推动基于微生物菌群控制的发酵食品风味调控技术的理论研究，利用优良菌株强化发酵食品工业化的发展方向，强化发酵剂对微生物菌群组成及风味物质代谢的影响机制，是我国微生物发酵食品产业迫切需要解决的问题。

（1）合成微生物群落

合成微生物群落（synthetic microbial community），也被称为人工合成菌群，通常是指人为地将两种或者两种以上的已知微生物在特定条件下共同培养形成一个相对简单且可供调控的微生物群落[19]。相较于单一菌株及自然微生物群落，合成微生物群落具备以下几点优势：①相较于自然微生物群落，合成微生物群落结构相对简单，可控性较强；②相较于单一微生物，合成微生物群落的稳定性更高，对外界环境因素的适应能力更强；③合成微生物群落中的各种微生物可以通过相互作用实现功能互补，放大菌株的代谢功能，并使得群落整体更加协调；④合成微生物群落的稳定性好，经良好控制可被重现、取样及扰动，在解决复杂发酵生态系统的问题方面具有更好的潜力。

合成微生物群落更加注重通过设计、改造和组装不同的微生物个体来构建具备特定功能的稳定模式系统。但合成微生物群落的构建并非简单的菌株混合，还需要考虑到微生物之间的相互作用关系，包括细胞间接触、信号分子或者代谢物之间的交流、营养竞争等微生物相互作用模式，主要包括竞争、互利共生、偏害共生、偏利共生、寄生及中立等相互作用类型。

（2）微生物细胞工厂

微生物代谢工程和合成生物学是当今微生物领域研究的热点，有利于实现环境友好和可持续经济发展[20]。微生物细胞工厂是指将微生物作为底盘细胞，通过引入多个基因或者是整条代谢途径，导致代谢失衡、部分代谢中间产物积累等问题，采用一定的调控策略加以控制，从而构建得到微生物细胞工厂。用系统代谢工程手段构建微生物细胞工厂的策略包括：底物利用改造、转运蛋白修饰、辅酶优化、副产物消除和产物前体富集、适应进化、代谢途径构建及优化、计算机模拟和组学分析、建立基因组代谢网络模型、复合基因组工程等。

底盘细胞是指代谢反应发生的宿主细胞，微生物细胞的复杂性高，因此人工置入的生物元件、线路或者系统都会受到细胞内原有的代谢和调控途径的影响。因此，对细胞工厂的基本成分进行挖掘和鉴定，包括对生物元件和线路与底盘细胞在能量和物质代谢层面的适配与通用规律的理解，对相关生物元件设计理论与工具的开发，以及对高通量自动组装与测试方法的完善等方面都影响着底盘细胞的设计和构建。底盘细胞是合成微生物学的硬件基础，目前常用的模式菌主要包括酿酒酵母（*Saccharomyces cerevisiae*）、大肠杆菌（*Escherichia coli*）、枯草芽孢杆菌（*Bacillus subtilis*）、谷氨酸棒杆菌（*Corynebacterium glutamicum*）等[21]。理想的底盘细胞模式菌的特点为 GRAS（generally recognized as safe）菌株、可高效利用多种底物及原料、生长周期短、目标产物产量高、副产物少、性能稳定、耐受极端环境条件和鲁棒性强等。目前，微生物底盘细胞的构建主要分为“自上而下的基因组精简”和“自下而上的基因组合成”两种策略。基因组精简是自上而下的目标导向改造，主要对基因组中非必需的编码区域和非编码区域进行大规模的删减，从而得到“最小基因组”。因此，在进行基因组精简之前，可以通过生物信息学或者代谢网络模型分析，并结合已有必需基因和非必需基因数据库进行对比分析，从而实现对必需基因和非必需基因的鉴定。而基因组合成则是自下而上的正向工程学策略，主要是由生物元件到模块再到基因组合成组装与底盘细胞的构建。

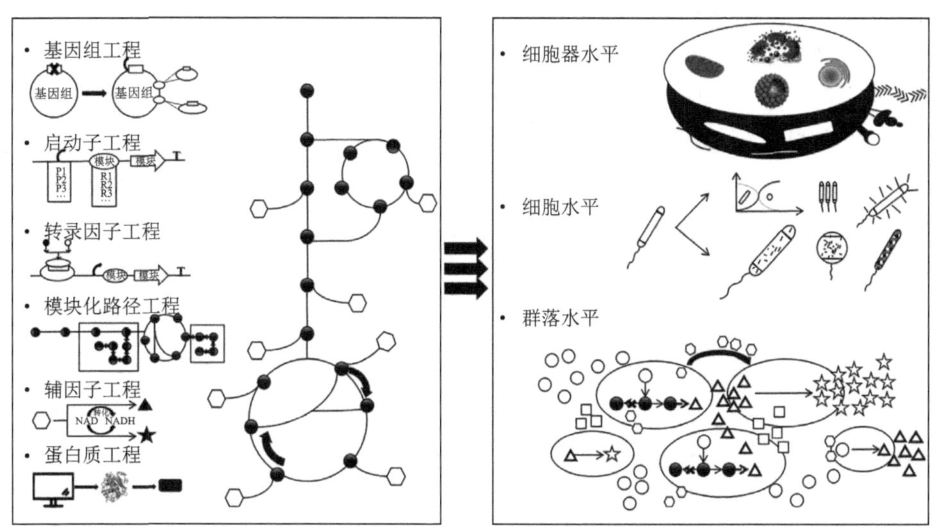

图 6.13　微生物细胞工厂示意图

微生物细胞工厂的设计精细且复杂，随着代谢工程、合成生物学等相关研究工作的不断深入，各种文库如启动子文库、核糖开关文库、基因间序列文库等的构建极大地方便了对于多基因的控制，设计者只需要选择合适的元件并组合到目标外源代谢途径中，就可以平衡各个基因的表达水平，甚至精准地控制各个酶的数量和活性的相对值（图 6.13）。且生物信息学、基因芯片技术、功能基因组学、转录组学、蛋白质组学等可以用来辅助解决工程菌株整体代谢网络中的问题，构建更加高效和复杂的细胞工厂系统。研究设计更多系统精密、程序复杂、操作便捷的细胞工厂系统能够为人类社会做出巨大的贡献。

（3）微生物群体感应系统

微生物间的相互作用除去能力及代谢产物之间的相互交换，微生物间仍然存在信息交流的机制，即群体感应系统。群体感应系统主要由信号分子、特异性受体蛋白和下游调节蛋白共同构建组成，是基于产生、检测、应答自诱导物，激活/抑制特定靶向基因表达，调控个体生理功能、协调群体行为的一种机制，通过群体感应可以一定程度上实现微生物细胞种内和种间的信息交互[22]。

群体感应（quorum sensing，QS）是根据细胞外信号分子浓度变化进行自我协调的一种群体行为，信号分子起到启动群体感应系统的作用，根据信号分子类型的不同，群体感应可被划分为以下三种类型：①自诱导物（autoinducer，AI）介导的革兰氏阳性菌和革兰氏阴性菌的 LuxS/AI 群体感应系统；②由自诱导肽类（autoinducing peptide，AIP）介导的革兰氏阳性菌的双组分群体感应系统，如乳酸乳球菌（*Lactococcus lactis*）和枯草芽孢杆菌（*Bacillus subtilis*）；③*N*-乙酰基高丝氨酸内酯（N-acetylhomoserine-lactone，AHL）介导的革兰氏阴性菌的 LuxI/LuxR 群体感应系统，如费氏弧菌（*Vibrio fischeri*）和铜绿假单胞菌（*Pseudomonas aeruginosa*）。目前，群体感应系统，特别是基于 AHL 介导的细胞间通信系统，已经被广泛应用于合成基因回路及合成微生物群落的构建。因此，以微生物群体感应系统作为切入点，发挥其“桥梁”作用，挖掘更多的共培养微生物组合，用以开发优质的复合发酵剂投入到发酵食品的生产中，并借助分子生物学手段进一步探究，可调控发酵食品的发酵过程及相关品质。

参 考 文 献

[1] DESIDERIO W. Perspectives and uses of non-*Saccharomyces* yeasts in fermented beverages. *In*: SOLIS-OVIEDO R, PECH-CANUL A. Frontiers and New Trends in the Science of Fermented Food and Beverages. IntechOpen, 2019: 1-19

[2] BLIKRA M J, ALTINTZOGLOU T, LØVDAL T, et al. Seaweed products for the future: Using current tools to develop a sustainable food industry. Trends in Food Science & Technology, 2021, 118: 765-776

[3] YINGYING H, LANG Z, RONGXIN W, et al. Role of lactic acid bacteria in flavor

development in traditional Chinese fermented foods: A review. Critical Reviews in Food Science and Nutrition, 2022, 62(10): 2741-2755

[4] SUN-HEE K, WOO-SOO J, SO-YOUNG K, et al. Quality and functional characterization of acetic acid bacteria isolated from farm-produced fruit vinegars. Fermentation, 2023, 9: 447

[5] JAKUB D, BARBARA W, EWA B C. Taxonomy, ecology, and cellulolytic properties of the genus *Bacillus* and related genera. Agriculture, 2023, 13: 1979

[6] LIU S, LAAKSONEN O, LI P, et al. Use of non-*Saccharomyces* yeasts in berry wine production: Inspiration from their applications in winemaking. Journal of Agricultural and Food Chemistry, 2022, 70(3): 736-750

[7] CUNQIANG M, BINGSONG M, BINXING Z, et al. Pile-fermentation mechanism of ripened Pu-erh tea: Omics approach, chemical variation and microbial effect. Trends in Food Science & Technology, 2024, 146: 104379

[8] KOKKONEN P, BEDNAR D, PINTO G, et al. Engineering enzyme access tunnels. Biotechnology Advances, 2019, 37(6): 107386

[9] JINLAN N, XIAOTING F, LEI W, et al. A systematic review of fermented *Saccharina japonica*: Fermentation conditions, metabolites, potential health benefits and mechanisms. Trends in Food Science and Technology, 2022, 123:15-27

[10] YANRU C, YIN W, WENQIN C, et al. Transcriptomic and metabonomic to evaluate the effect mechanisms of the growth and aroma-producing of *Pichia anomala* under ethanol stress. Food Bioscience, 2023, 56: 103176

[11] HAIXIA Y, SHUAI Z, JUNJIE Y, et al. Identification of novel umami peptides in *Termitornyces albuminosus* (Berk) Heim Soup by in silico analyses combined with sensory evaluation: discovering potential mechanism of umami taste formation with molecular perspective. Journal of Agricultural and Food chemistry, 2023, 71: 17243-17252

[12] BAO J L, MEANA-PAÑEDA R, TRUHLAR D G. Multi-path variational transition state theory for chiral molecules: The site-dependent kinetics for abstraction of hydrogen from 2-butanol by hydroperoxyl radical, analysis of hydrogen bonding in the transition state, and dramatic temperature dependence of the activation energy. Chemical Science, 2015, 6(10): 5866-5881

[13] SUTO M, TOMITA F. Induction and catabolite repression mechanisms of cellulase in fungi. Journal of Bioscience and Bioengineering, 2001, 92(4): 305-311

[14] SEAZ J, WANG G K, MARELLA E R, et al. Engineering the oleaginous yeast *Yarrowia lipolytica* for high-level resveratrol production. Metabolic Engineering, 2020, 62: 51-61

[15] RABIYA R, SEN R. Artificial intelligence driven advanced optimization strategy response surface optimization of production medium: Bacterial exopolysaccharide production as a case-study. Biochemical Engineering Journal, 2022, 178: 108271

[16] KANG J M, XUE Y S, CHEN X X, et al. Integrated multi-omics approaches to understand microbiome assembly in Jiuqu, a mixed-culture starter. Comprehensive Reviews in Food Science and Food Safety, 2022, 21(5): 4076-4107

[17] MOHAMMADI M, MIRZA A A, MOLLAKHALILI M N. Off-flavors in fish: a review of

potential development mechanisms, identification and prevention methods. Journal of Human Environment and Health Promotion, 2021, 7(3): 120-128

[18] ZHUANSUN W W, XU J, LI Z Q, et al. Dynamic changes in the microbial community, flavor components in jiupei of a novel Maotai-Luzhou flavored liquor under various Daqu blending modes and their correlation analysis. LWT- Food Science and Technology, 2022, 172: 114617

[19] 曲泽鹏，陈沫先，曹朝辉，等. 合成微生物群落研究进展. 合成生物学，2020，1(6): 621-634

[20] 倪江萍，李珺，李春. CRISPR 基因编辑技术在酿酒酵母细胞工厂中的应用. 生命科学，2019, 31(5): 508-515

[21] YAMADA R, OGURA K, KIMOTO Y, et al. Toward the construction of a technology platform for chemicals production from methanol: D-lactic acid production from methanol by an engineered yeast Pichia pastoris. World Journal of Microbiology & Biotechnology, 2019, 35(2): 37

[22] MUKHERJEE S, BASSLER B L. Bacterial quorum sensing in com plex and dynamically changing environments. Nature Reviews Microbiology, 2019, 17(6): 371-382

第 7 章

食品生物成味的酶学基础

7.1　食品生物成味关联酶的概念与种类

食品风味是评价食品品质的重要感官指标，食品在加工和贮藏过程中经常会发生风味的改变从而影响食品品质。无论是食品良好风味物质还是不良风味物质，其形成都与食品中酶的作用有关，尤其是风味酶的发现和应用，能更真实地让风味再现、强化和改变。影响食品生物成味的酶有很多种，本节讲述了脂肪酶、糖苷酶、蛋白酶和核酸酶对成味的影响。

7.1.1　脂肪酶

脂肪酶本质上是一种糖蛋白，其糖基部分以甘露糖为主，占整体相对分子质量的 2%～15%。脂肪酶分子由亲水区域和疏水区域两部分组成，活性中心靠近疏水端。不同类型的脂肪酶具有非常相似的立体结构，但氨基酸序列有较大的差别，相对分子质量为 20～60kDa[1]。脂肪酶在结构上具有同源区段：His-X-Y-Gly-Z、Ser-W-Gly 或 Y-Gly-His-Ser-W-Gly（X、Y、W、Z 代表可变的氨基酸残基），活性中心一般都为丝氨酸残基。通常情况下，脂肪酶的活性部位被一个螺旋形的多肽结构所包住，在底物存在的情况下，含有活性部位的疏水部分会暴露出来与底物结合，形成酶-底物复合物；不与底物反应时，这个螺旋形多肽结构可以保护脂肪酶本身免受其他物质的破坏。脂肪酶基因家族主要包括 3 个高度同源的基因，分别是脂蛋白脂肪酶、肝脂肪酶和胰脂肪酶的基因。脂蛋白脂肪酶主要分解乳糜微粒和极低密度脂蛋白，并参与脂蛋白颗粒中胆固醇、磷脂和载脂蛋白的转运。肝脂肪酶主要分解脂蛋白和磷脂，参与肝组织中密度脂蛋白向低密度脂蛋白的转化。胰脂肪酶主要参与甘油三酯的水解[2]。脂肪酶一般在油-水界面层中发挥作用，且只有当底物以微粒、小聚合分散状态或呈乳化颗粒时，脂肪酶才表现出明显的催化活性。

脂肪酶又称三酰甘油酰基水解酶，可催化甘油三酯分解为甘油二酯、甘油单酯、甘油和脂肪酸，是一类特殊的酯键水解酶。脂肪酶会影响食品风味。例如，脂肪酶可有限水解牛奶中的脂肪使食品形成特殊的牛奶风味，通过甘油单酯和甘油双酯的释放来阻止焙烤食品的变味等。脂肪酶广泛存在于生物界中，根据来源可以分为动物源脂肪酶、植物源脂肪酶和微生物源脂肪酶。动物源脂肪酶通常为来自牛、羊和猪胰腺中的胰脂肪酶。猪源的胰脂肪酶是最早被认可且最知名的脂肪酶之一。然而，猪胰腺提取物可能含有胰蛋白酶，会导致苦味氨基酸的产生。植物源脂肪酶主要来自油料作物的种子，如蓖麻籽、油菜籽，当油料种子发芽时，脂肪酶能与其他的酶协同作用，催化分解油脂类物质生成糖类，提供种子生根发芽所必需的养料和能量[3]，由于不易制备，很难工业化生产，因此很少在商业上使用。微生物源脂肪酶种类较多，主要分为细菌源、真菌源和酵母源 3 类，其中细菌有 28 属，放线菌有 4 属，酵母有 10 属，其他真菌有 23 属，均可产生脂肪酶。细菌源脂肪酶大多都是糖蛋白，也有一些胞外细菌脂肪酶是脂蛋白。最常见的细菌源脂肪酶主要由短小芽孢杆菌、枯草芽孢杆菌、地衣芽孢杆菌、嗜碱芽孢杆菌、凝结芽孢杆菌和嗜热脂肪芽孢杆菌产生。此外，多噬伯克霍尔德菌（*Burkholderia multivorans*）、铜绿假单胞菌（*Pseudomonas aeruginosa*）、解酪蛋白葡萄球菌（*Staphylococcus caseolyticus*）和洋葱伯克霍尔德菌（*Burkholderia cepacia*）也可以产生脂肪酶。真菌源脂肪酶主要由青霉菌属、根霉菌属、地衣菌属和曲霉菌属产生，容易受到生长介质中组分、温度、碳源的可用性、pH 和氮源等因素的影响。在酵母源脂肪酶中，皱褶假丝酵母（*Candida rugosa*）是最常用的商业脂肪酶酵母源[4]。部分微生物源脂肪酶及酶学性质见表 7.1。

表 7.1　部分微生物源脂肪酶及酶学性质[5]

脂肪酶	来源	酶学性质				
		底物特异性	温度/℃	pH	金属离子及活性剂	
					促进	抑制
黑曲霉脂肪酶（CutA）	黑曲霉 F0215	C_2、C_4、C_8、C_{12}	30	7.0	—	金属离子和化学品均有不同程度的抑制作用
雪白根霉脂肪酶（RNL）	雪白根霉	—	35	8.5	Mg^{2+}、Ca^{2+}、K^+、吐温 20、吐温 80、曲通 100	Mg^{2+}、Li^+、SDS
烟曲霉脂肪酶（AFLB）	烟曲霉	C_2～C_{16}	40	7.0	—	—
华根霉脂肪酶		$C_8>C_6>C_4>C_{12}>C_3>C_2>C_{16}$	40	8.5	—	—

续表

脂肪酶	来源	酶学性质				
		底物特异性	温度/℃	pH	金属离子及活性剂	
					促进	抑制
青霉耐热脂肪酶	青霉菌（*Penicillium* sp.）	C_{10}	70	4.0	Mn^{2+}、Mg^{2+}、Ba^{2+}、Na^+、NH_4^+	Triton X-100
Lipozyme RML	米黑根毛霉	C_8	45	8.0	1～10mmol/L 的 Li^+、Na^+、K^+、Mg^{2+}	—
米黑根毛霉脂肪酶 RML	米黑根毛霉		45	7.0	—	—
南极假丝酵母脂肪酶 B	南极假丝酵母		40～50	7.0～8.0	—	—
重组褶皱假丝酵母脂肪酶	褶皱假丝酵母		50	8.5	Ba^{2+}、Co^{2+}、1mmol/L Cu^{2+}	Fe^{2+}、Fe^{3+}、5mmol/L Cu^{2+}
铜绿假单胞菌脂肪酶	铜绿假单胞菌（*Pseudomonas aeruginosa*）HFED13		40	7.0～8.5	Fe^{3+}、Al^{3+}、β-巯基乙醇、半胱氨酸、二硫苏糖醇	Co^{2+}、Cu^{2+} 吐温 80、Triton X-100、10mmol/L SDS
克雷伯氏菌脂肪酶	克雷伯氏菌 A2		40	8.0	Mg^{2+}、Ca^{2+}、K^+	低浓度的 EDTA、SDS
重组疏棉状嗜热丝胞菌脂肪酶（TLL）	嗜热丝孢菌（*Thermomyces lanuginosus*）		60	9.0	Ca^{2+}、Mn^{2+}	K^+、Ag^+、Zn^{2+}、Fe^{2+}、Al^{3+}、Co^{2+}、Cu^{2+}、SDS

注：SDS. 十二烷基硫酸钠；EDTA. 乙二胺四乙酸

7.1.2　糖苷酶

糖苷酶又名糖苷水解酶，是指能催化水解芳基、烃基等与糖基原子团之间的糖苷键生成葡萄糖的酶。糖苷酶在自然界中分布广泛，多存在于植物的根、茎、叶、果实、种子中[6]。微生物也是糖苷酶的重要来源，如酵母、乳酸菌、丝状真菌等。

与植物源糖苷酶相比，微生物源糖苷酶具有来源广泛、价格低廉、易于获取和纯化等优点[7]，是目前的研究热点。酵母是产生糖苷酶的主要微生物，可产生 α-阿拉伯呋喃糖苷酶、α-鼠李糖苷酶和 β-葡萄糖苷酶，促进结合态芳香化合物水解，释放香气成分，提高食品中挥发性风味物质的种类和含量，但这些酶在低 pH（小于 3.5）环境中不稳定且易受到高浓度葡萄糖的抑制。葡萄糖是糖苷酶水解的产物，对其具有反馈抑制的作用[8]。与酿酒酵母相比，非酿酒酵母产生的糖苷酶活性更高、作用底物范围更广[9]。

食品中的糖苷化合物大多为 β-葡萄糖苷，因此在风味前体的整个酶促水解过程中，β-葡萄糖苷酶（β-glucosidase, EC3.2.1.21）都起着至关重要的作用，其活性直接影响着香气成分的释放。β-葡萄糖苷酶是一种异质水解酶，目前没有单一明确的方法可以对这些多功能酶进行分类。最常用的分类方法是根据底物特异性或核苷酸序列相似度进行分类，根据底物特异性可将 β-葡萄糖苷酶分为芳基-β-葡萄糖苷酶、纤维二糖酶和广泛的特异性酶，大多数 β-葡萄糖苷酶属于广泛的特异性酶。根据核苷酸序列相似度，β-葡萄糖苷酶主要分为 GH1[glycoside hydrolase (GH) families 1]和 GH3[10]，已知的 β-葡萄糖苷酶大多属于 GH1 家族，包括来自古生菌和植物的 β-葡萄糖苷酶；GH3 家族主要包括一些来源于细菌、霉菌和酵母的 β-葡萄糖苷酶。此外，在 GH39、GH116、GH5、GH17 和 GH132 家族中也发现了 β-葡萄糖苷酶。

不同来源的 β-葡萄糖苷酶性质也各不相同，主要体现在以下几个方面：①分子质量差别较大，有的是含有几个亚基的多聚体，有的是几种不同酶的混合物，通常为 40～250kDa。例如，从黑曲霉中提取分离出的 β-葡萄糖苷酶分子质量为 77kDa、73kDa、67kDa；从乳杆菌 ATCC393 中分离出的 β-葡萄糖苷酶分子质量为 480kDa，可能由 6 个亚基构成。②最适 pH 不同，大多数 β-葡萄糖苷酶属于酸性蛋白酶，它们的 pI 都在酸性范围，并且变化不大，一般为 3.5～5.5，其最适 pH 也一般在酸性范围（4.0～6.0），但有少数 β-葡萄糖苷酶的最适 pH 超过 7.0，这类 β-葡萄糖苷酶对碱的耐受性更强。③最适温度不同，β-葡萄糖苷酶的最适反应温度较为广泛，从 30～110℃都有相关报道，一般分离自古细菌的 β-葡萄糖苷酶最适反应温度较高，可高达 100℃以上，这可能是因为古细菌大都生活在极端环境中，自身的抗极端环境机制使得酶的耐热性要高于其他普通微生物源的 β-葡萄糖苷酶。④底物专一性不同，相比于其他酶类，β-葡萄糖苷酶的底物专一性较差，一方面表现在对糖苷键的选择性上，β-葡萄糖苷酶能水解多种糖苷键，如 C-O 键、C-N 键、C-S 键和 C-F 键等；另一方面表现在对底物的选择性上，β-葡萄糖苷酶不但能水解 β-葡萄糖苷键，而且能水解木糖、β-半乳糖苷键，其中以纤维二糖和对硝基苯-β-D-葡萄糖苷为底物时，β-葡萄糖苷酶表现出较高的酶活性。

7.1.3 蛋白酶

蛋白酶是水解蛋白质肽链的一类酶，对底物具有严格的专一性，一种蛋白酶只能作用于特定的肽键。按多肽的水解方式，蛋白酶可以分为内肽酶和外肽酶。内肽酶是工业生产上应用最广的蛋白酶，主要是将大分子量的多肽链从中间位置切开，生成小分子量的多肽。外肽酶可以分为羧肽酶和氨肽酶：羧肽酶是从多肽的游离羧基端逐一水解肽链的酶；氨肽酶则是从多肽的游离氨基端逐一水解肽链的酶。

蛋白酶是食品工业中最重要的一类酶制剂，广泛存在于动物内脏、微生物和植物茎叶、果实中。按照来源不同，蛋白酶可分为动物源蛋白酶、植物源蛋白酶和微生物源蛋白酶。动物源蛋白酶是由动物体内不同分泌腺产生的，常见的动物源蛋白酶包括从胃黏膜提取出的胃蛋白酶、从胰脏提取出的胰蛋白酶和糜蛋白酶等。这些蛋白酶具有特定的水解特性，可以将不同氮源物质（如肉类、骨泥、大豆分离蛋白、谷朊蛋白等）定向水解为特定风味的前体物质。其中，胃蛋白酶在酸性环境（pH=1.0～1.5）中具有较高的活性，主要作用于蛋白质分子中芳香族氨基酸形成的肽键，将其水解为较小的多肽片段。胰蛋白酶主要水解由赖氨酸、精氨酸等碱性氨基酸残基的羧基构成的肽键，产生含有碱性氨基酸的多肽片段。糜蛋白酶主要水解由酪氨酸、苯丙氨酸等芳香族氨基酸残基的羧基构成的肽键，产生含有芳香族氨基酸的多肽片段。这些多肽片段和氨基酸是肉类香精所需的风味前体物质，经过食品加工过程发生的美拉德反应可以产生肉味或坚果香味等特定风味。

蛋白酶也广泛存在于植物体内，植物源蛋白酶主要有木瓜蛋白酶、无花果蛋白酶和菠萝蛋白酶，这三种酶的活性中心都含有巯基，对底物的特异性较宽，属于内肽酶类型。这些酶在肉制品加工和啤酒澄清等食品加工中得到广泛应用，特别是木瓜蛋白酶，民间很早就有使用木瓜叶来包裹肉类，以提高其鲜嫩口感的经验。现今，木瓜蛋白酶也被广泛应用于鲜味肽和肉类香料的生产中。

微生物是获得蛋白酶的最有效途径，且不会对动植物资源造成破坏，可实现工业化大规模生产，已逐渐成为主要的蛋白酶制剂来源。细菌、酵母和霉菌等微生物可产生多种蛋白酶，是生产蛋白酶制剂的重要微生物来源。真菌蛋白酶可以降解疏水性氨基酸肽键，减少食物蛋白水解产生的苦味。米曲霉菌株发酵制得的风味蛋白酶，是应用于风味工业的混合酶制剂，可以去除苦味，制得风味良好的动植物水解产品。微生物来源的蛋白酶可以减少生产成本，被广泛应用于肉类加工、啤酒工艺、奶酪生产及面包糕点制作中，可改善食品的口感和风味，提升产品质量。

7.1.4　核酸酶

核酸酶属于水解酶，能够切断聚核苷酸链的磷酸二酯键。核酸酶的分类方式有很多种，根据酶对底物的专一性，核酸酶可以分为核糖核酸酶（RNA 酶）和脱氧核糖核酸酶（DNA 酶），RNA 酶只能作用于 RNA，DNA 酶只能作用于 DNA，有些核酸酶的专一性较差，RNA 和 DNA 均可水解，称为非特异性核酸酶[11]。根据作用部位不同，可将核酸酶分为核酸内切酶和核酸外切酶[12]。有的核酸酶特异性较强，只能从 DNA 或 RNA 链的 3′端或 5′端顺次水解磷酸二酯键切下单核苷酸，称为核酸外切酶。此外，核酸外切酶还可以按照核苷酸链的切割方向进行分类：从核苷酸链 3′端开始逐个切下单核苷酸的核酸外切酶，称为 3′-5′外切酶，如蛇毒磷酸二酯酶和大肠杆菌外切酶Ⅰ、Ⅱ、Ⅲ等，水解产物为 5′-核苷酸；从核苷酸链的 5′端开始逐个切下单核苷酸的核酸外切酶，称为 5′-3′外切酶，如脾磷酸二酯酶和嗜酸乳杆菌核酸酶等，水解产物为 3′-核苷酸。核酸酶中能催化核苷酸链内部磷酸二酯键水解生成单核苷酸的酶，称为核酸内切酶。根据对底物的特异性不同，核酸内切酶可分为 DNaseⅠ、DNaseⅡ等仅分解 DNA 的酶；胰 RNase、RNaseT1 等仅分解 RNA 的酶；以及链孢霉核酸酶这种既能分解 DNA 又能分解 RNA 的酶。大部分核酸内切酶对磷酸酯键一侧的碱基没有专一性要求，但也有如胰 RNase 和 RNaseT1 等具有碱基特异性的酶，这些高度专一性的核酸内切酶能够识别并切断特定的碱基或碱基序列。例如，胰 RNase 作用于嘧啶核苷酸 C3′上的羟基与相邻核苷酸 C5′处的磷酸形成的 3′,5′-磷酸二酯键，产物为 3′-嘧啶核苷酸结尾的低聚核苷酸和以 5′-核苷酸开头的低聚核苷酸。

在食品工业中应用最广泛的生物成味核酸酶是 5′-磷酸二酯酶（5′-phosphodiesterase），又称核酸酶 P1。核酸酶 P1 主要作用于 RNA 或寡核酸分子上的 3'-OH 与相邻核苷酸的 5′-P 之间的二酯键，使 RNA 水解生成 4 种 5′-单核苷酸，即腺苷一磷酸（adenosine monophosphate，AMP；腺苷酸）、鸟苷一磷酸（guanosine monophosphate，GMP；鸟苷酸）、尿苷一磷酸（uridine monophosphate，UMP；尿苷酸）和胞苷一磷酸（cytidine monophosphate，CMP；胞苷酸），其中 5′-AMP 在腺苷酸脱氨酶的作用下会生成 5′-IMP。5′-GMP 和 5′-IMP 可作为高效食品增味剂，一般以 5′-鸟苷酸二钠和 5′-肌苷酸二钠的形式使用。此外，5′-黄苷酸（5′-XMP）也具有成味作用，5′-GMP、5′-IMP 和 5′-XMP 被称作成味核苷酸，但 5′-XMP 由于鲜味较低，在食品中的应用较少。成味核苷酸作为食品增味剂，具有突出主味、改善风味、抑制异味的功能，同时具有对甜味、肉味的增效作用，以及对咸味、酸味、苦味、腥味、焦味的消杀作用[13]。

7.2 食品生物成味关联酶的合成与调控

7.2.1 脂肪酶

脂肪酶是水解酶类的一种，主要水解甘油三酯的酯键生成甘油和游离脂肪酸，水解作用一般发生在油水界面上。脂肪酶水解产生的游离脂肪酸主要是短链脂肪酸，这是稀奶油、黄油、肉类等制品中的一类重要风味化合物。另外，游离脂肪酸是许多风味化合物的前体物质，它的分解代谢产物与甲醇、乙醇反应形成内酯、甲基酮、醇类和酯类，有助于食品风味多样性的形成，因此脂肪酶常被用于食品的风味增强[2]。食品在脂肪酶作用下的成味途径如图 7.1 所示。

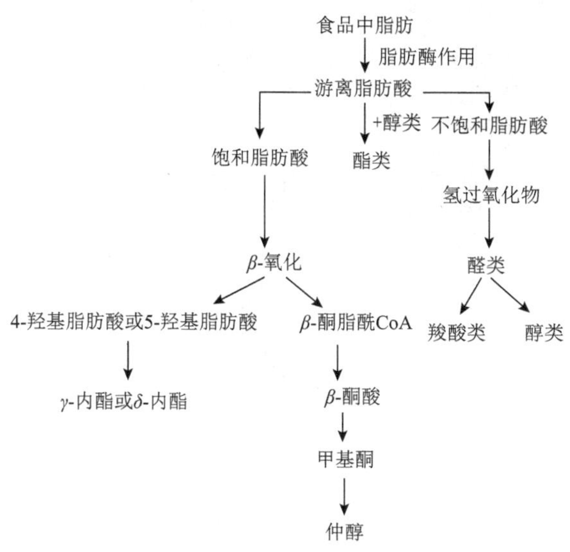

图 7.1　食品在脂肪酶作用下的成味途径[2]

脂肪酶属于 α/β 水解酶家族，这个家族的蛋白质有一些共同的结构特征：在蛋白质折叠的中心区域，由 8～9 条平行或平行与反向平行相结合的 β 折叠结构组成，两侧由 α 螺旋结构包裹。不同脂肪酶的二级结构在经典的 α/β 水解酶结构基础上有所变化，这种变化主要体现在 α 螺旋和 β 折叠的数量、空间分布及 β 折叠的扭曲程度等方面。

脂肪酶的催化活性中心是由 Ser-His-Asp/Glu 组成的催化三联体。活性中心的氨基酸残基通过一个缝隙与酶分子表面相通，在酶分子表面有一个 α 螺旋形成的“盖子”覆盖在活性中心上方[14]。“盖子”的外表面相对亲水，而内表面则相对疏水，该结构不仅影响酶活性，而且影响酶对底物的特异性和稳定性。当脂肪酶在油-水界面暴露时，“盖子”结构被打开，由封闭形式变为开放形式，活性中心被暴露出来。这时，底物更容易进入疏水通道与脂肪酶的活性部位结合，形成酶-底物复合物，促使酶促反应进行[15]。脂肪酶的 3D 结构得到初步解析，如图 7.2 所示。

大多数脂肪酶的催化机制如图 7.3 所示，脂肪酶对底物的特异性由酶分子及其活性部位结构、底物结构、酶与底物的结合及酶的活力等因素决定。脂肪酶对底物的特异性主要有脂肪酸特异性、位置特异性和立体特异性。脂肪酸特异性取决于脂肪酶对碳链长度与饱和度的识别能力，主要表现在对不同脂肪酸的反应特异性上。例如，圆弧青霉脂肪酶对短链脂肪酸具有较强的特异性；黑曲霉和德列

图 7.2　脂肪酶的 3D 结构[16]

马根霉脂肪酶对中链脂肪酸具有较好的专一性；白地霉脂肪酶则对油酸甘油酯显示出强烈的特异性；而哺乳动物的脂肪酶对甘油三丁酸酯具有较强的专一性。位置特异性是指脂肪酶在识别和水解甘油三酯分子中的 sn-1（或 3）和 sn-2 位酯键时的差异。目前存在两类具有位置特异性的脂肪酶，一类是专一性水解 sn-1 和 3 位脂肪酸的脂肪酶（称为 a 型），另一类是非专一性水解所有位置脂肪酸的脂肪酶（称为 aβ 型）。例如，猪胰脂肪酶、黑曲霉和根霉脂肪酶对甘油三酯的作用表现为对 sn-1（或 3）位酯键的特异性水解，属于 a 型；而白地霉、圆弧青霉和柱状假丝酵母脂肪酶属于 aβ 型，对甘油三酯的水解不具有位置特异性[17]。立体特异性是指脂肪酶对甘油三酯中立体对映异构的 1 位和 3 位酯键的识别与选择性水解能力。在催化酯的合成、醇解、酸解和酯交换等反应中，脂肪酶对底物的不同立体结构表现出特异性。例如，荧光假单胞菌脂肪酶能够区分 sn-1 和 sn-3 位的甘油二酯，并且在水解 sn-2,3-甘油二酯时速率明显高于水解其对映体 sn-1,2-甘油二酯；另外一种脂肪酶对 sn-1,2-甘油二酯具有明显的立体专一性，但 sn-1 位碳的去酰基化仍然优先于 sn-2 位[18]。总之，不同类型的脂肪酶对底物的脂肪酸特异性、位置特异性和立体特异性表现出不同的水解方式，这对于脂肪酶在生物催化和工业中的应用具有重要意义。

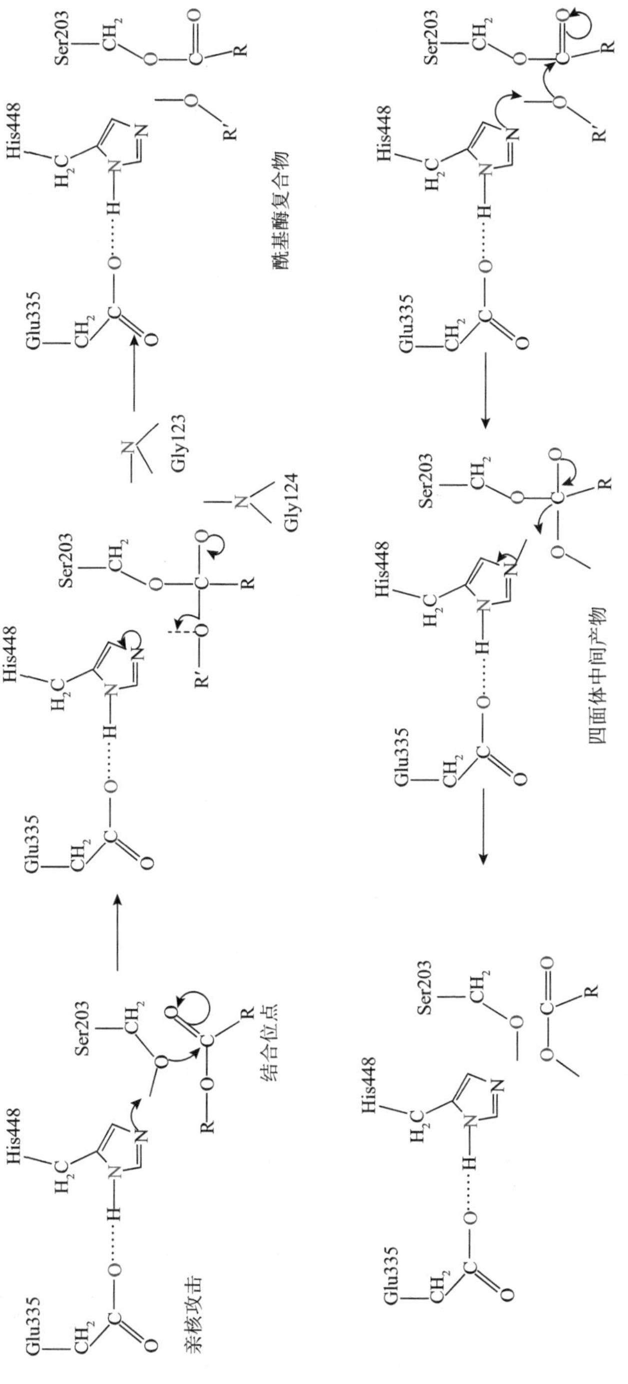

图7.3　大多数脂肪酶的催化机制[5]

7.2.2 糖苷酶

β-葡萄糖苷酶是一类能催化烷基糖苷、芳基糖苷、纤维低聚糖和纤维素等糖链末端非还原性的 β-1,4-糖苷键水解，释放出糖配基的水解酶，具有广泛的底物特异性，在果酒、果汁和茶叶的糖苷结合态香气物质的水解中起着非常重要的作用[19]。大多数 β-葡萄糖苷酶的催化机制按照两步进行：糖基化和去糖基化[20]。如图 7.4 所示，在反应过程中，两个谷氨酸残基一个作为亲核体，另一个作为质子供体，是催化活性位点。在糖基化过程中，作为亲核体的谷氨酸残基亲核攻击异头碳并产生葡萄糖-酶中间产物；在去糖基化的过程中，作为质子供体的谷氨酸残基活化水分子，被活化的水分子作为亲核体切断糖苷键，释放香气物质，并将酶恢复到质子化状态。

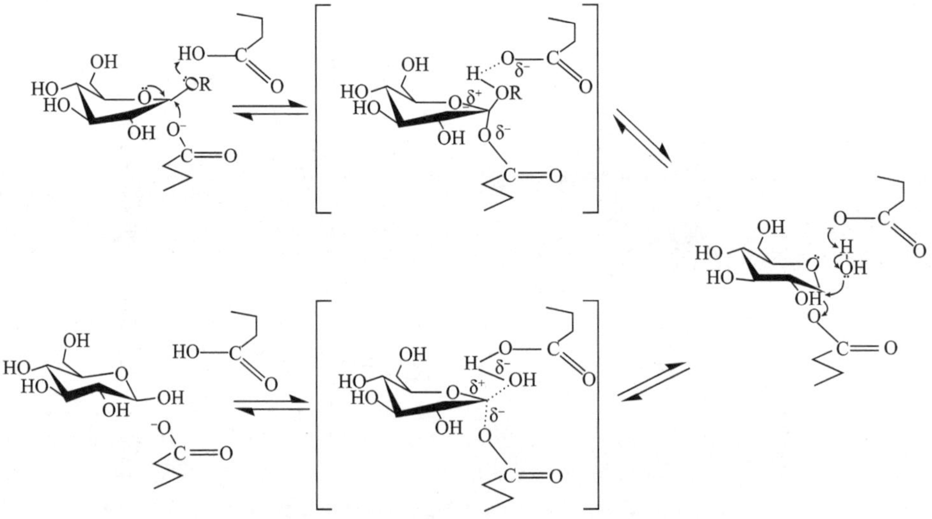

图 7.4 β-葡萄糖苷酶的作用机制[21]

食品中的呈香物质包括游离态和结合态两种形态。游离态的呈香物质能够在自然条件下挥发出来被嗅觉器官感知，而结合态的呈香物质只有通过水解释放出游离态呈香物质，才能被感知。食品中大部分的结合态呈香物质以结合态糖苷的形式存在。结合态呈香糖苷主要以单糖苷和双糖苷两种形式存在，单糖苷是由糖基配基和糖基残基以 1,4-糖苷键结合形成的[22]，双糖苷是在单糖苷的葡萄糖残基上再连接一个其他的糖形成的[23]。糖苷类物质的水解方式包括酸水解和酶促水解两种。酸水解速率缓慢，对温度、pH 等要求严格，且易引起风味化合物发生分子重排，产生不良风味。与酸水解相比，酶促水解不仅具有水解迅速、条件温和等优势，而且不易产生不良风味。同时经糖苷酶处理过的食品，除具有食品本身固有的特征香气外，在香气组成上更显饱满、柔和、圆润，增强了感官效应[24]。如图 7.5 所示，对于双糖苷的水解主要由两步完成：首先，利用 α-L-鼠李糖苷酶、α-L-阿拉伯糖苷酶或 β-D-芹菜糖苷酶等糖苷外切酶切断多糖糖苷之间的糖苷键，产生一分子单糖和一分子单糖苷；然后，β-葡萄糖苷酶水解单糖苷释放出香气物质[25]。对于单糖苷，直接利用 β-葡萄糖苷酶水解糖链末端非还原性的 β-1,4-糖苷键即可释放出具有香气的挥发性风味物质。由此可见，无论是单糖苷还是双糖苷，β-葡萄糖苷酶在其酶促水解过程中都起着至关重要的作用。

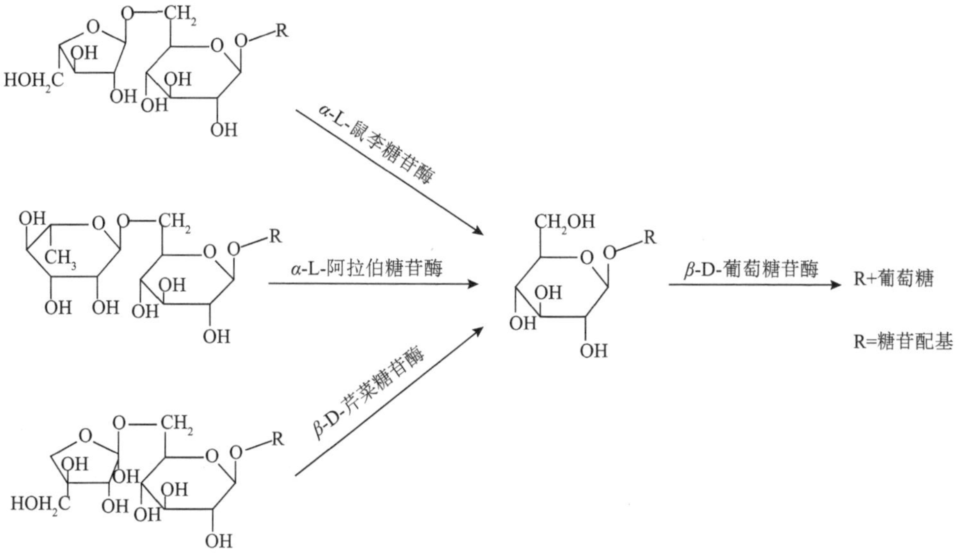

图 7.5　糖苷酶作用下的成味途径

柚苷酶是一种由 α-L-鼠李糖苷酶和 β-D-葡萄糖苷酶组成的复合酶，能够水解柚皮苷生成无苦味的柚皮素[26]。柚苷酶酶法脱苦具有底物专一性强、脱苦效果好、操作简单、安全可靠、对果汁中其他营养成分及风味无破坏等优点。如图 7.6 所示，柚苷酶水解柚皮苷主要分两步进行：首先，柚皮苷在 α-L-鼠李糖苷酶的作用下水解生成中间产物普鲁宁；接着，普鲁宁在 β-D-葡萄糖苷酶的作用下水解生成柚皮素，去除苦味。

糖苷酶对于食品增香、脱苦具有重要作用。但不同种类食品酶解后释放香气物质的种类和含量有一定差异。酶的用量也需要考虑，高浓度酶解可能会产生其他异味，低浓度酶解可能增香效果不佳。随着分子生物学技术和食品科学的不断发展，糖苷酶在食品风味中将得到广泛应用。

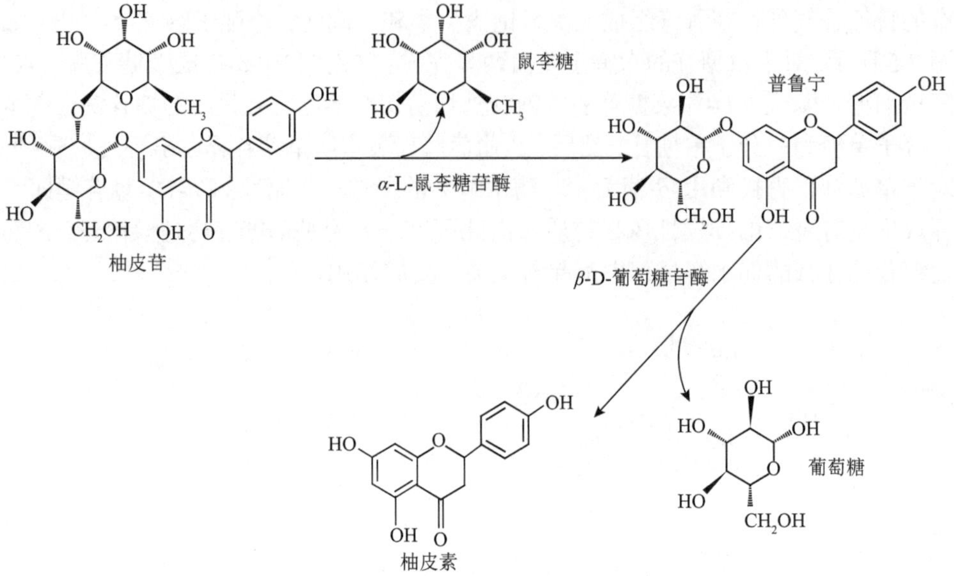

图 7.6　柚苷酶作用下的脱苦成味途径[27]

7.2.3　蛋白酶

蛋白酶中应用最多的生物成味酶是风味蛋白酶，风味蛋白酶是由米曲霉菌株发酵，经微滤、超滤浓缩、干燥技术等工艺精制，再添加一些风味物质得到的，是一种复合工业肽酶制剂。在食品加工过程中，添加合适的风味酶能使风味前体物质水解，形成特定的风味物质如氨基酸、肽段和香味化合物，从而改善和增强食品的风味。风味蛋白酶还可以控制肽的苦味，主要是通过内切蛋白酶切断多肽内部的肽键，形成短链肽，其中含有疏水氨基酸的肽段称为苦肽，再利用外切蛋白酶逐级从多肽链的末端切断释放氨基酸，将苦肽彻底降解为氨基酸。例如，米曲霉中存在的氨肽酶 M18 家族新成员天冬酰胺氨肽酶，具有水解底物氨基端为天冬氨酸和谷氨酸的特异性，可显著降低大豆多肽的苦味[28]。

木瓜蛋白酶是在蛋白酶解工业中应用较多的一种植物源蛋白酶，在食品工业的应用上发展迅速，尤其是在肉类香料中有广泛应用。木瓜蛋白酶属于低特异性蛋白水解酶，能够水解蛋白质和多肽中精氨酸与赖氨酸的羧基端。早在 1937 年，Balls 等就从未成熟的番木瓜果实中提取乳液，并经过凝固和干燥处理制得了木瓜蛋白酶。现今工业上主要使用的木瓜蛋白酶是含有纯木瓜蛋白酶、木瓜凝乳蛋白酶、番木瓜蛋白酶Ⅳ等酶的混合酶制剂。纯木瓜蛋白酶由 212 个氨基酸的单肽链组成，其三级结构呈椭圆形，由两个结构域组成。1978 年，日本科学家首次从木瓜蛋白酶水解产物中分离纯化出一种氨基酸序列为 Lys-Gly-Asp-Glu-Glu-Ser-

Leu-Ala 的短肽，是具有食品鲜味特征的呈味肽[29]。呈味肽是指通过提取或合成等方法得到的能够改善食物味道的短肽，鲜味肽是重要的呈味肽之一。食物中的呈味肽主要来自蛋白质合成和分解过程中的中间产物，涵盖了甜味、苦味、酸味、咸味和鲜味等味觉类型。其中，鲜味肽参与调味品的组成并影响香味和滋味的形成，增加鲜味的醇厚感、圆润感和持久感。

木瓜蛋白酶属于含有巯基(—SH)的肽链内切酶，水解特异性低，酶的活性中心包含至少 3 个氨基酸残基，分别是 Cys25、His159 和 Asp158，其中 Cys25 和 His159 氨基酸残基在酶的催化中起关键作用。木瓜蛋白酶水解肽键的机制可分为酰化和脱酰化两个步骤：首先，在 His159 的激活下，Cys25 氨基酸残基上的巯基会发生去质子化，巯基上的质子转移到 His159 中的咪唑环上。发生质子转移的 Enz-S 具有很强的亲核性，攻击底物 RCO-OR′(—NH_2 或—NHR′)中的羰基碳原子，形成底物-酶四面体中间物。同时，1mol H^+质子转移到—OR（或—NHR′），产生 HOR′(或—NHR′)，也形成了被底物酰化的酶复合物 Enz-S^-COR。之后，Enz-S^-COR 中的 His159 氨基酸残基攻击 H_2O，发生质子转移形成 1mol H^+，OH^-亲核进攻 Enz-S^-COR 中的羰基碳原子，再次形成四面体中间物，1mol H^+把质子转移给 Enz-S^-COR，导致 Enz-S^-COR 中 S-C 键断裂脱酰化，形成产物 RCOOH，同时酶被还原成初始状态 Enz-SH，如图 7.7 所示。

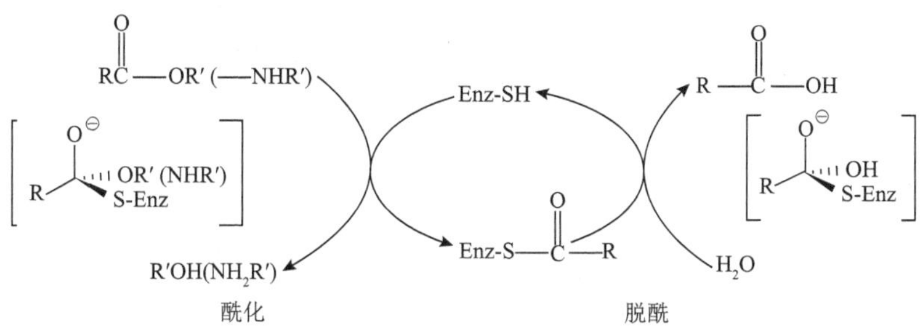

图 7.7　木瓜蛋白酶的作用机制[30]

7.2.4　核酸酶

成味核酸酶水解RNA生成4种5′-单核苷酸，其反应式如下：

$$RNA+nH_2O \xrightarrow{5'\text{-磷酸二酯酶}} 5'\text{-AMP}+5'\text{-GMP}+5'\text{-UMP}+5'\text{-CMP} \quad (7.1)$$

RNA 水解生成的 5′-AMP 在腺苷酸脱氨酶的作用下又会生成 5′-IMP，其反应式如下：

$$5'\text{-AMP}+H_2O \xrightarrow{\text{腺苷酸脱氨酶}} 5'\text{-IMP}+NH_3 \quad (7.2)$$

咸味核苷酸的结构与咸鲜味性质具有密切关系，在结构上必须具备 3 个条件：首先，只有在核糖部分的 5′-位置上形成磷酸酯的核苷酸才具有独特的鲜味，如 5′-肌苷酸、5′-鸟苷酸、5′-黄苷酸等，咸味核苷酸结构如图 7.8 所示，它们的异构体 2′-核苷酸和 3′-核苷酸则不具有鲜味；其次，咸味核苷酸的碱基必须是第 6 位 C 上具有羟基的嘌呤碱，其第 9 位 C 上的 N 与戊糖的第 1 个 C 相连，如鸟嘌呤、黄嘌呤、次黄嘌呤等；最后，只有 5′-磷酸酯上的两个—OH 解离时才呈现鲜味，如果这两个—OH 被酯化或酰胺化，则鲜味消失[31]。

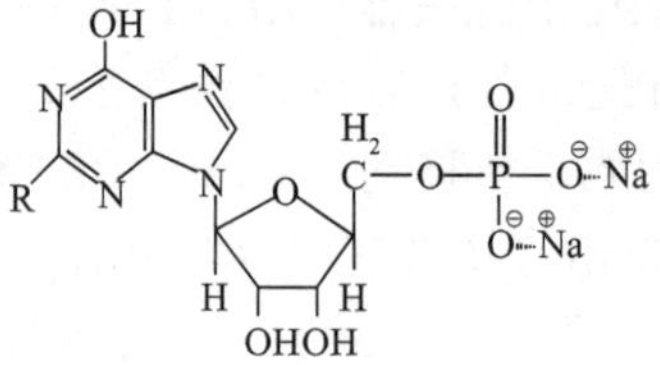

R=H　5′-肌苷酸(5′-IMB)
R=NH_2　5′-鸟苷酸(5′-GMP)
R=OH　5′-黄苷酸(5′-XMP)

图 7.8　咸味核苷酸结构

核苷酸增味剂的咸鲜味效果受到温度、pH 等诸多因素的影响[32]。核苷酸增味剂溶于水后会解离出阴离子和阳离子，如果阴离子不与钠离子结合，则鲜味不明显。增味剂本身电离出来的钠离子是不够的，需要通过添加盐来供给足够的钠离子，使核苷酸增味剂充分呈现鲜味。此外，生鲜食品中的磷酸酯酶易导致核苷酸增味剂生物降解而失去鲜味。

核苷酸增味剂可以与鲜味物质相互作用，也可以与其他味觉物质相互作用，对整体味觉产生协同增效或抑制效应。谷氨酸盐和 IMP（1∶1）的混合物产生的鲜味强度是单独使用谷氨酸盐的 7 倍。目前发现鲜味感知过程中的鲜味受体主要是代谢型谷氨酸受体 mGluR4 和异源二聚体 T1R1/T1R3，它们都属于 G 蛋白偶联受体家族。其中 mGluR4 的主要功能是辨别鲜味和其他味觉化合物；异源二聚体中的 T1R1 主要负责鲜味物质的识别，T1R3 负责鉴定鲜味物质的结合位点。胞外存在一个称为捕蝇草结构域（VFTD）的结合位点，该结构域由上下两个叶瓣组成，可以呈现开放或封闭的形态[33]。通过 VFTD 的配体结合模型可以很好地阐明协同作用的分子机制。VFTD 与 L-Glu 结合，便会发出信号使 VFTD 封闭，从而捕获 L-Glu 分子。同时核苷酸（如 GMP、IMP）会结合到 VTFD 的外部并进一步稳定封闭构象，使得 L-Glu 分子与 VFTD 结合得更加牢固，从而使 T1R1/T1R3 受体对 L-Glu 更加敏感[34]。然而，5′-IMP 不能单独刺激鲜味受体 T1R1/T1R3，但可以与 L-Glu 结合后来进行激活，这种效应被称为变构效应。T1R1/T1R3 受体复合物对 L-Glu 的敏感性可以通过 5′-IMP 和 5′-GMP 来增强，这也是鲜味协同增效的原因。

目前工业上生产 5′-核苷酸可通过酶解和发酵两种途径完成，主要包括 3 种方法，即 RNA 酶解法、菌体自溶法和发酵转化法[35]。RNA 酶解法是通过核酸酶 P1 水解核糖核酸来制备 5′-核苷酸，包括从菌体中提取 RNA、核酸酶 P1 的制备、RNA 的酶解和单核苷酸的分离、纯化等步骤。工业上一般采用稀碱、浓盐法提取 RNA，选用桔青霉作为核酸酶 P1 的生产菌株，酶解 RNA 后对反应液进行 5′-核苷酸的分离和纯化。菌体自溶法是利用菌体细胞内的核酸酶 P1 专一地作用于自身的 RNA，使其分解成 5′-核苷酸，然后从细胞内渗透出来。菌体自溶法工艺的关键在于确定合适的自溶条件，使菌体内核酸酶 P1 的活力达到较高水平。发酵转化法是利用菌株发酵产生肌苷和鸟苷，再经磷酸化生成 5′-IMP 和 5′-GMP。磷酸化有化学法和酶法两种途径，肌苷的磷酸化主要采用化学法，但此法存在有机溶剂用量大、溶剂难回收等问题。鸟苷的磷酸化主要通过微生物酶进行，此方法酶的反应条件温和、专一性高、副产物少。

目前工业上主要通过酶解酵母抽提物生产核苷酸增味剂。将酵母细胞内蛋白质和核酸分别降解成氨基酸、多肽和核苷酸，并将其抽提出来，所制得的人体可直接吸收利用的可溶性营养物质与风味物质的浓缩物即核苷酸增味剂。酵母提取物的生产主要有两种方法：自溶法和酶解法[36]。自溶法是利用酵母的内源酶对酵母中的组分进行降解并抽提出来的一种方法。在自溶过程中，内源核酸酶将核酸分解产生 5′-核苷酸。由于酵母酶系的酶活力有限，因而需要在生产过程中外加一定量的蛋白酶和核酸酶（主要是核酸酶 P1）来加速酵母的自溶。酶解法生产酵母提取物分为 3 步，包括酵母细胞壁的溶解、RNA 的抽提及 RNA 的降解，其中 RNA 降解是将核酸水解为核苷酸（5′-GMP 和 5′-AMP），再将 5′-AMP 转化成 5′-IMP。酶解法制造的酵母提取物的风味更加鲜美，但自溶法生产的酵母抽提物呈味性强、成本较低，因此，目前欧美国家与我国大多采用自溶法生产酵母抽提物。在两种酵母抽提物的生产方法中，核酸酶 P1 都在其中起着极其重要的作用。核苷酸、氨基酸和肽是酵母提取物中的三大风味物质，核苷酸自身没有太多的风味，但可通过与其他成分的相互作用，使食品具有鲜美的风味[37]。

7.3　食品生物成味关联酶的未来研究

食品生物成味关联脂肪酶、糖苷酶、蛋白酶和核酸酶的未来研究方向主要为固定化酶技术和基因工程技术，可以提高这些酶的性能和产量，更好地使食品产生不同风味，满足消费者对食品健康、营养和安全的需求，推动食品工业的发展。

脂肪酶在生产加工过程中容易受到环境条件的限制，易于失活且不易重复使用，限制了其在大规模工业生产中的应用。固定化酶技术是一种有效的解决方式。通过物理或化学方法将酶固定在载体上，改变酶的性质。常用的固定化方法包括酶吸附、凝胶固定化、共价结合和交联等。固定化酶具有可重复利用、催化反应容易控制、稳定性较强等优点，可以提高酶的性能，节约生产成本。同时，基因工程技术也被应用于脂肪酶的研究中，通过将脂肪酶基因导入宿主生物体内并进行调控，使脂肪酶在大规模生产中稳定性和活性更高，从而提高其工业应用效果。

糖苷酶在啤酒和果酒产生风味过程中起重要作用。有关糖苷酶的研究，目前主要集中在如何提高糖苷酶的活性和稳定性以促进香气成分的释放方面。研究人员试图通过筛选高产糖苷酶的菌株、酶固定化和基因重组表达等方法来实现这一目标。其中，筛选高产糖苷酶的菌株是从含有糖苷酶的基质中选择高产糖苷酶的菌株，常用的方法有七叶苷法、栀子苷法等。酶固定化是将糖苷酶固定到载体上，通过保持酶的结构来维持酶的活性，减少各种不利因素如高浓度乙醇、葡萄糖，低 pH 等对酶活性的抑制。同时固定化的 β-葡萄糖苷酶具有用量少、稳定性高、可重复使用、香气释放效果好等优点。除天然来源外，基因重组表达也是获取糖苷酶的重要途径之一。由于糖苷酶在其亲本菌株中表达水平较低，因此可将糖苷酶基因直接克隆到另一个高表达载体中，以获得大量的糖苷酶，但基因重组生产的糖苷酶是否安全还需进一步探究。

蛋白酶的应用推动了食品风味行业的发展，尤其是微生物来源的蛋白酶逐渐成为主要蛋白酶制剂。例如，复合风味蛋白酶可以通过提纯和复配，产生特定的风味和口感，具有广阔的应用前景。近几年，我国的蛋白酶产业虽然取得了显著的进展，但也存在分离纯化难度大、成本高、酶生产中失活等问题。随着技术的发展，酶修饰与基因工程成为解决这些问题的有效手段。

核酸酶的研究主要集中在提升酶的产量和品质方面，包括菌株的选育和发酵工艺优化。菌株选育可以通过诱变育种等方法来获得核酸酶产量更高的菌株。发酵工艺优化可以通过数学模型构建和响应面分析等方法，优化培养基配方和发酵条件，提高核酸酶的产量和质量。酶法水解得到的天然核苷酸被广泛应用于食品调味剂、婴幼儿奶粉、保健品及医药等方面，核酸酶的需求量也日益增长。

食品生物成味未来将更加注重开发定制化的风味剖析和调控技术，针对特定的风味相关底物特征，利用计算模型预测生物成味关联酶的催化效果和特异性，深入了解酶对底物的催化机制，并结合基因工程手段设计和构建具有特定催化特点和风味特点的酶，从而实现更有针对性的风味开发。特别是对于我国这个风味大国，食品从业人员可以利用生物成味关联酶结合其他技术开发一些富有我国特色的风味产品，促进特色风味工业的发展。

参考文献

[1] 张阳, 卿晨. 脂肪酶的研究应用进展. 昆明医学院, 2012, 33(1): 207-208

[2] 邬敏辰. 脂肪酶基因结构和氨基酸序列的比较. 江南学院学报, 2001, (2): 1-4

[3] 何文龙. 脂肪酶工程菌优化表达. 长春: 吉林大学, 2010

[4] 严建华. 碱性脂肪酶酵母菌的分离鉴定、诱变选育及其产酶条件的研究. 成都: 四川大学, 2006

[5] 尤逊. 疏棉状嗜热丝孢菌脂肪酶的优化表达及生物柴油催化新工艺的初探. 武汉: 武汉轻工大学, 2018

[6] POGORZELSKI E, WILKOWSKA A. Flavour enhancement through the enzymatic hydrolysis of glycosidic aroma precursors in juices and wine beverages: a review. Flavour & Fragrance Journal, 2007, 22(4): 251-254

[7] HU K, QIN Y, TAO Y S, et al. Potential of glycosidase from non-saccharomyces isolates for enhancement of wine aroma. Journal of Food Science, 2016, 81(4): 935-943

[8] 董德源. 黑曲霉中 α-L-鼠李糖苷酶基因的调取、克隆和初步表达. 南昌: 南昌大学, 2019

[9] TESTA B, LOMBARDI S J, IORIZZO M, et al. Use of strain *Hanseniaspora guilliermondii* BF1 for winemaking process of white grapes *Vitis vinifera* cv. Fiano. European Food Research and Technology, 2020, 246(3): 549-561

[10] KAR B, VERMA P, PATEL G K, et al. Molecular cloning, characterization and in silico analysis of a thermostable β-glucosidase enzyme from *Putranjiva roxburghii* with a significant activity for cellobiose. Phytochemistry, 2017, 140: 151-165

[11] 王永华, 戚穗坚. 食品风味化学. 北京: 中国轻工业出版社, 2015: 131-132

[12] 吴玮, 韩海棠. 基础生物化学. 3 版. 北京: 中国农业大学出版社, 2022

[13] 吴振, 江建梅, 舒媛, 等. 啤酒酵母及其衍生品的应用研究进展. 中国酿造, 2014, 33(10): 10-13

[14] 邢书奇. 黑曲霉 GZUF36 脂肪酶的结构与功能研究. 贵阳: 贵州大学, 2020

[15] 谭有将, 谢小燕, 王群, 等. 克雷伯脂肪酶产生菌产酶条件优化及其粗酶性质研究. 江苏农业科学, 2010, (4): 355-357

[16] 杨媛, 张剑. 微生物脂肪酶的性质及应用研究. 中国洗涤用品工业, 2017, (4): 47-54

[17] ZHANG X M, Ai N S, WANG J, et al. Lipase-catalyzed modification of the flavor profiles in recombined skim milk products by enriching the volatile components. Journal of Dairy Science, 2016, 99(11): 8665-8679

[18] 夏韩硕, 闵伟红, 张小涵, 等. 超声场强化脂肪酶催化反应的研究进展. 食品工业, 2021, 42(12): 359-363

[19] 王晨, 李家儒. 植物 β-葡萄糖苷酶的研究进展. 生物资源, 2021, 43(2): 101-109

[20] 常祥祥, 田永莉, 颜娟, 等. 木薯块根中 β-葡萄糖苷酶的分离纯化及酶学性质. 食品工业科技, 2023, 44(3): 141-147

[21] TING Z, KE F, HUI N, et al. Aroma enhancement of instant green tea infusion using β-glucosidase and β-xylosidase. Food Chemistry, 2020, 315(33): 126287

[22] CID A G, GOLDNER M C, DAZ M, et al. The effect of endozym β-split, a commercial enzyme preparation used for aroma release, on Tannat wine glycosides. South African Journal for Enology & Viticulture, 2012, 33(1): 51-57

[23] HAMPEL D, ROBINSON A L, JOHNSON A J, et al. Direct hydrolysis and analysis of glycosidically bound aroma compounds in grapes and wines: comparison of hydrolysis conditions and sample preparation methods. Australian Journal of Grape and Wine Research, 2015, 20(3): 361-377

[24] LIU J B, ZHU X L, ULLAH N, et al. Aroma glycosides in grapes and wine. Journal of Food Science, 2017, 82(2): 248-259

[25] HJELMELAND A K, EBELER S E. Glycosidically bound volatile aroma compounds in grapes and wine: a review. American Journal of Enology & Viticulture, 2015, 66(1): 1-11

[26] MUNOZ M, HOLTHEUER J, WILSON L, et al. Grapefruit debittering by simultaneous naringin hydrolysis and limonin adsorption using naringinase immobilized in agarose supports. Molecules, 2022, 27(9): 2867

[27] 张林河，方柏山. 微生物来源柚苷酶的研究进展及应用. 化工进展, 2013, 32(5): 1108-1115

[28] 宋婷婷，吴珍珍，宗红，等. 米曲霉 *AAP* 新基因的异源表达及其酶学性质研究. 食品与发酵工业, 2019, 45(5): 38-44

[29] 娄文勇. 离子液体中生物催化不对称反应研究. 广州：华南理工大学出版社, 2017: 102-134

[30] 赵国忠. 酱油风味与酿造技术. 北京：中国轻工业出版社, 2020: 21-32

[31] 高彦祥. 食品添加剂. 北京：中国轻工业出版社, 2019: 204-205

[32] WANG W L. Characterization and evaluation of umami taste: A review. Trac-Trends in Analytical Chemistry, 2020, 127: 115876

[33] 郇思琪，刘登勇，王笑丹，等. 食品中成鲜味物质研究进展. 食品工业科技，2020, 41(21): 333-339

[34] 高玉荣. 发酵调味品加工技术. 哈尔滨：东北林业大学出版社, 2008: 160-178

[35] TAO Z K. Yeast extract: characteristics, production, applications and future perspectives. Journal of Microbiology and Biotechnology, 2023, 33(2): 151-166

[36] 姜锡瑞，霍兴云，黄继红，等. 生物发酵产业技术. 北京：中国轻工业出版社，2016: 252-253

[37] PARKER M, CAPONE D L, FRANCIS I L, et al. Aroma precursors in grapes and wine: flavor release during wine production and consumption. Journal of Agricultural and Food Chemistry, 2018, 66(10): 2281-2286

第 8 章

食品生物成味的分析技术

食品风味分析是生物成味研究的一个重要组成部分，对于描绘食品的风味轮廓、识别关键风味物质及理解活性物质在风味生成过程中的演变等至关重要。食品风味分析技术主要分为宏观的感官分析和微观的分子感官分析两大类。宏观的感官分析依赖人类或拟人器官来评价食品的感官属性，除传统的人工评测方法外，还包括应用电子鼻、电子舌等现代工具的智能感官评价法。微观的分子感官分析有机结合了现代仪器分析技术和分子感官科学，从分子层面对食品中的风味成分进行精确、全面的分析与量化，开辟了非靶向和靶向风味分析的全新路径。食品中的风味物质种类繁多，含量往往较低，且分布在复杂的食品基质中，使得它们难以被有效分离和识别，对整体风味的贡献也较难评估。在实际研究中，需要综合运用各类分析方法的优势，扬长避短，以便更加全面、系统地认识和理解食品的独特风味特性。

8.1　食品风味感官分析

感官分析是指用感觉器官检验样品的感官特性，以准确测定和理解食品风味特性的方法。食品感官分析能够解决传统理化分析方法难以触及的复杂问题。例如，理化分析无法全面评价食品的香气和滋味，而感官分析可以捕捉到这些细微而复杂的感官特征。食品感官分析方法可分为人工感官评价法和智能感官评价法两大类。人工感官评价法的评判结果接近人们的日常生活体验，但易受评价员身体状况、情绪及测试时间等因素的影响，重现性较低。智能感官评价法主要为基于电子鼻、电子舌的模式识别技术。这些技术通过模仿人的嗅觉和味觉系统来评估食品的气味与滋味，具有操作便捷、分析速度快及结果客观准确等优点，是食品风味研究中极具价值的工具。

8.1.1　人工感官评价法

人工感官评价法巧妙地将人类的品鉴过程与科学的实验程序相结合，旨在运用系统化的方法对食品的感官特性进行评估。通常，需要挑选受过专业培训的评价员组成评定小组开展感官评价试验，评价员的选拔和培训要求可参考国际标准ISO 8586-1[1]。在感官评价试验过程中，评价员应避免引入任何可能影响结果准确性的外部因素，如携带烟草、涂抹化妆品等。同时，应保证自身身体状态适宜，如检验前一小时内禁食味道较大的食物，试验时不处于饥饿或过饱状态等。情绪、疾病等因素也会影响评价员的评判能力，出现相关状况时应及时调整试验方案。此外，感官评价应在干扰较小的专用检验室中进行（详见 ISO 8589[2]），检验室应温度舒适，通风良好。由于评价员自身的个体差异无法避免，应通过培训和恰当的试验设计，保持群体的一致性。感官疲劳会影响评价结果的可靠性，故每次试验检验的样品数量应适当，设置漱口步骤和恢复时间有助于消除疲劳带来的影响。常见的人工感官评价法主要分为 3 类，即差别检验法、标度和类别检验法及描述性检验法[3]。

差别检验法主要用于判断样品之间是否存在明显的风味差异，不关注具体的差异性质，也不要求定量描述每个样品的特性。差别检验法可分为成对比较检验、三点检验、二-三点检验、“A” - “非 A”检验等四大类，其具体的检验方法、适用场景及特点如表 8.1 所示。差别检验法通常与描述性检验法等其他感官评价方法联用，以获得更为全面的感官分析结果。

表 8.1 四类差别检验法的对比

方法类型	检验方法	适用场景	特点
成对比较检验	提供成对样品进行比较并按照给定标准确定差异	用于确定某一指定特性中是否存在可感知的差异或者不可感知的差异	操作简单，不易产生感官疲劳；当样品数量增加时，需要比较的数目迅速增大，可行性较差
三点检验	为评价员提供一组三个已编码的样品，其中包含两个相同的样品，要求评价员选出不同的样品	用于差异性质未知时检验样品，以及评价员的选拔和培训	不适于评价大量样品，与成对比较检验相比评价风味强烈的样品更易感官疲劳，如果差异性已知，统计效率较低
二-三点检验	先提供参比样，再提供两个样品，其一与参比样品相同，要求评价员识别出此样品	用于确定一个给定样品与参比样品之间是否存在感官差异或相似性	有后味的样品不适用
“A”-“非A”检验	在评价员学会识别样品“A”后，提供一系列“A”或“非A”样品，要求评价员指出哪个样品是“A”	用于评价外观有变化或留有持久后味的样品，尤其适用于无法完全获得相似性的、可重复样品的检验	可同时比较多个样品，效率高

标度和类别检验法主要用于评估差异的次序或大小，或者样品应归属的类别、规格及等级。具体包括如下检验方法：①分类，将样品（以自身特征或者样品

的识别标记）归到预先命名的类别；②分等，将样品按照质量的顺序标度分组；③排序，将系列样品按某一指定特性强度或程度次序排列；④评估，将每个样品定位于顺序标度上的某一位置点。

描述性检验法是一种用于辨识样品中独特感官特征的检验方法，旨在定性和定量地测定感官特性。具体由评定小组对食品各种感官属性进行细致的描述，进而建立一个详细的食品风味轮廓。描述性检验法主要包括简单描述检验、定量描述分析（quantitative description analysis，QDA）及自由选择剖面分析等。简单描述检验是指获得样品整体特征中单个特性的定性描述检验，可用于识别和描述某一特殊样品或多个样品的特性。QDA 是指从简单描述检验确定的词汇中选择术语，以可重现的方式评价产品感官性质的一种检验方法。进行 QDA，评价员需要建立产品各方面的属性词汇表，在检验过程中，评价员借助强度标度量化单个特性对样品整体感官印象的贡献，进而对产品进行全面感官分析。自由选择剖面分析是由未经培训或略经培训的评价员用各自的一组描述词来评价产品的一种描述方法。在检验过程中，评价员对样品的多种特性进行评价，形成各自独特的描述性词汇表，并以此对样品展开评价，获得的数据通常采用广义普氏分析（generalized Procrustes analysis）或 Statis 统计软件分析，生成多维度的一致性直观图形，最终评价每位评价员的数据与统计生成图形的符合程度。如前所述，描述性检验法旨在建立食品的风味轮廓，以便更好地理解和比较食品的复杂风味特性。如表 8.2 所示，根据分析目的、食品类型及目标受众的不同，可采用不同表现方式描绘食品的风味轮廓，如雷达图（或蜘蛛网图）、风味轮、堆叠条形图、折线图或条形图等，其中图 8.1 的雷达图和风味轮最为常用。

表 8.2　常见的风味轮廓表示方法

类别	表示方法	特点
雷达图	每个轴代表一个感官属性，评价员将每项属性强度给出的分值标在对应轴上并连接起来，形成一个多边形	直观地展示了食品的多维感官特性，便于比较不同产品间的差异，不适合表现非常细微的风味差异
风味轮	由同心圆组成的图形，中心是基本味道，外围是不同层级更为详细的风味描述，根据食品的复合风味特征逐步细化描述词汇	能够将人类感知到的味觉系统具象化归类，适合风味复杂的食品
堆叠条形图	使用不同长度的条形来表示不同感官属性的强度，所有条形从同一基线开始，依次叠加	清晰地描绘了每个感官属性的相对贡献，比较不同样品时不如雷达图直观
折线图或条形图	用于表现一系列样品在特定感官属性上的评分	简单，适合快速比较多个样品在某一特定感官属性上的表现，无法同时展示多个感官属性的复合效果

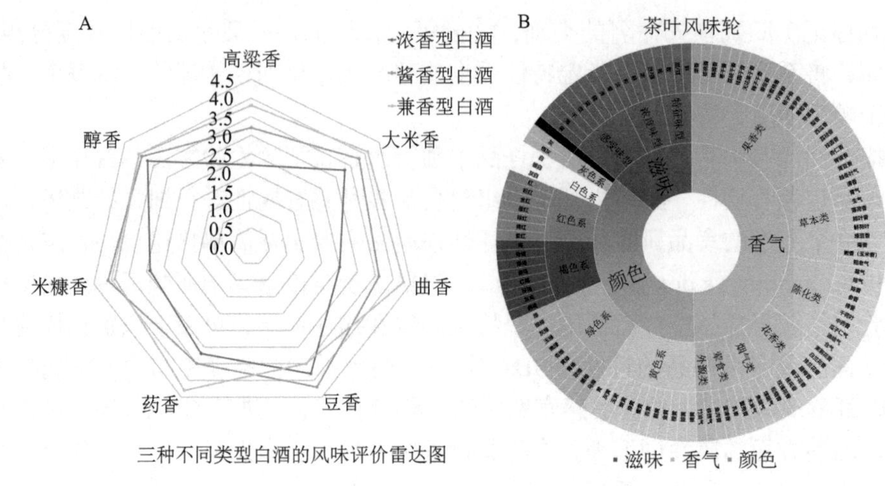

图 8.1　雷达图（A）和风味轮（B）示例

8.1.2　智能感官评价法

受人类感觉系统启发，人们开发出了电子鼻（electronic nose）和电子舌（electronic tongue）等一系列以模式识别方式实现智能感官评价的电化学传感器。这些传感技术能够排除传统感官评价方法中的人为误差，可检测人类器官无法识别的风味，弥补人类嗅觉和味觉的局限性。相较于其他风味检测技术，电子鼻和电子舌能够提供快速、精确、重现性高和客观可靠的测试结果，可部分替代人工感官和大型精密仪器分析技术，在食品风味分析中扮演着重要角色。

电子鼻的工作原理与生物嗅觉系统相似（图 8.2），由传感器阵列同步测量多种成分组成的气味，得到样品的“气味指纹图”，进一步依靠综合统计学分析方法对传感器检测到的化合物进行分类等。电子鼻的气体传感器是重要的部件，具体可划分成半导体型气体传感器、电化学型气体传感器、红外气体传感器等。研究人员通过电子鼻分析发酵鳜鱼的风味变化，发现电子鼻能够区分不同发酵阶段的鳜鱼样品，可见电子鼻能够为食品风味实时监测和质量控制提供参考与依据[4]。电子鼻传感器可以依据目标挥发性成分进行定制，同时具有便携、快速、成本低及操作简单的优点，适用于产品生产过程现场检测。

电子舌是一种模拟人类味觉系统的工具，它通过传感器对液体样品中的滋味成分进行检测和分析，不同样本的电响应差异可作为其指纹信息（图 8.2）。电子舌可用来区分滋味特性（如苦、甜、酸、鲜味），适用于液态食物样品分析。电子舌按照传感器阵列的不同可分为伏安型、电位型及光学型等。研究人员利用电子舌进行虾酱产品的风味分析，发现发酵贮藏 2 年的虾酱鲜味氨基酸含量最高，风味最优，在区分样品的风味特征方面与气相色谱-质谱相当[5]。电子舌获取味觉信息的速度快，同时电子舌的传感器阵列还可以根据检测对象的性质进行定制，可用于实时监控食品的风味变化过程。

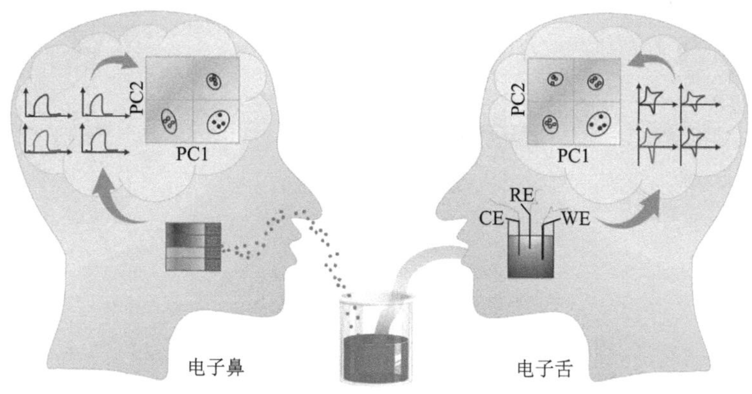

图 8.2　电子鼻与电子舌示意图

CE. 对电极（counter electrode）；RE. 参比电极（reference electrode）；WE. 工作电极（working electrode）

8.2　食品风味非靶向分析

食品风味非靶向分析技术面向所有能被检测到的风味物质，可反映全局风味关联信息。其中，影响食品风味特征的挥发性和非挥发性有机成分可通过气相色谱和液相色谱等进行分离，由质谱、离子迁移谱、火焰电离检测器和热导检测器等进行检测，并结合仪器内置数据库进行鉴定分析[6]。微生物组学分析方法则为了解生物成味过程中微生物群落变化、酶的表达与调控、关键代谢产物的生成与转化提供了强有力的分析手段。

8.2.1　挥发性成分分析

气相色谱-质谱（gas chromatography-mass spectrometry，GC-MS）是最常见的挥发性及半挥发性风味成分非靶向分析方法，具有灵敏度高、精准、可靠等特点。GC-MS 利用待分离的各物质在两相中的分配系数、吸附能力等理化性质的差异实现分离，分离后的各组分进入质谱检测器进行检测。GC-MS 大多配备有较为成熟的质谱数据库可供检索，可实现样品中风味成分的全面分析。由于大多数食品中挥发性风味物质的含量较低，且与基质有较强的相互作用，因此进行 GC-MS 分析前通常需要适当的样品前处理（图 8.3）来分离及浓缩挥发性组分，主要分为顶空法、吸附萃取法和溶剂萃取法等，其原理、适用场景及优缺点见表 8.3[7]。值得注意的是，GC-MS 可能存在杂峰干扰、共流出等问题。

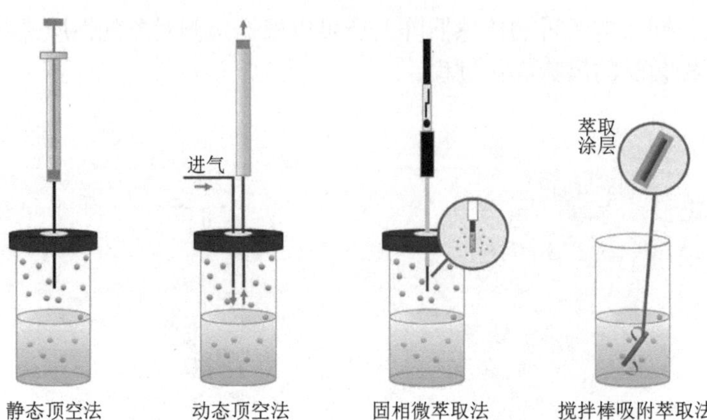

图 8.3　常见的 GC-MS 样品前处理方法示意图

表 8.3　常见的挥发性风味成分分离浓缩方法

方法类型		原理	适用场景	优缺点
顶空法	静态顶空法（static headspace）	将样品放入顶空瓶中并加盖密封，在常温或加热状态下振荡一定时间，样品中的挥发性成分慢慢释放出来，进入容器的顶空并逐渐达到气液平衡，用进样针吸取一定体积上方气体注入 GC 进行分离检测	香气成分分析	操作简单，不会混入杂质，但缺乏灵敏度，难以进行定量研究，分析效果不理想，静态顶空相中不同香气成分含量与样品实际含量存在差异
	动态顶空法（dynamic headspace）	利用惰性气体将样品中的挥发性成分吹扫出来捕集到吸附管上，再以加热的方法析出挥发性成分并进行分析	痕量分析	取样量少、灵敏度高、受基体干扰小，低挥发组分提取效率低、损失大
吸附萃取法	固相微萃取法（solid phase microextraction，SPME）	利用不同萃取涂层的吸附作用，将香气物质从样品中萃取出来，最终通过热解吸的方式进行分析	提取挥发性成分及痕量分析	所需样品量少、操作简单、灵敏度高，可检测多种风味物质，需控制温度
	搅拌棒吸附萃取法（stir bar sorptive extraction，SBSE）	将带有萃取涂层的搅拌棒放入样品中搅拌一段时间，使待分析组分在样品基质和吸附层之间达到分配平衡，目标化合物吸附在萃取涂层上	浓缩水性样品中的挥发性风味物质	灵敏度比 SPME 高 100～1000 倍，是分析痕量有机组分较有优势的一项技术
	固相萃取整体捕集法（monolithic material sorptive extraction，MMSE）	利用硅胶整体技术开发的新一代吸附和萃取介质进行靶标组分的萃取	提取极性、非极性、高沸点及低沸点物质	对气体样品吸附效率较高，弥补 SPME 涂层材料吸附效果差的局限性，避免 SDE 提取温度高及提取时间长造成的易挥发性物质流失

续表

方法类型		原理	适用场景	优缺点
溶剂萃取法	同时蒸馏萃取法（simultaneous distillation extraction，SDE）	利用蒸馏萃取装置使样品与有机溶剂沸腾，将与水共沸的香气物质萃取至有机溶剂中，从而分离挥发性化合物	微量成分、低浓度香气物质提取效果较好	重复性好，灵敏度高，操作简单，蒸馏温度较高，可能会发生水解、氧化等反应，改变食品风味
	溶剂辅助风味蒸发法（solvent-assisted flavor evaporation，SAFE）	在中高真空和接近室温的条件下，通过快速蒸发溶剂除去难挥发性物质，所得香味提取物与样品感官感受相近	样品的定量及痕量分析	还原度高，对高沸点挥发物的提取率较高，无加热程序产生的副产物，操作费力耗时
	超临界流体萃取法（supercritical fluid extraction，SFE）	以超临界流体为溶剂，从固体或液体中萃取出挥发性组分	超临界 CO_2 适用于处理高沸点的热敏性物质	超临界 CO_2 的优点是沸点极低，可有效地与提取的香气物质分离，不干扰后续感官分析，可渗透到食品基质中

离子迁移谱（ion mobility spectrometry，IMS）能够检测不同基质中的挥发性和半挥发性微量有机化合物。GC 与 IMS 结合的 GC-IMS 技术可用于食品中挥发性风味成分的非靶向分析。GC-IMS 兼具 GC 的高分离能力和 IMS 的快速响应能力，是一种新兴的气相分离和检测技术，因其分析速度快、检出限低、不需要样品预处理，在风味物质分析中展现出了巨大的应用前景。在 GC-IMS 检测过程中，样品首先被加热气化，通过载气转移到电离区，随后样品分子和载气分子被离子源电离，在分离区形成具有不同漂移时间的各种产物离子，在电场作用下发生移动，因漂移物具有不同的迁移率，它们会在不同的时间被检测到，进而反映分析物的类型和含量（图 8.4）。GC-IMS 技术具有检测速度快、操作方便、设备轻便等优点。然而，GC-IMS 的检测上限不高，谱库信息有待完善。

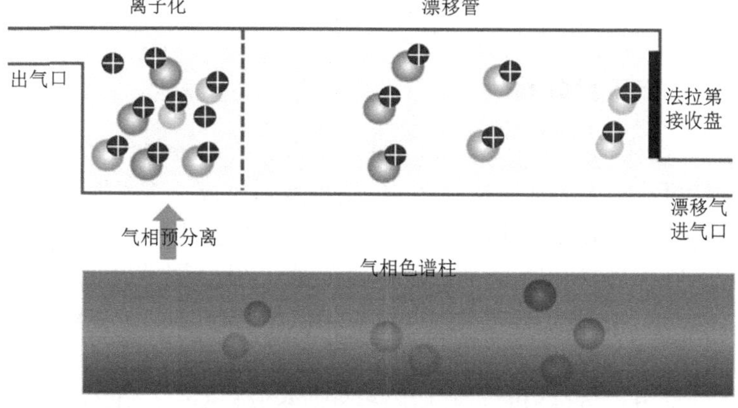

图 8.4　气相色谱-离子迁移谱原理示意图

全二维气相色谱-质谱（GC×GC/MS）是近年来发展起来的一种高分辨率、高灵敏度的分离鉴定技术，已成为挥发性成分非靶向分析的强大工具之一。GC×GC/MS 适用于复杂化学成分体系中挥发性、半挥发性组分的研究分析。GC×GC/MS 串联两根分离机制不同的色谱柱，第一维色谱柱分离的每个馏分以脉冲形式被进样到第二维色谱柱中实现正交分离（图 8.5），各组分经质谱分析后得到以第一维色谱柱上的保留时间为第一横坐标、第二维色谱柱上的保留时间为第二横坐标、信号强度为纵坐标的三维谱图或二维轮廓图。相较于普通的一维 GC-MS 技术，GC×GC/MS 具有分辨率高、灵敏度好、峰容量大、分析速度快及可检测痕量物质的优势，减少了分离不彻底造成的色谱峰重叠现象，能够更全面地反映香气成分信息，并减少高浓度基质组分对关键香气物质的遮蔽作用，在复杂体系的风味分析方面具有无法比拟的优势[8]。例如，采用 GC×GC/MS 技术可在 5 年陈的米酒样品中检测到 98 种挥发性化合物，在 10 年陈的米酒样品中检测到 107 种挥发性化合物，鉴定到的挥发性化合物数量比 GC-MS 分别高 71.4%和 65.4%[9]。然而，GC×GC/MS 存在对操作人员的专业能力要求较高等问题。

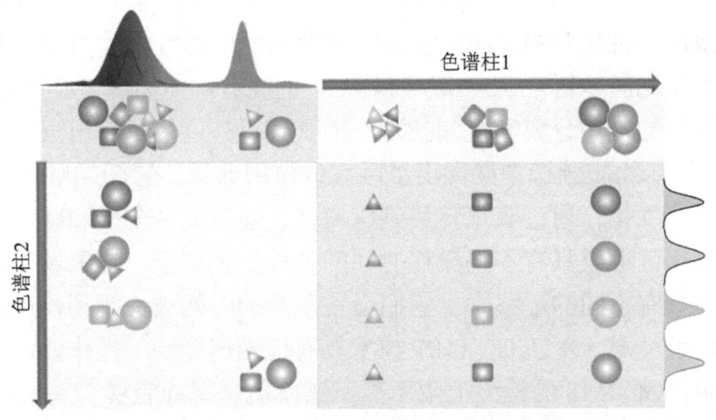

图 8.5　全二维气相色谱分离原理示意图

8.2.2　非挥发性成分分析

液相色谱-质谱（liquid chromatography-mass spectrometry，LC-MS）是非靶向分析非挥发性风味物质的常用技术之一，具有灵敏度高、重复性好等特点。非挥发性风味物质如氨基酸、有机酸、核苷酸类化合物的检测分析，通常采用 LC-MS 技术。通常，LC 分析利用优化的洗脱梯度实现复杂样品中各 LC-MS 类分析物的高效分离。与 GC-MS 分析挥发性风味物质相似，在 LC-MS 分析前往往也要对呈味物质进行分离和提取，如进行液液萃取（liquid-liquid extraction，LLE）、固相萃取（solid phase extraction，SPE）、基质固相分散萃取（matrix solid phase dispersion，

MSPD）、加速溶剂萃取（accelerated solvent extraction，ASE）等。其中，传统的LLE 一般选用乙腈或甲醇作为萃取剂，操作简单，无须配套设备，但所需萃取剂用量多，对极性化合物的选择性较差；SPE 对目标物进行选择性吸附，与 LLE 相比可减少有机试剂消耗，降低背景干扰；MSPD 具有易操作、环境友好、有机试剂用量少等优点，但操作过程涉及研磨操作，不适用于大批量样品的前处理；ASE 通过改变外部条件（如压力、温度），提高了萃取剂的渗透能力和交换作用，可高效、快速地批量处理样品，但对待测物质的热稳定性要求严格，不具有普适性[10]。LC-MS 具有非靶向分析优势，灵敏度和分辨率较高。许多痕量的滋味活性化合物难以通过一维 LC 得到有效分离，或分离耗时较长，此时采用多维液相色谱技术，尤其是二维液相色谱技术可有效解决这类问题。

氨基酸是重要呈味物质和挥发性化合物的前体。利用氨基酸分析仪可高效获取样品中的各类游离氨基酸的信息，如赖氨酸、组氨酸、精氨酸、甘氨酸、丙氨酸、酪氨酸、苯丙氨酸等。氨基酸分析仪的原理为流动相推动样品中的混合物流经阳离子色谱柱，当采用不同洗脱条件（洗脱剂、温度等）进行洗脱时，交换能力不同的氨基酸会被依次洗脱下来，进一步将分离得到的各氨基酸组分与茚三酮试剂发生反应，生成紫色或黄色的柱后衍生物，即可用光度法进行分析[11]。氨基酸分析仪检测法具有灵敏、快速、可靠及重现性好等优点。

8.2.3　微生物组学分析

食品的风味特征往往与其中活动的微生物群落的组成和代谢活动密切相关。通过分析食品中风味化合物及其对应的微生物群体，可以了解食品风味形成的微生物学基础。常见的微生物组学分析方法（表 8.4），如高通量测序、宏基因组学、代谢组学及蛋白质组学等技术，为上述研究需求提供了强有力的工具[12]。例如，高通量测序技术如 16S rRNA 和内转录间隔区（internal transcribed spacer，ITS）测序，可以鉴定食品样品中存在的微生物种类，有助于了解不同微生物在生物成味过程中的作用和对风味的贡献。研究人员利用高通量测序技术分析发酵鳜鱼的微生物群落的多样性和演替规律，发现嗜冷杆菌属（*Psychrobacter*）、梭杆菌属（*Fusobacterium*）、氨基酸球菌属（*Acidaminococcus*）与芳樟醇、三甲胺、吲哚和乙酸香兰酯的产生密切相关[13]。宏基因组学方法可以被用来研究微生物群落的功能潜能，包括与风味形成相关的代谢途径，分析微生物的基因组，可以发现负责生产特定风味化合物的基因和酶。代谢组学和蛋白质组学可以用来监测发酵过程中微生物活动的实际产物，包括风味化合物，这些方法可以帮助确定哪些微生物活动与特定风味特征相关。利用宏基因组学结合代谢组学，研究人员发现微生物代谢是鱼露产品风味形成的基础，微生物参与蛋白质、脂质、碳水化合物代谢途径，生成氨基酸、脂肪酸和葡萄糖等风味前体物质，为后续鱼露特征风味形成奠定基础[14]。

表 8.4　常见微生物组学分析方法对比

方法类型	应用场景	检测方式	原理	特点
高通量测序	分析微生物群落组成及菌群多样性	第一代测序（桑格测序）	向 DNA 合成反应体系中分别加入 4 种双脱氧核苷三磷酸（dideoxyribonucleoside triphosphate，ddNTP），DNA 聚合酶与待测核苷酸结合至掺入一种链终止核苷酸为止，通过凝胶电泳确定碱基顺序	准确性高，但测序通量低，测序成本高、耗时长
		第二代测序（454 测序、Illumina 测序、SOLiD 测序、Ion Torrent 测序）	基于 PCR 扩增发展而来，第二代测序引入可逆终止末端，实现了边合成边测序	测序成本低，速度快，准确性高
		第三代测序（单分子测序、单分子实时测序、纳米孔技术）	单分子测序，DNA 样本不需要 PCR 扩增，避免了 PCR 扩增对样本的影响	检测简便，准确性高，序列读长提高
宏基因组学	表征微生物菌系构成，注释菌系的代谢功能	扩增子测序（amplicon sequencing）	分析细菌、真菌等 16S/18S/ITS 某个可变区的序列	可以选择特定的基因片段进行扩增子测序，成本低，低丰度微生物可能会被忽视
		宏基因组测序（metagenome sequencing）	对某一特定环境中的全部 DNA 进行整体测序及分析	表征样本中所有微生物组的遗传信息，成本较扩增子测序高
代谢组学	对生物细胞所有低分子代谢物进行定量分析，可表征微生物代谢化合物组成与变化	GC-MS	气相色谱柱实现各组分的分离，MS 离子源处理将气态分子分解成碎片离子，对样品进行定性和定量分析	适合于分析易气化、稳定、不易分解的样品
		LC-MS	样品通过液相色谱进行分离，通过质谱进行定性和定量分析	灵敏度较高
蛋白质组学	微生物蛋白图谱构建、差异蛋白研究及功能蛋白发掘	无标记的液相色谱-质谱（label-free LC-MS）	比较质谱分析次数或质谱峰强度解析蛋白质数量变化	无须对蛋白质或多肽进行标记，对平台稳定性、样本处理重现性要求高
		同位素标记相对和绝对定量技术（iTRAQ 技术）	通过不同数量同位素标签特异性标记多肽氨基酸基团，实现蛋白质的定量分析	灵敏度高，通量高，准确性高

8.3　食品风味靶向分析技术

8.3.1　关键气味物质分析方法

食品中的挥发物达上万种，但是能够被嗅闻到（能激活鼻腔深处的嗅觉蛋白受体）的只有 200～300 种。大多数挥发性成分对食品的整体香气轮廓没有贡献，因此需要相应的分析技术鉴定气味活性化合物，评判其对食品整体风味的贡献。

气相色谱-嗅闻（gas chromatography-olfactometry，GC-O）技术的诞生为关键气味组分的识别与鉴定提供了强有力的手段。GC-O 兼具 GC 的高效分离能力和人类嗅觉的敏感性。为提升测定结果的准确性，应对评价员进行专业的闻香培训。同时，萃取方法会对 GC-O 的分析结果产生影响。因此，为实现香味化合物组成的全面研究，应采用能够充分分离所富集挥发性成分的萃取方法。近年来，研究人员一直在考虑用 GC×GC 代替 GC，并将其与嗅觉测量相结合，以解决一维 GC 存在的问题，对香气化合物进行更全面、准确的表征[8]。为进一步实现气味活性物质的鉴定，GC-O 技术可与 MS 联用。在 GC-O-MS 中，样品首先通过 GC 柱分离，不同化合物依据它们的挥发性和极性在柱上被分离。随后，分离出的化合物一部分被送至嗅觉检测器供评价员嗅闻记录气味，另一部分进入质谱仪进行分子质量和结构分析，实现化合物的鉴定（图 8.6）。需要注意的是，通常质谱仪在真空条件下工作，而嗅觉检测器在常压下工作，因此，两个部件的保留时间可能存在差异（一般质谱仪较短）[15]。当将 GC-O-MS 技术应用于关键香气物质的鉴定时，通常采用香气萃取稀释分析（aroma extract dilution analysis，AEDA）和检测频率分析（detection frequency analysis，DFA）等两种方法。

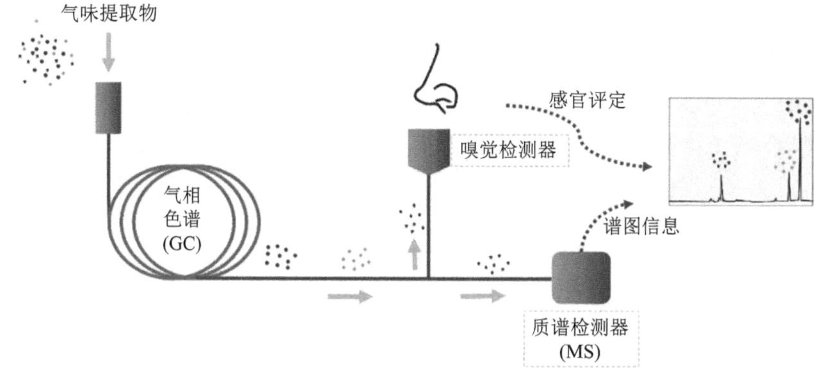

图 8.6　气相色谱-嗅闻-质谱技术示意图

AEDA 使用溶剂逐级稀释香气提取物，专业评价员对每个稀释度下的样品进行感官评价，直到稀释样品不能被嗅闻出气味为止，由此得到不同风味化合物的感官阈值。只有当化合物浓度超过其感官阈值时，才会与人类的气味受体相互作用，在大脑中产生气味印象。风味化合物能够被检测到的最高稀释值即该物质的香气稀释因子（flavor dilution factor，FD）。FD 值越高，说明其香气强度越大，综合分析可以筛选出该样品中的关键香气活性物质。由于 AEDA 需要足够多的感官评价人员进行评估，分析时间一般相对较长，而缩减人力和时间会使其准确性大打折扣。

DFA 是在 GC-O 检测过程中，以香气物质对鼻腔冲击频率（nasal impact frequency，NIF）的大小来衡量这些物质对香气贡献的一种评价手段。NIF 值越高，意味着对整体香气的贡献越大。该方法相较于 AEDA 法简单，能够用最少的时间来确定香味活性化合物而不要求评价员经历特殊的训练。但如果分析物中每一种挥发性化合物的浓度都高于其检测阈值，评价员会频繁检测到它们，进而得到相同的 DF 值，使得测试结果的准确性大大降低。

气味活性值（odor activity value，OAV）是表征某一气味成分对食物整体香气特征贡献度的指标[16]。OAV 是挥发性风味物质的浓度与其阈值的比值。一般情况下，当 OAV>1 时，判定该化合物对样品的整体风味有贡献，OAV 越大，说明该组分对样品整体风味特征的贡献度越大。OAV 在风味差异分析和关键香气成分分析等方面被广泛使用，为食品风味的量化研究提供了重要的科学依据和技术手段。目前，并不是所有挥发性风味物质的感官阈值都能够测定，因此该方法仅局限于评价已知阈值的挥发性风味物质。

样品在进行 AEDA 试验时，后处理过程中会有一定的损失，因此需要在 AEDA 后进行更可靠的香气重组和缺失试验。典型的流程是，在利用 AEDA 识别出气味活性化合物后，定量分析最重要的气味物质（如 FD>16），然后计算 OAV 来评估关键香气化合物对整体香气的贡献。利用样品中确定浓度的所有定量香气化合物（OAV>1）制备香气重组模型，由 10 名训练有素的评价员组成的感官小组应用 QDA，比较重组和原始样品的气味属性。以原有的重组模型为指导，根据 OAV（由低到高）逐个省略香气成分，得到一系列不完全香气模型（缺失模型），并通过三点检验对缺失模型进行评价。缺失试验可用于评估单个气味剂对整体香气的贡献。

8.3.2 关键滋味物质分析方法

挥发性风味物质宏观上表现为食品的气味，而游离氨基酸、有机酸、呈味核苷酸、可溶性糖等非挥发性成分的存在产生了味觉影响，二者共同发挥作用组成了食品风味体系。滋味物质是食品中存在的刺激味蕾中的味细胞进而产生味觉的一类物质。为了实现食品整体滋味描述，需要确定关键滋味物质，并进一步分析其对食品滋味的贡献程度。

关键滋味活性物质的分析方法与关键气味活性物质的分析方法相似。滋味稀释分析（taste dilution analysis，TDA）将利用 LC 分离得到的馏分冷冻干燥，然后用相同体积的水分别溶解各候选风味物质，依序稀释后按浓度增加的顺序提交给评价员进行分析。将能与两份空白（水）区分开的最大稀释倍数定义为味道稀释因子（taste dilution factor，TD）。TD≥1 表示该组分或化合物产生滋味，对整体滋味有贡献。与 AEDA 相似，TDA 同样存在烦琐耗时的问题。

滋味活性值（taste activity value，TAV）是与 OAV 对应的一项指标，主要用于评估单个化合物对整体味道的贡献。其计算公式通常是化合物在样品中的浓度除以其在水中的阈值浓度。TAV>1 的化合物被认为对整体味道有显著贡献。TAV 和 TD 都与呈味物质的识别阈值有关，但 TD 不需要精确的识别阈值[17]。用于计算 TAV 的阈值通常是通过三点检验法或引用已发表文献确定的。因此，TAV 主要用于分析已知或市售的组分，而 TDA 更多的用于未知组分。

滋味重组试验通过组合不同的已知滋味化合物，并调整它们的比例，以尝试复现特定食品的味道特征，这有助于确定对味道感受起主导作用的关键成分。滋味缺失试验通常在重组试验后进行，是将模拟真实样品的重组样中的化合物按照一定的顺序去除，根据每种或者每类化合物去除后对各风味属性带来的改变来判断该物质对于风味属性的贡献度[18]。通过缺失试验将关键贡献物质的数量逐步减少，可实现通过最少数量的化合物最大限度地模拟真实滋味。

8.3.3　关键风味物质定量分析方法

食品的风味受多种风味物质及各风味成分之间平衡的影响，其中关键风味物质是决定食品风味的主要因素。关键风味物质的种类及其含量在产品风味呈现及工业化生产中发挥着至关重要的作用。因此，进行关键风味物质的定量分析是风味物质研究的重点，涉及使用一系列的分析技术来准确测定食品中风味化合物的浓度。常用的定量分析方法包括色谱-质谱联用法、稳定同位素稀释法及核磁共振法等。

色谱-质谱联用法是最常使用的风味物质定量分析方法，包括 GC-MS、LC-MS 等。这些方法利用色谱分离样品中的各类化合物，并利用质谱进行定量。定量通常依赖于内标法或外标法，通过比较未知样品与已知浓度的标准样品的响应强度来进行定量。其中 GC-MS 适用于食品中挥发性和半挥发性风味组分的分析，LC-MS 适用于非挥发性风味物质的分析。

稳定同位素稀释法（stable isotope dilution analysis，SIDA）是一种对靶标风味物质进行高精确度和重现度的定量分析方法，特别适用于复杂基质中的风味物质分析。该方法添加一定量的标记有稳定同位素的风味化合物作为内标，并与样品混合，由于内标与目标化合物在化学性质上几乎相同，且经历了同等样品处理和测定过程，因此可以借由其精确校正样品制备和分析过程中的损失，实现靶标物质的绝对定量。SIDA 主要应用在质谱分析之中，然而部分稳定同位素标志物无商业化试剂，只能通过实验室合成[19]，限制了其实际应用。

核磁共振（nuclear magnetic resonance，NMR）法可以用来定量并鉴定食品中的风味化合物。NMR 法的基本原理是具有活性自旋的原子核在强磁场中可以吸收射频脉冲的能量，脉冲过后被激发的原子核松弛，释放能量，形成 NMR 信号，这些信号具有特定的频率（化学位移）和强度，可以用来识别化合物的分子结构。NMR 法具有非破坏性、高分辨率、无毒性及可定量等优点，且可提供有关分子结构的详细信息，但存在仪器复杂、分析时间长及样品准备时间长等局限性。

8.4 综合分析方法

如前所述，我们可以采用各类分析测试技术对食品风味的某一方面进行深入研究（图 8.7）。在生物成味研究的实践中，更多的则是采取一种多维度、多技术融合的策略，以获得关于食品风味的系统性全面认知。通常，可以感官评价技术为基础工具，对样品的整体风味特性进行细致的描述和分类，为后续的分析工作奠定感官基础。随后，可采用 GC-MS 和 LC-MS 等技术对样品中潜在的呈香、呈味物质进行全面解析。为了进一步深化对风味物质的理解，可以利用 AEDA、OAV

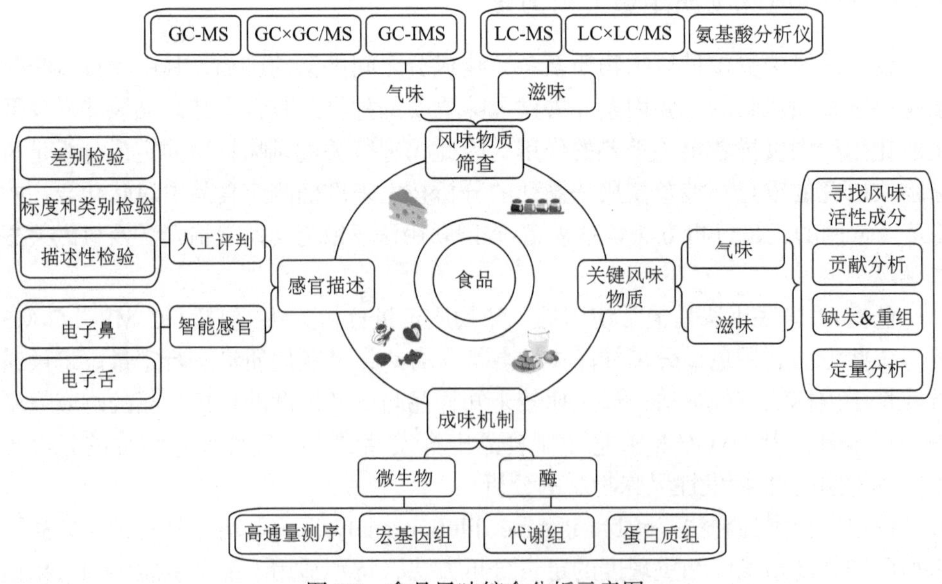

图 8.7　食品风味综合分析示意图

及 TAV 分析、重组及缺失测试等，在分子水平上明确食品中的关键风味物质，并采用色谱-质谱联用技术、SIDA 及 NMR 法等对关键风味物质进行定量分析。在实际应用中，智能传感器技术如电子鼻、电子舌等为风味分析提供了便捷、低成本的选择。虽然它们可能无法完全替代 GC-MS、LC-MS 等精密仪器技术，但在快速筛选、趋势分析等特定情境下展现出了独特的优势，为风味研究与质量控制提供了有力的技术支持。

微生物及其所含代谢酶作为常见的成味生物媒介，对食品风味的形成与演化有着至关重要的影响。前述的微生物单组学分析技术往往只能描述其中的某一生物过程，无法呈现真实的微生物群落或代谢差异，以及彼此间相互作用的复杂机制。同时，各类单组学分析手段均具有一定的局限性。例如，宏基因组学不能区分活细胞和死细胞，干扰了微生物相互作用对细胞代谢物影响的后续分析。此外，基于基因测序的宏基因组学具有固有的局限性，包括无法直接确定微生物的功能活性，以及难以识别执行关键功能的分子。转录组学分析的是基因表达水平，蛋白质组学的目的是在蛋白质水平上探索微生物的功能和关键酶，两者都不能完整地提供微生物群落之间的关系及其对活性成分影响的综合数据。多组学分析方法可实现基因和蛋白质表达的多层级分析，获得关于复杂微生物群落的综合性数据。通过多组学分析微生态多样性、基因及代谢水平差异，能够明确与特征风味成分产生相关的微生物基因转录和表达情况，并表征发酵风味物质代谢调控的关键生物标志物[20]。比如，通过转录组学、蛋白质组学和代谢组学分析，研究人员解析了发酵大豆中差异基因与次生代谢物生物合成之间的调控关系，发现了与发酵大豆风味相关的 130 种上调代谢物和 160 种下调蛋白质[21]。多组学分析可以极大地促进对食品中微生物进化、生理和代谢途径的理解及预测。多组学分析还可以解析微生物对发酵食品风味的影响、酶-底物的催化作用及微生物在物种水平上的相互作用。

在风味分析中，风味、感官等数据往往具有变量多、样本数少的特点，收集的数据资料以多维数据为主。由于数据量庞大，利用常规统计分析方法较难发现样品或各组之间的异同，也无法确定造成样品间差异的具体变量。对数据进行深层次的挖掘，有助于获得科学、全面的实验结论。因此，风味分析往往需要对收集到的数据进行归一化和滤噪处理，消除多余干扰因素，或根据试验目的运用适宜的数据处理方法[22]。如表 8.5 所示，风味分析常利用主成分分析、聚类分析、偏最小二乘法等方法进行定性判别，利用人工神经网络、支持向量机等方法进行定量预测[23]。对于组学分析，往往可利用数据分析软件提升数据分析的效率及可靠性。常用的代谢组学分析手段包括 MATLAB、SAS、SPSS、SIMCA 及 R 语言等，这些工具有助于从复杂的数据样本中明确差异变化显著的标志物。对于 LC-MS/MS 等技术，结合人工智能学习可以拟合非靶向代谢数据库中多级代谢物的保留时间，提升模型预测保留时间的准确度，增大质谱的物质鉴别率[24]。

表 8.5 风味分析常用的化学计量学手段

方法类型	分析方式	特点
主成分分析（principal component analysis，PCA）	通过线性变换将高维数据转化为低维数据，将多指标简化为少量综合指标的一种统计分析方法	可提取主要特征信息，减少无效数据的堆积
偏最小二乘法（partial least square method，PLS）	多因变量对多自变量的回归建模方式，可进行降维及指标重要性分析	变量间存在多重共线性的条件下，仍可建立高精度预测模型，但样本间分离不够时可能会造成分类错误
聚类分析（cluster analysis，CA）	比较样品间的欧氏距离，根据样品相似性进行分组，可实现对相似组分信息的综合比较	可用于反映样品的相似性，数据需要预处理
偏最小二乘判别分析（partial least square discriminant analysis，PLS-DA）	一种有监督的多变量统计分析方法，依据观察的变量，判断研究对象如何分类的常用统计方法	比 PCA 的分离效果好，可按照预先定义的分类将组间差异最大化，可用于两组及以上组别的分类比较
正交偏最小二乘判别分析（orthogonal PLS-DA，OPLS-DA）	基于 PLS-DA，进行正交变换的校正，滤除与分类信息无关的噪声，使得模型的解析能力和有效性提高	多用于两组对比
人工神经网络（artificial neural network，ANN）	模拟人脑突触神经元开发的建模技术	数据拟合性能好，可解决线性回归误差较大的问题，对数据的要求较高
支持向量机（support vector machine，SVM）	基于结构风险原则的有效分类与预测算法	泛化性能优异，算法计算复杂度低，稀疏性较好，但模型开发困难

随着科学的进步，现代风味分析中出现了越来越多的交叉学科技术的身影，技术水平愈发地朝着便捷化、智能化发展。比如，传统的感官评价方法存在着主观因素强、普适性差及易出现系统误差等特点。针对这一问题，研究人员尝试利用脑电图（electroencephalogram，EEG）技术，建立鲜味/非鲜味物质鉴定方法[25]。该研究不仅发现了鲜味刺激下 F/RT/C 区的频率响应延迟现象，还成功开发出便捷的鲜味分析 EEG 工具（www.tastepeptides-meta.com/TastePeptides-EEG），为开发风味感知脑机接口奠定了基础。此外，人们还尝试将功能性核磁共振成像（functional magnetic resonance imaging，fMRI）应用于不同质量牛排的感官评价之中[26]。研究表明，志愿者在食用高质量牛排样品后，其纹状体、内侧眶额皮层和岛叶皮层的功能连接出现了变化，为从神经科学的角度分析感官体验提供了高潜力工具。为明确风味物质的感官识别微观机制等，人们也尝试将分子动力学、分子对接等分子模拟方法应用到生物成味的研究之中。分子动力学描述了原子水平上的运动、相互作用和动力学，被用于探索风味分子与受体之间的相互作用机制

和构象关系。分子对接是一种基于锁与钥匙理论的技术，通过计算风味分子和受体之间的分子间相互作用，预测它们可能的结合模式。紫色红曲霉 YJX-8 是浓香型白酒发酵过程中参与酯类合成的重要微生物，研究人员结合同源性建模、分子动力学模拟、分子对接和定点突变等方法解析了紫色红曲霉 YJX-8 中 LIP05 酶催化脂肪酸乙酯的合成机制，为阐明微生物参与的浓香型白酒发酵过程中酯类的合成提供了参考[27]。分子动力学和分子对接的结果加深了人们对分子风味特性的认识，可为下游实验分析提供指导[28]。随着科技的不断发展和创新，我们有理由相信，未来将会涌现出更多先进的分析和测试技术，更好地服务于生物成味研究，极大地丰富和深化人们对生物成味的认识。

参考文献

[1] ISO. Sensory analysis-selection and training of sensory assessors (ISO 8586). 2023. https://www.iso.org/standard/76667.html

[2] ISO. Sensory analysis-general guidance for the design of test rooms (ISO 8589). 2007. https://www.iso.org/standard/36385.html

[3] 中华人民共和国国家质量监督检验检疫总局，中国国家标准化管理委员会. 感官分析　方法学　总论 (GB/T 10220—2012). 2012

[4] WANG Y Q, WU Y Y, SHEN Y Y, et al. Metabolic footprint analysis of volatile organic compounds by gas chromatography-ion mobility spectrometry to discriminate mandarin fish (*Siniperca chuatsi*) at different fermentation stages. Frontiers in Bioengineering and Biotechnology, 2021, 9: 805364

[5] ZHU W, LUAN H, BU Y, et al. Flavor characteristics of shrimp sauces with different fermentation and storage time. LWT-Food Science and Technology, 2019, 110: 142-151

[6] YU H Y, XIE J R, XIE T, et al. Identification of key odorants in traditional Shaoxing-jiu and evaluation of their impacts on sensory descriptors by using sensory-directed flavor analysis approaches. Journal of Food Measurement and Characterization, 2021, 15(2): 1877-1888

[7] 张玉莹. 鲍鱼热加工过程中醛类香味物质的生成途径及其调控机制研究. 大连: 大连工业大学, 2020

[8] YU M, YANG P, SONG H, et al. Research progress in comprehensive two-dimensional gas chromatography-mass spectrometry and its combination with olfactometry systems in the flavor analysis field. Journal of Food Composition and Analysis, 2022, 114: 104790

[9] YU H, XIE T, QIAN X, et al. Characterization of the volatile profile of Chinese rice wine by comprehensive two-dimensional gas chromatography coupled to quadrupole mass spectrometry. Journal of the Science of Food and Agriculture, 2019, 99(12): 5444-5456

[10] KARRAR E, AHMED I A M, MANZOOR M F, et al. Lipid-soluble vitamins from dairy products: Extraction, purification, and analytical techniques. Food Chemistry, 2022, 373: 131436

[11] 杨如玉. 利用酵母合成 L-异亮氨酸及其条件优化. 南京: 南京师范大学, 2021

[12] 骆红波, 孙优兰, 范奇高, 等. 组学技术在白酒酿造微生物中的应用进展. 中国酿造, 2023, 42(12): 13-21

[13] SHEN Y, WU Y, WANG Y, et al. Contribution of autochthonous microbiota succession to flavor formation during Chinese fermented mandarin fish (*Siniperca chuatsi*). Food Chemistry, 2021, 348: 129107

[14] WANG Y, LI C, ZHAO Y, et al. Novel insight into the formation mechanism of volatile flavor in Chinese fish sauce (Yu-lu) based on molecular sensory and metagenomics analyses. Food Chemistry, 2020, 323: 126839

[15] SONG H, LIU J. GC-O-MS technique and its applications in food flavor analysis. Food Research International, 2018, 114: 187-198

[16] 方超, 刘治国, 乔潞, 等. 基于感官定量描述分析法和 GC-MS 对山庄老酒 3 种香型白酒挥发性特征风味的分析. 食品科学, 2023, 44(10): 291-299

[17] YAN J, TONG H. An overview of bitter compounds in foodstuffs: Classifications, evaluation methods for sensory contribution, separation and identification techniques, and mechanism of bitter taste transduction. Comprehensive Reviews in Food Science and Food Safety, 2023, 22(1): 187-232

[18] 彭艾婧. 基于感官组学的名优绿茶浓、涩、鲜、甜滋味特征研究. 杭州: 浙江大学, 2021

[19] WANG J, LIU N, YANG S, et al. Research progress in the synthesis of stable isotopes of food flavour compounds. Food Chemistry, 2024, 435: 137635

[20] 周钺, 李键, 张玉, 等. 多组学技术联用在传统发酵乳品风味代谢调控中的应用研究进展. 食品与发酵工业, 2019, 45(8): 238-243

[21] WU Y, TAO Y, JIN J, et al. Multi-omics analyses of the mechanism for the formation of soy sauce-like and soybean flavor in Bacillus subtilis BJ3-2. BMC Microbiology, 2022, 22(1): 142

[22] 毛世红. 基于风味组学的工夫红茶品质分析与控制研究. 重庆: 西南大学, 2018

[23] EFENBERGER-SZMECHTYK M, NOWAK A, KREGIEL D. Implementation of chemometrics in quality evaluation of food and beverages. Critical Reviews in Food Science and Nutrition, 2018, 58(10): 1747-1766

[24] 刘源, 崔智勇, 周雪珂, 等. 水产品滋味研究进展. 食品科学技术学报, 2022, 40(1): 22-29

[25] CUI Z, WU B, BLANK I, et al. TastePeptides-EEG: An ensemble model for umami taste evaluation based on electroencephalogram and machine learning. Journal of Agricultural and Food Chemistry, 2023, 71(36): 13430-13439

[26] TAPP W N, DAVIS T H, PANIUKOV D, et al. Beef assessments using functional magnetic resonance imaging and sensory evaluation. Meat Science, 2017, 126: 11-17

[27] ZHAO J R, XU Y Q, LU H Y, et al. Molecular mechanism of LIP05 derived from *Monascus purpureus* YJX-8 for synthesizing fatty acid ethyl esters under aqueous phase. Frontiers in Microbiology, 2023, 13: 1107104

[28] KOU X, SHI P, GAO C, et al. Data-driven elucidation of flavor chemistry. Journal of Agricultural and Food Chemistry, 2023, 71(18): 6789-6802

第 9 章

食品生物成味的调控机制

食品中风味物质的形成机制调控可以从风味物质形成途径、调控因素和感知系统几方面展开讨论，每一方面的调控都将影响最终人体对食物的感官评价乃至长期的健康影响，因此，了解每一环节的食品生物成味调控机制对于有效把控加工品质、提升产品质量至关重要。本节主要涉及微生物生物成味调控机制、酶催化生物成味调控机制及食品风味的人体感知调控。

9.1 微生物生物成味调控机制

微生物调控食品生物成味主要是由微生物发酵作用于蛋白质、糖、脂肪及其他物质而产生的，这些风味物质包括醇、醛、酮、酸、酯类等物质。微生物可以作用于原料直接合成，也可以通过产生催化酶，借助酶的作用将食物成分转化为一系列风味物质。

9.1.1 微生物合成途径调控机制

通过微生物合成途径获得风味物质的调控涉及发酵时选择的原料、菌种、发酵条件等因素，在不同的调控机制下生成的风味物质千差万别，形成各自独特的风味。由微生物产生的风味极为广泛，但微生物在食品生物成味过程中特殊的或确切的作用机制仍有待进一步探讨。

（1）醇类风味化合物的合成调控

干酪是微生物作用产生特殊风味并广受欢迎的食品。干酪生产工艺的差异使它们具有各自的风味，但目前只有青霉干酪的少数风味物质甲基酮和仲醇，以及表面成熟干酪的温和风味物质硫化物等被归为特征风味化合物。啤酒、葡萄酒、烈性酒（不包括我国的白酒）和面包中的酵母发酵也不产生具有强烈和鲜明特征的风味化合物，然而乙醇却使乙醇饮料具有共同的风味特征。微生物发酵产生乙醇、乙酸和高级醇、高级酸的代谢途径如图 9.1 和图 9.2 所示。

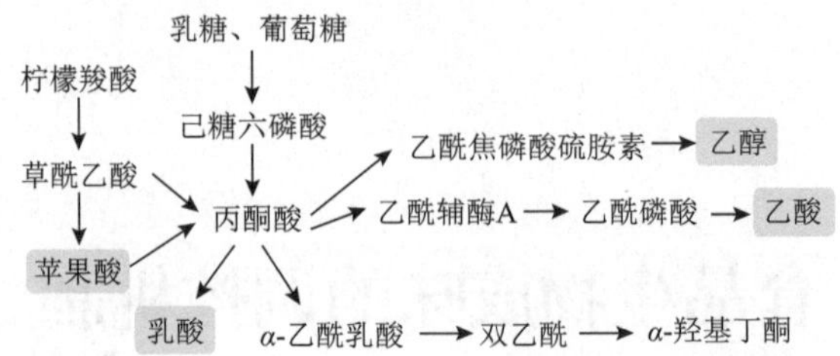

图 9.1　微生物发酵产生乙醇、乙酸等风味物质的代谢途径

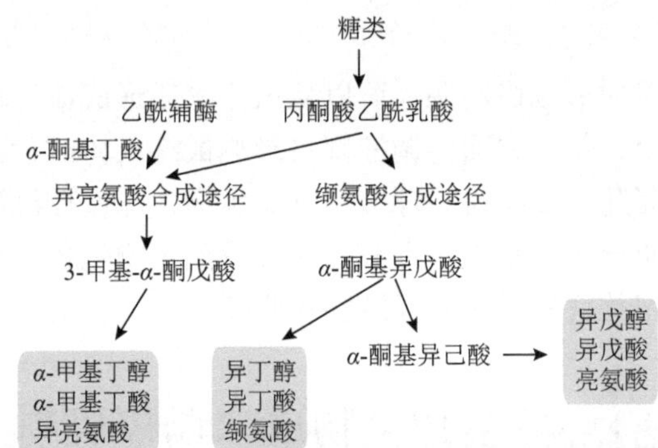

图 9.2　微生物发酵产生高级醇和高级酸风味物质的代谢途径

细菌和酵母发酵均可以产生乙醇。乳酸菌只产生少量的乙醇，而酵母代谢的最终产物主要是乙醇。乳酸链球菌的麦芽菌株和所有的啤酒酵母都能通过转氨作用和脱羧作用把氨基酸转化为挥发物（如图 9.3 所示，苯丙氨酸在酶的作用下转化为醛、醇、酯），产物中包括醛类和酸类等部分氧化型产物，但主要是醇类还原型衍生物。葡萄酒和啤酒的风味就可以归入由微生物发酵直接合成风味物质的一类。上述这些化合物与乙醇相互作用的产物（如酯类、缩醛）与这些挥发物的复杂混合物组成了啤酒、葡萄酒的风味。在此基础上，非酿酒酵母属包括假丝酵母属、复膜孢酵母属和毕赤酵母属等可降解糖苷键产生芳香化合物，也可直接参与生化反应或调节风味物质的形成，赋予酒体独特的香气。

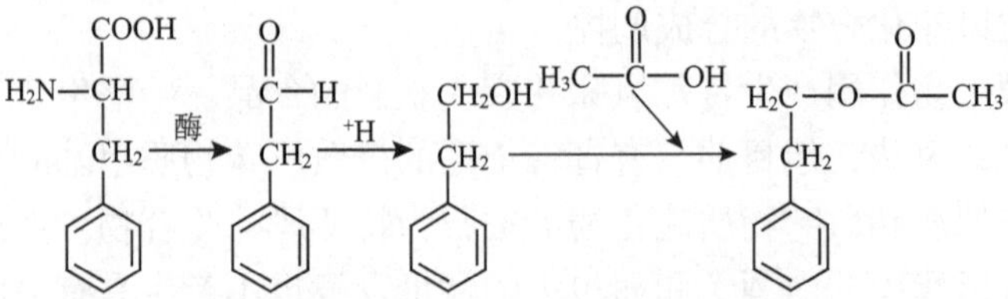

图 9.3　微生物利用苯丙氨酸生成风味物质

此外，虽然奶酪中目前没有特定的风味标志物，但发酵过程中乙醇（0.5%～

10%，V/V）的存在可以增加丁酸乙酯和戊酸乙酯的释放，从而增强水果香气的持久性。例如，在哈萨克手工奶酪的成熟过程中，乙醇和苯乙醇（花、玫瑰和面包香气）在第 10～20 天显著增加，在第 20～40 天则由于乙醇脱氢酶合成了相应的醛或酮而分别减少。

（2）酸类风味化合物的合成调控

细菌产酸可以增强酒类产品的醇厚感，也可以增加乳制品中的风味。例如，在酒的发酵过程中，乳酸菌可以产生乳酸，葡糖杆菌和醋酸菌可以产生乙酸，这些有机酸酰基化后与醇类反应生成酒体主要酯类，影响酒的口感和后味。在乳制品发酵过程中，乳酸菌主要使产品乳酸化，而乳酸的形成则主要与微生物的丙酮酸代谢、三羧酸循环和氨基酸代谢调控有关。

（3）多种风味多个菌种的复杂调控

实际生产过程中的微生物发酵涉及不同类型微生物之间复杂的相互作用，通常是细菌和真菌在共存与相互作用的基础上，通过自发或在外部发酵环境控制下产生风味化合物。在复杂的传统发酵食品中，多种微生物共存，它们与传统发酵食品环境系统的相互作用共同构成了特色风味。食品的生物化学环境会影响微生物的生长和繁殖；同时，微生物的生长和繁殖所消耗的营养物质与产生的代谢产物又会反过来改变食物环境，因此通常情况下会选择多种微生物共同发酵产生多种风味物质。

微生物之间的相互作用主要分为协同作用和拮抗作用。微生物可以通过协同作用促进更多不同风味物质的产生，增强风味物质的表达，也可以通过拮抗作用抑制一些有害物质和不良风味物质的产生。例如，乳酸菌和酵母可以通过协同作用促进丙酮酸代谢来增强白酒的香气，丙酮酸代谢会促进乙醇转化为乙酸和乙酸乙酯，最终调节酒的风味。在发酵乳制品中，乳酸菌和酵母也可以通过丙酮酸代谢相互作用来促进生长和繁殖。通过这种协同效应，乳酸、乙酸、双乙酰、乙酰、乙醛等风味化合物的含量可以在乳制品发酵过程中得到提高。对于发酵肉类，霉菌和酵母对风味也有协同作用。醋酸菌和乳酸菌共同代谢，形成醋的独特风味。例如，在镇江醋的乙酸发酵过程中，醋酸杆菌、乳酸菌、曲霉和链霉菌是优势菌群，其中细菌对醋味道的贡献最大；而在山西陈醋的生产中，主要优势菌属为醋酸杆菌、乳酸杆菌和芽孢杆菌，主导醋的鲜味和甜度；红曲米醋中的主要真菌为酵母属、红曲霉属和曲霉属，且随着时间的延长，红曲米醋中的细菌优势菌为乳酸菌，优势真菌逐渐由酵母属、红曲霉属变为曲霉属 [1]。

除了通过协同作用改善传统食品风味，利用微生物相互拮抗的作用还可以消除不良风味。例如，乳酸菌通过拮抗作用抑制葡萄球菌，可以减少有害风味物质的含量。发酵大豆中葡萄球菌和魏氏杆菌为优势菌，这两种细菌之间有拮抗作用，魏氏杆菌能产生有机酸，抑制葡萄球菌生长，产生乙酸乙酯和对乙酸乙酯。通过这种作用可以提高发酵大豆的香气。在牛奶发酵过程中，德氏乳杆菌发酵产物的酸性过强，乙醛味过重。为此，双歧杆菌经常被添加到产品中用来调整最终的风味。

9.1.2　微生物转化途径调控机制

微生物可通过生物转化对发酵风味的形成产生重要影响。微生物代谢产生多种酶，包括氧化还原酶、水解酶、异构化酶、裂解酶、转移酶、连接酶等，使原料成分转化为小分子，这些分子经过不同时期的化学反应生成许多风味物质，因此发酵食品的后熟阶段对风味的形成有较大的贡献。在微生物和内源酶协同作用下，碳水化合物、脂质、蛋白质及其他大分子营养物质水解产生单糖（如葡萄糖和半乳糖）、游离脂肪酸和游离氨基酸等初级代谢产物，并进一步代谢产生多种次级代谢风味化合物（图 9.4）[2]。

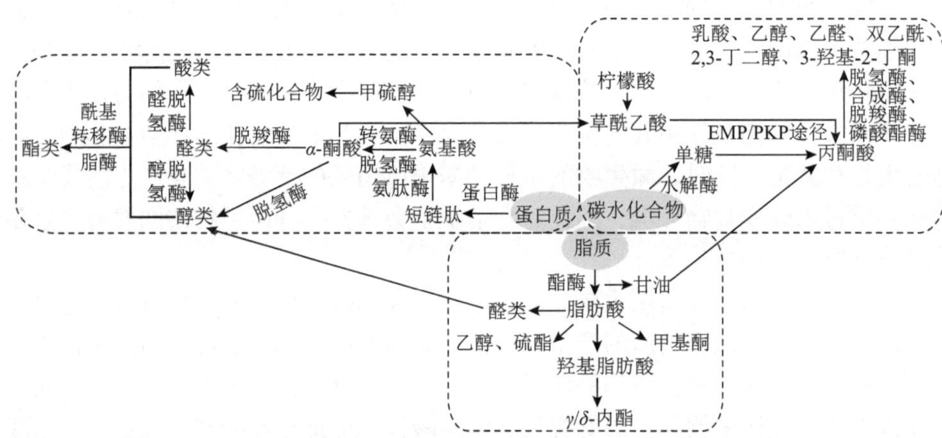

图 9.4　微生物转化蛋白质、碳水化合物及脂质生成风味物质的调控途径

PKP. 磷酸酮酶

（1）微生物转化碳水化合物生成风味物质

微生物通过多个途径将淀粉、纤维素和果胶等碳水化合物分解，继而通过己糖二磷酸（糖酵解）途径、磷酸戊糖途径、2-酮-3-脱氧-6-磷酸葡萄糖酸途径等代谢途径进一步将单糖转化为丙酮酸，丙酮酸可转化生成多种风味化合物，包括短链有机酸、醇类和羰基化合物等风味物质，如双乙酰、乙醛、乙酸和乙醇。例如，霉菌（曲霉、红曲霉、木霉和根霉等）可以将淀粉等大分子转化为葡萄糖。有的霉菌还可通过酒化酶、蛋白酶、单宁酶和纤维素酶等代谢产生风味前体或促进醇类、吡嗪类、酯类和芳香族化合物等风味组分的形成。细菌如芽孢杆菌能够通过淀粉酶和酸性蛋白酶产生大量的浓香型白酒的关键风味物质(吡嗪类)。一般而言，微生物发酵碳水化合物可产生乳酸，使食物的酸碱值下降，抑制腐败细菌和病原

菌的繁殖，令食物带有酸味。乳酸菌发酵马奶酒通过糖代谢产生乳酸、游离氨基酸、有机酸和胞外多糖，这些对马奶酒的酸度、味道和香气都至关重要。

（2）微生物转化脂质生成风味物质

在脂肪酶的作用下，微生物将脂质分解成甘油和脂肪酸。不同的微生物产生不同的脂肪酶，其中以细菌、霉菌和酵母中含量最多，典型代表是芽孢杆菌、假单胞菌、念珠菌等细菌和酵母。脂肪分解后的不饱和游离脂肪酸容易发生自氧化，其二级氧化产物主要为酮类、醛类和烷烃类等，醛类又可经还原和氧化作用生成醇类和酸类，然后两者再经酯化作用生成酯类。酯类、醛类和酮类的阈值均较低，因而对发酵后食品的风味贡献较大。脂质氧化途径是一个复杂的自由基链式反应，在氧分子的参与下产生氢过氧化物。游离脂肪酸是由于氢过氧化物的不稳定性而产生的，并通过各种途径形成碳氢化合物、醇、醛、酮、酸和其他化学物质。微生物可经不完全 β-氧化将饱和脂肪酸代谢生成发酵食品中重要风味物质甲基酮和内酯，同时还可有效抑制脂肪酸过度氧化，避免不良风味的生成。研究表明，低盐酸肉中的马葡萄球菌或木糖葡萄球菌可降解脂肪酸生成亚油酸、十八烯酸及棕榈酸等脂肪酸，这些脂肪酸进一步氧化降解生成壬醛、2-庚醛等线形醛。线形醛赋予发酵酸肉独特的奶酪味、果香和甜味。脂肪酸的代谢在微生物发酵后风味的形成中扮演很重要的角色，因而微生物转化脂质生成风味物质在发酵后期尤为重要。

（3）微生物转化蛋白质生成风味物质

细菌主要产生碱性蛋白酶，其中芽孢杆菌是碱性蛋白酶的主要生产者，其他一些芽孢杆菌也可以产生中性蛋白酶。酸性蛋白酶主要由黑曲霉、米曲霉等霉菌产生[3]。蛋白质在蛋白酶的作用下分解成游离氨基酸和其他小分子。微生物也可以产生氨肽酶，将多肽分解为游离氨基酸，低分子肽和游离氨基酸具有一定的滋味，同时也是重要风味的前体物质。另外，不同种类游离氨基酸可在多种微生物酶（如转氨酶、脱羧酶、脱氢酶和裂解酶）的协同作用下进行一系列的转氨、脱氨及脱羧反应而得到醛、酮、醇、酸、吲哚、酚等芳香族化合物，如支链氨基酸（异亮氨酸、亮氨酸和缬氨酸）能代谢产生 3-甲基丁醛（果香味）和 2-甲基丁醛（麦芽味）等特征风味物质；天冬氨酸能分解产生双乙酰（黄油味），该代谢途径是奶酪、发酵酒和发酵香肠的重要风味来源[4]。

微生物有两种主要途径代谢氨基酸以产生风味化合物。第一种途径是通过氨基酸裂解酶催化的消除反应，使氨基酸侧链断裂，经过反应生成吲哚、苯酚和甲硫醇。该途径存在于微球菌、酵母和短杆菌中，主要涉及芳香氨基酸中色氨酸、酪氨酸和甲硫氨酸的代谢，也是甲硫氨酸降解的主要途径。酪蛋白经蛋白酶降解和肽酶裂解后释放出的氨基酸也可以经氨基酸裂解酶催化消除反应转化为含硫氨基酸（半胱氨酸和甲硫氨酸）衍生的硫醇，继而转化为挥发性硫化物。第二种途径是氨基酸代谢的主要途径。由转氨酶启动的转氨化开始，它可以催化 α-酮酸发生氨化，然后在支链氨基酸、芳香氨基酸和甲硫氨酸的代谢中进一步降解，转化为羧酸，或脱羧为醛，通过醇脱氢酶还原为醇，最后由相应的醇和酸生成酯。香气化合物之间存在感知交互作用，可以增强发酵乳制品的感官特性。例如，δ-癸内酯和 δ-十二内酯对切达奶酪的水果香气具有协同效应。

有些情况下，同一菌株可以代谢不同的营养物质底物，产生多种风味。芽孢杆菌可以分泌多种蛋白酶和脂肪酶来降解食物中的蛋白质与脂肪，并产生特定的生物活性肽，主要用于大豆生产和葡萄酒工业中。在发酵豆浆中，枯草芽孢杆菌代谢产生的吡嗪化合物使豆浆具有特殊的烘焙风味；而在葡萄酒生产中，枯草芽孢杆菌、地衣芽孢杆菌与黑曲霉和酿酒酵母协同作用，丰富白葡萄酒的风味体系，由芽孢杆菌产生的四甲基吡嗪使白葡萄酒具有坚果味。富含蛋白质的食物是芽孢杆菌的主要底物。在发酵鱼露中后期，随着 pH 和耗氧量的降低，微生物种类逐渐减少，但芽孢杆菌仍能生长并成为优势菌群。因此，在实际生产中可以通过控制发酵环境条件来获得优势菌属，从而收获预期的发酵食品风味。

不同菌株同时发酵也可以获得令人愉悦的风味。豆豉发酵菌属有曲霉型、毛霉型和根霉型。曲霉型豆豉的口感强度最高，因为其富含乙酸和鲜味氨基酸（谷氨酸和天冬氨酸）；毛霉型和根霉型豆豉在芳香和甜味属性的得分高于曲霉型豆豉，毛霉型豆豉含有较多的酯类和醇类，具有芳香和果香的味道，根霉型豆豉中存在 2,3,5-三甲基吡嗪和四甲基吡嗪，被认为是豆豉酱香和豉香的主要来源。相反，曲霉型豆豉的过度发酵会使豆豉中乙酸和醛类物质的含量增加，而乙酸和醛类物质与豆腥味和不愉快的味道有关，导致风味不足。米曲霉具有很强的蛋白质分解能力，这使得曲霉型豆豉游离氨基酸含量较高，鲜味更突出，但这种过度发酵会产生酸类和醛类等不愉快的风味物质。而毛霉型豆豉和根霉型豆豉虽然口感不足，但适度发酵可使其产生较多的酯类和吡嗪类芳香物质。起始菌株的选择决定了混合发酵剂的微生物组成，人们可以通过有针对性地添加促进风味或口感的菌株，以弥补单一菌株发酵的缺陷，这将是人们未来研究微生物发酵生物成味的重点。

（4）微生物及微生物系统代谢调控

构成微生物代谢途径的复杂生化反应几乎都是由酶催化的酶促反应。控制酶的活性是调节微生物代谢的关键组成部分，为此可以从调节酶的活性和调节酶的合成两个途径实现。酶活性调节和酶合成调节在一个正常的代谢途径中共存，共同完成对微生物代谢的调节。微生物酶活性调节是通过中间代谢产物或最终产物改变酶分子的催化活性来控制代谢速率，这种调节可以防止细胞内某些代谢物的过度合成和其他代谢物的合成不足。酶活性的调节可分为活化和抑制两种，微生物可以通过调节酶活性快速适应代谢环境的变化。酶合成的调节是通过调节酶合成量来调节代谢率的，酶合成的调节也可分为代谢终产物抑制酶合成的反馈抑制和代谢终产物促进酶合成的诱导。通过防止酶的过度合成，可以节省生物合成的原料和能源并且生产预期的食品风味物质[5]。以微生物合成苹果酸为例，丝状真菌和部分酵母可通过还原三元羧酸的天然合成途径来产生大量的苹果酸。通常，酿酒酵母和丝状真菌会利用丙酮酸羧化酶将丙酮酸羧化成草酰乙酸，然后再还原成苹果酸。为此，可以重新设计三羧酸循环还原途径，以提高丝状真菌和酵母中苹果酸的产量，并增强苹果酸转运蛋白的过表达；此外，也可以增加草酰乙酸等前体物质含量从而进一步提高苹果酸产量。总之，微生物有着非常好的代谢调节系统，要使微生物群落的新陈代谢朝着预期的方向发展，产生更多预期的新陈代谢物质，就必须打破微生物群落原有的代谢平衡。因此，微生物代谢调控的核心思想是打破微生物自身的代谢调控机制，使它们能够积累许多特定的代谢物，并消除副产物的积累[6]。

9.2　酶催化生物成味调控机制

酶在食品风味的形成过程中起着重要的作用，包括人们期待的风味，以及抑制食品本身含有的酶产生的不愉快风味。外源性添加的酶通常用于产生各种愉悦的风味物质或促进食品风味形成。

9.2.1　食品内源酶催化成味调控机制

（1）调控化合物氧化还原促进生物成味

食品中许多风味的形成都与酶的作用有关。过氧化物酶普遍地存在于植物和动物组织中，如果不采取适当的措施使蔬菜等食品原料中的过氧化物酶失活，那么它会在随后的加工和储藏过程中损害食品的质量。例如，未经热烫的冷冻蔬菜所具有的不良风味被认为与该酶及脂氧合酶的活力有关。

各种不同来源的过氧化物酶通常含有一个血色素（铁卟啉Ⅸ）作为辅基。过氧化物酶催化下列反应：

$$ROOH + AH_2 \longrightarrow H_2O + ROH + A$$

反应物中的过氧化物（ROOH）可以是过氧化氢或一种有机过氧化物，如过氧甲烷（CH_3OOH）或过氧乙烷（CH_3CH_2OOH）。在反应中过氧化物被还原，而一种电子给予体（AH_2）被氧化。电子给予体可以是抗坏血酸、酚、胺或其他有机化合物。

过氧化物酶的耐热性高，且经过热处理的过氧化物酶在常温的保藏中酶活力会部分恢复，即酶的再生，这是过氧化物酶的重要特征。该特征在蔬菜高温瞬时热处理中特别明显，在热处理后的几小时或几天内甚至在冷冻保藏几个月后出现过氧化物酶活力的再生。过氧化物酶活力的再生可能会加重不愉悦食品风味的形成，而且过氧化物酶活性在多数蔬菜中易于检测，因此它被广泛地作为果蔬热处理是否充分的指标。

过氧化物酶还能促进不饱和脂肪酸的过氧化物降解，产生挥发性的氧化风味化合物。此外，过氧化物酶在催化过氧化物分解的过程中同时产生了自由基，能引起许多食品成分的破坏。关于酶催化氧化风味的形成和其他异味的产生机制，过氧化物酶与脂氧合酶对氧化风味均有贡献，有时往往是共同作用的结果。

脂氧合酶也在粮谷类食物中存在，加工中会利用其特性产生人们需要的一些风味物质。例如，小麦粉在胚芽和麸皮中含有很少的脂氧合酶活性，但在大豆、蚕豆和豌豆中含有大量的脂氧合酶。脂氧合酶在分子氧的存在下氧化含有顺,顺-1,4-戊二烯基团（亚油酸、亚麻酸和花生烯酸）的不饱和脂肪酸，氧化反应导致自由基产生，自由基诱导 H_2O_2 形成，破坏类胡萝卜素，将蛋白质的巯基氧化为二硫基，并分解为羰基化合物（图 9.5）。此外，脂氧合酶的多重作用还可以产生影响面包风味的羰基化合物，破坏脂溶性维生素（维生素 A）和必需脂肪酸[7]。

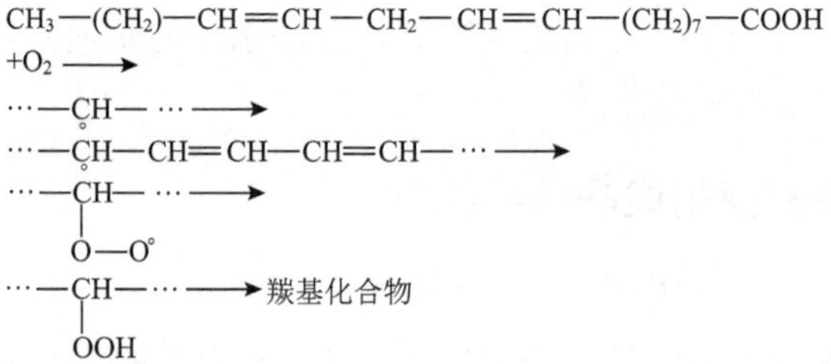

$CH_3—(CH_2)—CH═CH—CH_2—CH═CH—(CH_2)_7—COOH$
$+O_2$ ⟶
⋯—$\overset{\circ}{C}$H—⋯ ⟶
⋯—$\overset{\circ}{C}$H—CH═CH—CH═CH—⋯ ⟶
⋯—CH(—O—O°)—⋯ ⟶
⋯—CH(—OOH)—⋯ ⟶ 羰基化合物

图 9.5　脂氧合酶氧化不饱和脂肪酸生成羰基化合物示意图

（2）调控化合物裂解促进生物成味

除此之外，未经热烫的冷藏蔬菜所产生的异味，不仅与过氧化物酶和脂氧合酶有关，还与过氧化氢酶、α-氧化酶和十六烷酰-辅酶 A 脱氢酶等有关。研究人员认为，青刀豆和玉米产生不良风味和异味主要是脂氧合酶催化的氧化作用，而花菜主要是在胱氨酸裂解酶的作用下形成不良风味。大蒜在切碎或挤压时会产生强烈的辛辣味，其原因是在大蒜组织受损伤后，蒜酶从细胞中释放出来，将没有气味的蒜素母体分子蒜氨酸转化为蒜素而产生浓烈的气味，反应式如图 9.6 所示。

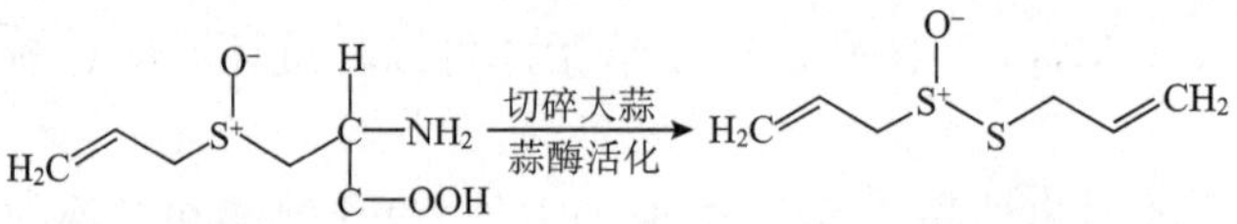

图 9.6　蒜酶调控大蒜风味释放的分子结构变化

食品中常见的通过风味前体物质裂解促进风味形成的酶还有脂肪酶、蛋白酶等。蛋白质水解和脂肪水解是食品加工过程中产生风味或风味前体的主要生化反应。

1）脂肪酶与脂肪酸风味形成。脂蛋白脂肪酶（lipoprotein lipase，LPL）的脂解作用对生牛乳制作的干酪风味形成起着重要的作用，而在巴氏杀菌牛乳制作的干酪中残留 LPL 的脂解作用对干酪风味的作用较小。牛乳中有 10～20nmol/L 的脂肪酶，大部分 LPL 在高温短时巴氏灭菌（72℃，15s）时失活，因此 LPL 在干酪成熟期间的作用并不大。而在生乳中，大部分 LPL 的活性被乳脂肪球膜或酪蛋白胶束所阻碍，一旦乳脂肪球膜被破坏，便会使得 LPL 对乳脂肪产生过多水解，导致干酪等乳制品产生不良风味。LPL 的水解作用对脂肪酸类型没有特定要求，但偏好水解中等长度碳链脂肪酸的甘油酯，链长 $C_{6:0}$、$C_{8:0}$、$C_{10:0}$、$C_{12:0}$脂肪酸的甘油酯的水解速率比链长 $C_{16:0}$、$C_{18:0}$、$C_{18:1}$、$C_{18:2}$、$C_{18:3}$或 $C_{20:0}$脂肪酸甘油酯的水解速率增加了 2 倍。LPL 对脂肪酸在甘油酯的位置有特定要求，只水解甘油一酸酯、甘油二酸酯和甘油三酸酯 sn-1 与 sn-3 位置的脂肪酸[8]。

2）蛋白酶与肽和氨基酸风味形成。动物肌肉中本身含有一系列蛋白酶，可促进肉制品加工过程中风味的形成。例如，在金华火腿的制作过程中，肌肉蛋白在蛋白酶的作用下发生如下变化：首先，骨架蛋白被钙蛋白酶和组织蛋白酶降解；其次，在二肽酶和三肽酶的进一步作用下，上述产生的肽被降解成小分子肽；最后，小分子肽被氨肽酶和羧肽酶降解为游离氨基酸（图 9.7）。上述蛋白质水解主要由内源性蛋白酶主导，干腌火腿口感的关键部分是小分子肽和游离氨基酸；鲜味、甜度、酸度和苦味的性质则取决于它们的含量和比例[9]。

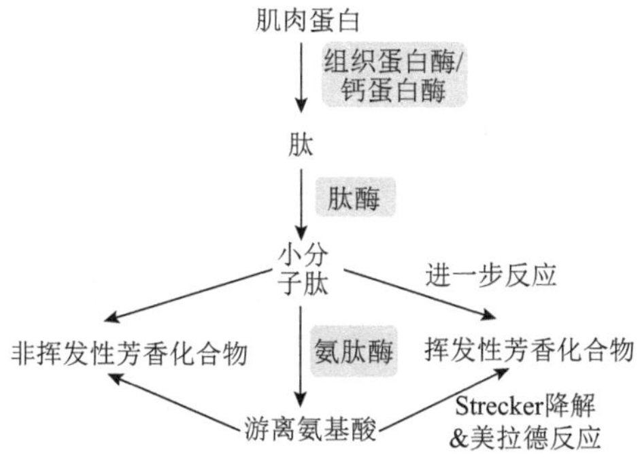

图 9.7　干腌火腿制作时内源性蛋白酶对肌肉蛋白的水解作用

在许多研究中，游离氨基酸、多肽和寡肽为食品提供了独特的风味与品质，它们源于内源性肽酶的广泛蛋白质水解。火腿中的多肽主要由肌球蛋白、肌钙蛋白和肌动蛋白产生，火腿成熟后期则主要是小分子寡肽，分子质量为 204.1～

1774.0Da。各种小分子肽与火腿风味特征之间的关系主要取决于肽链本身的长度、氨基酸的组成和序列及其组成氨基酸的原始风味。小分子肽（一般分子质量小于3kDa 的肽）的风味特性包括甜、酸、咸、鲜、苦。有研究表明，分子质量约为1.8kDa 的肽表现出苦味，分子质量为 1.5～1.7kDa 的肽具有鲜味，而分子质量低于 1kDa 的肽具有轻微的酸味。

3）硫代葡萄糖苷酶与食品特殊风味形成。食品中也存在一些与特殊风味形成有关的酶，如跟葱的风味形成相关的硫代葡萄糖苷酶。在某些具有辛辣味感的蔬菜（如芥菜和辣根）中存在着芥子苷，它是一种硫代葡萄糖苷。在硫代葡萄糖苷的结构中，葡萄糖基与糖苷配基（用 R 表示）之间通过硫醚键成苷，常见的 R 为烯丙基、3-丁烯基、4-戊烯基、苯基或其他的有机基团，其中烯丙基芥子苷最为重要。硫代葡萄糖苷在天然存在的硫代葡萄糖苷酶作用下，会发生分子重排和裂解。生成的产物中异硫氰酸酯是含硫的挥发性化合物，与葱的风味有关。

9.2.2 食品外源酶催化成味调控机制

（1）外源性蛋白酶催化生物成味

蛋白酶分解蛋白质，产生多肽和氨基酸。食品生物成味蛋白酶包含内切蛋白酶与外切肽酶两种活性，可以用于去除低水解度产物的苦肽链，将其彻底降解为氨基酸，也可以用于彻底水解蛋白质，增进和改善水解液的风味，使鲜香味更加浓郁。在一定温度、pH 及底物浓度下，风味酶中的外切酶和动植物蛋白水解液中的苦味多肽发生反应，生成水解动物蛋白、水解植物蛋白或氨基酸水解液，然后这些水解物和氨基酸一起与还原糖发生美拉德反应，产生丰富的天然风味。使用风味蛋白酶酶解动物蛋白后的水解液水解彻底，蛋白质有效利用率超过 90%，其氨基酸含量高，风味佳、浓郁、无苦味。

但氨基酸的结构及其在肽链上的位置也会影响蛋白质水解之后的风味形成。氨基酸侧链结构会影响苦味肽的苦味值。氨基酸若产生苦味，其侧链骨架至少要由 3 个碳原子组成，侧链中碳原子数量和所在位置决定苦味强度，侧链结构对此也有影响，但这种影响非常小。碳原子数量越多，氨基酸越苦；同等条件下有位于 γ 位点的氨基酸比有位于 β 位点的苦味特性强；含线形侧链的比含分支侧链的氨基酸苦味特性强。肽链末端结构也影响苦味。多肽 C 端粗大的疏水氨基酸和 N 端粗大的碱性氨基酸与肽链苦味高度相关。蛋白质末端的封闭结构也会增强苦味，肽段两端都被乙酰化或酯化封闭的肽比仅一端封闭的肽要苦。对于仅封闭一端蛋白质的情况又有所不同，只封闭氨基端时，多肽苦味减轻；而只封闭羧基端时，苦味会增强。苦味与肽链的环状结构也有关，苦味肽典型的结构就是环状二肽分子结构。疏水氨基酸在肽段中的位置对苦味有影响。当疏水氨基酸位于长链肽的内切位置时，该肽比位于末端位置时更苦；而疏水氨基酸在短肽中的情况，与之相反[10]。

蛋白内切酶从肽链内部结构水解肽键。例如，米曲霉中性蛋白酶 rNp1 偏好于水解肽链中 P1 和 P1′上的亮氨酸、缬氨酸、苯丙氨酸等疏水氨基酸所在位点的肽键，加工中利用该酶可水解花生和大豆蛋白质，在一定程度上降低产物的苦味。外切酶可从肽链的 N 端或 C 端水解出寡肽或氨基酸。从 N 端水解的肽酶是氨肽酶，从 C 端水解的肽酶是羧肽酶。目前应用于食品的氨肽酶主要有亮氨酰氨肽酶（EC3.4.11.1）、脯氨酸特异性氨肽酶等。亮氨酰氨肽酶主要水解多肽 N 端的疏水氨基酸，如亮氨酸、精氨酸、甲硫氨酸、丙氨酸等，并在水解亮氨酸时表现出最高活性。因此，亮氨酰氨肽酶被认为可以作用于 N 端疏水氨基酸而对蛋白质水解物进行苦味消除。脯氨酸是干酪等蛋白水解产物中导致苦味形成的主要氨基酸，因此特异性氨肽酶在脱苦技术中得到广泛应用。该家族成员有脯氨酰氨肽酶、X-脯氨酰氨肽酶、X-脯氨酰二肽基氨肽酶、二肽基肽酶Ⅳ等，它们都可特异性识别脯氨酸，从苦味肽中特异性水解下脯氨酸或含脯氨酸的二肽或三肽，以此破坏苦味肽结构，从而消除苦味、增加其他风味形成。

在羧肽酶中，主要用于脱苦的是丝氨酸羧肽酶。例如，从酿酒酵母中得到的丝氨酸羧肽酶在 pH 5.5～6.5 时，能将大部分氨基酸残基（包括脯氨酸）从蛋白质和多肽的 C 端移出，对 C 端苯丙氨酸、甲硫氨酸和亮氨酸有偏好性。丝氨酸羧肽酶-I对疏水氨基酸残基有偏好性，尤其是苯丙氨酸残基；而丝氨酸羧肽酶-II对碱性氨基酸精氨酸和赖氨酸有高度特异性[7]。

值得注意的是，在目前乳制品的热处理中，蛋白酶在最终产品中仍保持活性。蛋白质水解在长周期产品如奶酪或贮存产品如干乳制品中尤为重要。储存的奶粉中的苦味归因于蛋白质水解。凝乳酶是一种天冬氨酸蛋白酶，可专一地切割乳中κ-酪蛋白中 Phe105-Met106 之间的肽键，破坏酪蛋白胶束使牛奶凝结，凝乳酶的凝乳能力及蛋白质水解能力使其成为干酪特殊风味的关键性酶。添加到牛奶中的大部分凝乳酶会残留在乳清中丢失，残留的凝乳酶会导致苦肽产生苦味，因此液体乳清通常在脂肪分离之前或之后直接经历巴氏灭菌步骤使其失活。如果巴氏灭菌不充分或没有及时进行，凝乳酶可能会造成蛋白质水解而导致风味缺陷。此外，蛋白酶的类型还可以影响所产生的羰基化合物的种类，在面包的生产制作过程中，控制蛋白酶添加量可以改善面包的香气[7]。

（2）外源性脂肪酶催化生物成味

脂肪酶（EC3.1.1.3），即甘油三酯酰基水解酶，是在脂水界面能催化脂肪水解成脂肪酸和甘油的丝氨酸水解酶，这不仅对短链脂肪酸的香气有直接影响，而且对它们作为不同挥发性有机化合物的前体也是至关重要的。脂肪酶被认为是食品生物成味最具前途的酶。脂肪酶可以催化酯化反应、酯基转移反应（酸解、醇解或酯交换作用）和内酯化反应，以促进风味酯的合成。脂肪酶将乳脂肪分解为小分子脂肪酸，形成多种风味成分的前体物质，经过自然的氧化、断裂、内酯化等反应产生一系列风味物质，再以酶解奶油为基料加以适当修饰，即可得到不同风味的天然奶味香精。目前脂肪酶的应用以重组脂肪酶为主，其主要与羰基类、芳香族类、醇类、酯类及含硫风味化合物的形成相关。

1）羰基类风味化合物。脂肪酶处理可增加肉类中醛类风味化合物的水平，从而提升香气。醛类化合物属于羰基化合物的一种，是肉制品风味形成和挥发物的主要成分，尤其是C_6～C_{10}的醛类可以有效提高肉制品风味。醛类具有特殊香气，经常用作香料添加到食品中，尤其是正己醛，具有清香青草气味，对肉制品整体风味的影响显著。肉制品经微生物来源的重组脂肪酶作用后，醛类风味物质增加，可以在很大程度上提高肉类物质的香气。将重组脂肪酶添加到酸奶中，可以使酸奶香气醇正，其添加使挥发性化合物相对含量均有所增加，且醛类化合物占风味主导地位。

2）芳香族类风味化合物。芳香族化合物对肉制品香气起很大的作用，有一些芳香烃的风味较浓郁，可能是对提高整体风味质量有利的主要化合物，如在肉中检测出的甲苯、苯甲醛、4-溴亚苄基氨基-1-溴苯等芳香族类风味化合物，经重组脂肪酶处理后与未处理样品相比，芳香族类风味化合物含量增多。

3）醇类和酯类风味化合物。脂肪酶促进脂肪酸降解所产生的物质及氧化分解的脂肪均可以得到醇类物质。醇类分为短链醇和长链醇，阈值较低的醇类尤其是长链醇，可以在很大程度上改变肉制品风味。酯类化合物同样影响风味，大多数具有蜜香果香香气，对风味起到润和作用，如丁酸乙酯和碳酸二异硫氰酸单异丙酯。肉制品中醇类和酯类经脂肪酶处理后，其相对含量均有不同程度的增加，酯类物质虽不能赋予肉制品决定性气味，但可以在很大程度上为肉制品风味形成做出贡献。

4）含硫风味化合物。含硫风味化合物成味阈值较低，通常来源于肉制品加工过程中发生的美拉德反应，以及前体风味物质的酶促反应转化，具有特殊气味，多数具有肉香，如月桂烯醇、乙醇和2-正戊基呋喃等，其中2-正戊基呋喃对改善肉类风味尤为重要。脂肪酶水解可使猪肉中2-正戊基呋喃的相对含量提升0.53%，鸡肉中提升3.8%，鸭肉中提升0.93%，不同肉类中硫化物比例均有增加，可有效提升肉制品香气[11]。

（3）其他酶体系催化生物成味

1）果胶酶。果胶酶是一种能分解果胶物质的复合酶的总称，包括果胶酶和少量的纤维素酶、半纤维素酶、蛋白酶和淀粉酶等。果胶酶广泛存在于植物果实中，微生物中的真菌、细菌和放线菌都能发酵生产果胶酶的相关酶系。在果酒发酵中添加果胶酶可以促进醇类、酯类和酸类挥发性香气风味物质的形成，是构成苹果酒的主体香气。添加低浓度果胶酶可丰富酒体香气组分，对维持苹果酒中醇香和酯香有重要作用，同时能有效减少部分辛辣刺鼻性挥发性化合物的含量，对苹果酒香气品质的改善起积极作用，但添加高浓度果胶酶则会对该作用起到抑制作用，其在保护酒体香气组分和改善香气品质上的作用反而被弱化。

2）过氧化氢酶。过氧化氢酶是最早在牛奶中发现的酶之一。过氧化氢酶分解 H_2O_2 为水和氧气，有助于防止 H_2O_2 分解为自由基。自由基可以导致脂质氧化，从而产生许多在牛奶和乳制品中常见的异味。因此，过氧化氢酶可能在一定程度上对风味产生积极的影响。过氧化氢酶可以是原生的、内源性的或外源性的酶，因为它存在于牛奶中，也可以在奶酪生产过程中由棒状细菌和酵母产生；也可能在一些乳制品加工过程中外源性添加。过氧化氢酶相对热不稳定，在 65℃条件下加热 16s 即可完全失活[12]。

3）黄嘌呤氧化酶。黄嘌呤氧化酶是一种氧化还原酶，催化氧化和还原反应，能够还原氧生成活性氧、超氧化物和 H_2O_2。黄嘌呤氧化酶几乎在所有哺乳动物的奶中都被发现，在牛奶中活性特别高。黄嘌呤氧化酶是一种非特异性酶，有许多不同的作用，但其最重要的作用是产生 H_2O_2，H_2O_2 可以在乳过氧化氢酶系统中作为底物，有氧存在时，还原的黄素腺嘌呤二核苷酸辅因子与二价氧反应形成 H_2O_2。然而，这一系统一旦激活，将导致醛类和硫类化合物含量更高。因此，黄嘌呤氧化酶被认为是乳制品异味的间接来源，乳清中乳过氧化氢酶系统的任何激活都可能直接或间接地导致乳清成分中的脂质氧化。

由于该酶的非特异性，长期以来人们一直怀疑黄嘌呤氧化酶参与了牛奶风味的氧化变质。黄嘌呤氧化酶能将稳定的三重态氧激发为单线态氧，是一种非常强的促氧化剂。它也可能产生 H_2O_2，H_2O_2 随后与其他化合物反应形成自由基，从而增加脂质氧化。与其他酶不同，加热或均质等处理会使牛奶中的黄嘌呤氧化酶更活跃。即使在 80℃条件下加热 120s 后，黄嘌呤氧化酶仍然存在。脂质氧化产物存在于各种干燥的乳制品成分中，这些不良风味会随着时间的推移而增加，并可能进入成品，影响消费者的风味感知[12]。

4）脂氧合酶。脂氧合酶在生物体内专一催化含有顺,顺-1,4-戊二烯结构的多元不饱和脂肪酸的加氧反应，生成具有共轭双键的多元不饱和酸的氢过氧化物。氢过氧化物不稳定，当体系中的浓度增至一定程度时，就开始分解，进一步生成醛、醇或酮等具有令人不愉快的哈喇味的小分子，导致油脂酸败。油脂氧化产生的小分子化合物可进一步发生聚合反应，生成结构复杂的聚合物。脂氧合酶的作用机制经历了不同阶段不同的理论阐释（表 9.1）。目前认为，脂氧合酶催化的反应机制是铁催化的单电子氧化还原反应，导致多不饱和脂肪酸产生自动氧化生成自由基，并形成含有共轭双键的氢过氧化物。然后，氢过氧化物在裂解酶的作用下进一步分解形成一系列挥发性化合物[13]。

表 9.1 脂氧合酶催化反应的几种不同机制

理论	基本内容	缺陷
双游离基活化体理论	底物、氧、酶形成复合体，底物的氢转移到氧上，在酶的表面形成一个双游离基活化体，双游离基在酶分子表面形成底物的过氧化氢物，最后这个过氧化氢物与酶分离	双游离基活化体的存在未被证实
自由基理论	酶的铁离子被底物还原，氧与底物自由基形成过氧化自由基，过氧化自由基被酶的亚铁还原成氢过氧化物，同时酶的铁重新转变为活性态的 Fe^{3+}	第二步中活性部位的减少没有使氧分子变化，这与氧分子活化机制的假说存在分歧
质子受体理论	质子从底物转移到铁原子周围的质子受体上，三价铁攻击碳负离子，氧与铁形成复合物，再与酸反应，进而与质子受体基团耦合形成最终产物	X 射线下并未发现这种铁周围的质子受体，且没有实验证实有机铁复合物的形成
乙烯自由基理论	铁吸取氢与氧结合，同时形成乙烯-丙烯自由基，结合物攻击自由基的乙烯片段，形成环氧类似物。该环氧复合物分解，完成催化	自由基乙烯片段的特征性质并未在检测中体现出来
活性位点理论	底物反向进入活化位点，铁吸取 C11 的氧，同时氧根据脂氧合酶活性位点上不同的氨基酸从相同或相反方向插入脂肪酸的 C9 或 C13 等位置	未能很好地解释此理论表现出的酶区域专一性的分子结构基础
氢转移理论	催化的氢原子从底物转移到铁离子上，质子和电子同时在供体和受体之间转移，此时质子的供受体距离相对于其平衡值减小，形成有效的氢隧道	似乎只适用于空间结构相对较小的反应物和产物

脂氧合酶作用于底物时，由于存在位置、几何异构体的多样化，氢过氧化物的种类较多。例如，当脂氧合酶作用于亚油酸时，就能够产生 9-氢过氧化物和 13-氢过氧化物（图 9.8）。脂氧合酶催化反应时，从底物分子除去 1 个氢原子形成自由基的反应，是整个反应的限速反应；底物具有 2 个顺式的双键结构，产物则具有 1 个顺式、1 个反式的双键结构。

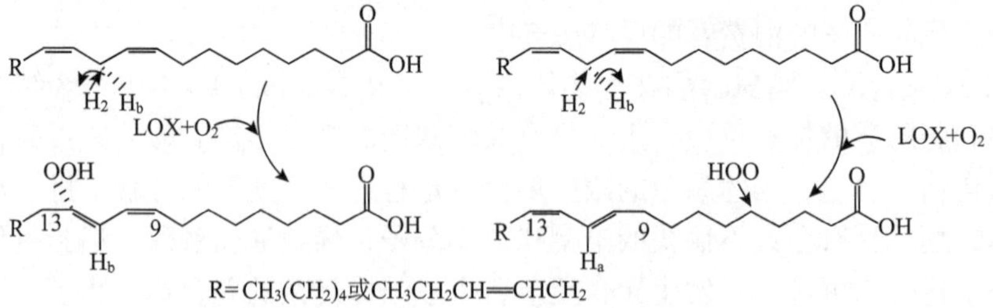

R OH H_2 H_b LOX+O_2 OOH 13 9 OH H_b

R OH H_2 H_b LOX+O_2 HOO 13 9 OH H_a

R=$CH_3(CH_2)_4$或$CH_3CH_2CH{=}CHCH_2$

图 9.8 脂氧合酶调控氢过氧化物生成

（4）酶与美拉德反应相互作用调控风味形成

蛋白酶可以将蛋白质水解成多肽、寡肽和游离氨基酸，从而改变蛋白质的功能、营养和感官特性。其中肽、游离氨基酸等也是重要的风味前体物质，氨基酸不仅是食品风味的重要来源，还可以通过脱羧、脱胺、转胺与还原糖的美拉德反应产生一系列挥发性物质，从而影响食品的整体风味，对食品风味的形成发挥重要的作用[14]。

9.3　食品风味的人体感知调控

9.3.1　口腔内食品生物成味调控机制

口腔中食品生物成味风味感知是从食物进入口腔咀嚼一直持续到风味在口腔中消失的全过程，它依赖于食物组成、咀嚼行为、唾液参数、食物-唾液相互作用、个体生理学敏感性和风味释放动力学等诸多变量因素。虽然食物在口腔中的停留时间较短，但这短短的时间内食团的物理化学性质会发生复杂的变化，人体也会产生大量的生理心理响应。在该过程中，食物在口腔加工的作用下发生的变化是口腔内食品生物成味的关键物质基础。

（1）咀嚼作用对食品生物成味的调控

食物口腔加工过程分为 4 个阶段：准备期（咀嚼）、自发期（咀嚼后成食团，开始反射性吞咽）、吞咽期和食管期（食管蠕动将食团送入胃中）。咀嚼行为使得食物分解，诱导香气物质释放到唾液中，而后随唾液运输到口腔，通过喉咙进入到位于鼻腔中的嗅觉感受器，最终导致鼻后香气感知（图 9.9）。

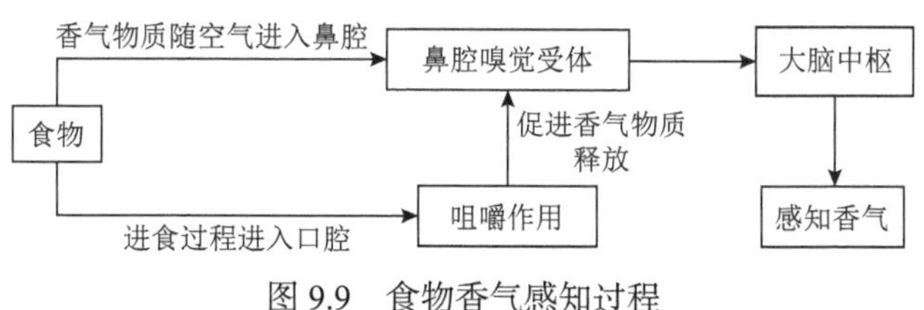

图 9.9　食物香气感知过程

在咀嚼过程中，食团突出的味觉指标为鲜味、咸味和苦味。此外，咀嚼程度和咀嚼次数也会影响食品生物成味的产生。以咸味和鲜味为例，对干腌肉咀嚼至产生吞咽感知（自然咀嚼吞咽点）与继续咀嚼至感官评定员的咸味感知最低值时（咀嚼终点）食团的味觉特征进行比较，可发现自然咀嚼到吞咽点的干腌肉食团与咀嚼终点的食团鲜味没有差异，但咀嚼终点的食团咸味和丰富度却明显低于自然咀嚼吞咽点的食团，苦味和涩味则均略高于自然咀嚼吞咽点的食团，这是由于到达自然咀嚼吞咽点时已达到人类感知咸味的最佳兴奋点，但此时食团中仍有较高含量的 NaCl 尚未被人体咸味味觉受体所接收并感知，NaCl 影响了食团中蛋白质水解产物的苦味。利用电子舌对咀嚼过程带唾液食团的味觉特征值进行分析时发现，咀嚼过程中咸味变化十分显著：在 20%～40%咀嚼阶段，食团的咸味变化不明显；在 40%咀嚼阶段，由于唾液分泌引起食团水分含量升高，NaCl 浓度被稀释而导致食团咸度略有降低；继续咀嚼至 80%咀嚼阶段时，食团的咸度呈线性增长并达到最大值，该过程中咀嚼作用增强，促进食团中 NaCl 在唾液中的溶解并进入味蕾细胞增强味觉；在吞咽点时，由于舌的运动与上颚挤压推动食团从口腔运输至咽部，从而降低味蕾细胞中 NaCl 的含量，进而导致食团咸味感知显著下降[15]。

（2）唾液组成和体积对食品生物成味的调控

唾液是口腔加工中最重要的部分，主要由水、盐和蛋白质组成，也含有微生物、细胞碎片和食物残渣。唾液是风味感知的关键因素，而唾液中淀粉酶的含量是影响高含量淀粉食物风味形成的重要因素，淀粉中的直链部分能形成螺旋结构，此结构中羟基群处于螺旋外部，而疏水区域处于此聚合物内部，风味物质就被保留在里面。当淀粉酶作用于淀粉时，淀粉被降解为单糖，其螺旋结构也被破坏，甜味物质释放出来，淀粉酶越多，风味释放越完全。唾液中还存在蛋白酶，在食物进入口腔时分解蛋白质生成风味物质。唾液或口腔黏膜中的唾液蛋白酶还能够通过与风味化合物相互作用或代谢风味化合物来促进口腔中风味感知。此外，唾液中的酸度也会影响对食物的感知。

唾液的体积对食物成味也很重要。在一定范围内，唾液体积增加时，食物中风味化合物的释放也会增加，二者呈正相关。但唾液的大量增加又会使风味化合物被稀释，从而影响其风味的强度；而且唾液量增加后会使唾液流速加快，使得风味化合物在口腔内的停留时间缩短，减弱对味觉的刺激，从而影响人体对风味的感知。

（3）口腔中感知系统对食品生物成味的调控

口腔中感知系统对食品生物成味的调控主要依靠味觉感知、嗅觉感知和温度感知。

1）味觉感知。人体中有酸、甜、苦、咸、鲜以及脂肪风味等味觉，主要由舌头中的味蕾细胞检测。甜、苦、鲜、脂肪风味主要由口腔中的味觉受体完成。味觉受体是存在于味觉感受细胞膜上的蛋白质，它可以促进配体与其活性位点的结合，从而触发神经系统来感知味觉。味细胞根据其功能分为 4 种类型，Ⅰ型味觉受体细胞传导咸味感知，Ⅱ型味觉受体细胞表达 G 蛋白偶联受体（G protein-coupled receptor，GPCR），感知甜味、鲜味、苦味和脂肪风味，其中 GPCR 又分为两类，味觉受体家族Ⅰ型（T1R）感知甜味和鲜味，味觉受体家族Ⅱ型（T2R）感知苦味。脂肪敏感受体 G 蛋白偶联受体 40（GPCR40）和 G 蛋白偶联受体 120（GPCR120）分别在Ⅰ型和Ⅱ型味觉受体细胞中表达。此外，除了以上两种 G 蛋白偶联受体参与脂肪风味的检测，脂肪酸受体（CD36）也参与脂肪风味的检测。Ⅲ型味觉受体细胞负责酸性物质感知，而Ⅳ型味觉受体细胞被认为是味觉干细胞[16]。酸味和咸味的感知由离子及离子通道介导。例如，酸味的感知主要依靠味蕾上的 H^+通道，而咸味的感知主要依赖于味蕾上的 Na^+通道。口腔风味物质感知的过程中，风味物质与味细胞接触并和细胞表面的味觉受体结合，引起受体细胞化学反应，进而产生电信号传递到大脑。大脑神经中枢对食品风味进行感知并作出摄食喜好判断，诱导进食状态。通常，含有甜、咸、酸和鲜味的物质最容易被人类接受并摄取，苦味分子则往往因具有毒性而不易被人类摄取。

味觉感知的异常会影响人体对食物的摄入量。味觉感受器不仅影响饮食习惯，还决定了人类健康的不同方面；同时，人类基因、生活习惯、年龄等因素也会影响味觉感知和风味偏好。例如，不同的年龄段味觉偏好有所不同，婴幼儿时期更偏向于甜味，儿童期偏向于腌制的咸味食物，成年人则浓淡皆宜。随着年龄继续增长，口腔中唾液减少，对食物味道的感知也变少。老年人更易出现味觉敏感性下降或味幻觉。增龄期间，人体的味觉功能开始退化，味蕾的数目随年龄增长而下降[17]。例如，真菌状乳头中含有大量味蕾，乳头越开放，食物中的化学物质就越容易与感受器接触而产生味觉感知，乳头封闭则会减少食物化合物和受体之间的接触面，导致对食物风味的感知减少。随着年龄增长，味蕾数目下降，乳头的形状也变得更加封闭，因而导致味觉感知下降。但不同风味的感知受年龄的影响大小也不一样，咸味和甜味感知对年龄变化最为敏感，苦味和酸味感知受到的影响则相对较小。增龄期间，咸味最早消失，其次是甜味，苦味则可继续保留。

2）嗅觉感知。人体主要通过鼻前通路和鼻后通路两条通路感知食物风味分子。其中，鼻前通路主要在鼻腔中进行，鼻腔末端的嗅觉感觉神经元在吸气时接触到食物散发出来的气味分子，进而诱发嗅觉感知的途径。鼻后通路则主要由口腔发挥作用，咀嚼过程使得食物散发出气味分子，在机体吞咽和呼气时，气味分子顺着鼻后通路又回到鼻腔，然后接触到位于鼻腔末端的嗅上皮，进而诱发食物风味的嗅觉感知。值得注意的是，嗅上皮神经元对气味分子的感知具有疲劳效应和阈值变动性。长时间接触某种气味，对该气味的敏感性会下降；年龄和病理因素也可能会导致嗅觉灵敏度降低，表现为衰老个体的嗅觉感知能力明显下降，个体在心情好的时候对食物风味的嗅觉灵敏度则会上升。

3）温度感知。口腔中的温度感受器可以感知到食物的温度，温度也会影响口腔内的食品生物成味。高温下味觉敏感度变得迟缓，味蕾对酸味和苦味的选择性降低；低温可导致味觉减退或暂时性失去味觉，因此通常在 10～40℃时味觉感受相对更强烈。此外，不同的风味，其食用体验的最佳温度也不一样，咸味在 26℃具有最佳体验，随着温度升高，咸味感知有所下降；甜味则在 37℃有最佳感知体验；对于苦味而言，温度越高，感知到的苦味越淡；酸味感知受温度的影响则相对较小。温度也会影响脂肪风味的感知，温度升高会促进脂肪的流动性，因而有利于口腔中脂肪风味的感知。

总之，口腔加工过程、口腔中代谢酶的存在，以及味觉感知、嗅觉感知和温度感知都是影响口腔中食品生物成味的重要因素。它们相互联系、相互影响，这些机制共同作用，才能使得人们在口腔阶段就能够感受到丰富多样的食品风味。

9.3.2 胃肠道食品生物成味调控机制

（1）胃肠道内风味物质的形成调控

1）胃肠道消化酶调控风味物质形成。胃肠道食品生物成味的形成调控是由于胃肠道中存在着各种消化酶，食物进入胃和小肠后，经过各种消化酶的分解产生多种风味物质。脂肪被脂肪酶分解成甘油三酯和脂肪酸等风味物质。胰蛋白酶和胃蛋白酶将大的蛋白质分子分解成小的肽段，这些肽段可以作为营养物质被身体吸收利用，也可以作为风味物质在肠道中被进一步分解。蛋白质在胃肠道中被消化分解成寡肽和氨基酸等复杂的降解产物，一些游离 L-型氨基酸、肽及其衍生物等可诱发鲜味等某些特定风味的形成。除了直接参与蛋白质的消化过程，胰蛋白酶和胃蛋白酶还可以通过调节胃肠道 pH 来影响风味物质产生。例如，当胃蛋白酶将蛋白质分解为肽链时会释放出一些酸性物质如胃酸，从而降低胃部 pH，促进酸性风味物质的形成。

2）肠道菌群调控风味物质形成。胃肠道中食品生物成味的形成也受到肠道菌群的调控。肠道菌群的组成和丰度会直接影响风味物质的产生。例如，某些益生菌和益生元可以促进甜味和鲜味形成，而条件致病菌则可能产生不良风味。某些物质如膳食纤维不易被人体消化吸收，肠道菌群可将膳食纤维发酵成乙酸、丙酸和丁酸等小分子物质，从而产生特定的风味。此外，肠道菌群可以通过改变肠道中味觉受体的表达来改变人们对食物的偏好，进而影响肠道中风味物质的形成调控。不同的微生物菌群对食物有不同的偏好，普氏杆菌丰度增加会令机体表现出对碳水化合物和单糖的摄食喜好，拟杆菌属会令机体喜欢脂肪，而双歧杆菌则令机体偏好于膳食纤维的摄入。此外，与正常小鼠相比，肠道菌群含量少的小鼠体内有更多的甜味受体，因此更容易摄入甜味物质；而无菌小鼠体内脂肪味觉受体表达增加，因此更倾向于摄入脂肪风味的食物[18]。

（2）胃肠道内风味物质的感知调控

胃肠道内食品生物成味的感知调控还受到胃肠道中味觉受体的作用。味觉受体不仅存在于口腔中，胃肠道、膀胱等组织中也存在味觉感受器并且能够感知苦、甜、鲜等风味。胃肠道感觉系统中味觉受体主要分布在肠内分泌细胞、胃饥饿素细胞、肠嗜铬细胞中。肠内分泌细胞是胃肠道的主要化学感觉细胞，可以感知摄入的营养物质和微生物代谢物。味觉受体通过与化学感受信号通路相互作用，调节胃肠道激素分泌和营养物质转运蛋白的表达，并维持能量和葡萄糖稳态。肠道中的风味物质可以通过胃肠道受体识别，进而调控肠肽激素分泌，经过神经系统传入大脑，形成肠-脑轴介导的食物成味感知系列行为。肠-脑轴传导过程涉及的脑肠肽激素可分为两类：一类是促食欲肽如胃饿激素；另一类是抑食欲肽如肠肽激素（PYY）、胰高血糖素样肽-1（GLP-1）、胆囊收缩素（CCK）等，这些脑肠肽激素由胃肠道分泌，参与胃肠道风味物质的感知过程（表 9.2）。

表 9.2　部分肠道味觉受体与脑肠肽激素及其代谢功能

<table>
<tr><th>味觉受体</th><th>脑肠肽激素</th><th>代谢功能</th></tr>
<tr><td>T1R2/T1R3</td><td>肠内分泌细胞：GLP-1、GLP-2、PYY；
小肠黏膜 I 细胞：CCK</td><td rowspan="4">GLP-1：与胰岛素分泌有关，降低餐后血脂，减少食物摄入量；GLP-2：促进葡萄糖和氨基酸的吸收，增加餐后血脂水平；PYY：减少食物摄入量；CCK：减少进食，减缓胃排空，刺激胆囊收缩和胰酶分泌</td></tr>
<tr><td>T1R1/T1R3 和 mGluR4</td><td>肠内分泌细胞：GLP-1、GLP-2、PYY；
小肠黏膜 I 细胞：CCK</td></tr>
<tr><td>GPCR120 和 GPCR40</td><td>肠内分泌细胞：GLP-1、GLP-2、PYY；
小肠黏膜 I 细胞：CCK</td></tr>
<tr><td>GPCR41 和 GPCR43</td><td>肠内分泌细胞：GLP-1、PYY</td></tr>
</table>

1）胃肠道甜味物质的感知调控。人体甜味信号的感知至少有两条通路，一条由 I 型味觉受体家族成员 2（T1R2）和成员 3（T1R3）形成的异源二聚体介导，另一条由钠-葡萄糖共转运蛋白与葡萄糖转运蛋白介导。T1R1/T1R3 形成的异源二聚体也可以在胃肠道中表达，主要集中在肠道内分泌细胞（占上皮细胞总数的比例不到 1%，但却构成了人体最大的内分泌器官，可以分泌各种激素）。肠道中的风味物质刺激肠内分泌细胞分泌肠脑肽激素，参与从肠道到大脑的味觉信号传递。甜味物质与肠道 T1R2/T1R3 味觉受体结合，激活 α-味导素（一种重要的味觉特异性 GTP 结合蛋白的 α 亚基，与苦味、甜味和鲜味的信号转导密切相关），使磷脂酶活化产生甘油二酯和肌醇三磷酸，肌醇三磷酸与第三类肌醇三磷酸受体结合，导致 Ca^{2+}通道开放并释放 Ca^{2+}，引起细胞质内 Ca^{2+}浓度上升，瞬时受体电位 M 亚型 5（TRPM5）通道开放，Na^{+}内流，肠内分泌细胞分泌 PYY、CCK 等激素，被肠神经元突触特异性识别，将味觉信号转导至大脑神经中枢（图 9.10）[19]。例如，葡萄糖可以激活胃肠道中的甜味受体，胃肠道发生响应，同时调控葡萄糖吸收。除天然甜味物质外，T1R2/T1R3 受体也对人工甜味剂进行感知并产生响应。其中，三氯蔗糖可以与 T1R2/T1R3 的胞外捕捉结构域作用而激活受体；二肽甜味剂如阿斯巴甜仅与 T1R2 的胞外捕捉结构域作用而产生甜味感知。肠道甜味受体被激活后可促进 GLP-1 的分泌。GLP-1 能促进胰岛素分泌而降低血糖，进而调节细胞内、外渗透压，同时 GLP-1 还具有延迟胃排空、抑制胃窦运动等作用，由此通过风味物质感知识别并调控甜味物质摄入。

2）胃肠道鲜味物质的感知调控。胃肠道鲜味感知受体也有两种类型，一类是由 T1R1/T1R3 组成的异源二聚体，另一类为谷氨酸代谢型受体（mGluR），介导谷氨酸钠盐产生鲜味感觉。食品中的呈鲜物质有氨基酸类、核苷酸类及有机酸类，其鲜味主要与谷氨酸和天冬氨酸有关，其他具有类似拓扑结构的化合物也能引起鲜味感觉。氨基酸可以通过激活胃肠道中的鲜味受体促进 CCK 的分泌，并导致 TRPM5 通道开放，促进肠内分泌细胞产生 GLP-1 等激素，进而将味觉信号转导至大脑神经中枢。鲜味感知可增加饱腹感，其机制与甜味类似，可通过刺激 PYY、CCK 和 GLP-1 的释放而影响蛋白质诱导的饱腹感，从而调节饮食行为和消化进程。饱腹感通过激活迷走神经元产生，CCK 从肠道上端触发，对食物摄入做出反应，起到防止持续进食、产生饱腹感的作用。

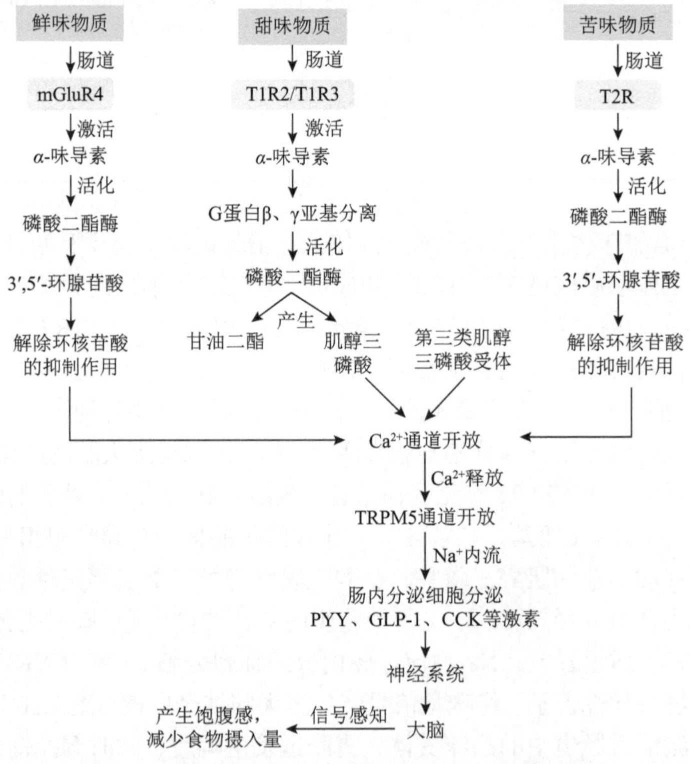

图 9.10　胃肠道中鲜味、甜味和苦味的感知调控机制

3）胃肠道苦味物质的感知调控。T2R 除了作为口腔中的苦味识别受体，其也在几种肠上皮细胞中表达，如簇状细胞、肠内分泌细胞、杯状细胞等。在肠内分泌细胞上表达的 T2R 也参与调节 GLP-1、PYY 和 CCK 的分泌，调节饥饿感并控制食物摄入。苦味物质与细胞膜顶端微绒毛上的 T2R 结合，激活胞内信号环腺苷酸、环核苷酸、IP3 和 Ca^{2+}等，味细胞膜去极化，引发神经细胞突触后兴奋，兴

奋信号沿神经传入大脑引起苦味感觉。与甜味物质在胃肠道中感知的不同之处在于其 Ca^{2+}的释放方式不同，苦味物质与苦味受体结合，激活 α-味导素，从而活化磷酸二酯酶使细胞质内环腺苷酸浓度降低，解除环核苷酸的抑制作用并释放 Ca^{2+}，进而完成化学信号到神经信号的转导。

此外，苦味受体在胃肠道中的风味感知可以起到限制毒素吸收的作用。在肠道中，苦味物质对胃收缩的抑制作用可以延长胃中营养物质的停留，进而导致提早出现饱腹感并增加两餐之间的间隔，从而减少食物摄入量。另有一些苦味化合物如奎宁可以不依赖于苦味受体，与 Ca^{2+}或电压门控 K^+通道直接相互作用而被感知。自然界多数有毒的物质具有苦味，苦味的感知调控可以保护动物避离那些有毒有害的食物，是动物在长期进化过程中形成的自我保护机制。

4）胃肠道酸味物质的感知调控。胃肠道中对食物酸味的感知调控主要是由食物在胃肠道中代谢引起的，如蛋白质、脂肪、碳水化合物被分解而产生的酸味物质。酸味感知实际上是 H^+通过质子选择性离子通道的顶部进入细胞所发出的信号。例如，糖代谢过程中产生柠檬酸、琥珀酸等弱酸，胃肠道则可以对酸性 pH 和弱有机酸作出电化学响应。弱酸也可能通过穿入细胞膜使胞质酸化，从而导致 K^+通道关闭，细胞膜去极化并激活酸味传感细胞。

5）胃肠道中脂肪风味的感知调控。除了酸、甜、苦、咸、鲜 5 种基本味觉外，脂肪风味被认为是第六种味觉。当食物中的脂肪与脂肪味觉受体结合时，会产生特定的神经信号，传递到大脑中味觉中枢，从而产生对脂肪风味的感知，并引发脂肪消化的早期分泌反应，产生对脂质的摄入偏好。脂肪酸受体和 GPCR 参与了脂肪风味的检测。脂肪风味的感知主要依赖于食物中脂肪酸的含量，短链脂肪酸会让人感到类似“酸”或者“鲜”的味道，而中长链脂肪酸则能让人感受到明显不同于甜、酸、苦、咸的味道，即所谓脂肪风味。

肠道中的脂肪味觉受体可以通过调节胃肠激素的分泌和胃肠活动来控制对脂肪食物的进食量。当人们摄入高脂肪食物时，胃肠道中的脂肪味觉受体会产生抑制信号，减少食欲和进食量。同时，高脂饮食还会引起肠道组织学改变，微绒毛增多，肠道表面积增加，吸收效率升高；肠道表面细胞中脂肪酸受体及脂肪转运体数量也增加，导致脂肪受体的敏感性下降，从而趋向于摄入更多脂肪。脂肪风味的感知也与基因有关，味蕾中 CD36 含量多的人群对脂肪酸更为敏感，更容易感知到脂肪风味；CD36 含量少的人群对脂肪酸的敏感性低，易摄入更多的脂肪而导致肥胖。

9.3.3　多种食品风味的复杂感知调控

人体对食品生物成味的复杂感知调控受到多种因素的相互作用，包括味细胞与突触前细胞的作用，以及各种味觉之间存在的串扰现象，正是这些复杂的相互作用，才能让人们感知到多种不同的食品风味。

虽然一种味细胞在正常情况下只表达一种味觉受体，但味细胞的反应并不局限于一种风味物质。在正常情况下，甜、苦、酸、咸、鲜和脂肪风味会被特定的味觉受体细胞识别并转化为神经信号传递到大脑，产生不同的味觉感知，然而，味觉信号并不是由味觉受体细胞单独介导的。味蕾内各细胞类型之间没有直接形成突触，因而不同风味在味蕾中感知的相互作用是间接产生的。这种间接作用可能和味觉信号转导过程中的神经纤维有关，虽然多数神经纤维只能连接单一类型的味细胞，即特定的神经纤维只接收来自一种特定功能类型的味觉转导细胞的突触信号，但 3.1%的纤维分支可以接收来自不同特异性味细胞的突触信号。例如，味蕾中的神经纤维可以接收来自Ⅱ型味觉受体细胞的通道突触信号，同时也接收来自两个Ⅲ型味觉受体细胞的囊泡突触信号。在这种情况下，不需要味蕾细胞之间相互接触，就可以对不同风味产生感知信号，由此可以看出，味觉受体在感知味觉的过程中存在相互串扰现象。味蕾中 82%的受体细胞只对一种味觉刺激做出反应，但 83%的突触前细胞（接收来自味细胞的信号）对两种或两种以上不同的味觉信号做出反应，基于神经纤维可以与不同的味细胞产生突触，味觉信息可能在味蕾中汇聚，导致味细胞对多种味觉刺激做出反应[20]。

味觉神经细胞的特异性反应随浓度的变化存在差异。神经细胞在低浓度下可能对单一味觉产生反应，但在高浓度刺激下可以表现出更广泛的反应。每个味蕾分支中至少有一个神经纤维与 4 个味细胞突触连接，通常包括Ⅱ型和Ⅲ型味觉受体细胞。例如，摄入低浓度味精，突触连接程度较高的细胞驱动神经纤维的反应更明显，而连接程度较低的细胞只有在高浓度时才会变得明显。从狭义上来说，神经纤维与味细胞形成的突触可以使人体感知到不同的风味；从广义上来说，各种呈味物质之间也存在相互作用。

（1）苦味与甜味感知的相互作用

苦味受体和甜味受体均存在于Ⅱ型味觉受体细胞上。一些苦味物质不仅能作用于苦味受体，还直接作用于甜味受体削弱甜味的感受，这可能是由于苦味物质和甜味物质都可以激活相同细胞内的信号蛋白。但并非所有的苦味物质都能阻断甜味受体。例如，马钱子碱对甜味物质具有强烈的阻断作用，而咖啡因和尼古丁对甜味物质的阻断作用不明显，这一现象可能是由于自然选择留下的进化优势，在更高效摄取营养的同时避免摄取有害物质。

（2）苦味与脂肪风味感知的相互作用

脂肪风味和苦味之间也存在相互作用。例如，亚油酸存在时机体对咖啡因的苦味感知会变弱；金枪鱼油能够抑制苦味感知，但对甜味和咸味没有抑制作用；另外，苦味的感知可以降低对脂肪风味的敏感性，动物在敲除苦味受体基因后则无法正确区分脂肪含量高和脂肪含量低的食物。

脂肪风味受体（CD36 和 GPCR120）和苦味受体（T2R）均在Ⅱ型味觉受体细胞上表达，并且具有相同的下游调控物质及调控通路。正常状态下，苦味与脂肪风味物质刺激后均可激活其对应的风味受体，减少摄食，从而避免毒物或过度能量摄入。脂肪和苦味分子与它们各自的受体结合导致磷脂酶激活，磷脂酶将磷脂酰肌醇-4,5-二磷酸水解为肌醇三磷酸,肌醇三磷酸与位于内质网上的受体结合，并触发 Ca^{2+}的释放。脂肪风味和苦味相互串扰的感知可能源于 Ca^{2+}的释放，如果同时使用脂肪和苦味剂，在脂肪受体被激活后，Ca^{2+}通道打开，其释放量远远超过 Ca^{2+}的需求量，可能会触发 TRPM5 通道的抑制，从而抑制人体对苦味的感知。

（3）其他风味感知的相互作用

食物通常是由一种混合物组成的，它们可以同时触发不同的味觉感知并相互作用。例如，咸味可以抑制食物中的苦味并增强风味；同样，咸味和酸味之间也存在相互作用，在较低浓度时，其相互作用增强，风味感知减弱；在较高浓度时，其相互作用减弱，风味感知增强。另外，在进食的过程中，Na^+、Cl^-等无机离子存在时能显著提高食品的整体鲜味强度，其中 Na^+的鲜味阈值为 1.80mg/mL；而当某些无机离子缺乏时（如不存在 Cl^-），食物整体鲜味强度甚至降低为零。由此可见，无机离子虽然本身不呈鲜味，但其可以在鲜味的形成中作为“增鲜物质”发挥重要作用。此外，鲜味也会抑制甜味物质的传导。

食物风味的感知还可以控制消化过程,从而影响人们的食欲和对食物的偏好。人在长时间进食某种食物时，一旦超过一定的限制，其愉悦感就会减弱或消失，而代之以饱腹感，甚至产生厌恶感，从而停止进食，上述现象也可能与肠道中味觉受体诱导的信号反应有关。

不同国家或不同地区的饮食差异有所不同，对食物风味的感知也有所不同，除了饮食习惯和人文条件的影响，内源性的味觉感知或许也是其中一项重要的影响因素。例如，南方人偏爱清淡、细腻、鲜美的口味，而北方人更喜欢浓郁、咸香、麻辣的口味。南方人喜欢在烹饪中使用糖、酒、醋等调料增加食品的鲜味，而北方人则更喜欢使用酱油、盐、辣椒等使食物更具香味。总之，食品风味在人体中的感知调控是非常复杂的，人体风味感知系统在食品风味的评价中起到了至关重要的作用，未来还需要进一步探索人体感知机制，以促进食品工业进步和人类健康发展。

参 考 文 献

[1] 张雅卿, 叶书建, 周睿, 等. 发酵食品风味物质及其相关微生物. 酿酒科技, 2021, (2): 85-96

[2] 陈倩, 李永杰, 扈莹莹, 等. 传统发酵食品中微生物多样性与风味形成之间关系及机制的研究进展. 食品工业科技, 2021, 42(9): 412-419

[3] WEI G, CHITRAKAR B, REGENSTEIN J M, et al. Microbiology, flavor formation, and bioactivity of fermented soybean curd (furu): A review. Food Research International, 2023, 163: 112183

[4] Qiu Y, Wu Y, Li L, et al. Elucidating the mechanism underlying volatile and non-volatile compound development related to microbial amino acid metabolism during golden pomfret (*Trachinotus ovatus*) fermentation. Food Research International, 2022, 162(Part B): 112095

[5] WEI Z, XU Y, XU Q, et al. Microbial biosynthesis of L-malic acid and related metabolic engineering strategies: Advances and prospects. Frontiers in Bioengineering and Biotechnology, 2021, 9: 765685

[6] ZHANG K, ZHANG T, GUO R, et al. The regulation of key flavor of traditional fermented food by microbial metabolism: A review. Food Chemistry: X, 2023, 19: 100871

[7] MARTINEZ-ANAYA M A. Enzymes and bread flavor. J Agric Food Chem, 1996, 44(9): 2469-2480

[8] 侯建平, 刘振民, 杭峰, 等. 干酪脂类的代谢及其对风味的作用. 食品与发酵工业, 2014, 40(1): 154-159

[9] HU S, XU X, ZHANG W, et al. Quality control of Jinhua ham from the influence between proteases activities and processing parameters: A review. Foods, 2023, 12(7): 1454

[10] 赵普瑛, 曾小英, 覃瑞, 等. 脱苦风味蛋白酶的研究进展. 中国食物与营养, 2021, 27(10): 29-34

[11] 张聪, 苏扬. 风味酶与风味生物技术. 中国调味品, 2014, 39(12): 120-123

[12] CAMPBELL R E, DRAKE M A. Invited review: The effect of native and nonnative enzymes on the flavor of dried dairy ingredients. Journal of Dairy Science, 2013, 96(8): 4773-4783

[13] 曲清莉, 傅茂润, 代红飞. 脂氧合酶（LOX）在脂肪酸氧化中的作用研究进展. 食品研究与开发, 2015, 36(10): 137-142

[14] AN F, WU J, FENG Y, et al. A systematic review on the flavor of soy-based fermented foods: Core fermentation microbiome, multisensory flavor substances, key enzymes, and metabolic pathways. Comprehensive Reviews in Food Science and Food Safety, 2023, 22(4): 2773-2801

[15] 田星, 陈敏, 周明玺, 等. 口腔加工过程中传统干腌肉咸味释放规律. 肉类研究, 2019, 33(12): 1-6

[16] KHAN A S, MURTAZA B, HICHAMI A, et al. A cross-talk between fat and bitter taste modalities. Biochimie, 2019, 159: 3-8

[17] 李雁春. 味觉与味觉异常. 生物学教学, 1993, (8): 31

[18] ALCOCK J, MALEY C C, AKTIPIS C A. Is eating behavior manipulated by the gastrointestinal

microbiota? Evolutionary pressures and potential mechanisms. Bioessays, 2014, 36(10): 940-949

[19] SARNELLI G, ANNUNZIATA G, MAGNO S, et al. Taste and the gastrointestinal tract: from physiology to potential therapeutic target for obesity. International Journal of Obesity Supplements, 2019, 9(1): 1-9

[20] ROPER S D. Chemical and electrical synaptic interactions among taste bud cells. Current Opinion in Physiology, 2021, 20: 118-125

第三篇

实　践　篇

第 10 章

乳制品中的生物成味

乳制品中的生物成味主要是通过乳制品中微生物和酶的活动，进而生成影响乳制品风味的物质。在乳制品中最常见的生物成味包括酸味、发酵味、酵母味、霉味和酶味（表 10.1）。其中酸味是由乳酸菌（如乳酸杆菌和嗜酸乳杆菌）在发酵过程中将乳糖转化为乳酸所引起的，产生的乳酸赋予乳制品独特的酸味。发酵味则是微生物引起的发酵过程产生的化合物赋予乳制品特殊的风味，添加的微生物种类及活动不同，产生的风味特征也会有所差异。酸味和发酵味在酸奶和发酵乳中较为常见。酵母味则是酵母在发酵过程中产生的化合物赋予乳制品特殊的酵母风味，如含有微量酵母的发酵黄油和奶酪。霉味则是某些特定类型的奶酪（如蓝纹奶酪、红曲奶酪）在生产过程中添加霉菌或自然发生霉菌污染，霉菌在奶酪表面生长，并分解蛋白质产生挥发性化合物，赋予奶酪独特的霉味。酶味则是通过乳制品中的酶催化生成一些风味物质来影响乳制品的风味。例如，在奶酪制作过程中，酶可以分解蛋白质，产生芳香化合物，从而赋予奶酪特殊的味道。

表 10.1　乳制品中常见的生物成味

生物成味	产生原因
酸味	乳酸菌（如乳酸杆菌和嗜酸乳杆菌）在发酵过程中将乳糖转化为乳酸
发酵味	微生物引起的发酵过程产生的化合物赋予乳制品特殊的风味
酵母味	酵母在发酵过程中产生的化合物赋予乳制品特殊的酵母风味
霉味	某些特定类型的奶酪（如蓝纹奶酪、红曲奶酪）在生产过程中添加霉菌或自然发生霉菌污染，霉菌在奶酪表面生长，并分解蛋白质产生的霉味
酶味	通过乳制品中的酶催化生成一些风味物质来影响乳制品的风味

原料乳本身固有的风味，取决于其成分，而成分又取决于其来源的动物类型和品种、动物的饲料和季节变化。此外，在加工过程中，牛奶储存、温度、压力、pH、水分活度、添加剂也会对乳的风味产生影响[1]。就发酵乳制品而言，其是原料乳在特定微生物的作用下，通过乳酸菌单纯发酵或乳酸菌和酵母共同配合发酵制成的具有特殊风味物质的酸性乳制品。微生物的种类和数量、酶的类型和使用

量、微生物和酶的组合及加工工艺和储存条件都会影响风味的形成[2]。

10.1 乳制品中的生物成味研究现状

发酵乳制品的独特风味来自原料乳中天然存在的及发酵过程中产生的多种香气化合物。不同的发酵乳制品呈现出不同的风味特征，这主要取决于香气化合物的类型和含量。而微生物和酶介导的发酵是生成香气化合物的关键过程，该过程涉及一系列的生化反应[3]。目前，用于发酵乳制品的微生物有乳酸和香味物质产生菌、乳酸产生菌及柠檬酸发酵的香味产生菌三大类。发酵乳制品中的酶主要来自健康奶牛所产牛奶中含有的多种酶及乳制品中微生物代谢所产生的各种酶[4]，对风味影响较大的主要是蛋白酶和脂肪酶。发酵乳制品能否产生独特的风味取决于微生物是否在通过糖酵解、柠檬酸代谢、脂肪分解、氨基酸代谢驱动香气化合物的产生[5]。图 10.1 展示了发酵乳制品中风味物质的一般代谢途径。

（1）糖酵解

乳糖糖酵解是发酵制品风味物质来源的重要途径之一。在发酵过程中，大部分乳糖随乳清排出，只有大约 10%的乳糖在乳酸菌的作用下进行发酵，在糖酵解过程中，发酵乳制品的氧化还原电位和 pH 会降低，缓慢进行酶反应，产生许多影响发酵乳制品风味的化合物，主要有 2,3-丁二酮、乙醛、乙醇和 3-羟基-2-丁酮等。乳糖在 β-半乳糖苷酶的作用下转化为葡萄糖，葡萄糖通过糖酵解产生丙酮酸。丙酮酸在丙酮酸脱氢酶或者丙酮酸甲酸裂解酶的作用下产生中间产物乙酰辅酶 A（乙酰 CoA），乙酰 CoA 通过醛脱氢酶生成乙醛。丙酮酸还能直接在丙酮酸脱氢酶或者丙酮酸氧化酶的作用下直接生成乙醛。除此之外，乙醛可以利用核苷酸或者氨基酸通过丙酮酸代谢途径直接转化生成。

（2）柠檬酸代谢

原乳中柠檬酸的含量很低，主要是通过乳酸乳球菌乳酸亚种双乙酰突变株、肠膜明串珠菌乳脂亚种及肠膜明串珠菌葡聚糖亚种进行发酵产生。柠檬酸的代谢和乳糖糖酵解有着密切联系，柠檬酸首先裂解成草酰乙酸，草酰乙酸直接转化为 α-乙酰乳酸，进而通过氧化脱羧生成 2,3-丁二酮及 3-羟基-2-丁酮，草酰乙酸还能通过乙酰脱羧生成糖酵解的中间产物丙酮酸，最终生成 2,3-丁二酮和 3-羟基-2-丁酮。此外，柠檬酸通过代谢，还能产生其他的风味物质，如丙酸和乙酸等。

（3）脂肪分解

乳脂对于发酵乳制品中理想风味的形成是必不可少的。脂肪酶是一种将甘油三酯水解成脂肪酸、甘油和单甘油三酯或双甘油三酯的酶，这是风味形成的关键[6]。甘油三酯在脂肪酶的作用下生成脂肪酸和游离脂肪酸，其中饱和脂肪酸通

过 β-氧化生成酮酰基 CoA，接着通过硫化氢解及 β-酮酰脱羧酶的作用生成甲酮。另外，不饱和脂肪酸既可以通过 β-氧化生成内酯类化合物，也可以通过氧化生成氢过氧化物，再在氢过氧化物酶的作用下生成醛类，进一步氧化（或还原）生成酸类和醇类物质。

（4）氨基酸代谢

酪蛋白是产生风味物质重要的前体物质之一，乳酸菌的蛋白酶水解系统可将乳制品中酪蛋白降解为氨基酸，这些氨基酸能转化为风味化合物，特别是其中的支链氨基酸、芳香族氨基酸和硫酸氨基酸，这三种氨基酸是主要的风味物质来源，根据对乳酸乳球菌和嗜温菌氨基酸分解代谢的相关研究发现，氨基酸的分解代谢会受到 α-酮酸的限制，但含有谷氨酸脱氢酶的菌株能从谷氨酸产生 α-酮戊二酸，增强氨基酸的分解代谢，从而产生更多的风味物质[7]。

综上所述，乳制品中微生物和酶的代谢产物对发酵乳制品的“典型”风味具有重要贡献，迄今为止，在发酵乳制品中已检测到 100 多种香气化合物，包括酸、酮、醇、酯、内酯、含硫化合物和其他化合物（呋喃、吡嗪和萜烯）。近年来，高通量测序技术的快速发展和多组学整合（宏基因组学、宏转录组学、代谢组学和宏蛋白质组学）结合化学计量学方法（主成分分析、最小二乘判别分析、层次聚类分析和皮尔逊相关分析）已被广泛用于探究以核心微生物群为主的发酵乳制品的风味变化[8]。通过分析代谢谱与微生物群落演替之间的关系，可以确定关键风味化合物的来源。

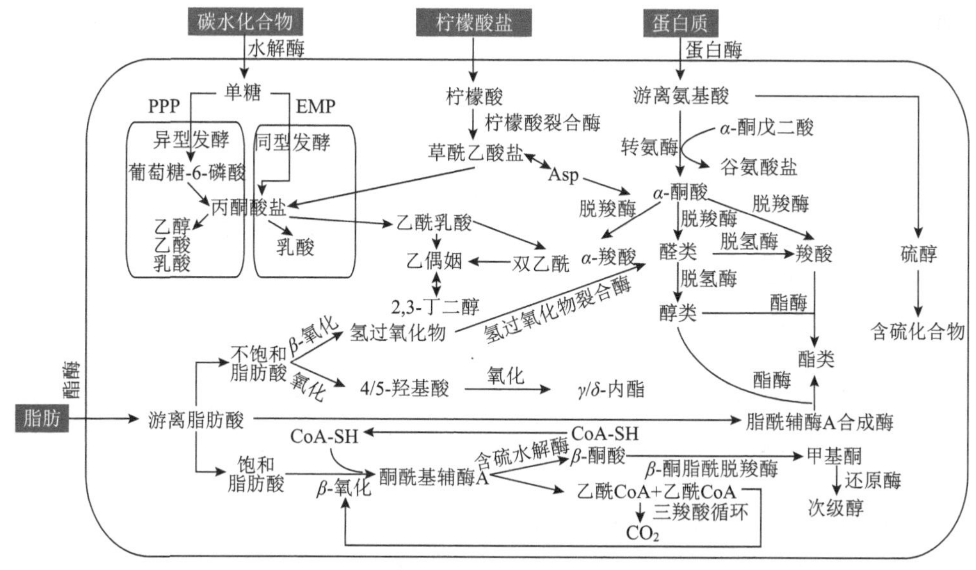

图 10.1　发酵乳制品中风味物质的一般代谢途径

PPP. 磷酸戊糖途径

10.2　典型乳制品的生物成味实践

10.2.1　奶酪

根据 GB 5420—2021 中的术语和定义，奶酪是指成熟或未成熟的软质、半硬质、硬质或特硬质的可有包衣的乳制品，其中乳清蛋白与酪蛋白的比例不超过牛（或者其他奶畜）乳中的相应比例（乳清奶酪除外）。这一源于千年前的食品，其美味的秘密在于生物成味的过程。当我们品味奶酪时，实际上是在品尝一个微生物、细胞和酶共同作用下的神奇转化。在制作奶酪的初期，牛奶被放置在特定的温度和湿度条件下，这是为了激发牛奶中的乳酸菌发酵。在这个过程中，乳酸菌会代谢牛奶中的糖分，产生乳酸，使得牛奶的 pH 降低。这种酸化的过程不仅为奶酪的质地和口感打下了基础，同时也为其独特的风味创造了条件。随后，酶的作用不容忽视。在奶酪制作中，酶如凝乳酶，可以促使牛奶中的蛋白质凝结，形成我们熟悉的奶酪结构。这个过程不仅决定了奶酪的质地，也会对其风味产生重要影响。酶的选择和使用对于奶酪的口感和风味具有关键作用。除了微生物和酶的作用，奶酪的生物成味过程还涉及一个复杂的微生物转化。例如，某些特定的细菌可以将蛋白质分解为氨基酸，这是形成风味的关键物质。这些氨基酸与牛奶中的其他成分相互作用，经过长时间的陈化，最终形成奶酪特有的风味。此外，奶酪制作过程中的温度、湿度及陈化时间等参数都会对其最终的风味产生影响。温度的高低、湿度的变化及陈化时间的长短都会影响微生物的生长和代谢活动，从而影响奶酪的风味。为了更好地控制和优化奶酪的生物成味过程，研究者不断探索新的微生物种属、酶的种类及制作工艺。例如，通过引入新型的发酵剂，可以改变奶酪的风味特性；或者通过优化酶的添加时机和量，可以改善奶酪的质地和口感。

3-甲基丁醛是许多硬/半硬奶酪品种的关键风味化合物，是软奶酪中重要的芳香化合物，被描述为具有麦芽、异味、坚果或巧克力般的香气。这种风味化合物是由亮氨酸通过直接途径或间接途径分解，或两者兼而有之产生的，产生途径取决于奶酪中相关微生物的功能。根据先前的研究提出了许多控制这种风味化合物的策略。通过对奶酪风味形成途径、控制策略和最终风味感知的了解，我们可以在奶酪生产的工业应用中更好地控制和掌握这种特定风味的形成。3-甲基丁醛的浓度或相对丰度总是高于 2-甲基丁醛和 2-甲基丙醛，这主要归因于奶酪微生物群对亮氨酸的有效分解。过去几十年，已有研究探讨了麦芽风味的鉴定、化学性质，以及由麦芽风味产生菌株——乳酸链球菌导致的牛奶中的微生物缺陷。自此，研究者开始关注这些风味化合物存在的潜在后果，并深入描述奶酪的风味特征和相应的奶酪微生物群。最近，众多研究都强调了 3-甲基丁醛在各种奶酪中的理想和非理想作用[9]。目前推测，风味感知可能与奶酪的水分、质地、牛奶类型等多种因素有关，更具体地说，是由蛋白质、脂肪和碳水化合物等多种物质产生的有气味化合物的内部平衡。然而，要获得理想奶酪风味仍是一项复杂且困难的任务，因为各种气味化合物之间的微小不平衡都可能影响最终的风味质量。

在奶酪制作与成熟过程中，乳酸菌属下的多个菌种如乳球菌属、乳杆菌属、链球菌属、肉杆菌属和肠球菌属，被普遍认为参与了 3-甲基丁醛的形成。而一些特定的酵母如汉斯德巴氏酵母、脂解耶氏酵母和白地酵母，在软奶酪生产中作为辅料或发酵剂时，也被证实有助于 3-甲基丁醛的产生[10]。在奶酪成熟过程中，亮氨酸的分解代谢主要由微生物转氨酶启动（图 10.2）[11]。此外，化学降解（即 Strecker 降解）也可能发生。在乳酸菌中，谷氨酸脱氢酶催化谷氨酸脱胺生成 α-酮戊二酸，这一过程通常通过转氨化途径进行。在一组与奶酪相关的乳酸菌中已发现转氨酶活性。值得注意的是，不同菌株之间存在活性差异和多样性。

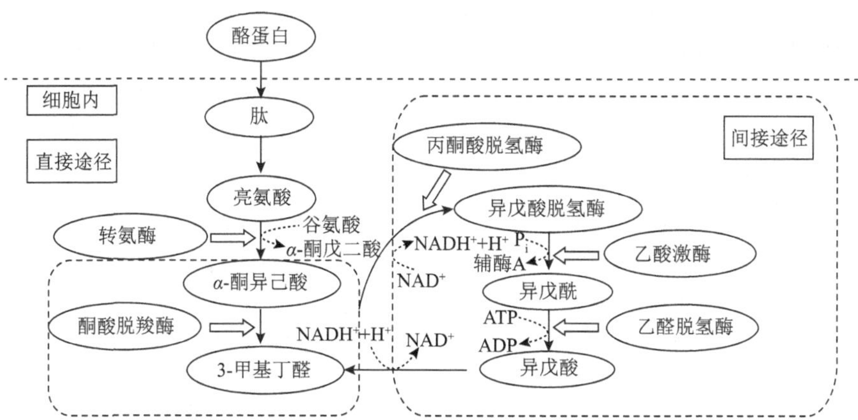

图 10.2　乳酸乳球菌从亮氨酸分解代谢合成 3-甲基丁醛的代谢途径

先前对奶酪风味特征的研究揭示了 3-甲基丁醛在奶酪形成独特风味时的存在形式和关键作用。研究表明，在由巴氏杀菌牛奶制成的硬切达奶酪中，Strecker 醛 3-甲基丁醛（73～210ppb①）会使奶酪产生坚果风味[12]。然而不同的是，在由牛、水牛、羊的原料奶制成的埃及 Ras 奶酪和 Manchego 奶酪中，相对峰面积（10～143ppb）和相对丰度（1.28%～2.17%）下的 3-甲基丁醛却散发出一种不干净/烧焦的味道[13]。这种不干净/烧焦味道的产生与其中含有高水平的醛和醇、奶酪制造的牛奶品质较差有关。目前没有明确的研究解释由牛、羊的生奶和巴氏杀菌奶制成的帕尔马干酪、雷贾诺干酪和朗卡尔干酪的风味感知与醛的理想性之间的具体关系。

① 1 ppb=1μg/kg

谷氨酸脱氢酶阳性乳酸菌相对转氨酶活性的发现对奶酪香气形成中培养辅料的选择具有重要意义[14]。由于大多数风味化合物 3-甲基丁醛是由亮氨酸分解代谢的中心代谢物 α-酮异己酸通过 α-酮酸脱氢酶或其他两种途径形成的，而形成途径中催化 3-甲基丁醛和 3-甲基丁醇形成的 panE 的基因失活，会使更多的底物即 α-酮异己酸酯被用于脱羧反应和转化为其各自的风味化合物。另一种增强奶酪香气的策略，特别是醛类，通过使用细菌素产生菌株来提高细菌素敏感性，诱导细菌素辅助培养物裂解，从而促进细胞内酶的释放并提高其对相应底物的可及性来推动奶酪风味的形成[15]。如今许多研究已经开始试验各种参数，如氧或氧化还原电位对风味形成途径的影响[16]，以控制奶酪中含有醛/醇类物质的理想含量。氧或氧化剂的存在能促进 3-甲基丁醛的形成。最近，有研究表明，在奶酪制造过程中，凝乳的清洗和牛奶、奶油的添加也会显著影响奶酪的感官品质和挥发性特征，并增强 α-羟基酸脱氢酶在乳酸菌 IFPL953△panE 中的活性[17]。

近年来，随着生物技术的进步，人们对于奶酪生物成味的理解更为深入。研究者开始利用基因工程技术改造微生物，以获得具有特定代谢能力的菌株，从而定向地生产特定风味的奶酪[18]。同时，通过分析奶酪在制作过程中的代谢产物，研究者可以更准确地预测和控制其最终的风味[9-11]。这不仅为生产者提供了更加科学的制作方法，也为消费者带来了更加丰富和多样的奶酪风味选择。未来，随着人们对食品生物成味的深入研究和实践，我们有望看到更多种类的、具有独特风味的奶酪出现在市场中。而这背后，都离不开微生物、细胞和酶等生物媒介的神奇作用。奶酪的生物成味实践是一个多因素综合作用的过程。它不仅需要深入理解微生物、酶的作用机制，还需要考虑环境因素、工艺参数及时间的影响。正是这一系列复杂的生物化学反应和人类智慧的结合，才使得我们能够品尝到如此美味且多样的奶酪。

10.2.2　酸奶

根据 GB 19302—2010 中的术语和定义（表 10.2），酸奶是指以生牛（羊）乳或乳粉为原料，经杀菌、接种嗜热链球菌和保加利亚乳杆菌（德氏乳杆菌保加利亚亚种）发酵制成的产品。在发酵过程中，这两株菌产生的酶能够催化 3 种主要化学反应：①将乳糖转化为乳酸（发酵）；②将酪蛋白水解为多肽和游离氨基酸（蛋白质水解）；③将乳脂分解为游离脂肪酸（脂解）。这些反应导致各种代谢物的产生，使酸奶 pH 降低，形成半固体的质地和香气[12]。尽管嗜热链球菌和保加利亚乳杆菌能够在牛奶中单独生长，但它们按一定比例在混合培养物中存在时具有紧密的相互协同关系。研究表明，嗜热链球菌会产生丙酮酸、甲酸和 CO_2，这些都能刺激保加利亚乳杆菌的生长。反过来，因为与保加利亚乳杆菌相比，嗜热链球菌的蛋白质水解能力较弱，保加利亚乳杆菌又会产生刺激嗜热链球菌生长的肽和氨基酸[13]。保加利亚乳杆菌和嗜热链球菌的协同作用使两物种的数量不断增加，牛奶酸化加快，挥发性风味化合物显著丰富，保证了关键风味化合物种类和含量的平衡，赋予酸奶特有的风味[14]。因此，嗜热链球菌和保加利亚乳杆菌的相互作用是决定发酵过程和酸奶最终质量的关键因素之一，因此两者作为基础发酵剂经常被乳制品行业所使用。

表 10.2　GB 19302—2010 中关于发酵乳的术语及其定义

术语	定义
发酵乳（fermented milk）	以生牛（羊）乳或乳粉为原料，经杀菌、发酵后制成的 pH 降低的产品
酸乳（yoghurt）	以生牛（羊）乳或乳粉为原料，经杀菌、接种嗜热链球菌和保加利亚乳杆菌（德氏乳杆菌保加利亚亚种）发酵制成的产品
风味发酵乳（flavored fermented milk）	以 80%以上生牛（羊）乳或乳粉为原料，添加其他原料，经杀菌、发酵后 pH 降低，发酵前或后添加或不添加食品添加剂、营养强化剂、果蔬、谷物等制成的产品
风味酸乳（flavored yoghurt）	以 80%以上生牛（羊）乳或乳粉为原料，添加其他原料，经杀菌、接种嗜热链球菌和保加利亚乳杆菌（德氏乳杆菌保加利亚亚种）发酵前或后添加或不添加食品添加剂、营养强化剂、果蔬、谷物等制成的产品

消费者对食物的偏好受到许多因素的驱动，包括气味、香气和滋味。尽管基础发酵剂能够共同产生影响酸奶感官品质的大部分关键风味化合物，但仍不能满足消费者在酸奶风味多样性方面的需求，成为制约酸奶市场快速增长的瓶颈。不同细菌的共培养越来越多地被用于食品发酵，因为不同的细菌种类具有不同的生物学特征，可以通过共生或拮抗相互作用显著影响产品的产量、营养和风味[15]。因此，为了丰富酸奶的风味，通常会将其他乳酸菌菌株添加到基础发酵剂中，这些菌株被称为辅助发酵剂。在含有保加利亚乳杆菌和嗜热链球菌的基础上，在生牛（羊）乳或乳粉中添加其他辅助发酵剂发酵而来的产品在 GB 19302—2010 中被定义为发酵乳（表 10.2）。有相关报道称，添加鼠李糖乳杆菌（*Lactobacillus rhamnosus*）能检测到较高水平 2-庚酮和 2-壬酮等甲基酮类化合物，且酸奶在储存过程中乙偶姻和双乙酰也有所增加；干酪乳杆菌 431（*L. casei* 431）和嗜酸乳杆菌 La-5（*L. acidophilus* La-5）也有较强的生产双乙酰、乙偶姻、2-庚酮和 2-壬酮的能力；添加植物乳杆菌（*L. plantarum*）可显著提高 2,3-戊二酮、乙醛、乙酸、乙偶姻和双乙酰的含量；添加干酪乳杆菌（*L. casei*）可显著改变乙酸、丁酸、2-乙基-1-己醇、乙偶姻和 2-丁酮等的含量；瑞士乳杆菌（*L. helveticus* SNA12）与 *Kluveromyces marxiensis* GY1 共培养可以增加发酵乳中萜烯和芳香物质的含量；乳酸乳球菌中的酯酶能够将乙醇与丁酸和己酸酯化生成酯；添加罗伊氏乳杆菌（*Limosilactobacillus reuteri*）可提高酯类物质的含量；添加双歧双歧杆菌

（*Bifidobacterium bifidum*）可提高醛类物质的含量；添加布拉酵母（*Saccharomyces boulardii*）可显著提升醇类物质的含量；假肠膜明串珠菌（*Leuconostoc pseudomesenteroides*）会产生高水平的乙基衍生化合物，与甜味、果味和花香味相关[16]；添加戊糖乳杆菌（*Lactobacillus pentosus*）会产生酸度更高、更甜的酸奶[17]。此外，添加德氏乳杆菌亚种（*Lactobacillus delbrueckii* subsp. *lactis*）、乳酸明串珠菌（*Leuconostoc lactis*）可以在一定程度上改善发酵山羊奶的风味。这些益生菌和酵母的添加都会显著改善和丰富酸奶的风味感官品质[18]。

由于酸奶和发酵乳是蛋白质、维生素、矿物质等的良好来源，具有很高的营养价值，并且富含活的益生菌，在维持肠道菌群平衡和调节肠道免疫系统的微环境等方面起着重要作用，具有健康益处。除此以外，它还具有宜人的风味和独特的口感，受到广大消费者的青睐。有研究表明，从酸奶和发酵乳中已鉴定出 100 多种风味化合物，包括碳水化合物、醇类、醛类、酮类、酸类、酯类、内酯类、含硫化合物、吡嗪类和呋喃衍生物[19, 20]。影响酸奶和发酵乳风味的主要化合物包括乙酸、甲酸、丁酸和丙酸等中短链脂肪酸，还包括乙醛、双乙酰、乙偶因和 2-丁酮[7]，这些主要化合物的适当比例构成了酸奶的理想风味。其中，双乙酰是乳制品中最重要也是最常见的风味物质之一，主要负责乳制品特有的奶香味、黄油味和奶油味。它可以通过两条途径合成，途径一是涉及活性乙醛和乙酰辅酶 A 的缩合；途径二是柠檬酸代谢，涉及 α-乙酰乳酸的氧化脱羧（图 10.3）。通过这些反应产生的双乙酰有助于发酵乳制品的风味，如干酪、酪乳、酸奶油和发酵乳。此外，在一定条件下，双乙酰可以通过双乙酰还原酶还原为乙偶姻，乙偶姻可以进一步氧化为 2,3-丁二醇。乙偶姻与双乙酰的风味类似但强度较弱，而 2,3-丁二醇并不具有黄油味[18]。图 10.4 为酸奶中常见的香气化合物。

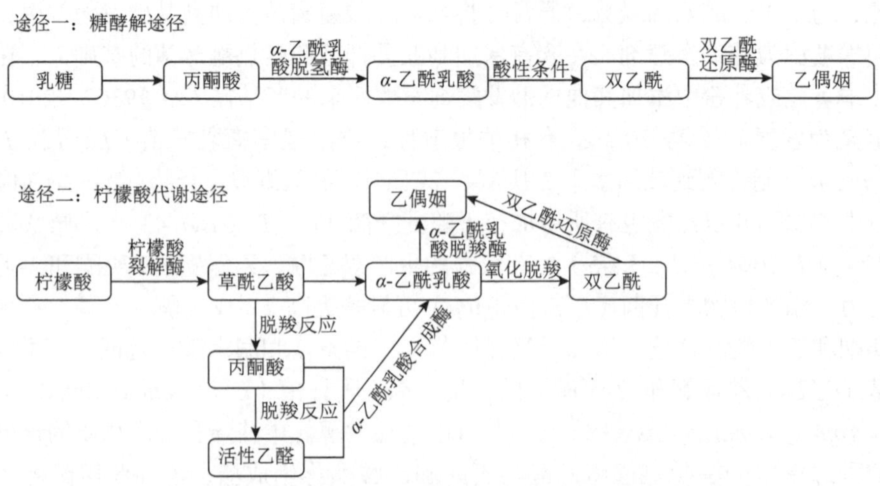

图 10.3　酸奶中双乙酰和乙偶姻的生成途径

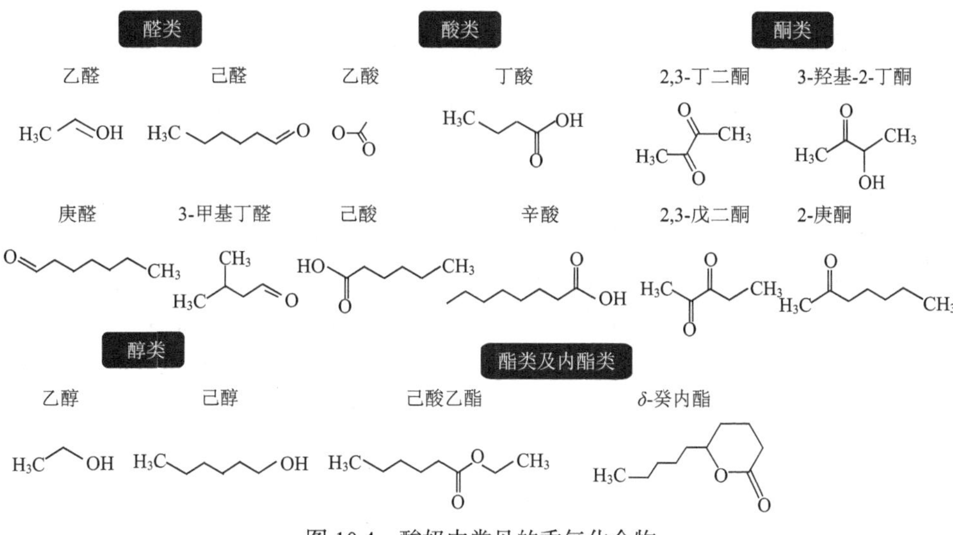

图 10.4　酸奶中常见的香气化合物

酸奶和发酵乳中关键香气组分是经过微生物酶促和化学反应转化产生的，因此将特定风味酶添加到牛奶中，能够增加所需的食品风味物质的形成。Huang 等发现与不添加脂肪酶的发酵乳相比，脂肪酶显著增加了与甜味和苦味相关的氨基酸的产生，并且添加脂肪酶的发酵乳中酸和酯的挥发物含量明显增加[21]。因此，脂肪酶是生产发酵乳风味物质的有利补充剂。乳酸菌的蛋白质水解系统对其在牛奶中的生长至关重要，对发酵乳制品风味的形成有重要贡献[22]。蛋白酶是将牛奶酪蛋白转化为生长和产酸所必需的游离氨基酸和肽的酶之一。一些乳球菌菌株作为乳制品发酵的发酵剂，具有蛋白质水解活性。蛋白质水解是决定乳制品风味和质地的第一个生化步骤。发酵乳中含有大量的活性乳酸菌，这些乳酸菌在发酵过程中可产生多种代谢产物，不仅可以产生风味化合物，还能够产生有机酸、胞外多糖及人体所必需的维生素和矿物质等。这些菌体及其代谢产物具有改善酸奶风味，提高发酵乳营养价值，调节并维持肠道菌群平衡，抑制肿瘤和免疫赋活等优良功能[23]。

10.2.3　其他发酵乳制品

（1）发酵黄油

微生物和酶在发酵黄油的制作过程中起着至关重要的作用。它们对黄油风味的形成有直接影响，决定了黄油的口感、气味和香气。制作发酵黄油所使用的主要微生物包括乳酸菌和酵母。

乳酸菌会分解牛奶中的乳糖，并将其转化为乳酸。乳酸的形成使黄油味道更加酸涩和浓郁。乳酸的存在还有助于保持黄油的新鲜度和延长其保质期。酵母则通过乙醇发酵，将糖转化为乙醇和二氧化碳。这些产物使得黄油味道更加丰富和复杂。二氧化碳的释放还有助于黄油的发酵过程，使其体积膨胀并增加蓬松度。

另外，酶也对黄油风味的形成有着重要影响。酶是一种生物催化剂，具有加速化学反应的能力。在发酵黄油制作过程中，添加的酶有助于加快黄油的形成和发酵过程。其中脂肪酶可以加速乳脂肪酸的释放。乳脂肪酸是黄油香气的重要组成部分，因此脂肪酶的存在使得黄油具有更浓郁的奶香味。此外，其他酶也可以引发黄油中的氧化反应，产生特殊的风味化合物。这些化合物赋予黄油独特的香气和风味。控制微生物和酶的活性与发酵条件对黄油风味的形成至关重要。发酵温度、pH 及发酵时间等因素都会对微生物和酶的活性产生显著影响。因此，制造黄油的工艺过程需要严格控制这些条件，以确保最佳的发酵效果和最佳的风味质量[24]。

总之，微生物和酶是黄油发酵过程中不可或缺的元素。它们通过发酵和催化反应，直接影响黄油的风味质量。选择合适的微生物和酶，并控制好发酵条件，可以使黄油味道更加丰富、口感更加丝滑，并具有独特的香气和风味。对于黄油制造商和消费者来说，了解微生物和酶对黄油风味的影响，对于选择和享受高质量的黄油至关重要。

（2）乳清发酵酒类

乳清发酵酒类是指以乳清为原料进行发酵制作的酒类产品。常见的乳清发酵酒类包括[25]：乳清啤酒（使用乳清为原料发酵制作的啤酒，具有一定的乳清香味）、乳清果酒（将乳清与果汁混合发酵制作而成）、乳清葡萄酒（将乳清与葡萄汁混合发酵制作的葡萄酒，融合了乳清与葡萄的风味特点）、乳清烈酒（使用乳清发酵酿制的烈酒，如乳清伏特加酒等）。 这些乳清发酵酒类产品在发酵过程中会产生乳酸等物质，使得酒液呈现出乳清特有的香味和口感。同时，乳清发酵酒类还保留了乳清的营养成分，如优质蛋白质、氨基酸等，具有一定的营养价值。

微生物和酶在乳清发酵酒类制作过程中起着重要的作用，它们对酒类的风味和质地有着显著的影响。首先，酵母是乳清中天然存在的微生物，它们能将乳清中的糖类转化为乙醇和二氧化碳[26]。乳清中的乳糖是一种复杂的糖分子，酵母通过发酵将其分解为葡萄糖和半乳糖，进而转化为乙醇。酵母还会在发酵过程中产生一系列的代谢产物，如酯类化合物和酮类化合物，它们赋予乳清发酵酒类丰富的香气和风味[27]。另外，乳清中含有的多种酶，如乳清蛋白酶、乳糖酶和脂肪酶等，也对乳清发酵酒类的风味起着关键作用。这些酶在发酵过程中发挥作用，促进乳清中蛋白质、糖类和脂肪的分解与转化。蛋白酶能够将乳清中的蛋白质降解为小分子肽和氨基酸，为酒类提供丰富的氨基酸来源，同时也能影响酒类的口感和质地。乳糖酶则能将乳糖分解为葡萄糖和半乳糖，进一步提供酵母发酵所需的能量和底物。脂肪酶参与脂肪的水解作用，产生游离脂肪酸，这些脂肪酸能够影响乳清发酵酒类的风味和质地。此外，发酵过程中的温度、pH 和氧气含量等因素也会影响乳清发酵酒类的风味。合适的温度和 pH 可以促进酵母和酶的活性，使其更充分地发挥作用。适当的氧气含量可以提供酵母生长所需的氧气，但过高的氧气含量可能会导致酒类中产生不良的氧化物质，影响酒类的质量。

总之，微生物和酶对乳清发酵酒类的风味有着重要的影响。酵母通过发酵将乳清中的糖类转化为乙醇和香气成分，而乳清中的酶能够将蛋白质、糖类和脂肪分解为小分子物质，为酒类提供丰富的风味和口感。同时，合适的发酵条件也能够促进微生物和酶的活性，进一步优化酒类的质量和口感。因此，在乳清发酵酒类制作过程中，合理利用微生物和酶的作用，可以生产出风味独特、品质优良的乳清发酵酒类产品。

10.3　乳制品中生物成味的影响因素

乳制品中生物成味的影响因素包括奶源类型、发酵剂种类和加工工艺（图 10.5）。

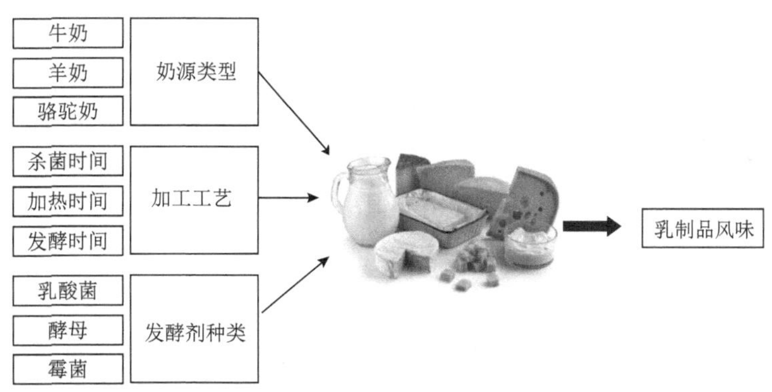

图 10.5　影响乳制品风味的因素

10.3.1　奶源类型

选择不同的奶源会直接影响乳制品的脂肪含量、蛋白质结构、糖含量，从而对乳制品的风味产生影响。牛奶中的脂肪含量相对较高，而山羊奶和绵羊奶中的脂肪含量较低。另外，蛋白质结构也会影响乳制品的风味。例如，绵羊奶和山羊奶中的蛋白质分子较小，其乳制品相对更容易消化，口感更鲜美。我们知道不同奶源中的糖含量也存在差异。例如，山羊奶中的糖分比牛奶和羊奶更少。糖分会对乳制品的甜度和风味产生直接影响。此外，不同奶源的动物所排泄出的成分可能会对乳制品的风味产生影响。例如，山羊奶中某些成分的含量或组合可能会导致其风味更浓郁。不同奶源的动物在饲养环境和所摄取的饲料条件下生产的奶制品可能会呈现不同的风味特点。饲养环境中的气温、饲料中的植物种类等因素也可能对乳制品的风味产生影响[28]。

在酸奶加工过程中，添加山羊奶导致的 pH 变化较小，白度指数较高，脱水收缩减弱，储存过程中凝胶的硬度和稠度显著降低。感官评价表明，添加山羊奶对酸奶的白度、风味、脱水收缩和结块度有显著影响。一般来说，山羊奶含量越高，与 100%牛奶酸奶相比，其理化和感官差异就越大。在乳制品中使用山羊奶的一个关键缺点是其“山羊”风味，这降低了消费者对此类产品的接受度。这种山羊风味是牛奶中含有大量辣椒酸、辛酸和癸酸脂肪酸的结果。学者研究了许多方法来缓解这种情况，如添加益生菌、水果或蜂蜜。在山羊奶中添加乳酸明串珠菌被证明可以成功地改善所得酸奶的感官特征。蜂蜜和嗜酸乳杆菌的添加也对山羊奶酸奶的感官特征有积极影响。嗜酸乳杆菌和葡萄的组合也用山羊奶进行了测试。这种组合增强了酸奶的颜色、黏度和感官特性[29]。

在酸奶生产中，添加绵羊奶被认为是牛奶的强化添加剂。绵羊奶富含蛋白质，尤其是酪蛋白胶束，可以通过改善硬度、脱水收缩率和黏度来改善酸奶的感官特性。此外，绵羊奶中存在的高蛋白质含量导致缓冲能力更强，酸度增加也很明显。与牛奶相比，绵羊奶具有丰富的营养价值，因为它含有更高水平的蛋白质、酪蛋白、脂肪、维生素和钙，从而使酸奶更紧实，更具有令人愉悦的奶油酸味。在消费者感官评价方面，牛奶酸奶的一致性和整体接受度低于混合牛奶/绵羊奶酸奶配方。虽然在羊奶与牛奶混合物比例高的酸奶中表现出过多的稠度，但只有在比例为 1∶1 的酸奶配方中，才能达到理想的稠度[30]。

10.3.2　发酵剂种类

牛奶是一种支持许多微生物生长的培养基，几个世纪以来一直被用于生产各种类型的发酵乳制品。这些发酵随着时间的推移而进化，最适合在所使用的条件下生长的微生物则被筛选出来作为发酵剂使用。

发酵剂种类是影响发酵乳制品风味最关键的因素之一。通过选择适当的发酵菌种，可以调控乳制品中的发酵代谢产物，从而赋予乳制品独特的风味特点。不同的发酵菌种对乳制品的风味有着独特的影响。不同种类的乳酸菌、酵母等菌种具有不同的代谢功能和发酵产物生成能力。这些发酵产物包括乳酸、醇类、酸类、酯类等，它们会赋予乳制品特有的风味和口感。某些菌种可以产生特殊的香气化合物。例如，乳酸菌可以产生乳酸及酸类和酯类化合物，酵母可以产生酯类和芳香醇类化合物。此外，发酵时间和发酵菌种之间也存在互作效应。发酵时间的长短可以影响菌种的生长速率和代谢产物积累，进而影响乳制品的风味。同时，不同的发酵菌种也会相互作用，产生协同效应，进一步影响风味的形成。

根据发酵剂的种类和代谢物类型可将发酵乳制品分为乳酸发酵乳制品、酵母-乳酸发酵乳制品和霉菌-乳酸发酵乳制品三大类[31]。常见的酸奶和酪乳属于乳酸发酵乳制品；开菲尔和酸马奶属于酵母-乳酸发酵乳制品；Viili（一种芬兰发酵乳制品）属于霉菌-乳酸发酵乳制品。

生产酸奶所使用的发酵剂微生物群主要包括保加利亚乳杆菌和嗜热链球菌。此外，乳酸乳球菌和嗜热链球菌也常被使用。酸奶中最重要的风味挥发物是乙醛和双乙酰。这两种物质均可在发酵剂的作用下通过丙酮酸从乳糖中产生乙醛，或通过将苏氨酸转化为甘氨酸来产生乙醛。双乙酰是由嗜热链球菌产生的一种小分子代谢物，但对酸奶的整体香气和风味很重要。酪乳是由中温发酵剂通过发酵牛奶制成的，这种发酵剂也用于制作新鲜的软奶酪，如凝乳奶酪和白干酪。发酵剂由乳酸乳球菌、乳酸双乙酰乳球菌和嗜柠檬酸明串珠菌组成。这些发酵剂能产生双乙酰，它赋予了产品特有的“黄油”风味和香气。开菲尔是一种传统的发酵乳制品，发酵剂微生物区系主要包括乳酸菌（乳球菌和乳杆菌）、醋酸菌、酵母、霉菌和其他微生物乳经开菲尔颗粒发酵后，产品为酸性液体（>0.8%乳酸），含乙醇0.7%～2.5%，微碳酸化。据报道，当双乙酰与乙醛在开菲尔中的比例达到 3∶1 时，可实现最佳风味平衡。

10.3.3　加工工艺（发酵乳制品种类）

乳制品的加工工艺包括杀菌、浓缩、发酵、乳化、脱脂等。这些工艺会改变乳制品中的化学组成、微生物数量和种类，从而对风味产生影响[32]。加工工艺对乳制品风味产生影响的原因主要有以下几点。

（1）杀菌温度和时间

在乳制品生产过程中，首先需要进行杀菌处理以杀死细菌和其他微生物，保证产品的安全性和保质期。不同的杀菌温度和时间会影响乳制品中微生物的数量和种类，进而影响风味。过高的杀菌温度和时间可能会导致乳制品有热处理味道，而过低则无法有效杀灭微生物。

（2）加热温度和时间

加热是乳制品加工过程中常用的步骤，它可以用于改善产品的质地和稳定性。加热温度和时间的控制会影响乳制品中蛋白质、脂肪、糖分解和反应的程度，进而影响乳制品的风味。过高的加热温度和时间可能导致蛋白质和糖的糊化与变性，影响风味。而过低的加热温度和时间可能无法彻底杀灭微生物和消除原料奶中的异味。

（3）发酵时间和菌种

发酵是乳制品生产中常用的一种工艺，通过向乳中添加菌种使乳中的糖、脂肪和蛋白质进行转化，产生特有的风味。不同的发酵时间和菌种会影响乳制品中乳酸、酮、酯、醇、醛等化合物的含量和风味特点。

（4）乳化和脱脂

乳化是一种将乳脂球分散在乳液中的工艺，常用于制作乳制品中的乳酪、黄油等。不同的乳化工艺和乳脂球大小会影响乳制品的质地和口感。脱脂过程会影响乳脂肪含量，进而影响风味。

10.4　乳制品中生物成味的发展趋势

微生物和酶对乳制品风味的影响已经成为乳制品行业的一个研究热点。

随着对微生物和酶作用机制的深入研究，乳制品生产中会更加注重选择适宜的发酵菌种和酶。这些菌种和酶的选择将考虑其产生特定风味化合物的能力，以及其对乳制品质量和稳定性的影响。此外，通过优化微生物和酶的使用条件，精确控制乳制品中风味化合物的含量和比例，以满足不同消费者的喜好。根据消费者的口味和需求，定制乳制品的风味。随着基因编辑和基因工程技术的发展，利用基因编辑和基因工程技术可以改造乳制品中微生物和酶的基因组，使其具有更好的发酵和代谢能力。通过调控微生物和酶的基因表达，可以精确控制乳制品中产生的风味化合物，从而创造全新的乳制品风味。未来研究将更加关注微生物和酶之间的相互作用。深入研究微生物和酶在发酵过程中的交互作用机制，可以更好地理解风味产物的形成过程，从而提高乳制品的风味质量。利用新的培养、分离和鉴定技术，发展新的培养、分离和鉴定技术，可以更好地寻找和筛选具有特定功能的微生物和酶。利用这些技术，可以开发出更具特色和创新的乳制品风味。

总之，未来的发展趋势是通过选择适宜的菌种和酶、定制风味、利用基因工程技术、深入理解微生物-酶交互作用，以及发展新的培养、分离和鉴定技术，以提高乳制品的风味质量，并满足不同消费者的需求。

参 考 文 献

[1] TIAN H X, XIONG J J, YU H Y, et al. Flavor optimization in dairy fermentation: From strain screening and metabolic diversity to aroma regulation. Trends in Food Science & Technology, 2023, 141: 104194

[2] COOLBEAR T, CROW V, HARNETT J, et al. Developments in cheese microbiology in New Zealand-Use of starter and non-starter lactic acid bacteria and their enzymes in determining flavour. International Dairy Journal, 2008, 18(7): 705-713

[3] WANG Y Y, ZHANG C H, LIU F S, et al. Ecological succession and functional characteristics of

lactic acid bacteria in traditional fermented foods. Critical Reviews in Food Science and Nutrition, 2023, 63(22): 5841-5855

[4] GATFIELD I. The role of microbial enzymes in flavour development in foods. H&R [Haarmann & Reimer] Contact, 1987, (39): 9-13

[5] HU Y Y, ZHANG L, WEN R X, et al. Role of lactic acid bacteria in flavor development in traditional Chinese fermented foods: A review. Critical Reviews in Food Science and Nutrition, 2022, 62(10): 2741-2755

[6] MCSWEENEY P L H, SOUSA M J. Biochemical pathways for the production of flavour compounds in cheeses during ripening: A review. Lait, 2000, 80(3): 293-324

[7] CHENG H F. Volatile flavor compounds in yogurt: A review. Critical Reviews in Food Science and Nutrition, 2010, 50(10): 938-950

[8] YANG J, NAN L, QI W, et al. Microbial diversity and volatile profile of traditional fermented yak milk. Journal of Dairy Science, 2020, 103(1): 87-97

[9] ZHANG X, ZHENG Y, ZHOU R, et al. Comprehensive identification of molecular profiles related to sensory and nutritional changes in Mongolian cheese during storage by untargeted metabolomics coupled with quantification of free amino acids. Food Chemistry, 2024, 386: 132740

[10] YANG Y, XIA Y, LI C, et al. Metabolites, flavor profiles and ripening characteristics of *Monascus*-ripened cheese enhanced by *Ligilactobacillus salivarius* AR809 as adjunct culture. Food Chemistry, 2024, 436: 137759

[11] LI Y, WANG J, WANG T, et al. Differences between Kazak cheeses fermented by single and mixed strains using untargeted metabolomics. Foods, 2022, 11(7): 966-983

[12] BENOZZI E, ROMANO A, CAPOZZI V, et al. Monitoring of lactic fermentation driven by different starter cultures via direct injection mass spectrometric analysis of flavour-related volatile compounds. Food Research International, 2015, 76: 682-688

[13] RADKE-MITCHELL L, SANDINE W E. Associative growth and differential enumeration of *Streptococcus thermophilus* and *Lactobacillus bulgaricus*: A review. Journal of Food Protection, 1984, 47(3): 245-248

[14] SETTACHAIMONGKON S, NOUT M J R, FERNANDES E C A, et al. Influence of different proteolytic strains of *Streptococcus thermophilus* in co-culture with *Lactobacillus delbrueckii* subsp. *bulgaricus* on the metabolite profile of set-yoghurt. International Journal of Food Microbiology, 2014, 177: 29-36

[15] LI C K, SONG J H, KWOK L Y, et al. Influence of *Lactobacillus plantarum* on yogurt fermentation properties and subsequent changes during postfermentation storage. Journal of Dairy Science, 2017, 100(4): 2512-2525

[16] HANH T H N, MARIZA GOMES R, YUNCHAO W, et al. Differences in aroma metabolite profile, microstructure, and rheological properties of fermented milk using different cultures. Foods, 2023, 12(9): 1875

[17] SAXAMI G, PAPADOPOULOU O S, CHORIANOPOULOS N, et al. Molecular detection of two potential probiotic *Lactobacilli* strains and evaluation of their performance as starter

adjuncts in yogurt production. International Journal of Molecular Sciences, 2016, 17(5), DOI: 10.3390/ijms17050668

[18] CHEN C, ZHAO S S, HAO G F, et al. Role of lactic acid bacteria on the yogurt flavour: A review. International Journal of Food Properties, 2017, 20: S316-S330

[19] OTT A, FAY L B, CHAINTREAU A. Determination and origin of the aroma impact compounds of yogurt flavour. Journal of Agricultural and Food Chemistry, 1997, 45(3): 850-858

[20] LUBBERS S, DECOURCELLE N, VALLET N, et al. Flavor release and rheology behavior of strawberry fatfree stirred yogurt during storage. Journal of Agricultural and Food Chemistry, 2004, 52(10): 3077-3082

[21] HUANG Y Y, YU J J, ZHOU Q Y, et al. Preparation of yogurt-flavored bases by mixed lactic acid bacteria with the addition of lipase. Lwt-Food Science and Technology, 2020, 131(23): 109577

[22] KUNJI E R, HAGTING A, DE VRIES C J, et al. Transport of beta-casein-derived peptides by the oligopeptide transport system is a crucial step in the proteolytic pathway of *Lactococcus lactis*. The Journal of Biological Chemistry, 1995, 270(4): 1569-1574

[23] 丹彤, 田佳乐, 乔少婷. 具有良好风味德氏乳杆菌保加利亚亚种的筛选及其产香性能分析. 食品与发酵工业, 2021, 47(14): 229-234

[24] EWE J A, LOO S Y. Effect of cream fermentation on microbiological, physicochemical and rheological properties of helveticus-butter. Food Chemistry, 2016, 201(15): 29-36

[25] PALMER G M. The conversion of cheese whey into an alcoholic beverage. Proceedings whey products conference held at Minneapolis, Minnesota, 1978: 81-89

[26] PRIYANKA K B, KOCHER G S. Valorisation of whey for fermented beverage production using functional starter yeast. Acta Alimentaria, 2022, 51(3): 313-325

[27] LUO S, DEMARSH T A, DERIANCHO D, et al. Characterization of the fermentation and sensory profiles of novel yeast-fermented acid whey beverages. Foods, 2021, 10(6), DOI: 10.3390/foods10061204

[28] VARGAS M, CHÁFER M, ALBORS A, et al. Physicochemical and sensory characteristics of yoghurt produced from mixtures of cows' and goats' milk. International Dairy Journal, 2008, 18(12): 1146-1152

[29] SANTIS D, GIACINTI G, CHEMELLO G, et al. Improvement of the sensory characteristics of goat milk yogurt. Journal of Food Science, 2019, 84(8): 2289-2296

[30] FARAG M A, SALEH H A, EL AHMADY S, et al. Dissecting yogurt: the impact of milk types, probiotics, and selected additives on yogurt quality. Food Reviews International, 2022, 38: 634-650

[31] MARSHALL V M. Starter cultures for milk fermentation and their characteristics. Journal of the Society of Dairy Technology, 1993, 46(2): 49-56

[32] AGYEI D, OWUSU-KWARTENG J, AKABANDA F, et al. Indigenous African fermented dairy products: Processing technology, microbiology and health benefits. Critical Reviews in Food Science and Nutrition, 2020, 60(6): 991-1006

第 11 章

豆制品中的生物成味

11.1 豆制品中的生物成味研究现状

豆制品是以豆类为主要原料制作而成的食品，可以为人类提供丰富的蛋白质、脂质、维生素、糖等营养物质，是一类食用后对人体有益的优质食物。2019 年，豆类总产量在全球粮食中的占比约为 13%，是人类食物的重要来源[1]。豆类可分为大豆、豌豆、红豆、黑豆、绿豆、扁豆、鹰嘴豆等种类，它们富含蛋白质、淀粉、氨基酸、维生素、矿物质元素等物质，在加工后都可为豆制品带来特殊风味[1]。食品风味是食品中的风味物质刺激人的嗅觉和味觉而产生的短暂的、综合的生理感觉[2]。豆制品中的风味物质大致可分为挥发性风味物质和非挥发性风味物质，非挥发性风味物质是发酵食品风味的主要来源，而挥发性风味物质决定了食品的香气特征，对豆制品的特征风味有重要贡献。

豆制品是以豆类为主要原料，经过各种生物法、物理法、化学法制备而成的食品，包括豆浆、豆腐、豆瓣酱、豆豉、酱油、腐乳等。且与原料相比较，豆制品的营养物质及风味组分已经发生重大改变，更利于人体消化吸收，并具有多种益生功能。

11.1.1 豆制品中的挥发性生物成味物质

表 11.1 为常见豆类中的蛋白质、脂质、淀粉和膳食纤维含量，豆制品中的生物成味物质是基质中的蛋白质、碳水化合物、酯类等生物大分子分解代谢而生成的，可以分为挥发性风味物质和非挥发性风味物质，挥发性风味物质主要通过人的嗅觉感知，包括醇类、酯类、醛类、酮类、酚类、有机酸类、吡嗪类、呋喃类等；非挥发性风味物质主要由人的味觉感知，包括氨基酸、多肽、核苷酸、有机酸、皂苷等[3,4]。

表 11.1 常见豆类中的蛋白质、脂质、淀粉和膳食纤维含量 （%）

种类	蛋白质	脂质	淀粉	膳食纤维
大豆	36～40	18～20	30～35	6～8
豌豆	20～25	1～2	50～60	4～6
红豆	20～24	1～2	55～60	5～7
黑豆	20～25	1～2	40～45	10～12
绿豆	20～24	1～2	50～55	6～8
扁豆	20～25	1～2	50～55	6～8
鹰嘴豆	20～22	4～6	50～60	10～12

醇类挥发性化合物是豆浆、豆豉、酱油等豆制品的重要风味组分，是原料中的微量组分，也可通过微生物发酵、脂质热降解、酶催化等途径生成。α-苯乙醇和正丁醇是大豆中原有的挥发性化合物，气味难闻。而在发酵加工过程中，葡萄糖和氨基酸等原料也可通过氨基酸降解、糖酵解、丙酮酸代谢、Ehrlich-Neubauer代谢等代谢途径生成具有良好风味的高级醇[4]。有相关研究表明，豆制品中的乙醇主要通过糖酵解途径产生，且乙醇的含量与豆制品的风味质量密切相关：酱油中乙醇的含量越高，其高级醇和酯类的含量也越高。在发酵后期添加乙醇制备得到的腐乳香气物质含量高于不添加乙醇制备的腐乳，表明乙醇对高品质腐乳制备非常有益。豆类原料中富含脂肪酸，已醇是亚油酸自氧化生成的具有花香的醇类挥发性化合物[5]。

酯类具有高挥发性和对人体嗅觉的高敏感性，是豆制品最重要的挥发性化合物之一。据报道，具有果味和甜味的乙酯是豆制品中最受欢迎的香气物质，如乙酸乙酯（香蕉味）、丁酸乙酯（菠萝味）、已酸乙酯（甜苹果味）、苯基乙酸乙酯（玫瑰味）等[6]。豆制品中的酯类挥发性物质可以通过酵母酶催化、非酶酯化、醇降解、酸降解和酯交换等反应生成。发酵豆制品中的酯类挥发性物质可通过乙醇（或高级醇）、脂肪酸、辅酶 A（CoA）、酰基转移酶等物质生物合成。酵母是酯类物质的主要生产者，在酵母合成酯的过程中，脂肪酸先与 CoA 结合活化形成酰基CoA，然后在醇酰基转移酶（AATase）的作用下与乙醇结合生成酯[1,4]。此外，真菌脂肪酶对大豆脂质的直接作用也可以产生大量的高分子脂肪酸酯，如水杨酸甲酯、棕榈酸乙酯和十六烷酸乙酯等[4]。

醛类挥发性化合物由于其低气味阈值而对豆制品风味有显著贡献，它主要通过发酵期间的脂质氧化和 Strecker 降解过程产生，可赋予豆制品坚果和水果的芳香气味[7]。例如，苯甲醛可为植物性饮料赋予水果香气（由苯丙氨酸的代谢生成），3-甲基丁醛被描述为巧克力风味，癸醛被描述为甜味、柑橘味、花香。醛类物质通常具有与醇类、甲基醇类和氨类物质连接或缩合的性质，从而产生不同于其自身的香气，使豆制品风味复杂化[4, 6, 7]。并且，大多数直链醛源自不饱和脂肪酸的氧化；大多数支链醛来自支链氨基酸的降解。例如，2-甲基丁醛和 3-甲基丁醛可以通过 Strecker 降解反应或 Ehrlich-Neubauer 途径代谢支链氨基酸产生，具有麦芽香味（这两种醛作为中间产物，可以进一步氧化或还原为相应的酸、醇和其他影响最终风味质量的物质）。在酱料中的醛类挥发性物质中，乙醛是代表性物质，它具有辛辣味，主要通过糖酵解途径由丙酮酸脱羧酶催化葡萄糖生成丙酮酸，微量的醛类挥发性化合物对豆制品的整体香气起到调节作用[7]。

酮类化合物是豆制品中另一种重要的挥发性物质，常在低含量时呈现出令人欣赏的香气，但在较高含量时，它们具有刺激性气味。酮类挥发性化合物主要通过微生物诱导的脂质和氨基酸氧化（*β*-氧化）及美拉德反应产生，且酮类物质有官能基团 C═O，不与任何氢原子连接，因此也可通过醇脱氢酶（alcohol dehydrogenase，ADH）转化醛来产生。豆制品中主要的酮类挥发性物质包括 2-丁酮、2-己酮、2-壬酮、1-辛烯-3-酮和苯乙酮等，其贡献了水果味、绿色、豆腥味和刺激性气味[4]。在豌豆的冻干过程中，可通过类胡萝卜素的氧化和缩合反应产生大量的 3,5-辛二烯-2-酮和紫罗兰酮。羟基呋喃酮（HEMF）是酱油香气的一个特征性组分，由酵母通过磷酸戊糖途径或美拉德反应产生，它可以与其他风味物质相互作用，能增强酱料口感[6,7]。

酚类挥发性物质具有香气浓郁、活性较强的特点，对豆制品的风味有重要贡献。甲氧基苯酚（如 2-甲氧基苯酚、4-乙烯基愈创木酚和 4-乙基愈创木酚）可以为发酵大豆产品提供有价值的烟熏味和辛辣风味。其主要来源于大豆原料中的木质素（广泛存在于植物细胞壁中），它可被曲霉酶降解为酚类物质前体（如阿魏酸、香豆酸和 4-羟基肉桂酸等），这些酚类前体被酵母（*Candida etchellsii*、*C. versatilis*、*C. glabrata*）脱羧和还原，最终生成酚类挥发性化合物[4]。酚类挥发性物质 4-乙基愈创木酚在日本酱油中的检出频率最高，具有典型的酱料香气和烟熏味，其香气呈现出日本酱油的独特风味，在酱油风味中也起着中和和调节咸味的作用[8]。

大豆发酵食品中的酸味主要是由乙酸引起的，可由乳酸菌通过丙酮酸代谢等代谢途径生成。其他短链脂肪酸（如丁酸和丙酸）主要来源于微生物作用下大豆脂质的水解，呈现酸味和臭味。此外，还可通过 Ehrlich-Neubauer 途径生成一些支链脂肪酸，如 2-甲基丁酸和 3-甲基丁酸，它们是发酵豆制品中的主要芳香化合物，呈现刺激性酸味和奶酪气味[1, 4, 8]。

豆制品中的其他杂环化合物，如呋喃、吡嗪、含硫化合物等挥发性化合物，对其挥发性香气也有显著的影响。呋喃类挥发性物质也是发酵豆制品中的一类香气贡献物，通常由糖、氨基酸、类胡萝卜素和多不饱和脂肪酸（polyunsaturated fatty acid，PUFA）的美拉德反应和热降解反应所生成[5]。在豌豆、蚕豆和大豆中主要产生的呋喃类物质是 2-乙基呋喃和 2-戊基呋喃，其为豆制品带来泥土味、草味或豆腥味。吡嗪类挥发性化合物通常是由美拉德反应、热反应和 β-氨基羰基缩合产生脱氢吡嗪而产生的[9]。脱氢吡嗪的羟基在脱水步骤期间损失，由此生成吡嗪类物质。在豆类和豆制品呈现草味、土味和甜椒味的常见吡嗪类物质是 2-异丁基-3-甲氧基吡嗪、2-异丙基-3-甲氧基吡嗪和 2-甲氧基-3-异丙基-（5 或 6）-甲基吡嗪。吡嗪类物质的气味阈值较低（≤1μg/L），因此它们对从豆制品中感知到的腥味贡献很大。大多数含硫化合物，如二甲基二硫醚和二甲基三硫醚，会产生令人不快的臭味，通常由含硫氨基酸降解而形成[8]。

11.1.2 豆制品中的非挥发性生物成味物质

非挥发性物质通常是不挥发的、水溶性的物质，它可影响食物的选择、摄入和吸收。唾液会促进这些物质的扩散，从而被口腔中的味蕾捕获。味蕾中的味觉感受器细胞识别不同的滋味分子并将其编码成电信号，通过特殊的感觉神经将信号传递到大脑以形成味觉[1, 2]。在豆制品中，呈味物质除外源性添加剂（如氯化钠、核苷酸等）外，主要由发酵基质中的蛋白质、碳水化合物、脂类等生物大分子直接分解代谢生成。这些味道物质刺激味觉感受细胞产生 5 种基本味道（咸、甜、苦、酸和鲜味）和其他味觉，从而形成发酵豆制品的基本味道特征[2, 4, 5]。

游离氨基酸来源于蛋白质降解，是重要的风味物质，也是一些重要挥发性风味化合物的前体。一般来说，天然蛋白质中的游离氨基酸除甘氨酸外均为 L 型。根据 L 型游离氨基酸的 R 基团的结构特征及其味道，豆制品中游离氨基酸可分为 5 类：①谷氨酸、天冬氨酸、谷氨酰胺、天冬酰胺（呈现鲜味、酸味）；②苏氨酸、丝氨酸、丙氨酸、甘氨酸、甲硫氨酸、半胱氨酸（呈现鲜味和甜味）；③羟脯氨酸、脯氨酸（呈现甜味、略苦味）；④缬氨酸、亮氨酸、异亮氨酸、苯丙氨酸、酪氨酸、色氨酸（呈现苦味）；⑤组氨酸、赖氨酸、精氨酸（呈现苦味、略甜味）[8, 10]。游离氨基酸的含量和种类会直接影响食品的口感。郫县豆瓣酱中酸味游离氨基酸如天冬酰胺（Asn）和谷氨酸（Glu）的含量最丰富，苦味游离氨基酸其次。甜味氨基酸和鲜味氨基酸对腐乳的味道有重要贡献。对于酱油，鲜味和甜味游离氨基酸是其关键的味道活性成分，其中谷氨酸含量最高，是构成酱料整体鲜味的重要物质。除曲霉产生的谷氨酰胺酶之外，枯草芽孢杆菌 168（*Bacillus subtilis* 168）可以分泌具有谷氨酰胺酶活性的耐盐 γ-谷氨酰胺转肽酶，也可显著改善酱油的鲜味[8, 10]。

根据美国农业部的营养数据库，大豆具有超过 35%的高蛋白含量。在豆制品制备过程中，蛋白质水解生成的氨基酸和风味肽是改善其口感和质地的重要途径。而风味肽特指由豆类原料加工过程中蛋白质分解和氨基酸合成的分子量小于

5kDa 的寡肽，对豆制品风味有重要贡献。风味肽不仅可以改善食品的感官特性，而且部分风味肽具有抑制血管紧张素转换酶活性、抗氧化、抗疲劳等重要的生理功能。风味肽作为一种重要的呈味物质和风味前体，其成味特性取决于其肽链长度、氨基酸组成和序列、空间结构。小分子肽，特别是二肽的味道通常取决于其组成氨基酸的原始味道，如 Glu-Asp、Glu-Ser、Gln-Gln-Gln（呈鲜味）。风味肽的研究主要集中在酱油上，且鲜味肽是迄今为止检测到的种类最多的风味肽。鲜味肽一般结构为—O(C)$_n$O—，n=3～9，当 n=4～6 时，鲜味最强。脯氨酸是苦味肽苦味的主要氨基酸，已鉴定的苦味肽包括 His-Pro-Ile、Lys-Pro、Leu-Pro、Ser-Val-Pro、Asn-Ala-Leu[11]。苦味肽的苦味主要来源于侧链末端的疏水氨基酸，如 Arg、Leu、Pro 和 Phe。由于大豆蛋白体积大，不易接近并与味觉传感器结合，且疏水氨基酸残基大多隐藏在分子内部，因此不会表现出苦味。同时，疏水氨基酸和亲水氨基酸在氨基酸序列中的位置也影响肽的苦味特性，当肽链 C 端是疏水氨基酸和肽链 N 端是亲水氨基酸时会产生强烈的苦味，如果位置颠倒，苦味特性就不明显了[8, 9]。这些风味肽还可通过三种方式（肽与肽互作、肽与核苷酸互作、肽与阳离子互作）与其他呈味物质协同作用，进一步补充（或增强）豆类发酵食品的整体口感，使其口感更加协调、柔和、丰富[8]。

有机酸也是豆制品的重要风味成分，是酸味的主要来源。在加工过程中会产生多种有机酸，包括乳酸、乙酸、柠檬酸、酒石酸、苹果酸、富马酸、草酸、脂肪酸等，可通过脂质水解、氨基酸降解和糖代谢等代谢途径生成[7, 10]。酱油中的非挥发性酸类物质主要是乳酸和乙酸。其中，乳酸是葡萄糖代谢所产生的，其含量直接关系到酱油的品质，能缓解咸味，赋予酱油圆润绵长的口感。乙酸是由乙醇氧化产生的，有轻微的刺激性，可调和酱油的风味[6]。酱油中有机酸与其他非挥发性物质的比例对其酸味的柔和度有重要影响，当酱油的总酸含量为 1.5～2.5g/100mL 时，其鲜味并不突出[8]。然而，当总酸高于 2.0g/100mL 且其固形物的含量保持不变时，酱油风味变差。此外，异戊酸来源于亮氨酸的降解，具有甜味和果香味[8]。

其他非挥发性成分如碳水化合物、核酸、大豆异黄酮等也对豆制品的风味有重要影响。原料中的淀粉等大分子糖水解产生葡萄糖、麦芽糖、木糖和低聚糖，从而使豆制品呈现甜味。豆制品中的咸味主要来自发酵过程中添加的食盐（氯化钠），其含量一般为 7%～23%，由于豆制品加工过程中添加的调味品含有大量其他呈味成分，包括有机酸、氨基酸、糖类等，它们能在一定程度上协调咸味与其他味道，使咸味变得柔和[8-11]。咸味和鲜味的感知基于不同的受体，而鲜味和咸味互相刺激增强了味觉感知。氨基酸和部分风味肽可以增强咸味，从而降低食品中的盐含量，这是开发低盐豆制品的新方向。在发酵过程中，酵母、霉菌等微生物自溶后会产生核酸，并随着核酸酶的水解产生肌苷酸（IMP）、鸟苷酸（GMP）、尿苷酸（UMP），起到改善鲜味的作用[12]。大豆中含有约 0.3%的异黄酮类化合物，被认为与苦味有关[9, 12]。此外，大豆皂苷也被认为与苦味有关，在发酵过程中，大豆皂苷的种类减少，一些与苦味有关的皂苷含量降低，因此发酵豆制品中的苦味和涩味降低。

11.1.3 豆制品中的关键异味物质

豆类生长和加工过程中产生的多种挥发性化合物和非挥发性化合物，在豆浆、豆豉、豆腐和其他豆制品中普遍存在。关键挥发性异味化合物可分为醛类、醇类、酮类、酯类、酸类、呋喃类、烯烃类和其他类，具体化合物如表 11.2 所示。这些挥发性异味物质通常呈现青草味、苦杏仁味、泥土味、刺激味、臭味等，这些物质综合后形成豆制品的特殊异味，称为豆腥味。豆制品中的异味物质会通过酶促反应、美拉德反应、氨基酸代谢、还原糖代谢等途径生成[7-9]。

表 11.2 豆制品中的关键挥发性异味化合物[13]

分类	化合物名称
醛类	丁醛、戊醛、正己醛、正壬醛、2-己烯醛、正庚醛、2-庚烯醛、苯甲醛、正辛醛、(5-乙基-1-环戊烯基)-甲醛、2,4-庚二烯醛、2-辛烯醛、6-壬烯醛、2,4-壬二烯醛、2-葵烯醛、2-十一烯醛、2-溴正十八醛、(*E*)-2-己烯醛、(*E*)-2-戊烯醛、(*E*)-2-庚烯醛、(*E*)-2-辛烯醛、(*E*)-2-壬烯醛、(*E*,*E*)-2,4-壬二烯醛、(*E*,*E*)-2,4-葵二烯醛、3-甲基-1-戊醛
醇类	1-戊烯-3-醇、3-甲基-1-丁醇、2-甲基-1-丁醇、2-戊烯-1-醇、2-己炔-1-醇、3-己烯-1-醇、正己醇、正戊醇、正庚醇、1-辛烯-3-醇、13-十七炔-1-醇、2-甲基-3 庚酮、己醇、庚醇、甲硫醇
酮类	2-丁酮、2-庚酮、3-庚酮、2-丙酮、3-甲基丁酮、5-甲基-3-庚酮、2,3-辛二酮、1,13-十四二烯-3-酮、3,4-环氧基辛酮、3-二十酮、3-辛烯-2-酮、环己酮、1-辛烯-3-酮
酯类	乙酸乙酯、9,12,15-十八三烯酸甲酯、8,11,14-二十三烯酸甲酯、乙酸-8-十八烯酯、苯甲酸苯甲酯、14-甲基十五酸甲酯、辛酸乙酯、葵酸乙酯
酸类	正己酸、正辛酸、香豆酸、异戊酸、*α*-异己酮酸、富马酸、水杨酸、阿魏酸、丁香酸、草香酸、龙胆酸、一羟基苯酸、绿原酸
呋喃类	2-乙基呋喃、2-戊基呋喃
烯烃类	辛烷、1,2-环氧基环庚烷、1,4-二甲基-2-十八烷基环己烷、2-甲基-1-壬烯-3-炔、6-甲基-6-壬烯-4-炔、1-氯十四烷
其他类	2-戊基吡啶、二甲胺、硫化氢、氢氧化胺、氮杂环己烷、对二氮杂苯、二甲硫、大豆磷脂酰胆碱

豆类原料中的脂质氧化是异味物质形成的主要途径之一，脂质氧化反应是由多种酶类催化促使豆中的营养物质发生分解。其中，脂氧合酶的含量和活力最高。脂氧合酶（LOX）分布于大豆种子的所有器官中，主要聚集在大豆种皮和子叶间，占大豆总蛋白含量的 2%[7, 13]。有研究表明，豆浆中己醛和己醇的总含量与加热的

豆制品中的脂氧合酶含量显著相关，通过对比 LOX 缺失型大豆品种与普通大豆品种制备的豆浆，发现 LOX 缺失型大豆制备的豆浆中己醛、2-戊基呋喃、1-辛烯-3-酮、(*E*)-2-辛烯醛和(*E*,*E*)-2,4-壬二烯醛等不良风味物质含量低且差异显著。已报道的大多数 LOX 具有很高的区域特异性，可以将亚油酸和亚麻酸转化为 13-羟基过氧化物或 9-羟基过氧化物，随后在氢过氧化物裂解酶（HPL）、醇脱氢酶（ADH）和醇乙酰转移酶（AATase）这 3 种酶的连续催化下，降解生成多种低分子醇、醛、酮、酸等小分子物质，这些小分子物质是豆腥味的主要组成成分[4, 8]。油脂自动氧化也是豆制品异味产生的重要原因，这是一种自由基反应，包括链引发、链传递和链终止 3 个过程，需经历诱导期、发展期、跃变期、终止期和劣变期 5 个阶段。油酸酯的丙烯基、亚油酸酯和亚麻酸酯中的 1,4-戊二烯结构对氧敏感，其自由基的末端碳易受到空气中的氧攻击生成过氧化氢混合物，过氧化氢极不稳定，易转化为醛类挥发性物质和二级氧化产物（醇类和羧基类化合物）等具有豆腥味的物质[13]。己醛的醛基和蛋白质的伯氨基之间的缩合反应形成希夫碱（阶段Ⅰ），随后与另一分子己醛（阶段Ⅱ）作用[14]。再水解，生成 2-丁基-2-辛烯醛，此物质也是豆制品异味的重要组成成分。这种相互作用不影响蛋白质分子的组成，并且可以重复反应，只要存在游离的氨基和烷烃链，就会形成更复杂的醛缩产物[13]。大豆在热加工过程中经美拉德反应生成的醛类、胺类和硫化氢也是大豆不良风味的来源之一。

在豆类中检测到的主要非挥发性异味物质还包括多酚和皂苷化合物，其可导致食物的苦味或涩味。多酚是通常在高等植物中发现的小分子化合物，其由带有一个或多个羟基的苯环组成。它们有助于豆类中种子颜色和感官特性的形成，还具有抗氧化剂、抗炎和抗微生物特性。多酚衍生物包括类黄酮和酚酸，前者进一步分为原花青素、黄烷酮、黄酮、黄酮醇、异黄酮和黄烷醇 6 个亚类。异黄酮由糖苷和糖苷配基（酚或醇与糖苷的组合）组成[13, 14]。导致豌豆和蚕豆的涩味与苦味的主要糖苷配基是染料木素和大豆苷元，这些糖苷配基通过葡萄糖苷的脱糖苷化而生成。原花青素是存在于豆类中的主要酚类化合物，它们通常存在于种子包衣中[14, 15]。其他多酚衍生物是酚酸（咖啡酸、阿魏酸、芥子酸和对香豆酸等），这些化合物主要存在于种子的子叶中，并导致种子呈现苦味、涩味或酸味。

11.1.4　豆制品风味的研究方法及应用前景

豆制品制备通常需要经过预处理，部分产品还需要经过一种或几种特殊的生物发酵工艺。在这个过程中，豆制品中的蛋白质、碳水化合物、脂类等大分子物质在加工手段、人工接种或环境微生物及其相关酶的作用下，逐渐分解成小分子，从而产生独特的香气和口感。豆制品的外观和结构特性，如颜色、持水力和表观黏度，也在此过程中得到调节和改善。传统的风味研究包括仪器检测和感官评价相结合的方式，常用的技术或仪器有 GC-MS、GC-O-MS、HPLC、HPLC-MS、LC-Q-TOF-MS、GC-I-MS、电子舌和电子鼻[4, 5, 8]。近年来，分子生物学和生物信息学等学科发展迅速，多组学在发酵豆制品领域的应用日益增多。新一代测序技术可以更准确、高效地分析食品中各组分的代谢途径及微生物多样性，转录组学和蛋白质组学的联合应用有助于揭示发酵豆制品功能微生物的具体作用途径。机器学习和人工智能技术是近年新兴的计算机技术，可以快速分析和处理大量的风味数据，并生成预测模型和优化方案，可用于指导豆制品研发和市场推广。豆制品风味研究可以对豆类加工过程的风味更替进行具体的模拟预测分析，从中分离到的非挥发性风味肽可作为食品添加剂应用到“三减”食品中，可用于制备更符合当代人体质需求的多功能营养食品[7, 14]。

11.2　典型豆制品的生物成味实践

11.2.1　生物成味途径

酶技术在温和的环境条件下发挥作用，具有低能耗、高效率、低溶剂消耗等特点，可促进细胞内化合物的释放，增加可溶性糖和蛋白质含量，提高产品生物活性，从而提高植物性饮料的稳定性、感官属性和风味品质。糖酶和蛋白酶被广泛用于植物性食品加工中，糖酶水解植物细胞壁层中的糖苷键，促进不溶性纤维的分解，产生低分子量糖，并释放蛋白质和其他细胞内化合物[14, 16]。例如，纤维素酶水解初生细胞壁，而果胶酶水解次生细胞壁，通过果胶酶破坏植物细胞壁组分的网络结构，增加了游离蛋白质和脂肪在豆制品中的含量。酶解也可以改善植物基饮料的稳定性和风味。碳水化合物酶处理（1.2%纤维素酶，3h）可改善大豆饮料在储存期间的物理稳定性，并改善豆风味[14, 17]。蛋白质水解后产生的低分子量肽主要由疏水性氨基酸组成。疏水性、一级序列、空间结构、肽链长度和分子大小都是肽苦味的决定因素。因此，需要特定的蛋白质水解来防止植物饮料中的苦味[11]。用碱性蛋白酶或胃蛋白酶处理的样品显示出最高的苦味感知值，而添加胰蛋白酶与这两种酶中的任一种的组合降低了样品中的苦味强度。在碱性蛋白酶切割肽键时，更多的氨基和羧基暴露给风味酶，它可以在 C 端和 N 端破坏肽键并释放出苦味氨基酸，如苯丙氨酸、缬氨酸、亮氨酸和组氨酸[8, 9]。水解过程中蛋白酶对蛋白肽的解离也会影响其他风味或异味的释放或保留。碱性蛋白酶水解豌豆蛋白分离物可导致蛋白肽解离，减少疏水区域，加速酯和酮的释放，而醛和二硫化物被保留，从而产生绿色、辛辣、坚果和烘烤的味道。酶水解还可以增强豆制品中的生物活性，因为该技术可以将大分子物质降解为具有更高生物活性的较小分子化合物，并增加生物活性成分（多酚、类黄酮等）的释放[14, 15]。此外，由于植物材料中的酚类化合物可通过疏水相互作用和氢键与球状蛋白形成蛋白质-酚类复合物，因此经酶作用后可提高总酚含量。豆制品中的关键挥发性化合物形成途径如表 11.3 所示。

表 11.3　豆制品中的关键挥发性化合物形成途径[8]

挥发性化合物		香味特征	功能菌	关键酶	代谢通路
醇类	乙醇	乙醇味	乳酸菌、酵母	丙酮酸脱羧酶、乙醇脱氢酶、丙酮酸脱氢酶	糖酵解途径
	辛烯-3-醇	蘑菇味	真菌	脂氧合酶、过氧化氢裂解酶	不饱和脂肪酸（亚麻酸）代谢
	苯基乙醇	花香、甜味	酵母	氨基酸脱氢酶、转氨酶、酮酸脱羧酶、乙醇脱氢酶	Ehrlich-Neubauer 途径、三磷酸戊糖途径
	甲基-1-丁醇	臭味、辛辣味	酵母	支链氨基酸脱氢酶、转氨酶、酮酸脱羧酶、醇脱氢酶	Ehrlich-Neubauer 途径、三磷酸戊糖途径
酯类	乙酸乙酯、丁酸乙酯和异丁酸乙酯	果香	酵母	醇乙酰转移酶、乙醇己酰转移酶、酯酶	乙醇和乙酰辅酶 A 之间的酶促反应，酯酶催化酸和醇形成相应的酯
	其他脂肪酸酯	果香和甜味	乳酸菌、解淀粉芽孢杆菌、霉菌	酯水解酶类、三酰甘油脂肪酶、羧酸酯酶、酯酶	脂质水解、酯合成反应
醛类	苯甲醛	樱桃香	酵母	转氨酶、脱羧酶	Ehrlich-Neubauer 途径、微生物代谢
	甲基丁醛、3-甲基丁醛、苯乙醛	杏仁味、蜂蜜味	酵母	转氨酶、脱羧酶	Ehrlich-Neubauer 途径、氨基酸的 Strecker 降解（非酶）
	戊醛、壬醛、己醛、丁醛和辛醛	果味、坚果味和烘烤味	酵母	脱氧合酶、环氧合酶	不饱和脂肪酸的自氧化
酮类	2-丁酮	黄油味、奶酪味	细菌	脱氢酶	酶分解丙酮酸代谢形成
	2,3-丁二酮	黄油味、奶酪味	枯草芽孢杆菌	乙酰乳酸合成酶、α-乙酰乳酸脱羧酶、乙偶姻还原酶（产生前体）、氧化酶	乙偶姻/2,3-丁二醇的氧化
	2-丙酮	黄油味	真菌	微生物脂肪酶、过氧化氢酶、脂氧合酶、硫解酶	微生物诱导的脂质/氨基酸氧化（β-氧化）
	2-羟基-3-甲基-2-环戊烯-1-酮	甜味	酵母、霉菌	脱氢酶、转氨酶、葡萄糖氧化酶	美拉德反应

续表

	挥发性化合物	香味特征	功能菌	关键酶	代谢通路
酸类	乙酸	酸味	乳酸菌	丙酮酸氧化酶、磷酸乙酰转移酶、乙酸激酶、酰基磷酸酶、醛脱氢酶	丙酮酸代谢途径、糖酵解途径
	丙酸和丁酸	腐臭味	霉菌	脂肪酶、丙酮酸脱氢酶复合体	大豆油脂水解
	甲基丙酸、2-甲基丁酸、3-甲基丁酸	强烈的辛辣味、汗味、奶酪味	酵母	醛脱氢酶、支链氨基转移酶、脱羧酶	Ehrlich-Neubauer 途径
吡嗪类	2,6-二甲基吡嗪、2-甲基吡嗪、2,3,5-三甲基吡嗪	烤牛肉味、烧烤味	枯草芽孢杆菌	转氨酶、过氧化物酶	美拉德反应、非酶反应
呋喃类	2-戊基呋喃	青草味	葡萄球菌	氧化酶、脂氧合酶	多不饱和脂肪酸的氧化降解
含硫挥发物	二甲基二硫、二甲基三硫	大蒜味、煮熟的卷心菜味	细菌	微生物裂解酶	甲硫醇的自发次级反应

发酵被认为是改善豆制品和豆类风味的传统方法。其通常在固态下或通过真菌或细菌产生的蛋白酶存在下的深层发酵进行[8]。利用微生物发酵生产植物豆奶一般涉及使用两种或多种微生物菌株进行混合培养发酵，以增强发酵效果，提高最终产品的质量。乳酸菌、芽孢杆菌和酵母是用于生成植物豆奶最广泛的微生物。在发酵过程中，微生物产生的酶裂解蛋白质并将其分解为肽和低分子量氨基酸，由于氨基酸存在可电离的氨基和羧基，可增强豆类产品的溶解度。但是微生物产生的酸可导致豆制品中蛋白质发生不可逆凝结，降低它们的溶解度。发酵 24h 减少了苦味、绿色和泥土味，而将持续时间延长至 48h 将产生干酪味、酸味和咸味[14]。乳酸菌发酵可使豌豆蛋白中具有绿色和草样风味的醛类与酮类挥发性化合物含量分别降低 42%和 64%。在由发酵豌豆制备的酸奶中，1-己醇和(*E*)-2-己烯醛产生的豆腥味和草腥味可以通过产生具有甜味、奶酪味和黄油味的挥发性风味物质（如乙偶姻或 2-戊酮）来掩盖。同样，用食用菌发酵大豆酱后，豆腥味和青草味的减少是由于己醛的含量显著降低，并且产生具有水果味的芳樟醇。可以推断，豌豆、大豆或蚕豆的发酵可以通过增强花香、甜味和果香（其掩盖了绿色和草香）调节它们的豆制品风味特征[14, 17]。发酵还可以通过增加营养成分、提高营养生物利用度、去除抗营养因子，以提高植物饮料的营养价值。在用双歧杆菌发酵的大豆饮料中，观察到粗蛋白含量和 B 族维生素（如核黄素和硫胺素）显著增加。利用乳酸菌发酵大豆，可产生抑制血管紧张素转化酶的生物活性肽，并显示

出抗高血压作用；发酵过程中乳酸菌产生的 β-葡萄糖苷酶可将大豆饮料中的结合型大豆黄酮转化为更具生物活性的葡萄糖苷酮[14]。

发芽是一种释放豆类原料中营养素的常用方法，使豆制品中的应用物质更容易被消化吸收。发芽豆比生谷物更有营养，富含维生素、矿物质、氨基酸、蛋白质和其他生物活性物质。发芽通过激活内源酶（如 α-淀粉酶）而促进碳水化合物酶促分解为单糖，从而增加淀粉降解的消化率，为种子发育提供能量。在发芽期间，可以减少抗营养因子如胰蛋白酶抑制剂，并改善食物的营养和风味特征（减少由脂质降解产生的豆腥味）[8, 14]。发芽对碳水化合物的影响在很大程度上取决于水解酶和淀粉分解酶的活化，导致淀粉减少和单糖增加。发芽可增加甲氧基吡嗪含量，并通过增加 2,3-丁二酮、愈创木酚和(*E*,*Z*)-2,6-壬二烯醛的含量来增加甜味。鹰嘴豆发芽预处理后，己醛、(*E*,*E*)-2,4-壬二烯醛/癸二烯醛、3-甲基 1-丁醇、1-己醇和 2-戊基呋喃等挥发性物质含量降低，豆腥味减弱[18]。发芽还可提高豆类总水溶性蛋白质含量，并由此提高发芽大豆种子中的游离黄酮类化合物（如苷元、大豆苷元、染料木黄酮和黄豆黄素）含量，这有助于其豆制品营养增值。发芽过程的应用将是获得无腥味豆制品的潜在加工手段[18]。

11.2.2　酱油的生物成味实践

酱料是一种发酵的大豆调味品，在中国、日本及其他亚洲国家很受欢迎。不同地区的酱油存在一定差异，这是由酱油酿造过程中固态发酵和盐水发酵阶段所决定的[4]。酱油固态发酵过程中的微生物是由使用的“曲”决定的，曲中的微生物及酶在发酵过程中起着重要作用，并最终产生醇、酚、酯、醛、酸、呋喃、吡嗪和其他特征风味物质。宏基因组分析结果表明，不同菌株间的功能基因存在特异性差异（细胞生长、耐受性和风味代谢），这将会导致最终发酵产物的品质差异。

在酱醪发酵阶段，以耐盐酵母和耐盐乳酸菌为主的微生物对酱油的色、香、味的形成和品质起着重要作用。酵母直接或间接参与酱油中的乙醇发酵和酯的合成，赋予酱油特殊的风味特征，对酱油的气味和滋味有很大贡献。鲁氏接合酵母（*Zygosaccharomyces rouxii*，双孢酵母属）有很强的渗透压抵抗力，能在高盐高糖环境中生长，在发酵的早期阶段较为活跃，并能产生醇、呋喃酮和有机酸等风味物质[19]。在发酵中后期，酱醪的 pH 下降，*Z. rouxii* 自溶。同时，皱状假丝酵母（*Candida versatilis*，念珠菌属）活性提高，将原料在微生物作用下产生的阿魏酸和香豆酸转化为 4-乙基愈创木酚和 4-乙基苯酚[4, 19]。此外，酱油中还含有大量的乳酸菌，它们在发酵过程中产生风味物质（如乳酸和乙酸），调节发酵液 pH，可抑制有害菌的生长。目前，在酱油的实际工业生产过程中，多菌种混合发酵技术被广泛应用，克服了单一菌种发酵酱油产酶弱、风味差的问题[8]。

11.2.3　豆瓣酱的生物成味实践

豆瓣酱是以大豆和面粉为主要原料，经霉菌、酵母、乳酸菌等多种微生物共同发酵而成的半固体调味品。传统的发酵豆酱因制备方便、营养丰富、风味独特而在东亚广受欢迎。豆瓣酱的生产与酱油类似，主要分为固态发酵和液态发酵两个阶段。传统的自然发酵和工业发酵的主要区别在于制作阶段。传统发酵型豆瓣酱发酵周期长，微生物群落结构复杂，这可能是其口感和香气丰富的原因之一，但也存在有害物（真菌毒素和生物胺）和致病菌污染的风险。

随着现代食品科学技术的进步，豆瓣酱的生产方法逐渐演变为人工接种。在固态发酵阶段，常用的菌种有曲霉属、解淀粉芽孢杆菌和芽孢杆菌属，这些菌能分泌高活性蛋白酶和淀粉酶，在发酵前期水解蛋白质和多糖，提高发酵体系中游离氨基酸、还原糖等小分子营养物质的含量[20]。此外，固态发酵过程分泌的酶还可在高盐浓度的液态发酵液中保持良好酶活，并继续产生丰富的前体环境。在醪液发酵阶段，乳酸菌和酵母为优势菌[14]。乳酸菌能在高盐和厌氧环境中生长，通过一系列代谢途径产生风味物质，最终形成豆瓣酱的多感官风味。

11.2.4　豆豉的生物成味实践

豆豉是以大豆或黑豆为主要原料，经各种微生物发酵而成的固态含量较高的发酵豆制品。根据参与发酵的微生物来源不同，可分为自然发酵和接种发酵两种类型；根据参与发酵的优势微生物群落又可分为细菌型和霉菌型，霉菌型豆豉又可分为根霉型、曲霉型和毛霉型。由于所使用的微生物、生产工艺和产地习俗的不同，豆豉产品的外观、风味和益生功能都有自己的特点。

中国的水豆豉和日本的纳豆是典型的细菌型豆豉，参与发酵的主要微生物是芽孢杆菌，它具有良好的蛋白酶活性。纳豆枯草杆菌（*Bacillus subtilis* var. *natto*）代谢可生成聚谷氨酸（γ-PGA）和聚果糖等物质，对纳豆的口感和风味起着重要作用。*B. subtilis* var. *natto* 还具有耐酸、耐热的特性，能够在肠道中定植，其产生的纳豆激酶能够溶解血栓，具有一定的益生功效。

霉菌型豆豉中的营养和风味由各种霉菌决定。印尼的豆豉为根霉型豆豉，其表面覆盖着白色蛋糕形状的菌丝体，质地坚韧、有弹性，有类似蘑菇的香味，食用前需要加热处理[8]。浏阳豆豉、阳江豆豉、南昌豆豉是曲霉型豆豉的典型代表，其生产主要经过制曲和熟后发酵两个阶段，制曲阶段可以迅速降低大豆硬度，有利于蛋白酶和纤维素酶在后发酵过程中继续发挥作用；盐、白酒和其他辅料共同构成了曲霉式豆豉独特的风味和色泽。产于我国川渝地区的永川豆豉和铜川豆豉具有香味浓郁、色泽鲜艳的特点，是毛霉型豆豉的代表。但是毛霉通常在开放环境中进行加工，且生长所需的温度较低，制曲时间较长[4]。毛霉型豆豉发酵过程中微生物种类较多（乳酸菌和酵母），由这些微生物分泌的蛋白酶、纤维素酶、脂肪酶和淀粉酶共同决定毛霉型豆豉的风味、颜色和质地。

11.3　豆制品中生物成味的影响因素

豆制品中的风味形成机制十分复杂，受到原料、加工工艺、发酵剂、酶和储藏工艺等多种因素影响，导致形成的风味成分多种多样。

11.3.1　原料

豆类包括大豆类和杂豆类，大豆类根据其种皮颜色和种子粒形分为 3 类，即黄大豆、青大豆（青豆）、黑大豆（黑豆）。其可以被加工成豆腐、豆浆、腐竹、纳豆等。它们蛋白质含量高，淀粉含量很低，是高蛋白豆。除了大豆，剩下的豆类都统称为杂豆类。杂豆类是一个庞大的家族，包括花芸豆、小红芸豆、红芸豆、黑芸豆、白芸豆、小利马豆、豇豆、绿豆、小扁豆、鹰嘴豆等。大豆类和杂豆类相比，不单单是外形的区别，在营养成分上也有所不同（表 11.4）。杂豆类总体呈现高碳水化合物、低脂肪的特点，更适合作主食。绿豆等杂豆类的营养特点更接近粮食（如小麦）而与大豆（如黄豆）相差较大。以绿豆为代表的杂豆类含有大量的淀粉（55%以上）和很少的脂肪（1%左右），而大豆含淀粉极少，脂肪的含量却较多（16%），两者的差别非常明显。大豆中富含低聚糖、大豆异黄酮、磷脂等植物化学物质，而这些成分在杂豆类中的含量极少。杂豆中的蛋白质不仅含量比大豆低很多，而且其氨基酸构成比大豆也逊色许多，不属于优质蛋白。为了更好地推荐大豆及其制品，使饮食结构更为合理，《中国居民膳食指南（2022）》把杂豆及其制品作为粮食类来推荐，而不是作为“豆制品”来推荐，大豆主要提供优质蛋白、不饱和脂肪酸，和坚果相近，代替部分红肉，有益健康。杂豆（淀粉豆）如红豆、绿豆、芸豆、豌豆、鹰嘴豆、蚕豆等主要提供淀粉和膳食纤维、B 族维生素，和全谷物相近，可以代替部分主食，有益健康。豆类蔬菜如豇豆、四季豆、荷兰豆、豆角等当作蔬菜，水分大，热量低，可提供维生素、矿物质（表 11.5）。

表 11.4　大豆类和杂豆类中的碳水化合物、蛋白质和脂肪含量　（%）

指标	大豆类	杂豆类
碳水化合物含量	20～30	55～65
蛋白质含量	35～40	20～30
脂肪含量	15～20	<5

表 11.5　常见豆类中的各种营养素含量（每 100g 干豆）

豆类	蛋白质/%	脂肪/%	碳水化合物/%	膳食纤维/%	维生素 B_1+维生素 B_2+维生素 B_3/mg	钙/mg	钾/mg	镁/mg
黑豆（黑大豆，干，水分 10%）	36	16	34	10	2.53	224	1377	243
黄豆（大豆，干，水分 10%）	35	16	34	16	2.71	191	1503	199
青豆（青大豆，干，水分 10%）	35	16	35	13	3.59	200	718	128
绿豆（干，水分 10%）	22	0.8	62	6	2.36	81	787	125
红豆（干，水分 10%）	20	0.6	63	8	2.27	74	860	138
豌豆（干，水分 10%）	20	1.1	66	11	3.03	97	823	118
花豆（干，水分 10%）	17	1.4	66	7	2.84	221	641	120
芸豆（干，水分 10%）	22	1	61	8	2.62	227	1027	131
鹰嘴豆（干，水分 10%）	21	4.2	60	12	0.66	150	830	210
蚕豆（干，水分 10%）	25	1.6	59	3	2.9	54	801	94
眉豆（干，水分 10%）	19	1.1	66	7	2.43	60	525	171
豇豆（鲜）	2	0.3	7	1	0.11	62	171	55
油豆角（鲜）	2	0.3	4	1.6	1.55	69	240	35
荷兰豆（鲜）	3	0.3	5	1.4	0.83	51	116	16
四季豆（鲜）	2	0.4	6	1.5	0.51	42	123	27
豆角（鲜）	3	0.2	7	2.1	1.02	29	207	35
毛豆（带皮，鲜）	13	5	11	4	1.62	135	478	70

豆制品品质与豆类原料品种关系紧密。据报道，亚麻酸含量对豆浆中的氧化酸败或风味稳定性丧失有影响，亚油酸含量与豆浆中的豆腥味含量呈正相关。因此，这种豆腥味与含有不同水平亚油酸的不同品种的大豆材料有关。不同大豆品种的脂肪氧化酶活性、不饱和脂肪酸含量、蛋白质含量不同，与豆腥味的产生密切相关。有研究者对 2 个地区 5 个大豆品种制备的豆浆中的挥发性化合物进行了研究，发现大豆品种和产地对不同批次豆浆挥发性成分的影响显著（$P<0.05$）。总挥发性化合物含量与豆浆蛋白的浓度有关。挥发物含量随豆浆蛋白质含量的增加而增加。经鉴定出的挥发性化合物大部分是由豆浆脂质氧化形成的。在缺氧的情况下，全脂大豆制成的豆浆中挥发性化合物的含量超过脱脂大豆制成的豆浆或全脂大豆制成的豆浆。豆中的酚类物质（包括酚酸和异黄酮）被认为是造成苦味和涩味的原因。生大豆的异黄酮大部分存在于下胚轴中，其含量随大豆品种、生长

环境和季节环境条件的不同而不同。异黄酮包括玄参素、大豆苷、大豆泽苷、甘草甜素、乙酰大豆苷和乙酰玄参素。有报道表明豆浆中令人反感的苦味强度与异黄酮苷元的浓度成正比。事实上，生长地点、降雨量、温度、土壤质量、阳光等这些因素都显著影响大豆成分的含量。因此，即使采用类似的加工方法，豆浆的味道也会因所用的大豆品种而异。这说明大豆原料的选择是影响豆浆风味品质特性的重要因素。此外，东方消费者对风味浓郁的大豆食品的偏好高于西方消费者。因此，如果在选择大豆品种时能够考虑到不同地区豆浆风味的偏好差异，则加工后的大豆食品将能满足消费者的不同需求。

11.3.2　加工工艺

日常生活中的黄豆等豆类，除了泡发直接煮粥或做菜，更多的是做成种类繁多的豆制品。根据生产工艺的不同，豆制品可以分为发酵豆制品和非发酵豆制品。非发酵豆制品有整豆（如毛豆、青豆、干豆等）、豆芽、豆浆、水豆腐、干豆腐（如豆腐干、豆腐衣等）、油豆腐、冻豆腐和豆粉等。发酵豆制品是以大豆为主要原料，经过微生物的发酵而制成的食品。常见的有豆豉、豆瓣酱、腐乳、臭豆腐、豆汁、纳豆和天贝等。

豆浆是中国传统的饮品，是将大豆用水泡发后，磨碎、过滤、煮沸而成的。豆浆的风味是大豆在研磨过程中脂肪氧化酶氧化亚油酸、亚麻酸等不饱和脂肪酸，最后形成醛类、酮类、醇类及呋喃等化合物而产生的，而浸泡、研磨及热处理等都会影响脂肪氧化酶的活性，进而影响豆浆的口感。有研究者对不同研磨温度下豆浆中的氢过氧化物和正己醛进行了研究，发现氢过氧化物和正己醛在 30℃时含量最高。然而，在 3℃和 80℃时，氢过氧化物的数量约为 30℃时的一半。除 80℃外，正己醛与氢过氧化物呈高度相关。结果表明，控制研磨温度可有效降低粉料的过氧化和异味程度。豆腐的本质是大豆蛋白在凝固剂作用下通过蛋白质-蛋白质、蛋白质-水形成具有特定空间网络结构的蛋白凝胶。豆腐凝胶的形成主要分为两个关键阶段，第一阶段是通过热处理使豆浆中大豆蛋白变性，第二阶段是通过加入凝固剂使大豆蛋白聚集，形成具有三维网络结构的凝胶。但是不同的制作工艺造就出来的豆腐风味和口感也不一样。就像点豆腐过程，如果用的是盐卤水（氯化镁、氯化钙等），做出来的豆腐就是我们俗称的北豆腐，而用石膏（硫酸钙）做出来的就是南豆腐，用葡萄糖酸内酯做出来的就是内酯豆腐。北豆腐质地比较老，适合炒炖；南豆腐质地更嫩滑，适合凉拌或做汤。毛豆腐、纳豆、臭豆腐、豆酱、豆豉、酱油等都是发酵豆制品。发酵豆制品更容易消化吸收，同时因为微生物的发酵作用，B 族维生素的含量会增加，对于素食人群而言，是很好的维生素 B_{12} 的补充来源。

毛豆腐是我国安徽省黄山市（徽州地区）的特色名菜，以豆腐为主料。毛豆腐是一种由霉菌发酵而成并由白色真菌菌丝覆盖的大豆蛋白豆腐。上好的毛豆腐生有一层浓密纯净的白毛，上面均匀分布着一些黑色颗粒，这是孢子，也是毛豆腐成熟的标志。纳豆主要是由大豆类通过纳豆芽孢杆菌发酵制成的，纳豆芽孢杆菌发酵后会形成主要成分为多聚谷氨酸和多聚果糖的黏性丝状物质，形成独有的拉丝效果。纳豆的营养品质和感官风味与发酵工艺直接相关，在不同工艺条件下可产生极为不同的质地与风味。工艺优化多从大豆前处理、发酵和后熟三个阶段展开研究，涉及的工艺环节包括原料浸泡时间、料液比、蒸煮方式及温度和时间、接菌温度、接菌量、发酵及后熟时间、储存温度和时间等。臭豆腐是我国的传统发酵制品，根据工艺不同分为非发酵型和发酵型两种。南方臭豆腐属于非发酵型，制作过程一般分为臭卤水制作、豆腐浸泡、油炸几个阶段，其加工和风味来源的关键在于发酵卤水。发酵型臭豆腐以北方臭豆腐为代表，是腐乳的一种。发酵型臭豆腐分为前期培菌和后期发酵两个阶段。前期培菌主要是菌在白坯上繁殖，长出的菌丝体把坯体包裹，代谢产生的酶类又将一部分蛋白质分解成水溶性蛋白质的过程。后期发酵是在前期发酵分泌的酶类、汤料中的菌类和化学物质的协同作用下，将坯体中蛋白质等大分子化合物降解、酯化的过程。豆酱又名黄豆酱、大酱，是以大豆、面粉为原料，经过微生物发酵酿制而成的一种半流动状态的调味品。各地依据环境条件和饮食文化形成了具有当地特色的豆酱种类，如我国的东北大酱、郫县豆瓣酱等。豆豉是以黄豆或黑豆为原料，属于固态发酵，具体包括分拣、浸泡、蒸煮、晾凉、制曲、拌料、发酵或后熟等发酵工序。酱油主要以大豆、饼粕等为原料，辅以小麦、面粉或麦麸等，经微生物发酵得到的液态调味品，主要有低盐固态型、淋浇型、高盐稀态型和传统发酵型。

11.3.3 发酵剂

经研究发现，乳酸发酵能够从豆浆中去除己醛。然而，根据几位研究人员的不同研究发现，发酵去除己醛的效果似乎因发酵剂的类型而异。例如，用短双歧杆菌发酵 24h 后，己醛含量从 16.5μg/L 降低到 4μg/L。用嗜热链球菌、保加利亚乳杆菌亚种、干酪乳酪杆菌或醋酸乳杆菌发酵的豆浆几乎没有表现出可检测到的己醛。同样值得研究的是，细菌的类型是否对己醛的去除有影响。有研究使用 6 种不同的培养菌株，即嗜热链球菌 ST-M5、德氏乳杆菌保加利亚亚种 Lb-12、干酪乳酪杆菌 YMC1069、醋托耐受乳杆菌 La28、双歧双歧杆菌 TMC3115 和植物乳杆菌 LP45，作为发酵剂发酵大豆分离蛋白（SPI）溶液。发酵后测定己醛含量，比较不同菌株的己醛去除能力。经研究发现作为对照水平的酸性 SPI 溶液的己醛含量约为 39μg/L，6 株乳酸菌株均表现出优异的己醛去除能力，发酵后未检测到己醛。然而，加热这些不含己醛的发酵 SPI 溶液后，检测到 20～40μg/L 挥发性己醛，明显低于加热后酸性 SPI 溶液中的含量（56μg/L，$P<0.05$）。这一发现表明，在发酵过程中，乳酸菌去除了一些结合的己醛，去除能力的顺序如下：植物乳杆菌 LP45>醋托耐受乳杆菌 La28>德氏乳杆菌保加利亚亚种 Lb-12>干酪乳酪杆菌 YMC1069>嗜热链球菌 ST-M5>双歧双歧杆菌 TMC3115。

豆豉主要依赖于在制曲和后发酵过程中微生物产生的酶系作用于发酵基质（黑豆或黄豆）中的蛋白质、淀粉、脂肪及次生代谢物等，经过一系列复杂的生物转化而形成丰富的风味物质和生物活性成分。根据发酵时优势微生物的不同分为根霉型豆豉、曲霉型豆豉、毛霉型豆豉和细菌型豆豉。不同类型豆豉的微生物群落结构存在显著差异（表 11.6）。

表 11.6　不同类型豆豉及其优势微生物群落结构

豆豉	类型	制曲优势微生物	发酵优势微生物
天培	根霉型	少孢根霉	肠球菌科、乳杆菌科和醋杆菌科等细菌
浏阳豆豉	曲霉型	曲霉属、青霉属、根霉属、酵母等真菌和杆菌属、肠球菌属、葡萄球菌属等细菌	后发酵 3d：横梗霉属、假丝酵母等真菌及乳杆菌属、芽孢杆菌属等细菌 后发酵 15d：丝衣霉菌属、嗜热子囊菌属、毕赤酵母属等真菌及芽孢杆菌属、乳球菌属、魏斯氏菌属、肠球菌、葡萄球菌等细菌
永川豆豉	毛霉型	毛霉属	天然型：曲霉、青霉、肠杆菌科、芽孢杆菌和假单胞菌 人工型：曲霉、念珠菌、芽孢杆菌、韦塞拉菌、葡萄球菌和乳酸杆菌
水豆豉	细菌型	芽孢杆菌属为主，其次是变形杆菌属和短芽孢杆菌属等	芽孢杆菌属

11.3.4　酶

生榨的豆浆中含有胰蛋白酶抑制剂、脂氧合酶、细胞凝集素等抗营养物质。它们不仅影响人体吸收，还会引发腹痛、腹泻、呕吐等胃肠道不适症状。这些物质不耐热，彻底加热就能破坏其活性，大豆种子中存在 3 种脂氧合酶。它们通过分子氧催化多不饱和脂质的氢过氧化作用。由于 85%的大豆油由不饱和脂肪酸组成，它很容易被脂氧合酶加氢过氧化，也容易被自氧化。氢过氧化的脂质非常不稳定，很容易被酶或非酶裂解，并产生正己醛和正己醇等副产品。过氧化氢酶是一种催化氢过氧脂质裂解反应的酶。据报道，大豆种子中的过氧化氢酶对脂氧合酶产生的 13-L-c,顺-9,反-11-十八烯二烯酸（13-L-c,t-HPO）具有特异性，并导致正己醛生成。大豆食品中的异味发展主要是由于脂氧合酶或不饱和脂肪酸的氧化酸败。异味化合物很难去除，因为这些化合物与大豆蛋白的亲和力很高。植物脂质通过脂氧合酶途径被一系列酶依次降解为挥发性和非挥发性化合物。脂氧合酶、氢过氧化物裂解酶、烯醛异构酶和醇脱氢酶在挥发性化合物的形成中起着重要作用。脂氧合酶利用分子氧催化含有顺,顺-1,4-戊二烯体系的多不饱和脂肪酸和酯的氧化，生成共轭氢过氧化物。这些脂肪酸的氢过氧化物通过氢过氧化物裂解酶转化为挥发性和非挥发性醛。用不含脂氧合酶的大豆制成的豆浆，其煮熟的豆浆香气、风味和涩味较低，颜色更深、更黄。感官描述小组成员指出，无脂氧合酶大豆和普通大豆在乳味、小麦味、厚度、白垩度或回味方面没有区别。用不含脂氧合酶的大豆制成的豆腐比用普通大豆制成的豆腐有更少的煮熟的豆味，熟豆香气、生豆香气、生豆风味、小麦风味、涩味、硬度、暗度、黄度无差异。正常成熟的大豆种子含有 3 种对风味很重要的脂氧合酶同工酶（SBL-1、SBL-2 和 SBL-3），大豆中也发现了其他同工酶。这 3 种同工酶与己醛及其他醛、酮和醇的产生有关，这些都有助于产生异味。基因去除脂氧合酶同工酶可以减少或消除大豆的异味，并在某些市场上增加消费者的接受度。

豆制品中的大分子物质如蛋白质、脂类及碳水化合物在发酵过程中被微生物酶水解为低分子量的多肽、氨基酸、脂肪酸和单糖等小分子物质，进一步分解为小分子的挥发性醛、酸、醇类和芳香族化合物等物质，赋予豆制品特有的香气。以湖南本地两种臭豆腐卤水为例，深色臭卤水和浅色臭卤水所鉴定出来的挥发性物质的数量、种类和含量都存在差异。原料中的蛋白质、糖类等在多种微生物及其分泌的酶类的作用下分解，释放出大量的酯类、醇类、含硫类化合物等，形成了臭豆腐的特殊风味。臭豆腐风味物质的形成，除受原材料和工艺的影响外，最重要的是微生物及其在发酵过程中释放出的复杂酶系，因此发酵菌种对臭豆腐风味物质的形成起着最重要的作用。其中乳酸菌是主要优势菌群。

11.3.5 储藏工艺

用储存的大豆制成的豆浆可能会产生更好的豆浆风味和质量。对照组和贮藏第一个月的豆浆样品中总挥发物含量较高，可能受到大豆收获时的内在特性[即水分含量、叶绿素（色素）浓度、LOX 活性和大豆成分之间的化学反应]的影响。随着时间的流逝，储存导致总挥发物回收率显著降低（$P<0.05$）。在储存的最初几个月中，总挥发物的下降幅度最大（3 个月后损失了 88%）。超过第三个月，挥发物总回收率保持相当稳定。总挥发分的减少与储存期间观察到的总 LOX 活性降低 20%相对应。大豆中的多元不饱和脂肪酸如亚油酸、亚麻酸等在储藏中被 LOX 催化氧化产生脂肪酸氢过氧化物，这类物质随之分解为短碳链的醇类、醛类和酮类等挥发性腥味物质。低温（0℃储藏）显著降低了大豆中 LOX 活性，使得催化氧

化反应速率减慢，极显著地降低了挥发性豆腥味物质生成量，与在 20℃储藏的 LOX 缺失大豆制得的豆浆相比，挥发性腥味物质总量降低了 18.70%，在 0℃储藏的 LOX2 缺失大豆可以作为制备无腥豆浆的良好原料。

11.4　豆制品生物成味的发展趋势

在豆制品生产加工过程中减少异味是一项关键的步骤，可以提高产品的可接受程度。国内外对减少豆制品异味的研究很多，可以归纳为 3 条途径：利用生物方法中的基因工程技术进行原料改良，选育豆腥味少或无腥味的大豆新品种；改进生产工艺，钝化大豆中脂肪氧化酶活性或使其灭活，利用酶解和发酵等技术抑制豆腥味的产生；改进贮藏条件，通过真空除臭或风味掩蔽去除产生的异味。

11.4.1　生物方法

早期的研究表明，与普通大豆相比，缺乏脂肪氧化酶的大豆具有较低的酶活性，并且产生的气味化合物更少。研究者发现缺乏脂肪氧化酶的大豆的酶活性仅为正常大豆的 15.8%，缺乏脂肪氧化酶的生豆浆的总豆腥味化合物含量仅为 8.41ppm[①]，缺乏两类脂肪氧化酶的生豆浆为 12.3ppm，而正常生豆浆高达 25.3ppm。利用缺乏脂肪氧化酶的大豆品种制成的生豆浆中已醇、已醛（豆浆中的主要气味化合物）和 1-辛烯-3-醇等豆腥味化合物也明显降低。可以看出，缺乏脂肪氧化酶的大豆品种可以有效减少豆腥味的产生。许多国家已通过基因工程技术培育脂肪氧化酶（LOX1、LOX2、LOX3）缺失的新大豆品种，但在大豆中又不断发现有其他脂肪氧化酶，因此在加工过程中仍有豆腥味产生。美国的 Century 和日本的 Suzuyutaka 建立了以脂肪氧化酶缺陷基因株系为代表的大豆品种资源。然而，这些缺乏 LOX 的大豆品种主要通过基因工程技术培育而成，这在全球食品安全领域仍存在争议。2020 年，东北农业大学王少东课题组通过杂交选育培育了‘东富豆 1 号’（黑审豆 2018043），这是国内首个全脂肪氧化酶（LOX1、LOX2、LOX3）缺失的大豆新品种。开发不含豆腥味的大豆品种，不仅可以节约脱腥成本，还可以将大豆的应用拓展到更多产品，因此值得推广。

酶解法主要是通过蛋白酶（脱氢酶、酰胺酶）、磷脂酶等来去除豆腥味。添加一定量的蛋白酶适度水解蛋白质，不仅能消除大部分豆腥味，还可增加蛋白质的溶出率。醛脱氢酶可将豆浆中的已醛、已醇等中链醛和醛醇不可逆地转化为酸，从而在不破坏产品营养的情况下降低豆腥味。异味化合物通常通过疏水作用与蛋

① 1ppm=1mg/L

白质结合，不易去除；尤其是醛类化合物具有很强的结合能力，可与氨基酸（如 Lys、Arg 和 Cys）形成共价键。无论哪种物质改变了蛋白质的构象，破坏或暴露了蛋白质内部的疏水区域，都会改变蛋白质的风味结合能力，从而去除大豆异味。蛋白酶水解可以通过改变蛋白质结构来降低疏水效应和风味化合物的结合能力，从而使风味化合物更容易释放和去除。还可用羧肽酶从肽的末端位切去氨基酸从而消除苦味。

乳酸发酵常用于豆瓣酱、腐乳、酱油和其他调味品。它不仅能去除豆腥味，还能产生独特的风味特征。同样，对于豆浆来说，发酵也能减少异味化合物的含量，如己醛、1-辛烯-3-醇、(*E*,*E*)-2,4-癸二烯醛、2-戊基呋喃等，并产生 2,3-丁二酮和其他具有奶香味的化合物。在豆浆发酵过程中，乳酸菌可将一些醛类物质转化为醇类物质，以减少豆腥味。然而，不同菌株对豆腥味的代谢和去除效果不同，己醛含量通常被用作评价菌株降低豆腥味的指标。郭顺堂研究小组研究了 27 种菌株发酵豆浆的风味化合物，发现这些菌株产品中 4 种风味（浓豆腥味、奶香味、无豆腥味和弱豆腥味）的相对含量存在显著差异。目前，已用于豆浆发酵的菌种包括保加利亚乳杆菌、嗜热链球菌、双歧杆菌、干酪乳杆菌、植物乳杆菌、酵母乳杆菌等，它们都能显著降低己醛的含量。

11.4.2　物理方法

脂肪氧化酶主要分布在大豆的表皮及靠近表皮的子叶中，最直接的方法是对大豆进行去皮，去皮率越高，豆腥味减弱效果越好。大豆去皮后，在 99.3℃的热水中浸泡 1.5～3min，就可抑制脂肪氧化酶的活性，加工成大豆制品后，豆腥味得到明显的改善。

热处理被认为是生产中最有效和最常用的去除豆腥味的方法。脂肪氧化酶的活性通过加热可被钝化或失活。一些豆腥味成分在加热时更易挥发并产生豆香味掩盖部分豆腥味。热处理还可破坏胰蛋白酶抑制因子、血细胞凝集素和脲酶等抗营养因子，促进营养吸收。脂肪氧化酶在 110℃条件下处理 10min 完全失活，但是加热时间过长可引起蛋白质变性、某些氨基酸破坏损失、氮溶解指数（NSI）降低等，且加热后大豆蛋白质不易为人体吸收，蛋白质还会失去一些加工特性，因此选择适当的加热条件十分重要。

热处理方法有烘烤（180～200℃、15～20min）、干热法、湿热法（蒸煮）、热磨法等。烘烤处理可以有效去除豆腥味，但也会带来烘烤气味和颜色加深。干热法在 80℃以上的温度下对大豆进行烘烤。由于干热灭酶效果较差，短时间加热豆腥味去除不明显，而加热时间长将导致水分蒸发过多，大豆中的蛋白质严重失水发生不可逆变性，从而丧失其营养价值和某些加工特性。湿热法是通过蒸或煮两种方式对大豆进行加热处理。大豆在 95℃处理 25min、100℃处理 20min 或 110℃处理 10min 即可使脂肪氧化酶失活，且成品风味较好。热磨法则用 80℃以上的热水浸泡大豆进行研磨。热水不仅能钝化脂肪氧化酶的活性，还可减少氧气混入，从而大大减少了豆腥味的产生。

大豆焙炒、蒸煮和加水磨碎后传统加热（煮沸）、微压加热（0.1MPa 和 120℃加热 5min 可使 LOX 失活）、微波、射频（RF）和直接蒸汽注入等再加热技术各不相同，减少豆腥味的程度也有差异。与煮沸相比，微压加热和直接蒸汽注入可以更好地降低最终产品中的豆腥味。温度越高，气味化合物的丰度就越高。在豆奶制品加工过程中，提高预处理温度结合有效的蒸煮方法可以有效提高 LOX 的灭活率，从而减少异味的产生，如减压蒸馏、抽真空。目前，生产中常采用超高温灭菌结合抽真空的方法，具有较好的效果。微波和射频可以同时加热内部和外部，不仅可以快速灭活脂肪氧化酶，还可以减少维生素和其他营养物质的流失。微波和射频处理的脂肪氧化酶失活率均在 95%以上。利用乙醇、氯化钙溶液或己烷-醇类共沸点混合物等溶剂浸泡冲洗大豆后减压蒸发，对脱腥虽然起一定的作用，但会造成蛋白质的流失。

11.4.3　化学方法

常见的化学方法是通过调节 pH、添加金属螯合剂或氧化还原剂来抑制脂肪氧化酶活性。根据研究发现，脂肪氧化酶在 pH 为 5.5～6.5 时活性最高，pH 为 4.5～8.5 时不同程度存在活性，因此，将浸泡水的 pH 调在 4.5 以下或 8.5 以上。在大豆浸泡过程中，可以通过添加柠檬酸或苏打水来调节溶液的 pH，以超出酶活性的范围。当 pH 低于 4.5 或高于 8.5 时，LOX 活性将被失活或抑制，以防止氧化反应并减少异味。将大豆在 0.2%的柠檬酸溶液中煮沸 30min 后磨浆，经高温杀菌后，所得到的豆浆无豆腥味和苦涩味。不过，上述方法并不能完全破坏 LOX 的分子结构。当移除溶液条件后，LOX 仍可恢复其活性并产生异味。

脂肪氧化酶的分子结构中有两个二硫键和 4 个巯基，使用碘酸钾、溴酸钾、半胱氨酸、巯基乙醇、维生素 C、亚硫酸盐等可钝化脂肪氧化酶的活性。儿茶素和槲皮素等类黄酮可与 LOX 的二级结构结合，还原物质如维生素 C、半胱氨酸可将 LOX 的二硫键还原为巯基。这些物质通过改变立体结构来抑制氧化反应，从而降低酶的活性。有资料报道，在浸泡大豆过程中，引起不良风味的物质——7,4-二羟基异黄酮和 5,7,4-三羟基异黄酮，它们的生成取决于浸泡水的温度和 pH，并在 50℃、pH 为 6.0 时生成量最大；当加入 β-葡萄糖苷酶的竞争抑制剂时，也可明显抑制一些不良风味物质的形成。

风味掩盖法是在大豆食品中添加牛奶、水果、芝麻、花生、糖类、酸类等呈味物质以掩盖部分豆腥味。甜味或者酸味对缓解豆腥味有一定的作用，而不是去除豆腥味。具有独特香气的香精、香料均有挥发性，通常具有很强的掩蔽效果，然而它们的效果也是局部的、暂时的。加入时要控制适当的量，既能最大限度地掩盖或调和豆腥味，又不会影响成品风味。因此，需要调整豆浆系统的气味平衡，使豆腥味与其他香气很好地融合，或者利用大豆蛋白对各种气味化合物的差异结合能力来补充和纠正风味结构，以达到掩盖平衡的效果。环糊精能与多种化合物形成包合物，对异味也有很好的去除或掩蔽作用。β-环糊精具有亲水性外部和疏水性空腔的环状结构，因此脂肪族化合物、芳香族化合物、聚合物链和脂质化合物等非极性分子更有可能与其形成包合物。

11.4.4 小结

不同品种和加工方法对豆制品风味形成的差异较大，只有有针对性的研究才有意义。首先，开发大豆新品种是从根本上避免豆腥味最有效的方法。目前栽培的无 LOX 大豆品种可以去除大部分酶促氧化产生的豆腥味,但非酶促反应产生的异味仍然存在，因此需要结合其他技术进一步研究。通过基因编辑培育既能抑制酶促反应又能抑制非酶促反应的大豆品种(如缺乏 LOX 的大豆品种与低脂大豆品种联合使用) 可能是一个新的研究方向。另外，在加工过程中，热处理只能去除大部分酶促反应产生的异味，长时间的热处理会破坏大豆的营养和功能特性。微波、射频等方法都是潜在的技术，需要进一步研究才能实现产业化。化学方法常被用作辅助方法，以克服许多局限性和提高相对较低的去除效率。生物法是新趋势，而发酵仅限于发酵产品，不能在豆奶产品中广泛应用。因此，需要多种技术的结合才能有效去除豆腥味。在低香味大豆原料的基础上，结合热处理、氧气、隔光研磨、真空除臭等方法，通过氧化酶和氧化底物控制同时抑制酶促和非酶促反应，可有效降低异味。此外，后处理中的风味掩蔽可以进一步改善风味结构。对于一些结合能力较强的气味类化合物，研究其与蛋白质、脂肪等营养物质的结合和释放方式可能是解决异味问题的基础研究方向。风味问题需要从原料、加工工艺、形成机制、去除方法等方面进行综合研究分析。

参 考 文 献

[1] CAI J, FENG J, NI Z, et al. An update on the nutritional, functional, sensory characteristics of soy products, and applications of new processing strategies. Trends in Food Science Technology, 2021, 112(1): 112676-112689

[2] SPENCE C. Multisensory flavor perception. Cell, 2015, 161(1): 24-35

[3] GOLDBERG E, WANG K, GOLDBERG J, et al. Factors affecting the ortho- and retronasal

perception of flavors: A review. Critical Reviews in Food Science and Nutrition, 2018, 58(6): 913-923

[4] AN F, WU J, FENG Y, et al. A systematic review on the flavor of soy-based fermented foods: Core fermentation microbiome, multisensory flavor substances, key enzymes, and metabolic pathways. Comprehensive Reviews in Food Science and Food Safety, 2023, 22(4): 2773-2801

[5] ZHANG L, HUANG J, ZHOU R, et al. The effects of different coculture patterns with salt-tolerant yeast strains on the microbial community and metabolites of soy sauce moromi. Food Research International, 2021, 150: 110747

[6] YU S, HUANG X, WANG L, et al. Qualitative and quantitative assessment of flavor quality of Chinese soybean paste using multiple sensor technologies combined with chemometrics and a data fusion strategy. Food Chemistry, 2023, 405: 134859

[7] DIEZ S, EICHELSHEIM C, MUMM R, et al. Chemical and sensory characteristics of soy sauce: A review. Journal of Agricultural and Food Chemistry, 2020, 68(42): 11612-11630

[8] QUE Z, JIN Y, HUANG J, et al. Flavor compounds of traditional fermented bean condiments: Classes, synthesis, and factors involved in flavor formation. Trends in Food Science Technology, 2023, 133: 133160-133175

[9] CHEN X, LU Y, ZHAO A, et al. Quantitative analyses for several nutrients and volatile components during fermentation of soybean by *Bacillus subtilis* natto. Food Chemistry, 2022, 374: 131725

[10] ZHU X, WATANABE K, SHIRAISHI K, et al. Identification of ACE-inhibitory peptides in salt-free soy sauce that are transportable across caco-2 cell monolayers. Peptides, 2008, 29(3): 338-344

[11] JIANG S, WANG X, YU M, et al. Bitter peptides in fermented soybean foods—A review. Plant Foods for Human Nutrition, 2023, 78(2): 261-269

[12] WIBKE R, LAURICE P, JULIANNE C, et al. Flavor aspects of pulse ingredients. Cereal Chemistry, 2017, 94(1): 58-65

[13] 朱芙蓉，徐宝才，周辉. 大豆制品中腥味形成机理及去腥工艺研究进展. 中国粮油学报, 2023, 38(4): 150-158

[14] XIE A, DONG Y, LIU Z, et al. A review of plant-based drinks addressing nutrients, flavor, and processing technologies. Foods, 2023, 12(21): 3952

[15] SANG K, JEONGAE H, YOONS K, et al. Salt contents and aging period effects on the physicochemical properties and sensory quality of Korean traditional fermented soybean paste (doenjang). Food Bioscience, 2020, 36(1): 10.1016/j.fbio.2020.100645

[16] JACOB M, JAROS D, ROHM H. Recent advances in milk clotting enzymes. International Journal of Dairy Technology, 2011, 64(1): 14-33

[17] SUPUN F. Pulse protein ingredient modification. Journal of The Science of Food and Agriculture, 2021, 102(3): 892-897

[18] MORTEZA O, JAMUNA P. Effect of primary processing of cereals and legumes on its nutritional quality: A comprehensive review. Cogent Food Agriculture, 2016, 2(1): 1136015

[19] ZHAO G, HOU L, YAO Y, et al. Comparative proteome analysis of *Aspergillus oryzae* 3.042

and *A. oryzae* 100-8 strains: Towards the production of different soy sauce flavors. Journal of Proteomics, 2012, 75(13): 3914-3924

[20] AN F, LI M, ZHANG Y, et al. Metatranscriptome-based investigation of flavor-producing core microbiota in different fermentation stages of dajiang, a traditional fermented soybean paste of Northeast China. Food Chemistry, 2020, 343: 128509

第 12 章

油脂中的生物成味

12.1 油脂中的生物成味研究现状

油脂是人体三大营养素之一，随着国内生活水平的提高，居民对于食用油的消费从重视数量和温饱型逐渐转变为重视质量和健康型。因此，油脂的风味逐渐成为核心品质。如今食用油市场百花齐放，研制以消费者为导向的风味油脂，可以使产品更加受到消费者的欢迎。由于油料本身的差异性很大，再加上食用油制取与加工方式、贮存条件等各不相同，油脂风味品质具有较大的差异性，通过分子感官科学找出贡献特征香气的风味物质，可以精准研制特殊香型的油脂产品[1]。

油脂风味主要由风味物质刺激味觉、嗅觉和三叉神经感觉，而后在大脑特定区域整合处理形成。在这个过程中，风味化合物会与口腔和鼻子中的化学受体结合，以及增加口腔黏膜表面的摩擦力，从而激活机械受体。这些被激活的受体产生一种特定的神经信号传递至大脑。脑局部和中央处理这种信号，允许立即对特定食物的感官图像进行分类和识别。因此，油脂风味感知是味觉、香气和质地评价的最终结果，包括化学物质转移到嗅觉和味觉感受器，食物颗粒与口腔表面相互作用[2]。油脂对于口腔加工中的触感，油脂中的风味物质咀嚼释放，油脂与其他呈味物质的相互作用，对于鼻后风味感知具有非常重要的影响。良好的油脂风味对于消费者的情绪也会有促进作用。

在油脂制备过程中，存在多种特征酶，如脂肪酶、氧化还原酶、水解酶等。这些酶在油脂的分解、氧化、还原等过程中发挥着重要作用，进而影响油脂的生物生香。脂肪酶在油脂分解过程中起着关键作用，能够将大分子脂肪酸转化为小分子挥发性脂肪酸，这些挥发性脂肪酸是产生香气的重要前体物质。同时，通过酶催化氧化油脂生成香味料具有操作条件温和、经济安全、绿色环保的特点，随着近年来人们对天然级香料的需求量增大，这种以资源丰富、价廉的油脂为原料，通过生物技术生成香味料的生产路线将具有更广阔的前景。

12.2　典型油脂的生物成味实践

12.2.1　植物油的生物成味

植物油是由甘油和脂肪酸化合而成的物质，主要从植物的果实、种子或其他部分提取获得，目前常见的植物油有菜籽油、油茶籽油、芝麻油、橄榄油、大豆油等。植物油是人们生活中不可或缺的物质，不仅是人体内脂肪的来源，还能提供磷脂、甾醇、生物酚、不饱和脂肪酸等多种营养功能成分。当前，人们对植物油的品质要求也越来越高，而挥发性风味成分是评价植物油品质的重要指标。植物油的挥发性风味成分主要是通过油脂的氧化、非酶褐变反应及一些其他物质氧化或挥发而成的，包括醛、醇、酮、酯、杂环、烃、酚和酸类等，这些挥发性成分的含量、种类、感官阈值和它们相互间的叠加、分离、抑制、协同等作用，形成了植物油的特殊风味，客观地影响着植物油的品质。在满足营养与安全的前提下，食用植物油风味研究已成为目前学术界与产业化应用领域的热点问题。本章节以芝麻油、核桃油为例论述植物油的生物成香过程。

芝麻油作为中国传统风味油脂，因具有浓郁醇厚的香味深受消费者喜爱。芝麻油具有较高的营养价值，不饱和脂肪酸质量分数达到 85%以上，含有芝麻素、芝麻林素、维生素 E 等天然抗氧化成分。芝麻油常见的生产工艺可分为机械压榨法（简称机榨）、石磨水代法（简称小磨）和低温压榨法（简称冷榨），近年新兴的制油工艺如超临界 CO_2 萃取、酶法制油在芝麻油中的应用也有文献报道，超声辅助、冷冻-微波解冻等预处理新技术可有效提升芝麻油生产加工过程的油脂得率，为规模化生产奠定了研究基础。有研究通过气相色谱-质谱等分子感官技术手段，在芝麻油中鉴定出了 200 余种挥发性风味物质，不同工艺类型的芝麻油的风味物质种类各异，利用机榨和石磨水代法生产的芝麻油的气味物质以美拉德反应杂环类产物为主，低温压榨芝麻油以醛类、烯烃和醇类为主，多种挥发性风味物质的叠加作用赋予了芝麻油独特的坚果味、烤香味、甜香味等风味特征。例如，焙炒芝麻的主要香气成分是 2-乙基-5-甲基吡嗪、乙酰呋喃、5-乙基-4-甲基噻唑。这些香气成分的沸点低，因此芝麻油不适于煎炸，而且生产芝麻油的温度过高，会引起诸多营养物质劣变，将影响芝麻的资源利用[2]。

目前用于核桃油挥发性化合物提取的方法主要有顶空固相微萃取、溶剂辅助风味蒸发、同时蒸馏萃取、静态顶空萃取等。采用顶空固相微萃取-气相色谱-质谱结合气相色谱-嗅闻对香气提取物进行稀释分析，在经过烘焙预处理的核桃油中共检测到 71 种挥发性化合物，嗅闻到 35 种气味物质，其中对核桃油风味有重要贡献的化合物共有 17 种，主要包括呈油脂味、青草香的醛类物质和呈坚果香、烤焙香的吡嗪类物质。微波预处理或者延长焙烤时间均能通过生成吡嗪类化合物有效改善核桃油风味；基于挥发性成分可以区分不同工艺制备的核桃油。根据前人研究，核桃油中的关键风味化合物比较少，用不同的提取方法得到的核桃油中的挥发性化合物一共有 92 种，但是其中的关键香气成分只有 4 种；而利用整体材料吸附萃取方法得到的挥发性物质总量为 77 种，其中起到关键作用的风味化合物有 13 种。核桃油中的关键挥发性风味化合物主要包括醛、酮、醇、酯、酸和杂环类，醛类物质由于其阈值较低且在挥发性成分中占比最大，对核桃油风味贡献最大，醛类物质主要呈现油脂味、青草香和水果味，如己醛、辛醛、壬醛、(*E*)-庚烯醛、(*E*)-癸烯醛、(*E*,*E*)-2,4-癸二烯醛等。其中己醛主要来源于亚油酸和花生四烯酸的氧化降解；(*E*,*E*)-2,4-癸二烯醛、(*E*)-2,4-庚烯醛、(*E*,*E*)-2,4-庚二烯醛等来自油酸、亚油酸、亚麻酸等不饱和脂肪酸的降解[3]。相比醛类物质来说，核桃油中的酮类物质较少，可能来源于非端位羟基醇的氧化产物，也可能是酯类物质分解的产物，其中对核桃油风味贡献较大的有呈牛奶香的 2-辛酮及呈黄油香的乙偶姻。

12.2.2　动物油脂的生物成味

（1）牛油风味物质及来源

牛油，又称为牛脂，是用牛的表皮下、肌肉间、腹腔内等部位脂肪组织进行加工、提炼后得到的可食用的油脂。牛油通常呈类白色、淡黄色或深黄色，其口感细腻，风味醇厚，精制后熔点一般为 43～49℃。牛油按照脂肪的来源部位可分为牛腰肚油和牛分割油。牛油具有特殊且不可替代的风味。前期研究表明，用油脂味、牛膻味、奶香味、焦香味、汗酸味和甜味等 6 种典型香型对牛油进行感官评价，牛腰肚油以油脂味、牛膻味较为明显，而牛分割油以汗酸味和牛膻味更为明显。因色泽鲜亮、口感香醇、加工特性稳定，牛油常被用在烘焙制品、乳制品、火锅底料等食品中，赋予焙烤类食品酥脆的口感，为制得的火锅底料增香、增色。特别是在川渝地区，牛油作为火锅底料的重要原料之一，其风味直接决定麻辣牛油火锅的风味。

熬制牛油的温度通常在 150℃左右，在这一温度下，脂肪、蛋白质、糖类之间发生复杂、剧烈的反应（如脂质氧化、肽和氨基酸的降解、美拉德反应等），不同反应的中间体和产物还会彼此反应，由此产生牛油的风味[4]。不同部位牛脂肪在炼制后有不同的出油率。各部位牛脂肪的出油率如表 12.1 所示。牛脂肪的出油率为 53%～79%；肾周脂的出油率最高，达到了 78.31%；腹脂的出油率也在 76.62%左右；分割脂的出油率较低，这是由于分割脂中夹杂有较多的肌肉、结缔组织和血液等非脂肪组织。

表 12.1　各部位牛脂肪出油率　（%）

牛脂肪部位	出油率	牛油俗称
肾周脂	78.31±2.43	腰油
腹脂	76.62±3.51	肚油
分割脂	53.88±3.27	分割油

（2）不同部位牛油挥发性风味成分及含量

在牛油的熔炼、油渣分离过程中，脂质、蛋白质等风味前体物质经氧化、美拉德反应和焦糖化等反应产生了挥发性风味成分，这些成分发挥协同作用构成了牛油的香气。如表 12.2 所示，牛油中挥发性风味成分有醛、酮、醇、酸、酯、杂环 6 类。分割油、腰油、肚油中醛类挥发性风味成分的含量占比最多，分别为 43.00%、47.35%和 59.90%；酸类成分次之，分别为 29.72%、31.36%和 27.41%。醛、酸类占牛油挥发性风味成分总量的 70%以上，是牛油特征香味的主要来源。

表 12.2　牛油中挥发性风味成分种类及占比

种类	肚油		腰油		分割油	
	含量/（ng/g）	占比/%	含量/（ng/g）	占比/%	含量/（ng/g）	占比/%
醛类	2052.46	59.90	2193.09	47.35	1279.19	43.00
酮类	62.35	1.82	112.26	2.42	87.45	2.94
醇类	185.51	5.42	520.23	11.23	245.10	8.24
酸类	939.18	27.41	1452.34	31.36	883.94	29.72
酯类	124.33	3.63	201.17	4.34	252.43	8.49
杂环类	62.45	1.82	152.39	3.29	226.42	7.61
合计	3426.28	100	4631.48	100	2974.53	100

醛类和酸类挥发性化合物主要由脂质的氧化产生，其中醛类能为牛油提供脂香味、油香味及清香味，而酸类物质对牛油的膻味和香味的醇厚感有贡献。在挥发性风味成分总量上，腰油共检出 4631.48ng/g，在三者中最高。已醛、庚醛、辛醛、壬醛、(*E*)-2-辛烯醛是不饱和脂肪酸的衍生物，在腰油中有更高的含量，其中庚醛、辛醛显示了极显著的差异。同时，腰油中酸类挥发性风味成分占比达 31.36%，其乙酸、丙酸、壬酸含量极显著地高于肚油和分割油。因此，更多的醛类和酸类挥发性风味成分总量使得腰油呈现出醇厚的脂香味。肚油的醛类挥发性风味成分占比达 59.90%，其香型比较突出和集中，表明腹脂的脂质氧化程度最高。

肚油中含有的中长链不饱和醛较为丰富，其中黄瓜味的(*E*)-2-壬烯醛、油脂味的(*E*)-2-癸烯醛和橘子皮味的 2-十一烯醛含量显著高于腰油和分割油。

醇类物质具有丰富的味道，如草香味、花香味、肥皂味、脂肪味等，在油脂中的阈值不高。醇类可由酯类物质水解产生，也可由 Strecker 醛还原生成，而 Strecker 降解是美拉德反应的途径之一，因此醇类物质也在牛油风味物质中占得一席之地。特别是，1-辛烯-3-醇是一种在脂类及富含脂类的食品中被经常检出的物质，具有独特的蘑菇味，其形成过程与多不饱和脂肪酸的氧化有关。此外，相对于腰油与肚油，分割油中酯类和杂环类占比分别达 8.49%和 7.61%，为其明显的组成特征。分割油中酯类含量较高的为具有黄瓜味的甲酸庚酯和奶油味的 γ-丁内酯。杂环化合物包括呋喃、吡啶、吡嗪等。杂环化合物通常与食品热处理时体系内复杂的反应相关，它们所呈现的味道多种多样，多数与焙烤相关。呋喃是一种含氧五元环，广义上指含有这种杂环的化合物，是油脂和热加工食品中普遍存在的杂环化合物，2-戊基呋喃是牛油风味主要的修饰物质之一，具有青香味、豆腥味等。吡啶是一种含有氮杂原子的六元杂环，牛肉在加热时可以产生多种 2-戊基吡啶，是牛油风味主要的修饰物质之一，具有青香味，在油脂中的阈值也不高，这意味着它很容易被嗅闻到。吡嗪是 1 和 4 位含两个氮杂原子的六元杂环化合物，是最常见的美拉德反应杂环化合物，通常具有烤香、爆米花香、土豆香、可可香等。美拉德反应可产生氨基酮化合物，氨基酮化合物相互作用可以形成吡嗪环的基本结构，再与不同的醛类进行反应，经脱水重排后生成不同的吡嗪物质。分割油中特有 2-甲基吡嗪和 2-乙基-6-甲基吡嗪。因此，较高的酯类和杂环类挥发性风味成分占比可能是分割油具有丰富层次风味的原因。

（3）猪油风味物质及来源

猪油是从猪的脂肪组织提炼而成的，其初始状态是略黄色半透明液体的食用油，常温下为白色或浅黄色固体。猪油可以通过蒸、煮或干热来制作。猪油因其特有的风味而广受消费者喜爱，经常被用于食品生产加工过程中。一般来说，猪油具有浓郁的油炸、油脂香气及烘烤味，我国一些餐饮业常常会使用粗制猪油或自制猪油。新鲜的猪油通常可以鉴定出 30～40 种挥发性化合物，主要包括醛、酮等化合物。进一步发现(*E*,*E*)-2,4-癸二烯醛、1-辛烯-3-醇、甲硫基丙醛、2,5-二甲基吡嗪、δ-癸内酯、1-十二醇、粪臭素和吲哚是猪油的关键风味化合物，它们大部分是脂质氧化产物，还有一些是美拉德反应产物和少量污染产物。

醛、酮类化合物都是猪油的脂质氧化产物。其中，最重要的醛类化合物是(*E*,*E*)-2,4-癸二烯醛，其阈值较低，即使在非常低的浓度下也能够产生油炸香气和油脂味。ω-6 脂肪酸（如亚油酸和花生酸）氧化后可以生成(*E*,*E*)-2,4-癸二烯醛。然而，猪油中花生四烯酸的含量远远少于亚油酸，因此亚油酸才是猪油中(*E*,*E*)-2,4-癸二烯醛的主要前体物质，氧化后先在其脂肪酸链上的 C13 和 C9 位生成氢过氧化物，进一步氧化后可分别生成己醛和(*E*,*E*)-2,4-癸二烯醛。

猪油中含量较高的酸类为乙酸、脂肪酸、甘油三酯，其中甘油三酯是由甘油与脂肪酸通过酯化反应形成的化合物，它们不仅决定了猪油的油脂含量，还决定了其质地、稳定性、口感及风味。醇类化合物也是猪油中的一类重要风味物质，含量较高的醇类为顺-4-甲基环己醇、正戊醇、4-乙基环己醇和1-辛烯-3-醇，另外还检测出微量的酯类、烃类、吡啶类和呋喃类。在以脂质为前体物质产生的猪油挥发性风味化合物中，1-辛烯-3-醇对猪油风味的贡献最大，它与猪油泥土味和蘑菇味相关。1-辛烯-3-醇合成的前体物质为ω-6脂肪酸（如亚油酸和花生酸）。而亚油酸甲酯氧化后不仅可以在脂肪酸链的C13和C9位生成氢过氧化物，C10和C12位也可以生成氢过氧化物，是己醛、(*E*,*E*)-2,4-癸二烯醛、1-辛烯-3-醇等多种挥发性化合物的前体物质。尽管大多数氢过氧化物都是由亚油酸甲酯的C13和C9位生成的，但在C10和C12位生成的氢过氧化物可达C13和C9位氢过氧化物的一半左右。并且已有研究表明，C10位产生的氢过氧化物也是1-辛烯-3-醇的来源之一。此外，有研究表明，亚油酸在C10位产生的氢过氧化物也是(*E*)-2-壬烯醛（油脂味、油炸香气、青草味）的前体物质；(*E*,*E*)-2,4-庚烯醛（油脂味、青草味）来源于猪油中的ω-3脂肪酸，如亚麻酸。辛醛（醛香、蜡味）、壬醛（醛香、蜡味）和(*E*)-2-癸醛（油脂味、油炸香气）则是由油酸氧化形成的。δ-癸内酯可以产生一种油腻的、甜甜的桃子味。有研究表明，癸酸进一步反应产生δ-癸内酯。它很有可能是油酸的次级氧化产物。1-十二醇和2-十五烷酮则广泛存在于肉、脂肪和油中，是猪油中脂质氧化产生的挥发性化合物。

3-甲基吲哚（粪臭素）和吲哚是猪油中特有的重要挥发性化合物，它们是脂肪组织中的污染物，会散发出粪臭等不良气味。微生物可以通过分解猪肠中的色氨酸进一步产生粪臭素和吲哚。由于其高度亲脂性，这些粪臭素和吲哚通过血液运输，进而在脂肪组织中富集。在脂肪含量较高的食品中，己醛和2-戊基呋喃通常作为不良风味物质。己醛在低浓度下具有水果香和肉汤的香气，而高浓度的己醛会散发出一股浓烈的油脂味甚至是腐败味等不良气味，其前体物质主要是ω-6脂肪酸（亚油酸、花生四烯酸），也可以由癸二烯醛进一步降解产生。2-戊基呋喃（青草味、金属味，泥土味、豆腥味）由ω-6脂肪酸（如亚油酸）脂肪酸链上的C10自动氧化产生，是目前已知的导致大豆油不良风味的主要来源。己醛和2-戊基呋喃也常常用来衡量脂质的氧化程度。

吡啶类、呋喃类等具有肉香味的杂环化合物是脂肪断裂形成的酮、醛和氨基酸发生美拉德反应生成的。2,5-二甲基吡嗪和甲硫基丙醛是美拉德反应产物，前者对食品特有的烘烤味、肉香、泥土味具有重要贡献，后者则具有类似熟土豆的香气，由甲硫氨酸分解产生。它们都是猪油的关键性香气物质。此外，还有其他一些风味物质，如酯类、醛类、酮类等，它们的存在也会为猪油增添丰富的香味。

（4）羊油风味物质及来源

已有研究表明，醛类、酸类、酯类、醇类和酮类物质是羊油的主要风味成分。羊脂多蓄积在内脏脂肪和皮下脂肪等结缔组织中，熬制或精炼后可作为食用羊油，多为白色或微黄色蜡状固体，相对密度为 0.943～0.952，熔点为 42～48℃。一般来说，来源于不同部位的脂肪，其理化性质、脂肪酸组成和风味成分存在较大差异。目前，用于羊油加工的羊脂肪原料往往是来自羊体不同部位的混合脂肪组织，这容易造成不同批次的产品品质不稳定，进而影响销售和品质控制。风味是羊油等动物脂肪的一项重要感观特征指标，直接影响消费者的接受程度和高品质食用羊油的开发。

不同部位羊油挥发性风味物质总含量和各组分占比存在一定程度的差异。羊腰油挥发性风味物质总含量（6922.38μg/kg）略高于羊肚油（6536.72μg/kg），两者含量显著高于羊肠油（4046.92μg/kg），说明羊腰油和羊肚油的风味强度大。羊油挥发性风味物质中醛类化合物含量最高，其中羊肚油和羊腰油醛类化合物相对占比在 60%以上，羊肠油醛类化合物相对占比在 40%以上。

醛类化合物一般来源于脂肪酸的氧化降解，庚醛、辛醛、壬醛和癸醛等属于脂肪醛，由油酸、亚油酸和花生四烯酸等氧化产生，具有果清香和脂肪香；苯甲醛和苯乙醛属于芳香醛，由苯丙氨酸通过 Strecker 途径降解产生，具有苦杏仁味和蜂蜜甜味。(*E*)-2-壬烯醛、(*E*)-2-癸烯醛和(*E*,*E*)-2,4-癸二烯醛 3 种醛类已被证明是羊油的关键风味物质，(*E*)-2-壬烯醛贡献清新的黄瓜味，(*E*)-2-癸烯醛和(*E*,*E*)-2,4-癸二烯醛贡献脂肪味，它们都对羊油脂香具有重要贡献。

羊油中酸类化合物含量仅次于醛类和酮类化合物，主要有戊酸、己酸、庚酸、辛酸、壬酸、正癸酸等饱和酸。酸类化合物与羊肉膻味的形成有很大的关系，尤其是 C_6、C_8、C_{10} 等低级挥发性脂肪酸，其中以 4-甲基辛酸、4-乙基辛酸和 4-甲基壬酸为代表。

酯类化合物由游离脂肪酸与醇相互作用产生，不同碳链长度的脂肪酸酯化产生的酯具有不同气味，通常短链脂肪酸酯化产生的酯呈果香味，长链脂肪酸酯化产生的酯呈脂香味。羊油中酯类化合物组成较为丰富，能够提升其他化合物的气味，有助于提高羊油的整体风味。

醇类和酮类化合物是脂质氧化的重要产物，在羊油中种类较少，含量也较低，且大多数醇类和酮类化合物阈值较高，对羊油的风味影响较小。羊油酮类化合物中二氢-5-辛基-2(3*H*)-呋喃酮具有甜味，2-壬酮具有清新味，直链的低级醇（庚醇、辛醇、十三醇）总体是无风味或部分具有清新味，因此醇类和酮类化合物对羊油的风味起协同作用。

烷烃类化合物由脂肪酸的烷氧自由基均裂产生，一般具有较高的阈值，风味特征不明显，但烷烃类化合物是形成杂环类物质的中间体，可能对羊油的肉香味起到修饰作用。羊脂组织中除了脂质，还含有少量的由氨基酸、蛋白质和糖类通过美拉德反应生成的呈肉香味的含氮、含硫和杂环类等物质，2-甲基吡嗪、2,5-二甲基吡嗪、2,6-二甲基吡嗪等吡嗪类物质在烤羊肉中曾被检测到。另外，3-甲基吲哚和对甲酚会加剧羊肉的膻味，并且 3-甲基吲哚与代谢产物吲哚都会产生粪臭味，从而带来不良风味。

12.2.3 微生物油脂的生物成味

海洋油脂原料的腥味物质来源于脂质氧化降解，海产品的多不饱和脂肪酸含量较高，多不饱和脂肪酸通过特定的脂氧合酶和血红素铁的作用产生挥发性的羰基化合物和醇。鱼中所具有的特征气味成分是在体内存在的脂氧合酶作用下，由多不饱和脂肪酸代谢产生的。石斑鱼和红罗非鱼在冰冻贮藏期间形成鱼腥气味的主要原因不是三甲胺的形成，而是脂质氧化[5]。鱼肉在运输和储存过程中，由于脂肪酸的自氧化作用，会产生草腥味、土腥味和鱼腥味。对沙丁鱼、鳕鱼和鲭鱼等鱼类的研究揭示了鱼的气味和脂质氧化之间的密切联系。有研究进一步证实了半精炼鱼油的结果，报道鱼腥味部分是由 ω-3 不饱和脂肪酸如 2,4-癸二烯、(*E*)-2-癸烯醛等的自动氧化形成的。二烯丙基化合物和醇类之间的挥发性成分协同作用可能会产生幼虫的草腥味、土腥味和鱼腥味，包括 1,3-戊烯酮、2,3-戊二酮、1,3-戊烯醇、己醛、2,4-庚二酮、1,3-辛烯醇、1,5,3-辛烯醇。在鳕鱼的冷冻过程中，产生了 4-庚烯醛和 2,4-庚二烯醛。一些醛和烯烃醛，如己醛、2,4-庚二烯醛、2,4-癸二烯醛、2-己烯醛、2,6-壬二烯醛等是不饱和脂肪酸氧化降解产生的，这些化合物通常被认为是产生鱼腥味的主要物质。油脂氧化是沙丁鱼、鲇鱼等含油深色肌肉鱼类在冷冻贮藏过程中常见的问题，可能是由脂质氧化引起的。水族鱼类产品含有大量的多不饱和脂肪。脂质氧化的初级产物即氢过氧化物，没有刺激性气味，但氢过氧化物不稳定，会二次氧化酸败，进一步分解为醛、酮、羧酸等挥发性物质，这将导致一种令人不快的刺激性氧化酸败的味道，并造成鱼发出气味。在加工和储存过程中，由于鱼体内蛋白质的分解和不饱和脂肪酸的氧化，鱼肉会产生胺、氨、吲哚、酮、醛、过氧化物和低酸等物质，进而产生难闻的鱼腥味。

鱼类体内含有三甲胺，部分贝类体内含有无臭氧化三甲胺，在微生物和酶的作用下，氧化三甲胺会降解生成三甲胺和二甲胺。纯净的三甲胺仅有氨味，当三甲胺与底物（如 δ-氨基戊酸、δ-氨基戊醛和六氢吡啶）结合后，会增强鱼类、贝类等的腥臭味。三甲胺的含量取决于氧化三甲胺含量。海产品中的类胡萝卜素及含硫、氮的前体物质，在酶的催化下会分解成具有腥味的化合物。例如，鱼体内的碱性氨基酸经过脱羧和脱氨反应生成 δ-氨基戊酸、δ-氨基戊醛和六氢吡啶等。酶反应是产生鱼腥味的关键。脂氧合酶是鱼类体内产生鱼腥味的重要酶之一。淡水鱼的特征气味成分是由醛、醇和烯醛组成的，它们是由体内的脂氧合酶降解多不饱和脂肪酸而产生的。在特定破坏微生物（specific spoiling microorganism, SSO）酶等酶活性下，氧化三甲胺可以生成以下几种化合物：内源性（水环境）肌肉细菌（假单胞菌和交替单胞菌）的二甲胺和甲醛，以及外源性（非水环境中）的其他微生物，如沙门氏菌、弧菌等典型的陆生环境细菌，它们能以次黄嘌呤和乙酸盐的形式从鱿鱼中产生异味。此外，鱼体内的类胡萝卜素和含硫、含氮的前体，如鱼表皮黏液和体内的各种蛋白质，被酶催化并分解成多肽和氨基酸，然后脱羧和脱胺生成氨戊酸、氨戊醛和六氢吡啶等鱼类物质。在产生鱼腥味方面也有协同作用。例如，纯三甲胺有氨气味，不形成鱼腥味，但 2-氨基戊酸和六氢吡啶共存会增强鱼腥味。一般情况下，酶氧化分解产物 2,4-癸二烯醛和 *E*-2-癸烯醛、*E*-2-辛烯醛、2-壬烯醛对鱼腥味的形成起关键作用。

海产品中的土腥味来源于生存环境（水质）中的鱼腥藻、颤藻、蓝绿藻或放射菌。海产品积累了这些藻类或细菌所产生的带有土腥味的代谢产物[6]。水产品的变质是由微生物的生长和繁殖引起的。这些细菌分解鱼体内的蛋白质和脂质，并产生各种化合物。而美国红鱼的恶臭主要归因于革兰氏阴性菌（超过 95%），其次是黄杆菌属、弧菌属、假单胞菌属和气单胞菌。研究人员报道了醛在生物作用中不同程度地被主要包括弧菌和黄单胞菌的腐烂微生物利用，产生烃类、酸类、酯类及硫和氮化合物。其中，甲基脂肪酸、甲基硫醇、三甲胺和吲哚是主要的气味化合物。

鱼油是一种常见的海洋油脂，通常具有一些鱼类的气味和味道，这可能包括海洋的咸味、鱼腥味及一些特有的鱼类香气。鱼油中的脂肪酸、胶原蛋白和其他化合物也会对其味道产生影响。粗鱼油本身具有较重的鱼腥味，其主要原因是其中含有较多磷脂、蛋白质、色素及其他杂质，稳定性极差，易氧化、酸败、水解，从而生成具有挥发性风味的低分子质量化合物如醛类、酮类、低级酸类等。鱼油样品中的挥发性成分主要分为烃类、醇类、醛类、酮类及其他类。醛类化合物是油脂中重要的芳香化合物，其阈值较低。海洋生物在变质过程中，醛类化合物可产生腐臭的气味。粗制鱼油中含有脂肪醛和芳香醛，这些物质可能由不饱和脂肪酸氧化降解后所形成的过氧化物的裂解产生，使鱼油具有脂肪味、鱼腥味。粗鱼油中酮类化合物含量最少，但由于其感觉阈值低，对鱼油整体风味的影响仍较大。油脂在空气中氧气的作用下首先产生氢过氧化物，而氢过氧化物极不稳定，易分解成酮类化合物，并产生异味。醇类化合物主要分为饱和醇类与不饱和醇类。不饱和醇类化合物的感觉阈值较饱和醇类低，对整体风味的贡献更大。此外，在很多水产品研究中已将不饱和醇类列为重要的挥发性醇类化合物。1-戊烯-3-醇是鱼油中主要的不饱和醇类化合物之一，具有鱼腥味等特征风味[7]。烃类化合物是鱼油中含量最高的挥发性物质。一般烃类化合物的感觉阈值极高，几乎对鱼油风味无影响，而部分挥发性小分子芳香烃、烯烃及杂环烃化合物可能对整体风味有辅助作用。

微生物油脂是指由霉菌、酵母、细菌和藻类等产油微生物在一定的培养条件下，利用碳源、氮源等在菌体内大量合成并积累的甘油三酯、游离脂肪酸类及其他脂质。挥发性化合物与特定微生物群的代谢活动有关。假单胞菌产生大量挥发性醇类、酮类、酯类和硫化物，其典型特征是冰鱼中有水果味、腐烂味和巯基味。希瓦氏菌（*Shewanella* spp.）在低温下也会释放强烈的不良气味，产生 H_2S 和生物胺，并将三甲胺氧化物（TMAO）还原为三甲胺（TMA），甚至表现出蛋白质水解活性。此外，气单胞菌（*Aeromonas* spp.）、肠杆菌科（Enterobacteriaceae）和弧菌科（Vibrionaceae）均能利用 TMAO 形成 TMA，产生不良风味，已知沙雷氏菌、液化沙雷氏菌、气单胞菌、不动杆菌和一些假单胞菌可产生组胺。这是因为微生物可以利用不同的前体化合物，挥发性代谢物随后产生。乙醇、有机酸和酯类主要是由葡萄糖产生的。亮氨酸和异亮氨酸代谢导致 2-甲基-1-丁醇、3-甲基-1-丁醇、2-甲基-丁醇和 3-甲基-丁醇增加，含硫挥发物主要是通过微生物介导的酶降解半胱氨酸、甲硫氨酸及其衍生物[7]。藻油中含有多种挥发性物质，其中包括吡嗪类、烷烃类、烯烃类、酮类、酸类、醛类、酯类和其他物质，其中烃类物质的气味阈值高，对于风味的影响不大；吡嗪类物质整体呈炒籽糊香味，这与毛油中嗅闻的风味一致；藻油中的腥味可能主要是酮、醛和其他物质共同形成的。

12.2.4 专用油脂的生物成味

我国食品级专用油脂又称为食品特种油脂，包括煎炸油、人造奶油、起酥油、调味油、冷餐用油、猪油、蛋黄酱、部分氢化油、棕榈油、棕榈脂（不同熔点）。现阶段我国的食品特种油脂主要有起酥油、人造奶油、煎炸油等产品，食品工业发达国家的食品特种油脂有起酥油、人造奶油、煎炸油等，这些都具有重要的风味。

食品特种油脂主要来源于植物油和食用动物油。植物油有大豆油、红花籽油、茶油、花生油、菜籽油、芝麻油、棉籽油、米糠油、棕榈油、橄榄油、玉米油、椰子油、葵花籽油、棕榈仁油、可可脂及小麦胚芽油等。食用动物油有奶油系列、牛油、羊油、猪油等。经氢化、酯交换、分提及其他方法制成的再加工油脂，其中黄油有 8 种挥发性成分的相对气味活性值（roAV）大于 1，按贡献度从大到小依次为壬醛、2-壬酮、丁位十二内酯、2-十一酮、庚醛、丁位癸内酯、2-庚酮、(*E*)-2-庚烯醛。据报道，这些挥发性成分的风味特征大多呈现强烈持久的奶油香和果香气。内酯类化合物为黄油中“水果香气”和“柔软滑腻感”的主要组成部分，采用气相色谱-质谱-嗅闻法，分析黄油中的主要香气化合物，发现内酯、酮、醛、含硫化合物对黄油香气有重要贡献。另有研究指出不发酵黄油中的整体香气柔和香甜，是 2,3-丁二酮含量低造成的[8]。

人造奶油的品质主要取决于其物理性质：硬度、延展性、营养成分和感官质量（外观、风味释放、香气和颜色）[9]。奶油的营养价值高，富含脂肪酸、维生素和矿物质等，其独特的风味备受消费者喜爱，并且风味是奶油品质的一大重要体现。多年来，科学家致力于探索奶油风味的奥秘，并模拟其香气成分应用于人造奶油中，使人造奶油具备与天然奶油相似的风味。目前，人们已在奶油中鉴定出超过 230 种挥发性化合物，然而其中只有少数被认为是奶油香气的主要来源，如 2,3-丁二酮、乙偶姻、乙酸、内酯类化合物等。奶油可分为稀奶油、不发酵奶油、发酵奶油和无水奶油四大类型。根据奶油类型、奶牛饲养情况、生产季节及加工工艺的不同，奶油的特征风味物质也有所区别。

1）稀奶油的特征风味物质。稀奶油是制作奶油的原料，其品质很大程度上决定了其随后制作的奶油的香气特性。稀奶油的香气主要来源于牛奶中的水相和脂肪球膜，而黄油香气主要来源于乳脂肪部分的挥发性化合物。通过 GC-O 分析了不同工艺（巴氏杀菌、灭菌、超高温瞬时杀菌）制备的稀奶油，发现它们具有不同的脂肪水平，并从中鉴定得到 35 种关键香气化合物，如 2,3-丁二酮、2-戊酮、2-庚酮、3-羟基-2-丁酮、二甲基三硫醚、2-壬酮、乙酸、糠醛、丁酸。

2）不发酵奶油的特征风味物质。对不发酵奶油的风味进行研究，发现风味主要由内酯、酮和醛类物质组成，如丁位辛酸内酯、丁位十二内酯、(*Z*)-6-十二烯内酯、1-己烯-3-酮、1-辛烯-3-酮、(*E*)-2-壬烯醛、(*E*,*E*)-2,4-癸二烯醛、反-4,5-环氧-(*E*)-2-癸烯醛和(*Z*)-2-壬烯醛[10]。利用动态顶空-气质联用法分析不发酵奶油，鉴定得到了新的关键风味化合物（二甲基硫醚、二甲基三硫醚、δ-辛内酯、δ-己内酯和 γ-十二内酯）。将不发酵奶油与发酵奶油进行对比，发现不发酵奶油中的 2,3-丁二酮浓度较低，整体风味更柔和香甜[11]。2,3-丁二酮和乙偶姻是酮类物质，有令人愉快的奶油香味，正丁酸和正己酸给奶油带来酸乳气味，而香草醛具有浓郁奶香味，内酯类化合物则提供“水果香气”和“柔软滑腻感”。

3）发酵奶油的特征风味物质。发酵奶油的部分风味化合物与不发酵奶油及发酵剂的风味化合物相同。有相关报道尝试模拟发酵奶油的香气，发现其中最重要的特征香气化合物来源于乳酸菌的代谢过程，分别是 2,3-丁二酮、乙酸和乳酸。而丁位十二内酯、丁位癸内酯、丙位癸内酯、硫化氢和二甲基硫醚既是不发酵奶油的风味物质，也是发酵奶油的特征香气组成部分。其余报道证实内酯、2-甲基酮和醇类物质也是发酵奶油香气的重要贡献者[12]。

4）无水奶油的特征风味物质。有研究对市售品牌的优质无水奶油进行风味物质的测定，从中鉴定了烷酮、烷酸、δ-内酯、酚类、二甲基砜、吲哚和 3-甲基吲哚[13]，并对这些风味化合物的阈值进行研究，以判定哪些物质对无水奶油风味的贡献最大。他们的结论是癸酸、月桂酸、δ-辛内酯、δ-癸内酯、吲哚和 3-甲基吲哚是无水奶油的特征香气化合物，而酚类化合物的阈值仅处于临界范围[14]。

12.2.5　中式特色火锅用油的生物成味

火锅调味料中火锅油的用量一般为 40%～60%，是决定火锅品质的关键因素。有研究收集了 12 种具有代表性的牛肉脂和风味菜籽油的火锅调味料，对火锅油的含油量、感官评价分数、理化性质、脂肪酸组成、有害物质和营养成分进行了分析。结果表明，该火锅调味料的含油量为 38.3%～58.2%[15]。牛肉脂（BT）火锅油的感官评分为 7.0～8.5，氧化稳定性（12.08～13.17h）平均高于风味菜籽油（FRO）火锅油，不饱和脂肪酸（81.70%～97.32%）、植物甾醇（3466.07～6110.37ppm）、生育酚（182.91～1276.17mg/kg）、多酚（34.48～61.94mg/kg）含量较高。因子分析结果表明，油中碘值、酸值、亚油酸和植物甾醇含量对两种火锅油有显著影响。

由于考虑到火锅油作为火锅调味料中的重要成分，其成味方式总体表现为火锅的成味，以重庆牛油火锅底料风味为例，其成味与主要的油脂成分，即牛油，有很大的关系。牛油因具有较好的风味，在食品加工中应用广泛，常被用作起酥油、糕点等食品的加工原料。牛油作为川渝地区火锅的灵魂，无论是本身的风味还是在烫煮食材的过程中产生的风味变化，都对火锅风味的形成起着重要的作用。重庆火锅底料使用牛油制作，具有汤色光亮诱人、汤汁味道浓郁的特色。使用牛油做底料可以在烫煮过程中达到汤色不浑浊、味道不变淡的效果，并能完全保持食物的色香味和口感，这一点远超植物油脂或其他动物油脂制作的底料。正因如此，牛油才能在重庆火锅中有着举足轻重的地位。

重庆火锅中使用的牛油主要是经过精炼之后的牛油。粗牛油经过脱酸、脱色、脱臭和精炼等制作工艺之后，即火锅底料生产的牛油，经过上述工艺加工后的牛油色泽清亮、风味醇厚，含有多种挥发性风味成分，如醛、醇、酮等化合物，这些物质与牛油中蛋白质、氨基酸等继续反应，产生某些特殊的气味，最终形成牛油独特的挥发性风味。牛油独特的风味主要来源于醛、醇、酯、酮类化合物等。牛油风味物质形成过程复杂，受到多种条件的影响。首先，牛的产地或者牛的种类决定了牛油在挥发性风味物质呈现上的差异；其次，牛油在精炼过程中，炼制温度、时间等加工方式会影响美拉德反应和热降解分解反应的反应程度，最终也会影响其挥发性风味物质的形成。根据目前已有的研究可知，牛油中的挥发性风味物质有 60～70 种，风味以油脂香为主，伴有花果和蔬菜的清香，此外还有鱼腥味和辛辣味。牛油因其独特的香气，现在也会被用来制作牛油香精，添加到食物中来丰富食物的味道。牛油挥发性风味物质众多，冯伟玲通过活性炭吸附的方式研究了牛油特征风味化合物，鉴定了牛油的香气活性物质。也有研究对比了火锅底料中牛油和鱼油的风味与感官特性，结果表明，从鱼油和牛油中分别鉴定出香味物质 36 种和 59 种，共有香味物质种类为烃类、醇类、醚类、醛类、酸类和酯类，其中烃类和醛类为主要香味物质种类。鱼油的整体风味以油脂香和鱼腥味为主，伴有花果香；牛油以油脂香为主，伴有花果蔬菜香、鱼腥味和辛辣味。鱼油火锅底料和牛油火锅底料均表现为固态，油料分层明显，呈红褐色，煮后无浑汤现象；与牛油火锅底料相比，鱼油火锅底料的香味较差，滋味较好，表现为香味较浓郁，有鱼腥味，鲜味浓郁，回味绵长。

火锅油对火锅风味的影响主要源于油脂的氧化反应提供的风味物质。由于火锅多油的特性，油脂的氧化及氧化产物之间的化学反应也是火锅风味的重要来源。氧化程度是评价油脂品质的一项重要指标，适度的氧化降解反应会产生一些良好的风味物质，而氧化过度则会产生酸败等不良的气味。在高温下，油脂受热分解为游离脂肪酸。不饱和脂肪酸如油酸、亚油酸等含有不稳定的双键，相对于饱和脂肪酸来说更易被氧化生成一些氢过氧化物，这些反应产物继续反应分解为醛类、酮类、酸类等含有羰基的挥发性风味物质。除此之外，一些含有羟基的脂肪酸经过复杂的脱水和环化最终会生成具有内酯的化合物，产生令人舒服的香气。

火锅底料品质的好坏最终会影响到消费者食用的安全，品质好、食用安全性高是火锅底料最终的品质要求。目前，火锅底料的国家标准尚未形成，但重庆市地方标准 DBS50/022—2014 中介绍了生产火锅底料的使用标准，主要包括动物油和植物油、香辛辅料的使用标准。除了香辛辅料和炒制火锅底料的油脂，火锅底料加工方式、贮藏环境等都会影响最终火锅底料成品的质量。由于炒制火锅底料时会使用大量的油脂，因此关注火锅底料中的油脂在生产、贮藏和食用阶段的氧化情况显得尤为重要。重庆火锅选择使用牛油主要是因为相对于植物油或其他动物油，牛油的饱和脂肪酸含量较高，稳定性更好。但是，在火锅底料生产加工过程中长时间的高温加热，也容易使油脂发生氧化等一系列复杂的化学反应，氧化严重时油脂产生不良的气味，最终影响火锅底料的品质和风味，而且火锅煮沸过程会对火锅底料中的挥发性风味物质产生影响，也会产生新的挥发性风味物质。

采用二维气相色谱-嗅闻-质谱联用技术对火锅调料在不同煮沸时间的香气成分进行了表征[16]。通过香气提取液稀释分析，筛选出 24 种具有高香气稀释因子（FD）的芳香活性化合物。根据气味活性值（OAV），鉴定出 23 种关键香气活性化合物，表征了火锅在煮沸过程中的主要香气特征。通过多元统计分析，筛选出 10 个关键的差异香气活性化合物，用于区分不同煮制时间火锅中的香气差异。最后通过动力学拟合揭示了这 10 种化合物的生成规律。在 0～2h 的火锅调味料煮沸过程中，香气化合物的种类和浓度发生了一定程度的变化。一方面，预测在加热过程中，由于温度的升高，火锅调味料中会释放出一些沸点稍高的香气化合物。另一方面，由于某些化合物的性质不稳定，这一过程伴随着挥发性损失，也可能是由于加热过程中发生了美拉德反应、脂质氧化、热降解等化学反应，因此进一步产生了一些原本不存在于火锅调味料中或浓度很低的香气化合物[17]。

在沸腾过程的 0～2h 内，通过 GC-O 鉴定出烯烃 14 种、醛类 12 种、酮类 8 种、醇类 4 种、酯类 5 种、酸类 4 种、醚类 6 种、酚类 1 种、杂环类 4 种。关键香气活性物质浓度与香气物质浓度的变化趋势相似，随着煮沸时间的延长，大多数香气活性物质的总浓度先升高后降低，大部分在煮沸 0.5h 或 1h 后达到最大值。这表明火锅调味料在煮沸 0.5～1h 时气味最浓郁。

烃类化合物是火锅调味过程中最重要的芳香活性化合物。在整个煮沸过程中，香气稀释因子较高的化合物包括（+）-柠檬烯、香桧烯、*β*-月桂烯、*β*-茶树烯、*α*-蒎烯、2,6-异丙烯、*γ*-萜烯和 *β*-石竹烯。其中，（+）-柠檬烯是对火锅调味香气贡献最大的烯烃类化合物，特别是在煮沸 0.5h（FD=729）的样品中。火锅调料中的烯烃类化合物主要来源于花椒、白芷、八角和小茴香等香料。例如，Sun 等鉴定出 1,8-桉树脑、(*E*)-2-庚烯、*β*-月桂烯、*β*-辛烯、(+)-柠檬烯和芳樟醇是汉源和汉城炒椒油中的关键香气化合物。此外，也有研究表明，绿花椒果实中含量最多的烯类是胡椒酮，而红花椒果实中含量最多的是(+)-柠檬烯[18]。同时，类似的研究也报道了白芷中烯烃的相对浓度最高[19,20]。有研究测定了八角的主要化学成分为茴香脑（36.42%）、柠檬烯（20.77%）、*α*-萜烯（6.51%）和 *α*-茶香烯（5.61%）。在沸腾过程中，大多数烯烃的 FD 与其相对浓度的变化趋势相同，随着时间的延长，其贡献逐渐增大，在沸腾后期逐渐减弱。其中，*α*-蒎烯、莰烯、2,6-异丙烯、*α*-石竹烯在火锅调味料开始煮沸时未检出。推测火锅调味料在刚开始煮沸时呈固体状，不利于化合物挥发，导致这些化合物浓度低且闻不到气味。随着煮沸过程的进行，热量促进香料香气化合物的释放和溶解。虽然煮沸 1h 的 14 种烯烃化合物的香气贡献略低于煮沸 0.5h 的样品，但煮沸 1h 后仍能闻到。

在整个煮沸过程中，鉴定出 12 种醛类化合物具有芳香活性。虽然这些醛类化合物的总浓度较低，但它们具有较高的 FD，并且随着煮沸过程的继续，这些化合物的贡献程度进一步增加或仅略有下降。这是因为醛类在加热条件下可以通过脂质氧化快速形成，并且它们具有较低的气味阈值，即使在低浓度下也可以闻到。在沸腾过程中，醛类物质对火锅底部的整体气味有很大的贡献。在醛类中，戊醛、庚醛、(*E*)-2-庚醛、辛醛、(*E*)-2-辛醛、壬醛、甲基和苯乙醛具有较高的 FD。醛主要由脂质氧化降解产生，六碳饱和醛与不饱和醛是典型的终产物。不饱和醛经过进一步氧化产生碳链较短的醛：三碳和四碳醛具有强烈的刺激性风味，五碳到九碳醛具有新鲜、油脂和牛脂风味，而分子量较高的醛具有柑橘皮风味。在火锅煮熟过程中，酮类对火锅调味料香气的形成也起着重要的作用。与其他化合物相比，酮类化合物的 FD 与总浓度的变化趋势是一致的。此外，我们还观察到，大部分酮类是在火锅调料的煮沸过程开始后才产生和被闻到的。火锅调味料中酮类的主要来源有两种。甲酮主要通过饱和脂肪酸 β-氧化生成 β-酮酸，其次通过脱羧生成。同时，不饱和酮是植物油风味和动物脂肪特征风味的来源，也是类肉风味的重要组成部分。

在火锅调味料沸腾过程中，尽管只有 4 种醇类被认定为芳香活性化合物，但醇类的总浓度明显高于醛类和酮类。此前，芳樟醇被证实是火锅调味料中常见的关键芳香活性化合物。与其他三种醇相比，它在整个煮沸过程中具有更高的 FD，也是对火锅调味料整体香气贡献最大的醇。芳樟醇还可以给火锅调味料带来强烈的花香。醋酸芳樟醇实际上是火锅调味料在煮沸后产生香气的主要酯类化合物，是白芷中主要的香气化合物。同时，与醋酸芳樟醇一样，香料中也存在其他一些常见的酯类。在整个沸腾过程中，FD 和浓度呈现出相似的趋势（先升高后降低）。因此，可以认为火锅调味料中的酯类主要来源于香料的蒸煮过程，而不是醇类和酸类化合物的酯化反应。

火锅调味料的初始煮熟阶段，煮沸过程中和沸腾过程中的香味种类有很大区别。这说明煮沸过程对火锅调味料香气组成和释放的影响更大。还观察到，柠檬烯、β-月桂烯、芳樟醇、1,8-桉树油脑、乙酸芳樟醇、4-烯丙烯醇、苯乙酮、苯乙醛是造成火锅调味料在不同煮沸时间香气差异的主要原因。因此，这些化合物被命名为关键差异芳香活性化合物。通过脂质氧化和氨基酸降解产生的苯乙酮、(E)-2-庚醛和苯乙醛在火锅调味蒸煮过程中表现出相似的生成模式。综合结果表明，这些来自香料的烯烃具有相似的生成模式，与苯乙酮、(E)-2-庚醛和苯乙醛不同。且其浓度呈先升高后降低的趋势，在煮 0.5～1h 时达到最大值。因此，选择煮 0.5～1h 的火锅调味时间，会让消费者有更愉悦的食用体验。

12.2.6　饼粕等副产物形成的风味

菜籽粕中挥发性化合物以烃类为主，部分醛类物质丢失。微生物代谢产生的挥发性化合物，特别是吡嗪在发酵过程中大大增加。在生菜籽粕顶空中测定的挥发物主要为壬醛。发酵 5d 后，菜籽粕中挥发性化合物浓度最高的是四甲基吡嗪，其次是丁酸、苯丙腈、2-甲基丁酸、三甲胺、2,3,5-三甲基-6-乙基吡嗪和 2,3,5-三甲基吡嗪[21]。

豆粕类以大豆酱为例，大豆酱共含有 80 种风味化合物和 11 种关键风味化合物（OAV≥1），包括异戊酸乙酯、异戊酸、己醛、苯乙醛、3-甲基-1-丁醇-4-庚酮、2-戊基呋喃、己酸甲硫醇酯、乙酸异戊酯、3-甲基-4-庚酮和异戊醛[22]。在酱油发酵过程中，微生物的代谢和美拉德反应产生了多种代谢物，这些代谢物形成了酱油独特而丰富的风味特征，如氨基酸、有机酸和多肽等。

氨基酸衍生物是酱油发酵过程中微生物代谢释放的糖、氨基酸、有机酸等由酶或非酶反应而形成的一种较新的风味化合物[23]。到目前为止，已经发现了近 230 种潜在的味觉化合物，包括糖、有机酸、氨基酸、多肽等，初步阐明了咸、酸、甜、苦、鲜的主要物质基础。酱油中 NaCl 的含量为 13%～18%，是造成酱油咸度的主要因素；此外，磷酸盐、钾、铵等其他电解质也会影响酱油的咸味[24]。实际上，酱油的口感机制是复杂的，近一个世纪以来仍未完全揭示。在以往的研究中，由于检测技术的限制，研究人员主要将基本化学指标（如酶活性、甲醛氮、总酸、总糖）的测量与感官评价相结合，研究各指标与其对应味道之间的相关性[25]。甜味受一些单糖（葡萄糖、果糖、木糖、半乳糖和阿拉伯糖等）、糖醇（木糖醇、乳醇、赤藓糖醇等）和甜味氨基酸（丝氨酸、甘氨酸、苏氨酸等）的影响。苦味通常是酱油中最弱的味道，主要受苦味氨基酸（组氨酸、缬氨酸、亮氨酸、异亮氨酸等）、多酚和异黄酮的影响。此外，鲜味是酱油的特色味道，与谷氨酸和天冬氨酸两种鲜味氨基酸有关。以往的研究主要集中在对不同分子量肽的分析上，有学者认为低分子量肽（<500Da）的酱油组分鲜味最强烈[26]。到目前为止，研究人员已经在酱油中鉴定出 132 种风味活性肽，其中 70 种已被报道具有鲜味和增味作用，如 Asn-Pro、Ala-His、Gly-Pro 等。同时，原料的预处理方式不同，成品的最终成味也有着极大的影响。例如，挤压豆粕预处理对发酵酱油风味的改善就十分明显。微生物发酵过程中酶催化蛋白质水解产生的氨基酸是酱油的重要成分，也是中国评价酱油质量等级的重要指标。

不同菌种在酱油曲中形成的风味也有所不同。连续的酶消化产生多肽、氨基酸、脂肪酸、单糖和其他小分子化合物，作为随后的森米发酵的营养物质和风味前体[27]。在长时间陈化（90～180d）的森米发酵过程中，这些底物与微生物相互作用形成一系列挥发性化合物，从而影响酱油的风味[28]。此外，耐盐酵母和乳酸菌作为酵母发酵的主要驱动微生物，利用制曲阶段分解的底物进行生长和代谢，分泌典型的酱油风味，如糠醛、糠醇、木酚、2-乙基-4-羟基-5-甲基-2,3-二氢呋喃-3-酮（HEMF）和 2,5-二甲基-4-羟基-2*H*-呋喃-3-酮（HDMF）[29]。因此，酱油曲是酱油发酵的关键环节。

在固态发酵条件下，两种水解酶活性不同的曲霉产生的脂肪酸、氨基酸和挥发物与高蛋白酶和脂肪酶活性相关，而淀粉酶影响碳水化合物衍生的挥发物。与此同时，通过代谢谱分析发现，米曲霉（*Aspergillus oryzae*）发酵的米曲具有较高的葡萄糖淀粉酶和糖衍生物，而曲霉由于具有较强的 β-葡萄糖苷酶活性，其类黄酮含量较高，抗氧化能力增强[30]。研究表明，L-α-芳香氨基酸如 L-酪氨酸和 L-苯丙氨酸有助于酱油的咸味，而它们衍生的高级醇如 2-苯乙醇，对酱油的风味有积极的贡献。异亮氨酸和亮氨酸可以转化为许多支链化合物，如 2/3-甲基丁醇和

2/3-甲基丁醛，由于其麦芽香气而影响酱油的风味。研究表明，大豆芽孢杆菌具有比米芽孢杆菌更高的亮氨酸氨肽酶活性，能精确、高效地水解末端亮氨酸多肽链[31]。

植物乳是以核桃、大豆、燕麦、亚麻籽等植物果仁、果肉为原料，经过加工制成的以植物蛋白为主体的乳状液体饮品。植物乳总体风味主要体现为奶香味、水果味、坚果味、谷物味等呈香属性及苦涩味、腥味、生青味、蘑菇味等不良风味。2,3-戊二酮、3-羟基-2-丁酮等赋予椰奶果香味、奶香味和焦糖味，花生乳中壬醛、呋喃、己醛、2,4-癸二烯醛、辛醛、2-正庚基-呋喃、羟甲唑啉、1,2-二甲基-4-氧代环己基-2-甲醛、4-环戊烯-1,3-二醇为特征组分。采用动态顶空制样（DHS）结合芳香提取物稀释分析明确了新鲜湿磨豆浆中 1-辛烯-3-醇、(*Z*)-2-壬烯醛、(*Z*)-2-癸烯醛、苯甲醛等挥发性化合物的贡献均高于新鲜干磨豆浆。采用动态顶空稀释分析法（DHDA）结合 GC-O-MS 确定己醛、(*Z*)-2-己烯醛、(*Z*)-2-壬烯醛、1-辛烯-3-醇、(*Z*,*Z*)-2,4-癸二烯醛为豆浆的主要风味贡献成分；采用溶剂辅助蒸发装置（Solvent Assisted Flavor Evaporation，SAFE）结合 GC-O-MS 技术从热诱导无菌包装豆浆中鉴定出 26 种挥发性物质，同样也采用此技术从不同焙烤时间核桃乳中确定(*E*,*E*)-2,4-癸二烯醛、5-甲基呋喃醛、(*Z*)-2-壬烯醛、2-乙基-3,6-二甲基吡嗪、2-乙基吡嗪、1-辛烯-3-醇、糠醇和 4-乙烯基愈创木酚是焙烤核桃乳中的关键香气物质。

醛类化合物主要是由油酸、亚油酸等不饱和脂肪酸的降解和自动氧化而形成的。醛类物质的气味阈值一般较低，对风味贡献较大，是重要的香味物质。中等碳链（C_6～C_9）的醛具有脂肪、新鲜、青香和油腻的香味，碳数更高的醛有柑橘皮香味。酯是由羧酸衍生物和醇的酯化而形成的，主要来源于脂质前体的氧化。酯类具有典型的果香味，有助于在植物乳中呈现更微妙的香气。玫瑰核桃乳中的关键酯类香气成分主要是带有果香味的乙酸乙酯、磷酸三乙酯和苯甲酸乙酯；具有甜橙和葡萄香味的肉桂酸乙酯；呈现奶油香气的棕榈酸乙酯。在焙烤核桃乳中，随着焙烤时间的增加，酯类数量也呈上升趋势。

酸类物质在滋味方面贡献较大，丁酸、戊酸、L-乳酸是发酵椰奶的特征酸味物质，使得椰奶表现出奶油香味。在香豆乳中主要有 17-十八炔酸、棕榈酸、洋橄榄油酸等，而大豆乳中为 3-丁炔酸、乙酸、15-羟基十酸。一般认为酮类物质具有青香、奶油和果香味。例如，2-甲基-3-羟基-4-吡喃酮在大豆乳与香豆乳中均存在，具有一定的焦糖香味，在稀溶液中也有一定的草莓香味[32]。醇类化合物主要是由脂肪酸氧化降解产生的，其中呈现花香味的己醇是亚油酸自动氧化的产物。2,3-丁二醇为核桃乳提供水果香气；焙烤 25min 的核桃乳中特有的壬醇具有新鲜的脂肪气味，在大豆乳中壬醇有强烈的玫瑰香气和橙花香气，同样也有新鲜的脂肪气味。香豆乳中还含有苯乙醇、(*E*)-2-壬烯-1-醇和桉叶油醇，其均具有特殊香味，苯乙醇具有柔和、愉快的玫瑰香气和茉莉香及一定的果香味。

含氮化合物中的吡嗪类主要是美拉德糖-胺反应和 Strecker 降解反应产生的，即由食品中的游离氨基酸和多肽等及羰基化合物作为前体物质所产生的，葡萄糖降解产生了羰基化合物，在碱性条件下与游离氨基酸结合生成 α-氨基酮，再经过缩合反应生成了各种吡嗪类化合物，在植物乳的预处理过程中多由微波、焙烤和射频等热处理产生，产生的吡嗪、烷基化吡嗪等挥发性物质对豆腥味具有一定的掩蔽作用。由于吡嗪类化合物含量较高，阈值较低，香气较强，呈现出强烈的烤香、坚果香和焦糖味。例如，2,5-二甲基吡嗪具有烤香和坚果香；2,3,5-三甲基吡嗪具有坚果香。此外，2-乙基-3,6-二甲基吡嗪和 2-乙基吡嗪可为核桃乳提供烤土豆、花生酱香气。

12.3　油脂中生物成味的影响因素

12.3.1　原料选择对油脂成味的影响

常用的植物油包括花生油、芝麻油、菜籽油、核桃油等，用不同油料制备的油脂具有各具特色的呈香特点，不同的植物或动物原料含有不同种类和浓度的挥发性化合物，从而影响油脂的味道。不同类型的油脂具有不同的风味特征。例如，橄榄油具有浓厚的橄榄香味，花生油具有淡淡的花生气味。选用新鲜的原料通常有助于保留原料天然的风味，而陈旧的原料可能因保存不当而影响原料品质。例如，原料暴露于空气中时，在有氧条件下，油脂中的脂肪酸可能发生氧化，产生不愉快的气味和味道。

挥发性有机成分是存在于油脂中的次生特征性典型表征物质之一，对油脂的整体风味起着决定性的作用，同时也是评判其质量品质的关键指标之一。有研究运用气相色谱-离子迁移谱（GC-IMS）技术，同时测定了芝麻油、菜籽油、山茶油中的挥发性有机化合物（VOC），发现 3 种油存在很大的差异。与其他两种植物油相比，芝麻油含有其自身特有的挥发性风味物质，如 2-甲基-1-丙醇和 2,3-丁二酮等。与芝麻油样品相比，菜籽油所特有的化合物分别为乙酸丁酯、乙基甲基酮、2,3-戊二酮、丁醇和丁酸。另外，山茶油样品中也有典型的风味成分，如丁醛、2-丁酮、3-甲基-1-丁醇、丙醇、丙烯酸乙酯和己醛等。

同种类植物油之间也存在风味成分的差异，以山茶油样本为例，对应的特征峰在强度上存在显著的差异，山茶油样品在某些特征峰均未有明显的信号产生，而相比于其他山茶油样品，某一样品在挥发性成分数量方面明显较少，产生该现象的原因可能是植物油加工工艺的不同。正是这些风味物质的差异为不同种类植物油的鉴别及同种植物油之间的差异区分提供了可能。

12.3.2　预处理对油脂成味的影响

油脂的制备工艺对其成味有很大的影响，不同的制备工艺可能会影响油脂的口感、香气和稳定性。影响油脂成味的杂质和残留物可能存在于原料中，通过预处理可以除去这些杂质。油料预处理是指在制油之前对油料进行的清理、水分调节、剥壳、脱皮、破碎、软化、轧坯、膨化、干燥等一系列过程，其目的是除去杂质并将其制成具有一定结构性能的物料，以满足不同制油工艺的要求。油料预处理工艺对油脂品质的影响较大，对油料进行预处理不仅能有效提高出油率和油脂中活性成分的含量，还能很好地促进风味物质的生成，改善油脂的品质[33]。

脱皮预处理能有效减少来自种皮的异味。油料皮壳中含有的粗纤维和其他杂质成分不仅会影响饼粕的营养价值和适口性，也会造成油脂色泽加深和饼粕残油率增高。因此对于含有皮壳的油料生产加工时，往往需要进行脱皮预处理。菜籽壳中丰富的多酚类物质，使菜籽饼粕含有苦味、涩味。脱皮预处理工艺能有效减少来自种皮的异味，对菜籽油品质有一定的改善作用。芝麻皮中含有大量的草酸和人体不能消化的粗纤维，不仅会影响芝麻油的营养价值，还会使其口感苦涩，因此需要对芝麻进行脱皮预处理。此外，在芝麻油的特征风味上，脱皮预处理并不会改变其风味，仍保持着生芝麻固有的风味。

高温烘烤预处理工艺对油脂成味的影响。适度烘烤油料有助于增强相应的风味和香气，然而过度烘烤不仅会导致油脂色泽加深，还会产生异味甚至是有害污染物[34]。硫代葡萄糖苷的降解产物是主要的特征风味物质。例如，1-异硫氰酸丁烷、异硫氰酸烯丙酯和 4-异硫氰酸基-1-丁烯是造成菜籽油产生辛辣味和青草味的主要原因。相较于未烘烤或轻度烘烤，深度烘烤后菜籽油中的吡嗪和呋喃类化合物的含量更高，赋予其烘烤和坚果香[35]。相较于未烘烤或轻度烘烤后制备的花生油，深度烘烤后其香气更浓郁，而在轻度烘烤后制备的花生油中，醛类则是主要的挥发性化合物[36]。经高温烘烤处理后，山茶油风味物质以杂环类、醛类和醇类化合物为主，表现出烘烤和香草等气味，与山茶油的典型风味一致。

总而言之，高温烘烤预处理可以改变油脂的物化性质，增强其香气和风味，但也可能引起氧化等不利反应，产生不愉快气味。微波预处理工艺作为一种现代加工技术，具有省时、高效及受热均匀等优点，应用于油料预处理中能有效改善油脂色泽和风味，显著提高油料的出油率。微波加热可以促进一些挥发性物质从油脂中释放出来，使原料在微波处理后具有更浓郁的香气。微波预处理后，菜籽油中刺激性化合物 3-丁烯基异硫氰酸酯的相对含量减少 70%～95%，同时随着美拉德反应产生吡嗪和呋喃等杂环类化合物，菜籽油的刺激性气味减弱，烘烤、坚果和木香味愈加浓郁，但过度的微波预处理会使吡嗪等杂环类化合物发生聚合，产生不可接受的刺激性烘烤气味[37]。

其他预处理对油脂成味的影响。脉冲电场技术可用作油料制油前的预处理工艺，在非热条件下可提高油脂产量和生物活性成分的含量。对油橄榄果进行脉冲电场预处理后，其油脂中生物活性成分含量增加，不同的是橄榄油中 α-生育酚的含量并没有显著变化，且非热处理的脉冲电场技术不会对油脂的挥发性化合物产生影响。红外线烘烤技术比传统高温烘烤技术有着更大的优势，能更显著地增加生物活性成分的含量，改善油脂的营养和风味。研究表明，超声波预处理会钝化酶的活性，抑制风味物质的生成，使油脂的挥发性风味物质含量减少，但是随着超声波处理时间的延长，空化效应使脂肪酸发生分解，反而为挥发性风味物质的生成提供了前体物质，其含量又会有所增加，但可能会对油脂风味产生一定的不良影响。

12.3.3　提取方法对油脂成味的影响

不同的油脂提取方法会影响油脂中的成分、质地和口感，从而对其味道产生影响。采用低温压榨技术提取油脂，通常在较低温度下进行压榨，可以减少油脂中挥发性成分的破坏，有助于保留原油中的天然香气和营养成分。相对于冷榨，热榨过程中可通过加热原料，导致一些挥发性成分丧失，从而影响成味。溶剂提取是使用化学溶剂（如己烷或乙醚）将油脂从原料中分离出来的方法。这种方法可以获得较高的油脂产量，但也可能导致小部分的溶剂残留在油脂中，而这些残留物会对油脂的味道产生负面影响。在用水酶法提取油脂的过程中，在酶的作用下，可能产生一些挥发性成分，如醇类、酮类等，这些成分可能会对油脂的香气和味道产生影响。

采用顶空固相微萃取-气相色谱-质谱联用法研究了超临界 CO_2 萃取法、压榨法、浸出法、水酶法 4 种不同制油工艺对油莎豆油中挥发性成分的影响，结果表明：不同制油工艺对油莎豆油挥发性化合物具有显著性影响。超临界法及压榨法样品中醛类化合物含量最大，浸出法样品中烷烃类化合物含量最大，水酶法样品中酯类化合物含量最大。但该研究并未对热榨工艺生产的油莎豆油中挥发性成分进行分析研究，而实际上油料压榨取油之前的焙炒才是赋予油脂香味的关键工序，也是目前生产浓香型油脂的必需方法，焙炒热榨油与一般压榨油和浸出精炼油中挥发性成分显示出明显区别。冷榨和热榨两种不同制油工艺对花生油中挥发性成分的影响不同，在热榨花生油样品中鉴定出 101 种挥发性物质，主要包括吡嗪类、醛类、呋喃类、吡咯类，其特征风味化合物表现为鲜味、脂肪味、坚果味和烘焙味。在冷榨花生油样品中检测到 64 种挥发性物质，主要由醛类、醇类、烃类、呋喃类和酮类组成，其中的特征风味化合物表现为鲜味和坚果味。吡嗪类化合物被认为是热榨花生油典型的烘烤坚果风味的主要挥发性成分，而醛类是冷榨花生油典型的青草脂肪风味的主要挥发性成分。有研究结果表明，水酶法、水代法、微波辅助水酶法、有机溶剂浸出法、冷榨法 5 种不同制油工艺对牡丹籽油中挥发性成分的含量及种类具有显著性影响。

12.3.4　精炼过程对油脂成味的影响

精炼油脂是指通过一系列的物理和化学处理步骤，去除油脂中的杂质、异味和色素，以提高其质量、稳定性和口感。这个过程通常包括脱臭、去色、脱蜡和脱酸等步骤。精炼对油脂的味道有着显著的影响，通常可以改善油脂的口感和风味。

脱臭是精炼油脂中的一个重要步骤，通过这个过程，油脂中的不饱和脂肪酸和其他挥发性化合物如氧化产物和异味物质，都可以被去除。这有助于消除油脂中可能存在的鱼腥味或其他异味，使其呈现出更为清淡和纯净的口感。去色是另一个常见的精炼步骤，它旨在去除油脂中的色素。这可以减轻油脂的颜色，使其更为透明，但也有助于降低油脂中可能与颜色相关的异味。在精炼过程中，油脂中的一些酸性物质可能通过脱酸精炼被去除，从而减轻油脂的酸味。这对于那些希望得到更为中性口感的油脂是重要的。一些油脂中可能含有蜡质，经过脱蜡处理后，可以改善油脂的透明度和稳定性，同时减轻一些蜡质的异味。总体而言，精炼的目标是提高油脂的质量、稳定性和口感，同时减轻或去除可能影响风味的异味物质。然而，也有一些人认为，一些精炼过程可能会削弱油脂中的一些天然风味和营养成分，因为对于风味型油脂而言采用物理精炼方式更合适。

12.3.5　脂肪产生风味的机制

肉制品在贮藏和加工过程中，脂质氧化产生的腐臭和异味是其品质下降的主要原因，但低程度的脂质氧化可以增强肉的风味。大量研究表明，脂肪在肉制品风味形成中有两大重要作用：一是作为风味化合物的溶剂，在风味化合物形成过程中为蓄积风味物质提供场所；二是通过水解、氧化或与其他化合物进一步发生酯化、美拉德反应等形成各种风味化合物。脂肪产生风味的机制如图 12.1 所示[38]。

（1）脂质氧化途径

脂质氧化通常被认为是一种由自由基链反应引起的非酶自动催化反应，初期产物为氢过氧化物，最终分解成挥发性化合物，包括醛、酮、醇、酸、碳氢化合物和内酯。在研究大河乌猪干腌火腿风味形成的原因及其关键成分时发现，大河乌猪干腌火腿中最丰富的风味化合物是醛类和醇类，其中己醛、3-甲基丁醛、壬醛和辛醛是火腿的特征化合物，主要来源于脂质氧化[39]。在研究无骨干腌火腿风味物质时发现，由脂质氧化产生的己醛、1-辛烯-3-醇、辛醛和壬醛是其主要的特征挥发性化合物。

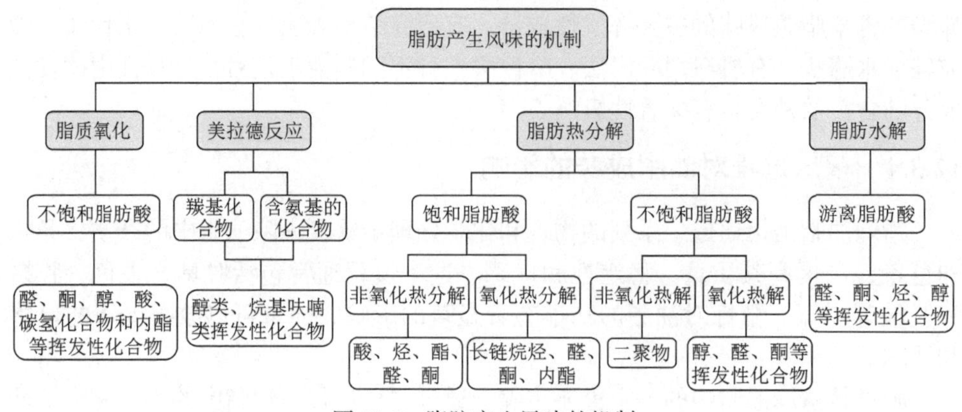

图 12.1　脂肪产生风味的机制

（2）美拉德反应

含氨基的化合物和羰基化合物在常温或加热时发生的聚合、缩合等反应，除产生类黑精外，反应还会生成还原酮、醛和杂环化合物，能赋予食品独特的风味和色泽。

（3）脂肪热分解途径

加热能促进不饱和脂肪酸降解并产生许多风味化合物，尽管大部分风味化合物的气味阈值相对较高，但因它们含量高，仍然可以影响肉食品的味道，在研究高温对金华火腿脂肪分解和氧化的影响时发现，35～37℃能有效促进金华火腿脂解，也可促进氧化产物进一步反应和降解，从而促进金华火腿风味的形成[40]。在研究北京烤鸭香气形成过程时发现，北京烤鸭在烘烤过程中，包括含硫化合物、醛类和醇类在内的 9 种关键香气成分含量显著增加，脂肪热分解导致游离脂肪酸含量升高，不饱和脂肪酸含量越高，越容易分解成醛和醇类。

（4）脂肪水解途径

脂肪水解是在脂肪酶作用下将脂质水解成游离脂肪酸，其中的不饱和脂肪酸进一步氧化产生大量挥发性化合物。中式干香肠中的风味物质主要来源于脂肪的氧化和水解，中性脂肪、游离脂肪酸和磷脂的变化可以反映脂质氧化和水解的程度，对风味有显著影响。另外，在萨拉米香肠发酵成熟的过程中发现，脂质在微生物及中性脂肪酶、酸性脂肪酶、磷脂酶等内源酶的作用下不断水解生成游离脂肪酸，大量的不饱和脂肪酸再被氧化成其他小分子烃类、醛类、醇类及酮类等物质，形成产品的风味和滋味。

12.3.6　油脂风味的相关特征酶

在油脂制备过程中，存在多种特征酶，如脂肪酶、氧化还原酶、水解酶等。

这些酶在油脂的分解、氧化、还原等过程中发挥着重要作用，进而影响油脂的生香。脂肪酶在油脂分解过程中起着关键作用，能够将大分子脂肪酸转化为小分子挥发性脂肪酸，这些挥发性脂肪酸是产生香气的重要前体物质。氧化还原酶能够催化油脂的氧化还原反应，生成具有特定香气的物质。例如，脂氧合酶能够催化不饱和脂肪酸氧化，生成具有果香和花香的不饱和醛类物质。水解酶能够将酯类物质水解为相应的醇和酸，这些醇和酸经过进一步反应可生成各种香气物质。

油脂的代谢过程大致可分为 3 步，作物中的糖脂、磷脂、甘油酯等被脂肪酶水解生成游离脂肪酸如油酸、亚油酸等，游离脂肪酸在脂肪氧化酶的作用下被氧化成氢过氧化物，最后在裂解酶的作用下裂解为醛类、酮类和其他挥发性物质。

作物中促进氧化水解作用产生的酶类包括脂肪酶和脂肪氧化酶等。脂肪酶也称为甘油三酰酯水解酶。脂肪酶的具体功能是水解甘油和脂肪酸，与其他水解酶类不同的是，脂肪酶是一种界面酶，只有在油-水界面才能被活化，因此，拥有高油脂含量且高水分含量的作物更易受到脂肪酶作用而发生油脂氧化和品质劣变。脂肪酶主要在作物中的磷脂、甘油酯和糖脂等被水解成亚油酸、亚麻酸等脂肪酸的反应中作为催化酶类，起到启动脂肪水解反应的作用。脂肪酶催化油脂水解生成大量游离脂肪酸会导致两个后果：一方面，大量游离脂肪酸的生成表示油脂氧化程度加剧，作物本身的品质变差、加工得率降低，生产成本上升；另一方面，大量游离脂肪酸的生成为后续脂肪酸的氧化反应提供前体物质，游离脂肪酸在脂肪氧化酶的催化下进一步氧化生成氢过氧化物，氢过氧化物会影响如蛋白质等营养物质的氧化，同时自身经裂解酶催化生成风味物质。

脂质代谢中的另一种重要氧化酶是脂肪氧化酶，又称脂氧合酶，属于氧化还原酶，可以催化多种氧化还原反应，参与不饱和脂肪酸的代谢，是一种含血红素铁的蛋白质，专一催化含有 1,4-戊二烯结构的多元不饱和脂肪酸，如亚油酸、亚麻酸和花生四烯酸。在大豆中，脂肪氧化酶作为储藏蛋白存在，但脂肪酸经脂肪氧化酶催化生成的氢过氧化物再经裂解酶催化生成短链的醛类、酮类和醇类物质，会影响大豆的风味。总体来说，脂肪氧化酶的作用主要是催化脂肪酸的氧化，生成氢过氧化物而降低作物的品质。

在酶催化下，油脂氧化降解分为两步：第一步，油脂中的不饱和脂肪酸在脂氧合酶（LOX）催化下生成氢过氧化物；第二步，氢过氧化物再在氢过氧化物裂解酶（HPL）的作用下裂解成己醛、3-(*Z*)-壬烯醛、3-(*Z*)-己烯醛、3,6-(*Z*,*Z*)-壬二烯醛等挥发性成分。

亚油酸在脂氧合酶的作用下生成 9-亚油酸氢过氧化物（9-HPOD）和 13-亚油酸氢过氧化物（13-HPOD）（图 12.2）。亚麻酸在脂氧合酶的作用下生成 9-亚麻酸氢过氧化物（9-HPOT）和 13-亚麻酸氢过氧化物（13-HPOT）（图 12.3），这些氢过氧化物可在氢过氧化物裂解酶（HPL）的催化下，生成短链醛和含氧酸。HPL 裂解 9-氢过氧化物（9-HPOD 和 9-HPOT）时，可以生成两个含有 9 个碳原子的化合物 9-醛基-壬酸和 3-(*Z*)-壬烯醛（9-HPOD）或 3,6-(*Z*,*Z*)-壬二烯醛（9-HPOT），这两种醛类均有类似黄瓜味的香气。当裂解 13-氢过氧化物（13-HPOD 和 13-HPOT）时，生成 12-醛基-(*Z*)-9-十二碳烯酸和己醛（13-HPOD）或 3-(*Z*)-己烯醛（13-HPOT），己醛具有清新的香气，3-(*Z*)-己烯醛具有显著的青草味，而这些醛类很容易在醇脱氢酶或其他条件下转变成它们相应的醇。另外，这些 3-(*Z*)-烯醛类和 9-(*Z*)-烯醛类在异构酶或加热条件下可以各自转变成它们对应的异构 2-(*E*)-烯醛和 10-(*E*)-烯醛，所以可以根据需要调整反应条件得到不同的香味物质[41]。通过酶催化氧化油脂生成香味料具有操作条件温和、经济安全、绿色环保的特点。随着近年来人们对天然级香料的需求量增大，这种以资源丰富、价廉的油脂为原料，通过生物技术生成香味料的生产路线将具有更广阔的前景。

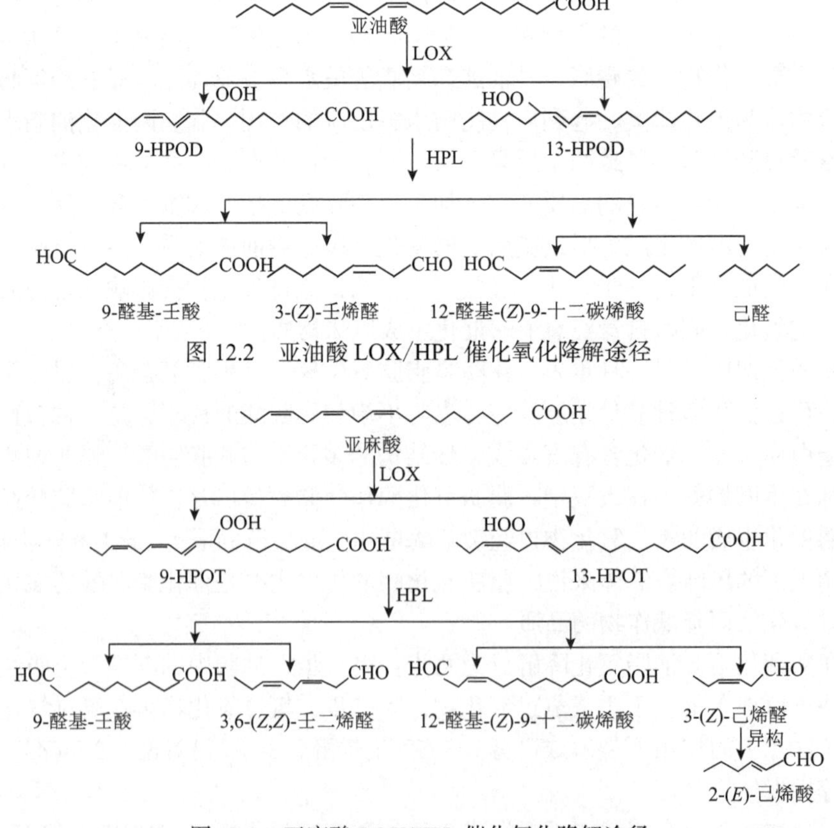

图 12.2　亚油酸 LOX/HPL 催化氧化降解途径

图 12.3　亚麻酸 LOX/HPL 催化氧化降解途径

12.4　油脂生物成味的发展趋势

油脂的生物成味与油脂的种类、生产加工工艺、使用（烹调）的过程均有很大的关系，油脂产品的发展趋势目前表现出以下几个方面的特点。

在科技创新驱动层面，油脂的开发利用了越来越多的生物技术手段，如微生物发酵技术，在生产过程中对油脂产品用特定的酶进行预处理，比如在油料产品中加入留香剂、保鲜剂防止油脂的滋气味散失。随着科技的不断进步，特征风味油脂越来越多，未来可能会出现定制特定风味的油脂产品。

在健康与营养层面，消费者对于健康和营养的关注度不断提高，对于油脂产品的需求也逐渐从传统的单一油脂产品，向更加符合人们风味需求、健康营养需求的方向转变。

在可持续发展层面，随着环境保护意识的增强，可持续生产和消费也成为社会热点话题。油脂生物成味的发展需要考虑生产过程中对环境的影响，同时对于油脂生产中产生的副产物，需要有更多的利用转化，同时也需要关注原料的可持续性和可再生性。

在化学分子层面，各个风味分子在不同油脂中的风味可能存在差异，各类分子的成味机制存在一定的空白，或存在有些风味分子在某些油脂中没有香味贡献的情况。由于香气成分繁多且结构各异，多种风味分子之间的多元相互作用如何，这些都有待进一步的研究探讨。

在人体感知层面，由于尚未表征特定的“脂肪味”，油脂对食物总体味道的贡献存在争议，油脂的味道，尤其是氧化多不饱和脂肪酸及其酯的味道，可能源自人类舌乳头中特定的脂肪酸感知机制。唾液是风味感知的关键因素。唾液或口腔上皮表面富含唾液酶的薄膜中的蛋白质通过与风味化合物相互作用来促进风味感知[1]。由于人们还没有完全了解味觉或气味的感知机制，目前商业化的设备只能模仿人类舌头或鼻子的功能，且传感器的精度有待进一步提高。未来研究需要更多分子水平的数据探究人类对于脂肪感知的通路。从嗅觉、味觉、三叉神经感觉等多方面探究口腔加工中油脂的感知机制。功能传感器、体外器官模型可以与多感官的交互作用结合，用来阐明脂肪感知机制。未来研究还必须考虑到大脑层面的跨模态交互作用，采用脑电等现代技术探讨大脑感知油脂的机制。

参 考 文 献

[1] 陈艳萍, 阿丽雅, 刘源. 油脂的风味及感知. 食品与生物技术学报, 2022, 41(6): 13-20
[2] BI S, NIU X Y, YANG F, et al. Roasting pretreatment of walnut (*Juglans regia* L.) kernels:

improvement of the oil flavor profile and correlation with the chemical composition. Food & Function, 2022, 13(21): 10956-10969

[3] 袁彬宏，陈亚淑，周琦，等.亚麻籽油挥发性风味物质研究进展.食品科学，2023，44(19): 290-298

[4] GERLACH C, LEPPERT J, SANTIUSTE A C, et al. Comparative aroma extract dilution analysis (cAEDA) of fat from tainted boars, castrated male pigs, and female pigs. Journal of Agricultural and Food Chemistry, 2018, 66(10): 2403-2409

[5] LIU Y, HUANG Y Z, WANG Z, et al. Recent advances in fishy odour in aquatic fish products, from formation to control. International Journal of Food Science & Technology, 2021, 56(10): 4959-4969

[6] DENG J, YANG H, ZHU J Q, et al. Research progress in the formation and deodorization technology of fishy odor for aquatic raw material. Journal of Food Safety and Quality, 2019, 10(8): 2097-2102

[7] WU T L, WANG M Q, WANG P, et al. Advances in the formation and control methods of undesirable flavors in fish. Foods, 2022, 11(16): 2504

[8] ARELLANO M, NORTON I T, SMITH P. Specialty Oils and Fats in Food and Nutrition. London: Woodhead Publishing, 2015: 241-270

[9] MARSILI R. Flavors and off-flavors in dairy foods, Encyclopedia of dairy sciences. 3rd ed. *In*: McSweeney P L H, McNamara J P. Encyclopedia of Dairy Sciences. Oxford: Academic Press, 2022: 560-578

[10] SCHUTT J, SCHIEBERLE P. Quantitation of nine lactones in dairy cream by stable isotope dilution assays based on novel syntheses of carbon-13-labeled gamma-lactones and deuterium-labeled delta-lactones in combination with comprehensive two-dimensional gas chromatography with time of-flight mass spectrometry. Journal of Agricultural and Food Chemistry, 2017, 65(48): 10534-10541

[11] YOSHINAGA K, TAGO A, YOSHINAGA-KIRIAKE A, et al. Effects of heat treatment on lactone content of butter and margarine. Journal of Oleo Science, 2019, 68(12): 1295-1301

[12] SILVA H L A, BALTHAZAR C F, SILVA R, et al. Sodium reduction and flavor enhancer addition in probiotic Prato cheese: Contributions of quantitative descriptive analysis and temporal dominance of sensations for sensory profiling. Journal of Dairy Science, 2018, 101(10): 8837-8846

[13] MAIZA A, KAMGANG N F, GHAZOUANI T, et al. Butter oil (ghee) enrichment with aromatic plants: Chemical characterization and effects on fibroblast migration in an *in-vitro* wound healing model. Arabian Journal of Chemistry, 2020, 13(12): 8909-8919

[14] KHAIRY H L, SAADOON A F, ZZAMAN W, et al. Identification of flavor compounds in rambutan seed fat and its mixture with cocoa butter determined by SPME-GCMS. Journal of King Saud University-Science, 2018, 30(3): 316-323

[15] LIU Y, GAO P, WANG S, et al. Investigation of hotpot oil based on beef tallow and flavored rapeseed oil in commercial hotpot seasoning. European Journal of Lipid Science and Technology, 2023, 125(8): 2300051

[16] YU M G, LI T, WAN S Y, et al. Study of aroma generation pattern during boiling of hot pot seasoning. Journal of Food Composition and Analysis, 2022, 114: 104844
[17] SUN J, SUN B G, REN F Z, et al. Characterization of key odorants in Hanyuan and Hancheng fried pepper (*Zanthoxylum bungeanum*) oil. Journal of Agricultural and Food Chemistry, 2020, 68(23): 6403-6411
[18] FEI X T, QI Y C, LEI Y, et al. Transcriptome and metabolome dynamics explain aroma differences between green and red prickly ash fruit. Foods, 2021, 10(2): 391
[19] HU D, GUO J R, LI T, et al. Comparison and identification of the aroma-active compounds in the root of *Angelica dahurica*. Molecules, 2019, 24(23): 4352
[20] LI T, ZHAO M, YANG J J, et al. Characterization of key aroma-active compounds in Bobaizhi (*Angelica dahurica*) before and after boiling by sensomics approach. Journal of Food Composition and Analysis, 2022, 105: 104247
[21] SHEN Y, HU L T, XIAO B, et al. Effects of different sulfur-containing substances on the structural and flavor properties of defatted sesame seed meal derived Maillard reaction products. Food Chemistry, 2021, 365: 130463
[22] FU W Q, REN J M, LI S W, et al. Effect of peony (*Paeonia ostii*) seed meal supplement on enzyme activities and flavor compounds of chinese traditional soybean paste during fermentation. Foods, 2023, 12(17): 3184
[23] HUANG Z K, FENG Y Z, ZENG J, et al. Six categories of amino acid derivatives with potential taste contributions: a review of studies on soy sauce. Critical Reviews in Food Science and Nutrition, 2023, 3: 1-12
[24] CHRISTA P, DUNKEL A, KRAUSS A, et al. Discovery and identification of tastants and taste-modulating *N*-acyl amino acid derivatives in traditional Korean fermented dish kimchi using a sensomics approach. Journal of Agricultural and Food Chemistry, 2022, 70(24): 7500-7514
[25] DIEZ-SIMON C, EICHELSHEIM C, MUMM R, et al. Chemical and sensory characteristics of soy sauce: A review. Journal of Agricultural and Food Chemistry, 2020, 68(42): 11612-11630
[26] WANG Z, CHEN C R, XU L Q, et al. Effects of pH on the types and taste characteristics of flavor peptides in soy sauce produced under low temperature stress. Food Science, 2021, 42(2): 60-65
[27] DEVANTHI P V P, GKATZIONIS K. Soy sauce fermentation: Microorganisms, aroma formation, and process modification. Food Research International, 2019, 120: 364-374
[28] PARK M K, SEO J A, KIM Y S. Comparative study on metabolic changes of *Aspergillus oryzae* isolated from fermented foods according to culture conditions. International Journal of Food Microbiology, 2019, 307: 108270
[29] LEE H J, LEE S M, KYUNG S, et al. Metabolite profiling and anti-aging activity of rice koji fermented with *Aspergillus oryzae* and *Aspergillus cristatus*: A comparative study. Metabolites, 2021, 11(8): 524
[30] DIEZ-SIMON C, EICHELSHEIM C, MUMM R, et al. Chemical and sensory characteristics of soy sauce: A review. Journal of Agricultural and Food Chemistry, 2020, 68(42): 11612-11630

[31] 岳杨，汪超，陈亚淑，等. 植物乳的香气、异味及其影响因素研究进展. 食品科学，2023, 44(21): 330-340

[32] ZHEN M, JOYCE I B, SORAYYA A, et al. Volatile flavor profile of Saskatchewan grown pulses as affected by different thermal processing treatments. International Journal of Food Properties, 2016, 19(10): 2251-2271

[33] 朱家彬，李研财，苏彩虹，等. 油料预处理对油脂品质影响的研究进展. 中国油脂，2023, 48(10): 16-24

[34] ZHANG Y, LI X L, LU X Z, et al. Effect of oilseed roasting on the quality, flavor and safety of oil: a comprehensive review. Food Research International, 2022, 150(Part A): 6-21

[35] ZHANG Y F, WU Y Q, CHEN S R, et al. Flavor of rapeseed oil: an overview of odorants, analytical techniques, and impact of treatment. Comprehensive Reviews in Food Science and Food Safety, 2021, 20(4): 3983-4018

[36] KARRAR E, SHETH S, WEI W, et al. Effect of microwave heating on lipid composition, oxidative stability, color value, chemical properties, and antioxidant activity of gurum (*Citrullus lanatus* var. *colocynthoide*) seed oil. Biocatal Agric Biotechnol, 2020, 23: 101504

[37] REN X F, WANG L, XU B G, et al. Influence of microwave pretreatment on the flavor attributes and oxidative stability of cold-pressed rapeseed oil. Drying Technology, 2019, 37(3): 397-408

[38] SHI Y N, LI X, HUANG A X. A metabolomics-based approach investigates volatile flavor formation and characteristic compounds of the Dahe black pig dry-cured ham. Meat Science, 2019, 158: 107904.1-107904.8

[39] ZHANG J, PAN D D, ZHOU G H, et al. The changes of the volatile compounds derived from lipid oxidation of boneless drycured hams during processing. European Journal of Lipid Science and Technology, 2019, 121(10): 1900135

[40] LIU H, WANG Z Y, ZHANG D Q, et al. Generation of key aroma compounds in Beijing roasted duck induced via Maillard reaction and lipid pyrolysis reaction. Food Research International, 2020, 136: 109328

[41] 杨桂敏，谢建春，孙宝国. 以酶催化氧化油脂的方法制备香味料的研究进展. 食品科技，2006, (10): 176-180

第 13 章

酿酒中的生物成味

13.1　酿酒中的生物成味研究现状

“杯酒释兵权”“举杯邀明月”“无酒不成席”，历史上酒已融入中国人政治、文化和生活的方方面面。2022 年，我国规模以上酿酒产业实现销售收入 9509 亿元，占食品工业产值的 9.7%，是我国食品工业的重要组成部分。根据消费者购买因素研究结果发现：价格、品牌和口感是影响购买最大的三个因素，酒中的关键风味化合物则赋予酒体风格多样的口感特点。我们以“风味”“源”“影响因素”等为关键词在“Web of Science”检索，发现与酒体风味相关性较大的因素为“发酵”“挥发性化合物”“酵母”等（图 13.1），其中酒中的挥发性化合物大部分是由发酵环节产生的，而酵母等都是在发酵环节使用较多，因此发酵过程在酿酒工艺中占有重要地位。在酒的实际生产中，风味主要来源于原料、发酵、陈酿等环节，其中原料是成味的本源，发酵是成味的转化，陈酿是成味的升华。在发酵过程中，酒体中的微生物与酶分别发生糖代谢、氨基酸代谢和脂肪酸代谢等反应，一系列的代谢产生了酒体独特的风味，因此发酵是风味物质产生最重要的途径，其既是风味形成的转化，又是风味形成的核心。发酵过程中糖代谢产生能量，同时生成二氧化碳和水。微生物利用糖类作为碳源和能量来源。在生长过程中还会合成一些必需的氨基酸，如谷氨酸、赖氨酸等。氨基酸代谢不仅会影响微生物的生长，还与酒的口感和风味有关。此外，微生物在发酵过程中会产生多种有机酸，如乙酸、乳酸等，适量的有机酸可以提高酒的质量和口感。微生物被称作“风味化合物合成代谢的主要驱动力”[1]。因此，微生物在酿酒过程中起着至关重要的作用，不仅会影响酒的口感、风味和品质，还对酒的多样性和独特性有重要贡献。

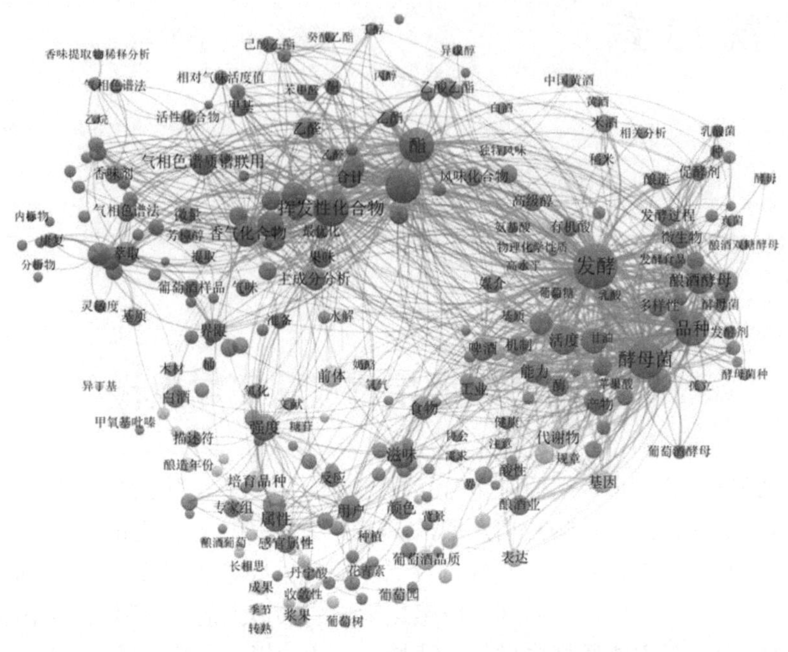

图 13.1　酒中风味的影响因素

13.1.1　酿酒中生物物质的种类及作用

酿酒过程即微生物发酵过程，是以谷物粮食或水果等为原料，通过曲或人工接种酵母及其他微生物，以酵母为代表的兼性厌氧型菌在有氧条件下大量繁殖，并在无氧环境中进行无氧呼吸，将粮食中的葡萄糖转化为乙醇和水。根据不同原料、生产工艺和产品特性进行分类，酒类产品主要分为发酵酒、蒸馏酒、配制酒三大类。发酵酒是以粮谷、薯类、水果、乳类等为主要原料，经发酵或部分发酵酿制而成的饮料酒，即使用酵母进行乙醇发酵后所得的发酵液，可直接饮用或经过滤后饮用。世界三大古法发酵酒包括黄酒、啤酒和葡萄酒。蒸馏酒是以粮谷、薯类、水果、乳类等为主要原料，经发酵、蒸馏，经或不经勾调而成的饮料酒。通常所说的世界六大蒸馏酒包括中国的白酒、法国的白兰地、俄罗斯的伏特加、英格兰的威士忌、古巴的朗姆酒和荷兰的金酒。蒸馏酒与发酵酒是密不可分的，所有的蒸馏酒都由发酵饮料经蒸馏制得。配制酒是以发酵酒、蒸馏酒、食用乙醇等为酒基，加入可食用的原辅料和（或）食品添加剂，进行调配和（或）再加工制成的饮料酒。配制酒包括药酒和露酒等。酒类产品是人类历史上一项重要的文化遗产，其种类繁多，风格各异。这主要得益于酒类产品在生产过程中受到了多种因素的影响，包括原料的选择、地理环境的适应及独特的酿造工艺等[1]。这些因素共同作用，使得酒类产品形成了各具特色的感官特征。研究表明，在酿造过程中，微生物和酶的代谢活动对于酒的风味差异起到了决定性影响。一部分酒类产品是通过纯菌种发酵产生的，如威士忌及某些类型的啤酒和葡萄酒。其余的大多数是采用自然发酵或使用精选菌株来增强酒中的优良风味，从而满足消费者个性化的感官偏好。明晰酒体的生物成味途径，将有助于人们更好地了解酒的品质，并为酿酒行业的发展提供科学依据，以便为消费者带来更加美好的味觉体验。

（1）酒中常见的菌类物质及作用

目前，影响酒类风味的微生物主要包括作为生香动力的细菌、糖化主力的霉菌及发酵原动力的酵母三大类，它们都发挥着不可替代的作用。

1）生香动力——细菌。在酒的酿造过程中，细菌会产生多种香味物质，如酯类、酸类等风味物质，对酒的风味和口感产生重要影响。在酒的发酵过程中，细菌能够利用糖类物质进行发酵，产生乙醇和二氧化碳等物质，这些物质也是酒的重要成分。葡萄酒中的乳酸菌（lactic acid bacteria）是苹果酸-乳酸发酵的关键微生物，乳酸菌分泌的苹果酸脱氢酶将 L-苹果酸转化为 L-乳酸，该过程既能减少葡萄酒的尖酸、改善葡萄酒的口感和风味，又能稳定葡萄酒防止其败坏[2]。细菌在白酒酿造中主要起生香作用。大曲是制作白酒的主要酒曲，既是发酵剂、糖化剂，也是生香剂。研究表明，高温大曲中细菌最多，霉菌次之，还有少量的酵母和放线菌。在高温制曲的极端环境中，中温嗜热菌是常见的极端环境微生物，在制曲高温期部分霉菌被淘汰，高温细菌被富集[3]。刘效毅等[4]从酱香型白酒高温大曲中分离得到 147 株微生物，其中 97 株为细菌，包括解淀粉芽孢杆菌（*Bacillus amyloliquefaciens*）、坚强芽孢杆菌（*Bacillus firmus*）、枯草芽孢杆菌（*Bacillus subtilis*）、地衣芽孢杆菌（*Bacillus licheniformis*）等，体现了高温大曲中细菌的多样性。研究表明，高温大曲中的耐高温细菌在发酵过程中通过降解淀粉和蛋白质从而生成氨基酸和发酵型糖类，是酱香物质产生的重要因素之一[5]。

2）糖化主力——霉菌。霉菌是一类具有绒毛状、网状或絮状菌丝体的真菌，在酒的酿造中至关重要，主要起糖化作用，被视为降解动力及产酶来源，能分泌丰富的水解酶（淀粉酶、脂肪酶、蛋白酶），水解原料中的大分子营养物质（淀粉、蛋白质、脂肪等），生成微生物可利用的小分子营养物质（葡萄糖、氨基酸等）。相关研究表明，黄酒中的主要真菌有伞枝犁头霉（*Absidia ramosa*）、微小毛霉（*Mucor pusillus*）、米曲霉（*Aspergillus oryzae*）、烟曲霉（*Aspergillus fumigatus*）、嗜热霉属（*Thermomyces*）、根毛霉属（*Rhizomucor*）、曲霉属（*Aspergillus*）、镰刀菌属（*Fusarium*）和附球菌属（*Epicoccum*）。黄酒中的霉菌主要存在于酒曲中。这些真菌会产生大量的酶促使原料中的淀粉转化为糖，经过漫长的发酵过程后，这些糖类会部分残留下来，残留下来的糖主要是葡萄糖，还有少量的麦芽糖和糊精，它们共同赋予了黄酒甜味和黏稠感。而剩余的糖会经过糖酵解反应生成丙酮酸，经过三羧酸循环后产生有机酸，它们构成了黄酒浓厚的鲜酸味[6]。而糖也会经过酵母代谢生成乙酸等挥发性的酸以增加酒体的浓厚感，乙酸也会与相应的醇反应生成酯，形成黄酒浓郁的酯香。

3）发酵原动力——酵母。酵母是酒发酵过程中的主要微生物。酒体的质量与发酵中使用的酵母菌株密切相关。酵母在发酵过程中除了主要生产乙醇和二氧化碳，也会产生许多风味化合物，极大地影响了酒的香气和味道特征。研究表明[7]，在酵母发酵过程中形成了对风味有贡献的主要化合物，其中包括高级醇、酯和挥发酸，以及一些羰基化合物、硫化合物、酚、内酯、呋喃和含氮化合物等酵母代谢产物。Lappe-Oliveras 等[8]经研究发现，酵母属真菌除了能利用葡萄糖、果糖、蔗糖等进行乙醇发酵，还能产生许多功能性成分（氨基酸和维生素等），以及重要的挥发性风味物质，这对酒体风格的形成有显著的促进作用。对于大多数高度机械化和工业化的乙醇饮料生产过程，如葡萄酒、啤酒、威士忌和伏特加，主要使用的微生物是酵母。在工业葡萄酒生产中，用纯酵母培养物接种葡萄已成为标准做法，以确保发酵产物的一致性，并具有相对稳定的感官特性[9]。此外，考虑到日益增长的个性化消费需求，通过引用不同的酵母种类来增加发酵产品的感官多样性，越来越多的非酿酒酵母开始被加入到不同酒的生产中。仅在澳大利亚就有 200 多种不同的酵母菌株可供酿酒师使用。尽管如此，现代工业生产采用的菌种仍然较少，酒类产品风格较为单一化，无法取代复杂的微生物发酵带来的广泛的风味化合物及丰富的口感，因此采用自然的多菌株混合发酵的传统发酵，仍被保留并被延续至今。表 13.1 给出了各类酒中的常见菌类物质。

表 13.1　各类酒中的常见菌类物质

酒的种类	菌的分类	常见菌	主要代谢产物/代谢途径
黄酒	霉菌	伞枝犁头霉（*Absidia ramosa*）、微小毛霉（*Mucor pusillus*）、米曲霉（*Aspergillus oryzae*）、烟曲霉（*Aspergillus fumigatus*）、嗜热霉属（*Thermomyces*）、根毛霉属（*Rhizomucor*）、曲霉属（*Aspergillus*）、镰刀菌属（*Fusarium*）、附球菌属（*Epicoccum*）	产生大量的酶促使原料中的淀粉转化为糖
葡萄酒	酵母	酿酒酵母（*S accharomyces cerevisiae*）	主导葡萄糖转化为乙醇和 CO_2，促进产生高级醇
		非酿酒酵母（non-*Saccharomyces*）：有孢汉逊酵母属（*Hanseniaspora*）、毕赤酵母属（*Pichia*）、伊萨酵母属（*Issatchenkia*）、美极梅奇酵母（*Metschnikowia pulcherrima*）	产生大量糖苷酶和碳硫裂解酶，释放游离态的萜烯类和硫醇类物质，增加氨基酸、脂肪酸、甘露糖蛋白的含量
	细菌	乳酸菌（*Lactobacillus homohiochii*）	将 L-苹果酸转化为 L-乳酸，以减少葡萄酒的尖酸、改善葡萄酒的口感和风味

续表

酒的种类	菌的分类	常见菌	主要代谢产物/代谢途径
白酒	霉菌	米曲霉（*Aspergillus oryzae*）	葡萄糖淀粉酶、α-淀粉酶，酯类、醇类和酸类
		黑曲霉	纤维素酶、葡萄糖氧化酶
		红曲霉	麦芽糖酶、蛋白酶、酯化酶等
		宛氏拟青霉（*Paecilomyces variotii*）	葡萄糖淀粉酶、α-淀粉酶
		华根霉（*Rhizopus chinensis*）	脂肪酶、糖苷水解酶、蛋白酶
		曲霉（*Aspergillus hennebergii*）	酸性蛋白酶
	酵母	酿酒酵母（*Saccharomyces cerevisiae*）	乙醇、醇类、酯类、萜类、含硫化合物
		拜耳接合酵母（*Zygosaccharomyces bailii*）	乙醇、醇、醛和酮
		库德毕赤酵母[*Pichia kudriavzevii*；也称东方伊萨酵母（*Issatchonkia orientalis*）]	酸、萜类化合物
		裂殖酵母（*S. pombe*）	乙醇、醇、酸、酯
		拟内孢霉（*S. fibuligera*）	葡萄糖淀粉酶、α-淀粉酶，醇
		异常威克汉姆酵母（*Wickerhamomyces anomalus*）	酯类
	细菌	地衣芽孢杆菌（*B. licheniformis*）	2,3,5,6-四甲基吡嗪、酸、地衣素、酱油香气物质
		枯草芽孢杆菌（*Bacillus subtilis*）	3-羟基-2-丁酮、2,6-二甲基吡嗪、三甲基吡嗪、四甲基吡嗪、呋喃酮、异戊酸、2-甲基-2-丁烯酸、2,3-丁二醇、β-苯乙醇和苯乙酸等
		芽孢杆菌属（*Bacillus*）	产生大量具有酱味的二甲基吡嗪和三甲基吡嗪等吡嗪类物质
		解淀粉芽孢杆菌（*B. amyloliquefaciens*）	表面活性素
		乳酸菌（*L. homohiochii*）	酸、醇
		布氏乳杆菌（*L. buchneri*）	酸、醇
白兰地	酵母	酿酒酵母（*Saccharomyces cerevisiae*）	使糖转化为乙醇和 CO_2
威士忌	酵母	酿酒酵母（*Saccharomyces cerevisiae*）	使糖转化为乙醇和 CO_2
朗姆酒	酵母	裂殖酵母（*Schizosaccharomyces* sp.）	使糖转化为乙醇和 CO_2
金酒	酵母	酿酒酵母（*Saccharomyces cerevisiae*）	使糖转化为乙醇和 CO_2

（2）酒中常见的酶类物质及作用

酶对酒的风味同样起着至关重要的作用。在酒的发酵过程中，将原料转化为乙醇及诸多香味物质是由各种微生物所分泌的多种酶进行的。按来源分，酒中的酶可分为内源酶和外加酶。在传统的工业生产中，常利用原料中产生的内源酶实现物质转化，随着酶制剂工业的发展，酿酒工业在一定程度上减轻了对主原料的依赖性，外加酶制剂逐步成为酒生产工艺的补充手段。按用途分，酒中的酶一般划分为分解酶类、发酵酶系和氧化还原酶系三大类。分解酶类包括淀粉酶、纤维素酶、蛋白分解酶等。这些酶主要负责将原料中的淀粉、纤维素、蛋白质等大分子物质分解成小分子物质，如葡萄糖、氨基酸等，给酒带来更加丰富的口感。发酵酶系包括糖化酶、乙醇脱氢酶、乳酸脱氢酶、丙酮丁醇合成酶等。这些酶在乙醇发酵和其他微量成分发酵过程中起着关键作用，能够促进乙醇的生成并产生一些香味物质，如酯类、醇类等，这些物质能够给酒带来更加丰富的风味。氧化还原酶系包括醇氧化酶、过氧化物酶、过氧化氢酶等。这些酶在酒的陈酿和老化过程中起到重要作用，从而影响酒的品质。目前在酒中使用的酶制剂主要有以下几种。

1）淀粉酶。淀粉酶类以接力方式完成从原料中淀粉到葡萄糖的一系列反应，主要包括液化酶和糖化酶，在酒中多由细菌和霉菌产生。

液化酶即 α-淀粉酶，能切断淀粉分子内部的 α-1,4-糖苷键，快速将其分解为大、小糊精，淀粉黏度迅速下降而液化，从而为糖化酶提供更多的作用位点，最终降解为葡萄糖。糖化酶能与液化酶水解形成的较小糖链分子结合，从其非还原性末端顺次切开 α-1,4-糖苷键，生成葡萄糖。糖化酶活力的大小直接关系到发酵过程中淀粉的转化率，因此对酒的生产极为重要。

2）蛋白酶。发酵环境中酸度较高，因此酒中的蛋白酶类主要是酸性蛋白酶，主要来源于细菌、霉菌等微生物。蛋白酶将原料中的蛋白质分解成小分子的多肽和氨基酸，供微生物生长、繁殖利用，同时也是产生高级醇、有机酸的前体物质。另外，酸性蛋白酶能够促进淀粉酶和糖化酶发挥其作用，氨基酸与还原糖发生美拉德反应，产生四甲基吡嗪、麦芽酚等对酒体风格和质量起重要作用的物质。

3）纤维素酶。纤维素酶是多种水解酶组成的一个复杂酶系，很多微生物都能产生纤维素酶。通常将纤维素酶分为 C_1 酶、C_x 酶和 β-葡萄糖苷酶三类。C_1 酶是对纤维素起最初作用的酶，它可以破坏纤维素长链的结晶结构。C_x 酶是作用于经 C_1 酶活化的纤维，分解 β-1,4-糖苷键。β-葡萄糖苷酶可以将处理后产生的纤维二糖、纤维三糖和其他低分子的纤维糊精分解成葡萄糖。纤维素酶处理可以改善原料及酒类产品的功能、营养和感官品质。

4）半纤维素酶。半纤维素酶即木聚糖酶，是发酵过程中重要的酶类之一。将半纤维素酶作用于淀粉质原料，可以与纤维素酶等其他多糖水解酶协同作用，破坏原料细胞的结构，促进淀粉、蛋白质等有效成分的溶出，降低物料的黏度，加速液化酶、糖化酶等的酶解作用，从而提高原料利用率和出酒率。

13.1.2　酿酒中生物的成味途径

酒作为一种历史悠久的饮品，风味独特，深受人们喜爱。自古以来，我国就在酿酒方面取得了举世瞩目的成就，各种酒类品种繁多，风味各异。酒的独特风味主要来源于酿造过程中产生的化合物，包括醇、酸、酯、酮、氨基酸等，它们主要由酿酒系统中微生物群代谢产生。酿酒过程主要包括糖化、发酵、蒸馏、陈酿等关键步骤，复杂的工艺中微生物与酶发生一系列代谢反应，原料生香、发酵产香、蒸馏提香、陈酿生香，风味物质经过选择性浓缩与转换，最终形成风格浓郁、风味多样的各种酒。

原料是酒的成味之源，选择合适的原料是酿好酒的关键。常见的酿酒原料主要有高粱、玉米、大米和大麦等谷物，这些粮食含有丰富的淀粉和糖分，是微生物发酵所需营养源。酿造开始前对原料进行预处理，使营养物质更易于微生物发酵。前期的工作结束后，向原料中加入一定比例的水和微生物菌种，并控制湿度与温度条件。酒中的复杂风味主要由糖代谢、氨基酸代谢和脂肪酸代谢等过程产生。通过微生物和酶的协同作用首先将原料中的碳水化合物、脂质、蛋白质及其他大分子营养物质水解产生单糖（如葡萄糖）、游离脂肪酸和游离氨基酸等初级代谢产物，进一步反应产生一系列次级代谢产物[10]（图 13.2）。

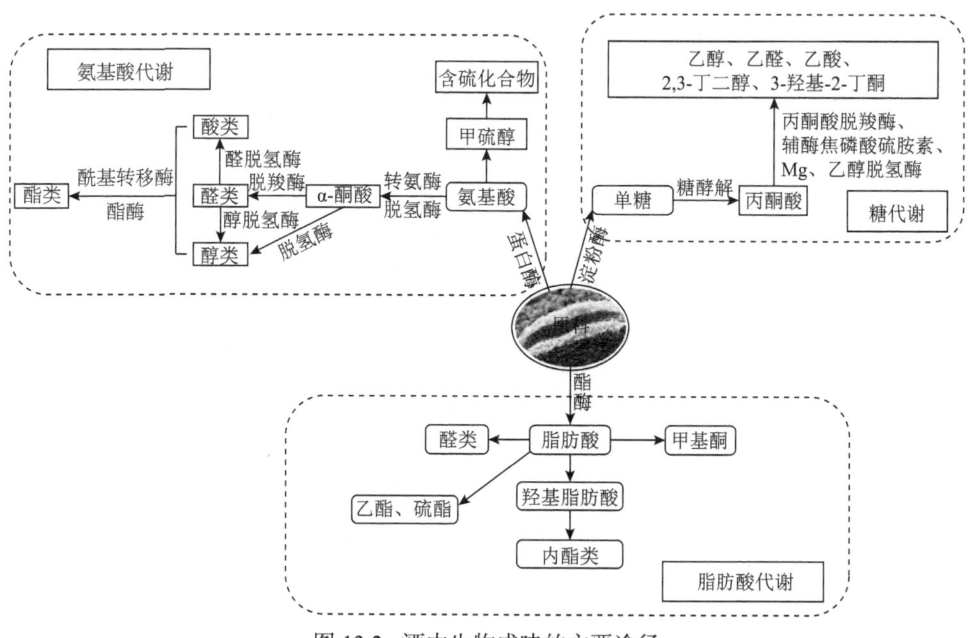

图 13.2　酒中生物成味的主要途径

酵母通过糖酵解途径将单糖转化为丙酮酸，在无氧条件下，丙酮酸在丙酮酸脱羧酶、辅酶焦磷酸硫胺素（TPP）及Mg的作用下转为乙醛，乙醛在乙醇脱氢酶作用下，最终生成乙醇，构成了酒中的主要成分；在有氧条件下，丙酮酸进入线粒体，通过三羧酸循环逐步脱羧、脱氢，彻底氧化分解为二氧化碳和水，这个过程伴随着氧气和营养物质的消耗，为细胞提供能量。此外，丙酮酸可转化为一些短链有机酸、醇类和羰基化合物等风味物质，如双乙酰和乙酸。

微生物蛋白酶主要由霉菌、细菌产生，其次由放线菌、酵母产生。原料中的蛋白质在蛋白酶（内肽酶、羧肽酶、氨肽酶）的作用下分解生成氨基酸。多肽可经微生物氨肽酶分解为游离氨基酸，低分子肽和游离氨基酸具有一定的滋味，以氨基酸为前体通过美拉德反应可合成各种与白酒香气成分有关的物质。另外，不同种类的游离氨基酸可在多种微生物酶（如转氨酶、脱羧酶、脱氢酶和裂解酶）的协同作用下进行一系列的转氨、脱氨及脱羧反应而得到相应的风味化合物。例如，支链氨基酸（异亮氨酸、亮氨酸和缬氨酸）能代谢产生3-甲基丁醛（果香味）和2-甲基丁醛（麦芽味）等特征风味物质；天冬氨酸能分解产生双乙酰（黄油味），该代谢途径是酒中重要的风味来源。

游离脂肪酸可在酯酶催化下与醇类反应得到酯类。此外，不饱和脂肪酸易发生自动氧化，其二级氧化产物主要为酮类、醛类和烷烃类等，醛类又可经还原和氧化作用生成醇类和酸类，之后二者再经酯化作用生成酯类，其中酯类、醛类和酮类等的阈值较低，可为酒体贡献果香、青草香等风味。

13.1.3　酿酒中生物成味的研究意义

自古以来，白酒、啤酒、葡萄酒等各式酒品便成为人们生活中的必需品，与之相应的是酿酒技术的不断发展和传承。生物作为酒中的主要成味因素，对于酒品的品质和特色起着决定性的作用。适量的有益微生物能够促进酒醅的发酵，提高酒精度，降低酒中的有害物质含量，从而保证酒的风味。随着消费者对酒品品质和健康需求的不断提高，酿酒产业面临着巨大的压力和挑战。通过深究酿酒中生物成味，可以为酿酒企业提供科学依据，指导生产过程中的菌种选育、发酵条件优化和产品研发等方面，从而提高酒品质量和降低生产成本。在对酿酒工业的研究过程中，关于酒中微生物群落和酶的挖掘已构建出一套完备的科学体系。深入剖析它们的神秘之处，科学家逐步揭示了它们与酒体风味之间的内在联系，有助于人们更加精准地把握酒体的风味特性，这为酿酒工艺的优化和提升奠定了坚实的科学基础和有力保障。未来，酿酒行业应继续加大生物成味研究力度，发掘和利用微生物资源，优化发酵过程，创新酒品研发，为消费者提供更高品质的酒品。同时，还需关注酿酒产业对环境的影响，实现绿色、低碳的生产方式，为我国酿酒产业的繁荣和发展做出更大贡献。

13.2　白酒中的生物成味实践

在世界六大蒸馏酒中，规模以上白酒企业的产量占比约为 38%。白酒作为我国特有的蒸馏酒类，其在我国的酒类市场中占据了重要的地位。根据国家统计局公布的数据，2022 年我国规模以上白酒企业累计销售收入 6626.5 亿元，占国内酿酒产业的 69.7%。从产值的角度来看，白酒行业在我国经济中占据了举足轻重的地位。

除了产值，白酒还承载着丰富的文化内涵。白酒文化是我国酒文化的重要组成部分，承载着深厚的历史底蕴，代表着我国独特的酿酒技艺和饮酒习俗。中国白酒文化历史源远流长，从古代的酿酒工艺到现代的品酒文化，白酒一直是中国酒文化的重要代表之一。白酒文化不仅传承了千百年，还在不断发展壮大。随着时代的变迁，白酒的酿造技艺和饮酒习俗也在不断变化，但是白酒所承载的文化内涵和精神内涵却始终没有改变。白酒文化是我国礼仪、情感、智慧的体现，也是我国独特的文化符号。

除了丰富的文化内涵，白酒的特殊酿造工艺也使其在酒类中独树一帜。与其他蒸馏酒相比，白酒具有固态发酵和勾调等独特的生产工艺。固态发酵的复杂性和难以控制性使得白酒的生物成味来源更加多样化。固态发酵涉及多个环节，每个环节都有特定的操作要求和参数控制，需要专业知识和技能。其工艺控制较难，传质和传热效果较差，温度和湿度控制更难。发酵过程中微生物的生长和代谢更复杂，不同微生物的相互作用会影响最终产品的风味和质量。白酒勾调是一种混合不同原酒以达到更好口感和香气的工艺。酿酒师需要掌握一些关键的技巧，首先是选材，选择适合勾调的优质原酒；其次是比例掌握，合理的原酒比例能够决定最终勾调酒品的风味；此外，酒体调整和提香也是勾调的重要技巧，可以通过调整酒体的酒精度和酯度来改变酒品的口感和香气。

白酒在蒸馏酒中具有重要地位，其产值、文化和特殊酿造工艺都使其成为独特的酒类。白酒制作过程采用的是最复杂的固态发酵工艺，使得白酒的风味形成过程具有丰富的层次和变化。因此，如果能够深入研究并理解白酒的生物成味机制，那么对于其他类型的蒸馏酒的风味形成过程，也能够有更加清晰和深入的理解。基于此，下面将以白酒为例，详细阐述白酒酿造过程中生物成味的原理和过程。

13.2.1　白酒的酿造工艺

如图 13.3 所示，白酒的酿造工艺独特且复杂，其主要以谷物为原料，在开放的发酵环境中与多种微生物共同发酵，通过蒸馏、储存和勾调等过程最终制成成品酒。白酒的酿造工艺一般要经过混料、制曲、发酵、蒸馏、陈酿、勾调、灌装7个步骤，具体步骤如下。

1）混料：粮为酒之肉。一般选取高粱、玉米、小麦、大米、糯米、大麦、荞麦、青稞等粮食和豆类等作为原料。将原料与整粒或粉粒均匀混合，然后再加入热水。在热水中烹煮淀粉颗粒会使其进一步吸水、膨胀、破裂和糊化。同时，在高温下对原料进行杀菌，消除一些不利的挥发性成分。

2）制曲：曲为酒之骨。制曲是利用微生物和酶的作用，将粮食原料制成曲坯，并在一定的温度和湿度条件下进行发酵和培养的过程。

3）发酵：将酒曲加入粮食原料中，在一定的温度、湿度和氧气条件下进行糖化、酒化和酯化等反应，将粮食中的淀粉转化为乙醇、二氧化碳和其他有机物质的过程。

4）蒸馏：将发酵完成的酒醅（含有乙醇和其他有机物质的发酵液）加热，使乙醇和其他有机物质挥发出来，然后通过冷凝器进行冷凝，得到白酒原酒的过程。

5）陈酿：陈酿也叫老熟，是将新酿出的白酒在特定的容器中放置一段时间，使其自然陈化、老熟的过程，“酒是陈的香”就是指经过陈酿过程的酒。

6）勾调：允许用不同轮次和不同等级的酒及各种调味酒进行勾调，不直接或间接添加非自身发酵产生的呈色呈香呈味物质。为了统一口味，去除杂质，协调香味，降低度数，便于消费者饮用，对其进行勾调。

7）灌装：经过勾调后的成品酒经过检验合格后，方可灌瓶贴标。

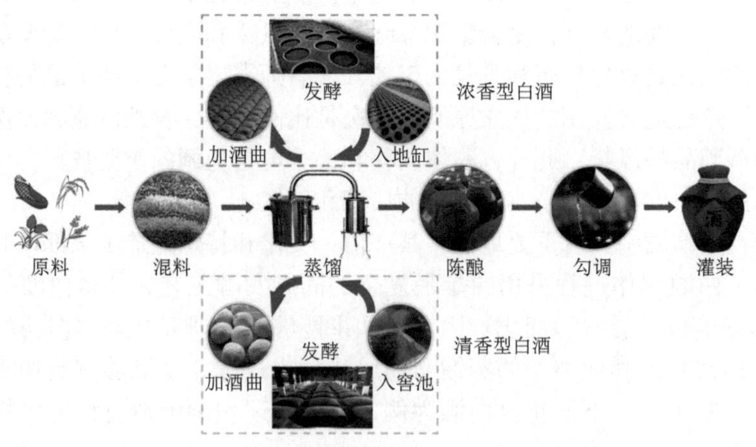

图 13.3　白酒的酿造工艺

在白酒的酿造工艺中，制曲和发酵过程是两个关键阶段，它们通过微生物和酶的作用，形成白酒独特的风味。首先，制曲阶段利用微生物和酶的作用，将粮食原料制成曲坯。在曲坯发酵过程中，微生物的生长和代谢会产生多种风味物质和化合物，如醇、酯、酸、醛等。这些化合物对于白酒的口感和香气有着重要影响，能够为白酒提供浓郁的香气和独特的风味。其次，发酵阶段是将酒曲加入粮食原料中，在一定的温度、湿度和氧气条件下进行糖化、酒化和酯化等反应。在这个过程中，粮食中的淀粉被转化为乙醇、二氧化碳和其他有机物质。同时，微生物和酶的作用也会产生更多的风味物质和化合物。这些化合物进一步丰富和调节了白酒的风味，使白酒呈现出独特的感觉和味道。

13.2.2　制曲过程的生物成味

制曲是中国传统白酒酿造工艺中特有的一个环节。制曲过程是指用粮食制成的曲坯来捕集空气中、自然界里的丰富微生物，让霉菌、酵母、细菌等多种微生物生长繁殖，产生酿酒中必需的酶，对白酒的生物成味有着重要的贡献。白酒酒曲主要包括大曲、小曲和麸曲，三种曲的形状和形态、原料组成、适用白酒香型、所含微生物等特点如表 13.2 所示。

表 13.2　白酒酿造用曲的特点

曲种	形状	形态	主要微生物	原料	适用白酒香型	具体特点
大曲	砖状		地衣芽孢杆菌（*Bacillus licheniformis*） 枯草芽孢杆菌（*Bacillus subtilis*） 假丝酵母（*Candida mycoderma*） 酿酒酵母（*Saccharomyces cerevisiae*） 曲霉属（*Aspergillus*） 根霉属（*Rhizopus*） 拟内孢霉属（*Endomycopsis*）	小麦、大麦、豌豆等谷物	浓香、清香、米香型白酒等	发酵效果优异；风味复杂丰富，赋予白酒独特香气和口感
小曲	球状或饼状		扣囊复膜酵母（*Saccharomycopsis fibuligera*） 酿酒酵母（*Saccharomyces cerevisiae*） 汉逊酵母（*Hansenula* sp.） 黑曲霉（*Aspergillus niger*）	稻米等谷物	清香、米香型白酒等	糖化和发酵两种作用同时具备；制作时间短，工艺简单；可添加中药成分，如草本植物等
麸曲	散状或块状		霉菌 F、DY2、Y1、Y2	麸皮等谷物	清香、酱香、芝麻香型白酒等	使用麸皮为原料，价格低廉；人工培养曲霉或酵母，发酵时间短

（1）大曲微生物成味

酿酒大曲中成味微生物主要包括细菌（以芽孢杆菌为主）、霉菌和酵母，能产生吡嗪类、酯类、酸类、酚类等多种风味化合物。

大曲中的芽孢杆菌是产生酱香物质的重要微生物之一。它们具有强水解蛋白质和淀粉的能力，这为大量生成酱香物质提供了必要的前体物质。在白酒的发酵过程中，特别是在高温大曲中，地衣芽孢杆菌和枯草芽孢杆菌等细菌起着重要作用。这些细菌通过降解淀粉和蛋白质产生氨基酸和发酵型糖类，这些成分是酱香物质产生的重要因素之一。地衣芽孢杆菌（*Bacillus licheniformis*）和枯草芽孢杆菌（*Bacillus subtilis*）等优势菌群的存在，增强了酱香风味物质的生成，其中吡嗪类、酸类、芳香族和酚类等化合物对于茅台酒风味的形成至关重要。高温大曲的发酵过程对细菌及芽孢杆菌等的选择纯化具有作用，有利于形成更多的酱香风味的前体物质。因此，这些细菌在大曲的发酵过程中扮演着至关重要的角色，对于白酒的风味形成起着重要作用。杨帆等[11]利用从茅台酒生产用大曲中分离得到的 *Bacillus licheniformis* MTDB-01、MTDB-02 和 *Bacillus subtilis* MTDB-03 进行了固态发酵，分析了它们的代谢产物。结果显示，这 3 株芽孢杆菌均生成了大曲中浓度较高的风味物质，包括 3-羟基-2-丁酮、2,6-二甲基吡嗪、三甲基吡嗪、四甲基吡嗪、呋喃酮、异戊酸、2-甲基-2-丁烯酸、2,3-丁二醇、β-苯乙醇和苯乙酸等。赵兴秀等[12]从大曲中分离得到了产吡嗪类和酮类物质的枯草芽孢杆菌和产酱香的地衣芽孢杆菌。张小龙等[13]发现，芽孢杆菌在固态发酵过程中产生了酱味的二甲基吡嗪和三甲基吡嗪等吡嗪类物质。Zhang 等[14]经研究发现，在发酵过程中接种 *Bacillus licheniformis* 后，吡嗪类、挥发性酸类、芳香类和酚类等化合物显著增加，地衣芽孢杆菌是制曲过程中影响香气物质的主要微生物之一。

霉菌在酿酒过程中扮演着关键角色，其代谢产物包括柠檬酸、葡萄糖酸和草酸等有机酸，这些有机酸在进一步的酯化作用中生成了一系列香味物质。曲霉菌与吡嗪、酯和芳香化合物的产生密切相关。通过对 22 种高温大曲中分离筛选的霉菌进行平板培养，孙剑秋等[15]发现，所有的霉菌都表现出产生蛋白酶的能力，同时多种霉菌也产生糖化酶、酯化酶、纤维素酶和液化酶等与白酒酿造相关的功能性酶。研究结果显示，大曲中的根酶具有高效的糖化酶活性。此外，根霉还会代谢产生乳酸、延胡索酸和苹果酸等有机酸。霉菌和酵母在酶的产生方面起着不同的促进或抑制作用。霉菌分泌的糖化酶、液化酶和蛋白酶等功能酶对分解酿酒原料中的淀粉、蛋白质等大分子物质起着积极的推动作用，从而提高了反应体系中糖类和氨基酸的含量，为其他微生物的代谢提供了基础物质，也为后续酒体风味的形成奠定了基础。

酵母虽然在大曲中的数量不多，但仍然是酒类发酵的关键微生物之一。大部分酵母将发酵原料中的糖转化为乙醇，而一些酵母则具有产生酯香的功能。例如，假丝酵母（*Candida mycoderma*）和酿酒酵母（*Saccharomyces cerevisiae*）等酵母能产生具有醇甜香味的酯类化合物。这些产酯酵母在酵母酶的作用下，可以将糖、醛和有机酸等物质转化为香味酯、醇和醛等化合物。毕赤酵母属（*Pichia*）酵母在不同的底物和环境条件下，主要代谢产物包括醇、酯和酸等物质。其他产酯酵母如异常威克汉姆酵母、毕赤酵母、汉逊酵母和假丝酵母等，生成以乙酸乙酯为主要成分的酯类香气物质。而东方伊萨酵母则能够产生高级醇和有机酸等多种风味物质。

（2）小曲微生物成味

酿酒小曲中的主要微生物是酵母和霉菌(以根霉为主)，功能酵母主要有酒化、分泌芳香物质的作用，功能霉菌主要有分解淀粉等物质的作用。

扣囊复膜酵母（*Saccharomycopsis fibuligera*）、酿酒酵母（*Saccharomyces cerevisiae*）及汉逊酵母（*Hansenula* sp.）等是小曲酒发酵过程中关键的酵母菌种。它们通过主要代谢和次级代谢产物的生成，赋予了小曲酒独特的香味特征。在发酵过程中，主要代谢产物如乙醇、乙醛和乙酸等是生长和存活所必需的，而次级代谢产物则不是生长必需的，主要包括高级醇、酯类、硫醇和萜烯类化合物等。这些次级代谢产物对于小曲酒的风味特征起到了至关重要的作用，特别是乙酸酯类化合物，如乙酸乙酯，在香气方面发挥着主导作用，赋予了小曲酒独特的香味，如香蕉、苹果、草莓、梨和茴香等。高产酯酵母的研究具有重要意义，因为它们能够在发酵过程中产生丰富的酯类化合物，从而增强了小曲酒的风味品质。扣囊复膜酵母表现出强大的淀粉酶活性，为小曲酒的发酵过程提供了重要的支持。

功能霉菌在小曲酒的发酵过程中扮演着多重角色。首先，它们主要负责糖化作用，将原料中的淀粉等大分子物质分解为葡萄糖，为发酵提供能量和碳源。在厌氧条件下，部分霉菌还可以利用这些葡萄糖进行发酵产生乙醇，进一步提高乙醇含量。除此之外，功能霉菌还分泌多种酶类，包括纤维素酶、蛋白酶、糖化酶、淀粉酶和木聚糖酶[16]。这些酶类在酿酒过程中起到不同的作用：纤维素酶可以提高出酒率并改善酒的口感，酒化酶有助于提高淀粉利用率，而单宁酶则能将单宁水解为有益的多酚和葡萄糖，促进酵母的生长。另外，酸性羧肽酶和脂肪酶等酶类也为酵母提供了更丰富的营养来源，并参与了合成酯类等物质的过程，从而影响着最终酒品的风味和品质。

（3）麸曲微生物成味

麸曲是采用纯种霉菌菌种，以麸皮为原料经人工控制温度和湿度培养而成的散曲，其主要依赖霉菌的代谢产生风味物质。

河内白曲霉作为白曲生产中的重要菌种，具有多种酶系，包括 α-淀粉酶、葡萄糖淀粉酶、酸性蛋白酶和羟基肽酶等。尽管其糖化酶活力相对黑曲霉较低，但它具有产酸高、耐酸性强等优点，适应性较广，pH 适应范围为 2.5～6.5，曲子酸度最高时可达 7.0。其中，酸性蛋白酶分泌较多，有利于微生物的生长与代谢，促进白酒的香味形成和颗粒物质的溶解。在酿酒过程中，通过使用河内白曲霉制作麸曲，可以产生较为优质的乙醇产品。刘宇琼等[17]将河内白曲霉菌 F 和霉菌 DY2 酿造白酒，其基酒香气较为怡人，且可能增加了白酒中吡嗪分子的含量，提升了酒的风味。另外，周金虎[18]经研究发现，河内白曲霉在制作麸曲过程中还可能促进愈创木酚类物质的产生，这些物质有助于提高白酒的品质和口感。综合来看，河内白曲霉作为白曲生产的重要菌种，具有独特的优势和特点，对于生产优质的乙醇饮品起着重要作用。

13.2.3 发酵过程的生物成味

发酵过程是白酒酿造过程中至关重要的环节，它决定了白酒的口感、香气和品质，是形成白酒独特风味的关键。传统白酒发酵采用不同的发酵容器，如泥窖和地缸，二者在发酵过程中的特点如表 13.3 所示。多种微生物在密闭的发酵环境中生长、繁殖，产生各种代谢产物从而改变了发酵过程中的理化特性和风味物质构成。发酵过程的成味微生物可大致分为霉菌属、芽孢杆菌属、梭菌属和酵母属。

表 13.3 地缸发酵和泥窖发酵的特点

发酵类型	发酵容器	发酵环境	发酵效率	微生物种类和数量	成品酒品质
地缸发酵		埋入地下的酒缸，温度和湿度相对稳定，不易受土壤杂菌干扰	由于温度和湿度稳定，发酵效率较高	地缸埋入地下，微生物种类和数量相对单一	由于发酵环境相对稳定，酒体品质较为纯净、稳定
泥窖发酵		在地窖中发酵，温度和湿度受土壤影响较大，可能受到土壤杂菌的干扰	受土壤温度和湿度影响，发酵效率相对较低	地窖中发酵，微生物种类和数量可能更为丰富	受土壤和环境影响，酒体品质可能具有独特的风味和口感

霉菌在白酒发酵过程中扮演着重要的角色，既参与糖化作用，又直接参与风味化合物的形成。目前主要研究集中在曲霉属和根霉属。从分离出的霉菌如黑曲霉菌株中，在适当的培养条件下能够产生高活性的葡萄糖淀粉酶和 α-淀粉酶，这有助于糖化作用的进行。同时，一些特定的霉菌如米曲霉（*Aspergillus oryzae*）也具有糖化活性，能够调节酵母的新陈代谢，并产生酯类、醇类和酸类等风味化合物，为酒的风味提供丰富多样的化合物。另外，鸡曲霉等霉菌菌株产生的蛋白酶

能够分解蛋白质，产生多种风味化合物，包括醇类、酯类、醛类、苯衍生物和吡嗪等，这些化合物对于酒的香气和口感具有重要影响。此外，白酒酿造过程中还可能存在多种水解酶，这些酶也能够促进底物的降解，形成更多的风味化合物。综上所述，霉菌在白酒酿造中不仅参与糖化作用，还直接影响风味物质的形成，对于白酒的品质和风味具有重要作用。

芽孢杆菌属在白酒发酵过程中也扮演着重要的角色，是另一种重要的风味化合物生产者。例如，*Bacillus licheniformis* MT-B06 在发酵过程中产生的 3-羟基-2-丁酮、2,3-丁二醇和吡嗪类化合物，以及 *Bacillus licheniformis* CGMCC 3962 产生的酱香类化合物，都为酒的风味增添了独特的特点。特别是 *Bacillus licheniformis* CGMCC 3961、3962 和 3963 产生的地衣素，能显著降低异味化合物的顶空浓度，对提升白酒的品质具有重要作用[19]。此外，解淀粉芽孢杆菌 1-45（*Bacillus amyloliquefaciens* 1-45）和 *Bacillus subtilis* 2-16 被确定为高效的表面活性剂生产者，它们可以抑制由链霉菌属产生的异味化合物如土臭素，在白酒发酵过程中起到了重要的调节作用。

窖泥中的梭菌属在白酒发酵过程中也发挥着重要的作用，其代谢产物包括酸类、醇类物质，以及窖香物质如吲哚和 4-甲基苯酚。不同的梭菌属具有不同的代谢途径和合成能力。例如，克氏梭菌（*Clostridium kluyveri*）、泸型梭菌（*C. lushun*）、梭菌属未鉴定种 W1（*Clostridium* sp. W1）、速生梭菌（*C. celerecrescens*）能够利用乙醇、乙酸或丁酸等底物来合成酸类物质，其中 *C. kluyveri* 对己酸的合成能力较强，可以利用乙酸和丁酸通过逆向 β-氧化途径合成己酸。而 *C. celerecrescens* 则通过利用纤维二糖、纤维素和其他糖类来合成己酸。另外，拜氏梭菌（*C. beijerinckii*）在糖代谢合成途径中能够产生大量的正丁醇，其合成量显著高于其他梭菌，因此在窖泥中主要起着合成正丁醇的作用。此外，浓香型白酒中的异味物质如吲哚和 4-甲基苯酚通常是由乌尔蒂纳梭菌（*C. ultunense*）、氨基戊酸梭菌（*C. aminovalericum*）、解嘌呤环梭菌（*C. purinilyticum*）、戈氏梭菌（*C. ghoni*）和索德利氏杆菌（*C. sordellii*）等梭菌产生的。

白酒发酵中的酵母属对于白酒的风味和香气形成具有重要作用，其中酿酒酵母（*Saccharomyces cerevisiae*）是最主要的一种。除了酿酒酵母，库德毕赤酵母（*Pichia kudriavzevii*）、拜耳接合酵母（*Zygosaccharomyces bailii*）、扣囊复膜酵母（*Saccharomycopsis fibuligera*）和异常威克汉姆酵母（*Wickerhamomyces anomalus*）等也在白酒发酵过程中发挥一定的作用。关于酵母属在白酒发酵中产生的化合物，确实有研究表明酿酒酵母菌株可通过从头合成和生物转化产生多种萜类化合物。例如，*S. cerevisiae* 可产生一系列挥发性硫化合物，其中包括 3-(甲硫基)-1-丙醇和二甲基二硫化物。另外，一些研究指出，*S. cerevisiae* 的特定菌株在适当的条件下可以利用糠醛和 L-半胱氨酸合成 2-糠硫醇，这些化合物对于白酒的香气贡献十分重要。

13.3　酿酒中生物成味的影响因素

在全球范围内，酒品的独特风味标志着各自的特色与特性，这源自其成分中风味物质的存在与含量的多寡。如图 13.4 所示，酒中的风味物质主要源于各类原料中自身所含有的风味物质及营养物质，或者是风味物质的前体物质，经过各种微生物和酶直接或间接的作用(酶促反应),从而构成了酒中丰富多彩的风味物质。因而，原料及发酵过程成为引发风味物质差别的主要原因。诱发酒品风味物质异同的主要要素包括：其一，发酵基质的差异，即原料本身或是其伴随的辅料种类、数量及投入的顺序均存在区别；其二，微生物发酵过程的区别，即微生物种群和酶制剂的种类与数量均存在差异，以及微生物发酵的方式和微生物发酵过程动态变化的不同；其三，生态因子的差异，包括酸碱度、水分含量、温度等诸多影响酒中风味物质形成的环境因素[20]。

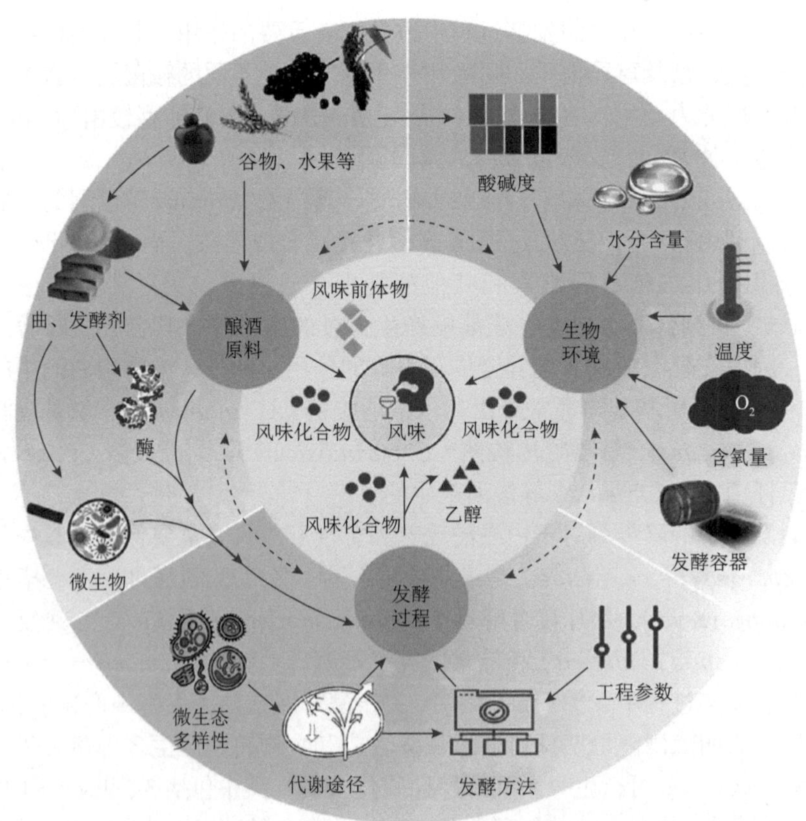

图 13.4　不同因素对酒生物成味的影响方式

13.3.1　原料成分的影响

（1）原料种类和品质

1）不同酿酒原料。多种类的原料，如谷物、果实等，均是微生物生长与发酵过程中所需要的养分来源，由于这些材料中营养成分的差异较大，这便对酒品的口感和风味产生了举足轻重的影响。表 13.4 所示的五大酒类中，由高粱、玉米、大米等谷物为主要原料，此外还配合稻壳、高粱糠等少量辅助配料进行发酵制成的中国白酒便具有了独特的粮香、谷香等风味特点；葡萄浆果经过发酵后制成的葡萄酒，其果香、涩味等味觉层次更加丰富；由最新鲜的麦芽发酵而成的啤酒，显著的麦芽香味及适当的苦味令人回味无穷；以大麦为原料酿制的威士忌，用苹果和樱桃制作的白兰地，都散发出各具特色的水果果实原始的清香味。

表 13.4　不同酒类原料营养成分表　（%）

种类	主要原料	碳水化合物	蛋白质	脂质	膳食纤维	矿物质	其他
白酒	高粱	74.7	11.3	3.3	6.3	0.68	2.9
	玉米	22.8	4.0	1.2	2.9	0.36	—
	大米	77.9	7.4	0.8	0.7	0.15	—
啤酒	麦芽	66.6	13.5	2.2	7.8	2.00	—
葡萄酒	葡萄	10.3	0.5	0.2	0.4	0.13	—
威士忌	大麦	73.3	10.2	1.4	9.9	0.68	—
白兰地	樱桃	9.9	1.1	0.2	0.3	0.05	—
	苹果	13.5	0.2	0.2	1.2	0.15	—

同样的食材，因品种、产地及年份的差异，对微生物的生长和代谢过程产生的影响也各有千秋，这主要是由其遗传背景、生存环境等因素造成的，进而影响了它们含有的营养物质和化学成分。葡萄酒常会受年份的影响，温度、降雨量及日照时间等自然因素直接影响到葡萄的生长成熟，从而改变葡萄的甜度、酸度及香气。在白酒的原材料中，无论是北方还是南方产区的粮食谷物，对酒体的风味都有着不同程度的影响，而西南地区出产的糯红高粱，更是被誉为酿酒的绝佳原料[21]。

2）原料中成分。原料中丰富的营养物质，用以供给微生物繁殖与代谢，酒品的风味与原料之间的理化成分存在紧密联系，对风味产生影响的养分主要涵盖糖类、蛋白质、脂质、单宁等。如表 13.4 所示，不同酒类酿制原料之间在营养物质占比上存在显著差异。例如，作为白酒酿造原料的碳水化合物比例显著偏高，甚至高达 70%以上；而以水果为原料进行发酵的葡萄酒与白兰地的碳水化合物含量则明显较低。此外，蛋白质、脂质及矿物质等的占比差距也相当大，这种显著差异极易影响到酒类中独特风味的形成。因此，探讨原料中不同的营养成分对了解原料如何影响酒的风味有着重要的意义，同时对于提升酒品品质也具有举足轻重的价值。

可发酵性糖是指各种糖类物质的总和，涵盖单糖及多糖等，是微生物在发酵酿酒过程中所涉及的全部碳水化合物，包括粮食谷物及水果内的还原糖等，同时也是发酵产生乙醇的重要原料及部分风味先驱物质的主要来源。在发酵过程中，以淀粉质原料为主的白酒，其总糖的来源主要是在大曲、窖泥及环境微生物的协同作用下，淀粉得以水解为葡萄糖等可发酵性糖。同理，以淀粉为主要碳源的啤酒与威士忌，则是在发酵过程中，辅以糖化酶将淀粉水解为可发酵性糖；相对而言，以水果发酵的葡萄酒等主要依赖于水果中丰富的还原糖等可发酵性糖。这些可发酵性糖经由酵母或其他微生物[如林奈假单胞菌（*Pseudomonas linnaeana*）]的催化作用，转化为乙醇，作为乙醇发酵的中间产物，在这一生化过程中，可发酵性糖同时又是微生物生长的碳源，也是合成其他代谢产物骨架的基本单位。在发酵过程中，若物料自身的还原糖含量过高，或乙醇转化速率过缓，会导致发酵体系中葡萄糖过量积累，那么未完全氧化的可发酵性糖中间产物，如丙酮酸、乳酸、乙酸等，将会导致整个发酵环境的 pH 显著降低，过低的 pH 可能抑制有益微生物（如酵母和一些增酸增香细菌）的生长繁殖，从而导致酒产量降低；反之，如果发酵体系中可发酵性糖的含量过低，微生物的异常呼吸作用可能导致更高的二氧化碳分压，进而提高产酒率，但发酵体系的酸度却随之不足，产出的酒中风味物质含量急剧减少，从而使酒的香味不浓郁，口感清淡。不仅可发酵性糖的含量对风味物质的生成有影响，不同结构的碳水化合物也会对酒品风味有所贡献。例如，在白酒的原料中，糯高粱的支链淀粉含量较高，促使其易于糊化，有利于微生物的繁衍和代谢，而以粳高粱作为原料的酒，其微生物代谢产生的风味物质更为丰富。此外，不同的微生物对发酵糖的偏好性各有差异，不同碳源的组成也会决定不同微生物菌群的构成，这自然也影响到了酒品风味的多样性。淀粉作为大麦中最丰富的成分，在啤酒和威士忌的生产过程中，不同的淀粉结构特性也起到了关键性作用。例如，由于淀粉颗粒大小的差异，不同的淀粉颗粒在麦芽糊化过程中的水解度不同，较小的颗粒往往具有较高的水解度，从而使其产生的风味物质更为丰富。

蛋白质作为微生物生长必备的速效氮源，在微生物和酶催化下，能够代谢转化为氨基酸、多肽等物质。蛋白质的水解过程伴随着相关蛋白酶活力的提升，从而推动微生物进一步代谢产生多种风味物质。适量的蛋白质原料能够促进代谢产物的生成，丰富葡萄酒中的香气成分，然而过度使用可能导致葡萄酒中高级醇浓度升高，进而降低酒品质量。原料蛋白质的构成也会直接影响芳香族化合物的合成，从而引发发酵产品风味的多元化。

原料中所含有的脂质也作为微生物繁衍代谢的碳源，通过氧化分解及水解等多种方式衍生出多样化的风味物质，此为酒体风味物质的来源之一。不饱和脂质与氧气发生反应所形成的氢过氧化物本身并无滋味，然而易于分解生成各类挥发性风味物质及非挥发性风味前体物质。例如，高粱中的油脂受到高温加热之后，将转化为珍贵的挥发性香气物质如 β-烯醛、二烯醛及短链脂肪酸等。另外，脂质也容易水解生成各类低分子有机酸和脂肪酸，如棕榈酸、油酸、亚油酸、亚麻酸等。在发酵过程中，过量脂质引发的酸度提升，可能会影响到微生物和酶的活性；当原料中脂肪含量偏低时，其产品中的风味物质含量也相应降低。

原料中的脂类物质也可作为微生物生长代谢的碳源，并能够参与部分风味物质的形成。高粱中的脂肪受热分解成重要的挥发性香气物质如 β-烯醛、二烯醛及短链脂肪酸等。当高粱中脂肪含量过高时，会产生较多的高级脂肪酸乙酯，造成发酵产品出现脂质氧化味。而原料中脂肪含量较低时，其产品中的风味物质含量也随之降低。

单宁是分子量较高的多元酚类化合物，为酒中特有风味物质和功能性物质不可缺少的来源。在发酵过程中，微生物通过分泌单宁酶降解单宁产生各类中间代谢产物，如酚酸、黄酮类等小分子酚类物质。单宁作为葡萄酒的骨架成分，使酒体结构稳定丰满，使其保持鲜活的颜色，与唾液蛋白结合保持苦味和涩味。但过高的单宁通过影响细菌细胞壁抑制微生物生产，同时多淀粉酶、纤维素酶等具有钝化作用，会影响其他风味物质的生成。

（2）原料处理方式

为了充分利用各种原料，提升糖化效能及出酒率，并塑造独特的酒品韵味，酿酒所用的原料皆需经过一系列特定程序的处理。这种处理主要包括原料的筛选配比及其状态的调整等，通过粉碎使其中的淀粉与糖分暴露，便于糖与淀粉被微生物利用。例如，啤酒生产中麦芽需要浸泡、发芽、烘干；白酒生产过程中需要润粮、糊化、冷却；葡萄酒在酿造前，葡萄需要经过破碎、除梗、浸提等。这一流程有助于增大原料在发酵过程中和微生物及酶类的作用面积，保证水分状态优质、温度适宜等，从而确保微生物和酶在最合适的环境中生长与代谢，防止发酵过程中微生物数量不足、酶活性降低，进而引发发酵动力不足的问题[22]。

13.3.2　发酵微生物和发酵工艺的影响

发酵是原料转化为佳酿的至关重要环节，同时也是塑造白酒独特风味的关键步骤之一。发酵过程大致可划分为微生物与发酵工艺两大板块，对风味的生成产生影响。如图 13.5 所示，白酒主体产品类别的发酵工艺和发酵微生物最为繁复，联合多种谷物、多元菌落条件，协同糖化和固态发酵；对比之下，其他酒类的制作通常只需采用单一原料，在单纯的菌落环境中，特别是以酵母为主导，运用液态发酵方式生产。威士忌及啤酒这类以谷物为原料的酒品，由于其碳源结构丰富且稳定，不易被微生物直接作为糖分吸收，故需首先进行糖化，接着进行发酵。然而，如表 13.5 所示，葡萄酒这类产品与白酒相比，由于其原料中的糖分储备充裕，结构相对简单，便能直接进行发酵。此外，发酵后的白酒、威士忌、白兰地需经过蒸馏工艺精细加工，而啤酒和葡萄酒则可直接进行适当的陈酿。

（1）微生物种类

1）霉菌。霉菌作为重要的微生物种类之一，其所具备的糖化酶及蛋白水解酶合成功能尤为显著，成为糖化酶合成过程中的主导菌种。其中包含如下五大类霉菌：曲霉通过其代谢作用生成了丰富的曲药糖化力，并生成诸多有机酸，同时可以产生少量乙醇；根霉以米根霉为主导，它能够产生强大的糖化力，兼具一定的发酵力，同时也能产生大量乳酸；毛霉在蛋白质分解及乙醇、草酸、琥珀酸、甘油的产出上表现出一定的能力；青霉对于酒曲中的其他有益微生物有极强的抑制效应；而犁头霉虽然在糖化酶和淀粉酶的合成上能力相对较弱，但其过度生长却会对成品曲的品质带来不利影响[23]。

白酒
威士忌
葡萄酒
啤酒
白兰地
• 单一或多种谷物
• 同时糖化和固态发酵
• 混合菌落发酵
• 窖池或地缸发酵
• 固态蒸馏
• 密封罐老化
• 原料香，发酵香，陈酿香，柔和，协调，纯净，协调……
• 大麦、玉米
• 糖化后发酵
• 深层发酵
• 单菌发酵（酵母）
• 液态蒸馏
• 橡木桶陈酿
• 葡萄酒香、谷物香，果实香，馥郁香，泥煤香，水质调……
• 葡萄
• 直接发酵
• 深层发酵
• 单菌发酵（酵母）
• 酿造酒
• 橡木桶陈酿
• 甘草香，花香，果香，蔬果风味，木质香气，泥土味……
• 麦芽
• 糖化后发酵
• 深层发酵
• 单菌发酵（酵母）
• 酿造酒
• 麦芽香，啤酒花香，叫木箱，焦香，肉桂香……
• 水果
• 直接发酵
• 深层发酵
• 单菌发酵（酵母）
• 液态蒸馏
• 橡木桶陈酿
• 花香，植物香，果香，坚果香，木香，发酵香……

图 13.5　白酒、威士忌、葡萄酒、啤酒、白兰地主要工艺的不同之处

表 13.5　白酒和葡萄酒主要微生物及风味产物

酒的种类	原料	发酵类型	主要微生物	主要风味物质	风味特点
白酒	高粱、小麦、玉米、糯米、大米等谷物	固态发酵、半固态半液态发酵、液态发酵	霉菌：红曲霉属（*Monascus*）、黑曲霉（*Aspergillus niger*）、河内白曲（*Hanoi baiqu*）、草本枝孢霉（*Cladosporium herbarum*） 酵母：异常毕赤酵母（*Pichia anomala*）、酿酒酵母（*Saccharomyces cerevisiae*）、异常威克汉姆酵母（*Wickerhamomyces anomalus*）、东方伊萨酵母(*Issatchenkia orientalis*)、异常汉逊酵母(*Hansenula anomala*) 细菌：地衣芽孢杆菌（*Bacillus licheniformis*）、枯草芽孢杆菌（*Bacillus subtilis*）、乳酸杆菌属（*Lactobacillus*）、克雷伯氏菌属（*Klebsiella*）	己酸乙酯、乙酸乙酯、乳酸乙酯、丁酸乙酯、戊酸乙酯、庚酸乙酯、3-甲基丁醛、甲基丁酸乙酯、甲基丁酸乙酯、3-甲基-1-丁醇、己酸、丁酸、糠醛、苯乙醇、川芎嗪、愈创木酚、4-乙烯基愈创木酚、苯乙醇丙酸、1,3-丁二醇、乙酸、甲酯等	酒体浓郁，甜度醇厚，香味馥郁，口感柔软，回味悠长，口感纯正温和，香气持久，回味甘甜、醇厚、淡雅，口感和谐、浓郁、清淡
葡萄酒	葡萄	液态发酵	酵母：梅奇酵母属（*Metschenikowia pulcherrima*） 假丝酵母属（*Candida stellata*、*C. zemplinina*、*C. pulcherrima*） 有孢汉逊酵母属（*H. guilliermon*、*H. uvarum*、*H. vinae*）；毕赤酵母属（*Pichia anomala*、*P. vini*、*P. kluyveri*） 伊萨酵母属（*I. terricola*、*I. orientalis*） 乳酸菌：瑞士乳杆菌（*L. helvelticus*） 嗜酸乳杆菌（*L. acidophilus*） 类肠膜魏斯氏菌（*Weissella paramesenteroides*）	蔗糖、葡萄糖、果糖，还有一部分阿拉伯糖、木糖、鼠李糖、酒石酸、苹果酸、琥珀酸、乳酸、儿茶素、黄酮醇、花青素和单宁、萜烯类化合物、挥发性酸类、挥发性酚类化合物	馥郁芬芳，醇厚甘洌，柔细丝滑，余味悠长，酒体丰满，口感平衡，香气袭人，口感清爽，色泽艳丽，风味独特

2）细菌。曲药中含有丰富的细菌群落，规模庞大，主要包括球菌与杆菌两大类别。乳酸菌展现出三大鲜明特性：首先，其存在既有同型，也有异型；同型乳酸菌主要产生活性乳酸，异型则除此之外，还能产生乙酸、乙醇等多种产物。其次，乳酸菌以球菌为主导，占比高达70%；再者，除了利用糖类制造乳酸和乳酸乙酯，乳酸菌在发酵过程中还能产生适量的乙醇、乙酸和二氧化碳。此外，醋酸菌具备葡萄糖和乙醇氧化生成乙酸的能力，并进一步与醇缩合形成乙酸酯，同时乙酸也被认为是丁酸、己酸等有机酸的合成前驱物质。有关枯草芽孢杆菌，研究人员指出它具有降解蛋白质、水解淀粉的能力，是芳香类物质生成的重要源头。至于己酸菌，它与甲烷菌共生在窖泥中，通过发酵乙醇和乙酸盐生成己

酸、丁酸及少量的乙酸；而针对葡萄糖，则可产生乙酸、丁酸及少量的己酸。它以乙酸乙酯为承受体，合成己酸乙酯。由于具有土壤细菌的特性，这种微生物主要分布在窖泥多而糟醅少的环境中，被认为是产生泸（浓香）型大曲酒香味的主要菌种[24]。

3）酵母。酵母作为发酵的精髓，提供了乙醇发酵的主要驱动力。酒曲中的酵母主要由乙醇酵母、产酯酵母、假丝酵母等构成。乙醇酵母乃大曲中的主导性酵母，其适宜生长的温度较低，乙醇生成效能强。

（2）酶的种类与作用

淀粉水解酶主要包括 α-淀粉酶、β-淀粉酶、糖化酶、异淀粉酶及麦芽糖酶等多种类型。淀粉酶最为显著的功能在于将淀粉分解为简单的糖类分子，提升糖化速率，为酵母等微生物的发酵过程提供必要的能源和营养物质，同时降低原料在糊化或糖化过程中的黏稠度，从而提高酒品的产量并降低制造成本。

蛋白酶源自细菌、霉菌及放线菌等微生物。蛋白酶将蛋白质分解为中等分子量的含氮化合物及低分子量的氨基酸。这些成分在微生物及酶的催化下持续进行化学变化，生成酒液中的各类香气与滋味物质，如氨基酸和多肽类化合物，以及儿茶酚等酚类化合物。

酯化酶是发酵过程中塑造酒品风味的关键酶，白酒中的酯类主要包括乙酸乙酯、乳酸乙酯、丁酸乙酯及己酸乙酯，被誉为四大酯类。其主要生成途径有两种：一是通过有机化学反应生成酯，然而这种反应在室温环境中极其缓慢；二是通过微生物的生物化学反应生成酯，这也是白酒酿制过程中酯类生产的主要路径。众多微生物均具备产生酯化酶的能力。例如，根霉能够分泌乳酸乙酯酶，一些生香酵母能够产生乙酸乙酯酶，部分红曲霉则能够体外合成己酸乙酯酶。

纤维素酶是指能水解纤维素 β-1,4-糖苷键的酶，使纤维素变为纤维二糖和葡萄糖。在进行发酵时，纤维素酶的添加可以提高原料的利用率及酒质[25]。

（3）发酵工艺的影响

发酵类别可概括为固态发酵与液态发酵两大类，以及快速发酵与缓慢发酵。固态发酵主要是在几乎不存在或仅有少量自由水的环境中，借助繁多的微生物或固态糖化发酵剂，通过固态基质形态进行发酵，进而酿造出含有众多独特风味元素的酒类佳品。其中，如图 13.6 所示，中国白酒无疑是固态发酵的卓越象征之一。液态发酵则运用纯种或少数菌株进行发酵，具备较强的乙醇发酵能力，其主要的发酵过程包括以酵母为主导的生物代谢，以及较大的氧气与固形物接触面，对好氧微生物的生长与代谢有利。因此，液态发酵所呈现的酒品香气相对清淡，酒尾则更为清爽。对比之下，固态发酵酒醅由于富含大量的微生物及其自溶物，经历多重的代谢程序，使得酒体口感更为丰富浓郁，同时异杂味也随之增加。快速发酵多在高温、湿润的环境中采用酵母与酶制剂实现加速发酵过程，以此大幅缩短发酵所需的时间，却可能导致口感略显单调；而缓慢发酵往往采用传统发酵方式，这一方法使得酒体更加醇厚柔和[26]。

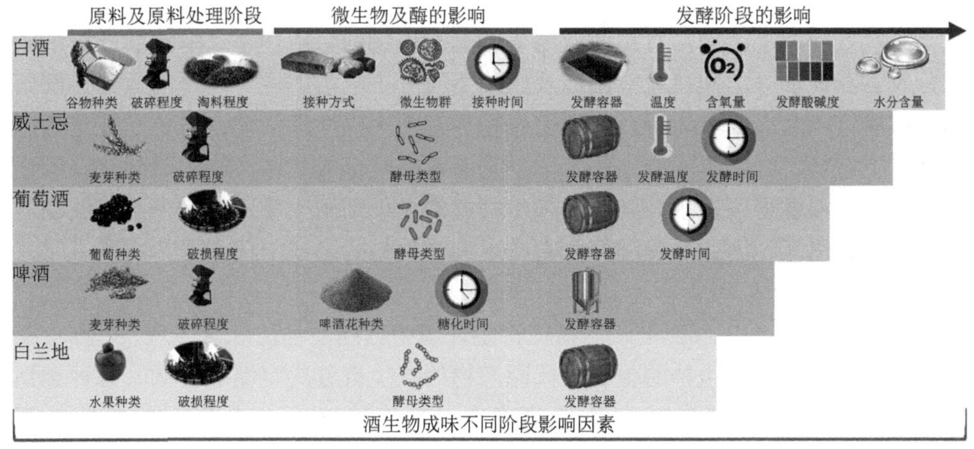

图 13.6　不同酒生物成味的主要影响因素

13.3.3　生态因子的影响

最终能得以形成酒独特的风格风味还受到诸多因素的影响，如发酵温度、酸度、时间等。例如，发酵温度过低，发酵缓慢，发酵后期酯化时间缩短，香味成分减少；发酵温度过高，则会使得微生物早衰，以及酶失活损失导致发酵不彻底，影响酒体的产量和质量。发酵时酸度过高，会直接抑制不耐酸菌的生长繁殖，而酸度过小会导致香味物质生成减少，进而导致酒体风味寡淡[27]。

此等皆总括为生态因子，其中发酵环境生态因子则特指那些酒窖或发酵容器对微生物生长、发育、繁殖、习性及分布产生直接或间接影响的环境要素，如在发酵过程中的酸碱度、氧气含量、水分含量、发酵温度、养分含量及代谢产品的积累等。随发酵进程中微生物的生长发育，酒窖或发酵容器内不同空间位置的微生物生长情况各异，其对生态因子的需求和受影响程度也有所差异。这些生态因子与微生物共享着关联关系，相互催发、制约并共同发展，共同构建出特定的微生物生态体系。生态因子调控着微生物物种的变化及代谢产物的生成和聚集，在发酵过程中这样的变化构成了微生物生态的动态演进与动态平衡。在这一动态发展与动态平衡的生态系统中，任何一个生态因子的异常波动，都必将造成整个发酵体系中其他因子以不同程度的方式发生异常变化并产生反作用，最终驱动发酵体系中代谢产物的成分和比例的改变，进而影响酒的风味物质的种类与含量。

（1）温度

发酵过程中微生物的繁衍及其产物的生成乃是一连串错综复杂的生物化学反应的产物，如同其他化学反应一般，这些反应也受到温度波动的影响。温度是影响生物生长及存活的关键性环境因素之一，其对微生物的影响主要体现在直接效应与间接效应两个层面。直接效应涵盖影响微生物的繁殖速率、酵素活性、细胞成分及营养需求等。间接效应则涉及影响溶质分子的溶解度、离子的运输扩散、细胞膜渗透压及表面张力等。由于微生物拥有不同的生理活动，需要在特定的温度条件下进行，因此不同的生长阶段、繁殖速率及合成代谢产物的差异往往可通过外部环境温度得以揭示。同时，微生物通常为单细胞生物，其胞内温度波动与环境温度相适应，因此环境温度可直接影响微生物的合成与代谢风味物质。

（2）pH

在发酵过程之中，pH是微生物在特定环境中代谢活动的综合表现，堪称重要的发酵参数。其对微生物的生长及代谢产物的产生有着决定性的影响。各种类别的微生物对于pH的需求各不相同，通常来说，真菌的生长pH范围较为宽泛，而细菌则相对较窄。同一种微生物在不同的生长阶段及不同的生理生化过程中，也对环境的pH有各自的要求。针对同样的微生物，由于环境pH的差异，其可能积累多种代谢产物。在发酵过程中，对窖池微生物的影响主要体现在pH对以下几个方面的影响：影响酶的活性，过高或过低的pH均能抑制微生物体内部分酶的活性，进而导致微生物细胞的代谢受到阻碍；影响微生物细胞膜所携带电荷的稳定性，从而改变细胞膜的通透性，影响微生物对营养物质的摄取和代谢产物的排除；影响某些营养物质和中间代谢产物的解离状态，从而影响微生物对这些物质的利用率。因此，pH的变化不仅会引发发酵过程中微生物的生长和品种演替，还会影响菌体代谢途径的改变和代谢产物的转换[28]。

（3）水

水分含量在酿酒行业中是至关重要的元素，为细胞构成的重要组成部分。微生物所需的营养物质须以水溶液形式方能得以吸收，各种微生物的生命活动及发酵过程与水分含量有着紧密的关联。在固态发酵环节中所需的水分大部分来自加工过程中的添加水及微生物代谢过程中的生成水，而液态发酵的水则几乎全部源于生产过程中输入的水。足够的水分不仅可以确保微生物的生长、代谢及发酵的正常进行，更为稀释酸度、调节发酵温度、降低淀粉浓度以利酵母繁衍和发酵奠定了基石。

13.4 酿酒中生物成味的发展趋势

食品风味前处理方法的革新，以及高灵敏度定性与定量仪器分析技术的快速发展，为酿酒中生物成味的研究提供了有力支撑。随着分子生物学和生物信息学的快速发展，多组学联用技术已被广泛应用于酿酒过程中微生物菌落和关键风味物质的综合分析中，并可准确地构建香气重组体以确定酒体风味组成与代谢途径。尽管多组学联用技术为风味物质代谢调控提供了重要的研究方法，但是目前对生物成味的生理基础、定向调控和生产实践的研究仍有很大的发展空间，其未来发展趋势包括以下几个方面。

1）结构层面深度解析嗅觉、味觉生理学基础，为酒品口感和风味调控提供了更加深入的理论基础。随着生物科学和生物化学领域的发展，科学家对嗅觉和味觉受体的结构与功能正开展深入研究，从结构生物学方面部分揭示了受体与化合物之间的相互作用机制，发现个体之间存在着嗅觉和味觉受体的遗传变异，这些遗传变异会影响个体对不同化合物的嗅觉和味觉感知。未来酒行业可以通过对消费者嗅觉和味觉受体基因型的研究，实现对酒品口感和风味的预测设计，满足消费者的个性化需求；科学家还在探索如何通过调控嗅觉和味觉受体的功能来实现对酒品口感和风味的精准调控，通过调节嗅觉和味觉受体的表达水平、结构或功能，来改变个体对不同风味物质的感知敏感度，从而实现对酒品口感和风味的定制化；除了嗅觉和味觉受体，其他感知通路也会对酒品口感和风味产生影响，可通过研究不同感知通路之间的交互作用，深入探索酒品口感和风味形成的机制，进一步实现对酒品口感和风味的精准调控；此外，随着生物技术和生物信息学技术的不断发展，如基因编辑技术、生物信息学技术等，可对嗅觉和味觉受体受损群体进行精准干预，实现特需食品的风味、功能双强化。

2）对材料及检测技术进行革新，实现生物成味关键点的精准识别。消费者的风味感觉是决定食品成功与否的关键因素，酒体的质量和价值与决定感官特性的复杂风味化合物密切相关。因此，开发新的检测方法，加强酿酒过程及成品酒风味成分的原位、准确、实时的测定至关重要。近年来，纳米传感技术作为一种前沿的检测技术，具有极高的灵敏度和选择性，能够实现对微量物质的精准检测。在酒行业生物成味方面，纳米传感技术有望为风味成分的分析和酿造过程的监控带来革命性的变革；纳米光学、电化学等传感技术为实现技术集成化、设备小型化、生产智能化提供了技术支撑；随着纳米传感技术的不断发展，可形成多技术集成的检测平台，并有望实现检测设备的小型化和便携化，方便酒企业在现场进行实时检测和分析；此外，结合人工智能和自动化技术，构建智能化的纳米传感检测系统，实现自动化采样、分析和数据处理，形成影响关键风味感知的物质识别体系，为后期微生物改造关键点选取锚定靶点。

3）进行酿造微生物群落的靶向调控，实现食品工业生产的数智化调控。微生物及酶是代谢原粮生成基酒和风味的核心，因此利用下一代测序技术、高通量组学技术（包括基因组学、转录组学、蛋白质组学、元基因组学和代谢组学）及模拟和重建发酵，更详细地了解微生物的分类、进化及原位和体外功能，实现鉴定最小的功能微生物群，揭示微生物的代谢特性，实现稳定发酵，以应对酿酒过程中的批次不稳定性，保持特定的风味，从而对酿酒过程中微生物代谢进行靶向调控。此外，基因编辑技术的发展为酒行业生物成味提供了新的可能性。科研工作者可以利用基因编辑技术设计出具有特定风味和性状的微生物，从而定制化生物发酵过程，生产更符合市场需求的产品。随着人们对健康饮品的需求增加，酒行业可能会将注意力转向生物成味对人体健康的潜在影响，挖掘具有成味及产生健康因子功能的微生物，采用发酵工程、酶工程和其他生物技术，开发具有功能性和健康益处的酒类产品，实现新产品的创制和产业化生产。

参 考 文 献

[1] LIN M, YANG B, DAI M, et al. East meets west in alcoholic beverages: Flavor comparison, microbial metabolism and health effects. Food Bioscience, 2023, 56: 103385

[2] FRANQUES J, ARAQUE I, PALAHI E, et al. Presence of *Oenococcus oeni* and other lactic acid bacteria in grapes and wines from Priorat (Catalonia, Spain). Lwt-Food Science and Technology, 2017, 81: 326-334

[3] 梁敏华, 赵文红, 白卫东, 等. 白酒酒曲微生物菌群对其风味形成影响研究进展. 中国酿造, 2023, 42(5): 22-27

[4] 刘效毅, 郭坤亮, 辛玉华. 高温大曲中微生物的分离与鉴定. 酿酒科技, 2012, (6): 52-55

[5] 张宗启. 酱香型白酒大曲中功能微生物菌群及其酶系研究进展. 酿酒科技, 2021, (3): 92-99

[6] BLANK L M, SAUER U. TCA cycle activity in Saccharomyces cerevisiae is a function of the environmentally determined specific growth and glucose uptake rates. Microbiology, 2004, 150(4): 1085-1093

[7] CHEN S, XU Y. The influence of yeast strains on the volatile flavour compounds of Chinese rice wine. Journal of the Institute of Brewing, 2010, 116(2): 190-196

[8] LAPPE-OLIVERAS P, MORENO-TERRAZAS R, ARRIZON-GAVINO J, et al. Yeasts associated with the production of Mexican alcoholic nondistilled and distilled Agave beverages. Fems Yeast Research, 2008, 8(7): 1037-1052

[9] WALKER G M, STEWART G G. *Saccharomyces cerevisiae* in the production of fermented beverages. Beverages, 2016, 2(4): 30

[10] LIANG X, QIAN M, BAI W, et al. Research progress on microorganisms in Baijiu brewing process. China Brewing, 2020, 39(7): 11-15

[11] 杨帆, 林琳, 王和玉, 等. 茅台大曲中 3 株芽孢杆菌代谢产物的比对分析. 酿酒科技, 2011, (8): 42-43, 6

[12] 赵兴秀, 何义国, 赵长青, 等. 产酱香功能菌的筛选及其风味物质研究. 食品工业科技, 2016, 37(6): 196-200

[13] 张小龙, 邱树毅, 王晓丹, 等. 酱香型大曲中挥发性成分与微生物代谢关系. 中国酿造,

2020, 39(12): 51-57

[14] ZHANG R, WU Q, XU Y. Aroma characteristics of Moutai-flavour liquor produced with *Bacillus licheniformis* by solid-state fermentation. Letters in Applied Microbiology, 2013, 57(1): 11-18

[15] 孙剑秋, 刘雯雯, 臧威, 等. 酱香型白酒酒醅中霉菌群落组成与功能酶活性. 中国食品学报, 2013, 13(8): 239-247

[16] 陈亮亮. 黄酒麦曲制曲工艺的优化研究. 无锡: 江南大学, 2013

[17] 刘宇琼, 曹荣冰, 何松贵, 等. 人体健康活性成分吡嗪高产菌株的筛选及应用研究. 酿酒, 2019, 46(4): 50-54

[18] 周金虎. 黄鹤楼酒生态洞酿产愈创木酚类功能菌的筛选与应用. 武汉: 湖北工业大学, 2019

[19] WU Q, CHEN B, XU Y. Regulating yeast flavor metabolism by controlling saccharification reaction rate in simultaneous saccharification and fermentation of Chinese Maotai-flavor liquor. International Journal of Food Microbiology, 2015, 200: 39-46

[20] ENGLEZOS V, JOLLY N P, DI GIANVITO P, et al. Microbial interactions in winemaking: Ecological aspects and effect on wine quality. Trends in Food Science & Technology, 2022, 127: 99-113

[21] 江伟, 韦杰, 李宝生, 等. 不同原料酿造单粮白酒风味物质特异性分析. 食品科学, 2020, 41(14): 234-238

[22] 张彩飞, 张阳阳, 尉晓东, 等. 前处理工艺对白酒原料淀粉利用率的影响. 食品与发酵工业, 2018, 44(6): 115-118

[23] WU Q, ZHU Y, FANG C, et al. Can we control microbiota in spontaneous food fermentation? Chinese liquor as a case example. Trends in Food Science & Technology, 2021, 110: 321-331

[24] DU H, JI M, XING M, et al. The effects of dynamic bacterial succession on the flavor metabolites during Baijiu fermentation. Food Research International, 2021, 140: 109860

[25] 马鹏, 何霞, 王丽玲, 等. 复合霉菌产酯化酶工艺优化及强化发酵白酒挥发性代谢物差异研究. 食品安全质量检测学报, 2023, 14(14): 144-154

[26] LIU H, SUN B. Effect of fermentation processing on the flavor of Baijiu. Journal of Agricultural and Food Chemistry, 2018, 66(22): 5425-5432

[27] 蒲领平, 黄治国, 饶家权, 等. 川中地区浓香型白酒酒醅风味物质时空差异性比较. 现代食品科技, 2023, 39(12): 262-269

[28] 毛凤娇, 黄均, 周荣清, 等. 人工窖泥微生物群落对浓香型白酒发酵过程风味代谢物形成的影响. 食品科学, 2024, 45(4): 125-134

第 14 章

调味品中的生物成味

调味品是指在饮食、烹饪和食品加工中广泛应用的，用以调和滋味和气味并具有去腥、除膻、解腻、增香、增鲜等作用的调味汁或调味料。根据《调味品分类》（GB/T 20903—2007），调味品共有食用盐、食糖、酱油（酿造酱油、配制酱油、铁强化酱油）、食醋（酿造食醋、配制食醋）、味精（谷氨酸钠、加盐味精、特鲜味精）、芝麻油、酱类（豆酱、面酱、番茄酱、辣椒酱、芝麻酱、花生酱、虾酱、芥末酱）、豆豉、腐乳（红腐乳、白腐乳、青腐乳、酱腐乳、花色腐乳）、鱼露、蚝油、虾油、橄榄油、调味料酒、香辛料和香辛料调味品、复合调味料、火锅调料 17 种品类。按照成分分类，可分为单味调味品和复合调味品。单味调味品是指仅含一种主要原料的调味品，复合调味品则通常是由两种及两种以上的调味品按照一定比例调配制成的。典型的单一调味品有味精、酱油、食醋、腐乳、香辛料和香辛料调味品、调味料酒及蚝油等，典型的复合调味品有火锅调料、鸡精、中式复合调料和西式复合调料等。其中以生物成味方式制作的调味料有酿造酱油、酿造食醋、味精、酱类、豆豉、腐乳、鱼露、蚝油、复合调味料九大类，以酶介导生物成味的主要代表为蚝油和复合调味料。

14.1　调味品中的生物成味研究现状

目前，全球调味品市场规模已经达到 3000 亿美元，其中亚太地区是增长最快的市场之一。中国调味品市场规模庞大，并呈现出持续增长的趋势。2022 年中国调味品市场规模达到 5133 亿元，2025 年市场规模将达 7881 亿元。全球调味品市场规模不断增长，地区需求存在差异，类型需求多样化，健康和天然趋势与地方特色及国际化需求共同推动了国际市场的发展。随着人们对健康和天然食品的关注增加，对健康和天然调味品的需求也在增长。消费者更加关注调味品的成分和添加剂，倾向于选择无人工添加剂、有机或天然成分的产品。这一趋势推动了市场中健康、有机和天然调味品的发展。中国调味品市场是全球最大的调味品市场之一，具有巨大的潜力和活力。中国调味品市场规模庞大，消费者对各种类型的调味品有着广泛需求。市场竞争激烈，包括国际品牌和本土品牌。随着健康意识的提高，消费者对健康和功能性调味品的需求逐渐增加。人们更加关注调味品的成分、添加剂和营养价值，倾向于选择低盐、低糖、低脂和无添加剂的产品。

14.2　典型调味品的生物成味实践

14.2.1　微生物介导的生物成味实践

（1）酿造酱油生物成味

我国是世界上最大的酱油生产国和销售国，酱油在我国具有庞大的市场和消费潜力。酱油生产历史悠久，据史料记载，已有 2500 多年的历史。酿造酱油是以大豆和（或）脱脂大豆，小麦、小麦粉和（或）麦麸为主要原料，经微生物发酵制成的具有特殊色、香、味的液体调味品。酱油按用途可分为生抽和老抽，另外也有味极鲜、蒸鱼酱油等花色酱油。生抽是以黄豆、面粉为原料，在天然发酵酿造后，由头抽、二抽和三抽按一定比例调配而成的产品，一般来说头抽比例越高其品质越好。生抽具有颜色浅、色泽亮、质地稀、咸味和鲜味强的特点，常用于调味。老抽是在生抽被提取后经过浓缩、晒制等再加工程序后提取的成品，具有颜色深、酱味浓郁、鲜味较弱的特点，主要用于菜肴上色。随着消费者对健康生活方式的追求及低盐饮食的控制，酱油生产企业也推出了减盐酱油，通过调整发酵工艺与勾调工艺实现了不同程度的减盐（30%～50%）。

我国酱油工艺经历了由天然晒露发酵到无盐固态发酵，再发展为低盐固态发酵、高盐稀态发酵和固稀发酵多种工艺并举的过程。天然晒露法为我国传统酱油酿造工艺，其产品具有浓厚的酱香，风味品质较好。由于开放式环境，大量的耐盐乳酸菌、酵母等野生菌会滋生，并且参与发酵。其缺点是原料的利用率低、生产周期长、周转缓慢、劳动强度大、性价比低、卫生条件不易控制且成本高。高盐稀态发酵酱油是以大豆、小麦或麸皮为主要原料，大豆需蒸煮，小麦要焙炒，然后粉碎，在较低温度条件下制曲，混合盐水进行稀醪发酵（盐含量 18%～21%，水分 65%），酿制成色、香、味、体态独到的高品质酱油。高盐稀态发酵工艺可以分为自然发酵和控温发酵两种方式，自然发酵即日晒夜露发酵，基本流程为：在气温较低的春季制曲；随着气温升高，酱醪开始发酵；等到三伏高温的时候发酵达到旺盛时期，到秋、冬季慢慢进入后熟阶段，可用木榨进行抽油，需 1～3 年时间。控温发酵方式包括 30℃恒温发酵与变温发酵两种模式，变温发酵是日式酱油的主要发酵方法[1]，其产量占日本酱油市场的 85%，具有高盐、稀醪、低温、周期长的特点，产品风味好、醇香浓、色清、含有 2%左右的乙醇成分[2]。无盐固态发酵以豆饼∶麸皮(60∶40)为原料，制醪时不用盐水，发酵温度高(50～60℃)以抑制乳酸菌产酸，发酵周期非常短，为 56～72h[3]。该方法发酵速度快、设备利用率和劳动生产率高、酱油产量大。但该方法生产酱油只完成了蛋白质和淀粉的降解，产品香气和滋味远不如传统的天然晒露发酵法，且酱油的焦糊味、酸味等异味突出，产品风味不佳，该方法已经被淘汰。低盐固态发酵以脱脂大豆及麸皮为原料，经蒸煮、曲霉制曲后与浓度低于 15%（氯化钠含量为 13%）的盐水混合成固态酱醅，进行保温(40～50℃)发酵，发酵周期通常为一个月(25～35d)。我国 80%的酱油酿造企业采用此工艺。其具有生产周期短、简单高效、成本低、抑制杂菌、产品色泽深、味道鲜美和香气适中等特点，但该工艺所酿造产品的品质不及天然晒露发酵和高盐稀态发酵工艺[4]。

酱油关键风味物质：目前采用顶空萃取、顶空固相微萃取、热脱附、同时蒸馏萃取、真空蒸馏萃取、固相萃取、溶剂辅助风味蒸发萃取结合气相色谱-质谱联用仪、气相色谱-质谱-嗅闻仪、全二维气相色谱-质谱联用仪等分离萃取和鉴定技术对酱油中的挥发性香气成分进行鉴定，检测到超过 1038 种挥发性成分，主要包括醇类、酸类、醛类、酮类、酚类、酯类、含氮类、含硫类、醚类、烯烃类、烷烃类等。目前采用分子感官科学方法在国内外不同酱油样品中共鉴定出 92 种关键香气成分[5-7]。

关键醇类化合物主要有 10 种，包括乙醇（醇香）、2-甲基-1-丁醇（醇香）、2-甲基-1-丁醇（麦芽香）、3-甲基-1-丁醇（麦芽香）、1-辛烯-3-醇（蘑菇香）、苯甲醇（甜香）、芳樟醇（花香、甜香）、苯乙醇（花香、甜香）、2-乙基-己醇（甜香）、2,3-丁二醇（甜香、酸奶香）。乙醇是酱油发酵过程中由酵母作用产生的，含量为 3～10g/L，日式酱油的醇香显著高于中式酱油。此外，乙醇作为酯类的前体物质，能够与多种有机酸发生酯化反应生成各种酯类物质，而其他高级醇则是由氨基酸在代谢过程中脱氨基、脱羧基后产生的。1-辛烯-3-醇主要来源于氨基酸的降解和碳水化合物的代谢作用，同时也是米曲霉孢子的特征产物。

关键酸类化合物主要有 10 种，包括乙酸（酸香、尖刺）、乳酸（酸香、沉闷）、2-甲基丙酸（酸香、汗臭）、丁酸（酸臭）、3-甲基丁酸（汗臭）、2-甲基丁酸（酸香、干酪香）、戊酸（酸臭）、己酸（酸香、尖刺）、壬酸（青香、脂肪香）、苯乙酸（花香、甜香）。酸类化合物主要来源于酱油乳酸菌等微生物发酵，并导致酱油的 pH 在发酵过程中不断降低。以乙酸（1～10mg/L）和乳酸为主，乙酸有刺激性气味，而乳酸可以赋予酱油圆润绵长的口感，在酱油风味中能够缓解咸味，柔和各种香味，起调和作用；四碳和五碳酸主要以酸臭、汗臭为主。

关键醛类化合物有 11 种，包括 2-甲基丙醛（麦芽香）、2-甲基丁醛（麦芽香、巧克力香）、3-甲基丁醛（麦芽香、巧克力香）、苯乙醛（花香、蜂蜜香、甜香）、苯甲醛（苦杏仁香）、己醛（青香）、可卡醛（青香、巧克力香）、辛醛（青草香）、壬醛（青草香）、反-4,5-环氧-2-癸烯醛（金属味、血腥味）、香兰素（香草、甜香）。醛类物质含量均较小，但其阈值较低，对酱油的烤香、果香具有一定的辅助作用。2-甲基丁醛和 3-甲基丁醛是酱油麦芽香气的主要来源，这些短链支链醛类可通过 Strecker 降解、美拉德反应或微生物分解代谢异亮氨酸和亮氨酸产生，受温度、底物和浓度等因素影响。

关键酮类化合物有 19 种，包括 3-羟基-2-丁酮（奶香）、1-羟基-2-丙酮（酸奶香）、苯乙酮（甜香）、2,3-丁二酮（奶甜香）、2,3-戊二酮（奶甜香）、2-甲基四氢呋喃-3-酮（焦甜香）、5-甲基四氢呋喃-3-酮（焦甜香）、1-辛烯-3-酮（蘑菇香）、3-甲基-1,2-环戊烯二酮（焦甜香）、3-乙基-1,2-环戊烯二酮（焦甜香）、反-β-大马酮（甜香、花香、木香）、3-甲基-2-(5*H*)-呋喃酮（焦甜香）、2-羟基-3-甲基环戊烯酮（焦甜香）、4-羟基-5-甲基-3(2*H*)呋喃酮（烤香、甜香）、4-甲氧基-2,5-二甲基-3(2*H*)-呋喃酮（果香、甜香）、呋喃酮（焦甜香）、酱油酮（酱香、焦甜香）、葫芦巴内酯（焦甜、药香）及麦芽酚（甜香）。大部分呋喃、吡喃酮是由糖代谢途径产生的，具有焦糖香气、果香、药草香等特征，由于取代基的位置不同，所产生的香气不同，吡喃类化合物最普遍的香气特征为焦糖和甜香。酱油酮主要通过酵母发酵作用以 D-木酮糖-5-磷酸为前体物质转化而来。

关键酚类化合物有 6 种，包括 4-乙基愈创木酚（木香、甜香）、愈创木酚（烟熏味、木香、甜香）、4-乙烯基愈创木酚（烟熏味、烤香）、4-乙基苯酚（辛香、甜香）、2,6-二甲氧基酚（烟熏味、皮革臭）、菜籽多酚（辛香）。酚类化合物主要对酱油的烟熏香气特征有重要贡献，大部分酚类化合物具有香气特征明显、活性强的特征，对酱油风味有较大的贡献，是发酵过程中通过曲霉的降解作用生成的，4-乙基愈创木酚主要是由麸皮中的阿魏酸甲酯降解转化产生的。

关键酯类化合物共有 11 种，包括乙酸乙酯（刺激、甜香）、乳酸乙酯（浓厚果香）、丁酸乙酯（苹果香）、异丁酸乙酯（果香）、2-甲基丁酸乙酯（青苹果香）、3-甲基丁酸乙酯（苹果香、菠萝香）、乙酸异戊酯（香蕉香）、苯乙酸乙酯（甜香、花香）、辛酸乙酯（果香、甜香）、异丁酸甲酯（花香、果香）、苯甲酸乙酯（果香）。酯类化合物主要通过两种途径生成，一是借助微生物酶系的酶解作用，二是通过非酶催化的酯化反应，参与酯化反应的主要是酱油中的醇、酚和有机酸类物质。酱油中的酯类物质大多以乙酯形式生成，高盐稀态酱油和日式酱油中都经过长时间的酱醪发酵阶段，尤其是酱醪的后熟阶段，酯香型酵母的催化作用十分有利于酯类的生成。酯类化合物在酱油中起着香甜、浓郁而柔和的基底作用，赋予酱油香甜和果香。

关键含氮类化合物共有 16 种，包括 2-乙酰基-1-吡咯啉（爆米花香、米饭香）、2,3-二甲基吡嗪（烤香）、2,5-二甲基吡嗪（烤香）、2,6-二甲基吡嗪（烤香、坚果香）、2-乙基吡嗪（烤香）、2-乙基-5-甲基吡嗪（烤香）、2-乙基-6-甲基吡嗪（烤香）、

2-甲基-3-异丙基吡嗪（烤香、青香）、三甲基吡嗪（烤香）、2-乙基-3,5-二甲基吡嗪（烤香、坚果香）、2,3,5-三甲基吡嗪（烤土豆香）、2,6-二乙基吡嗪（烤香）、3-乙基-2,5-甲基吡嗪（坚果香）、四甲基吡嗪（烤香）、2-甲基-3-(2-甲基丙基)吡嗪（烤香）、2,3-二甲基-5-甲基吡嗪（烤香、霉香）。含氮类化合物主要呈烤香和坚果香，对酱油的酱香、烤香及烟熏香有重要贡献。

关键含硫类化合物有 11 种，包括 3-甲硫基丙醛（烤土豆香）、3-甲硫基丙醇（酱香）、双(2-甲基-3-呋喃基)二硫（熟肉香）、甲基(2-甲基-3-呋喃基)二硫（烤肉香）、3-甲基硫代丁酸-*S*-甲酯（肉汤香）、二甲基二硫醚（烤香、洋葱香）、二甲基三硫醚（洋葱、硫化物香）、甲硫醇、2-甲基-3-呋喃硫醇（肉香）、2-甲基噻吩（煮蔬菜香）、糠硫醇（芝麻油香）。这些含硫化合物主要来源于酱醪发酵过程中含硫氨基酸的降解反应。3-甲硫基丙醇在酱油中含量虽然微小，但其在低浓度时就有强烈的肉汤香味，能够丰富酱油的风味特征。而 3-甲硫基丙醛具有烤土豆香，主要来源于甲硫氨酸的 Strecker 降解产物，并可进一步在微生物的作用下转化为 3-甲硫基丙醇。

酱油具有明显的咸味、酸味、鲜味和甜味，通过超滤分离、凝胶色谱分离、离子交换柱、仪器分析结合感官评价方法在不同酱油样品中共鉴定出超过 264 种滋味物质[8,9]，包括 90 种滋味肽（鲜味/咸味/咸味增强肽）、49 种有机酸、64 种氨基酸及其衍生物、28 种糖、11 种糖醇、6 种生物胺及其他类化合物 16 种。非挥发性有机酸类主要包括乙酸、乳酸、琥珀酸、酒石酸、苹果酸和抗坏血酸；酱油中的主要糖类物质包括葡萄糖、半乳糖、果糖等单糖，糖醇类主要包括赤藓糖醇、半乳糖醇、木糖醇、核糖醇等。核苷酸类主要包括 5′-肌苷酸二钠、5′-鸟核酸二钠；肽类包括 *γ*-Glu-Ala、*γ*-Glu-Val、*γ*-Glu-Cys、*γ*-Glu-Val-Gly 等。主要氨基酸包括天冬氨酸、谷氨酸、丙氨酸、甘氨酸、苏氨酸、丝氨酸、谷氨酸等。氨基酸衍生物主要由氨基酸与 Amadori 化合物结合形成，基本结构为 *N*-(1-脱氧-1-果糖基)-X，其中 X 可为 18 种不同氨基酸种类，以及焦谷氨酸（pGlu）和天冬酰胺（Asn）。

咸味物质主要以氯化钠为主，氯化钠是酱油加工的主要原料之一。此外，其他金属离子也具有一定的咸味增强作用，如 K^+、Ca^{2+}、NH_4^+ 等。苦味物质主要为疏水性氨基酸及其衍生物、苦味肽、多酚类物质等成分。酱油中呈苦味的游离氨基酸主要包括色氨酸、苯丙氨酸、缬氨酸、亮氨酸、异亮氨酸、脯氨酸和甲硫氨酸等。酱油中含有近 40 种氨基酸衍生物，其中呈苦味的主要为 Amadori 化合物、*N*-乳酰氨基酸和 *N*-琥珀酰氨基酸，具体包括 Fru-Val、Fru-Leu、Fru-Ile、Fru-Lys、Fru-His、Fru-Tyr、Fru-Trp、*N*-Lac-Gly、*N*-Lac-Trp、*N*-Suc-Leu、*N*-Suc-Ile、*N*-Suc-Phe。目前在酱油中鉴定的苦味肽有 His-Phe、Asp-Ala-Leu、Leu-Cys-Arg、His-Pro-Iso、Lys-Pro、Glu-Phe、Ser-Val-Pro、Asp-Leu、Leu-Try、Gly-Leu、Gly-Thr 等。部分酱油中还检测到多酚、异黄酮等苦味物质。美拉德反应伴生危害物有丙烯酰胺、丙烯醛、丙烯醇、5′-羟甲基糠醛、羟甲基赖氨酸等，但它们的含量一般极低。此外，酱油中的 γ-Glu-Cys-Gly 和 γ-Glu-Val-Gly 能够增强酱油的浓厚味（kokumi）。

（2）酿造食醋生物成味

我国的食醋具有 3000 多年历史，中国传统食醋种类较多且具有地方特色，主要取决于特定的原料、当地的气候和特定的生产工艺。《食品安全国家标准　食醋》（GB 2719—2018）对食醋的定义是单独或混合使用各种含有淀粉、糖的物料、食用乙醇，经微生物发酵酿制而成的液体酸性调味品。根据食醋行业标准，可将其分为粮谷醋（以各种谷物或薯类为原料的酿造醋）、乙醇醋（以食用乙醇为原料酿造的醋）、糖醋（以各种糖为原料酿造的醋）、酒醋（以酒类为原料酿造的醋）、果醋（以水果为原料酿造的醋）。醋为棕红色，有光泽，以酸味纯正、香味浓郁、色泽鲜明为佳。根据食醋的酿造原料种类、制曲方式、物理形态、产地等及食用方式，其又分为多种品类，如谷物醋、陈醋、麦芽醋、葡萄醋、苹果醋、香醋、雪利醋、果醋等。中国有 20 多种食醋，其中山西老陈醋（以高粱、大麦、麸皮、糠壳、豌豆为原料）、镇江香醋（以糯米为主要原料）、四川麸醋（以糯米、麸皮、中草药为主要原料）、福建红曲醋（以糯米和芝麻为原料）是我国四大名醋（表 14.1）。

表 14.1　传统固态食醋酿造原料、工艺及主要微生物

样品	原料	发酵剂	工艺流程	工艺特点
镇江香醋	大米、糯米、豌豆、大麦、小麦、麸皮、糠壳	酒药 麦曲 种醅	乙醇发酵、制醅、陈酿、淋醋、灭菌及配制成品	双酶糖化、液态制酒、套醪接种、逐层翻醅、炒米色淋醋
山西老陈醋	高粱、豌豆、大麦、麸皮、糠壳	大曲	原料处理、拌曲乙醇发酵、乙酸发酵、熏醅、淋醋、陈酿	大曲作为糖化发酵剂，低温乙醇发酵，高温乙酸发酵，熏醅工艺，夏伏晒、冬捞冰的陈酿方式
四川麸醋	糯米、麦片、麸皮、中草药、糠壳	药曲 醋母	药曲制备、醋母制备制醅入池发酵、淋醋、熬制和过滤、陈酿	生料麸皮制醅；药曲配方独特，固态多菌扩大培养方式培养醋母，糖化、酒化、醋化同池发酵
福建红曲醋	糯米、芝麻	红曲	红曲糖化、乙醇发酵、乙酸发酵、陈酿	液态发酵，长时间陈酿

醋的发酵方式分为三种：①固态发酵食醋，利用淀粉质粮食为原料，采用固态发酵方式进行糖化、乙醇发酵或乙酸发酵而成的食醋，产品具有独特的口感风味，呈琥珀色或红棕色；具有浓郁的醇香和酯香；酸味柔和，回甜醇厚；乙酸含量虽高，却无尖锐刺激感，具有柔和、醇厚、绵长、协调的舒适感。但其存在原

辅料多、发酵周期偏长、原料利用率不高、劳动强度大、传质和传热困难、培养过程检测困难等特点。②液态发酵食醋，主要以粮食、糖类、果类或乙醇为原料，采用液态醋醪发酵酿制而成，包括传统的纯液态表面静态发酵醋、速酿塔醋及深层液态发酵醋等。深层液态发酵醋通常采用单菌种完成乙酸发酵，发酵过程中酸度上升快、周期短，发酵条件易控制，原料的利用度高，减少了人力和物力的投入，可更好地应用机械化和智能化生产。液态发酵法制得的食醋易于控制，标准化程度高，但其风味相比于固态发酵风味缺少食醋香气，浓度不够，且酸味的刺激性较强。③固液复合发酵食醋，将蒸煮的大米等淀粉质原料装入坛、瓮等发酵容器中，加入曲等糖化剂和酵母进行糖化和发酵，之后再补水稀释发酵醪液进行固液混合食醋发酵而产生的食醋。该方法除乙酸外还能产生大量的其他有机酸，会使得酸味饱满、柔和、厚实和绵长。

目前采用顶空萃取、顶空固相微萃取、溶剂辅助风味蒸发萃取结合气相色谱-质谱、气相色谱-质谱-嗅闻、全二维气相色谱-质谱等分离萃取和鉴定技术对醋中的挥发性香气成分进行鉴定，检测到超过 400 种挥发性成分[10]，主要包括酸类、醇类、醛类、酚类、酯类、酮类、含氮类、含硫类、内酯类、烯烃类等。目前采用分子感官科学方法在国内外不同酱油样品中共鉴定出 80 种关键香气成分[10-12]。

关键酸类化合物主要有 12 种，包括乙酸（酸香、尖刺）、乳酸（酸香、沉闷）、丙酸（酸香）、丁酸（酸臭）、3-甲基丁酸（汗臭）、2-甲基丁酸（汗臭）、戊酸（汗臭）、己酸（酸香、尖刺）、壬酸（青香、脂肪香）、苯乙酸（花香、甜香）、香草酸（奶香、甜香）、糠酸（脂肪香）。食醋中的酸类主要以乙酸和乳酸为主，呈现典型酸香和刺激特征，而乳酸能够缓和刺激性，让食醋的酸味感知变得柔和、绵长和醇厚；短链脂肪酸如丁酸、3-甲基丁酸、戊酸呈现酸臭、汗臭香气。长链脂肪酸如庚酸、辛酸、壬酸和癸酸及苯乙酸、糠酸和水杨酸等主要起辅香作用，增强整体的饱满度。

关键醇类化合物主要有 8 种，包括乙醇（醇香）、2-丁醇（醇香、甜香）、3-甲基-1-丁醇（麦芽香）、己醇（甜香）、苯甲醇（甜香）、苯乙醇（花香、甜香）、2-乙基-己醇（玫瑰香、甜香）、糠醇（甜香、青香）。醇类物质主要为酵母发酵的代谢产物，其种类及数量与底物的构成及发酵形式有关，少量醇类化合物可以修饰食醋的酸涩感，过量的高级醇会导致食醋产生苦涩感[13]。

关键醛类化合物有 12 种，包括乙醛（花香、果香、刺激）、2-甲基丙醛（麦芽香）、2-甲基丁醛（麦芽香、巧克力香）、3-甲基丁醛（麦芽香、巧克力香）、苯乙醛（花香、蜂蜜、甜香）、苯甲醛（苦杏仁香）、己醛（青香）、糠醛（甜香、烤香）、辛醛（青草香）、壬醛（青草香）、香兰素（香草香）、藏花醛（烟熏、辛香）。醛类物质含量均较小，但其阈值较低，过量醛类物质会导致食醋有明显的辛辣感。糠醛主要由戊糖加热形成，以熏醅工艺制作的醋中醛类含量均较高。

关键酚类化合物有 5 种，包括丁香酚（木香、丁香）、4-乙基愈创木酚（木香、甜香）、愈创木酚（烟熏、木香、甜香）、4-乙基苯酚（辛香、甜香）、麦芽酚（甜香）。酚类化合物是陈醋香气的重要组成部分，大部分酚类化合物香气特征明显，酚类化合物的形成可能是木质素的解聚或氧化引起的热降解，木质素由具有 3 个碳侧链酚的重复单元构成[14]。

关键酯类化合物有 8 种，包括乳酸乙酯（浓厚果香）、2-呋喃乙酸酯（果香、香蕉香）、3-羟基丁酸乙酯（葡萄香、甜香）、苯乙酸乙酯（甜香、花香）、辛酸乙酯（果香、甜香）、癸酸乙酯（果香）、乙酸糠酯（焦甜香、果香）、苯甲酸乙酯（果香）。酯类物质主要呈现果香、甜香，阈值较低，挥发性强，能够增强醋的透发性。食醋中的酯类物质主要通过酶催化酸与醇的酯化反应形成，主要形成于发酵和陈酿阶段。

关键酮类化合物有 9 种，包括 3-羟基-2-丁酮（奶香）、1-羟基-2-丙酮（酸奶香）、苯乙酮（甜香）、2,3-丁二酮（奶甜香）、2-甲基四氢呋喃-3-酮（焦甜香）、5-甲基四氢呋喃-3-酮（焦甜香）、反-β-大马酮（甜香、花香、木香）、3-甲基-2-(5H)-呋喃酮（焦甜香）、麦芽酚（甜香）。酮类物质经糖代谢途径由酮酸转化而来，具有奶香、焦糖香气、果香特征，含量过高会导致食醋呈奶臭和馊味。由 α-乙酰乳酸（或经双乙酰）合成是 3-羟基-2-丁酮的主要合成途径，其主要功能微生物是巴氏醋杆菌、耐酸乳杆菌和酿酒酵母[15]。

关键含氮类化合物有 12 种，包括 2-乙酰基吡嗪（烤香、坚果香）、2,3-二甲基吡嗪（烤香）、2,5-二甲基吡嗪（烤香）、2,6-二甲基吡嗪（烤香、坚果香）、2-乙基吡嗪（烤香）、2-乙基-5-甲基吡嗪（烤香）、三甲基吡嗪（烤香）、2-乙基-3,5-二甲基吡嗪（烤香、坚果香）、2,3,5-三甲基吡嗪（烤土豆香）、四甲基吡嗪（烤香）、2-甲基-3-(2-甲基丙基)吡嗪（烤香）、2,4,5-三甲基噁唑（烤香、土腥味）。吡嗪类化合物主要呈烤香、坚果香气，其种类和含量对食醋陈酿风味有重要作用。

关键内酯类化合物有 6 种，包括 γ-戊内酯（甜香）、γ-丁内酯（甜香）、γ-壬内酯（椰子香、奶香）、γ-辛内酯（椰子香、奶香）、DL-泛酰内酯（甜香）和 δ-癸内酯（奶香、甜香）。内酯类化合物主要呈现甜香、奶香特征，假单胞菌可产少量 γ-壬内酯。

关键含硫类化合物有 8 种，包括 3-甲硫基丙醛（烤土豆香）、3-甲硫基丙醇（酱香）、二甲基二硫醚（烤香、洋葱香）、二甲基三硫醚（洋葱香、硫化物香）、2-甲基噻吩（煮蔬菜香）、苯并噻唑（烤香）、3-甲基硫代丙酸（烤香）、3-甲硫基丙醇乙酸酯（奶香、奶酪香）。

有机酸是食醋的主要非挥发性滋味物质，陈酿 8 年的山西老陈醋、镇江香醋、永春老醋和四川保宁醋的有机酸平均含量分别为 65.30g/L、53.70g/L、51.00g/L 和 53.50g/L[16]。除乙酸、丙酸、戊酸等挥发性酸外，乳酸、琥珀酸、酒石酸、柠檬酸、富马酸等可以调节食醋酸味使其口味柔和，酸感成味中乙酸成味效果最强，苹果酸、酒石酸、琥珀酸呈味效果稍次。酒石酸可用作酸度调节剂，能够维持或改变食品的 pH，柠檬酸和苹果酸能提高食醋的缓冲能力。琥珀酸是酵母发酵的代谢产物，具有鲜酸爽口的滋味。此外，甘油作为乙醇发酵的副产物，具有甜味和润滑感，是食醋的重要呈味物质。

（3）腐乳生物成味

腐乳是我国传统酿造豆制品，由大豆蛋白经多种微生物协同发酵制得，以其独特的风味和醇厚的口感广受消费者的喜爱。腐乳起源于北魏，北魏书籍中记载到“干豆腐加盐成熟后为腐乳”，距今有 1500 多年历史。我国行业标准（SB/T 10171—1993）将腐乳定义为以大豆为原料，经加工磨浆、制坯、培菌、发酵而成的一种调味、佐餐食品。腐乳的产地分布广泛，种类繁多，按其色泽分有：红腐乳（在后期发酵过程中加入红曲酿制而成），表面鲜红或紫红色，断面为杏黄色，滋味咸鲜适口、质地细腻；白腐乳（在后期发酵过程中不添加任何着色剂酿制而成），为乳黄色、淡黄色或青白色，酒香浓郁、鲜味突出、质地细腻，主要特点是含盐量低、发酵期短、成熟较快，大部分在南方生产；青腐乳（在后期发酵过程中加入低浓度盐水作为汤料酿制而成），青腐乳具有刺激性的臭味，臭中有香，因表里颜色呈青色或豆青色，而得名青腐乳，最有名的是北京王致和臭豆腐；酱腐乳（在后期发酵过程中以酱曲为主要辅料酿制而成），表面和内部颜色基本一致，具有自然生成的红褐色或棕褐色，酱香浓郁、质地细腻；花色腐乳，该类产品因添加各种不同风味的辅料酿制成了各具特色的腐乳，这类产品的品种最多。

根据腐乳有无微生物繁殖，即是否进行前期培菌（前期发酵），可分为腌制腐乳和发霉腐乳两大类。腌制腐乳的豆腐坯不需发霉，直接进入后期发酵，主要依赖于添加的辅料，如面曲、红曲、米酒、黄酒等。该方法操作简单，但因蛋白酶源不足，发酵期长，产品不够细腻，氨基酸含量低。发霉腐乳是指生产过程中，在豆腐坯表面人工或天然地传播一些霉菌或细菌进行前期发酵所制得的腐乳。发霉腐乳分为天然发霉与纯种发霉之分，还有毛霉型、根霉型、细菌型前发酵几类。

目前采用同时蒸馏萃取、真空同时蒸馏萃取、顶空固相微萃取、超临界流体萃取、溶剂辅助风味蒸发萃取结合气相色谱-质谱、气相色谱-质谱-嗅闻等分离萃取和鉴定技术对腐乳中的挥发性香气成分进行鉴定，检测到超过 300 种挥发性成分，主要包括酯类、醇类、醛类、酮类、烯类、含氮类、烷类、含硫类、酚类、酸类、呋喃类、醚类、其他类，在不同腐乳样品中共鉴定出 40 种关键香气成分[13,14,17-19]。

关键酯类化合物最多，有 14 种，包括乙酸乙酯（酯香）、丁酸乙酯（果香）、2-甲基丙酸乙酯（果香）、2-甲基丁酸乙酯（甜焦糖和葡萄香）、3-甲基丁酸乙酯（果香）、己酸乙酯（果香）、辛酸乙酯（果香）、乙酸异丁酯（果香）、庚酸乙酯（果香）、月桂酸乙酯（花香、甜香）、油酸乙酯（椰子香、甜香）、亚油酸乙酯（甜香）、

(*Z*,*Z*)-9,12-十八碳二烯酸乙酯、3-苯丙酸乙酯。

关键醛类化合物有 12 种，包括苯甲醛（苦杏仁香）、苯乙醛（花香、蜂蜜香、甜香）、壬醛（青草香）、己醛（青香、青草香）、反-2-庚烯醛（青香、树叶香）、(*E*,*E*)-2,4-庚二烯醛（青香、发霉味）、苯乙醛（花香、甜香）、(*E*,*E*)-2,4-癸二烯醛（油脂香）、(*E*,*E*)-2,4-壬二烯醛（油炸香、油腻香）、异丁醛（麦芽香）、(*E*)-2-壬烯醛（黄瓜香、青香）、(*E*)-2-癸烯醛（牛油香、青香）。

关键酮类化合物有 5 种，包括 2-庚酮（甜香、奶香）、2,3-丁二酮（奶甜香）、2,3-戊二酮（奶香）、3-羟基-2-丁酮（奶油香、甜香）、二氢-5-戊基-2(3*H*)-呋喃酮。

关键酸类化合物有 2 种，主要为乙酸（酸香）和 3-甲基丁酸（汗臭）。

关键含硫类化合物有 3 种，包括 3-甲硫基丙醛（烤土豆香）、二甲基三硫醚（洋葱香、硫化物香）、二甲基二硫醚（烤香、洋葱香）。

关键含氮类化合物有 2 种，包括 2,6-二甲基吡嗪（烤香、坚果香）和 2-乙酰基吡咯（烤香）。

关键醇类化合物有 4 种，包括 1-辛烯-3-醇（蘑菇香）、1-庚醇（青香）、1-己醇（甜香、青香）、3-苯基-2-丙烯醇（青香）。

关键酚类化合物有 2 种，包括 2-甲氧基苯酚（烟熏味）和丁香酚（丁香香）。

杂环类有 1 种，为 2-戊基呋喃（青香）。

醚类有 1 种，为茴香脑（茴香）。

腐乳的滋味形成于发酵后期，来源于添加辅料和微生物发酵两方面，辅料主要包括如添加的食盐、糖类、辣椒及香辛料；各微生物发酵的协同作用主要有鲜味，主要来源于氨基酸、核酸类物质及滋味肽，氨基酸主要来源于曲霉、毛霉微生物对蛋白质的酶解作用。根据对腐乳的成分特性分析发现，腐乳的鲜味氨基酸、苦味氨基酸占比最大，其次是甜味氨基酸，其中谷氨酸、天冬氨酸及谷氨酸钠盐是鲜味的主要成分。关于小分子肽（分子质量<2kDa），采用感官导向分子感官科学方法，通过凝胶分离、质谱鉴定等方法，在腐乳中共鉴定了 6 条鲜味肽（APLAGP、AAGLPAG、AGAPLAGP、VGPDDDEKSW、DEDEQPRPIP、DEGEQPRPFP）[20]。霉菌、细菌、酵母菌体中的核酸经有关核酸酶水解后，生成的 5′-鸟苷酸及 5′-肌苷酸也增加了腐乳的鲜味。由淀粉酶水解成的葡萄糖、麦芽糖形成腐乳的甜味。腐乳的酸味较弱，发酵过程中生成的乳酸和琥珀酸对酸味做主要贡献。

（4）鱼露生物成味

鱼露也称鱼酱油，是以低价值的鱼、虾、贝类为原料，在较高盐分下发酵，利用原料自身的内源酶和多种微生物之间的共同作用，通过分解和发酵原料中的脂肪、蛋白质和其他成分制成的液体调味品，既含有丰富的营养物质，又具有独特的海鲜风味。鱼露生产集中在东南亚国家和地区，是当地居民不可缺少的日常调味品。我国主要产地在东南沿海地区，如福建省，当地称之为“鲭油”。鱼露中含有人体所需的各种氨基酸，还含有人体所需的多种无机盐如磷、镁、铁、钙及碘等，故具有非常高的营养价值。我国适合生产鱼露的水产原料十分丰富，发展鱼露生产是充分利用低值鱼的途径之一。鱼露的营养价值高，含有18种以上的氨基酸，包括人体必需的8种微量氨基酸。鱼露中还含有牛磺酸和多种有机酸，以及人体新陈代谢所必需的一些微量元素。此外，鱼露中所含的呈味肽氮含量高，它有助于掩盖肉制品的一些异味，降低酸味和咸味，增加人们的食欲。

传统鱼露的生产一般采用自然发酵，得到的调味汁滋味呈味较好，但生产周期长，含盐量高，规模化生产程度低。发酵鱼露的风味形成是利用天然水产组织中的多种酶及微生物的作用，将原料中的蛋白质、脂肪等成分进行分解、发酵和进一步反应，进而形成富含氨基酸、肽等复杂的呈香、呈味的化合物体系，对鱼露独特的风味有贡献，它们经过脂质氧化、美拉德反应、Strecker降解等多种反应形成。采用保温发酵技术、外加酶及富含酶的内脏发酵技术和外加曲等快速发酵工艺，以缩短生产周期，为解决工业化生产的瓶颈问题提供了有效方法，但该方法所得到的鱼露风味不如传统发酵法，仍然需要优化或者采取更有效的措施提升风味。

目前采用同时蒸馏萃取、液液萃取、顶空固相微萃取、溶剂辅助风味蒸发萃取结合气相色谱-质谱、气相色谱-质谱-嗅闻等分离萃取和鉴定技术对鱼露中的挥发性香气成分进行鉴定，检测到超过300种挥发性成分，主要包括酯类、醇类、醛类、酮类、烯类、含氮类、烷类、含硫类、酚类、酸类、呋喃类、醚类、其他类，在不同腐乳样品中共鉴定出61种关键香气成分[21-25]。

主要的酯类化合物2种，为苯甲酸乙酯和苯乙酸乙酯，呈花香和甜香特征。

主要的酮类化合物有10种，包括4-羟基-2,5-二甲基-3(2*H*)-呋喃酮（焦甜）、4-羟基-2-乙基-5-甲基-3(2*H*)-呋喃酮（焦甜）、4-羟基-5-乙基-2-甲基-3(2*H*)-呋喃酮（焦甜）、3-羟基-4,5-二甲基-2(5*H*)-呋喃酮（焦甜）、邻氨基苯乙酮（葡萄味）、1-辛烯-3-酮（土味、霉味）、(*E*)-*β*-大马酮（甜香）、苯乙酮（花香、甜香）、二氢-5-甲基-2-(3*H*)-呋喃酮（焦甜）、5-乙基二氢-2-(3*H*)-呋喃酮（焦甜）。

关键酸类化合物有11种，包括乙酸（酸香、较为刺激）、丙酸（酸香）、2-甲基丙酸（酸臭）、丁酸（酸臭）、3-甲基丁酸（汗臭）、戊酸（汗臭）、庚酸（馊酸）、2-甲基己酸（馊酸）、辛酸（酸臭）、2-苯乙酸（花香、甜香）、3-苯丙酸（花香）。

关键醛类化合物有8种，包括己醛（青香）、苯甲醛（苦杏仁香）、2-甲基丁醛（麦芽香、巧克力香）、3-甲基丁醛（麦芽香、巧克力香）、苯乙醛（花香、蜂蜜香、甜香）、(*Z*)-4-庚烯醛（青香）、(*E*)-2-辛烯醛（脂肪味）、(*E*)-2-壬烯醛（青香）。

含氮类化合物有13种，包括2,3,5-三甲基吡嗪（烤土豆香）、3,6-二甲基-2-

乙基吡嗪（烤香）、2-乙基-6（或 5）-甲基吡嗪（烤香）、乙基吡嗪（烤香）、甲基吡嗪（烤香）、2,5-二甲基吡嗪（烤香）、2,6 二甲基吡嗪（烤香、坚果香）、3-乙基-2,5-二甲基吡嗪（烤香）、吲哚（动物毛皮味）、3-甲基吲哚（粪臭）、2-乙基吡啶（烤香）、2-乙酰基-1-吡咯啉（爆米花香）、2-乙酰基-2-噻唑啉（熟牛肉味）。

呋喃类化合物有 2 种，分别为 2-戊基呋喃（果香）和 2-乙酰呋喃（焦糖香）。

含硫类化合物有 4 种，包括二甲基三硫醚（洋葱香、硫化物香）、二甲基二硫醚（硫化物、卷心菜）、甲硫醇（大蒜香）、3-甲硫基丙醇（酱香）。

醇类有 14 种，包括 1-丙醇（醇香）、2-丙醇（醇香）、2-甲基丙醇（醇香）、2-甲基-1-丁醇（醇香）、苯乙醇（花香、甜香）、1,8-桉油醇（木香）、1-辛烯-3-醇（蘑菇香）、2-壬醇（柑橘香）、芳樟醇（花香、甜香）、糠醇（甜香、青香）、苯甲醇（甜香）、4-甲基-1-己醇（甜香）、2-乙基-1-己醇（玫瑰香、甜香）、1-戊烯-3-醇（果香）。

此外，苯酚（酚味）和三甲胺（鱼腥、腐臭）也较为重要。

鱼露的非挥发性风味物质主要包括氨基酸、肽类、有机酸和核酸关联物。氨基酸是鱼露在发酵过程中，蛋白质在自身的酶和微生物的共同作用下分解氧化产生的，在鱼露中检测到 21 种氨基酸，其中呈味氨基酸中成鲜味和甜味的谷氨酸、天冬氨酸、丙氨酸和甘氨酸含量占比最大。此外，鱼露中的鲜味肽含量丰富，在鱼露中鉴定到超过 40 种鲜味二肽和三肽，如 Ile-Pro、Val-Pro、Tyr-Pro、Lys-Pro、Ala-Pro、β-Asp-Pro、γ-Glu-Val-Gly 等有明显的增咸和增鲜作用[26-28]。

14.2.2　酶催化介导的生物成味实践

酶催化介导的生物成味典型代表为蚝油和复合调味料（鸡精、牛肉粉、排骨粉等）。广东称牡蛎为蚝，用蚝熬制而成的调味料即蚝油。蚝油是广东、福建等地常用的传统鲜味调料，也是调味汁类最大宗产品之一，它以素有“海底牛奶”之称的牡蛎为原料，经煮熟取汁浓缩，加辅料精制而成。蚝油味道鲜美，蚝香浓郁，黏稠适度，营养价值高，也是配制蚝油鲜菇牛肉、蚝油青菜、蚝油粉面等传统粤菜的主要配料。蚝油根据加工方法可分为原汁和复加工品两种，原汁蚝油具有重金属含量高、色泽差、腥味大等缺点，故一般只作为加工原料。复加工品一般以浓缩蚝汁为原料进行配制。将收获的牡蛎按品种、大小、鲜度等分等级，及时予以防腐处理，大型牡蛎应用绞碎机绞碎，然后用盐渍发酵方法精制蚝汁。将牡蛎和盐混合均匀后，顶层封盐。浸渍一段时间后，在有益微生物和酶的作用下，牡蛎发生自溶现象，渗出卤水会浸没牡蛎。通常用盐量占牡蛎总质量的 30%～45%。可以分为自然发酵和人工保温发酵两种。自然发酵周期长，产品风味好：人工保温发酵虽然缩短了生产周期，但是成品风味较自然发酵产品差。酶解工艺加工蚝油可克服传统方法存在的盐、重金属含量高和氨基酸损失大等缺点，经过一系列试验，产品基本达到出口标准。由于不同蛋白酶的性质不同，最适合的条件也不同，且对水解蛋白至关重要，因此蛋白酶的选择非常关键。研究表明，中性蛋白酶最适合于蚝油的发酵，得到的蚝油色、香、味均较好。不同蛋白酶都有自己发挥活性最适合的温度，过高或过低都会影响发酵。蚝油水解所用的蛋白酶最佳的酶解温度为 50～55℃。根据牡蛎水解所用蛋白酶的性质，pH 为 7 时，最适合于牡蛎发酵，酶解时间以 50～60min 为宜。

复合调味料中的典型酶介导生物成味主要以鸡精调味料、牛肉粉调味料、排骨粉调味料、海鲜粉调味料等为典型香精类代表，其主要方法为将原料肉类或骨头进行酶解（蛋白酶解），随后进行热加工，最后经调配制作形成。蛋白质酶解主要是指蛋白质在生物酶的作用下降解为肽和更小分子游离氨基酸的过程，酶解是改造蛋白质组成与结构、实现蛋白质功能多元化、提高蛋白质应用价值的最有效途径。蛋白酶种类众多，可在多个领域应用，目前主要分为动物蛋白酶、植物蛋白酶、微生物蛋白酶和其他类蛋白酶四大类。动物蛋白酶主要包括胰蛋白酶、胃蛋白酶、胰凝乳酶；植物蛋白酶主要包括木瓜蛋白酶、无花果蛋白酶、菠萝蛋白酶等；其他类蛋白酶主要包括复合蛋白酶，对多种蛋白酶进行了复合搭配，如风味蛋白酶是由氨肽酶、羧肽酶等类型的外切肽酶组成的一种复合酶制剂。在实际应用过程中明确各类酶的参数，优化最佳条件对酶解效率尤为关键。酶种类的选择、酶添加量、酶解 pH、酶解温度、酶解时间、底物浓度、搅拌方式及激活剂是影响酶解效率的主要因素。

14.3 调味品中生物成味的影响因素

14.3.1 酱油生物成味影响因素

（1）原料

大豆是酱油酿造的主要原料，使用大豆酿造酱油油脂含量不宜过高，含量高不利于后期的压榨，因此大多选择豆粕作为蛋白质原料。同时辅助别的蛋白质，更有利于酱油品质的提升。大豆中的蛋白质丰富，其中大豆蛋白中 90%属于水溶性蛋白质。采用豆粕有利于酶解发生，更利于霉菌的生长。但需要防止制曲温度过高，以免造成烧曲。原料粉碎、润水和蒸料是制曲前的关键步骤，粉碎使得颗粒变小后更容易吸水，增加发酵比表面积，促进微生物生长，增加酶的分泌量；润水是促进吸水，提高微生物的生长；蒸料可提高糖化效率，促进蛋白质改性，促进微生物的生长，整体提高发酵效率。

小麦属于淀粉类原料，是酱油发酵的主要碳源，对酱油的品质有重要影响。小麦中含有70%的淀粉，10%～14%的蛋白质，2%～3%的糖类。小麦中的谷蛋白和麸蛋白经水解后有利于滋味肽的生成，提高酱油的鲜味。麸皮富含维生素，还能起到放松、增加比表面积、散热的效果；在制曲过程中是微生物生长的优良载体。调整原料的比例可实现酱油风味品质的调控。例如，豆粕∶玉米∶麸皮=6∶2∶2，加水量为原料的110%，蒸料时间4h，采用低盐固态发酵工艺可增强酱油的鲜味，同时乳酸、酒石酸、乳酸乙酯、酱油酮等风味物质均有提升[29]。

（2）微生物

单一菌种发酵难以产生色泽饱满、风味浓郁的酱油，因此多采用混合菌种发酵方式。米曲霉能够分泌淀粉酶、糖化酶、蛋白酶、纤维素酶、植酸酶、二肽基态酶等，淀粉酶可将原料中的淀粉分解为小分子葡萄糖，不仅为微生物发酵提供碳源，同时也为美拉德反应提供风味前体物质，以及奠定酱油的甜味物质基础。其中蛋白水解酶可将大分子蛋白质水解为多肽和多种氨基酸；同时在淀粉酶、纤维素酶、植酸酶等多种酶的作用下可促进多糖的水解，提升酱油的营养价值。酵母是酱油发酵的重要微生物，在高盐环境中主要为发酵初期无乙醇的假丝酵母、发酵旺盛期富含乙醇的鲁氏酵母，以及后熟期的球拟酵母。酵母不仅能改善酱醪的风味，还能够缓解过度褐变。鲁氏酵母主要进行乙醇发酵，在 18%含盐度条件下最佳温度为 40℃，同时有利于酯类、甘油多元醇的形成。此外，鲁氏酵母还可以通过 Ehrlich-Neubauer 途径生成甲硫醇（酱油发酵过程中的唯一途径）、苯乙醇，以及焦糖香风味物质 4-羟基-5-甲基-3(2*H*)呋喃酮（烤香、甜香）、4-甲氧基-2,5-二甲基-3(2*H*)-呋喃酮（焦甜香）[30]。发酵初期的假丝酵母可将葡萄糖转化为赤藓醇和 D-阿拉伯糖，随后发酵后期的球拟酵母可产生大量 4-乙基愈创木酚、4-乙基苯酚和苯乙醇。乳酸菌在发酵过程中可产生大量的乳酸，其与乙醇反应生成乳酸乙酯，提高酱油的浓厚味，同时高浓度乳酸抑制腐败菌的生长，有利于提升酱油的色泽和亮度。嗜盐四联球菌可能是酱油中不良风味的主要来源，通过降解组氨酸、酪氨酸、鸟氨酸等，主要产生生物胺类物质。嗜盐杆菌和鲁氏杆菌分别通过乳酸和乙醇发酵途径产生各种次生代谢物，包括重要的芳香化合物。嗜盐杆菌可产生乙酸、甲酸、苯甲醛、乙酸甲酯、2-羟基丙酸乙酯、2-羟基-3-甲基-2-环戊酮等[31]。酯类化合物是酱油中最丰富和复杂的成分。大部分酯类是由醇与蛋白质水解产生的有机酸通过酯化酶进行酯化反应生成的，可以使酱油的风味更加醇厚，酱油的咸味可以得到有效缓解。乳酸菌能够将糖类转化为乳酸、甲酸、乙酸、琥珀酸等多种有机酸，丰富酱油的口感，为酵母的生长提供条件，促进酵母大量生长繁殖成为优势菌群[32]。枯草芽孢杆菌能够降解酱油中的褐色素，减少酱油发酵过程中的褐变反应，并增加酱油中的醛、酮、吡嗪类物质，增加酱油风味[33]。酵母和乳酸菌在酱油发酵过程中起主要作用，它们能够将葡萄糖转化为二氧化碳和乙醇，并进一步被氧化成醛和酸，随后进一步反应促进酯类物质的形成[34]。酱油中还有一些通过氨基酸脱羟基、氨基而形成的丁醇等醇类物质，它们是酱油风味的有效增强剂，不但在缓解酱油咸味中发挥重要作用，还可促使酱油的口感变得更加柔和和浓厚[35]。

14.3.2 食醋生物成味影响因素

（1）原料

富含可发酵性糖的无毒原料均可用于食醋的生产，理想状态下 1g 葡萄糖可生产 0.67g 乙酸，通常实际上葡萄糖需要两倍理论值。食醋的原料包括三大类：①谷物类，包括大米、大麦、小米、玉米、小麦、麸皮、高粱、竹浸出液、棕榈汁等；②薯类，包括马铃薯、红薯、木薯等；③蔬菜，包括胡萝卜、洋葱、番茄等；④水果类，包括苹果、葡萄、椰子、柿子、桑葚、红枣、芒果等；⑤动物类，包括蛋清、蜂蜜。高粱的淀粉和糖类含量在 60%以上，是我国北方食醋制作的主要原料，由于其单宁含量较高（1.3%～2.0%），因此需添加含有单宁酶的黑曲作为糖化剂分解单宁，使食醋质量不受影响。大米的淀粉含量高达 70%，由于大米加工过程中碎米较多，通常以碎米作为原料。由于大米多为支链淀粉，黏度大不易老化，糖化速率慢，食醋品质较佳。玉米的糖分高，占干物质的 20%，直链淀粉占 10%～15%，支链淀粉占 85%～90%，但玉米的脂肪含量高，需要去胚芽或榨油后发酵方可不影响食醋的风味。小米的蛋白质含量比大米和玉米高，适于食醋酿造。大麦的浸出物占 72%～80%，其中淀粉含量为 58%～65%，且富含酶系，其所含淀粉酶有利于糖化作用。我国镇江醋和日本冲绳酒糟醋均以酒糟作为原料酿制，其淀粉含量为 14.8%～16.1%，蛋白质含量为 12.8%～14.2%。麸皮，又称麦皮，含有大量的半纤维素和葡萄糖，以及大量的葡萄糖和康醛酸，既可作为食醋酿造的主料，又可作为辅料，四川保宁醋就以麸皮为主料。以乙醇或稀释白酒作为原料需保证其品质和安全性。根据食醋的加工工艺，一般分为主料、辅料、填充料、添加剂。主料是指能够被微生物发酵而成乙酸的主要原料，根据来源分为三大类：淀粉质类、糖类、乙醇，淀粉质类需要糖化处理，糖类需要乙醇发酵，而乙醇可直接进行乙酸发酵，工艺最为简单。我国食醋主要以谷物类作为主料，根据南北地区差异所用原料有所差异，主要以高粱、大米、甘薯、小米、玉米为主。日本以大米为主，欧洲以水果和麦芽为主，非洲以棕榈酒制醋。辅料是保证微生物发酵过程中所需的营养物质，增加糖分和氨基酸含量，一般采用细谷糠、麸皮提供碳源和氮源，可增强食醋的色香味，尤其是在固态发酵过程中，辅料能起到吸水、疏松醋醅、储存空气的作用，有利于后续的发酵。填充料是固态发酵和速酿法制醋都需要的，主要作用是疏松醋醅积存，使空气流通。常用的填充料有谷壳、稻壳、高粱壳、玉米芯、多孔玻璃、纤维等。要求填充料的接触面大，有一定的硬度和惰性。添加剂主要包括食盐、蔗糖、香辛料、炒米色。食盐可抑制醋酸菌的活性，调节食醋陈酿阶段的风味；添加蔗糖不仅可增加甜味，还可作为发酵原料；添加香辛料可赋予食醋特殊风味；炒米色可增加食醋的风味和色泽。以淀粉质原料生产食醋时，需使淀粉糊化，第一阶段为吸水膨胀（吸水 20%～25%，温度升至 40℃），糊化温度为 60～80℃，当温度升到 100℃时淀粉颗粒完全溶解，120℃时支链淀粉完全溶解，淀粉变成低黏度醪液（液化）。随后进入糖化阶段，添加糖化剂（曲，耐高温淀粉酶糖化）。

（2）微生物

食醋酿造需要经过多个步骤，不同产地、原料或工艺存在差异，但都包括糖化、乙醇发酵、乙酸发酵及陈酿 4 个阶段。

糖化阶段主要起作用的是淀粉酶和糖化酶，将淀粉分子转化为糊精、麦芽糖和葡萄糖。

第二阶段主要为酿酒酵母将发酵糖合成为乙醇和小部分有机酸等副产物。葡萄糖被酵母通过醇解途径转化为丙酮酸，随后经脱羧后形成二氧化碳和乙醛，乙醛加氢还原为乙醇。此外，运动发酵单胞菌和厌氧发酵单胞菌可通过 2-酮-3-脱氧-6-磷酸葡萄糖酸途径生成乙醇。在乙醇发酵过程中也伴随着副反应产物的积累，如 Ehrlich-Neubauer 途径是产生杂醇油（丙醇、异丁醇、异戊醇）的主要途径。此外，琥珀酸主要来源于酵醪中氨基酸的代谢，增加谷氨酸含量可促进琥珀酸的含量。部分乳酸菌可以丙酮酸作为受氢体而生成乳酸。四甲基吡嗪作为食醋的关键香气物质也在该阶段产生，3-羟基-2-丁酮和 2,3-丁二酮是其关键风味前体物质，巴氏醋杆菌、耐酸乳杆菌、酿酒酵母和远缘链球菌是调控其合成的关键。在乙醇发酵阶段，霉菌的主要功能是利用分泌的酶将淀粉水解成葡萄糖等发酵性糖，同时水解蛋白质，将之转化为氨基酸和肽。另外，霉菌与酵母协调发酵也可产生大量香气物质，食醋中的霉菌主要包括根霉属、毛霉属和曲霉属。

第三阶段主要是醋酸菌等微生物的混合发酵体系，主要将积累的乙醇转化为复杂代谢物，同时形成大量的其他风味物质，包括有机酸、氨基酸、酯类、羧酸类、酮类、3-羟基-2-丁酮、四甲基吡嗪等物质，是决定食醋品质的关键。传统食醋发酵大多是开放式固态发酵，可通过自然接种和套接上一批成熟醋醅启动发酵。醋酸菌可将乙醇氧化为乙酸，同时也水解葡萄糖将之转化为柠檬酸、乳酸、苹果酸、丙酮酸和琥珀酸等。醋酸菌和假单胞菌被认为是乙酸的主要产生菌。

第四阶段为陈酿阶段（1～6个月），主要以物理和化学转化为主，最终形成浓郁复杂的食醋风味。陈酿期间主要反应为：①氧化反应，乙醇氧化为乙醛，陈酿阶段乙醛的积累量逐步增加；②酯化反应，经主发酵阶段后，食醋中的酸类含量较高，可与醇类化合物反应生成多种酯类物质。

通过多组学分析预测，与食醋酿造核心功能相关的生物菌群包括 7 属，分别为醋杆菌属、乳杆菌属、水栖菌属、乳球菌属、葡糖醋杆菌属、芽孢杆菌属和葡萄球菌属。这 7 属的微生物既是食醋酿造的主力军，又是与风味物质合成相关的核心微生物[36]。有机酸含量的变化主要与醋杆菌属、葡糖醋杆菌属、乳杆菌属和水栖菌属相关，氨基酸含量的变化主要与醋杆菌属和葡萄球菌属相关，醇类物质含量的变化主要与醋杆菌属、乳杆菌属和水栖菌属相关，酯类和杂环类物质含量的变化主要与葡糖醋杆菌属相关，醛类物质含量的变化主要与葡萄球菌属相关。

14.3.3　腐乳生物成味影响因素

（1）原料

腐乳的主要原料有大豆、豆饼及豆粕三种。大豆是酿造豆腐乳的最好原料。因为大豆未经提油处理，所以制成的腐乳柔、糯、细，口感好。豆饼是大豆提取油脂后的产物，榨油方法不同，其质量也有差异。热榨豆饼在榨油时加热提取油脂较多，但大豆蛋白质破坏也较多。冷榨豆饼是指在榨油时不加温，提取油脂较少，大豆蛋白质变性较少。大豆经软化轧片处理，用溶剂萃取脱脂的产物称为豆粕。用于腐乳生产的豆粕要求采用低温真空脱溶法（80℃以下），使豆粕中保留较高比例的水溶性蛋白质，以提高原料的利用率和品质。

水质有一定的要求：一是要符合饮用水的质量标准；二是要求水的硬度越小越好。因为硬度大的水会使蛋白质沉降，影响豆腐的得率。凝固剂是能使大豆蛋白质凝聚的物质，制豆腐乳时常用盐卤和石膏。腐乳腌坯时需要适量的食盐。食盐在腐乳中有多种作用，如使产品具有咸味，与氨基酸结合增加鲜味，抑制某些微生物生长，防止豆腐乳变质等。对食盐的质量要求是干燥且含杂质少。调味料的主要作用是改变豆腐乳的风味，增加花色品种。黄酒具有酒度低、性醇和、香味浓的特点，酿造时适量加入，可增加香气成分和特殊风味，提高豆腐乳的档次。

红曲是红曲霉菌在米粒上繁殖而成的曲米，红曲色素由红曲霉红素和红曲霉黄素组成。红曲霉红素和红曲霉黄素微溶于水，易溶于乙醇、乙酸、丙酮等有机溶剂中，芳香无异味，稀溶液呈鲜红色，浓度增大后呈红褐色，经光照会退色。酿造腐乳时，添加红曲色素可把坯表面染成鲜红色。面曲即面糕曲，是制面酱的半成品。腐乳酿造时使用晒干的面曲可给后发酵增加酶源，使成品中糖分含量增加。糟米也称酒酿糟，是制糟方的主要辅料。糟方腐乳外形美观、饱满，风味别致，糟香扑鼻，可促进食欲。

（2）微生物

发酵是腐乳风味的关键，腐乳发酵的菌种对其风味形成有重要作用，根据前发酵接种菌株的不同分为毛霉型腐乳、细菌型腐乳及自然发酵型腐乳等，由于毛霉发酵的腐乳块形更好，色泽均匀无孢子，酶系丰富，且不易被杂菌污染，因此现市面上以毛霉型腐乳最多[37]。毛霉可分泌丰富的蛋白酶、肽酶及其他有益酶系，其中蛋白酶和肽酶可催化大豆蛋白降解生成胨、多肽和游离氨基酸，赋予腐乳丰富的营养和独特的风味；毛霉发酵所产生的氨基酸比根霉的多。毛霉合成油脂的能力很强，除生成草酸、乳酸、琥珀酸及甘油等，还可产生脂肪酶、果胶酶、凝乳酶，对甾族化合物有转化作用。国内只有黑龙江和武汉等地以细菌为前发酵菌种，最具特色的当属黑龙江克东腐乳，其细菌主要为枯草芽孢杆菌和微球菌[38]。由于没有霉菌细长的菌丝，细菌型腐乳坯体表面缺少坚韧细腻的菌膜，外形较差。但细菌分泌的蛋白酶等活性强且积累量大，底物发酵得也更为彻底，因而成熟的细菌型腐乳中游离氨基酸含量很高，具有更加鲜美醇厚、后味绵长的风味。藤黄微球菌为细菌发酵的典型代表菌种，最适生长温度为 25～27℃，最适 pH 为 8.0，其主要特征为能在 5% NaCl 中生长，但盐浓度过高（10%～15%）时不利于其生长。

酵母也是腐乳发酵过程中的重要部分，发酵过程中会产生大量的乙醇、2-苯乙醇、乙酸、乙酯、脂肪酸等物质，可防止产生过量的乳酸和双乙酰，且其细胞内部存在大量的酶系、蛋白质和维生素等，这些物质能极大地影响腐乳后发酵风味的形成、发酵速率，对腐乳的典型风味至关重要。乳酸菌可以利用食品原料中的糖类、氨基酸等物质通过分解代谢生成有机酸，这些有机酸可与醇类物质反应生成芳香的酯类物质；通过蛋白质和脂肪代谢将大分子蛋白质和脂肪转变为多肽、氨基酸和短链脂肪酸。根霉菌是发酵腐乳的另一种常用菌种，可分泌高活性的淀粉酶，从而使腐乳产生乳酸、延胡索酸等有机酸，也可产生酯类物质，提高腐乳的芳香气味。肠杆菌和乳球菌对腐乳品质的影响最强烈，其中糖类物质、氨基酸与肠杆菌相关，酯类化合物、酸与乳球菌相关，而假单胞菌与不良代谢产物生物胺有关。发酵型青腐乳中的明串珠菌属、盐厌氧菌属与硫化物、吲哚密切相关，而乳杆菌属（*Lactobacillus*）、四联球菌属（*Tetragenococcus*）和赤水河菌属（*Chishuiella*）与为青腐乳提供香气的酯、酮、醇类物质的关联性最强[39]。

14.3.4　鱼露生物成味影响因素

（1）原料

鱼露的原料一般选择经济价值低的小型鱼类，如沙丁鱼、鲭鱼、大眼鲱鱼及各种混杂在一起的小杂鱼。原料不同成分的含量高低（尤其是酶等蛋白质）对鱼露加工工艺、成品产量、营养价值、香气及味道都有着不同程度的影响。鱼种类不同，或是同种鱼在不同生长时期、不同部位，其化学组成和蛋白酶活力等都不尽相同。一般用鲜度较好的低值鱼如蓝圆鲹、鳀鱼、七星鱼及其他小杂鱼，在收购原料中要选用同一批、大小均匀的鱼，以便同时完成发酵。去除沙石、贝类及水草等杂物，洗净后使用。利用鱼加工副产物的鱼头、皮、鳍、内脏下脚料时，要拣去内脏中的苦胆。

鱼的新鲜度也会对鱼露的质量产生较大影响。不新鲜的原料在腐败过程中会产生大量的氨等腥臭味物质，在发酵过程中会被带到成品中。如果采用鱼内脏等废弃物作为原料，腐败微生物的含量会更多，会使发酵更加难以控制，所以所选取原料的新鲜度至关重要。要防止鱼露酿造过程中混入虾类，虾类富含酪氨酸和色氨酸，易氧化导致鱼露黑变，影响其感官品质。

（2）微生物

蛋白酶及肽酶水解蛋白产生的氨基酸是多种风味物质的前体，鱼露发酵过程中蛋白酶活性与风味物质呈正相关。采用蛋白质组学技术发现鱼露发酵过程中，氨基酸转运与代谢相关的酶类含量最高，肽酶在发酵过程中的变化较大。经过基因组比对分析，这些蛋白质多来自盐厌氧菌属、嗜冷菌属、发光杆菌属和四联球菌属。

参与形成鱼露特征香味的主要是耐盐、嗜盐的细菌和酵母，这些微生物生长、代谢速率很低，合成、分泌香味物质也很慢。米曲霉可加速鱼露的发酵过程，与自然发酵 1 年的鱼露相比，速酿鱼露挥发性含氮化合物从 4 种增加到 15 种，尤其是 3-甲基丁醛、2-甲基丁醛的相对含量增加了 10 倍左右。此外，米曲霉 OAY1 会增加整体氨基酸态氮（amino acid nitrogen，AAN）的含量，改善低盐鱼露风味，提高总氮、氨基态氮、游离氨基酸含量。葡萄球菌菌株可显著增强鱼露发酵过程中的鲜味氨基酸含量，与米曲霉对鱼露鲜味提升起到协调增效的作用。将含天冬氨酸脱羧酶的嗜盐乳酸菌作为鱼露发酵剂用于鱼露泥，可将呈酸味的天冬氨酸转化为甜味的丙氨酸，同时可以减少生物胺在鱼露制品中的积累，使鱼露的味道变得更易被人们接受。胺类物质是鱼露中含量较高、产生腥味的主要来源，通过添加奥默柯达酵母（*Kodamaea ohmeri*）可抑制胺类物质的产生，提高消费者对鱼露的接受度，在液体培养基中能降解约 70%的组胺和酪胺，且增强鱼露的鲜味、奶酪香味、肉香味。通过实验筛选出特征的降胺产香菌株嗜盐四联球菌 MJ4（*Tetragenococcus halophilus* MJ4），在添加适量的自诱导物 AI-2 信号分子后，具有显著增强该菌株生成壬醛、苯乙醇、甲基丁酸、糠醛等挥发性风味物质的能力[40]。

14.3.5　蚝油生物成味影响因素

（1）原料

原料的品种、新鲜程度及不同部位对酶解有重要影响。选择经澄清、过滤后不含杂质，无腐败、异味的半成品原汁蚝油，作为蚝油复配的原料。

（2）微生物

微生物发酵可提高耗油的风味品质，同时对腥味物质进行转化代谢，发酵过程中可降低碳水化合物含量，提高游离氨基酸和整体风味物质水平。微生物种类是影响耗油风味品质的关键，常用于耗油发酵的微生物有酵母、乳酸菌、米曲霉和混合菌群等。酵母除可通过生物转化实现脱腥外，酵母细胞壁的疏松结构对腥味物质还具有良好的吸附作用，采用酵母发酵的蚝油蛋白质损失少并具有特殊风味。米曲霉发酵蚝油能显著去除异味，增加特征性香气物质的含量，提高蚝油的风味品质。

14.4　调味品中生物成味的发展趋势

新型工业化必须以产业结构优化为基础。我国的调味品产业发展在遵循国家产业政策指引下，努力发挥市场配置资源的决定性作用，使产业结构的经济运行达到合理利用资源、提供充分就业、推广应用先进产业技术、获得最佳经济效益的要求，努力改善调味品企业同质化、低端化、无序化恶性竞争的局面，促进行业高质量发展。随着大健康和大食物观的树立，全球食品风味科学也朝着健康与美味的方向发展。因此，未来的调味品中生物成味主要以健康美味为主要发展趋势，包括原料的来源与控制，其次是生物成味的智能化发展，融合多组学解析微生物的协调与模块化，实现调味品的智能制造。

参 考 文 献

[1] Chou C C, Ling M Y. Biochemical changes in soy sauce prepared with extruded and traditional raw materials. Food Research International, 1998, 31(6-7): 487-492

[2] 张丽. 高盐稀态酱油发酵过程中添加酵母的研究. 贵阳: 贵州大学, 2019

[3] 鲁肇元. 酱油生产技术(一)　酱油的起源及酱油生产工艺的沿革. 中国调味品, 2002, (1): 43-46

[4] 曹宝忠. 改进低盐固态发酵酱油生产技术高产品品质. 中国酿造, 2011, 30(1): 149-153

[5] FENG Y, WU W, CHEN T, et al. Exploring the core functional microbiota related with flavor compounds in fermented soy sauce from different sources. Food Research International, 2023, 173: 113456

[6] ZHAI Y, GUO M, MENG Q, et al. Characterization of key odor-active compounds in high quality high-salt liquid-state soy sauce. Journal of Food Composition and Analysis, 2023, 117: 105148

[7] DIEZ-SIMON C, EICHELSHEIM C, MUMM R, et al. Chemical and sensory characteristics of soy sauce: A review. Journal of Agricultural and Food Chemistry, 2020, 68(42): 11612-11630

[8] HUANG Z, FENG Y, ZENG J, et al. Six categories of amino acid derivatives with potential taste contributions: a review of studies on soy sauce. Critical Reviews in Food Science and Nutrition, 2023, 3: 1-12

[9] 冯云子, 周婷, 吴伟宇, 等. 酱油风味与功能性成分研究进展. 食品科学技术学报, 2021, 39(4): 14-28

[10] 叶博文, 闵恺, 包晓丽. 中国传统食醋香气物质分析研究进展. 应用技术学报, 2023, 23(4): 341-348

[11] LIANG J, XIE J, HOU L, et al. Aroma constituents in Shanxi aged vinegar before and after aging. Journal of Agricultural and Food Chemistry, 2016, 64(40): 7597-7605

[12] 郭鑫磊, 王宏霞, 施明丽, 等. 不同陈酿年份四大名醋有机酸及挥发性风味物质比较分析. 中国酿造, 2023, 42(7): 58-64

[13] XIE Y, GUAN Z, ZHANG S, et al. Evaluation of sufu fermented using *Mucor racemosus* M2: Biochemical, textural, structural and microbiological properties. Foods, 2023, 12(8): 1706

[14] HE R Q, WAN P, LIU J, et al. Characterisation of aroma-active compounds in Guilin Huaqiao white sufu and their influence on umami aftertaste and palatability of umami solution. Food Chemistry, 2020, 321: 126739

[15] 谢三款. 山西老陈醋四甲基吡嗪形成机制及代谢调控. 天津: 天津科技大学, 2021

[16] 张慧如, 王宏霞, 朱丹, 等. 四大名醋理化指标、风味成分和功能成分差异性比较. 中国酿造, 2023, 42(5): 125-131

[17] 樊艳. SPME-GC-MS 结合 ROAV 分析腐乳中的主体风味物质. 食品工业科技, 2021, 42(8): 227-234

[18] CHEN Y P, CHIANG T K, CHUNG H Y. Optimization of a headspace solid-phase micro-extraction method to quantify volatile compounds in plain sufu, and application of the method in sample discrimination. Food Chemistry, 2019, 275(MAR.1): 32-40

[19] HE W, CHUNG H Y. Multivariate relationships among sensory, physicochemical parameters, and targeted volatile compounds in commercial red sufus (Chinese fermented soybean curd): Comparison of QDA and flash profile methods. Food Research International, 2019, 125: 108548

[20] Chen Y P, Wang M, Blank I, et al. Saltiness-enhancing peptides isolated from the Chinese commercial fermented soybean curds with potential applications in salt reduction. Journal of Agricultural and Food Chemistry, 2021, 69(35): 10272-10280

[21] ZHAO J, ZHANG Y, CHEN Y, et al. Sensory and volatile compounds characteristics of the sauce in bean paste fish treated with ultra-high-pressure and representative thermal sterilization. Foods, 2023, 12(1): 109

[22] FUKAMI K, ISHIYAMA S, YAGURAMAKI H, et al. Identification of distinctive volatile compounds in fish sauce. Journal of Agricultural and Food Chemistry, 2002, 50(19): 5412-5416

[23] Russo G L, Langellotti A L, Genovese A, et al. Volatile compounds, physicochemical and sensory characteristics of Colatura di Alici, a traditional Italian fish sauce. Journal of the Science of Food and Agriculture, 2020, 100(9): 3755-3764

[24] LAPSONGPHON N, YONGSAWATDIGUL J, CADWALLADER K R. Identification and

characterization of the aroma-impact components of Thai fish sauce. Journal of Agricultural and Food Chemistry, 2015, 63(10): 2628-2638

[25] GAO P, XIA W, LI X, et al. Use of wine and dairy yeasts as single starter cultures for flavor compound modification in fish sauce fermentation. Front Microbiol, 2019, 10: 2300

[26] 栾宏伟. 鱼露滋味物质和蛋白酶活相关性模型构建及鲜味肽呈味特性研究. 锦州: 渤海大学, 2020

[27] 古汶玉. 鱼露鲜味肽呈味评价体系的构建研究. 广州: 华南农业大学, 2019

[28] 孙金玲. 鱼露风味成分分析及其小肽的分离鉴定. 广州: 华南农业大学, 2017

[29] 赵国忠. 酱油风味与酿造技术. 北京: 中国轻工业出版社, 2020: 15-20

[30] HUANG Z, GRUEN I, VARDHANABHUTI B. Intragastric gelation of heated soy protein isolate-alginate mixtures and its effect on sucrose release. Journal of Food Science, 2018, 83(7): 1839-1846

[31] SULAIMAN J, GAN H M, YIN W F, et al. Microbial succession and the functional potential during the fermentation of Chinese soy sauce brine. Frontiers in Microbiology, 2014, 31(5): 1-9

[32] LIU R, GAO G H, BAI Y W, et al. Fermentation of high-salt liquid-state soy sauce without any additives by inoculation of lactic acid bacteria and yeast. Food Science and Technology International, 2020, 26(7): 642-654

[33] 张丽杰, 张怀志, 徐岩. 枯草芽孢杆菌 Nr.5 和底物添加促进酱油中吡嗪类物质合成. 食品与发酵工业, 2020, 46(21): 1-8

[34] HARADA R, YUZUKI M, ITO K, et al. Influence of yeast and lactic acid bacterium on the constituent profile of soy sauce during fermentation. Journal Bioscience and Bioengineering, 2017, 123(2): 203-208

[35] HARADA R, YUZUKI M, ITO K, et al. Microbe participation in aroma production during soy sauce fermentation. Journal Bioscience and Bioengineering, 2018, 125(6): 688-694

[36] 黄婷. 镇江香醋酿造微生物功能解析及酿醋人工菌群构建. 无锡: 江南大学, 2022

[37] 刘振锋. 腐乳和臭干中生物胺的研究. 杭州: 浙江大学, 2011

[38] 鲁绯, 孙君社. 对腐乳后酵过程中一些成分变化的研究. 中国酿造, 2003, 22(6): 14-17

[39] 孙娜, 张雅婷, 于寒松, 等. 发酵型青腐乳菌群结构与风味物质及其相关性分析. 食品科学, 2020, 41(22): 177-183

[40] 王挥, 付湘晋, 吴伟, 等. 1 株奥默柯达酵母对鱼露中生物胺的降解特性. 中国食品学报, 2014, 14(8): 137-141

第 15 章

水产品中的生物成味

15.1 水产品中的生物成味研究现状

15.1.1 水产品及水产品生物成味

水产品营养丰富，是蛋白质、无机盐和维生素的良好来源，被世界各国公认为营养、美味的放心食品。其蛋白质含量丰富，已成为人类摄取动物蛋白的重要食品来源之一。我国水产品总产量连续多年位居世界第一，《2023 中国渔业统计年鉴》显示，2022 年全社会渔业经济总产值为 30873.14 亿元，同比 2021 年上升 1.42%。全国水产品总产量为 6865.91 万吨，同比增长 2.62%。其中，国内养殖产量为 5565.46 万吨，同比增长 3.17%；国内捕捞产量 1300.45 万吨，同比增长 3.13%。

水产品的风味对其食用品质至关重要。新鲜的虾、蟹、贝类等水产品往往风味独特、味道鲜美，在食用过程中不仅可为消费者提供丰富的营养元素，还可以极大地满足消费者的精神需求。水产品加工是指利用机械、物理、化学或微生物学等手段处理水产品，使之成为食品的过程。该过程涉及冷冻、腌制、提取、发酵、调味等工艺。根据《中华人民共和国国家标准 水产及水产加工品分类与名称》（GB/T 41545—2022），水产和水产加工品分为以下 11 类：活、鲜品（海水鱼类、海水虾类等），冻品（冻鱼类、冻虾类等），干制品（鱼类干制品、贝类干制品等），腌制品（腌制鱼、其他腌制品），罐头制品（鱼罐头、其他水产品罐头），鱼糜及鱼糜制品（鱼糜、仿蟹肉等），水产调味品（鱼露、蚝油等），水生生物活性物质（甲壳素、壳聚糖等），海藻胶及制品（褐藻酸、海藻胶等），饲料原料（鱼粉、液体鱼蛋白），珍珠类及其他水产加工品等[1]。

各类水产品中，鱼糜及鱼糜制品、水产调味品加工流程大多涉及提取、发酵等工艺，该过程中的微生物增殖、代谢及酶解等过程可产生各类非挥发性及挥发性风味化合物，改变水产品风味。其过程所涉及微生物代谢途径多样，风味形成机制复杂，风味化合物成分组成多样，故水产品中的生物成味已逐渐成为现阶段食品生物成味的研究热点之一。

15.1.2　水产品微生物成味研究现状

微生物成味是水产品生物成味的重要组成部分。通常可通过对水产品中微生物菌群的分析和鉴定，了解不同微生物的种类和数量，进而探究其对水产品产生风味的影响。微生物成味过程通常为发酵过程，如臭鳜鱼、蚝油等微生物发酵水产品驰名全国，如表 15.1 所示。该过程中微生物种类及发酵过程的条件控制对产品的影响较大。

表 15.1　发酵水产品中关键成味微生物及其对风味的影响

产品	微生物	风味影响	参考文献
酸鱼	植物乳杆菌 B7（*Lactobacillus plantarum* B7）	提高非蛋白氮（NPN）和总游离氨基酸（FAA）含量，改良滋味	[2]
臭鳜鱼	混合乳酸菌	促进特征风味化合物癸醛、芳樟醇、双乙酰、1-辛烯-3-醇、壬醛、己醛和 2,3-辛二酮生成	[3]
扎鱼	植物乳杆菌、酸性乳杆菌和薄荷乳杆菌	戊糖乳杆菌可提高 Asp 和 Glu 含量；乳酸菌降低脂肪醛、(*Z*)-3-己烯-1-醇和 1-辛烯-3-醇相对含量，降低土味和腥味	[4]
鱼露	动性球菌（*Planococcus maritimus* XJ2）	1-戊烯-3 醇减少，鱼腥味降低	[5]
虾酱	枝孢霉属（*Cladosporium*）	抑制三甲胺生成	[6]

现有研究证实，植物乳杆菌（*Lactobacillus plantarum*）、戊糖片球菌（*Pediococcus pentosaceus*）、肠膜明串珠菌（*Leuconostoc mesenteroides*）、嗜酸乳杆菌（*Lactobacillus acidophilus*）和短乳杆菌（*Lactobacillus brevis*）等乳酸菌株能耐受较高的食盐浓度，最适生长温度约为 30℃，且产酸能力稳定，可作为微生物发酵剂应用于腌制鱼类的快速腌制发酵。采用低盐乳酸菌法制备的腌干鱼所含的风味物质丰富，呈味氨基酸含量提高，可提升腌干鱼的风味[7]。

水产品中的大分子物质可被微生物及内源酶分解为糖类、氨基酸、脂肪酸，在为微生物增殖提供原料的同时进一步产生具有挥发性的次级代谢产物[9]。次级代谢产物通过 3 条代谢途径最终生成风味物质，分别为氨基酸代谢、脂肪酸代谢及糖类的美拉德反应，如图 15.1 所示。其中氨基酸被转化为各种醇类、醛类、酸类、酯类和含硫化合物，是产生特征风味的重要途径。α-酮酸可以转化为醛类或甲硫醇，醛类化合物在各种氨基酸脱羧酶的作用下进一步还原为相应的醇类化合物。在脱氢酶作用下，醛类可生成酸类化合物；由甲硫氨酸转氨作用生成的甲硫醇则被分解为各种含硫化合物。脂肪酸可在水解酶作用下水解生成醛、醇、饱和及不饱和脂肪酸,其中不饱和脂肪酸氧化生成氢过氧化物需要过氧化自由基催化,饱和脂肪酸经过 β-氧化生成乙酰辅酶 A,β-酮酸脱羧生成甲基酮。糖类则可通过美拉德反应生成呋喃、酮类和酸类等挥发性风味成分[8]。

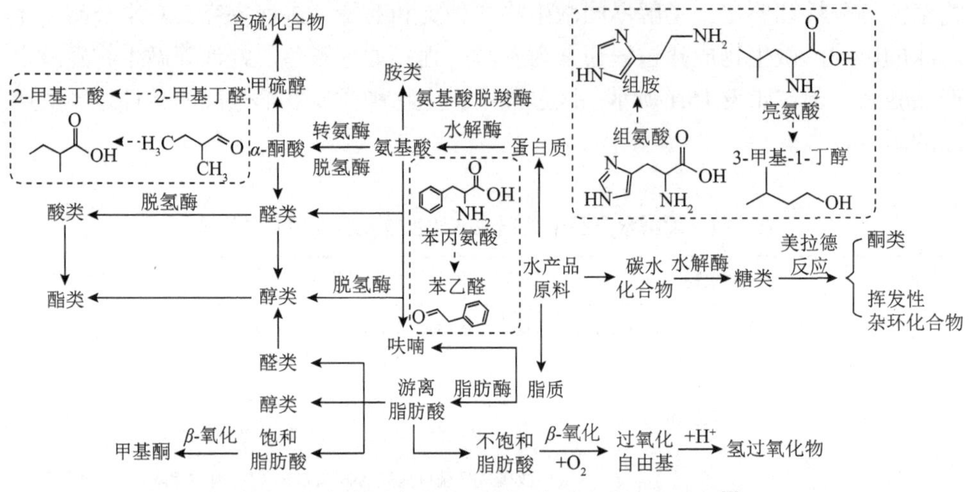

图 15.1 水产品发酵过程中风味形成的主要途径[8]

15.1.3 水产品酶成味研究现状

酶作为一种具有高效催化活力的生物大分子,在水产品加工中有广泛应用,在极大程度上解决了低值鱼的大量浪费现象,为水产品加工提供了新思路。酶可用于加速水产品中的风味化合物的生成。例如,酶可以在水产品加工过程中产生大量氨基酸,增加其滋味,且该过程还可生成大量挥发性物质,改变产品气味。

目前,酶常被用于水产调味品制备中,水产品经酶解可产生各类呈味氨基酸,且以鲜味氨基酸为主,赋予产品鲜美的风味。同时,该过程酶的选择格外重要,不同种类的酶水解对调味料的风味和营养成分会产生明显的影响。

肽链内切酶和外切酶共同完成了蛋白质的酶解过程,内切酶的水解产物是多肽,而外切酶的产物是游离氨基酸。研究表明,水产原料本身含有肽链外切酶,因此可通过添加内切酶或再添加外切酶来提高酶解能力。由于不同水产原料中的蛋白质种类不同,氨基酸构成及比例各异,酶的选择和酶的水解工艺条件对调味料的生产至关重要,所以工业上一般采用双酶法和复合酶法工艺制备调味料[10]。

木瓜蛋白酶、风味蛋白酶、酸性蛋白酶等是水产品加工中生物成味的常用酶。黄可欣[11]在用胰酶和风味蛋白酶酶解牡蛎后生产牡蛎功能性肽,发现酶解后醛类和醇类物质变化较大,且酶解液具有哈喇味。Okubo 等[12]经研究发现 45℃、7% NaCl、1MPa CO_2 下,酸性蛋白酶的添加增加了游离氨基酸含量,增强了鱼露鲜味。

同时，由于酶的使用受到各方面条件的限制，如需要适宜的环境及较高的成本，故酶改造技术在现代科技的推动下正逐渐发展，如酶分子修饰技术及固定化技术等，见图 15.2。

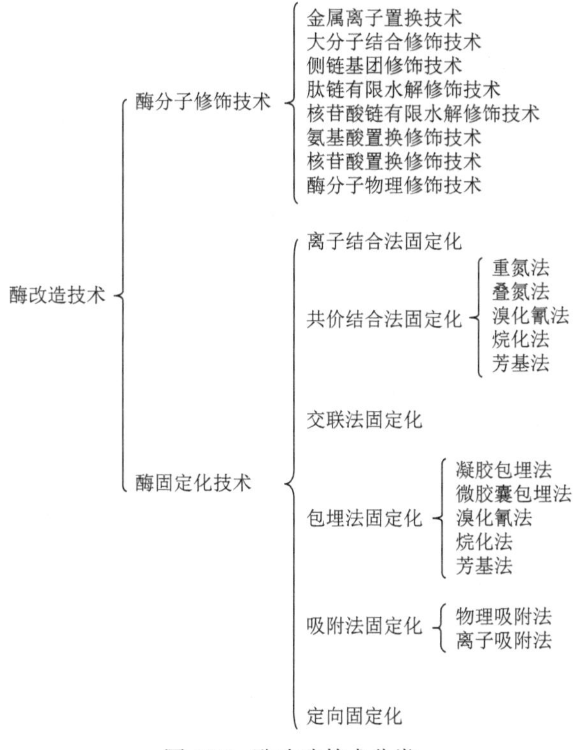

图 15.2　酶改造技术分类

酶作为一类水产品生物成味的重要媒介，其新型固定化技术同样具有较好的前景，如单酶纳米颗粒的制备、微波辐射辅助固定化、无载体固定化技术，同时还有生物酶介导的定向固定化技术、化学修饰介导的定向固定化技术、界面聚合微囊及面向未来的智能固定化技术等。

15.2　典型水产品的生物成味实践

15.2.1　鱼露

1. 鱼露生产工艺

鱼露是我国传统发酵调味品之一，原产自福建和广东潮汕等地，并由华侨传至东亚，目前已推广至世界各地。有关记载最早可追溯至距今 1400 多年前的北魏末年农学家贾思勰所著的《齐民要术》中。其是以低值鱼、虾及有关加工下脚料为主要原料，在高盐环境中通过各类酶及微生物增殖对原料蛋白质发酵分解、酿制而成的琥珀色汁液，其味道鲜美，且以咸味及鲜味为主。

（1）传统生产工艺

我国鱼露的传统生产主要依靠自然发酵，原料鱼在内源酶、环境中酵母等微生物的发酵下生成鱼露。其工艺流程如下：原料选择→清洗→盐渍→发酵→过滤→滤液→检验→配制→灌装→消毒杀菌→包装→成品。

原料选择：原料鱼种类、部位、生长阶段、新鲜度等均会由于营养、风味物质含量差异等原因，使得产品风味、产量发生较大差异。其中蛋白质含量及相关内源酶的影响最大。例如，鱼背部肌蛋白质含量较腹部肌更丰富，而鱼腹部肌脂肪含量较鱼背部肌更多，最终使产品产生差异。

盐渍：将处理好的原料与食盐顺序层叠放入缸、桶等大型容器中，置于炎热、晴朗处暴晒，为微生物分解原料提供适当条件。食盐利用其高盐度抑制腐败微生物增殖并利用高渗透压破坏鱼组织细胞结构，从而提高酶解效率而促进氨氮及氨基酸态氮的生成。另外，Na^+可与谷氨酸结合为谷氨酸钠，以提高产品的鲜味。

发酵：传统酿制方法主要依靠自然发酵，在该过程中变形菌、厚壁菌及拟杆菌等微生物的生理代谢及对应酶的分解作用可使蛋白质、脂肪降解为相应的醇、酸和醛类等物质，从而改变传统鱼露的感官特性。

过滤：发酵完成的原料经过过滤、底部排放等方式将液体取出，为第一轮萃取液，随后将其进行二次发酵及过滤，获得第二轮萃取液。以上各类萃取液共同为生产鱼露提供原料。

（2）现代生产工艺

随着现代科技的发展及工业化进程的加快，鱼露现代生产工艺开始实施，其工艺流程如下：鱼、曲混合→加盐→保温发酵→成熟→灌装→杀菌→包装→成品。

鱼、曲混合：将鱼肉及适量微生物、曲霉、蛋白酶等按比例混合，利用微生物增殖、代谢及酶的催化等促进原料鱼蛋白质、脂质分解，获取大量氨基酸、脂肪酸等风味物质，进而在缩短鱼露发酵周期的同时丰富鱼露的风味。

加盐：与传统发酵工艺不同，现代工艺中往往为低盐发酵。由于鱼体内的各种酶和微生物的活性在高盐环境中会受到抑制，导致发酵周期需要半年以上。而在加曲或加酶发酵的情况下，加盐量仅需 5%～15%。该操作为蛋白酶提供了最适条件，同时抑制腐败微生物的繁殖，最终提高鱼露质量。

2. 鱼露的生物成味

鱼露的独特风味与微生物发酵、酶促分解等生物过程密切相关。其中，大量氨基酸、多肽、有机酸、矿物质元素等为鱼露提供了鲜美滋味，而醛、酮等挥发性物质则为鱼露贡献了良好气味。

鱼露滋味主要为鲜味和咸味。在鱼露发酵过程中，内源酶及微生物可将蛋白质、脂肪等分解、发酵，结合脂质氧化等多种反应，最终生成氨基酸、肽等物质。

游离氨基酸是最主要的滋味成分之一，天冬氨酸、谷氨酸是鱼露鲜味的主要贡献者，而脯氨酸、丙氨酸、甘氨酸等为甜味氨基酸。亮氨酸、缬氨酸、异亮氨酸的代谢途径被认为是鱼露产生香气物质的主要途径，且缬氨酸、异亮氨酸、亮氨酸是鱼露短链挥发性酸和醇的前体物质，对鱼露特色风味的形成具有重要影响。高瑞昌等[5]发现，以鮰鱼碎肉为原料，采用低温发酵的方法，按照 1：1：1：1 的比例混合作为低盐鱼露的起始发酵剂。发酵 15d 后，游离氨基酸总量为 4257.69mg/100mL。通过感官评定，添加混合动性球菌发酵剂的鱼露样品以鲜味、甜味和发酵味为主体风味；能产生更加强烈的青草、麦芽和坚果气味并降低了鱼腥味。

核苷酸关联产物同样是鱼露中鲜味成分的主要来源之一，如肌苷酸钠、鸟苷酸钠、谷氨酸钠、琥珀酸钠等，其中谷氨酸钠是其鲜味的主要来源，而咸味主要来自氯化钠。然而，鱼露的独特风味不仅依靠呈味物质的简单加成，还有经水产原料发酵而来的呈味物质构成的复杂呈味体系共同作用赋予的。

无机离子也可影响食品风味，鱼露发酵过程中可产生 Mg^{2+}、K^{+}、Ca^{2+}等无机离子，对产品风味有一定的影响。同时，由于 NaCl 的大量添加，Na^{+}及 Cl^{-}含量远高于其呈味阈值，成为滋味贡献最大的无机离子。

鱼露中的香气主要来自挥发性醇、醛、酸等挥发性物质。自然发酵生产的鱼露挥发性化合物多达上百种，包括含硫、含氮及芳香族化合物等[14]，主要由微生物联合发酵底物中的蛋白质水解及醛类等脂质氧化衍生而来，使鱼露具有麦芽味、脂肪味、奶酪味等令人愉快的气味，详见表 15.2。例如，甲硫氨酸、胱氨酸和半胱氨酸等是鱼露中含硫挥发性风味物质（二甲基二硫醚等）的主要来源。这些挥发性含硫化合物是由鱼肌肉中甲硫氨酸和半胱氨酸经微生物降解而生成的。

表 15.2　微生物添加对鱼露气味的影响[13]

微生物	对鱼露香气的影响	相关挥发性代谢物
葡萄球菌（*Staphylococcus* sp. CMC5-3-1）	增强鱼露特征香气	2-甲基丙醛产生
奥默柯达酵母（*Kodamaea ohmeri* M8）	增强奶酪香味、肉香味，减弱鱼腥味、氨味、腐臭味	挥发性盐基氮显著降低，总酸显著增加，大部分生物胺被降解

续表

微生物	对鱼露香气的影响	相关挥发性代谢物
枝芽孢杆菌（*Virgibacillus* sp. SK37）	增强麦芽香、黑巧克力香	2-甲基丙醛、2-甲基丁醛、3-甲基丁醛、乙酸等增加
嗜盐四联球菌（*Tetragenococcus halophilus*）	增强鱼露特征香气，减弱铁锈腥味	1-丙醇、2-甲基丙醛、2-甲基丁醛、3-甲基丁醛、乙酸乙酯等产生，二甲基二硫醚减少
米曲霉 AS3.863	改善速酿鱼露香味	3-甲基丁醛、2-甲基丁醛增加
米曲霉（*Aspergillus oryzae* OAY1）	增强鱼露特征香气，发酵 3d 即可实现传统鱼露香气	2-甲基丁醛、戊醛、己醛、苯甲醛生成
葡萄球菌（*Staphylococcus* sp. SK1-1-5）	发酵 4 个月即可获得与传统工艺发酵 1 年的鱼露类似的香气特性	挥发性脂肪酸较多，3-甲基丁醇、2-甲基丁醛增加，以限制二甲基二硫醚、二甲基三硫醚生成
木糖葡萄球菌（*Staphylococcus xylosus*）	消减鱼腥味、铁锈腥味、酸败味、汗臭味	3-甲基丁醇、2,6-二甲基吡嗪增加，二甲基二硫醚、2-乙基吡啶、丁酸等减少

醛类主要通过脂质氧化降解产生，通常有令人愉快的气味。鱼露中含有 3-甲硫基丙醛、苯甲醛、3-甲基丁醛等。苯甲醛是典型的 Strecker 醛，具有清新的杏仁味。

鱼露中的醇类化合物主要来源于多不饱和脂肪酸的氧化降解，除风味良好的各类物质外，鱼露还不可避免地具有水产品普遍存在的腥味。氨和多种胺类物质等导致氨味的产生，主要为组胺及三甲胺，其中三甲胺的阈值可低至 300μg/kg，使鱼露具有明显的腥味[13]。

15.2.2 虾酱

1. 虾酱生产工艺

虾酱是以白虾、蜢子虾等个体较小的虾类，经清洗、粉碎后与盐或其他香辛料混合后发酵制成的传统水产调味品之一，在我国及东南亚地区广受欢迎。我国虾酱年产约 4 万吨，是全球最大的虾酱生产国之一。因其具有挥发性风味物质而备受消费者喜爱。

（1）传统生产工艺

其传统生产工艺受技术条件限制相对简单，具体流程如下：原料处理→加料→发酵→成品。

加料：主要为食盐及香辛料的添加。食盐量通常为原料质量的 1/3 左右，香辛料则包括花椒、八角等，以提高成品风味品质。

发酵：将原料粉碎或搅碎，以增大比表面积，并与盐、香辛料等充分搅拌混匀。发酵 15～30d 至初步完成后转移至室外，利用室外自然环境发酵，但需避免阳光直射、雨水或灰尘等混入。防止发生过热黑变或杂质污染。发酵至色泽微红视为发酵结束，可以随时出售。

（2）现代生产工艺

现代虾酱生产工艺在传统工艺的基础上加曲、加酶，以缩短发酵周期，提高产品风味。其流程如下：原料→清洗→干燥→粉碎→搅拌→加酶→恒温酶解→加曲→恒温发酵→杀菌→成品。

与传统工艺相比，现代虾酱生产工艺中最大的特色为添加大豆曲及蛋白酶，利用米曲霉发酵和酶水解的双重作用使风味更优，品质更为稳定。发酵温度 42～45℃为米曲霉及蛋白酶的最适温度。

2. 虾酱的生物成味

在传统虾酱发酵过程中，虾酱中多种微生物及酶的存在，使虾酱生产过程中不断发酵及酶解，同时微生物之间、微生物与食品成分之间相互影响，通过各种微生物代谢及其酶的作用及温度等各种环境变化，使虾酱从原料到产品的演变过程发生了复杂、深刻的化学变化。呈味氨基酸的种类和含量逐渐增加，使其鲜味等风味逐渐增强，如图 15.3 所示。糖类、氨基酸、脂肪酸和含硫化合物分子的氧化降解、Strecker 降解、美拉德反应等可产生近百种挥发性风味物质，以醛类、酮类、醇类、酸类、酯类和含氮化合物为主。其中，2-甲基丁醛、己醛和甲酸乙酯等以其独特的虾本体气味和发酵香气促进虾酱挥发性风味的形成。同时，由于 1-辛烯-3-醇的阈值仅为 2μg/kg，同样对虾酱的风味具有一定的贡献[15]。但同时，不当的工艺及不宜的自然环境可使虾酱产生异味。例如，丙酸和二甲基二硫醚会产生腥味及刺鼻的氨味[16]。

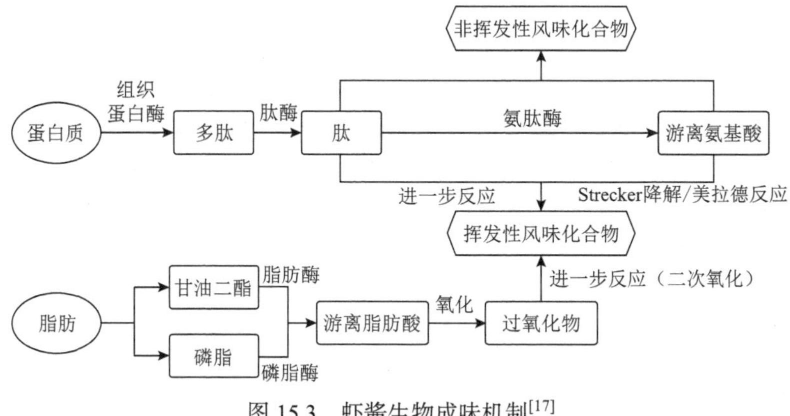

图 15.3　虾酱生物成味机制[17]

15.2.3 蚝油

蚝油又称牡蛎油，是利用我国丰富贝类资源开发的水产品之一。其于 1888 年由广东省南水乡李锦裳发明，借此创立了李锦记品牌并将其推广至世界各地。其是将蚝肉煮制后的汤汁浓缩后添加食盐发酵而成的。由于其香气浓郁、营养丰富、光亮圆滑、味道咸甜适中，备受消费者喜爱。

1. 蚝油生产工艺

（1）传统生产工艺

传统蚝油的制备分为两个阶段，分别为浓缩蚝汁的制备及商品蚝油的配制，其生产工艺流程如下：生蚝肉→盐渍→发酵→过滤与浸提→浓缩蚝汁→加料搅拌→加热→改色→增味增香→过滤→杀菌→成品。

盐渍：将牡蛎与盐混合均匀，顶部用盐覆盖，具体用量以可抑制腐败微生物增殖但不影响牡蛎发酵为准。在内源酶和有益微生物的共同作用下，经过盐渍使牡蛎溶化，渗出大量的卤水。盐渍时长对后续的发酵具有较大的影响，盐渍时间长，发酵所需的时间短，成品的风味好，但为了提高设备的利用率，缩短生产周期，盐渍时间不宜过长。

发酵：传统蚝油依靠微生物发酵生产，分为自然发酵和人工保温发酵两种。自然发酵为在常温下利用牡蛎自溶酶及适量外源蛋白酶、脂肪酶、纤维素酶加速牡蛎降解，并结合空气中的耐盐酵母、耐盐乳酸菌等有益微生物共同发酵。而人工保温发酵则是借助某种设备通过人工控制温度进行发酵的技术，分为蒸汽盘管保温发酵、水浴保温发酵和电热保温发酵三种。其中自然发酵周期较长，产品风味较好，而人工保温发酵生产周期相对短，但产品风味略差。

加料搅拌：向浓缩蚝汁中添加水、糖、盐、淀粉等。其中加水至总酸小于 1.4%，但氨基酸和总固形物分别大于 0.4%和 28%；加盐至其食盐含量达到 7%～14%。

改色：蚝油的色泽变化在很大程度上来源于非酶褐变。该类反应通常在高温下进行，主要包括脱水、裂解、聚合等复杂的化学反应过程。浓缩蚝汁的色泽灰暗、观感不佳，可利用焦糖反应和羰氨反应使产品变红以改良色泽。

增味增香：在蚝油中加入少量优质酒类可去腥提香，使蚝油味道纯正。构成蚝油的风味成分除各种游离氨基酸外，还有糖原、低肽、甜菜碱类、琥珀酸等，它们均为构成蚝油独特风味的特征物质。其中糖原虽本身无味，但有调和抽提物风味的成分，具有增加风味的浓厚感和持续性的功效，有助于保持油的鲜美感。同时由于 IMP 和 GMP 等核苷酸关联化合物同谷氨酸有协同作用，故添加适量 IMP+GMP 可调整蚝油的整体风味。

（2）现代生产工艺

近年来，生物工程、酶工程等多种现代食品科学技术被应用于蚝油生产中。其中，酶解法用特定酶或多种酶组合水解，该过程不涉及活体微生物。酶促降解后可生成大量多肽和部分游离氨基酸，不仅可增加蛋白质的水溶性，也可丰富产品的功能性，同时游离氨基酸的形成可赋予蚝油良好的风味。另外，酶解工艺生产的蚝油可弥补传统方法存在的食盐、金属含量高和氨基酸损失大等不足，且工艺简单，便于大规模工业化生产，提高劳动生产率。其工艺流程为：牡蛎→洗涤→磨碎→酶解→过滤浓缩→调配→装瓶→杀菌→成品。

蛋白酶选择对牡蛎酶解的影响极大，是牡蛎酶解的关键。且酶解温度不宜过高或过低，过高可使蛋白酶失活，过低则使蛋白酶无法充分发挥活性，降低酶解效果，通常最佳酶解温度为 50～55℃，酶解 pH 控制在 7.0 左右，过高会使产品外观不佳，过低则可降低酶解效果。

2. 蚝油中的生物成味

微生物发酵可以使蚝油具有独特的香味、肉味及奶酪味等[18]。Yu 等[19]利用 GC×GC/O-MS-AEDA 和 OAV 等对 4 种商业蚝油中关键香气活性化合物进行表征，通过 FD 和 OAV 共筛选出 27 种关键的香气活性化合物。其中以吡嗪类为主，且以 2,5-二甲基-3-乙基吡嗪的 OAV 和 FD 最高。感官评价表明，蚝油的整体风味特征主要包括坚果/烤味、焦糖/甜味、熟马铃薯味、果味、焦味等组成的积极气味，以及腐臭、蘑菇味和鱼腥味等消极气味。

同时，与其他醋、黑酱油等发酵产品相比，蚝油中需氧菌发酵产生的甲基乙二醛和乙二醛含量相对较少，也可降低消费者患 2 型糖尿病及其相关并发症的风险[20]。

15.2.4　发酵鱼糜

除常规的鱼露等水产调味品外，生物成味在普通水产食品中同样具有重要影响。发酵鱼糜是其中典型案例之一。

鱼糜制品自产生至今，已在我国具备一定的产业规模，其具有高蛋白、低脂肪、口感嫩爽等特点，由于海水鱼鱼糜具有良好的热凝胶特性，故目前普遍选用狭鳕鱼等海水鱼作为原料。由于淡水鱼盐溶性蛋白含量较低，传统热凝胶加工法所生产鱼糜及鱼糜制品的凝胶强度差，极大地限制了淡水鱼鱼糜发展。而微生物、酶等发酵技术在解决该问题的同时，也可使发酵鱼糜具有风味独特、保藏期较长等优点，故近年来发酵鱼糜逐渐成为水产品的研究热点之一。

1. 发酵鱼糜生产工艺

微生物、酶等发酵在发酵鱼糜生产工艺中占有重要地位，故其前期准备工作较为复杂，其大致工艺流程如下：取肉切碎→加入盐、糖等斩拌→加入微生物→混匀→发酵→杀菌→成品。

斩拌：斩拌可使加入的盐、糖等物质混匀，从而充分利用加入的盐、糖等。其中,盐的加入可以利用高渗透压抑制腐败微生物增殖并破坏鱼肉组织细胞结构，提高酶解效率，促进风味物质的生成。而糖可作为微生物的养分，加入后可促进微生物增殖，进而提高发酵速率。

发酵：利用发酵剂对鱼肉进行发酵，发酵时长为 18～48h。在该过程中，其丰富的生物酶及其自身增殖产生的物质可以较好地分解原料，从而提高鱼糜的质构特性、改良产品风味等。

2. 发酵鱼糜中的生物成味

对罗非鱼发酵鱼糜的研究表明，在 30h 发酵过程中，游离氨基酸总量不断增多，其中甘氨酸、谷氨酸等鲜、甜味氨基酸含量增加 3 倍左右。而相较于 15℃、23℃及 37℃的发酵温度，30℃发酵可使乳酸发酵的鲢鱼发酵鱼糜拥有更好的气味及滋味，且具有独特的乳酸风味。

发酵过程产生的各类挥发性物质可使发酵鱼糜发生气味变化。李彦坡[21]的研究表明，红曲发酵对带鱼鱼糜气味的影响较大，未发酵组和发酵 1h 组距离较近，而 3h 和 5h 组有明显不同。具体而言，样品中共检测出 138 种挥发性物质，其中醇类 20 种，醛类 7 种，烯类 12 种，酚类 4 种，烷类 12 种，酮类 8 种，酯类 15 种，酸类 6 种，苯类 16 种，醚类 4 种，胺类 8 种，其他化合物 26 种。这些物质的变化对带鱼鱼糜的风味产生了重要影响。经红曲发酵后新增 15 种挥发性物质，如乙醇、1-戊烯-3-醇等，这些物质提升了带鱼鱼糜中的杏仁味、香甜味，增加了果香、清香味等芳香风味，丰富了带鱼鱼糜的风味。其中，1-戊烯-3-醇是微生物的代谢产物，呈蘑菇味，是沙丁鱼、白鲑鱼等多种鱼的典型风味化合物。同时，带鱼鱼糜凝胶中挥发性物质明显减少的有 26 种。其中具有鱼腥味的庚醛完全消除，随之消除的还有壬醛、已醛等。2-乙基呋喃是具有鱼腥味的酯类物质之一，主要由脂质氧化生成，在发酵过程中含量逐渐减少直至为 0，进而降低带鱼鱼糜凝胶的鱼腥味。

此外，通过脂肪酸的检测可以发现其对发酵鱼糜风味的改变效果。接种戊糖片球菌发酵 48h 的乌鳢，较自然发酵乌鳢气味感官评分明显提高。同时，接种发酵组多不饱和脂肪酸含量高于自然发酵组。这是由于戊糖片球菌在发酵过程中可以抑制不饱和脂肪酸的生物氢化或脂质过氧化。发酵过程中的微生物代谢可以产生由异构酶和水解酶引起的脂肪酸相互转换，同时可以将多不饱和脂肪酸水解成其他低分子量的脂肪酸，进而促进发酵产品中特征香气化合物和内酯的形成[22]。

15.3　水产品中生物成味的影响因素

微生物及影响其代谢活动的温度、盐分、pH 等环境因素，酶，各类生物技术的应用均可影响水产品生产过程的生物成味。

15.3.1　生物成味制剂

微生物及酶催化是水产品加工过程中营养成分及风味转化的内源动力，是影响目标产物生物成味的直接因素。

（1）微生物

微生物分为细菌、真菌、病毒 3 类，其中细菌、真菌可在水产品生产过程中影响生物成味。微生物选择和添加量是水产品生物成味的重要影响因素。

周惠敏等[23]以鳙鱼肉为对象，研究了酿酒酵母发酵对鳙鱼肉气味的影响。结果显示，经酿酒酵母发酵后，鱼肉中的酯类物质增加了 12 种，包括壬醛、癸醛、已酸乙酯、癸酸乙酯、油酸乙酯和甲酸甲酯等，赋予了鱼肉水果香气和杏仁香气，使风味物质更加丰富。同时，鳙鱼肉中原本具有土腥味的物质 1-辛烯-3-醇含量有所下降，在发酵 3d 和 5d 后分别减少了 16.04%和 18.09%，极大地改善了鳙鱼肉的气味。

李文静等[24]通过研究发酵盐厌氧菌（*Halanaerobium fermentans*）YL9-2 制作蓝圆鲹鱼露风味发现，加入 10^6CFU/g 的发酵盐厌氧菌，在 10～45d 发酵期内，鱼露氨基酸态氮含量均有所提高，而各种生物胺含量则有所下降；与对照相比，在发酵末期 45d 时，添加 YL9-2 的发酵鱼露中异戊醛、2-甲基丁醛、己醛、庚醛、辛醛、壬醛、1-戊烯-3-醇、1-辛烯-3-醇、2-壬酮和 2-十一酮分别比对照提高了 79.7%、92.5%、45.3%、41.8%、21.2%、29.4%、20.4%、46.6%、67.7%和 47.2%，提升了鱼露的麦芽香、青草味、奶酪味、水果香、蘑菇香、甜香和脂肪香，而三甲胺则下降了 61.7%，减弱了鱼露的鱼腥味。同时组胺、腐胺、尸胺、酪胺和总生物胺分别下降了 26.4%、9.4%、39.8%、69.4%和 25.7%，使鱼露品质、风味明显改善。

水产品生产过程中不仅可以添加单一微生物，多种微生物共同添加往往可形成更佳的风味。Sun 等[25]研究表明，植物乳杆菌 120、木糖葡萄球菌 135 和酿酒酵母混合发酵制备酸鱼可显著提高甜味氨基酸含量，提高了产品品质。

除微生物、酶种类外，添加量同样对生物成味过程有显著影响。在一定范围内，发酵后产品风味可随添加量增加不断优化，但若过量添加，则可导致产品具有过度发酵的苦味、臭味等。梁钻好等[3]研究了乳酸芽孢杆菌 DU-106 和植物乳杆菌 nbk-MA2 混合发酵对臭鳜鱼风味特征的影响。结果显示，混合乳酸菌发酵组臭鳜鱼醇类化合物占比增加 37.44%、酮类化合物增加 17.29%、醛类增加 4.73%。醛类化合物气味阈值高，对风味的贡献大，是混合乳酸菌发酵组区别于对照组的重要挥发性成分。混合乳酸菌发酵臭鳜鱼的酮类挥发性物质以乙偶姻为代表，乙偶姻具有发酵的奶酪香气，与双乙酰等 8 种其他酮类化合物共同赋予臭鳜鱼混合菌发酵的特殊香气。

（2）酶催化

水产品中富含的蛋白质可在蛋白酶作用下分解为游离氨基酸、呈味肽及核苷酸等风味前体物质，赋予酶解物鲜味突出、口感丰富等特征。同时，游离氨基酸等酶解产物还利于后续美拉德反应，产生多种风味物质。且该过程中以外源蛋白酶为主，包括酸性蛋白酶、中性蛋白酶、碱性蛋白酶、风味蛋白酶及木瓜蛋白酶等，其中碱性蛋白酶对克氏原螯虾的酶解效果最好，而风味蛋白酶对草鱼蛋白质的水解效果更佳[26]。

李文亚等[27]的研究表明，加入蛋白酶制剂辅助发酵的虾酱，在发酵期间氨基酸态氮和挥发性盐基氮含量均有所提高，且缩短了发酵时间，但是也可能会导致品质的下降。

多种酶的共同作用及不同添加量同样会对水产品风味产生较大影响，周晶[28]的研究证实，在固定低盐鱼露的发酵时间为 15d、发酵温度为 21℃、加盐量为 8%、混合蛋白酶接种量为 3%时，鱼露感官评价最佳。

（3）微生物与酶协同

除微生物及酶单独应用外，微生物和酶协同应用同样可对水产品风味产生影响。赵帅东等[29]对比研究了复合蛋白酶、风味蛋白酶双酶酶解法，复合蛋白酶、风味蛋白酶双酶酶解与发酵剂复合发酵法，复合蛋白酶、风味蛋白酶双酶酶解与 YL001 曲复合发酵法，YL001 曲 4 种发酵方式制备生产沙丁鱼下脚料鱼露的风味。经过 90d 发酵，YL001 曲所制鱼露质量最高，达到一级鱼露标准；其次为复合蛋白酶、风味蛋白酶双酶酶解与 YL001 曲复合发酵法所制鱼露，复合蛋白酶、风味蛋白酶双酶酶解法鱼露质量接近于一级鱼露，但挥发性盐基氮的含量较低，安全性较高；复合蛋白酶结合风味蛋白酶所制鱼露质量最低，但也达到了二级鱼露标准。

15.3.2 相关环境因素

在水产品加工过程中，生物成味不仅受到微生物、酶种类的影响，该过程中温度、时间、盐度、pH 等环境条件同样重要，各类人为调控因素通过干预成味进程而影响水产品品质及风味同样是生物成味不可忽略的重要因素。

（1）温度

生物成味过程受温度的影响较大。过低的温度可降低酶活性，而过高的温度则会使酶失活。而微生物的增殖及代谢对温度同样敏感，故温度是生物成味的重要影响因素之一。例如，鱼露现代生产工艺往往涉及保温发酵：保温水解可进一步加快发酵进程，加盐后逐渐升温至约 60℃，可在一定程度上抑制有害微生物增殖，使发酵时间缩短至一个月内。且由于低盐条件下微生物及酶的活性强、发酵效率高，可对蛋白质等成分进行更加充分的分解，进而在缩短发酵时间的同时提高发酵液风味。

郭丽平[30]以米曲霉为贻贝酱菌种发酵剂，发现发酵温度对贻贝酱感官评分的影响较显著，随着发酵温度的升高，感官评分变化呈倒“V”形趋势。发酵温度为 30℃时，感官评分仅为 39 分，此条件下贻贝酱呈浅黄色，酱醅较稀、不均匀，有较为浓烈的腥味；发酵温度为 50℃时，感官评分为 45 分，酱醅呈黑棕色，有明显的焦糊异味。40℃发酵时，感官评分达到最高，为 90 分，贻贝酱黄棕色有光泽，味鲜醇厚，香气浓郁协调。但发酵过程需要严格控制，若温度过高，则会产生腥味[31]。

（2）时间

不同水产品生物成味过程耗时差异较大，如鱼露发酵时间可长达数年，而蚝油酶解等工艺所需时间则往往仅需不足一小时。且在同样的产品中，不同时间同样会对产品风味产生不同影响。

陈磊等[32]发现在臭鳜鱼发酵 9d 内风味强度逐步增强，芳香族化合物和醇类化合物成分明显增加。同时，随着发酵的进行，臭鳜鱼风味中各种挥发性成分含量逐渐增多，风味逐步增强，其中芳香族化合物和醇类变化最为明显。罗美燕[33]研究了添加 10%米曲霉条件下发酵时间对虾酱风味的影响。随着发酵时间的增加，氨基酸态氮的含量和感官评分不断增加，但发酵 60h 后，感官评分降低，推测其原因为发酵时间过长，腐败微生物开始加速繁殖，影响感官气味及滋味，并发现虾酱的发酵时间选择 60h 较为合适。

栾宏伟等[34]对发酵 1～3 年的乌虾酱氨基酸态氮和多肽含量进行了对比分析研究。结果表明，随发酵时间延长，虾酱中的氨基酸态氮和多肽含量均呈增长趋势，发酵 1 年、2 年与 3 年的虾酱氨基酸态氮差异显著（$P<0.05$），分别为 1.281g/100g、1.351g/100g 和 1.614g/100g；多肽含量由 0.655g/100g（1 年）增加到 0.814g/100g（3 年）；随发酵时间的延长，醛类化合物、酮类化合物、酯类化合物、吡嗪类化合物、烃类化合物、呋喃类化合物的相对含量增加，而含硫含氮化合物及苯环化合物的相对含量减少。电子舌结果显示，发酵 3 年时的虾酱口感优良，鲜味突出，明显优于发酵前期的产品。随着发酵时间的延长，虾酱的鲜味强度依次增强。发酵 3 年的虾酱的苦味值要明显低于前两组虾酱。综上表明，乌虾酱发酵 3 年时口感更为协调，品质更好。

（3）盐度

盐度对生物成味尤其是微生物成味的影响较大。高浓度食盐不仅可有效抑制发酵过程中腐败菌增殖，还可促进水产品细胞组织结构的破坏，更易于鱼体内的内源酶分解。此外，食盐增添了成品的咸味，并与谷氨酸钠协同增加产品鲜味。然而，高盐也可抑制蛋白酶酶活，延长发酵周期至数月甚至 1 年以上。

马晓飞等[35]的研究结果显示，随着食盐的增加，臭鳜鱼的气味略有减弱，蒜瓣状增强，咸味加重，腐味减弱，总体感官评分先增后减，在 1.0%～2.0%的添加量时感官评分达到最佳。食盐添加量过少，不利于蒜瓣肉的形成；添加量过多，鱼肌肉严重脱水，鱼肉变柴失去弹性，味道太咸，掩盖了其他滋味，会严重影响口感。

鱼酱作为调味品，食盐添加量远高于臭鳜鱼。Gao 等[36]发现，食盐添加量为 10%时，鱼酱的氨基酸态氮含量最高，略有不良气味。而达到 12%、14%时，氨基酸态氮的含量略低，感官评价较高。而高达 16%时，鱼肉发酵缓慢且风味不足。因此，食盐添加 12%为最佳。

（4）其他辅料

除常用微生物、酶等以外，辅料的添加也可通过其活性成分及气味掩蔽等协同作用影响水产品生物成味。例如，肉桂、生姜等香料可有效抑制腐败菌的生长和繁殖[37]，且其中含有的醛酚类物质能有效抑制虾酱中的蛋白酶和微生物活性，使虾酱中蛋白质分解受到抑制，导致氨基酸态氮含量显著低于对照虾酱。香辛料的添加还可抑制生物胺的产生。紫苏中富含氨基酸和蛋白质，在发酵过程中易被微生物利用，从而分解生成更多的挥发性盐基氮（total volatile basic nitrogen，TVB-N），可促进不良物质生成[38]。

牛宇光等[39]还研究了紫苏精油对白鲢鱼糜制品风味的影响，发现经紫苏精油漂洗后的白鲢鱼糜样品中腥味成分如 1-辛烯-3-醇等含量显著降低，可有效抑制白鲢鱼糜制品中鱼腥味的形成。百里香酚、肉桂醛和丁香酚等酚类化合物在抑制微生物生长方面具有广泛作用，可减少组胺等异味物质在水产品加工中的积累。

15.4 水产品中生物成味的发展趋势

15.4.1 风味和健康双导向

近年新提出的“风味和健康”双导向策略因符合当代科技发展方向及未来社会需求备受瞩目，成为水产品中生物成味发展趋势之一。随着我国科技的发展，国民生活水平逐渐提高，我国居民已经跨过追求温饱的阶段并实现小康，故未来食品发展方向之一即在改善生物成味的同时，也有利于人体健康。

发酵是生物成味过程中最具健康潜能的手段之一，发酵产品可被称为功能性食品。其主要是以高新生物技术制取的具有某种生理活性的物质，生产出能调节机体生理功能的食品，使消费者在享受美味的同时达到自身保健甚至治疗疾病的效果。为实现该目的，应深入了解发酵食品的生化背景，获得某些所需功能的食品发酵的优点，使其可同时实现几种功能。目前，在大部分发酵食品背后的生化原理和机制仍需进一步探索及验证，并将成果运用于兼具风味及健康的新型水产品开发及后续工艺优化中。

15.4.2　高新技术的应用

近年来，各类高新技术蓬勃发展，并不断应用于食品等各类工业中。其中包括基因编辑技术、纳米技术、人工智能技术等。

基因编辑技术：由于酶的本质为蛋白质，故基于蛋白质工程技术的酶编辑修饰具有一定前景。在酶的基础上利用基因工程将两种或两种以上的酶的不同结构片段结合组成新酶，使酶可满足多种生产需求。或通过定向改变成味过程中关键生物基因，提高生物成味效果及效率，如定向生产各类新型蛋白酶、风味酶，提高酶生物活性、扩大耐受范围，从而改良其成味效果。但目前，酶结构与功能研究还处于初级阶段，具有较大的发展空间。

纳米技术：随着固定化酶、固定化细胞技术的发展，现已证实用于固定的材料及固定方法可以改变被固定物质的环境耐受及活性等，改变成味过程，最终影响食品风味等品质特性，改善食品的风味与口感。固定化酶技术提出至今已过百年，百余年间，各种固定化技术及材料被不断开发及研究，并证实纳米技术可被应用于包埋及固定化技术中，以提高其性能。

人工智能技术：人工智能作为近年来发展最为迅猛的新型技术之一，自出现以来逐渐被引入各类研究和开发应用中。有关人工智能在生物成味中的应用涉及传感及大数据分析、优化生产工艺、提高生产运输效率等。其可用于开发更智能、准确的传感器并对食品风味进行感知量化，从而对未来食品产业需求及消费者口味偏好和消费行为进行客观分析。同时，将该结果结合大数据预测可针对性指导水产品生物成味改良方案。此外，建设人工智能控制下的生产线可改善工艺流程及相关参数，如改良菌种分离提取和纯化技术条件、降低菌种的使用条件以提高产能等。以优化产业生产发酵工艺为重点，实行自主创新，实现发酵工业原料结构的最优组合，在改善产品品质的同时降低生产成本。

人工智能还可协助实现规模化、自动化、连续化生产并依据实际情况不断更新优化。其可提高产品生产运输效率，保证产品质量稳定，减少损耗。同时，大规模连续生产工艺的建设和优化也可推动节能减排，引导水产品加工走上循环经济的发展道路，推进节能减排新技术、新设备在行业内的推广应用，最终实现“碳达峰、碳中和”。

参 考 文 献

[1] 国家市场监督管理总局. 中华人民共和国国家标准 水产及水产加工品分类与名称. 北京, 2022

[2] LIU J, LIN C, ZHANG W, et al. Exploring the bacterial community for starters in traditional high-salt fermented Chinese fish (suanyu). Food Chemistry, 2021, 358: 129863

[3] 梁钻好, 黄宁, 马晓飞, 等. 混合乳酸菌发酵对臭鳜鱼风味特征的影响. 食品与发酵工业, 2023, 14: 1-9

[4] LIU A, YAN X, SHANG H, et al. Screening of *Lactiplantibacillus plantarum* with high stress tolerance and high esterase activity and their effect on promoting protein metabolism and flavor formation in suanzhayu, a Chinese fermented fish. Foods, 2022, 11(13): 1932

[5] GAO R, ZHOU J, LENG W, et al. Screening of aplanococcusbacterium producing a cold-adapted protease and its application in low-salt fish sauce fermentation. Journal of Food Processing and Preservation, 2020, 44(8), DOI: 10.1111/jfpp.14625

[6] LI Y, YUAN L, LIU H, et al. Analysis of the changes of volatile flavor compounds in a traditional Chinese shrimp paste during fermentation based on electronic nose, SPME-GC-MS and HS-GC-IMS. Food Science and Human Wellness, 2023, 12(1): 173-182

[7] 吴燕燕, 陈茜, 王悦齐, 等. 传统发酵水产品微生物群落与品质相关性的研究进展. 水产学报, 2021, 45(7): 1248-1258

[8] 陈剑, 王婉婉, 李欢, 等. 多组学技术解析发酵水产食品风味形成机理研究进展. 肉类研究, 2022, 36(9): 43-50

[9] MEIRA C L C, NOVAES C G, NOVAIS F C, et al. Application of principal component analysis for the evaluation of the chemical constituents of *Mimosa tenuiflora* methanolic extract by DLLME/GC-MS. Microchemical Journal, 2020, 152: 104284

[10] 毛相朝. 海洋食品酶工程. 北京: 化学工业出版社, 2019

[11] 黄可欣. 牡蛎酶解液挥发性风味成分分析及脱腥工艺研究. 广州: 华南理工大学, 2020

[12] OKUBO A, NOMA S, DEMURA M, et al. Accelerated production of reduced-salt sardine fish sauce under pressurized carbon dioxide, combining mild heating and proteolysis. Food Science and Technology Research, 2022, 28(3): 235-244

[13] 贺海翔, 徐莉娜, 付湘晋, 等. 鱼露特征香气及增香微生物研究进展. 食品安全质量检测学报, 2018, 9(8): 1776-1781

[14] WANG Y, LIU C, ZHAO Y, et al. Novel insight into the formation mechanism of volatile flavor in chinese fish sauce (yu-lu) based on molecular sensory and metagenomics analyses. Food Chemistry, 2020, 323: 126839

[15] YU J, LU K, ZI J, et al. Characterization of aroma profiles and aroma-active compounds in high-salt and low-salt shrimp paste by molecular sensory science. Food Bioscience, 2022, 45,

DOI:10.1016/j.fbio.2021.101470

[16] LV X, LI Y, CUI T, et al. Bacterial community succession and volatile compound changes during fermentation of shrimp paste from Chinese jinzhou region. LWT-Food Science and Technology, 2020, 122: 108998

[17] 解万翠. 水产发酵调味品加工技术. 北京: 科学出版社, 2019

[18] SORIO J C, SORIO J C, MANOZO J, et al. Development and quality evaluation of small rock oyster sauce from *Saccostrea* spp. Journal of Fisheries, 2020, 8(2): 792-797

[19] YU M, LI T, SONG H. Characterization of key aroma-active compounds in four commercial oyster sauce by SGC/GC × GC-O-MS, AEDA, and OAV. Journal of Food Composition and Analysis, 2022, 107: 104368

[20] LIU D, HE Y, XIAO J, et al. The occurrence and stability of maillard reaction products in various traditional Chinese sauces. Food Chemistry, 2021, 342: 128319

[21] 李彦坡. 红曲发酵对带鱼鱼糜品质影响及作用机制的研究. 福州: 福建农林大学, 2023

[22] 李松林, 钱心睿, 张艺彤, 等. 发酵过程中乌鳢鱼糜的品质特征变化. 食品科学, 2024, 45(2): 203-210

[23] 周惠敏, 施文正, 郑昌亮, 等. 酵母接种发酵对鳙鱼肉气味的影响. 水产学报, 2022, 46(7): 1201-1209

[24] 李文静, 李春生, 王悦齐, 等. 发酵盐厌氧菌 YL9-2 对鱼露发酵过程中品质和风味的改善作用. 南方水产科学, 2022, 18(2): 115-123

[25] SUN Y, HUA Q, TIAN X, et al. Effect of starter cultures and spices on physicochemical properties and microbial communities of fermented fish (suanyu) after fermentation and storage. Food Research International, 2022, 159: 111631

[26] 许惠雅. 乳酸菌和风味蛋白酶联合对发酵草鱼品质的影响. 上海: 上海海洋大学, 2022

[27] LI W, LU H, HE Z, et al. Quality characteristics and bacterial community of a Chinese salt-fermented shrimp paste. LWT - Food Science and Technology, 2021, 136(Part 2): 110358

[28] 周晶. 产低温蛋白酶动性球菌的筛选及其在低盐鱼露发酵中的应用. 苏州: 江苏大学, 2020

[29] 赵帅东, 尹轩威, 刘宇, 等. 不同发酵方式制备沙丁鱼下脚料速酿鱼露. 食品与发酵工业, 2021, 47(23): 143-148

[30] 郭丽平. 贻贝酱加工工艺及其品质和风味变化研究. 杭州: 浙江工商大学, 2022

[31] 李亚会, 周伟, 李积华, 等. 罗非鱼酶解液酵母发酵脱腥工艺及其挥发性成分的研究. 食品研究与开发, 2021, 42(4): 66-71

[32] 陈磊, 郭鹏飞, 郑海波, 等. 发酵时间对干盐腌制臭鳜鱼品质及蛋白构象的影响. 食品科技, 2022, 47(9): 100-106

[33] 罗美燕. 虾酱快速发酵工艺的优化及微生物多样性和风味分析研究. 湛江: 广东海洋大学, 2022

[34] 栾宏伟, 朱文慧, 祝伦伟, 等. 不同发酵时间对乌虾酱风味的影响. 食品工业科技, 2020, 41(12): 75-81,7

[35] 马晓飞, 黄宁, 梁钻好, 等. 混合菌发酵臭鳜鱼工艺优化. 农业工程, 2022, 12(6): 84-89

[36] GAO R, ZHENG Z, ZHOU J, et al. Effects of mixed starter cultures and exogenous L-Lys on

the physiochemical and sensory properties of rapid-fermented fish paste using longsnout catfish by-products. LWT-Food Science and Technology, 2019, 108: 21-30

[37] HOUICHER A, BENSID A, REGENSTEIN J M, et al. Control of biogenic amine production and bacterial growth in fish and seafood products using phytochemicals as biopreservatives: A review. Food Bioscience, 2021, 39, DOI:10.1016/j.fbio.2020.100807

[38] 班雨函. 香辛料对低盐虾酱品质和微生物群落的影响研究. 保定: 河北农业大学, 2022

[39] 牛宇光, 杨宏, 王玉栋, 等. 紫苏提取物对白鲢鱼糜挥发性成分及贮藏品质的影响. 西北农林科技大学学报(自然科学版), 2022, 50(4): 124-134

第 16 章

食用菌中的生物咸味

16.1 食用菌中的生物咸味研究现状

16.1.1 食用菌中的气味物质

食品风味本质上是味道和挥发性化合物的结合，前者主要是鲜味、甜味和酸味，后者则取决于挥发性芳香物质的种类和含量。食用菌独特的香气不仅可以增加人的快感、引起人们的食欲，而且可以刺激消化液的分泌，促进人体对营养成分的消化吸收，这些物质对食用菌风味的贡献主要取决于其含量及阈值大小。研究分析食用菌挥发性风味物质的组成和含量有助于深入了解其风味特征，对品种的改良、定向培育及食用菌的加工应用具有指导作用和实践意义。不同食用菌呈现的风味不同，与其中的挥发性芳香成分密切相关。食用菌的气味物质主要来源于其组织结构和生长过程中产生的化合物。风味是食物的一种特殊成分，它由许多化合物组成，这些化合物赋予食物香气，使食物的风味非常复杂。然而，食用菌中风味化合物的含量及其在烹饪和消化过程中的释放因菌株、培养条件、烹饪过程和储存方法而异。

食用菌的挥发性风味物质主要是指嗅闻时的香气感受。食用菌的主要挥发性风味物质包括八碳挥发性化合物和含硫化合物，其他的醛、酮、酸、酯类化合物对食用菌的香气起到修饰和调和的作用。不同的结构特征会赋予食用菌不同的感官属性，研究食用菌的气味物质并且明确其组成特征及影响因素，是实现食用菌效益最大化的必要条件。

挥发性化合物通过刺激人的嗅觉感受器来提供香味。食用菌中常见的挥发性风味物质有含硫类、醇类、醛类、酯类、酮类和烃类等化合物。挥发性风味物质的含量及其感受阈值均会对食用菌的风味品质产生影响，特征挥发性风味成分对食用菌风味的影响较大，其他挥发性风味成分对食用菌风味起调和及辅助呈香作用，挥发性化合物的综合作用协同构成了食用菌的风味。

一些蘑菇表现出令人愉悦的甜味、鲜味和蘑菇味（如双孢蘑菇、茶树菇、松菇和香菇），而另一些则表现出酸味、涩味和苦味（如木耳、毛线菌、灰树花和平菇）。正是由于这些不同的特点，食用菌品种如此多样，也成为食用菌鉴定和选择的重要因素。不同种类的食用菌由于其富含的挥发性化合物的种类和含量不同而具有不同的气味特征。

八碳化合物和含硫化合物因在食用菌中含量丰富且识别阈值较低，被认为是食用菌中关键或特征性挥发性物质。八碳化合物主要是食用菌内部脂氧合酶和氢过氧化物裂解酶催化亚油酸的产物，具有浓郁的蘑菇味，主要包括 1-辛醇、1-辛烯-3-醇、1-辛烯-3-酮、3-辛酮、辛烯醛、2-辛烯-1-醇等[1,2]。其中以 1-辛烯-3-醇占比最高，是食用菌的特征性风味物质，具有蘑菇、湿木头、泥土的气息，而脂肪氧化酶的活性和 1-辛烯-3-醇的形成密切相关。1-辛烯-3-醇的含量能够显著影响它的气味感受，高浓度时呈现出较强的金属味，而低浓度时呈现出蘑菇风味。

研究表明，低阈值醛主要是通过多不饱和脂肪酸双键氧化产生的。醛类化合物是香菇风味化合物的关键成分，已在块茎、香菇、松茸口蘑、肉芽孢杆菌、香菇等中检测到醛类化合物[3-5]。醛类化合物具有广泛的风味，包括水果、蔬菜、花卉、烘烤和焦糖风味，戊醛或糠醛具有强烈、辛辣、刺鼻的气味[3,4]。

酮是醛和醇的变体，富含这两种化合物的气味。研究表明，醛类物质主要存在于块茎、细叶甘蓝、松茸口蘑、松茸蘑菇等中。在松茸和香菇中最丰富的酯类，包括已酸乙酯、丁酸异戊酯、辛酸乙酯、乙酸已酯、乙酸丁酯、乙酸异戊酯、丁酸乙酯和丙酸乙酯，具有多种水果香气[3,6]。酯类提供了一种非常宜人的味道，这是松茸受到消费者青睐的原因。

食用菌的气味也会受到酸、含硫化合物、吡嗪、酚和烷烃的影响[7]。例如，酚类物质有烟熏、烘烤或刺鼻的气味。吡嗪主要来源于羟胺氨基酸、丝氨酸和苏氨酸，会产生各种口味，如肉类、巧克力、花生和爆米花风味。含硫化合物作为食用菌的另一个主要挥发性风味物质，是由香菇酸通过谷氨酸转肽酶聚合产生二硫代烷中间体而形成的，影响蘑菇的整体气味。1,2,3,5,6-五硫杂环庚烷（俗称“蘑菇精”）被认为是香菇最重要的风味化合物，然而它的稳定性不高，很容易发生分解，分解产物包括二甲基硫醚和二甲基三硫醚，而二甲基二硫醚、二甲基三硫醚、1,2,4-三硫杂环戊烷、噻吩衍生物等被认为是食用菌的特征风味物质[7-9]。虽然用硫黄烟处理干食用菌可以改善味道，但产生的二氧化硫可能超过标准水平。总之，蘑菇的气味取决于它们所含的众多化合物、相对比率和阈值。

然而，需要注意的是，食用菌的气味物质并非总受到欢迎。这种差异可能与个体的味觉偏好、文化背景等因素有关。因此，在对食用菌的开发利用中需要考虑不同人群的口味，灵活运用食用菌的气味，以迎合不同的消费者需求。另外，食用菌的气味物质也与其营养成分和药用价值密切相关。一些挥发性化合物除了为食物带来香气，还具有抗氧化、抗炎症等生理活性作用。

食用菌在生长过程中积累了多种次生代谢物，导致了风味的多样性。食用菌的风味由挥发性和非挥发性化合物决定，是食用菌质量和公众接受度的重要决定因素。然而，蘑菇的品质和风味在收获后迅速恶化。蘑菇的风味变化是一个动态过程，受贮藏时间、保存方法、微生物变质、收获后代谢变化和加工方法（如酶解、美拉德反应、干燥和蒸煮）等因素的影响。

常用的食用菌中挥发性风味物质的提取方法主要有水蒸气蒸馏法、同时蒸馏萃取法、超临界 CO_2 萃取法、固相微萃取法等，如表 16.1 所示。

表 16.1　食用菌中挥发性风味物质的提取方法

提取方法	内容	优点	缺点
水蒸气蒸馏法	将含有挥发性成分的植物材料与水共蒸馏，使挥发性成分随水蒸气一并馏出，经冷凝分取挥发性成分的浸提方法	设备简单，操作方便，费用低，与杂质完全分离，适合工业化生产	提取时间较长，影响抽提效率
同时蒸馏萃取法	将水蒸气蒸馏和有机溶剂抽提结合起来	操作温度高，处理时间长，对样品中的风味物质萃取完全	不利于萃取热不稳定风味物质，容易使风味组成失真
超临界 CO_2 萃取法	在超临界状态下，CO_2 与待分离的物质接触，使其有选择性地把极性、沸点和分子量不同的成分依次萃取出来	萃取能力强，提取率高；临界温度低，适用于热敏性物料的提取分离；提取时间快，效率高，操作便于控制；无溶剂残留，安全性高；CO_2 可循环使用	对大分子或极性较强的化合物提取率不高。在较高的压力下操作，对设备的要求较高，投资较大
固相微萃取法	利用微纤维表面少量的吸附剂从样品中分离和浓缩分析物的技术	该方法无须有机溶剂，分析样品量少，集采样、萃取、浓缩、进样于一体	不便于加入内标定量，并且分析结果受吸附头选择的影响较大

总体而言，食用菌的气味物质是其独特特征之一，为人们提供了美味、营养和药用价值。在研究及对食用菌进行增值利用时，我们可以通过了解不同种类食用菌的气味物质，创造出更加丰富多彩的美食体验。我国食用菌产业规模在不断扩大，并且需求不减。现如今，传统食用菌生产已与食品工业、药物工业有机结合起来，使食用菌加工形式呈现多样化的特点，食用菌风味的加工休闲食品、调味食品、饮料及罐头引领着食用菌工业的新浪潮。通过研究食用菌的气味物质，可以推动食用菌产业的发展，进而推动食品工业的新发展。

16.1.2　食用菌中的滋味物质

食用菌因其独特细腻的风味，长期以来一直被用作汤料和酱料的传统调味材料。从 20 世纪 60 年代开始，就有许多研究者对食用菌中的非挥发性风味物质进行了研究报道，认为可溶的、相对分子质量较小的化合物如游离氨基酸、核苷酸、可溶性糖和有机酸等都对食用菌的风味有重要贡献。

游离氨基酸是人体进行新陈代谢的重要物质，而且是食用菌中比较重要的呈味物质。天然氨基酸立体构型均为 L 型，只有 L 型的氨基酸表现出甜味或苦味，还有一些具有鲜味或酸味。食用菌含有比较齐全的氨基酸种类，一般都含有对人体有益的必需氨基酸，而且含量相对丰富。根据氨基酸不同的成味特性，将这些氨基酸分成了 4 组，即鲜味、甜味、苦味和无味。谷氨酸与天冬氨酸呈现很强的鲜味，有些表现出醇厚的甜味，如丙氨酸、甘氨酸、丝氨酸和苏氨酸，而精氨酸、组氨酸、亮氨酸、异亮氨酸、甲硫氨酸、苯丙氨酸、缬氨酸和色氨酸则属于苦味氨基酸，而无味氨基酸包括赖氨酸和酪氨酸。天冬氨酸和谷氨酸自身呈现酸味，而在钠盐的存在下会引发谷氨酸和天冬氨酸呈现鲜味[10]。

食用菌含有丰富的核酸，可在特定生物酶的作用下发生降解反应，分解为相应的核苷酸。食用菌的鲜味与这些单核苷酸息息相关，5′-核苷酸是典型的呈鲜味物质，如 5′-鸟苷酸（5′-GMP）、5′-肌苷酸（5′-IMP）和 5′-黄苷酸（5′-XMP）等。其中 5′-GMP 具有肉的鲜味，5′-IMP 和 5′-XMP 自身不能激活鲜味受体，但在它的存在下，由谷氨酸引起的鲜味可增强高达 8 倍，因此，5′-核苷酸与谷氨酸的协同作用大大增加了食用菌的鲜味。

食用菌中的可溶性糖种类较多，含量较高，可溶性糖在种类和含量上的差异影响着食用菌独特滋味的形成。食用菌中的可溶性糖主要包括海藻糖、果糖、葡萄糖、甘露醇和阿拉伯糖等，其中海藻糖和甘露醇是产生甜味的主要成分，其含量直接影响食用菌的滋味与口感。

有机酸与合成酚类、氨基酸、酯类和芳香物质的代谢过程密切相关，其种类和含量的不同在一定程度上影响着食用菌的风味。食用菌中的有机酸包括琥珀酸、草酸、乙酸、焦谷氨酸、苹果酸、延胡索酸和 α-酮戊二酸等，其中琥珀酸和草酸含量占优势，约为总有机酸的 63.8%。

食用菌中常规成分和无机离子等也会影响其最终呈味。食用菌的常规成分包括水分、碳水化合物、灰分、粗脂肪和蛋白质等，这类物质直接或间接地影响着食用菌的风味。无机离子如 Na^+与谷氨酸形成谷氨酸钠盐，琥珀酸存在时也会生成琥珀酸钠盐，谷氨酸钠与琥珀酸钠均为重要的鲜味调节剂。

表 16.2 所示为我国市面上常见的食用菌中的滋味成分[11,12]，包括竹荪、灰树花、猴头菇、大白口蘑、金针菇（白）、金针菇（黄）、香菇‘271’、香菇‘台农 1 号’、鲍鱼菇和平菇。从表 16.2 中可以看出，在 10 种食用菌中，金针菇（黄）中的粗蛋白含量最高，为 26.7%±3.19%；竹荪最低，为 14.6%±1.37%。海藻糖和甘露醇是主要的可溶性糖/多元醇，大白口蘑的总可溶性糖/多元醇的含量最高，为（348.58±17.41）mg/g。游离氨基酸含量在不同食用菌中具有差异，其中在金针菇

表 16.2　10 种食用菌的常规成分、可溶性糖、氨基酸和 5′-核苷酸的含量

成分	竹荪	灰树花	猴头菇	大白口蘑	金针菇（白）	金针菇（黄）	香菇‘271’	香菇‘台农 1 号’	鲍鱼菇	平菇
常规成分[a]										
水分	9.05±0.10	86.06±0.25	4.31±0.46	89.11±0.75	89.06±0.87	87.16±0.09	81.79±0.66	87.71±0.92	86.73±0.82	88.60±0.65
干物质	90.95±0.10	13.94±0.25	95.69±0.46	10.89±0.75	10.94±0.87	12.84±0.09	18.21±0.66	12.29±0.92	13.27±0.82	10.94±0.87
灰分	6.25±0.08	6.99±0.030	9.35±0.12	5.03±0.18	6.93±0.10	7.51±0.10	5.27±0.02	5.85±0.02	9.62±0.05	6.93±0.10
碳水化合物	67.0±1.06	58.8±0.70	57.0±0.63	70.1±2.83	48.2±3.82	39.6±2.96	62.3±0.55	63.9±0.30	63.1±1.09	61.1±1.90
粗脂肪	2.98±0.02	3.10±0.25	3.52±0.16	4.28±0.06	8.89±0.29	9.23±0.59	6.34±0.40	5.71±0.28	3.10±0.07	2.16±0.05
粗纤维	9.16±0.44	10.1±0.07	7.81±0.07	4.50±0.08	15.99±0.08	16.98±0.30	5.63±0.21	4.88±0.18	8.74±1.03	5.33±0.11
粗蛋白	14.6±1.37	21.1±0.90	22.3±0.71	16.1±2.71	20.0±3.45	26.7±3.19	20.5±0.18	19.7±0.20	15.4±0.21	23.9±1.91
可溶性糖/多元醇[b]										
阿拉伯糖	Nd[c]	Nd	127.17±8.45	Nd	187±2.47	190±7.50	Nd	Nd	Nd	Nd
葡萄糖	39.41±0.76	14.02±0.28	11.35±1.74	4.91±0.30	42.3±2.50	35.6±1.71	28.6±1.08	14.2±0.66	11.6±0.08	10.6±0.44
甘露醇	50.89±1.05a	9.36±0.76	12.98±1.76	Nd	28.5±0.39	8.70±0.19	83.8±1.06	134±4.32	24.6±1.50	3.60±0.62
肌醇	Nd	3.20±0.36	1.43±0.12	2.48±0.46	7.77±0.36	2.33±0.41	Nd	Nd	Nd	1.27±0.11
海藻糖	62.48±6.76	161.83±2.59	9.71±1.06	341.19±17.31	59.7±4.32	60.0±3.25	29.2±3.91	3.74±0.21	28.6±4.48	2.73±0.51
总可溶性糖	152.78±8.21	188.41±2.64	162.64±6.85	348.58±17.41	325±8.56	296.90±11.01	141.55±3.89	152±4.08	64.9±4.11	18.2±0.68

续表

成分	竹荪	灰树花	猴头菇	大白口蘑	金针菇（白）	金针菇（黄）	香菇‘271’	香菇‘台农 1 号’	鲍鱼菇	平菇
游离氨基酸[b]										
甜味氨基酸										
丝氨酸	0.04±<0.01	0.97±0.12	0.35±0.04	0.34±0.07	0.68±0.03	0.87±0.08	1.05±0.18	0.88±0.06	0.51±0.06	Nd
苏氨酸	Nd	4.40±0.12	0.78±0.05	1.54±0.17	4.28±0.27	3.73±0.34	2.82±0.36	2.11±0.18	0.42±0.04	Nd
甘氨酸	Nd	0.57±0.12	1.03±0.07	0.47±0.15	Nd	1.94±0.28	0.43±0.03	0.51±0.04	0.14±0.03	0.12±0.03
丙氨酸	0.32±0.01	2.77±0.36	2.43±0.21	0.73±0.28	5.54±0.78	7.06±0.06	3.47±0.79	1.92±0.17	3.94±0.92	2.13±0.46
总甜味氨基酸	0.36±<0.01	8.71±0.67	4.59±0.25	3.08±0.28	10.5±1.01	13.6±0.45	7.77±0.64	5.42±0.35	5.01±0.93	2.25±0.45
鲜味氨基酸										
天冬氨酸	0.31±0.01	0.42±0.08	0.50±0.06	0.34±0.14	0.03±<0.01	0.24±0.02	0.41±0.05	0.40±0.04	0.05±0.01	0.13±0.02
谷氨酸	0.54±0.04	0.67±0.10	0.50±0.06	0.34±0.06	1.54±0.05	6.82±0.28	1.30±0.18	1.53±0.14	1.16±0.21	0.71±0.14
总鲜味氨基酸	0.85±0.05	1.09±0.12	1.00±0.11	0.68±0.19	1.57±0.05	7.06±0.30	1.71±0.14	1.93±0.11	1.21±0.21	0.84±0.15
苦味氨基酸										
精氨酸	0.05±<0.01	0.64±0.16	0.47±0.04	Nd	1.42±0.30	1.71±0.10	0.49±0.05	0.93±0.08	Nd	0.08±0.03
组氨酸	0.04±0.01	0.59±0.06	0.34±0.09b	0.13±0.05	Nd	Nd	0.43±0.07	0.29±0.07	Nd	0.12±0.04
异亮氨酸	2.88±0.09	0.33±0.03	Nd	0.51±0.09	0.42±0.05	0.93±0.25	Nd	0.21±0.01	0.23±0.04	0.42±0.05
亮氨酸	0.52±0.06	0.35±0.04	2.38±0.41	0.19±0.05	1.41±0.11	2.73±0.27	Nd	Nd	Nd	Nd
甲硫氨酸	1.24±0.11	1.40±0.07	1.08±0.10	0.98±0.14	2.14±0.30	2.73±0.06	1.01±0.16	0.92±0.14	Nd	0.16±0.07
苯丙氨酸	0.60±0.02	0.80±0.11	0.20±0.01	0.30±0.09	Nd	0.19±0.02	0.22±0.05	0.16±0.04	0.28±0.02	0.19±0.06
色氨酸	0.10±0.01	0.27±0.03	0.10±0.02	0.26±0.07	0.10±0.01	0.32±0.04	Nd	Nd	0.14±0.01	0.02±<0.01

续表

成分	竹荪	灰树花	猴头菇	大白口蘑	金针菇（白）	金针菇（黄）	香菇‘271’	香菇‘台农 1 号’	鲍鱼菇	平菇
缬氨酸	1.03±0.03	0.60±0.05	0.30±0.05	Nd	0.89±0.07	1.17±0.10	0.38±0.09	0.27±0.06	0.09±0.01	0.02±<0.01
总苦味氨基酸	6.46±0.30	4.98±0.09	4.87±0.44	2.37±0.17	6.38±0.47	9.78±0.15	2.53±0.16	2.78±0.14	0.74± 0.06	0.78±0.13
无味氨基酸										
赖氨酸	4.58±0.06	1.11±0.14	0.47±0.02	0.43±0.11	0.76±0.10	1.03±0.11	0.51±0.05	0.37±0.06	0.32±0.06	0.19±0.01
酪氨酸	Nd	Nd	Nd	0.85±0.08	Nd	Nd	Nd	Nd	0.05±0.01	0.02±0.01
总无味氨基酸	4.58±0.06	1.11±0.14	0.47±0.02	1.28±0.15	0.76±0.10	1.03±0.11	0.51±0.05	0.37±0.06	0.37±0.05	0.21±0.02
总游离氨基酸	12.3±0.38	15.9±0.97	10.93±0.60	7.41±0.65	19.2±0.70	31.5±0.71	12.5±0.77	10.5±0.69	7.33±0.83	4.08±0.48
5′-核苷酸 [b]										
5′-AMP	0.21±0.01	0.60±0.09	Nd	0.26±0.01	0.53±0.08	0.42±0.04	Nd	Nd	1.56±0.03	4.37±0.12
5′-CMP	5.88±0.14	5.33±0.48	13.3±0.40	17.1±0.43	2.33±0.39	5.05±0.26	10.0±0.73	7.25±0.41 b	5.71±0.17	4.89±0.29
5′-GMP	2.97±0.13	0.56±0.02	0.04±0.01	0.10±0.01	1.16±0.04	0.22±0.05	Nd	Nd	1.38±0.09	0.57±0.01
5′-IMP	0.02±0.01	0.08±0.01	0.01±<0.01	0.29±<0.01	0.17±0.01	0.13±0.01	2.78±0.18	0.63±0.02	0.05±<0.01	Nd
5′-UMP	0.75±0.02	0.86±0.02	0.13±0.01	0.94±0.15	1.49±0.09	1.41±0.07	2.64±0.03	0.66±0.06	1.06±0.03	0.46±0.09
5′-XMP	6.05±0.30	Nd	0.57±0.08	13.3±2.46	7.27±1.09	5.97±0.60	8.80±<0.01	0.97±0.15	4.09±0.21	5.52±0.41
风味 5′-核苷酸	9.04±0.42	0.64±0.03	0.62±0.07	13.6±2.46	8.60±1.08	6.32±0.62	11.6±0.18	1.60±0.13	5.52±0.15	6.09±0.40
总核苷酸	15.9±0.59	7.43±0.52	14.1±0.43	31.9±2.03	13.0±1.14	13.2±0.56	24.2±0.55	9.51±0.37	13.9±0.56	15.8±0.85

a. 水分和干物质基于鲜重，其他基于干重。数值（%）为平均值±标准差（n=3）

b. 数值（mg/g）为平均值±标准差（n=3）

c. “Nd”表示未检测到

（黄）中的含量最高，为（31.5±0.71）mg/g。5′-核苷酸在大白口蘑中的含量最高，为（13.6±2.46）mg/g，在猴头菇中最低，为（0.62±0.07）mg/g。

16.1.3　食用菌生物成味研究进展

随着人们生活水平的提高和物质需求的增加，人们对食品的感官品质要求也在不断提升，食品的风味成为影响消费者选择和偏好的一个重要因素。食用菌因其丰富的营养和鲜香浓郁的独特风味，一直备受消费者青睐。近年来，研究者对食用菌中风味物质检测、风味改良及食用菌的实际应用进行了深入探究，以发掘食用菌的深加工潜力，促进食用菌风味领域的研究与相关产品开发。

食用菌中的呈味物质包括挥发性呈味物质和非挥发性呈味物质。非挥发性呈味物质包括游离氨基酸、呈味核苷酸、可溶性糖、有机酸和水解肽等。可溶性糖和有机酸与食用菌中的甜味和酸味有关，游离氨基酸和5′-核苷酸是食用菌中的呈鲜物质，谷氨酸（Glu）和天冬氨酸（Asp）是食用菌中的两种鲜味氨基酸，鲜味核苷酸包括5′-CMP、5′-UMP、5′-IMP、5′-GMP、5′-XMP和5′-AMP。平菇在人群感官评价中的鲜味感官评分最高，而金针菇在电子舌中有最高的鲜味得分[13]。此外，食用菌的酶解产物小分子肽也具有鲜味特性，研究者采用酶解的方法已从香菇、双孢菇、草菇、蟹味菇、白玉菇、大球盖菇、鸡枞菌等中提取并鉴定到鲜味肽。此外，金针菇、茶树菇、羊肚菌、红菇等食用菌水解物中的鲜味成分也被探究。也有研究通过美拉德反应提升海鲜菇蛋白肽的咸鲜风味，为拓宽新型食用菌调味领域的研究和应用提供了理论基础。

近年来，食用菌中的特征香气化合物研究呈蓬勃发展的趋势，研究者已对香菇、平菇、牛肝菌、双孢蘑菇、松露等的关键气味化合物进行了分析。研究表明，食用菌中的关键气味化合物包括八碳挥发性化合物、含硫化合物、醇酮类化合物，呈清香风味的醛类、酯类及酸类衍生物等；八碳化合物是导致食用菌蘑菇气味的主要挥发性化合物，如1-辛烯-3-醇、1-辛烯-3-酮、1-辛醇、3-辛醇、2-辛烯-1-醇、3-辛酮等[1]。有研究表明，1-辛烯-3-醇是食用菌的特征风味物质，由亚油酸通过脂氧合酶（LOX）途径形成[14]，具有强烈的蘑菇味，且气味阈值低（45μg/kg）[15]。此外，1-辛烯-3-酮和3-辛酮也具有特征的蘑菇气味[16]；柠檬烯是香菇和松露的关键气味化合物，具有柑橘、橙子的新鲜气味[17]；苯乙酸乙酯、乙酸乙酯和己酸乙酯等乙酯类芳香化合物能为食用菌提供果香和甜香的气味；而3-甲基-1-丁醇（乙醇味）、2-甲基-1-丁醇（麦芽味）和2-甲基-1-丙醇（霉味）可能是导致食用菌异味的主要化合物[15]。

上述关键气味化合物主要经脂肪酸代谢、氨基酸代谢、香菇酸代谢、萜类代谢及美拉德反应等途径合成。其中，经LOX形成10-氢过氧化物（10-HPOD）再裂解为八碳的挥发性化合物是食用菌的特异性途径；香菇酸是食用菌中挥发性硫化物的重要前体物质，但香菇酸的生物合成途径尚不明确；甲羟戊酸（MVA）途径是食用菌中单萜化合物的主要合成途径。美拉德反应可以改善食用菌的风味特性，能提升食用菌特有的鲜香风味、增添肉香和烧烤香味等风味，在制备食用菌基料及调味品方面具有广泛的应用前景。Yang 等[18]比较分析了美拉德反应前后兰茂牛肝菌的挥发性化合物差异，结果表明美拉德反应后挥发性化合物数量增加，以醛类、醇类和酮类为主，且部分醇类物质的浓度降低，吡嗪类和酮类物质浓度提升。

随着我国食品加工业的快速发展与政策优势，食用菌深加工的研究层出不穷，且食用菌营养丰富，鲜味的加入能提升咸味感知，以达到提鲜减盐的目的，故食用菌主要应用于兼具营养健康与独特风味的调味品中。食用菌调味品根据加工方式不同分为调配型食用菌调味品、发酵型食用菌调味品和优化加工工艺的新型食用菌调味品。调配型食用菌调味品主要是食用菌调味精，经粉碎、清洁等工艺后，多种食用菌复合成一种保留其天然香气和营养成分的菌粉复合调味品。发酵型食用菌调味品主要有食用菌风味酱油、食用菌营养醋、食用菌风味酱、食用菌保健乳及食用菌保健酒等。采用单因素结合正交试验或响应面试验优化加工工艺的新型食用菌调味品包括鹿茸菇调味酱、猴头菇调味酱、草菇调味酱、杏鲍菇调味酱、食用菌调味汤料和食用菌肉香型调味剂等。

此外，猴头菇饼干、杏鲍菇保健挂面等新型健康功能产品具有缓解食欲不振、改善胃肠道、提升免疫力等功能，为新型食用菌功能食品的开发提供了理论依据。由松茸提取液精深加工制得的松茸风味雪糕等新型风味食品的开发也拓宽了食用菌的应用道路。

16.2　典型食用菌的生物成味实践

16.2.1　羊肚菌生物成味实践

羊肚菌是真菌界（Fungi）羊肚菌属（*Morchella*）所有种类的统称，目前文献记载近 100 个羊肚菌属物种分布在我国，而在我国规模化人工栽培的有超群羊肚菌（*M. eximia*）、头丝羊肚菌（*M. exuberans*）、梯棱羊肚菌（*M. importuna*）、变红羊肚菌（*M. rufobrunnea*）、六妹羊肚菌（*M. sextelata*）、土窖羊肚菌（*M. cryptica*）等。羊肚菌含有丰富的蛋白质和氨基酸、多糖、脂肪酸、矿物质等，具有调节机体免疫、抗疲劳、抗氧化等功效。而羊肚菌独特的风味使其深受世界各地消费者的青睐。

目前已有对几种羊肚菌气味与滋味的研究。气味方面，Tietel 等采用顶空-固相微萃取-气相色谱-质谱（HS-SPME-GC-MS）对梯棱羊肚菌（*Morchella importuna*）进行分析，共鉴定出 47 种挥发性化合物，包括 14 种醛、6 种醇、11 种酯、1 种酮、1 种酸、10 种烃和 4 种杂环/含硫化合物，其中 C_8 化合物含量占羊肚菌挥发性化合物的 35%[19]。Gao 等研究了 *M. sextelata* 在贮藏期间挥发性化合物的变化，醇类、醛类和酯类为羊肚菌的主要挥发性成分，经 rOAV 计算得出，香气贡献最显著的是 1-辛烯-3-醇，其次是(*Z*)-2-辛烯-1-醇、(*E*)-2-辛烯醛和萘，其中 1-辛烯-3-醇为羊肚菌不同贮藏温度的主要挥发性化合物标志物[20]。蘑菇中的 1-辛烯-3-醇具有泥土味，由蘑菇中存在的脂氧合酶系统作用于亚油酸产生。蘑菇的脂氧合酶也可以将葵花籽油中的亚油酸转化为它的 10-羟基过氧化脂肪酸衍生物，再由蘑菇裂解酶转化为(*R*)-1-辛烯-3-醇，其副产物有 1-辛醇和 2-辛烯-1-醇，而在工业上，常用的蘑菇为香菇。滋味方面，由于其浓郁、鲜美的味道，羊肚菌被广泛用于咸味菜肴（包括汤、炖菜和酱汁）中。目前已有研究从羊肚菌 *M. sextelata* 与 *M. importuna* 中鉴定出脂质、氨基酸及衍生物、有机酸、核苷酸及其衍生物、碳水化合物、酚酸、生物碱、维生素、三萜类、黄酮类等非挥发性成分，其中脂质、氨基酸及衍生物、碳水化合物可能是羊肚菌味道的重要因素[21]。羊肚菌中丰富的不饱和脂肪酸（如亚油酸）是重要的气味前体物，而氨基酸、核苷酸和碳水化合物则与羊肚菌的滋味密切相关。氨基酸根据味道特征可分为鲜味、甜味、苦味和无味氨基酸，是蘑菇中最重要的味觉活性化合物之一。例如，谷氨酸和天冬氨酸可以诱导鲜味，而 L-鸟氨酸和 γ-氨基丁酸作为羊肚菌中存在的非蛋白质组成氨基酸，可分别提供浓厚味与口干的感觉。碳水化合物则可以产生甜味，在羊肚菌中鉴定出 65 种碳水化合物，包括蔗糖、D-果糖、D-葡萄糖和木糖醇等，为 *M. importuna* 的浓郁甜味提供了物质基础[21]。

羊肚菌含有丰富的脂肪酸、蛋白质、氨基酸等营养成分，它们是潜在的风味来源，可以通过加工、酶解等手段增加羊肚菌挥发性和非挥发性呈味物质的含量。

对食用菌来说，干燥和炖煮是常见的加工方式。目前有研究报道，不同的干燥方式会影响羊肚菌的挥发性化合物组成，*M. sextelata* 的特征风味物质为 1-辛烯-3-醇、己醛和苯甲醛，受到干燥影响最大的挥发物类别为醇类、杂环类和酮类，冻干样品挥发物总含量最高，其次为热风干燥，自然风干样品挥发性风味特征差异最大[22]。其中，热风干燥有利于焙烧风味物质的形成，代表性挥发物为己酸、2-环己烯-1-酮、2-庚酮、5-乙基二氢-2(3*H*)-呋喃酮和 3-苯基呋喃，其中杂环化合物可能是在加热过程中由美拉德反应中的 Strecker 降解和醛缩合引起的[23]。而在羊肚菌炖煮处理中，炖煮时间、NaCl 与蔗糖的添加均会影响羊肚菌汤的挥发性化合物组成[24]。炖煮时间的延长会导致低级醛氧化成酮，酯类和醇类等从汤中逸散，导致挥发性化合物含量降低；NaCl 的添加会导致有机酸和酮类释放量增加，可能是促进了不饱和脂肪酸氧化降解为酮，降低了酯类的酸碱合成反应；蔗糖受热水解产生葡萄糖与果糖，与蛋白质降解产生的氨基酸发生美拉德反应从而丰富羊肚菌汤的风味。但在羊肚菌炖煮过程中未检测到 1-辛烯-3-醇，可能因热加工而损失。

酶解是提取滋味物质及其前体的有效方法。呈味肽是从蛋白质降解或氨基酸合成中获得的中间体，根据味觉特性可分为咸味、酸味、甜味、苦味、鲜味和浓厚味肽，可以赋予食物独特的风味。有研究采用 7 种蛋白酶组合作用于羊肚菌蛋白来制备鲜味物质，以确定最合适的蛋白酶组合并优化反应条件。由实验得出，中性蛋白酶与风味蛋白酶组合产生分子质量低于 3kDa 的肽最多，这是由于中性蛋白酶的水解使得风味蛋白酶的作用位点充分暴露，从而提高了其水解程度。鲜味与肽的相对分子质量成反比，低于 3kDa 的肽表现出关键的味觉活性部分，尤其是鲜味。羊肚菌蛋白水解产生的鲜味物质可作为味精的天然食品风味替代品。此外，高娟等[25]采用中性蛋白酶和风味蛋白酶在 50℃条件下水解六妹羊肚菌 3h 得到酶解液，以酶解液为底物，通过外源添加 D-木糖、D-葡萄糖和 L-半胱氨酸进行美拉德反应制备了肉味调味料，电子鼻测定结果显示，美拉德反应酶解液的含硫、含氮化合物含量增加，相比于羊肚菌酶解液，美拉德反应后的酶解液挥发性风味轮廓显著扩大，表明美拉德反应能够为羊肚菌酶解液提供更加丰富的香气特性。

16.2.2　牛肝菌生物成味实践

牛肝菌属（*Boletus*）真菌是一种野生食用菌，分布于世界各地，如欧洲、亚洲和北美洲。作为一种珍贵的食用菌，牛肝菌因营养丰富、味道鲜美及对健康有益而闻名，是一种食药兼用、经济价值较高的真菌。牛肝菌富含碳水化合物、蛋白质、矿物质和维生素（维生素 B、维生素 C、维生素 D、维生素 E），脂肪和热量较低。从牛肝菌中分离出的功能性化合物，如多酚、多糖和色素，具有抗氧化、抗肿瘤、抗菌、免疫调节等生物活性。风味是食品最重要的品质之一，它影响着消费者的喜好。挥发性化合物（醇类、醛类、酮类、酸类、含硫化合物等）和非挥发性化合物（游离氨基酸、5′-核苷酸和核苷、可溶性糖、有机酸、鲜味肽等）共同构成了牛肝菌的风味。牛肝菌的风味主要包括鲜味及香味，其中类似味精的氨基酸、5′-核苷酸和核苷及鲜味肽是产生鲜味的主要成分，C_8 挥发性化合物，特别是 1-辛烯-3-醇，是产生香味的主要气味化合物。牛肝菌的风味受多种因素影响。不同品种、地区、干燥方式、贮藏条件、加工工艺（蒸煮、烹饪等）的牛肝菌具有不同的风味。另外，对牛肝菌进行酶解、发酵等处理，可以使其呈现独特风味。下面对其进行详细介绍。

不同品种、地区的牛肝菌呈现不同的风味。Zhuang 等[4]研究了通过 70℃对流干燥得到的 4 个品种的牛肝菌香气特征，得出 1-辛烯-3-醇（蘑菇味）和 2,5-二甲基吡嗪（烘烤味）是牛肝菌中有效的香气化合物，并且偏最小二乘回归（PLSR）分析表明，不同品种的牛肝菌的香气有显著差异。Chao 等[26]通过代谢组学和转录组学分析探究了两种野生食用牛肝菌的风味差异，共鉴定出 47 种差异代谢物，主要分布在氨基酸代谢途径中，其中甘氨酸、L-丝氨酸和 L-天冬氨酸是导致代谢差异的关键化合物。Tan 等[27]总结了 4 个地区的干燥牛肝菌的风味特征，其中来自克罗地亚的牛肝菌含有的总氨基酸最多（72.0mg/g），其次是芬兰（26.6mg/g）、中国云南（21.5mg/g）和中国台湾（9.0mg/g），脂肪酸含量、5′-核苷酸含量、香气等也因地区而异。

干燥是延长蘑菇保质期、促进运输和改善蘑菇风味质量的一项基本技术。1-辛烯-3-醇、1-辛烯-3-酮、(*E*)-2-辛烯-1-醇、(*E*)-2-辛烯醛、辛醛、(*E*,*E*)-2,4-癸二烯醛、(*E*,*E*)-2,4-壬二烯醛是生牛肝菌中的特征挥发性化合物[28]。干燥过程导致醇、醛、酮的含量减少，而 Strecker 降解和美拉德反应产物（吡嗪类、吡咯、3-甲硫基丙醛）的含量增加，与生牛肝菌相比，干燥样品表现出更理想的烘烤和调味料味，而草味和泥土味强度降低[28]。干燥类型主要包括对流干燥和真空干燥，研究表明[29]，70℃和 80℃条件下的对流干燥对关键挥发性化合物的保留率最高，此时牛肝菌具有最强的蘑菇香气。另外，宫雪[30]对比了自然风干、热风烘干、真空干燥、真空冷冻干燥处理的褐环乳牛肝菌各部位的鲜味氨基酸和鲜味核苷酸含量，并发现真空干燥和热风烘干对褐环乳牛肝菌中鲜味物质的保存效果较好。

贮藏方法、烹饪方法等对牛肝菌的风味有显著影响。Liu[31]等研究了 3 种新鲜牛肝菌 4℃冷藏过程中的香气变化，伴随着腐败微生物的繁殖，醇类和酮类化合物下降，醛类和酸类在数量和种类上都表现出明显的增加。Aprea 等[32]报道了干燥牛肝菌在保质期内挥发性化合物的变化，在贮藏期间，醇、醛、酮和单萜烯类化合物呈下降趋势，羧酸、吡嗪、内酯和胺类化合物呈上升趋势。Bernaś 和 Jaworska[33]研究了保鲜方法（冷冻和罐装）对牛肝菌氨基酸的影响，其显著差异主要体现在丙氨酸等 6 种氨基酸的含量上，冷冻牛肝菌的风味通常低于罐头蘑菇。此外，烹饪方法（特别是蒸煮）会影响氨基酸等风味物质的组成和含量，从而影响牛肝菌风味。由于美拉德反应程度不同，大多数氨基酸在蒸煮后趋于减少，而一些氨基酸如苏氨酸和酪氨酸，在处理前未检测到，但由于蛋白质的热分解和转化，在烹饪后可检测到。

酶解法可以提高食用菌风味物质的释放率，且具有效率高、污染小等优点，已经成为食用菌研究的热点之一。张玉玉等[34]对比分析了牛肝菌粉及其酶解液的挥发性风味成分，发现牛肝菌粉中含量最高的为醇类和酯类化合物，包括 1-辛烯-3-醇、异丁酸异戊酯等；酶解液中为醛类和杂环化合物，包括苯甲醛、糠醛等。Zhu 等[35]使用超声辅助酶解法从牛肝菌等食用菌副产物中提取可溶性物质，结果显示，通过两级酶解的食用菌副产物水解物可溶性固形物含量提高了 2.87 倍，鲜味响应值提高了 12.19 倍，风味变化不显著。另外，近年来酶解法等其他技术已被广泛用于蛋白质水解以获得鲜味肽，蛋白酶可以水解多肽以暴露极性氨基酸，从而促进与鲜味受体的结合。Song 等[36]分别从牛肝菌空白样品、酶解样品和高压烹饪样品中鉴定出 421 个、713 个和 616 个肽段，根据鲜味肽的氨基酸组成，共筛选出 27 个肽，并通过分子对接研究，化学合成了 3 种潜在的鲜味肽。

发酵是一种产生鲜味物质的安全且经济有效的方法，能够改善样品风味。牛肝菌是营养物质和生物活性物质的宝贵来源，其发酵产物可直接用于饮料、食品调味料等的生产。Bartkiene 等[37]联合使用热/超声预处理和乳酸菌株发酵了牛肝菌等 4 种食用菌，结果显示，预处理显著影响了食用菌的理化性质，预处理联合发酵处理获得的挥发性化合物种类最多，此时样品具有更令人愉悦的感官属性。雷镇欧等[38]研究了不同发酵温度对牛肝菌豆瓣酱品质的影响，并确定了最佳发酵工艺。另外，牛肝菌属于外生菌根真菌，由于其特殊的营养方式和子实体形成条件的限制，很难实现人工栽培，而液态深层发酵获得的野生食用菌菌丝体，已被证明与子实体营养成分相当，故液态发酵培养将是以后牛肝菌研究的重要方向，在食品、药品及化妆品等工业中具有广阔的应用前景[39]。李一峰等[40]通过响应面优化了牛肝菌菌丝体复合调味料生产工艺，得到了牛肝菌菌丝体复合调味料产品。然而，目前牛肝菌菌丝体多被用于提取可溶性多糖等生物活性物质，对其发酵成味及在食品中应用的研究比较少。

16.2.3　金针菇生物成味实践

金针菇（*Flammulina velutipes*）别名冬菇、朴菇、构菌、毛柄金钱菌等，隶属于担子菌亚门层菌纲伞菌目口蘑科冬菇属。金针菇是一种营养价值丰富的真菌，在世界各地均有种植，在我国栽培历史悠久。近年来，金针菇因味道鲜美、口感极佳而受到消费者的青睐。金针菇含有蛋白质、多种氨基酸、不饱和脂肪酸、粗纤维、维生素、钙、镁、锌、钾等多种营养成分，被世界卫生组织选为最佳食物组中的最佳蔬菜。金针菇能有效增强机体的生命活力，促进新陈代谢，有利于食物中各种营养素的吸收和利用，有利于生长发育。同时，它可以抑制血脂的增加，降低胆固醇，预防高脂血症，从而减少心血管疾病的发生。

金针菇肉质细嫩，香味浓郁，味道鲜美，其风味包括气味和滋味两部分。气味主要由易挥发性风味物质产生，主要是醇类、醛类、酮类、酯类化合物和含硫化合物等，挥发性风味物质种类和含量受食用菌产地、品种、生长部位和发育阶段的影响。王鹤潼等[41]采用顶空-固相微萃取-气相色谱-质谱（HS-SPME-GC-MS）联用技术对金针菇‘川金 3 号’‘川金 11 号’‘川金 54 号’‘L4’和‘L7’5 个品种中的挥发性物质进行鉴定并定量分析，结果表明：5 种金针菇中共检测到 53 种化合物、8 类挥发性物质，其中‘川金 3 号’‘川金 11 号’‘川金 54 号’‘L4’和

‘L7’分别检测出 21 种、29 种、21 种、12 种和 18 种成分，其中，最主要的是醇类、醛类和芳香烃类。

关于金针菇气味方面的研究，张莹[42]通过同时蒸馏萃取法（SDE）提取金针菇中的风味物质，随后利用气相色谱-质谱（GC-MS）技术检测出金针菇中含有 2 种酚类（占总成分 43.14%）、6 种醛类（占总成分 26.24%）、3 种酮类（占总成分 3.37%）、4 种芳香族（占总成分 6.68%）、1 种酯类（占总成分 1.54%）、1 种烃类（占总成分 1.62%）和 15 种杂环化合物，共检测到 32 种挥发性成分。其中挥发性成分相对含量高的有 2,6-二叔丁基对甲酚（39.75%）、苯乙醛（14.46%）、5-甲基呋喃醛（6.88%）、2-甲基苯酚（3.39%）、2,5-二乙基吡嗪（2.52%）。

金针菇滋味的形成主要取决于不易挥发的水溶性成分，包括可溶性糖、呈味氨基酸、呈味核苷酸和有机酸等。可溶性糖除了被看作食用菌药用的有效成分，在食用菌中还是主要产生甜味的呈味物质。其组成种类与含量会对食用菌的滋味和口感产生重要的影响。金针菇中的可溶性糖主要以甘露醇和果糖为主，不同处理方法提取的金针菇中可溶性糖存在着差异，物理辅助提取对金针菇中的可溶性糖溶出都有一定的促进效果，曹世宁[43]对比不同处理方法提取金针菇中的甘露醇，发现超声微波协同提取方法效果最好，含量为 5.751mg/g。

呈味氨基酸是非挥发性风味物质中重要的呈味物质，是使食用菌味道鲜美的重要原因之一。根据呈味效果，将呈味氨基酸分为鲜味氨基酸、甜味氨基酸、苦味氨基酸和无味氨基酸。金针菇中的鲜味氨基酸在整个氨基酸组成中占有较高的比例，因此鲜味是金针菇中氨基酸的主要呈味基调。Wang 等[44]通过对金针菇中氨基酸的测定，发现含量最高的是谷氨酸（Glu）和天冬氨酸（Asp），这两种氨基酸所产生的鲜味形成了食用菌典型滋味的主要特征。来自不同产地的金针菇在呈味氨基酸的组成上存在差异，从而使得各产地金针菇的风味表现各异（表 16.3）。

表 16.3 不同产地金针菇的氨基酸组成含量 （单位：mg/g）

氨基酸种类		产地			
		中国	韩国	巴西	克罗地亚
鲜味氨基酸	天冬氨酸（Asp）	9.550	2.81	—	2.29
	谷氨酸（Glu）	17.440	31.854	9.975	29.98
甜味氨基酸	甘氨酸（Gly）	4.714	6.13	28.482	0.15
	丙氨酸（Ala）	4.535	26.86	7.591	1.95
	苏氨酸（Thr）	4.983	6.41	10.047	5.21
	丝氨酸（Ser）	5.111	6.83	7.686	0.21

续表

氨基酸种类		产地			
		中国	韩国	巴西	克罗地亚
苦味氨基酸	缬氨酸（Val）	4.876	1.76	6.539	1.54
	异亮氨酸（Ile）	3.993	0.37	5.090	0.44
	亮氨酸（Leu）	6.552	0.49	5.404	0.73
	苯丙氨酸（Phe）	4.984	0.19	3.471	0.04
	酪氨酸（Tyr）	2.590	0.99	3.471	0.04
	组氨酸（His）	4.874	2.44	1.456	2.54
	赖氨酸（Lys）	6.473	6.21	30.896	5.68
	精氨酸（Arg）	3.937	1.27	3.880	0.49
	甲硫氨酸（Met）	—	0.06	3.108	0.08
无味氨基酸	半胱氨酸（Cys）	—	6.32	8.760	1.39

食用菌中呈味物质除可溶性糖和氨基酸外，其富含的核苷酸也起到非常重要的作用。食用菌中较为常见的呈味核苷酸有 5′-鸟苷酸（5′-GMP）、5′-肌苷酸（5′-IMP）、5′-黄苷酸（5′-XMP）和 5′-胞苷酸（5′-CMP）等。呈味核苷酸本身不能激活鲜味感受器，但它们可以将谷氨酸引起的鲜味感觉增强 8 倍，与类味精氨基酸的协同作用对食用菌的鲜味特性的贡献远大于类味精氨基酸单独存在时，能够极大地提高蘑菇的鲜味。等效鲜味浓度（EUC）通常用来评价食用菌中氨基酸和 5′-核苷酸协同作用下的鲜味当量，一般来说，EUC 越大，鲜味质量越好。刘芹等[45]通过对比室温及 40℃、50℃、60℃干燥处理的金针菇菇根中 5′-核苷酸的总量，发现 50℃干燥处理的金针菇菇根中 5′-核苷酸的总含量显著高于其他温度处理组（$P<0.05$），且 EUC 最高，这可能与加热干燥过程中天冬氨酸、谷氨酸和 5′-核苷酸含量的增加有关。

食用菌中的有机酸与酚类、酯类和氨基酸的合成，以及芳香物质的代谢过程有着密不可分的关系，不同种类和含量的有机酸在一定程度上影响了食用菌独特风味的形成。Wang 等[44]通过高效液相色谱法（HPLC）分析烘干后的金针菇中有机酸含量最高的是琥珀酸（55.22mg/g），占总有机酸的 70%以上；其次是柠檬酸（35.79mg/g）和苹果酸（28.04mg/g）。琥珀酸可用作食品的保鲜剂，有助于改善酸味和鲜味。

呈气味的非挥发性风味物质和呈滋味的非挥发性风味物质构成了金针菇的整个风味体系。随着食用菌深加工工艺的发展，越来越多的食用菌深加工产品出现在消费者的眼前，如食用菌饮料、食用菌饼干、食用菌面包等。张剑等以新鲜金针菇为原料制备金针菇浆，加入发酵乳、木糖醇及稳定剂，调配金针菇风味乳酸菌饮料，通过单因素及正交试验确定出最优配方为发酵乳与金针菇浆比例 3∶1，稳定剂添加量 1.5%，木糖醇添加量 5%。该条件下制备的金针菇风味乳酸菌饮料呈均匀乳白色，口感顺滑，酸甜适中[46]。林琳等研发出一款金针菇苏打饼干，与传统的苏打饼干相比，金针菇苏打饼干的硬度、弹性、胶黏性及咀嚼性较低，具有独特的色泽和风味，其营养附加值增加[47]。弓志青等研究了金针菇粉添加量对挂面质构和蒸煮特性的影响，得到了具有特殊菇香味、营养价值丰富的金针菇挂面[48]。

16.2.4 双孢蘑菇生物成味实践

双孢蘑菇（*Agaricus bisporus*），又称白蘑菇、洋蘑菇，欧洲各国又将其称为纽扣蘑菇或栽培型蘑菇，是目前世界上消费量最大、产量最高、人工栽培最为广泛的食用菌之一，占全球蘑菇总产量的 15%，因此享有“世界菇”的称号。双孢蘑菇不仅肉质丰厚、脆嫩，而且营养均衡丰富，富含蛋白质、维生素、矿质元素、氨基酸、核苷酸等营养成分。此外，双孢蘑菇还具有抗氧化、抑菌、降低胆固醇的生物学特性和重要的风味特点。

双孢蘑菇中的风味物质主要分为挥发性和非挥发性两类。新鲜双孢蘑菇的主要挥发性成分是八碳化合物，包括 1-辛烯-3-醇、3-辛醇、2-辛烯-1-醇、1-辛醇、2-辛烯醛、3-辛酮等。这些八碳化合物主要是食用菌内部脂氧合酶和氢过氧化物裂解酶催化亚油酸的产物，具有浓郁的蘑菇味。它们在食用菌中含量丰富且识别阈值较低，被认为是食用菌中关键或特征性挥发性物质。研究表明，双孢蘑菇鲜品中八碳化合物含量约占总挥发性风味成分的 85.86%，主要为 1-辛烯-3-醇和 3-辛酮，其含量分别占挥发性风味物质的 56.27%和 15.7%[49]。殷朝敏等[50]通过采用顶空-固相微萃取-气相色谱-质谱（HS-SPME-GC-MS）技术对双孢蘑菇鲜品中挥发性成分进行检测，经进一步挖掘分析，发现双孢蘑菇中有 18 种挥发性化合物，包括 1 种醛类、4 种酮类、3 种醇类、6 种烷烃类、2 种杂环和硫化物、1 种酯类、1 种含氮化合物。双孢蘑菇中丰富的烷烃类物质（十八烷、二十烷、二十四烷、7-己基-二十二烷和二十八烷）也是构成其独特风味的重要原因之一。

滋味通常指舌头所能尝到的口味，如甜味、鲜味。食用菌独特的滋味主要取决于所含有的一些非挥发性呈味物质，如可溶性糖、游离氨基酸、小肽和核酸代谢产物如鸟苷酸、肌苷酸等。大量的糖和多元醇，尤其是甘露醇，会产生一种甜味，而不是典型的蘑菇味道。有研究表明，海藻糖和甘露醇是食用菌中主要的可溶性糖醇，其中甘露醇含量对食用菌产生的甜味有直接影响。双孢蘑菇中含有丰富的呈味氨基酸，利用其不同呈味成分的组成和含量不同，进行分析调配，可制造出不同风味的食用菌调味品。Tsai 等[51]对不同阶段双孢蘑菇中的非挥发性成分进行研究，发现其总游离氨基酸含量为 48.8～64.2mg/g，并将其按味道特征分为 5 类，其中鲜味成分含量为 10.6～13.5mg/g，与甜味成分含量（11.4～14.3mg/g）相近，但低于苦味成分含量（19.7～26.9mg/g）。鲜味成分和甜味成分及总可溶性糖和多元醇的含量在蘑菇中相当高，可能足以抑制和掩盖苦味成分所产生的苦味。除了氨基酸，核苷酸对双孢蘑菇的呈味也有重要作用。双孢蘑菇中所含的大量核苷酸由核酸在特定生物酶的作用下降解而来，为其增添了特有的鲜味。研究表明[52]，双孢蘑菇中核酸总含量为 2.66%，呈味核苷酸主要为 5′-鸟苷酸、5′-尿苷酸和 5′-肌苷酸三种。5′-核苷酸与鲜味氨基酸的协同作用是提高蘑菇鲜味的主要因素。

呈味肽是利用生物技术由氨基酸合成或酶水解后得到的、分子质量为 500～1500Da 的低聚肽。呈味肽不仅可以提供滋味，还可作为挥发性风味物质的前体物质，与糖醇类、脂肪酸等前体物质发生美拉德反应或自身降解，形成挥发性风味物质。Feng 等[53]对双孢蘑菇水提物进行超高效液相色谱串联四极杆飞行时间质谱（UPLC-Q-TOF/MS）分析，得到风味特征强的呈味肽 Gly-His-Gly-Asp，经感官评价发现其含量在 0.28mmol/L 时即可实现增咸和增鲜的特性。因此，我们有望将其应用于调味品生产中，减少盐和味精的添加，以达到相同的咸味和鲜味效果，更符合健康生活和科学用盐的理念。

食用菌独特浓郁的鲜香口感不仅吸引着众多食客，也让人们把目光投向了开发以食用菌为原料的天然调味料这一具有广阔前景的领域。充分了解双孢蘑菇的呈味机制，是后续综合利用双孢蘑菇的重要基础。目前食用菌调味品分为两类，一类是基于食用菌初级加工的，如食用菌磨粉加香辛料制成的调味品，或将食用菌匀浆后添加至酱油等调味品中，制成如猴头菇鸡茸酱[54]、猴头菇蛋黄酱[55]；另一类基于食用菌深加工，如由菌丝体发酵制成的调味汁，或由子实体提取物制成的调味料等[56]。目前利用双孢蘑菇作为原料，能够加工出产品形态各不相同的调味品。例如，季云琪[57]以双孢蘑菇的子实体和菌丝体为原料，通过酶解加工技术将原料中的风味物质进行彻底降解，最终研制出一种液态的双孢蘑菇鲜味剂；郭云霞等[58]利用酶法工艺，加工了一种蘑菇调味汁，具有良好的色泽外观和滋味品质，且该加工技术不会产生有毒的副产物；何俊萍等[59]则将双孢蘑菇加工成软包装调味品。然而，液态调味品由于水分含量高，储存和使用存在一定的局限性。目前双孢蘑菇调味品的加工，多先采用提取工艺，提取后的产物采用造粒加工的方式，或与其他辅料进行复配造粒，加工成品质优异的颗粒调味品[60]，作为一种新型加工产品，来源天然，风味独特，营养价值高，而且分散性、溶解性好，流动性高，易于包装和储存，非常适合现代消费者的日常使用，深受消费者欢迎。

16.3　食用菌中生物成味的影响因素

16.3.1　发酵剂对食用菌生物成味的影响

食用菌含有丰富的蛋白质、人体必需氨基酸、维生素、矿物质和膳食纤维等营养物质。食用菌作为微生物生长的“培养基”，经过微生物作用后，被赋予相应独特的口感和风味，甚至改善风味特性。这一手段成为改善食用菌生物成味的技术方式之一。

发酵是一种古老的食品保鲜加工技术，已有数千年的悠久历史，至今仍在世界各地实践。它是提升食品吸引力和感官特征的有效手段，对食品风味和质地改善尤为重要。多种微生物均可用于食品发酵，如酵母、曲霉及细菌中的乳酸菌和部分杆菌等。利用发酵技术改善食用菌生物成味主要有两种方式：一种方式是微生物与食用菌共同生长，直接对食用菌的生物成味产生影响；另一种是改善培养基营养条件，间接地影响食用菌生物成味。

在松茸的自然生长过程中，酵母等就已经参与了它的气味形成。许多微生物附着在子实体表面并形成复杂的共生微生物群落。例如，白松露中的关键香气化合物——噻吩衍生物，是由附着在子实体上的细菌产生的[61]。

目前已有研究对不同微生物发酵在香菇成味中产生的影响进行了分析[62]。该研究选取了酿酒酵母（*Saccharomyces cerevisiae*）、米曲霉（*Aspergillus oryzae*）、黑曲霉（*Aspergillus niger*）和植物乳杆菌（*Lactobacillus plantarum*）发酵香菇的绒毛和菌柄，通过检测游离氨基酸、风味核苷酸和等效鲜味浓度（EUC）等评估它们对香菇成味的影响。实验表明植物乳杆菌是发酵的最佳物种，可提供最强的鲜味。香菇菌丝体发酵可提高植物蛋白的消化率，并去除一些抗营养物质。

有研究深入探究了植物乳杆菌发酵对香菇鲜味物质的影响[63]。研究通过对鲜味前体物质（有机酸、核苷酸和氨基酸）含量的检测，确定了 11 种重要的鲜味前体物质，分别为 1 种 5′-核苷酸（5′-IMP）、8 种游离氨基酸（His、Gly、Cys、Met、Asp、Phe、Tyr 和 Pro）和 2 种有机酸（富马酸和乳酸）。所有鲜味物质的含量均随发酵时间的增加而提高，且这 11 种化合物囊括了香菇在不同发酵阶段的不同味道特征。

类似的效果也出现在用戊糖乳杆菌（*Lactobacillus pentosus*）发酵平菇上[64]。发酵后的平菇有机酸含量增加，亚硝酸盐含量降低，外观、风味、质构和整体可接受性提升。且由于乳酸菌快速控制了腐败和病原微生物，在最终产品中均未检出肠杆菌科。

杏鲍菇、平菇和金针菇是常见的食用菌品种，也是研究改善培养基条件对风味影响的良好研究对象。在对不同基质中生长的杏鲍菇的感官属性进行分析后发现，大豆壳基质中生长的杏鲍菇的主要感官属性（橡胶味、甜豆味和苦味）、游离氨基酸含量、挥发性化合物含量均受到培养基的影响[65]。分析表明，苯甲醛的含量与甜豆味、苦味和蘑菇味相关，5′-GMP、5′-IMP 的含量与牛肉味相关。类似的效果还发生在玉米干酒糟和玉米芯混合培养的平菇中，这样栽培的平菇比只用玉米芯栽培的风味品质更好[66]。

此外，一些研究还关注了发酵液中香气活性化合物的鉴定和分析。研究者通过对皱皮菌（*Ischnoderma resinosum*）液态发酵液中的香气提取物进行稀释分析，鉴定出 18 种气味活性物质[67]。其中 4-甲氧基苯甲醛（OAV 1639）、3,4-二甲氧基苯甲醛（OAV 51）和苯甲醛（OAV 14）是早期生长阶段重要气味属性茴香、香草和樱桃味对应的气味活性物质，且三者是发酵液中“糖果味”的主要贡献者。其中 4-甲氧基苯甲醛由 L-苯丙氨酸生物转化而来。氨基酸转化为苯甲醛后，首先羟化，然后通过真菌菌株对气味分子甲基化，从而形成 4-甲氧基苯甲醛。

在金针菇培养过程中加入蘑菇发酵液（由金针菇的根和金针菇热烫时的固定水制备）以改善培养基的品质，影响最终金针菇产品的鲜味水平[68]。蘑菇发酵液对蘑菇栽培基质进行了有效的营养补充。加入蘑菇发酵液后，生成的金针菇粗纤维、粗脂肪和可溶性蛋白含量均较未加入的组别更高，营养价值得到提升。并且发酵液的添加使得产品的可溶性蛋白、甜味氨基酸、5′-IMP 含量呈现不同程度的增加，最终使得产品呈现更好的鲜味。

16.3.2　酶制剂对食用菌生物成味的影响

食用菌富含丰富的风味物质，其中成味的组成部分主要是挥发性风味物质和非挥发性风味物质。食用菌的挥发性风味物质有可溶性糖、有机酸、呈味核苷酸和游离氨基酸，而非挥发性风味物质包括含硫化合物和八碳化合物。新鲜食用菌含水量较高，长时间储存易腐败变质，所以需要加工处理。目前，对食用菌多集中于干制处理，但是干制处理会导致食用菌的营养成分损失，如滋味、气味、质地和营养成分等[69]。因此，加入酶制剂进行深加工是保护其风味和营养价值的重要方式。

虽然食用菌细胞中本身具有酶类，但单是自溶达不到制备效果，大多数情况下需要依靠外加酶来实现高提取率，用酶制剂对食用菌进行深加工，不仅可以破坏食用菌细胞壁的致密结构，酶解还会使大分子物质变为小分子物质，有利于去除杂味、改善风味。常见的酶制剂有蛋白酶、复合酶和纤维素酶。蛋白酶可以提升食用菌的口感；复合酶制剂一般情况下可以弥补单一酶制剂的不足，并有协同增效作用；而植物细胞壁含有较多的纤维素，加入纤维素酶水解有利于有效成分的溶解，促进生长。不同酶制剂的作用不同，因此针对某一效果，酶制剂的选择就至关重要。

（1）蛋白酶对食用菌生物成味的影响

目前，对食用菌进行酶解的大多数酶制剂为蛋白酶，蛋白酶包括风味蛋白酶、中性蛋白酶等。由于蛋白酶的种类不同，其水解产物也会产生显著的差异，蛋白酶降解后所得大多数氨基酸具有甜味或苦味，少数几种具有鲜味或酸味，因此不同的游离氨基酸组成造成了食用菌不同的滋味。蛋白酶处理大大丰富了香菇酶解液中的风味成分，香菇的独特香气主要来自挥发性八碳和硫化合物[70]，这些物质经过蛋白酶处理后含量有所提高，而且中性蛋白酶和风味蛋白酶对香菇特征香气物质含量的影响比木瓜蛋白酶更明显。研究表明，通过蛋白酶对双孢蘑菇进行酶解处理会使得其细胞内部的风味物质溶出，且可以将大分子蛋白降解成各种呈味的多肽或氨基酸，使其风味更佳[71]。酶解液还可以通过美拉德反应制备成具有食用菌特有浓郁芳香味的呈味基料，使其味道鲜美适口、醇厚[72]。风味蛋白酶可使双孢蘑菇水解液形成独特的风味和减少水解造成的苦味，其中天冬氨酸和谷氨酸形成鲜味，甘氨酸增加甜味，而且风味蛋白酶对双孢蘑菇的水解较为彻底，其水解液中游离氨基酸总量及呈味氨基酸质量浓度均有所提高。

除此之外，用蛋白酶分步酶解也会对食用菌生物成味产生影响，陈荣荣等[73]用中性蛋白酶和风味蛋白酶分步酶解得到的大球盖菇风味肽苦味降低，鲜味、厚味、甜味及咸味增强，可溶性肽含量得到有效提高。

（2）复合酶对食用菌生物成味的影响

不同酶的联合或协同作用会促进蛋白质的水解和释放，在多酶结合过程中，代谢物会从一种酶优先转移到另一种酶，从而提高酶的效率[74]。例如，金针菇等含有较多纤维素的食用菌，在酶解过程中除了加入蛋白酶还需要加入纤维素酶。研究证明，单独的纤维素酶和蛋白酶对金针菇的酶解效果没有两种酶联合作用的效果好，由复合酶制成的酶解液水解度高，呈味氨基酸含量高[75]，且后续进行的美拉德反应可进一步释放其风味。当风味蛋白酶和中性蛋白酶联合使用时，不仅会使羊肚菌中产生鲜味的游离氨基酸和总氨基酸含量增高，而且所产生的氨基酸会与还原糖发生美拉德反应，仪器分析结果显示经美拉德反应后，羊肚菌酶解液的鲜味和咸味传感器响应强度增大，苦涩味、氨、胺类化合物和硫化氢等不良挥发性风味传感器响应强度降低，同时具有更为丰富的香气轮廓和颜色特性[76]。

近年来，不少学者利用酶解技术对蘑菇、香菇等食用菌进行深加工，发现酶解后大量疏水氨基酸的肽会导致苦味。羊肚菌经过酶解产生的5-单磷酸腺苷可以赋予其甜味[77]，而多种酶复合作用可以使较多的非挥发性物质释放到水中，提高了5-单磷酸腺苷的含量，在一定程度上抑制了苦味。复合酶处理香菇后的酶解产物中游离氨基酸和特征香气成分的组成、含量均显著增加，游离氨基酸是决定酶水解产物风味的重要成分，它们可以赋予酶水解物特定的味道。李延年[78]通过优化风味蛋白酶与5′-磷酸二酯酶复合的最佳酶解条件，最终得到的酶解液具有较强的菌菇特征风味和鲜味，几乎无苦涩和刺激性味道。总的来说，复合酶解后获得的食用菌水解产物含有较多的游离氨基酸、肽和5-单磷酸腺苷，整体风味特性最佳。在此基础上，可以开发出高鲜味、低苦味的风味产品。

（3）纤维素酶对食用菌生物成味的影响

除以上两种酶制剂外，纤维素酶的使用既可以改善香菇的口感和组织形态，也具有增香的作用，王安建等[79]利用纤维素酶对香菇副产品香菇柄进行处理，最终发现纤维素酶可以有效改善香菇柄的口感嚼劲和组织形态。吴关威等[80]以香菇柄中呈味核苷酸的提取得率为指标，通过优化提取工艺，得知纤维素酶提取法可使所得香菇柄中呈味核苷酸的提取得率达 3.28%。如今，对食用菌进行深加工，开发食用菌中的有效成分已成为市场竞争的焦点，遗憾的是，多数研究停留在实验室水平，并没有形成较为系统的应用体系。

16.3.3　加工条件对食用菌生物成味的影响

食用菌加工的主要形式包括干燥、保鲜储藏、调料浸制、罐制、精制酿造五大类。干燥过程中风味的形成一般分为以下几类：①氨基化合物与羧基化合物发生美拉德反应产生的新风味；②酶促反应产生的风味；③热降解产生的风味。此外，蛋白质水解和 Strecker 降解产生的一些具有风味的游离氨基酸也可能是食用菌在干燥过程中具有独特风味和香气的原因。不同的干燥方法，由于干燥时间、温度、氧气等干燥条件不同，会影响食用菌的挥发性成分。干燥过程会显著影响鲜味和挥发性风味成分的形成，甚至在干燥后形成的一些鲜味和风味成分也会受到影响。

热风干燥是最常用的干燥方法，具有节能、操作简单的优点，热风干燥被广泛应用于蘑菇干燥中，如松茸、杏鲍菇、香菇和牛肝菌等。美拉德反应、脂质的氧化和降解、氧化脂质与氨基酸或蛋白质的相互作用及长链化合物的降解已被证明是热干燥过程中挥发性化合物产生的原因。食用菌经过热风干燥处理后，呋喃、萘、吡嗪等物质的含量增加，如 2-戊基呋喃、1-甲基萘、2-乙烯基萘、2,3-二甲基萘等[81,82]，研究香菇在不同风干温度下的挥发性风味成分发现，随着干燥温度的升高，挥发性风味物质种类增多，硫化合物含量增加，美拉德反应会提高碳氢化合物、杂环化合物和芳香族物质的含量[83]。

微波干燥将高频电磁能转化为热能，在食品内部产生蒸汽，然后通过内部压力梯度扩散。微波干燥与传统的干燥方法不同，微波干燥的热传导方向与水分扩散方向相同，从而达到干燥的目的。微波干燥是一种高效、穿透力强、操作时间短、可控性和灭菌性高，适用于热敏性、易氧化食用菌的干燥方法。微波干燥香菇中，1-辛烯-3-醇和 3-辛酮是主要挥发性物质[69]，1-辛烯-3-醇是具有强烈甜味和泥土气味的蘑菇醇，3-辛酮呈现出蘑菇的味道，带有甜味、果味、泥土味、奶酪香气；由于微波干燥过程中蛋白质和氨基酸的降解，在微波干燥香菇中发现了大量含氮化合物。微波干燥杏鲍菇中谷氨酸（Glu）、丙氨酸（Ala）、苯丙氨酸（Phe）

和赖氨酸（Lys）的含量较高，但总游离氨基酸含量下降[84]，其原因是：Strecker 降解和美拉德反应[85]。干燥后香菇中挥发性硫化合物的相对含量有所增加，尤其是 1,2,4-三硫戊环。

冷冻真空干燥通过将新鲜物料冷冻，然后将物料的水分直接从固态升华到气态，可以保留食品的原始结构，最大限度地保留食品的色泽和营养。加热促进干燥过程中苯甲酸的降解，由于苯甲醛是苯甲酸的热降解产物，因此苯甲醛的含量会增加。在干燥后期，1,2,3-甲苯、苯并噻唑、丁基羟基甲苯等醛类在美拉德反应中被 Strecker 降解缩合，形成杂环化合物[86]。这些杂环化合物对冷冻真空干燥蘑菇烧烤和烘烤气味风味的形成做出了很大贡献。

微波真空干燥兼具微波干燥和真空干燥的优点，与微波干燥相比，可提高干燥速率，提供更低的温度和均匀的加热。微波真空干燥后，杏鲍菇中苯甲醛、己醛、2,3-辛二酮、1-辛烯-3-酮、丙酮等醛酮类化合物的含量和种类有所增加[69]。

保鲜储藏也是一种加工方式，储藏的目的是保持鲜品生命，延长商品货架期。保鲜储藏分为低温冷藏保鲜、气调保鲜、真空保鲜、辐射保鲜、物理化学保鲜等不同方法。

低温可以有效抑制蘑菇的生理生化过程，降低酶的活性及细胞代谢速率，抑制微生物活动，保持双孢蘑菇的采后品质。有学者通过检测草菇在 4℃[75% RH（相对湿度）]、15℃（75% RH、85% RH、95% RH）贮藏条件下的酸类物质，发现在 15℃（85% RH、95% RH）条件下，在整个贮藏期间都未曾检测出酸类物质，而 4℃与 15℃（75% RH）在贮藏末期均检测出不同含量的酸类物质，推测 15℃（85% RH、95% RH）条件下草菇的保鲜效果较好[87]。

气调保鲜是通过改变贮藏环境中的气体成分，通常是增加 CO_2 浓度、降低 O_2 浓度及根据需求调节其气体成分浓度来贮藏产品的一种方法。研究气调保鲜对兰茂牛肝菌呈味物质的影响发现，与恒温恒湿组相比，在第 7 天，实验组（气调箱，6% O_2 + 10% CO_2）可溶性糖总量是对照组的 2.18 倍，游离氨基酸总量是对照组的 78.8%，在 13d 时，呈味核苷酸峰值出现，比对照组延迟 6d，使兰茂牛肝菌的呈味物质保持得更长久[88]。

辐照保鲜主要利用高能辐射在食品中产生—H、—OH 等活性自由基。这些自由基与核物质相互作用，杀灭病原微生物、寄生虫等，抑制食品中的某些代谢反应和生物活性，延缓组织结构的恶化，维持感官和营养特性，从而延长食品的货架期。研究表明，1kGy 辐照增加了新鲜香菇的八碳挥发性成分，而 2kGy 和 3kGy 辐照新鲜香菇产生了一些新的挥发性化合物，如甲基乙基二硫化物和亚磺酰双甲烷。然而，八碳化合物在干燥后大多消失。值得注意的是，双孢蘑菇干的 γ 射线辐照（5kGy）使总挥发性化合物降低了 50%以上，在感官评价中，辐照和未辐照样品之间没有风味差异[89]。

调料浸制加工是我国加工蔬菜的一种传统方式，也适用于食用菌加工，它包括盐渍、糖渍、酱渍、糟渍、醋渍加工。以盐、糖、酱、酒糟、食醋等为腌料，利用其渍水的高渗透压来抑制微生物活动，避免食用菌在储藏期因为微生物活动而腐败。其中，盐渍加工是食用菌加工中广泛采用的方法，双孢菇、草菇、金针菇、大球盖菇、猴头菇、杏鲍菇、白灵菇，以及平菇、凤尾菇、鲍鱼菇等均适用。不同的腌渍方法和腌渍液腌渍出的产品风味不同。

用食用菌所加工的罐头，绝大部分为清水罐头，近年来研发了即食罐头，诸如银耳莲枣罐头、香菇肉酱罐头、白灵菇美味即食罐头等。罐头的风味受辅料的种类和添加量的影响，找到合适的辅料添加量才能使罐头的风味最佳。冯嫣[90]以杏鲍菇为主要原料，以豆瓣酱、五香粉等辅料，研究五香味杏鲍菇酱罐头的最佳加工工艺，以豆瓣酱添加量、五香粉添加量和白砂糖添加量为单因素，通过单因素试验和响应面法优化出最优配方，确定制作五香味杏鲍菇酱罐头的最佳工艺参数：豆瓣酱添加量为 16%，五香粉添加量为 5%，白砂糖添加量为 3%时，制作的罐头口感较好，制作的五香味杏鲍菇酱罐头质嫩爽口，稠度适中，色、香、味俱全。

食用菌酿制加工属于深加工范围，它包括食用菌增味剂、菇酒类、菇味火锅料、菇类蜜饯、膨化食品、菇类肉松、菇类面条、糕点，食用菌酿制加工方式不同，风味各异。有学者研究蘑菇提取物的感官风味特征并鉴定了鲜味化合物，且发现在低盐浓度的条件下有助于增强汤的咸味和鲜味，其可作为天然增味剂开发低盐食品[91]。

16.4　食用菌中生物成味的发展趋势

16.4.1　新型加工技术在食用菌生物成味上应用的趋势

发酵是食用菌生物成味的重要手段之一。与未发酵食用菌相比，发酵后的食用菌往往鲜味氨基酸和核苷酸的含量更高，感官属性更好。发酵一般而言是直接将菌种接入培养基，对食用菌的生物成味进行改善。较为常用的发酵途径为乳酸发酵。例如，利用植物乳杆菌发酵香菇，使其获得更优的鲜味特性[63]。

发酵过程包括清洗→分选→切割→漂烫→发酵。清洗一般采用冷水直接冲洗，但清洗后食用菌内部多酚类物质易流出，并氧化变色，使食用菌外观品质降低[92]。为达到更好的效果，可使用复配护色溶液，防止食用菌在后续加工过程中变色。

漂烫步骤可以使多酚氧化酶失活并部分破坏微生物群落。但热水和微波热烫均使食用菌中总有机酸含量下降[93]。且由于热水漂烫后有机酸更易脱羧，因此此现象在热水漂白中最为明显。现有研究使用非热加工技术或低温加工改进此加工过程。采用超声波低温短时漂烫银耳，可提升产品整体感官评分[94]。另外，欧姆加热技术也被认为是一种富有前景的加工技术。使用欧姆加热较短时间处理双孢蘑菇有利于酶的灭活，褐变程度低，同时略微保留蘑菇的物理化学性质[95]。

在发酵过程中，发酵菌种的选择对产物价值具有重要影响。除可被用于发酵的各类乳酸菌（气球菌科、肉杆菌科、肠球菌科、乳酸杆菌科和链球菌科）外，酵母、曲霉菌也被用于食用菌发酵中[62,96]。混合菌株发酵能赋予食用菌更丰富的风味。可应用于食用菌发酵的菌种必须具有以下条件[97]：①开发的商业菌种需有高发酵性能且价格实惠；②可以通过抑制病原体和去除有毒化合物来降低食品安全问题发生概率；③提高食用菌营养价值（如增加微量营养素、去除抗营养素）；④改善感官质量，如提升产品鲜味；⑤发酵工艺简单，产品价格实惠。

除自然筛选优良菌株外，一些新兴分子生物学方法也可以被应用于食用菌生物成味加工中。通过对现有发酵菌种的研究，鉴定“风味基因”并构建更合适的表型，从而实现定向风味增强。使用分子生物学方法（基因测序和基因工程等）获悉 L-苯丙氨酸的转化途径后，将相关酶的基因转入大肠杆菌，获得了工程化的大肠杆菌。工程化的大肠杆菌可将大部分苯丙氨酸转化为 2-苯乙醇和 2-苯乙酸乙酯，从而实现香气的定向生产[98]。目前类似技术在食用菌生物成味的加工中应用前景广阔。

酶解作为另一种食用菌生物成味加工技术被广泛应用。研究者使用酶辅助提取方法，从香菇、牡蛎、茶树、白蘑菇、棕蘑菇、双孢蘑菇等 6 种不同蘑菇中提取鲜味氨基酸，并发现 β-葡聚糖酶-风味蛋白酶的组合产生的鲜味氨基酸最多[99]。另一研究以羊肚菌子实体的废弃物为研究对象，提取鲜味和咸味相关风味化合物[74]。此研究通过中性蛋白酶-风味蛋白酶的最佳组合，得到了一种高鲜味、低苦味的新型调味剂。

至今，从食用菌蛋白质中利用酶解反应释放特定的风味氨基酸或肽仍然是一个挑战。已有研究人员将合成肽的相关基因采用基因工程手段构建重组大肠杆菌表达载体，生成目标肽[100]，并用此方法验证该目标肽是否具有鲜味。如果基因工程手段得到的重组细胞可以实现目标产物的高产量生成，那么未来这一方法会成为获得含特定序列的纯品肽的有效途径。

由于热反应是生产风味化合物的重要途径，原料的发酵或酶处理与热诱导食品工艺（如干燥、挤压、烘烤）相结合是未来食用菌生物成味加工的大趋势。例如，原料预处理后生成的游离含硫氨基酸可以与醛发生美拉德反应生成 2-呋喃硫醇，具有咖啡味和烘烤香味。此外，半胱氨酸的热或酶脱羧也会产生令人愉悦的气味活性物质。半胱胺是 2-(1-羟乙基)-4,5-二氢噻唑(HDT)的前体，它与 L-乳酸乙酯和 D-葡萄糖在酵母的发酵作用下，形成具有面包和爆米花气味属性的化合物[101]。

食用菌生物成味技术处于不断发展和创新中，新型加工技术的应用为食用菌产业带来了新的机遇和挑战。未来，随着技术的进步和应用范围的拓展，食用菌生物成味技术将更加成熟和完善，为食用菌产业的可持续发展提供有力支持。

16.4.2　食用菌生物成味应用领域的发展趋势

（1）食用菌生物成味在植物基食品中的应用

植物基肉制品作为肉类替代品，已成为近年来食品产业的研究热点。由于存在豆腥味突出、缺乏特征肉香等问题，目前植物基肉制品尚难以满足消费者的需求[102]。植物肉能否模拟真实的肉香，是提高消费者接受度的关键驱动力，也是提升产品品质的关键。蛋白质降解产物在肉味前体的形成中起着至关重要的作用，常被添加到美拉德反应体系中以产生肉味[103]。为满足植物基肉制品的发展需求，以非肉源蛋白为原料制造理想的肉味基料成为肉味香精及替代肉制品行业亟须解决的课题。食用菌营养丰富、风味独特，具有较高的蛋白质含量。食用菌蛋白质通过酶解可释放大量的多肽和游离氨基酸，是制备肉味基料前体物的理想原料。食用菌生物成味提出了提升植物基食品品质的新策略，为该领域的研究提供了技术参考。

（2）食用菌生物成味在食品减盐方面的应用

咸味作为人类不可或缺的基本味之一，是人类感知食物风味的重要基础，但长时间食用盐过度摄入会引发高血压等心血管疾病。在《“健康中国 2030”规划纲要》的倡导下，人们不断探索和研发不同种类的食盐替代产品，如非钠盐、咸味肽、咸味增强肽及风味改良剂等。非钠盐是指与食用盐性质相似，可以呈现咸味的金属盐类，但其只能降低食品中部分钠含量，在食品中的应用受到限制。风味改良剂可以弥补减盐导致的咸味下降，但需要与其他代盐剂结合使用[104]。咸味肽是一种较为理想的食盐代替物，不仅能够满足人类对口味的需求，还可补充人体所需氨基酸，可以真正做到“减盐不减咸”。

咸味肽是指通过酶解等工序对富含蛋白质的原料进行提取，由氨基酸组成的、呈咸味的活性多肽。食用菌中蛋白质含量丰富，以其为原料通过酶解制备咸味肽可应用于食品减盐领域，具有安全性高、应用范围广等优点，是一种极具潜力的食源性活性肽[105]，为进一步促进植物源咸味肽的深入研究和食品研发提供理论依据与参考。

参 考 文 献

[1] AISALA H, SOLA J, HOPIA A, et al. Odor-contributing volatile compounds of wild edible

Nordic mushrooms analyzed with HS-SPME-GC-MS and HS-SPME-GC-O/FID. Food Chemistry, 2019, 283: 566-578

[2] 闫素君, 谢惜媚, 林素贞, 等. 西藏产双孢菇(*Agaricus bisporus*)挥发性呈香成分初探. 中山大学学报(自然科学版), 2015, 54(1): 70-73, 8

[3] HOU H, LIU C, LU X, et al. Characterization of flavor frame in shiitake mushrooms (*Lentinula edodes*) detected by HS-GC-IMS coupled with electronic tongue and sensory analysis: Influence of drying techniques. LWT-Food Science and Technology, 2021, 146: 111402

[4] ZHUANG J, XIAO Q, FENG T, et al. Comparative flavor profile analysis of four different varieties of *Boletus* mushrooms by instrumental and sensory techniques. Food Research International, 2020, 136: 109485

[5] XUN W, WANG G, ZHANG Y, et al. Analysis of flavor-related compounds in four edible wild mushroom soups. Microchemical Journal, 2020, 159: 105548

[6] WANG L, ZHOU Y, WANG Y, et al. Changes in cell wall metabolism and flavor qualities of mushrooms (*Agaricus bernardii*) under EMAP treatments during storage. Food Packaging and Shelf Life, 2021, 29: 100732

[7] LI B, LIU C, FANG D, et al. Effect of boiling time on the contents of flavor and taste in *Lentinus edodes*. Flavour and Fragrance Journal, 2019, 34(6): 506-513

[8] SPLIVALLO R, EBELER S E. Sulfur volatiles of microbial origin are key contributors to human-sensed truffle aroma. Appl Microbiol Biotechnol, 2015, 99(6): 2583-2592

[9] INGLIS T J, HAHNE D R, MERRITT A J, et al. Volatile-sulfur-compound profile distinguishes *Burkholderia pseudomallei* from *Burkholderia thailandensis*. J Clin Microbiol, 2015, 53(3): 1009-1011

[10] ZHANG Y, VENKITASAMY C, PAN Z, et al. Recent developments on umami ingredients of edible mushrooms—A review. Trends in Food Science & Technology, 2013, 33(2): 78-92

[11] MAU J, LIN H, MA J, et al. Non-volatile taste components of several speciality mushrooms. Food Chemistry, 2001, 73(4): 461-466

[12] YANG J, LIN H, MAU J. Non-volatile taste components of several commercial mushrooms. Food Chemistry, 2001, 72(4): 465-471

[13] PHAT C, MOON B, LEE C. Evaluation of umami taste in mushroom extracts by chemical analysis, sensory evaluation, and an electronic tongue system. Food Chemistry, 2016, 192: 1068-1077

[14] SCHMIDBERGER P, SCHIEBERLE P. Changes in the key aroma compounds of raw shiitake mushrooms (*Lentinula edodes*) induced by pan-frying as well as by rehydration of dry mushrooms. Journal of Agricultural and Food Chemistry, 2020, 68(15): 4493-4506

[15] MA Y, YAO J, ZHOU L, et al. Characterization and discrimination of volatile organic compounds and lipid profiles of truffles under different treatments by UHPLC-QE Orbitrap/MS/ MS and P&T-GC-MS. Food Chemistry, 2023, 410: 135432

[16] WANG S, LIN S, DU H, et al. An insight by molecular sensory science approaches to contributions and variations of the key odorants in shiitake mushrooms. Foods, 2021, 10(3): 622

[17] LU X, HOU H, FANG D, et al. Identification and characterization of volatile compounds in

Lentinula edodes during vacuum freeze-drying. Journal of Food Biochemistry, 2022, 46(6): e13814

[18] YANG N, ZHANG S, ZHOU P, et al. Analysis of volatile flavor substances in the enzymatic hydrolysate of *Lanmaoa asiatica* mushroom and its Maillard reaction products based on E-nose and GC-IMS. Foods, 2022, 11(24): 4056

[19] TIETEL Z, MASAPHY S. Aroma-volatile profile of black morel (*Morchella importuna*) grown in Israel. Journal of the Science of Food and Agriculture, 2018, 98(1): 346-353

[20] GAO F, XIE W, ZHANG H, et al. Variations of quality and volatile components of morels (*Morchella sextelata*) during storage. Journal of Plant Physiology, 2023, 290: 154094

[21] NINA R, ANDREAS D, THOMAS H. Quantitative studies, taste reconstitution, and omission experiments on the key taste compounds in morel mushrooms (*Morchella deliciosa* Fr.). Journal of Agricultural and Food Chemistry, 2006, 54(7): 2705-2711

[22] LI X, ZHANG Y, HENGCHAO E, et al. Characteristic fingerprints and comparison of volatile flavor compounds in *Morchella sextelata* under different drying methods. Food Research International, 2023, 172: 113103

[23] GE S, CHEN Y, DING S, et al. Changes in volatile flavor compounds of peppers during hot air drying process based on headspace-gas chromatography-ion mobility spectrometry (HS-GC-IMS). Journal of the Science of Food and Agriculture, 2020, 100(7): 3087-3098

[24] FU R, WANG J, GUO Y, et al. Effects of simmering time, salt and sugar addition on the flavour and nutrient release of *Morchella* soup. Flavour and Fragrance Journal, 2023, 38(3): 168-182

[25] 高娟, 杜佳馨, 吴限, 等. 羊肚菌酶解液制备美拉德反应肉味调味基料. 食品科学, 2020, 41(24): 242-250

[26] CHAO K, QI T, WAN Q, et al. Insights into the flavor differentiation between two wild edible *Boletus* species through metabolomic and transcriptomic analyses. Foods, 2023, 12(14): 2728

[27] TAN Y, ZENG N, XU B. Chemical profiles and health-promoting effects of porcini mushroom (*Boletus edulis*): A narrative review. Food Chemistry, 2022, 390: 133199

[28] ZHANG H, HUANG D, PU D, et al. Multivariate relationships among sensory attributes and volatile components in commercial dry porcini mushrooms (*Boletus edulis*). Food Research International, 2020, 133: 109112

[29] NOFER J, LECH K, FIGIEL A, et al. The influence of drying method on volatile composition and sensory profile of *Boletus edulis*. Journal of Food Quality, 2018, 2018: 2158482

[30] 宫雪. 不同干燥方式褐环乳牛肝菌风味成分分析及电子舌感官评价. 沈阳: 沈阳农业大学, 2018

[31] LIU Y, BRENNAN C, JIANG K, et al. Quality and microbial community changes in three kinds of *Boletus* wild mushroom during cold storage. Postharvest Biology and Technology, 2023, 206: 112585

[32] APREA E, ROMANO A, BETTA E, et al. Volatile compound changes during shelf life of dried *Boletus edulis*: comparison between SPME-GC-MS and PTR-ToF-MS analysis. Journal of Mass Spectrometry, 2015, 50(1): 56-64

[33] BERNAŚ E, JAWORSKA G. Effect of preservation method on amino acid content in selected

species of edible mushroom. LWT-Food Science and Technology, 2012, 48(2): 242-247

[34] 张玉玉, 陈怡颖, 孙颖, 等. 牛肝菌及其酶解液挥发性风味成分的对比分析. 中国食品学报, 2016, 16(11): 233-239

[35] ZHU Y, ZHANG M, LAW C, et al. Optimization of ultrasonic-assisted enzymatic hydrolysis to extract soluble substances from edible fungi by-products. Food and Bioprocess Technology, 2023, 16(1): 167-184

[36] SONG S, ZHUANG J, MA C, et al. Identification of novel umami peptides from *Boletus edulis* and its mechanism via sensory analysis and molecular simulation approaches. Food Chemistry, 2023, 398: 133835

[37] BARTKIENE E, ZOKAITYTE E, STARKUTE V, et al. Biopreservation of wild edible mushrooms (*Boletus edulis*, *Cantharellus*, and *Rozites caperata*) with lactic acid bacteria possessing antimicrobial properties. Foods, 2022, 11(12): 1800

[38] 雷镇欧, 陈水科, 李想. 不同发酵温度对牛肝菌豆瓣酱品质变化研究. 中国调味品, 2019, 44(5): 101-103, 110

[39] 刘芳, 李平, 刘博. 乳牛肝菌液态发酵生长条件的优化. 生物学杂志, 2010, 27(1): 5-8

[40] 李一丰, 刘丹, 尹显峰. 响应面优化牛肝菌菌丝体复合调味料生产工艺. 食品工业, 2016, 37(1): 167-170

[41] 王鹤潼, 潘泓杉, 王朝, 等. 不同品种金针菇特征挥发性物质的差异分析. 食品科学, 2021, 42(2): 193-199

[42] 张莹. 几种食用菌风味物质的研究. 合肥: 安徽农业大学, 2012

[43] 曹世宁. 香菇、金针菇呈味物质提取工艺及呈味特性的研究. 泰安: 山东农业大学, 2016

[44] WANG J, JIANG S, MIAO S, et al. Effects of drying on the quality characteristics and release of umami substances of *Flammulina velutipes*. Food Bioscience, 2023, 51: 102338

[45] 刘芹, 胡素娟, 崔筱, 等. 不同干燥温度对金针菇菇根挥发性特征和口感特性的影响. 食品科学, 2023, 44(7): 104-113

[46] 张剑, 李淑雪, 崔文甲, 等. 金针菇风味乳酸菌饮料的制备及品质分析. 中国果菜, 2023, 43(1): 49-54, 79

[47] 林琳, 邵馨漫, 刘蒲蘋, 等. 金针菇苏打饼干的制作工艺研究及质构分析. 保鲜与加工, 2023, 23(1): 47-51

[48] 弓志青, 王文亮, 崔文甲. 金针菇粉添加量对挂面品质特性的影响. 山东农业科学, 2019, 51(7): 126-129

[49] 裴斐. 双孢蘑菇冷冻干燥联合微波真空干燥传质动力学及干燥过程中风味成分变化研究. 南京: 南京农业大学, 2016

[50] 殷朝敏, 范秀芝, 史德芳, 等. HS-SPME-GC-MS 结合 HPLC 分析 5 种食用菌鲜品中的风味成分. 食品工业科技, 2019, 40(3): 254-260

[51] TSAI S, WU T, HUANG S, et al. Nonvolatile taste components of *Agaricus bisporus* harvested at different stages of maturity. Food Chemistry, 2007, 103(4): 1457-1464

[52] 曹世宁, 陈相艳, 崔文甲, 等. 食用菌中呈味物质的研究进展. 食品工业, 2016, 37(3): 231-234

[53] FENG T, WU Y, ZHANG Z, et al. Purification, identification, and sensory evaluation of kokumi

peptides from *Agaricus bisporus* mushroom. Foods, 2019, 8(2): 43

[54] 郭晓强, 王卫, 徐光域, 等. 猴头菇鸡茸酱的研制开发. 成都大学学报(自然科学版), 2002, (3): 36-39

[55] 王卫, 郭晓强. 猴头菇蛋黄酱加工技术. 食用菌, 2002, 24(5): 37

[56] 赵航, 单程程, 刘超. 液体发酵产羊肚菌食用菌酱的制作工艺研究. 中国调味品, 2016, 41(5): 81-85

[57] 季云琪. 双孢蘑菇鲜味剂的提取研究. 济南: 山东轻工业学院, 2013

[58] 郭云霞, 秦俊哲, 陈均志, 等. 酶法研制蘑菇调味汁工艺的研究. 陕西科技大学学报(自然科学版), 2011, 29(1): 54-57

[59] 何俊萍, 李建中, 苑社强, 等. 双孢菇软包装调味产品的研制开发. 河北农业大学学报, 2002, 25(4): 87-90

[60] 常诗洁. 双孢蘑菇调味品加工技术及品质特性研究. 南京: 南京农业大学, 2022

[61] HOU Z, XIA R, LI Y, et al. Key components, formation pathways, affecting factors, and emerging analytical strategies for edible mushrooms aroma: A review. Food Chemistry, 2023, 438: 137993

[62] CHEN Z, GAO H, WU W, et al. Effects of fermentation with different microbial species on the umami taste of shiitake mushroom (*Lentinus edodes*). LWT-Food Science and Technology, 2021, 141(1): 110889

[63] CHEN Z, FANG X, WU W, et al. Effects of fermentation with *Lactiplantibacillus plantarum* GDM1.191 on the umami compounds in shiitake mushrooms (*Lentinus edodes*). Food Chemistry, 2021, 364: 130398

[64] LIU Y, XIE X, IBRAHIM S, et al. Characterization of *Lactobacillus pentosus* as a starter culture for the fermentation of edible oyster mushrooms (*Pleurotus* spp.). LWT-Food Science and Technology, 2016, 68: 21-26

[65] LIU J, VIJAYAKUMAR C, Hall C A I, et al. Sensory and chemical analyses of oyster mushrooms (*Pleurotus sajor-caju*) harvested from different substrates. Journal of Food Science, 2005, 70(9): S586-S592

[66] ZHOU T, HU W, YANG Z, et al. Study on nutrients, non-volatile compounds, volatile compounds and antioxidant capacity of oyster mushroom cultivated with corn distillers' grains. LWT-Food Science and Technology, 2023, 183: 114967

[67] WICKRAMASINGHE P, MUNAFO J. Key odorants from the fermentation broth of the edible mushroom *Ischnoderma resinosum*. Journal of Agricultural and Food Chemistry, 2019, 67(7): 2036-2042

[68] WANG Z, BAO X, XIA R, et al. Effect of mushroom root fermentation broth on the umami taste and nutrients of *Flammulina velutipes*. Journal of Future Foods, 2023, 3(1): 67-74

[69] TIAN Y, ZHAO Y, HUANG J, et al. Effects of different drying methods on the product quality and volatile compounds of whole shiitake mushrooms. Food Chemistry, 2016, 197: 714-722

[70] LI W, CHEN W, WANG J, et al. Effects of enzymatic reaction on the generation of key aroma volatiles in shiitake mushroom at different cultivation substrates. Food Science & Nutrition, 2021, 9(4): 2247-2256

[71] 常诗洁, 高娟, 方东路, 等. 4 种蛋白酶水解双孢蘑菇效果比较及风味蛋白酶水解工艺优化. 食品科学, 2018, 39(24): 276-283

[72] 赵立娜, 陈紫红, 于志颖, 等. 利用双孢蘑菇蛋白酶解液制备呈味基料的研究. 食品研究与开发, 2017, 38(23): 77-81

[73] 陈荣荣, 李文, 吴迪, 等. 分步酶解制备大球盖菇风味肽的工艺研究. 福州, 2023: 第十二届药用真菌学术研讨会

[74] GAO J, FANG D, MUINDE KIMATU B, et al. Analysis of umami taste substances of morel mushroom (*Morchella sextelata*) hydrolysates derived from different enzymatic systems. Food Chemistry, 2021, 362: 130192

[75] TANG Q, LIU X, CHEN Z, et al. Enzymolysis technology of *Flammulina velutipe* and flavor component analysis from Maillard reaction. Journal of Chinese Institute of Food Science and Technology, 2016, 16(2): 91-97

[76] JUAN G, JIAXIN D, XIAN W, et al. Preparation of meaty flavoring base from enzymatic hydrolysate of morel mushroom by Maillard reaction. Food Science, China, 2020, 41(24): 242-250

[77] MAU J. The umami taste of edible and medicinal mushrooms. International Journal of Medicinal Mushrooms, 2005, 7(1-2): 119-126

[78] 李延年. 香菇复配草菇酶解呈味物质的研究与产品开发. 泰安: 山东农业大学, 2021

[79] 王安建, 李顺峰, 张丽华, 等. 香菇柄多酚负压提取、纯化及体外活性评价. 中国食品添加剂, 2023, 34(12): 51-58

[80] 吴关威, 李敏, 刘吟, 等. 纤维素酶法提取香菇柄中呈味核苷酸工艺研究. 中国调味品, 2010, 35(12): 41-43, 59

[81] YANG W, YU J, PEI F, et al. Effect of hot air drying on volatile compounds of *Flammulina velutipes* detected by HS-SPME-GC-MS and electronic nose. Food Chemistry, 2016, 196: 860-866

[82] XIAO L, LEE J, ZHANG G, et al. HS-SPME GC/MS characterization of volatiles in raw and dry-roasted almonds (*Prunus dulcis*). Food Chemistry, 2014, 151: 31-39

[83] GUOWAN S, LIN Z, CHUN C, et al. Characterization of antioxidant activity and volatile compounds of Maillard reaction products derived from different peptide fractions of peanut hydrolysate. Food Research International, 2011, 44(10): 3250-3258

[84] YANG R, LI Q, HU Q. Physicochemical properties, microstructures, nutritional components, and free amino acids of *Pleurotus eryngii* as affected by different drying methods. Scientific Reports, 2020, 10(1): 121

[85] KEBEDE B, GRAUWET T, PALMERS S, et al. Effect of high pressure high temperature processing on the volatile fraction of differently coloured carrots. Food Chemistry, 2014, 153: 340-352

[86] MISHARINA T, MUHUTDINOVA S, ZHARIKOVA G, et al. Formation of flavor of dry champignons (*Agaricus bisporus* L.). Applied Biochemistry and Microbiology, 2010, 46(1): 108-113

[87] 邵泽雨, 李文, 钱礼顺, 等. 生长阶段和保鲜条件对草菇风味的影响. 食品科技, 2022,

47(5): 56-61

[88] 孙达锋，胡小松，张沙沙．气调贮藏对兰茂牛肝菌呈味物质的影响．食用菌学报，2021, 28(6): 150-158

[89] SOMMER I, SCHWARTZ H, SOLAR S, et al. Effect of gamma-irradiation on flavour 5′-nucleotides, tyrosine, and phenylalanine in mushrooms (*Agaricus bisporus*). Food Chemistry, 2010, 123(1): 171-174

[90] 冯嫣．五香味杏鲍菇酱罐头加工工艺研究．中国调味品, 2022, 47(2): 117-121

[91] TANWARAT L, SUNTAREE S, SARISUK S, et al. Sensory flavor profile of split gill mushroom (*Schizophyllum commune*) extract and its enhancement effect on taste perception in salt solution and seasoned clear soup. Foods, 2023, 12(20): 3745

[92] CHOI S, SAPERS G. Effects of washing on polyphenols and polyphenol oxidase in commercial mushrooms (*Agaricus bisporus*). Journal of Agricultural and Food Chemistry, 1994, 42(10): 2286-2290

[93] LI B, KIMATU B, PEI F, et al. Non-volatile flavour components in *Lentinus edodes* after hot water blanching and microwave blanching. International Journal of Food Properties, 2018, 20: S2532-S2542

[94] ZHENG Z, WU L, LI Y, et al. Effects of different blanching methods on the quality of *Tremella fuciformis* and its moisture migration characteristics. Foods, 2023, 12(8): 1669

[95] BARRÓN-GARCÍA O, NAVA-ÁLVAREZ B, GAYTÁN-MARTÍNEZ M, et al. Ohmic heating blanching of *Agaricus bisporus* mushroom: Effects on polyphenoloxidase inactivation kinetics, color, and texture. Innovative Food Science & Emerging Technologies, 2022, 80: 103105

[96] MIRANDA C, CONTENTE D, IGREJAS G, et al. Role of exposure to lactic acid bacteria from foods of animal origin in human health. Foods, 2021, 10(9): 2092

[97] BEL-RHLID R, BERGER R G, BLANK I. Bio-mediated generation of food flavors — Towards sustainable flavor production inspired by nature. Trends in Food Science & Technology, 2018, 78: 134-143

[98] GUO D, ZHANG L, PAN H, et al. Metabolic engineering of *Escherichia coli* for production of 2-phenylethylacetate from L-phenylalanine. MicrobiologyOpen, 2017, 6(4): e00486

[99] POOJARY M M, ORLIEN V, PASSAMONTI P, et al. Enzyme-assisted extraction enhancing the umami taste amino acids recovery from several cultivated mushrooms. Food Chemistry, 2017, 234: 236-244

[100] ZHANG Y, WEI X, LU Z, et al. Optimization of culturing conditions of recombined *Escherichia coli* to produce umami octopeptide-containing protein. Food Chemistry, 2017, 227: 78-84

[101] REY Y, BEL-RHLID R, JUILLERAT M. Biogeneration of 2-(1-hydroxyethyl)-4, 5-dihydrothiazole as precursor of roasted and popcorn-like aroma for bakery products. Journal of Molecular Catalysis B-Enzymatic, 2002, 19: 473-477

[102] 赵鑫锐，张国强，李雪良，等．人造肉大规模生产的商品化技术．食品与发酵工业，2019, 45(11): 248-253

[103] XIA B, NI Z J, HU L T, et al. Development of meat flavors in peony seed-derived Maillard

reaction products with the addition of chicken fat prepared under different conditions. Food Chemistry, 2021, 363: 130276

[104] 张莹, 张一凡, 王世博, 等. 加工肉制品适用风味代盐剂的配方设计与优化. 中国农业大学学报, 2021, 26(7): 124-134

[105] LU J C, CAO Y Y, PAN Y N, et al. Sensory-guided identification and characterization of kokumi-tasting compounds in green tea (*Camellia sinensis* L.). Molecules, 2022, 27(17): 5677

第 17 章

畜禽肉制品中的生物成味

17.1 畜禽肉制品中的生物成味研究现状

17.1.1 概述

畜禽肉制品是指用畜禽肉为主要原料制作的熟肉成品或半成品。2022 年我国猪、牛、羊、禽肉总产量达 9200 余万吨，已成为肉类生产和消费总量最多的国家。同时，随着畜牧生产结构持续调整，我国畜禽肉产量和消费能力呈逐步增加趋势，特色多样的畜禽肉制品不断充盈市场以满足人们对肉制品风味的多元化需求，在畜禽肉制品加工过程中，如何展现不同产品多元化生物成味效应是肉类新产品开发的重点问题。畜禽肉制品的风味特点是决定产品综合品质的关键指标，也是影响消费者购买意愿的重要属性。肉制品中的呈香和呈味物质为人体嗅觉和味觉带来整体的风味感受，风味的形成是挥发性香气化合物和非挥发性滋味化合物共同作用的结果。近年来，生物成味技术通过生物媒介（如微生物、细胞、酶等）对肉制品基质尤其是风味前体进行发酵、生物催化转化，进而促进肉制品在特征风味聚呈过程中发挥着不可替代的作用，是畜禽肉制品风味赋呈和调控领域关注的热点。

17.1.2 畜禽肉生物成味制品

畜禽肉在屠宰后不易储存，会受微生物侵染或外界环境其他因素的影响而腐败变质，人们为了满足肉制品贮藏保鲜、特征风味赋呈和质地改变等需要，长期以来形成了各具特色的生物成味产品，不同地域环境、气候条件、饮食习惯和宗教信仰等因素差异也促使了畜禽肉制品的多元发展。我国现有畜禽肉制品可分为两大类：一类是中国传统风味的中式肉制品，如金华火腿、广式腊肠、南京板鸭、德州扒鸡、道口烧鸡等传统产品；另一类是西式肉制品，如西式香肠类、火腿类、培根类、肉糕类、肉冻类等。畜禽肉制品生产加工中的生物成味技术和方法着重体现在微生物和酶参与的腌制、熏制、干制、发酵等过程，具有典型生物成味特点的肉制品包括肉肠、腌腊肉、火腿、酸肉、干肉等。

17.1.3 畜禽肉制品生物成味的研究与应用

生鲜畜禽肉本身并无明显香味，若储存不当会引起变质并产生异味，而肉制品经熟化加工后会产生特定的风味物质及其成味属性。随着人们对畜禽肉制品风味等感官特性、营养和安全性认知度的提高，食品生物成味技术逐渐成为畜禽肉制品风味属性赋呈的重要途径。如图 17.1 所示，畜禽肉或其可食副产物等经过腌、腊、熏、干燥、发酵等生物成味过程可产生并释放大量风味化合物，如醇、醛、酸、酯、呋喃、吡啶、吡嗪、噻唑、噻吩、含氮和含硫化合物等。对产品生物成味演变进程中的风味物质进行富集和检测，明晰其中气味和滋味物质定性定量变化规律、形成途径和互作机制，是畜禽肉制品生物成味技术开发首要解决的问题。畜禽肉制品制备过程中产生的生物成味效应主要通过微生物发酵和酶解等作用实现，特定的微生物发酵和酶解作用可使蛋白质、脂肪和糖类的降解或交联等途径产生风味化合物，从而对肉制品整体风味特征产生重大影响。我国传统发酵香肠、腌腊肉、火腿、酸肉等肉制品的特征风味赋呈属于生物成味效应范畴，肉制品中乳酸菌、葡萄球菌和酵母等自然存在或外源添加微生物，能够通过生物代谢和转化作用产生多种风味物质，确定此类微生物的生长条件和代谢产物，明晰微生物分布格局与产品风味品质间的效应关系，是实现产品风味品质标准化调控的关键。

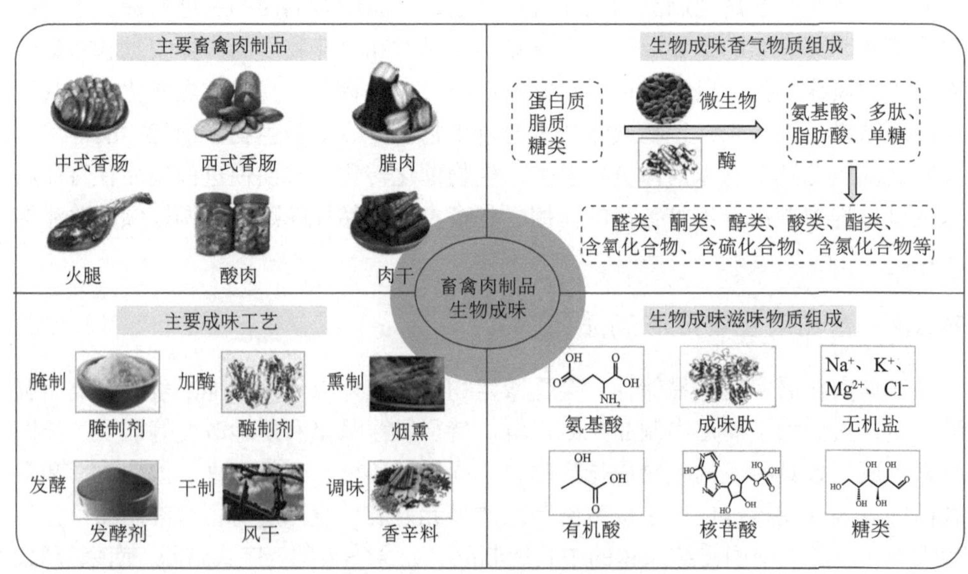

图 17.1 典型畜禽肉制品生物成味

由特定微生物发酵剂和发酵工艺制备的发酵肉是目前肉制品生物成味的主要

途径，以乳酸菌、葡萄球菌（肉葡萄球菌、木糖葡萄球菌等）、酵母等为发酵菌种进行肉制品纯菌或混合菌发酵，可将原料肉中糖类、蛋白质和脂肪等转化为乳酸、乙醇、氨基酸、蛋白肽、游离脂肪酸等物质，通过促进酮类、酯类物质的生成，而赋予肉制品特殊的酸味、果香和甜香等风味属性[1]。例如，通过乳酸菌发酵可在降低畜禽肉制品 pH 的同时，增加酸味和发酵香味，并增强肉制品的保鲜性和稳定性[2]；通过酵母发酵可抑制肉制品脂质氧化酸败，促进酯类、酮类、醇类等物质的生成，有利于发酵肉制品形成丰富而独特的呈香属性；葡萄球菌可通过将长链脂肪酸分解为短链挥发性脂肪酸和酯类物质，赋予肉制品特殊的肉香和脂香，同时可将某些蛋白质分解为易吸收的多肽和氨基酸，并有效降解生物胺，从而提高肉制品营养价值和食用安全性；另外，肉制品通过生物酶解可起到嫩化和风味改善等作用，酶作为生物催化剂可定向调控肉制品中蛋白质、脂肪等物质的转化演变，其中酶解过程中产生的多肽、游离氨基酸和核苷酸等物质能够显著改善肉制品质构和风味特点[3]。例如，肉蛋白通过蛋白酶酶解可降低其分子量，以提高其被人体消化吸收的程度和呈现鲜嫩口感，其酶解产生的丙氨酸和甘氨酸等氨基酸则可强化肉制品的咸味感知度，谷氨酸和肌苷酸等核苷酸类物质可以增强肉制品的鲜味[4,5]；肉脂肪通过脂肪水解酶、磷脂酶和脂氧合酶等生物酶的酶解效力，可促进脂肪降解和游离脂肪酸的生成，以产生不同种类的风味化合物或降解结合态腥膻异味物质，使肉制品达到赋味增香和弱膻祛腥的效果。

17.1.4　风味畜禽肉制品存在的问题

在畜禽肉制品由传统作坊制作向企业规模化加工转变的进程中，不同产品生物成味效应弱化和品质非稳态化现象，成为风味畜禽肉制品现代化加工亟待解决的“卡脖子”难题。首先，许多畜禽肉制品生物成味和演变机制不明确，现有现代化加工方法多局限于传统手工技艺的盲目模仿，尚无法通过关键科学问题明晰和关键技术方法创新精准解决产品生物成味特征不明显的问题；其次，不同畜禽肉制品生物成味所需的新型高效安全发酵剂和酶制剂等开发能力有待提高，现有生物成味助剂无法满足肉制品多元化赋味增香需求；再次，畜禽肉制品多通过高盐、高油或高糖配伍融组，实现咸鲜、咸香和香甜等味感赋呈和保质期延长，生物成味作用与低盐、低油或低糖基质的协同赋味增香效应机制研究和技术创新不足，畜禽肉制品的生物成味品质参差不齐，低盐赋咸或低油增香等新型健康畜禽肉制品匮乏。结合不同畜禽肉制品生物成味效应和途径实现本真或个性化风味赋呈的同时，突破新型营养健康肉制品制造技术，是推动肉制品产业转型升级和持续发展的重要举措；最后，畜禽肉制品产业化生物成味装备水平较低，许多企业尚处于小规模手工作坊制作或传统发酵容器增量和增容阶段，产品生物成味智能化辨识和自动化调控水平较低，不同典型产品质量安全管理体系需优化、完善。相关企业亟待加快产业结构调整，淘汰落后产能，通过发展规模化、现代化、标准化的生产方式，提高全行业质量安全管理水平。

17.2 典型畜禽肉制品的生物成味实践

17.2.1 香肠的生物成味

（1）概述

我国香肠约始创于南北朝以前，最早载于北魏《齐民要术》的“灌肠法”流传至今，畜禽肉原料经肉馅绞制、调味后填充肠衣，选择发酵、烘烤、熏制、蒸煮、干燥等工序形成不同产品品质特性，以其腌腊味突出、肉质紧密及便于贮藏运输等特点成为重要的肉制品。多数香肠生物成味特征与基质发酵代谢水平紧密关联，如广式香肠、川味香肠、意大利萨拉米发酵香肠、西班牙干发酵香肠等，其发酵进程中蛋白质、脂肪等基质经微生物发酵产生酸化而赋呈典型风味特征。我国传统香肠多在自然风干过程中进行自然发酵赋香，而西式香肠时常通过接种微生物发酵剂进行发酵，以期通过某些微生物高密度生长实现特征风味物质富集及强化其赋味增香效果[4,5]。

（2）香肠的生物成味物质

鲜肉常呈现出明显的生油脂味、腥膻味或其他异味，经微生物发酵代谢或生物酶降解可弱化肉制品膻味、腥味、酸败味等异味，同时赋予产品独特肉香味[6]。香肠生物成味效果与发酵过程密切相关，不同微生物群落和内源酶驱使原料肉产生系列生物化学变化，包括碳水化合物、蛋白质和脂肪的降解、氧化、重排或聚合等，在延长肉制品保质期的同时，形成具有不同风味特征的香肠制品[7]。在发酵香肠中，微生物可利用碳水化合物、脂质、蛋白质及其他营养物质水解产生单糖、游离脂肪酸和游离氨基酸等风味前体物质，再次结合微生物和酶协同作用通过从头合成和生物转化等途径形成多种次级代谢产物，对发酵香肠风味品质产生影响[8]。

1）香肠特征挥发性物质。香肠中挥发性化合物种类繁多，与生物成味相关的香气物质主要包括醛类、烃类、醇类、酯类、酮类、酸类和含硫化合物等。在发酵香肠生物成味过程中，脂肪和蛋白质水解对香肠香气物质形成起主导作用，所产生的多种挥发性物质定量、定性聚呈发酵香肠整体呈香属性。香肠原辅料内源性脂肪酶和微生物脂肪酶在脂肪分解过程中起到重要作用，常用的发酵微生物有乳酸菌、葡萄球菌等[9]。在香肠发酵过程中，乳酸菌和葡萄球菌通过参与脂肪和蛋白质水解而影响生物成味效果，其中乳酸菌发酵所产生的乙酸、乳酸等有机酸在调节香肠风味的同时，可抑制有害微生物的生长，并通过降解蛋白质以改善香肠口感和质地；葡萄球菌在形成风味代谢物方面表现出较强活力，对香肠发色和生物成味起主要作用，被称为发酵香肠的“风味菌”，其中木糖葡萄球菌、肉葡萄球菌、腐生葡萄球菌是发酵香肠中的优势葡萄球菌[10]，在香肠发酵过程中通过脂肪酶、蛋白酶、酯酶等，将脂肪、蛋白质等大分子物质降解为小分子的脂肪酸、肽、氨基酸、醛和酸等（表 17.1）。

表 17.1　葡萄球菌产酶及对香肠生物成味的影响

产品	发酵菌种	酶活性	呈味物质
中式香肠[11]	木糖葡萄球菌 肉葡萄球菌	脂肪酶、蛋白酶、酯酶	乙酸、乳酸、呋喃、吡嗪、棕榈酸、硬脂酸、油酸、醛、酮等
意大利香肠[12]	木糖葡萄球菌 肉葡萄球菌	组织蛋白酶、脂肪酶	醛、酮等
西班牙香肠[13]	巴氏葡萄球菌 腐生葡萄球菌	脂肪酶、蛋白酶、氨基酸脱羧酶	油酸、棕榈酸、硬脂酸、亚油酸、辛酸等

香肠中醛类物质多在发酵微生物参与的脂质氧化和裂解过程中产生。例如，意大利萨拉米香肠接种木糖葡萄球菌和肉葡萄球菌发酵后，伴随着游离脂肪酸含量降低、不饱和脂肪酸降解而产生醛、酮、醇等小分子化合物[12]。醛类化合物的风味阈值较低，且其气味属性存在叠加效应，常作为香肠中非常重要的风味化合物[14]，其中含量普遍较高的青草味己醛多作为香肠的特征风味物质，而戊醛、庚醛、辛醛、壬醛和癸醛可顺次赋予香肠发酵香、脂香、奶香、鲜草香和甜香；烃类物质的产生与发酵微生物参与的长链脂肪酸氧化反应有关，是香肠中含量最多的挥发性风味物质，因其风味阈值较高而对香肠特征风味产生的影响较小；许多醇类物质通过微生物发酵偶联脂质氧化和降解反应而产生，在香肠中多呈现令人愉悦的果香味和花香味，饱和醇类物质的风味阈值普遍较高，对香肠整体风味品质的影响较小，相反，不饱和醇类会以较低的风味阈值对香肠风味品质的形成起到重要作用；酯类物质通常是香肠果香味和焦糖味的重要来源，微生物发酵过程中通过代谢酯酶推动酸发生酯化反应，从而产生诸如乙酯类的芳香化合物。此外，脂肪酶和蛋白酶作用产生的脂肪酸和氨基酸，通过氧化酶的顺次作用也会生成酯类物质。例如，通常外源接种木糖葡萄球菌和肉葡萄球菌以促使干发酵香肠中脂肪酸氧化，生成具有桃香、乳香或油香味的支链和直链甲基酮内酯。酮类物质往往源自发酵微生物参与的脂肪酸 β-氧化和碳水化合物代谢过程，所生成的 3-羟基-2-丁酮和 2,3-丁二酮等酮类化合物赋予香肠奶香味、黄油味、蘑菇和香草等气味。

酸类物质主要源自乳酸发酵和氨基酸降解途径，乙酸、丁酸和3-甲基丁酸是发酵香肠中最为常见的酸类物质[15-17]。含硫化合物主要来源于发酵微生物参与的氨基酸降解过程，此类物质具有较低的风味阈值和多样化气味，多表现为大蒜、洋葱、煮土豆、煮肉等气味，香肠中含硫化合物是二烯丙基硫化物、二烯丙基二硫化物、二甲基二硫化物、3-甲基硫代丙醇和甲硫醇等[16]。

2）香肠滋味化合物。香肠滋味特征主要由非挥发性的风味活性物质融组赋呈，通过游离氨基酸、无机盐、有机酸和小肽等物质产生酸、甜、苦、咸、鲜等味觉，呈味肽和游离氨基酸多来源于香肠发酵代谢中蛋白质的分解。肉制品发酵进程中的蛋白酶包括基质内源酶和微生物发酵代谢产生的蛋白酶[18]，在发酵早期，组织蛋白酶B、组织蛋白酶L等内源蛋白酶将肌质蛋白和肌原纤维蛋白等分解成多肽，多肽再次被内源性氨肽酶、微生物蛋白酶等分解为小肽、游离氨基酸等滋味物质[19]。香肠中的关键滋味物质见表17.2。

表 17.2　香肠中的关键滋味物质

成味特点	物质类别	关键呈味物质
酸味	小分子酸	乳酸、琥珀酸、磷酸、二氢吡咯羟酸
	氨基酸	天冬氨酸、组氨酸、谷氨酸等
甜味	糖	葡萄糖、果糖、核糖
	氨基酸	甘氨酸、丙氨酸、苏氨酸、丝氨酸、赖氨酸、脯氨酸
苦味	核糖核苷酸及肽类	次黄嘌呤、 肌肽等
	氨基酸	亮氨酸、异亮氨酸、苯丙氨酸、缬氨酸、甲硫氨酸
咸味	无机盐	Na^+、K^+、Cl^-等
	氨基酸	谷氨酸盐及天冬氨酸盐等
鲜味	核苷酸	肌苷酸、鸟苷酸
	氨基酸	天冬氨酸、谷氨酸
	肽类	谷氨酰天冬氨酸、谷氨酰丝氨酸等

香肠发酵成味过程可强化香肠的鲜香等味感，并降低基质苦味和异味。所用发酵剂可促使肉中碳水化合物转化为乳酸、乙酸等小分子有机酸，以凸显香肠的酸味感知效果，而游离氨基酸作为香肠中的重要呈味物质对滋味具有重要的调控作用，香肠发酵和成熟过程均可促进直链和支链氨基酸生成，从而辅助改善香肠的滋味品质。

（3）香肠生物成味途径

原料肉经过辅料融组制馅、灌肠、发酵和成熟等工序制得香肠的整体过程中，发酵和成熟过程是香肠物理和生物化学性质产生变化的关键阶段，其间所蕴含的原料内源酶酶解和微生物发酵代谢途径，对香肠生物成味效应赋呈起到重要作用，其生物成味物质主要源自香肠中碳水化合物、蛋白质和脂肪等基质的降解与代谢。香肠发酵过程中呈味物质和途径见表 17.3。

1）碳水化合物降解代谢途径。香肠发酵过程中乳酸菌等发酵菌株大量生长繁殖，碳水化合物在乳酸菌细胞膜外经糖酵解生成丙酮酸，顺次通过乳酸脱氢酶作用生成乳酸或协同乙酰激酶作用分解为乙酸；在微生物发酵代谢过程中，碳水化合物也会被分解成甲酸、乙酸和乳酸等有机酸，发酵基质随着乳酸持续积累而使香肠呈现清新的酸味口感；糖酵解过程中的糖类物质可与馅料中氨基酸及羰基化合物发生美拉德反应，从而产生特征风味物质。同时，香肠发酵过程中产生的乳酸、乙酸等有机酸可降低香肠的 pH，对有害微生物生长产生抑制作用，从而延长香肠的保质期。

2）蛋白质降解代谢途径。在香肠发酵和成熟过程中，蛋白质会分解产生肽、游离氨基酸等，部分氨基酸通过脱羧和脱氨作用再次生成醛、酮等其他小分子物质。发酵香肠中蛋白质水解程度受原料内源酶和微生物外源酶的影响。内源酶分为内肽酶和外肽酶，其中内肽酶包括组织蛋白酶 B、组织蛋白酶 L、组织蛋白酶 D 和钙蛋白酶；外肽酶包括氨肽酶和羧肽酶。外源酶是微生物代谢产生的蛋白酶，可以促进蛋白质的分解。肌质蛋白降解受内源酶控制，而肌纤维蛋白则由组织酶和外源酶共同分解，其中呈味肽和氨基酸等滋味物质主要源自蛋白质分解；氨基酸可与脂质氧化产生羰基化合物进而发生美拉德反应，产生醛、酮、酸及呋喃等化合物，也是发酵香肠生物成味的重要物质来源。整体发酵进程中微生物代谢产物和挥发性物质也将赋予香肠独特复杂的风味特征、柔软嫩滑的质地口感。

3）脂肪降解代谢途径。脂肪也是发酵香肠的主要基础物质，香肠发酵和成熟过程中的脂质氧化与水解是香肠产生风味物质的重要途径。首先，脂肪分子通过内源性脂肪酶作用产生游离脂肪酸；然后，游离脂肪酸和其他脂肪又将利用自动氧化、酶促氧化和光氧化三种氧化途径，促使脂肪大分子彻底降解生成小分子，其中自动氧化是发酵香肠生物成味的主要途径；最后，游离脂肪酸顺次氧化成烷烃、烯烃、醛类、醇类、酸类和酮类物质，对发酵香肠风味特征形成起重要作用。脂质氧化产生的氢过氧化物具有不稳定性，易裂解产生醛、酸、烃、酮、脂肪酸，也可赋予发酵香肠特殊风味。例如，亚油酸易生成已醛，花生四烯酸易生成 2-辛烯醛。

表 17.3　香肠发酵呈味物质和途径

风味物质	呈味物质类别	生物成味途径
挥发性物质	醇类	脂质氧化降解

续表

风味物质	呈味物质类别	生物成味途径
挥发性物质	醛类	脂肪酸氧化分解 蛋白质水解 氨基酸降解
	酸类	碳水化合物降解代谢
	酮类	游离脂肪酸的不完全 β-氧化
	酯类	醇和有机酸发生酯化反应 醇和游离脂肪酸→酯酰 CoA→乙基酯
滋味物质	呈味肽 氨基酸	蛋白质的分解

17.2.2　腊肉的生物成味

（1）概述

腊肉制品由畜禽肉原料配伍辅料经腌制、烘干、烟熏或不烟熏等工序制得，具有腌腊味或烟熏味突出、肉香和鲜咸味融合赋呈等特点，是腌腊味与本源肉香味和咸鲜味高效协调的典型肉制品代表。传统腊肉常利用食盐的高渗透压作用降低肉内水分活度以抑制微生物生长，并通过抑制抗氧化酶活性或迫使氧化酶变性以促进或抑制脂质氧化；在现代腊肉加工过程中发现，适当降低食盐用量仍然可以对芽孢杆菌、假单胞菌和肠杆菌等腐败菌产生抑制作用，且可强化葡萄球菌、微球菌及乳酸菌等优势发酵微生物菌落增殖，以此增殖菌落产生脂肪酶和蛋白酶可促使脂肪和蛋白质降解，释放风味肽、氨基酸、游离脂肪酸及其他小分子风味物质[20,21]，从而实现低盐腊肉风味、腐败微生物及（亚）硝酸盐的科学调控。

（2）腊肉的生物成味物质

腊肉风味前体物质包括糖、氨基酸、核苷酸等水溶性物质，以及甘油三酯、磷脂等脂溶性物质，这些物质经过蛋白质分解、美拉德反应、脂质分解氧化和糖酵解等系列复杂反应生成各种呈味物质，形成腊肉特有的滋味和呈香属性。其中氨基酸、核苷酸等非挥发性成分赋予腊肉滋味特征，而呈香属性主要源自醛、酮、醇、酯、酚、含氮和含硫化合物等多种挥发性物质的高效融组。传统腊肉现代加工中着重强调生物酶和微生物发酵代谢对腊肉制品感官品质的改良作用，将蛋白质、脂质和碳水化合物部分转化为小分子物质，对腊肉风味的形成和改善起着关键作用。腊肉生物成味物质的来源和种类如图 17.2 所示。

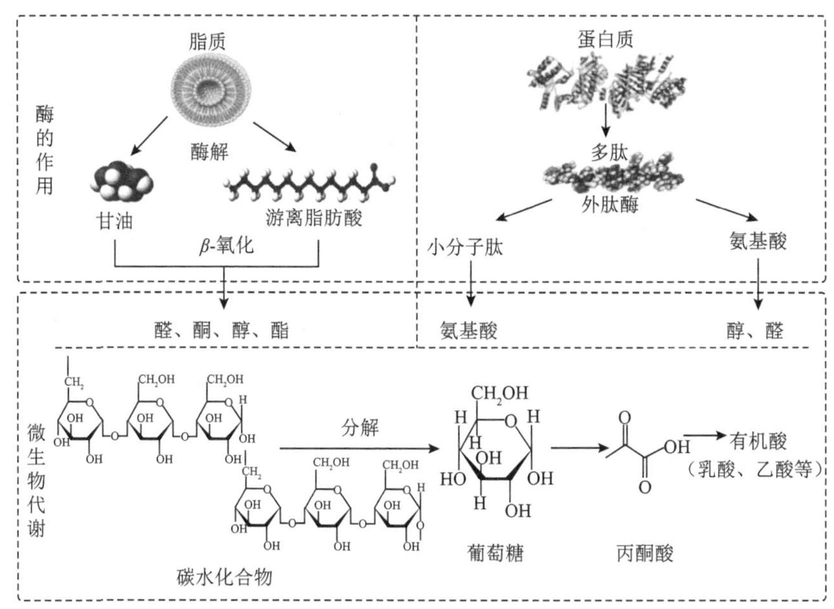

图 17.2　腊肉生物成味物质生物形成途径[22]

1）腊肉特征挥发性物质。传统腊肉制品中关键香气物质包括壬醛、己醛、(*E*,*E*)-2,4-壬二烯醛、(*E*,*E*)-2,4-癸二烯醛、愈创木酚等。其中壬醛、己醛、(*E*,*E*)-2,4-壬二烯醛等醛类物质主要由脂肪 *β*-氧化产生；愈创木酚、邻甲氧基苯酚等酚类物质由烟熏木材燃烧产生或烟熏肉本身产生；呋喃和吡嗪类物质来自烘干工序引发的美拉德反应；乙酸乙酯和辛酸乙酯等酯类物质可能由酵母发酵代谢产生。此外，丁香酚、*β*-月桂烯、*α*-松油醇等风味物质可能源自肉制品腌制所用香料，赋予腌腊肉制品独特的风味特征。

与传统腊肉制品挥发性物质来源明显不同，分别通过发酵、生物催化或生物转化等生物成味途径所得腊肉制品，因所蕴含挥发性物质种类和含量的差异而形成了风味品质截然不同的产品类型。在黔式腊肉加工过程中通过木瓜蛋白酶和中性蛋白酶酶解，可使烃类、酚类、醇类和羰基类等风味物质种类和相对含量明显增加，外源蛋白酶的添加也可加速蛋白质降解生成肽、游离氨基酸等重要风味前体物质的进程，从而促进腊肉整体风味品质的形成；同样，胰蛋白酶作用也可提升腊肉中亮氨酸和赖氨酸等游离氨基酸含量，与此同时，乙酯、环烷烃、6～10碳醛、甲基醛和甲基醇等挥发性物质含量也会明显增加，并促进 3-甲基-氮杂环己烷、2-甲基-3-丁二醇、环戊醇和 2-甲基氨甲基环己醇的形成。腊肉发酵过程中不同菌种对腊肉风味的影响具有差异性。例如，葡萄球菌属可促进腊肉芳香类物质的产生并弱化膻腥异味；乳杆菌属和魏斯氏菌属可引起腊肉中醇类、酯类和烷类挥发性物质含量产生明显变化；嗜冷杆菌属和环丝菌属可能会引起腐臭等不良风味的产生。

2）腊肉滋味化合物。腊肉中无机盐、氨基酸、多肽、有机酸和糖类等非挥发性物质协同形成滋味属性。其中糖类可与丙氨酸、苏氨酸、丝氨酸等氨基酸融组赋呈甜味；而腊肉中鲜味感知度强弱与谷氨酸、肌苷酸和鸟苷酸等氨基酸有关，赖氨酸是腊肉风干熟化过程中富集的关键滋味物质[23]。此外，传统腊肉经烟熏工序形成的烟熏味或皂香味与游离脂肪酸种类和分子量等有关，腌制过程中添加不同香辛料可产生不同赋香作用。由此看出，传统腊肉的滋味和呈香属性是多工序或多物料协同互作的结果，在腊肉的生物成味进程中，微生物发酵代谢和生物酶酶解催化将促使这些物质转化，从而引发更复杂和丰富的滋味变化。

腌腊肉发酵常用微生物包括乳杆菌属、葡萄球菌属、微球菌属、酵母和霉菌等[24]，采用不同微生物制备的单一或复合发酵菌剂进行腌腊肉发酵，可通过改变甘氨酸、多肽、游离脂肪酸等滋味物质含量而优化产品风味品质。例如，可通过植物乳杆菌发酵释放丙氨酸以改善产品甜味，可由酿酒酵母发酵产生谷氨酸以促进鲜味形成，此两种微生物混合发酵可在促进游离氨基酸和肽释放的过程中赋呈鲜甜味感。葡萄球菌属作为各类腊肉发酵的主要微生物，其可调控谷氨酸、赖氨酸和丙氨酸等关键游离氨基酸水平，实现腊肉独特腊香品质的塑造。例如，鲜猪肉经木糖葡萄球菌和肉葡萄球菌协同发酵，可促进肌球蛋白和肌动蛋白分解而释放甜味和鲜味氨基酸，并提高谷氨酸、丙氨酸和赖氨酸含量，由此实现腊猪肉滋味属性的充分改善[25]。腊肉成熟过程中内源酶可驱使蛋白质和脂肪充分水解，产生小肽、游离氨基酸和游离脂肪酸等风味前体物质。然而，传统热加工等因素会通过抑制内源酶活性而降低蛋白质的水解度，使滋味物质含量显著降低。因此，现代腊肉加工中可通过微生物发酵代谢产酶或直接添加外源酶的方法，促进基质蛋白、脂肪等物质水解形成风味前体物质。例如，通过菠萝蛋白酶可水解鸭肉肌原纤维和结缔组织以产生小分子肽和游离氨基酸，并提高呈味核苷酸中肌苷酸和胞苷酸含量。生物成味技术在现代畜禽腊肉加工领域具有重要的应用价值。

（3）腊肉的生物成味途径

腊肉制作过程的微生物发酵代谢是产品生物成味的主要途径，原料肉蛋白和脂肪等物质在微生物持续繁殖代谢的进程中发生系列降解、转化和合成等反应，腊肉风味品质与该阶段生物成味途径紧密关联。因部分微生物受腌制过程高盐抑制的影响，耐盐性葡萄球菌和弧菌等成为腊肉发酵的优势微生物菌落，通过其代谢的脂肪酶和磷脂酶可将脂肪分解成 13-羟基十八烷酸、15(*S*)-羟基二十碳三烯酸和 12-羟基-9(*Z*)-十六碳烯酸等脂肪酸，游离脂肪酸通过脂肪酸 β-氧化的酶促反应生成 β-酮酸，然后通过脱羧反应降解为甲基酮。例如，腊肉表面霉菌的 β-氧化活性将促使 2-戊酮和 2-庚酮的生成，形成腊肉的果香和薄荷香；而氨基酸通常经转氨酶生成酮酸，然后经脱羧酶催化形成醛或酸，最终通过脱氢酶生成醇。例如，亮氨酸由转氨酶催化生成 α-酮异己酸，经酮酸脱羧酶生成 3-甲基丁醛而赋予腊肉奶酪香和麦芽香（图 17.3）。

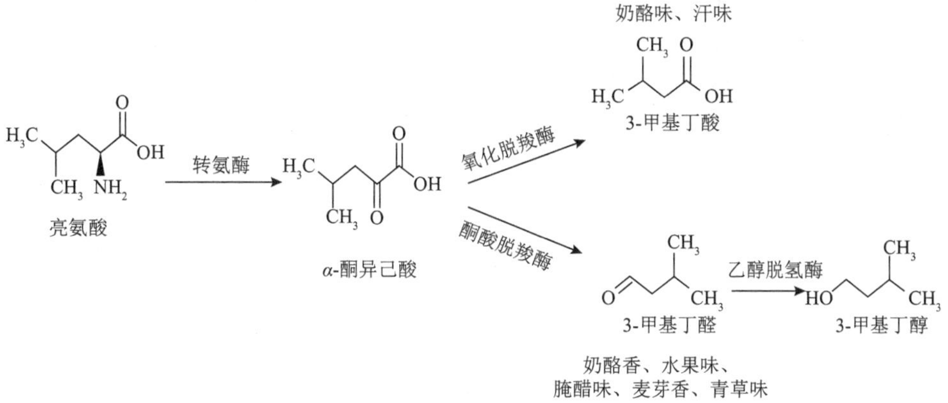

奶酪味、汗味
3-甲基丁酸
亮氨酸
转氨酶
α-酮异己酸
氧化脱羧酶
酮酸脱羧酶
3-甲基丁醛
乙醇脱氢酶
3-甲基丁醇
奶酪香、水果味、
腌醋味、麦芽香、青草味

图 17.3　亮氨酸的香气化合物转化途径

在调控腊肉本源微生物群落发酵成味的同时，向发酵原料中添加碳氮源物质或外源菌种可引发多途径的生物成味效应，从而聚呈典型或多样化的腊肉风味品质。例如，在腌制过程中添加不同碳水化合物引发乳酸菌增殖后，可通过同型或异型乳酸发酵产生乳酸或乙酸、乙醇、二乙醇、二氢氯酸等挥发性化合物；将木糖葡萄球菌接种在原料肉中进行川式腊肉发酵，可使醛类、酯类、烯烃类、烷烃类挥发性物质含量增加，并可弱化愈创木酚产生的刺激木香味或烟熏味；由戊糖片球菌、木糖葡萄球菌、肉色葡萄球菌、清酒乳杆菌和汉逊德巴利酵母组成的混合发酵剂，可使川腊肉的挥发性物质中许多游离氨基酸（天冬氨酸、苏氨酸、酪氨酸除外）含量，以及醛类和烃类物质含量增加；在川腊肉中接种外源酿酒酵母进行发酵，因醛类、醇类和酯类物质的增加，从而产生木质味、花香味、水果味和甜味等风味属性。综上所述，现代腊肉制品加工过程中，可通过降低食盐添加量、接种特定微生物及生物酶酶解等技术方法，促进腊肉多种关键风味物质富集融组，以高效赋呈腊肉典型或多样化风味属性，并可有效抑制微生物生长、延缓脂质氧化过程。此类生物成味方法为改善腊肉风味品质和延长保质期提供了重要途径。

17.2.3　火腿的生物成味

（1）概述

火腿依腌制中腌料涂抹和浸泡方式不同可分为干腌和湿腌火腿，其中干腌火腿在发酵肉制品中占有重要地位，其制备过程通常以原料修整、低温腌制、干燥脱水和发酵成熟为关键环节，其生物成味来源主要是腌制与发酵过程中内源酶和微生物对肉质的分解和代谢，历经此过程后，肉蛋白和脂肪等被降解和转化为氨基酸、小分子肽、醇、醛、酯类等物质，此类化合物作为许多风味物质的重要前体，可赋予火腿独特的风味属性。然而，火腿自然发酵过程因地域环境微生物种类差异，发酵品质往往会明显不同，对于抑制致病菌和腐败菌的效果具有不确定性，充分明晰不同火腿自然发酵过程中微生物群落动态演变及其代谢规律，确定生物成味物质类别与微生物群落的直接关系，以及微生物在风味物质代谢途径中发挥的作用，已成为火腿微生物发酵剂开发和火腿产品风味定向改造的重要内容。

（2）火腿的生物成味物质

1）火腿特征挥发性物质。火腿挥发性物质组成对产品风味的影响显著，与其他干腌发酵肉制品所含挥发性物质种类相似，但含量间存在较大差异。火腿制备中原料蛋白质和脂肪等物质发生了复杂的物理和生物化学等变化，从而产生了大量的挥发性物质，包括醇、醛、酸、酮、酯、芳香族、含硫和含氮化合物等，但只有少量挥发性成分对风味形成具有贡献[26]。首先，部分脂质在干腌火腿发酵和成熟阶段分解氧化，产生游离脂肪酸和系列小分子风味前体物质，还有部分脂质作为风味物质的载体，蓄积风味化合物或作为风味物质连续反应的场所[27]；其次，蛋白质降解也可产生特殊挥发性物质，在腌制和发酵期间，肌原纤维蛋白和肌质蛋白会通过降解生成芳香族和酯类物质，尤其是支链醇、醛、酮、羧酸等挥发性物质[28]。不同发酵微生物组成和丰度对火腿产品中风味物质组成的影响很大。例如，霉菌产生的脂肪酶和蛋白酶可促进火腿中蛋白质和脂质分解为游离脂肪酸、氨、游离氨基酸等，从而使火腿产生浓厚的肉香味；乳酸菌能够产生乳酸、乙酸和丙酸，在火腿发酵过程中与代谢产物醇、醛和酮等物质作用，可产生呈香属性明显的挥发性物质；酿酒酵母以所含醇乙酰转移酶催化乙酰辅酶 A 和对应的醇类物质，可生成酯类等挥发性物质。

2）火腿滋味化合物。火腿滋味化合物除有机酸、核苷酸、碳水化合物、矿物质离子等物质外，还富含游离氨基酸和呈味肽等重要滋味物质。传统自然发酵火腿中此类重要滋味物质含量和种类与微生物发酵过程中内源酶代谢释放程度相关。研究表明，滋味浓郁火腿的蛋白质水解指数可达 20%～40%，其代谢氨基酸依据特征滋味属性不同可分为甜味氨基酸、苦味氨基酸和鲜味氨基酸[29]；现代火腿加工工艺在缩短加工周期后，很可能导致蛋白质或肽的酶解程度不够充分，然而若准确控制内源酶作用的关键点，即可促使该酶高水平表达以强化形成目标呈味氨基酸。除游离氨基酸外，蛋白二肽和三肽对火腿风味品质的形成也起到重要作用，可赋予苦味、鲜味、甜味、酸味、咸味等味觉特性，以协同形成火腿整体味感属性。例如，诞沫假丝酵母发酵可促使肌肉蛋白降解为赋呈苦味的天冬氨酸和组氨酸；接种植物乳杆菌和木葡萄糖菌可有效促进火腿代谢释放游离脂肪酸和游离氨基酸，防止产生易引起酸败味的己醛等物质。

（3）火腿的生物成味途径

火腿风味物质源自肉内源酶对脂质和蛋白质水解产生的香气前体物质，以及微生物发酵引发酶促和非酶促反应所形成的风味化合物。如图 17.4 所示，首先，脂质尤其是多不饱和脂肪酸受肉内源脂肪水解酶和发酵微生物脂肪分解酶作用，产生游离脂肪酸、甘油酯和挥发性化合物，其中游离脂肪酸再经氧化生成酮类、醛类、醇类和酸类等物质，对控制脂肪水解和脂质氧化程度至关重要；微生物胞外蛋白水解酶协同氨肽酶等内源酶可促进游离氨基酸的生成，发酵微生物再次通过释放转氨酶、脱羧酶和脱氢酶等驱使氨基酸转化为支链醛、支链醇和羧酸等物质，所具备的充盈物质基础为火腿发酵和成熟等过程中美拉德反应提供了便捷。由此，在美拉德反应进程中由胺化合物与羰基缩合生成的糖基胺等中间体，可通过脱氧邻酮酸糖脱水和降解反应生成吡嗪、环烯硫化物及吡啶等挥发性风味物质；乳酸菌等微生物参与肉中碳水化合物代谢的糖酵解途径，生成丙酮酸、乳酸、乙酸和双乙酰等风味或风味前体物质，其中丙酮酸作为碳水化合物代谢的中间产物，可经丙酮酸甲酸裂解酶催化而转化成乙酰辅酶 A，从而增强了三羧酸循环代谢生成 α-酮戊二酸的能力，继而通过醛缩酶和醇脱氢酶作用生成醛和醇类物质，而后可通过酯化反应形成酯类物质。因此，微生物协同肉内源酶通过物质降解合成和生物转化等途径对火腿风味品质产生重要影响。

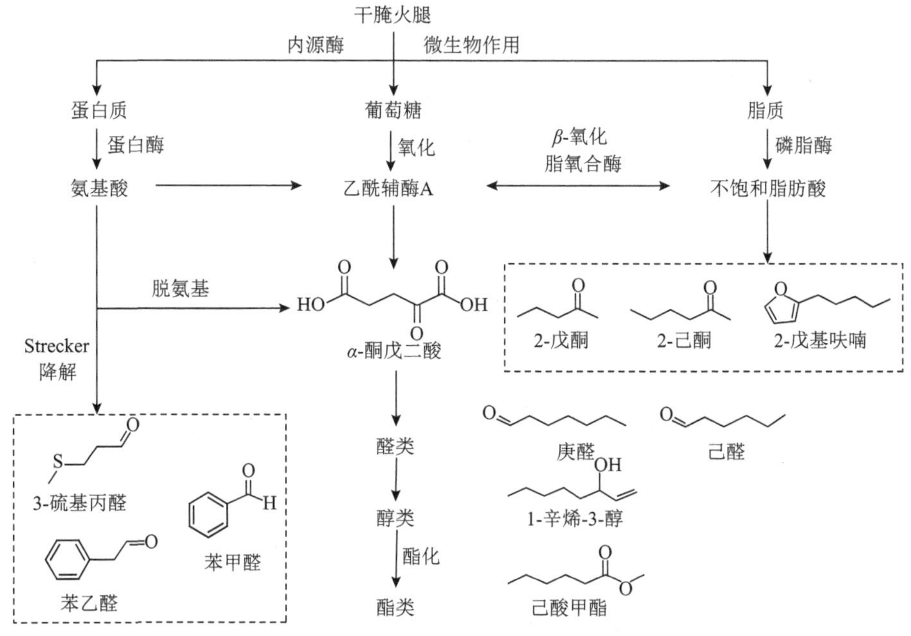

图 17.4　干腌火腿生物成味途径

传统自然发酵火腿的生产周期较长，而且微生物种类与丰度、原辅料种类与配伍量、加工方法与条件等因素不同，势必会造成火腿风味品质不稳定。研究不同火腿发酵过程中微生物群落结构，以及不同时期微生物的演变与代谢规律；在明确不同品牌火腿关键风味物质组成的同时，确定不同阶段微生物群落组成与关键风味物质间的潜在关系，开发不同典型火腿产品不同发酵阶段发酵菌剂，创制火腿现代加工工艺方法和技术装备，通过提升加工效率和产品品质，以缓解火腿市场集中需求与生产依赖自然气候条件的难题。

17.2.4 酸肉的生物成味

（1）概述

我国传统酸肉通常以猪肉等新鲜畜禽肉与米粉等碳水化合物和食盐配伍进行厌氧自然发酵，是侗族、苗族、傣族、布依族、毛南族等少数民族非常喜爱的特色发酵肉制品，其中普遍存在乳酸菌、明串珠菌、葡萄球菌、微球菌、米酒乳杆菌、球拟酵母、毕赤酵母、汉逊酵母等优势微生物，此类微生物与内源酶协同促进碳水化合物、脂肪和蛋白质降解与转化，产生酸类、醇类、酯类、游离氨基酸和活性肽等多种风味与营养物质。传统自然发酵酸肉因各地环境差异而形成了区域风味特征，然而其自然发酵周期较长，且难以控制生产条件而往往导致金黄色葡萄球菌等杂菌污染，造成产品质量不稳定和安全隐患问题。通过单纯接种乳酸菌虽可达到产酸目的，但也易导致脱羧酶的高效表达而生成生物胺，确定各地传统酸肉发酵过程中微生物与代谢物质间的效应关系，筛选构建优良复合微生物发酵剂，建立现代化加工工艺方法和质量标准体系，对提高我国酸肉制品制备关键技术，充实高品质酸肉市场需求具有重大意义。

（2）酸肉的生物成味物质

在酸肉发酵过程中，多种微生物和内源酶促使肉蛋白和脂肪及碳水化合物降解转化，产生酸、醇、酮、醛、酯各类不同挥发性物质，以及谷氨酸、天冬氨酸、呈味肽等滋味物质，挥发性和非挥发性风味物质在整体发酵过程中不断发生变化，共同赋予了不同发酵阶段酸肉独特的风味和口感。

1）酸肉特征挥发性物质。酸肉制品中特征挥发性物质种类较多且其含量差异明显，其中酯类物质是酸肉中含量较高且种类丰富的挥发性风味物质，主要包括丁酸乙酯、己酸乙酯、辛酸乙酯、癸酸乙酯和棕榈酸乙酯等，它们在不同果香味、奶油味等特征风味赋呈方面具有重要作用，同时可有效抑制发酵过程中产生的酸败味，促进酸肉整体风味轮廓的形成[30]，其含量和种类与不同阶段乳酸菌、葡萄球菌等微生物的种类和丰度呈显著相关性；醛类物质有己醛、壬醛、2-庚烯醛、2-壬烯醛、苯乙醛等，这些醛类物质可赋予酸肉青草香、坚果香或脂肪味等，酸肉中许多醛类物质含量过高，又会凸显产品的油腻味或腐败味[31]；酸类物质主要有丁酸、己酸、癸酸、乳酸等有机酸，这些短链酸类物质是酸肉酸味的主要来源，同时也是形成酯类的前体物质；醇类主要有己醇、乙醇、1-辛烯-3-醇、3-甲基-1-丁醇等，这些物质也是酸肉花香、果香和蘑菇香等风味的贡献者，其中发酵前期产生的醇和有机酸结合可形成酯类物质，醇类物质对酸肉风味的贡献不仅是本身产生的气味，更多的还是作为醛和酮等产物的本源物质；另外，在酸肉发酵过程中经常会有柠檬烯、2,3-辛二酮、2-戊基呋喃等少量挥发性物质产生[32-34]。

2）酸肉滋味化合物。在酸肉发酵过程中，蛋白质水解产生的呈味肽和游离氨基酸是主要滋味物质源。肉蛋白通过微生物发酵代谢和内源酶酶解作用产生大量的小分子肽和游离氨基酸，不同肽因分子链和结构差异而呈现不同滋味感知类别和强度，包括甜味肽、苦味肽、鲜味肽、酸味肽和鲜味肽；同样，发酵代谢过程也形成了不同赋味特点的氨基酸，如提供甜味和酸味的脯氨酸、天冬氨酸，提供鲜味的苏氨酸和丙氨酸，带有苦味的亮氨酸和异亮氨酸。酸肉产品中滋味物质间、滋味与香气物质间互作融组，协同构成了酸肉咸鲜、鲜香和酸甜高效拟合的典型风味。

（3）酸肉的生物成味途径

微生物和内源酶促进蛋白质、脂肪和碳水化合分解氧化和生物转化的过程，与酸肉发酵过程中生物成味途径紧密相连。①碳水化合物降解：乳酸菌分解碳水化合物产生乳酸，并以乳酸为重要基质聚集形成酯类物质；另外，乳酸菌可利用碳水化合物进行糖酵解反应产生丙酮酸，又可通过乳酸菌分泌的乳酸脱氢酶将丙酮酸转化成乳酸，丙酮酸分解产生的乙酰磷酸也可因乳酸菌产生乙酸激酶的作用产生乙酸，这些酸类物质是酸肉产品酸味和酯类等物质形成的物质源。②脂质氧化和分解：通过内源脂肪酶或植物乳杆菌等分泌的脂肪酶作用分解脂肪生成游离脂肪酸，其中不饱和脂肪酸氧化产生醇、醛、酸和烷烃等风味物质[35]，或历经酯化反应产生短链酯类物质。具有较高脂肪酶活性的解脂芽孢杆菌等可通过调控醛类物质含量而改善酸肉风味。③蛋白质降解：肉中的内源蛋白酶和微生物代谢产生的外泌蛋白酶可促进肉蛋白降解，生成小分子肽类物质和游离氨基酸，其中呈味肽和呈味氨基酸对酸肉滋味品质有着重要贡献，部分游离氨基酸通过转氨酶作用可转化为 α-酮酸，其经 α-酮酸脱羧酶作用产生醇和醛[36]。蛋白质水解使得游离氨基酸和多肽含量与组成发生变化，提升了酸肉的酸、鲜、甜的滋味品质。

目前，国内外在改进酸肉生产工艺、筛选和构建优势菌株发酵剂等方面已开展大量研究，但是往往发现对酸肉特征风味起关键作用的菌株并非发酵过程的优势菌株。今后可针对接种微生物对关键风味物质组成的影响进行成味菌株筛选，并明晰酸肉发酵过程中优势菌株和成味菌株间的协同生长关系，以开发优势菌株和成味菌株配伍型发酵剂，提升传统酸肉现代化生产的品质稳态化和标准化水平。

17.2.5 其他畜禽肉制品的生物成味

（1）概述

除香肠、腊肉、火腿和酸肉等大类畜禽发酵肉制品外，肉干、肉脯和肉松等低脂肪干肉制品经过预煮、切块、腌制、复煮、干燥（烘烤）等工序也会发生生物成味现象。例如，干肉在干燥过程中不可避免伴随着自然发酵现象，尤其在传统干燥时肉和环境形成微生物共存体系，环境微生物群落多样性往往导致产品生物成味的不稳定性[37,38]。传统肉干制品品质较难控制，虽通过降低含水量可延长产品保质期，然而也存在口感较硬、干涩难嚼及风味品质差异性大等问题。创制原料嫩化、腌制和干制等方法，并将外源微生物发酵技术应用于干肉制品风味、质地和贮藏性能改良中，是目前突破干肉制品品质调控技术的重要内容。

（2）干肉制品的生物成味物质

1）干肉制品特征挥发性物质。肉干预煮和复煮工序也伴随着肉内源酶失活，其后在干制过程中因自然发酵或人工接种发酵，将产生大量的风味物质。其中挥发性物质包括醛类、酮类、醇类、酯类、羧酸、萜类、含氮化合物和呋喃等，风味阈值普遍较低的醛类物质是干肉主要挥发性物质，主要有己醛、庚醛、戊醛、壬醛、苯甲醛、辛醛等，此类由干燥过程中蛋白质和脂肪水解氧化等反应形成的物质，经发酵后，其种类和含量均会产生变化。例如，接种葡萄球菌发酵的牛肉干明显提升了缬氨酸、亮氨酸等支链氨基酸形成苹果香型 3-甲基丁醛的水平，发酵的羊肉、猪肉和牛肉干制品中赋呈樱桃香的苯甲醛含量均升高；干肉制品中酮类物质包括 2-壬酮、2-癸酮、2,3-丁二酮、3-羟基-2-丁酮等，主要是通过微生物 β-氧化反应和甲基酮生物合成（图 17.5）或脂质氧化产生的，3-羟基-2-丁酮作为肉干呈现奶油香的重要物质，原本来自肉干干燥过程的美拉德反应，但乳酸菌发酵可促进丙酮酸代谢产生 3-羟基-2-丁酮和 2,3-丁二酮。因此，此类微生物成味途径对肉干甜香味和奶油香味聚呈将会做出重要贡献（图 17.6）。

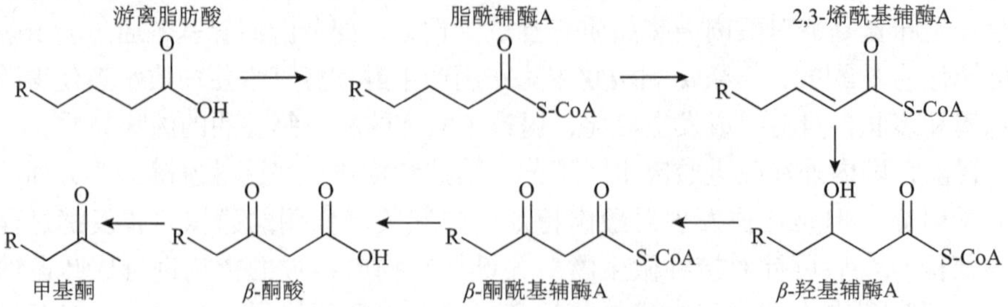

图 17.5 甲基酮的生物合成途径

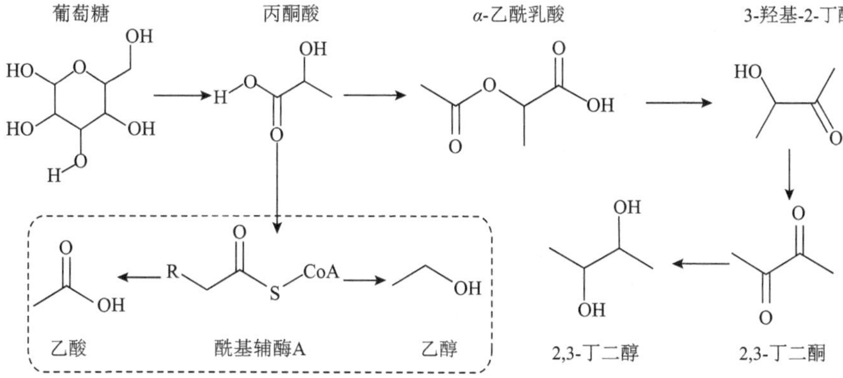

葡萄糖　丙酮酸　α-乙酰乳酸　3-羟基-2-丁酮
乙酸　酰基辅酶A　乙醇　2,3-丁二醇　2,3-丁二酮

图 17.6　同型乳酸菌发酵中丙酮酸的代谢途径

醇类物质的生成与脂肪和碳水化合物的微生物发酵代谢也存在关系。例如，乳杆菌和微球菌可分别通过脂质 β-氧化和丙酮酸代谢促进蘑菇味 1-辛烯-3-醇、刺激丁醇和 2,3-丁二醇的生成。酯类物质包括丙酸丁酯、丁酸甲酯、己酸甲酯、己酸乙酯、辛酸甲酯、棕榈酸乙酯等，此类物质可为肉干提供果香味和甜香味，其形成与微生物酯酶活性、酸和醇的酯化反应程度有关。例如，乙酰 CoA 和醇间的酯化反应会生成乙酸甲酯、乙酸乙酯、乙酸龙脑酯，酰基 CoA 和醇类反应会生成脂肪酸酯。微生物通过碳水化合物发酵可产生乳酸、乙酸、丁酸等有机酸，且醇和有机酸反应在生成酯类化合物的同时，会减少高含量酸类物质的异味。例如，不经过发酵的猪肉干干燥过程中因丁酸的不断生成而呈现出强烈的奶油味和腐臭味，而经保加利亚乳杆菌发酵后丁酸消失，且改善了肉干风味；呈现黄油味的 2-正戊基呋喃、坚果香的三甲基吡嗪等含硫和含氮杂环化合物，也是干肉制品的关键香气物质，可由微生物发酵代谢产生的氨基酸参与美拉德反应形成。

2）干肉制品滋味化合物。研究表明，肉干制备中经过发酵可使产品氨基酸味觉活度值增加而凸显滋味厚重感，主要原因是微生物蛋白酶和肽酶辅助肌原纤维的初始分解，导致氨基酸和小肽的释放[39]。例如，植物乳杆菌外分泌酶可将肌原纤连蛋白和肌质蛋白分解成活性肽，并通过蛋白酶梯次降解作用使氨基酸游离出来[40]。游离氨基酸和呈味肽同样是干肉制品重要的滋味物质，以此为物质基础通过微生物不同的酶的作用形成不同风味成分，赋予产品酸、甜、苦、咸、鲜等多效滋味属性。例如，猪肉干经保加利亚乳杆菌的乳酸发酵，可产生鲜甜味的谷氨酸和甘氨酸；牛肉干经木糖葡萄球菌和清酒乳杆菌发酵后，谷氨酸、天冬氨酸、天冬酰胺、丙氨酸等游离氨基酸含量明显提升；引入乳酸片球菌和肉葡萄球菌发酵兔肉脯也可提高产品中丝氨酸、甘氨酸、异亮氨酸和精氨酸等游离氨基酸含量。开发不同肉干制品微生物发酵剂，并将现代微生物发酵技术与肉干传统制作工艺高效对接，建立现代化肉干制备技术体系，可实现风味物质充盈融组，丰富产品鲜香味感。

（3）干肉制品的生物成味途径

干肉制品风干等干燥过程中也将存在自然发酵或人工接种发酵的生物成味途径，主要涉及微生物和内源酶对原料基础物质的氧化分解和生物转化。与其他发酵肉制品生物成味途径相近：①微生物和内源酶利用碳水化合物发酵代谢形成有机酸和酯类等物质。在肉干干燥过程中主要由乳酸菌发酵生成具有奶酪味和酸味的甲酸、乙酸和乳酸等，而后通过酯酶作用形成丙酸丁酯、丁酸甲酯、己酸甲酯、己酸乙酯、辛酸甲酯、棕榈酸乙酯等具有果香味的酯类物质。②微生物和内源酶利用蛋白质发酵代谢形成呈味或其他活性氨基酸及次级代谢产物。蛋白质通过蛋白水解酶和肽酶转化为肽和氨基酸，然后由转氨酶作用生成 α-酮酸，并经脱羧酶和脱氢酶作用等形成醛类、醇或羧酸类物质，其中干肉中呈现花香和甜香的苯甲醛、苯乙醛等芳香族化合物均可由芳香族氨基酸产生。另外，氨基酸代谢产物胺类化合物可与羧基缩合形成糖基胺，通过脱氧邻酮酸糖脱水降解可生成吡嗪、吡啶和噻吩等杂环化合物，提供肉干烤香和坚果香等。③脂肪酶催化脂质氧化分解生成醛、醇、酮和酸等挥发性化合物。其生物成味途径主要为饱和脂肪酸 β-氧化生成酮酰基 CoA，β-酮酸脱羧生成 2-壬酮、2-癸酮和 3-羟基-2-丁酮等甲基酮，使干肉制品具有桃香和奶香味（图 17.7）。

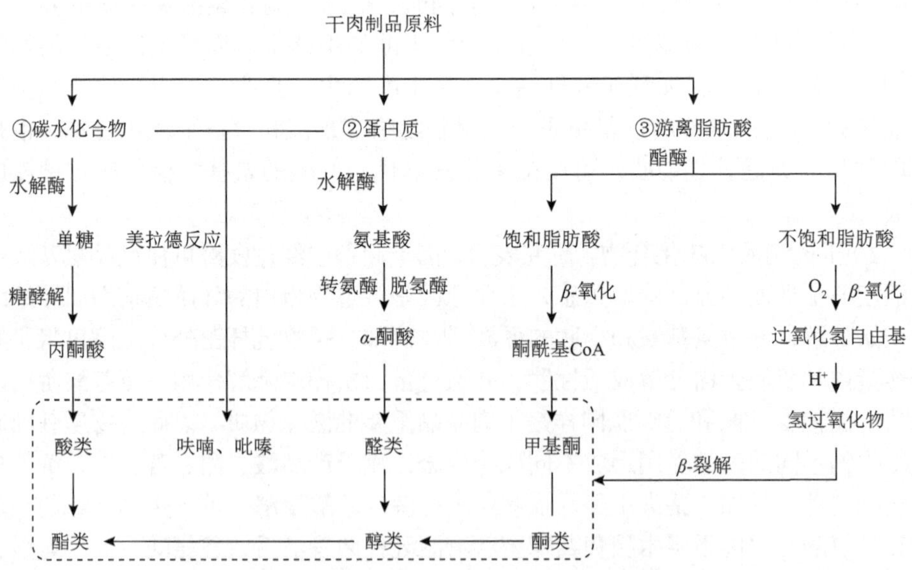

图 17.7　干肉制品香气物质的主要生物成味途径

17.3　畜禽肉制品中生物成味的影响因素

17.3.1　原辅料组成对产品生物成味的影响

（1）原料肉对产品生物成味的影响

相同或不同畜禽动物的性别、生长期、饲喂料或圈养方式等因素对原料肉组成和本源风味的影响较大，如脂肪中饱和脂肪酸和不饱和脂肪酸比例、受性别和饲料差异影响的腥膻味物质含量等。鲜肉中蛋白质、脂肪、碳水化合物和水分等对最终发酵产品的感官和营养及贮藏性能等影响重大。上述许多生物成味途径中物质组成的多样化势必会造成主要反应历程、风味物质种类和含量的差异。例如，蛋白质受活性氧、脂质衍生物和还原糖等物质氧化程度不同，将导致形成醛、酮、内酰胺等羰基化合物的种类和含量的差异；脂肪中不同含量甘油三酯和磷脂经内源性脂肪酶作用后，所形成的游离脂肪酸及其氢过氧化物等也将存在明显差异；碳水化合物含量和种类差异同样也会导致酸味和酯类等物质的分布状态不同。另外，各类发酵肉制品腌制、发酵和干燥等工序中，水分作为反应速率调节和平衡的重要介质，其含量和迁移规律对物质生物成味中催化或生物转化等历程也将产生巨大影响，并可通过限制微生物生长降低腐败变质程度。

（2）辅料组成对产品生物成味的影响

在发酵肉制品加工中，主要辅料包括食盐、碳水化合物、抗坏血酸及各种香辛料等。其中作为影响微生物生长分布和内源酶活性的食盐和碳水化合物等基础辅料，其组成和含量对生物成味途径中酸、醛、酮、酯和含硫化合物等挥发性物质，以及呈味肽、游离氨基酸等滋味物质生成的影响巨大。另外，抗坏血酸和各种香辛料对不同发酵肉制品中微生物菌群的演变机制，以及其对发酵肉制品风味品质的改善效果，也成为食品生物成味领域关注的焦点。

17.3.2　加工工艺对产品生物成味的影响

（1）腌制和发酵工序对产品生物成味的影响

各类肉制品生物成味工艺不同会引起风味品质出现差异，明晰不同产品制备过程中影响生物成味效果的关键因素和工序，是创新生物成味技术方法首要解决的问题。腌制和发酵作为内源酶酶解和微生物代谢的重要工序，定量配伍原辅料腌制与发酵的温度和时间是影响产品生物成味效果的重要因素，通过腌制和发酵过程中温度和时间参数的优化，可适当调控原辅料内源酶酶解和微生物转化效果。例如，原料肉腌制过程中温度高低和时间长短会对高渗透脱水、物质聚集与酶解效果产生影响；同样，发酵温度和时间会通过影响微生物细胞外泌酶表达和物质代谢水平，从而对原料肉蛋白质和脂肪等水解合成及美拉德反应产生影响。根据酶和微生物活性适当调高温度虽然可使物质水解产生大量风味物质，但是当温度较高时又会引起乳酸菌等微生物快速发酵，引起有机酸大量产生或风味物质过度氧化分解，从而不利于整体良好风味的形成。

（2）其他加工工艺对产品生物成味的影响

除以上关键成味工序外，发酵肉制品加工中需要干制或熏制等工序。优化相关发酵肉制品风干、晾晒等干制过程中温度、湿度和氧气含量等参数，可直接调控产品后熟期各反应历程的强弱程度，或结合热风、微波、红外等干燥方法开发干腌发酵肉制品微波-热风耦合干燥等技术，解决该类产品质地较硬、口感干涩、风味品质劣变等问题；肉制品经烟熏可通过引入酚类和羰基化合物而赋予产品特殊芳香味，在抑制腐败微生物繁殖的同时弱化酸败味等。传统烟熏产品经常存在多环芳烃、苯并芘等有害物质，明晰不同烟熏材料对产品微生物、颜色、风味物质、有害成分的影响规律，探讨低温烟熏工艺对产品品质提升的作用，是创新高品质烟熏肉制品加工工艺的重要措施。

17.3.3 酶和发酵剂对产品生物成味的影响

（1）酶对产品生物成味的影响

依照畜禽肉制品自然腌制或发酵进程筛选风味酶，构建不同发酵肉制品定向成味酶源，并将优良酶制剂应用于发酵肉制品，以促进产品香味和滋味的形成与高效拟合。目前已发现多种蛋白酶和脂肪酶应用于畜禽肉酶解可定向强化肉制品香味和滋味，其中，蛋白质可通过蛋白酶定向酶解形成呈味肽类和氨基酸等滋味化合物和其前体物质，同样，脂肪又可利用不同脂肪酶分解或氧化作用产生游离脂肪酸、二乙酰、酯类等香气化合物和其前体物质，从而促进畜禽肉制品整体风味品质的形成。根据不同肉制品生物成味特点确定合适的酶制剂和酶解参数，是创新畜禽肉酶解成味工艺的关键点[41,42]。通常需摒弃单酶酶解效率低和成味效果差等普遍问题，对照产品腌制和发酵等关键工序筛选与不同风味属性赋呈密切相关的酶源，建立多种酶顺次连续酶解工艺，或创制直投式复合酶制剂实现原料肉单次高效酶解成味。例如，通过碱性蛋白酶和风味蛋白酶协同酶解产生呈味肽和游离氨基酸，达到滋味厚重感提升的效果；利用脂肪酶和磷脂酶分别对甘油三酯和磷脂进行分解，然后通过初级酶解产物氧化形成特征挥发性化合物。

（2）发酵剂对产品生物成味的影响

根据自然发酵肉制品优势生长的细菌、酵母和霉菌（表 17.4），筛选不同发酵肉制品中优势菌株，对其特征风味赋呈效应进行预测和验证，并确定单一和复合发酵剂的发酵工艺条件，是发酵肉制品外源发酵剂发酵工艺需解决的主要问题。目前在发酵肉制品中常用乳酸菌和乳球菌等细菌发酵生成乳酸，并通过促进蛋白质降解等形成系列呈香和滋味物质；汉逊德巴利酵母、涎沫假丝酵母、解脂耶氏酵母等酵母已被广泛应用于发酵肉制品中，对蛋白质、脂肪和碳水化合物产生发酵代谢的成味效应，目前许多研究多针对不同发酵肉制品筛选新酵母菌种作为发酵剂，以改善不同肉制品的发酵香；紫红曲霉、安卡红曲霉等霉菌可对发酵肉制品蛋白质和脂肪进行充分水解和降解，也可通过延缓酸败味的产生和抑制其他微生物生长促进特征风味的形成。需要注意许多霉菌通过人工培养基繁殖会产生霉菌毒素，在筛选发酵肉制品霉菌菌种时首先要考虑其安全性。不同单一发酵菌株在生物成味或安全性等方面存在局限性，虽然目前已有多种复合微生物发酵剂被应用在发酵肉制品中，但还要依据不同菌种发酵特性开发高效生物成味复合菌种发酵剂。

表 17.4　发酵肉制品中常见的优势发酵菌株

优势菌属	具体菌种列举	生物成味特点
细菌	植物乳杆菌（*Lactobacillus plantarum*） 木糖链球菌（*Streptococcus xylosus*） 嗜酸乳杆菌（*Lactobacillus acidophilus*） 木糖葡萄球菌（*Staphylococcus xylosus*） 腐生葡萄球菌（*Staphylococcus saprophyticus*） 肉葡萄球菌（*Staphylococcus carnosus*） 模拟葡萄球菌（*Staphylococcus simulans*）	降解碳水化合物生成有机酸，促进发生酯化反应；分泌蛋白酶和脂肪酶，促进生成氨基酸和脂肪酸；产生抗氧化酶类，抑制发酵肉制品不良风味产生 脂肪酶和蛋白酶活性强，能够形成游离氨基酸和脂肪酸、多肽等风味前体，促进芳香物质形成；抑制不饱和脂肪酸氧化，影响挥发性风味物质的组成
酵母	汉逊德巴利酵母（*Debaryomyces hansenii*） 解脂耶氏酵母（*Yarrowia lipolytica*） 涎沫假丝酵母（*Candida zeylanoides*）	分解脂肪和蛋白质，赋予发酵香；分解碳水化合物产生醇类物质，使其与酸类物质发生酯化反应，生成酯香味酯类物质；增加游离氨基酸含量，形成甜香和咸鲜等味感融组体系
霉菌	纳地青霉（*Penicillium nalgiovense*） 产黄青霉（*Penicillium chrysogenum*） 紫红曲霉（*Monascus purpureus*） 安卡红曲霉（*Monascus anka*）	可抑制不良微生物生长繁殖和延缓酸败；促进脂肪和蛋白质降解为短肽、游离脂肪酸和氨基酸，促进发酵肉制品特征风味物质的形成

17.4　畜禽肉制品中生物成味的发展趋势

我国众多区域发酵肉制品以其多元风味特征深受消费者青睐，虽然各地特色发酵肉制品相继建立生产技术地方标准，但是随着我国经济的快速发展和人们生活水平的日益提升，人们对畜禽肉制品的健康、营养和美味品质提出了更高要求，绿色生物成味制剂、现代化制备技术和工艺等尚待高标准规范，这也是我国畜禽肉制品加工技术创新的重要突破口。紧密结合我国当前畜禽肉制品发展实际和国际趋势，开发建立畜禽肉制品风味健康双导向的生物成味绿色智能调控技术体系，提升我国特色畜禽肉制品产业可持续发展水平和市场核心竞争力。

（1）风味和营养品质标准化智能感知识别

结合风味感官组学技术手段建立不同畜禽肉制品关键风味和营养物质及感官属性等变量数据信息源，确定与典型品质和风味禀赋存在显著效应关系的物质和感官属性等多维变量，对照不同畜禽肉制品产业化制造的整体工序进程，确定导致典型营养和风味品质变化的关键物质与感官属性等各类参量；结合原位检测、仿生传感及多元模式识别等方法，对典型营养和风味品质存在差异的同类样本集进行分类识别表征，通过多变量多维信息效应解析建立不同肉制品营养和感官品质高精度预测模型，通过构建高通量仿生检测等系统，创制其典型品质多维信息融合及可视化的风味智能感知识别技术，以用于畜禽肉制品制造进程中典型营养和风味品质的实时在线精准识别与监测。

（2）畜禽肉制品生物成味效应机制和营养健康评价

特色畜禽肉制品复杂风味物质定量组合与特征风味属性赋呈、微生物群落和多酶表达的演变紧密关联，单通过产品风味属性模糊性感官评测，或依据复杂关键风味物质含量高低、优势发酵菌群和酶源类别，仍无法为风味品质标准化辨识和调控技术创新提供科学依据，特别是对传统肉制品产业化加工中所出现的风味品质劣变问题，往往无法实现标准化溯源和定向调控。通过不同生物成味阶段肉制品风味属性、复杂风味物质组成、动态微生物群落或酶源类别间效应关系进行解析和应用验证，明晰不同肉制品产业化加工进程中风味物质演替机制，是创制畜禽肉制品生物成味品质调控技术的关键科学基础。

（3）畜禽肉制品微生物发酵剂和酶制剂开发

微生物发酵和酶解是影响肉制品生物成味的关键因素，依据典型风味物质和品质属性与演替微生物群落间的效应关系，明确不同发酵菌株及其表达酶源驱动特征风味赋呈的作用效果，以及优势菌株与风味菌株间的协同增效作用；通过诱导特定微生物内源酶表达或添加相同种类外源酶等方法，确定对该肉制品风味和营养品质改善具有导向作用的关键酶，以此初步筛选并构建典型肉制品生物成味复合微生物发酵剂或酶制剂；运用色谱分析和分子生物学方法定性、定量分析生物毒素等不安全因子和致敏物质的代谢状况，并结合急性和慢性毒理学实验全面评价此类新型发酵剂和酶制剂的安全性，以实现畜禽肉制品典型绿色生物成味发酵剂和酶制剂的产业化制备。

（4）典型畜禽肉制品智能生产设备和工艺研发

设计制造典型畜禽肉制品生产关键智能装备，对生物成味关键环境因子实现自动感应判别和智能调控；比较原料肉与辅料配伍参数等对风味和营养物质及感官属性的影响规律，确定发酵菌种复配参数对产品风味轮廓的影响，以此为依据对传统典型畜禽肉制品生产工艺和关键技术要点进行优化与创新，并建立产品质量标准化体系。

参考文献

[1] 冉春霞, 陈光静. 我国传统发酵肉制品中生物胺的研究进展. 食品与发酵工业, 2017, 43(3): 285-294

[2] HAO M, WANG W, ZHANG J, et al. Flavour characteristics of fermented meat products in China: A review. Fermentation, 2023, 9(9): 830

[3] WORAPRAYOTE W, MALILA Y, SORAPUKDEE S, et al. Bacteriocins from lactic acid bacteria and their applications in meat and meat products. Meat Science, 2016, 120: 118-132

[4] CHEN Q, KONG B, HAN Q, et al. The role of bacterial fermentation in lipolysis and lipid oxidation in Harbin dry sausages and its flavour development. LWT-Food Science and Technology, 2017, 77: 389-396

[5] 张佳敏, 王卫, 吉莉莉, 等. 浅发酵香肠仿天然风干工艺研究. 食品工业科技, 2021, 42(12): 160-167

[6] 白妞妞, 白锴凯, 何建林, 等. 鱼露发酵技术及风味研究进展. 中国调味品, 2021, 46(2): 175-179

[7] WANG Z, WANG Z, JI L, et al. A review: microbial diversity and function of fermented meat products in China. Frontiers in Microbiology, 2021, 12: 645435

[8] 葛芮瑄, 罗玉龙, 剧柠. 传统发酵肉制品中微生物菌群对风味形成的研究进展. 微生物学通报, 2022, 49(6): 2295-2307

[9] 龙强, 聂乾忠, 刘成国. 发酵香肠研究进展及展望. 食品科学, 2017, 38(13): 291-298

[10] REBECCHI A, PISACANE V, CALLEGARI M, et al. Ecology of antibiotic resistant coagulase-negative staphylococci isolated from the production chain of a typical Italian salami. Food Control, 2015, 53: 14-22

[11] XIAO Y, LIU Y, CHEN C, et al. Effect of *Lactobacillus plantarum* and *Staphylococcus xylosus* on flavour development and bacterial communities in Chinese dry fermented sausages. Food Research International, 2020, 135: 109247

[12] BEDIA M, MÉNDEZ L, BAÑÓN S. Evaluation of different starter cultures (*Staphylococci plus* lactic acid bacteria) in semi-ripened Salami stuffed in swine gut. Meat Science, 2011, 87(4): 381-386

[13] CACHALDORA A, FONSECA S, FRANCO I, et al. Technological and safety characteristics of Staphylococcaceae isolated from Spanish traditional dry-cured sausages. Food Microbiology, 2013, 33(1): 61-68

[14] WANG Y, JIANG Y T, CAO J X, et al. Study on lipolysis-oxidation and volatile flavour compounds of dry-cured goose with different curing salt content during production. Food

Chemistry, 2016, 190: 33-40

[15] LIU Y, WAN Z, YOHANNES K, et al. Functional characteristics of *Lactobacillus* and yeast single starter cultures in the ripening process of dry fermented sausage. Frontiers in Microbiology, 2021, 11: 611260

[16] YANG Y, ZHANG X, WANG Y, et al. Study on the volatile compounds generated from lipid oxidation of Chinese bacon (unsmoked) during processing. European Journal of Lipid Science Technology, 2017, 119(10): 1600512

[17] CORRAL S, SALVADOR A, FLORES M. Salt reduction in slow fermented sausages affects the generation of aroma active compounds. Meat Science, 2013, 93(3): 776-785

[18] HU Y, ZHANG L, WEN R, et al. Role of lactic acid bacteria in flavor development in traditional Chinese fermented foods: A review. Critical Reviews in Food Science Nutrition, 2022, 62(10): 2741-2755

[19] WEN R, YIN X, HU Y, et al. Technological properties and flavour formation potential of yeast strains isolated from traditional dry fermented sausages in Northeast China. LWT-Food Science and Technology, 2022, 154: 112853

[20] JIMENEZ M, O'DONOVAN C, ULLIVARRI M, et al. Microorganisms present in artisanal fermented food from South America. Frontiers in Microbiology, 2022, 13: 941866

[21] PEREA-SANZ L, LÓPEZ-DíEZ J, BELLOCH C, et al. Counteracting the effect of reducing nitrate/nitrite levels on dry fermented sausage aroma by *Debaryomyces hansenii* inoculation. Meat Science, 2020, 164: 108103

[22] 李银辉, 王晔茹, 孟媛媛, 等. 即食发酵肉制品熟化机制研究进展. 食品科学, 2022, 43(9): 337-345

[23] SASAKI K, MOTOYAMA M, MITSUMOTO M. Changes in the amounts of water-soluble umami-related substances in porcine longissimus and biceps femoris muscles during moist heat cooking. Meat Science, 2007, 77(2): 167-172

[24] 文瑜, 杨思艺, 张驰, 等. 微生物发酵剂对中式腌腊制品产品特性及其品质的影响研究. 中国调味品, 2023, 48(8): 215-220

[25] ZHOU C, WU X, PAN D, et al. TMT-labeled quantitative proteomic reveals the mechanism of proteolysis and taste improvement of dry-cured bacon with *Staphylococcus* co-inoculation. Food Chemistry, 2024, 436: 137711

[26] 张根生, 潘雷, 岳晓霞, 等. 发酵肉制品加工过程中风味物质形成和影响因素研究进展. 中国调味品, 2022, 47(1): 200-205

[27] LI Z, WANG Y, PAN D, et al. Insight into the relationship between microorganism communities and flavor quality of Chinese dry-cured boneless ham with different quality grades. Food Bioscience, 2022, 50: 102174

[28] LI R, GENG C, XIONG Z, et al. Evaluation of protein degradation and flavor compounds during the processing of Xuan'en ham. Journal of Food Science, 2022, 87(8): 3366-3385

[29] TOLDRÁ F, GALLEGO M, REIG M, et al. Bioactive peptides generated in the processing of dry-cured ham. Food Chemistry, 2020, 321: 126689

[30] WANG Y, SHEN Y, WU Y, et al. Comparison of the microbial community and flavor

compounds in fermented mandarin fish (*Siniperca chuatsi*): Three typical types of Chinese fermented mandarin fish products. Food Research International, 2021, 144: 110365

[31] CASABURI A, DI MONACAI R, CAVELLA S, et al. Proteolytic and lipolytic starter cultures and their effect on traditional fermented sausages ripening and sensory traits. Food Microbiology, 2008, 25(2): 335-347

[32] 李文杰, 白艳红, 陈曦, 等. 酸性蛋白酶对酸肉发酵过程中菌群结构和风味品质的影响. 食品科学, 2022, 43(2): 158-167

[33] 蒋翠翠, 尚昊, 张素芳, 等. 产脂肪酶菌株的筛选、酶学特性及其接种对酸肉风味物质的影响. 食品科学, 2023, 44(10): 106-113

[34] 范晓文, 常荣, 赵珠莲, 等. 酸肉发酵中挥发性风味物质的变化及对品质的影响. 食品与发酵工业, 2019, 45(22): 68-75

[35] HU Y, CHEN Q, WEN R, et al. Quality characteristics and flavor profile of Harbin dry sausages inoculated with lactic acid bacteria and *Staphylococcus xylosus*. LWT-Food Science and Technology, 2019, 114: 108392

[36] ZANG J, YU D, LI T, et al. Identification of characteristic flavor and microorganisms related to flavor formation in fermented common carp (*Cyprinus carpio* L.). Food Research International, 2022, 155: 111128

[37] HU Y, DONG Z, WEN R, et al. Combination of ultrasound treatment and starter culture for improving the quality of beef jerky. Meat Science, 2023, 204: 109240

[38] WEN R, SUN F, WANG Y, et al. Evaluation the potential of lactic acid bacteria isolates from traditional beef jerky as starter cultures and their effects on flavor formation during fermentation. LWT-Food Science and Technology, 2021, 142: 110982

[39] LUO Y, ZHAO L, XU J, et al. Effect of fermentation and postcooking procedure on quality parameters and volatile compounds of beef jerky. Food Science and Nutrition, 2020, 8(5): 2316-2326

[40] WANG Y, HAN J, WANG D, et al. Research update on the impact of lactic acid bacteria on the substance metabolism, flavor, and quality characteristics of fermented meat products. Foods, 2022, 11(14): 2090

[41] TANG T, ZHANG M, LIU Y. Valorization of meat and bone residue by ultrasound and high voltage electrostatic field assisted two-stage enzymatic hydrolysis: Nutritional characteristics and flavor analysis. Food Bioscience, 2023, 56: 103203

[42] ZHENG Z, ZHANG M, FAN H, et al. Effect of microwave combined with ultrasonic pretreatment on flavor and antioxidant activity of hydrolysates based on enzymatic hydrolysis of bovine bone. Food Bioscience, 2021, 44: 101399

第 18 章

果蔬食品中的生物成味

18.1 果蔬食品中的生物成味研究现状

我国是传统农业大国，仅 2022 年蔬菜种植面积就达到 3.36 亿亩①，产量达 7.91 亿吨（数据来源于《2023 年中国蔬菜产业发展报告》），同时我国也是世界主要的水果生产和消费国，如西瓜、苹果、猕猴桃、梨等种植面积和产量均稳居全球首位。近几年，我国蔬菜和水果种植面积与产量每年都稳步提升，但随着整体经济持续增长和居民收入不断提高，以及“大食物观”逐渐形成，消费者膳食结构合理化和消费升级成为主要趋势，以粮食为主的饮食结构将逐渐向果蔬等多样化膳食转变（数据来源于《中国农业展望报告（2023—2032）》）。因此，果蔬食品将不再局限于鲜食的单一销售模式，越来越多的果蔬延伸产品将进入市场供消费者挑选，在果蔬加工进程中如何赋予其产品更高的价值和市场竞争力成为生产企业的重点与难点，也是国内外研究学者探讨的热点。果蔬食品的风味品质是决定其产品综合品质的重要指标，也是影响消费者购买意向的核心属性。呈香和呈味物质通过刺激嗅觉和味觉靶向受体蛋白并经过大脑处理后产生相应感觉，主要以醛类、醇类、酮类、酯类和含硫化合物等挥发性风味化合物，以及糖、有机酸、无机盐等非挥发性滋味化合物定量融组而赋呈[1]。因此，利用食品生物成味技术将果蔬自身特征风味物质释放或是外源添加促使其形成所需的风味，成为提升相关产品风味品质的主要途径。本节内容将从水果和蔬菜制品两个类别讨论生物成味研究现状、实践案例、影响因素和未来发展趋势。

水果和蔬菜富含丰富的维生素、矿物质、多酚等生物活性成分[2]，可满足消费者对健康生活的追求，但因部分果蔬具有气候环境等产地局限性，或是甜度高、水分大、果皮薄及易受微生物侵染等不耐储的特点，在提升贮藏保鲜技术的同时，通常需经过加工制成果蔬汁、果醋、发酵果肉等果制品，以及酸菜、泡菜、酱腌菜等蔬菜制品，以达到延长保质期和满足长途运输的需求。此外，新鲜果蔬中富

① 1 亩≈666.7m^2

含果胶、纤维素或热敏性挥发性物质，导致产业加工进程中出现出汁率低、易沉淀、产品的风味品质劣变等问题，据联合国粮食及农业组织（FAO）统计数据，每年高达 45%的水果和蔬菜采后加工时由于腐败变质或产品的品质低于消费者预期而损失。目前，利用酶解、发酵等方法改变果蔬食品香气或滋味物质组成，以促使形成所需的风味，成为果蔬食品生物成味技术的两种主要手段。例如，果汁加工进程中热敏性挥发性物质会因杀菌、均质等环节发生散逸、分解、聚合等异变反应而损失严重，此时可加入外源增香酶如 β-葡萄糖苷酶通过水解糖苷键将果汁中键合态特征香气物质释放[3]，从而降低了特征香气含量降低而导致的呈香品质弱化影响程度；为进一步提升外源酶对果汁的酶解增香效果，可采用复合酶协同酶解或是利用超声波等辅助酶解方案，均能提升酶解效率和增香效果[4]。此外，除了加工导致的果汁风味品质劣变问题，部分水果本身含有苦味、涩味，导致若粗加工成了初级水果产品后口感将难以接受，如石榴汁的涩味、橙汁和橘汁的苦味等不良滋味。

除上述尽可能保留原果特征风味并优化提升口感的产品外，部分果蔬还可加工为兼具生物活性和健康功效的发酵型果蔬食品（发酵果蔬汁、果醋、果肉制品等）。在发酵果汁研究领域，研究集中在发酵菌种选择、发酵条件优化、水果原料筛选等方面，常用植物乳酸杆菌和发酵乳杆菌等菌种。果醋是我国两广、福建的饮食文化中不可或缺的重要组成部分，主要研究聚焦于果醋发酵工艺优化和风味品质辨识中。例如，将山楂水果通过酵母和醋酸菌发酵制得，整体呈现出果香和醋香融合的香气。果醋的风味品质通常采用人工/电子感官评价结合气相色谱-质谱（GC-MS）、气相色谱-嗅闻（GC-O）等方法协同评价，如采用 GC-MS 解析了葡萄醋中的呈香物质，并通过人工感官评价联合 GC-O 协同定量探究发现不同原料会对果醋的呈香品质有明显的影响[5]。发酵生物成味技术除了对呈香品质有显著的提升作用，也会对滋味的浓郁度和协调感有明显的作用。

蔬菜制品与水果制品应用生物成味技术的情况整体相似，差别在于蔬菜制品生物成味手段主要是利用发酵技术进行风味优化或改良。例如，酸菜是我国东北地方特色，由于当地有漫长的冬季而难以获得新鲜的蔬菜用于补充维生素，因此将白菜用食盐水搭配乳酸菌进行发酵，制备成酸菜，不仅延长了贮藏时间，也赋予了蔬菜独有的发酵香气和脆嫩的口感；泡菜是我国重要的传统发酵蔬菜制品之一，主要以西南一带的川式和朝鲜族泡菜最为出名，西南一带的泡菜制作上注重浸泡，各类蔬菜在食盐水中密闭发酵，使得川式泡菜具有鲜香风味和爽脆的口感，而朝鲜族泡菜是以蔬菜为主料，经由水果、鱼露、食盐、辣椒面等制成的酱料充分涂抹菜体表面后密闭发酵而成，朝鲜族泡菜更加注重腌制，具有与西南一带泡菜完全不同的发酵工艺；酱腌菜是我国又一历史悠久的发酵蔬菜制品，通过添加酱、糖或其他调味品，各类蔬菜利用乳酸菌等微生物进行发酵而成，由于地域饮食和口味差异，制得的酱腌菜具有鲜甜脆嫩或咸鲜辛辣等多样风味；目前针对发酵蔬菜制品生物成味的研究主要集中于发酵菌种选择和发酵工艺参数优化方面，主要用于发酵的菌种包括乳杆菌、酵母、明串珠菌等，发酵工艺参数因原料不同、风味需求差异等尚未形成标准，针对发酵蔬菜制品的风味品质评价重点集中于发酵前后风味物质定量对比、人工结合电子感官评价、风味品质预测模型构建等；综上国内外研究进展（图 18.1），果蔬食品生物成味相关研究重点集中于原料风味品质评价、成味工艺参数优化及香气或滋味调控等方面，相关研究成果可为我国产业化高品质果蔬食品加工技术创新与应用奠定关键理论基础。

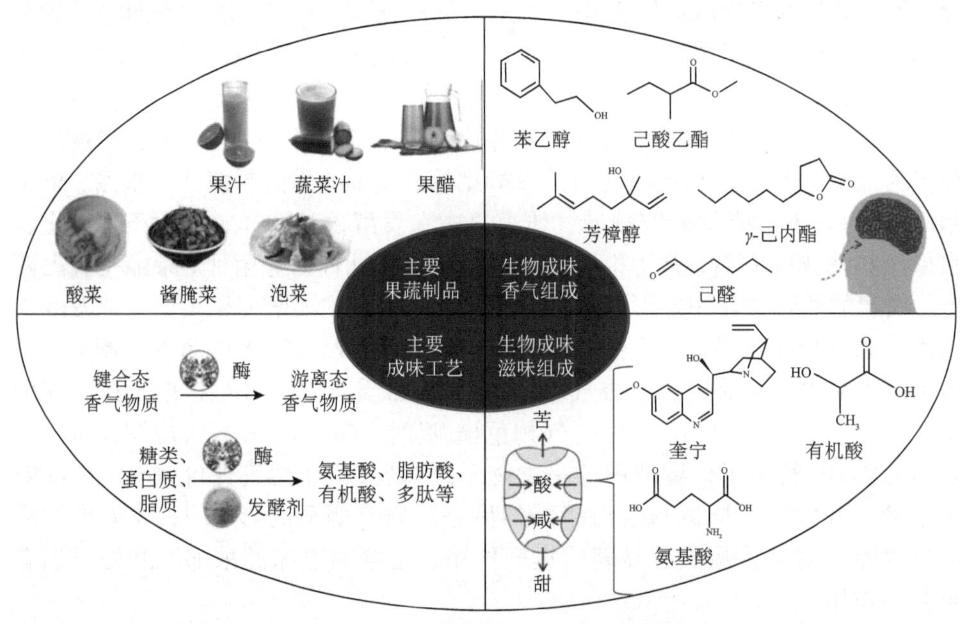

图 18.1　典型果蔬制品的生物成味

探究果蔬的生物成味研究中，酶解或是发酵进程中工序复杂，且各产品的整体风味品质不是通过单一或几种物质含量变化能表征的，单纯通过复杂挥发性物质的种类与含量变化，难以解析果蔬加工进程中风味品质趋变规律。值得注意的是，果蔬风味的形成与呈香和呈味属性协同拟合紧密相关，通过主观模糊性感官评价或对物质组成进行定量监测，难以实现不同物质组成下风味品质的准确解析，即便通过现有的多种检测技术可全面鉴定样品中所有呈香和呈味物质，然而面对庞大的检测数据库也无法准确诠释果品在生物成味过程中风味形成或异化的机制，这也是未来实现果蔬生物成味中风味品质精准调控和靶向优化亟须突破的瓶颈。此外，当前我国发酵类果蔬制品还面临着如发酵剂专用化、风味功能双向化等重要的技术挑战和发展瓶颈，为实现更为精准、有效和安全的发酵菌种对产品风味改良和人体健康的支持，急需深入挖掘和解析发酵菌种赋香成味基于功效作用的双导向机制。目前我国关于具有自主知识产权的专用发酵菌的发掘，并制备成专用发酵剂，也是急需攻克的技术难题之一。寻找发酵风味优良、益生功能突出、安全性高的菌株也是重要方向，筛选获得多元化的适配我国消费市场的发酵菌，是我国果蔬发酵制品产业高质量发展的核心基础。与发酵剂面临的挑战相似，专用酶制剂的制备技术也是果蔬产品生物成味技术的关键，酶在加工或储藏过程中容易受到光、温度、氧气等外界因素的影响而改变酶解速率和产物种类，同时部分酶制剂的酶解途径和机制尚未揭示，导致量效关系不明确，造成酶制剂在果蔬制品中的靶向应用和产品开发方面存在一定的盲目性，对于不同酶的特异性、功效性、协同性评价及作用机制的研究亟须深入加强。虽然我国果蔬食品中的生物成味应用范围广泛且历史悠久，针对风味品质的国内外相关研究可为果蔬产品开发提供一定的借鉴，但在风味品质标准化、发酵和酶解机制解析及专用发酵剂与酶制剂研发等领域仍需开展大量的探索工作。

18.2　典型果蔬食品的生物成味实践

18.2.1　典型果品的生物成味实践

（1）果汁的生物成味

将水果加工成果汁不仅可以有效地解决采收季集中、储运难度大等问题，还能够提升水果的附加值，目前我国是世界浓缩果汁行业最大的生产国，超过 90%的浓缩果汁被出口到世界各地，占全球销量的 60%以上。据统计，2021 年中国果汁行业市场规模为 1309 亿元（数据来自《果汁原浆和浓缩汁行业分析报告》），随着国内消费水平的提升，对营养健康且风味优良的高品质果汁的需求也日益增加，采用生物成味技术提高果汁风味品质是推进果汁产业转型升级的重要方法之一[6]。果汁是以水果原浆或水果浓缩汁为原料，按不同果汁类型（清汁、浊汁或浓缩汁）稀释后，与糖、酸等食品添加剂复配制得的产品（参照《中华人民共和国农牧渔业部部标准　果汁饮料总则》（NY/T 81—1988））。酶解为果汁生物成味技术中最重要的风味品质改良手段。以苹果汁为例，其加工的工艺流程为：原料拣选清洗、破碎、灭酶、榨汁、酶解、过滤、浓缩、灭菌、灌装。其中酶解和灭菌是影响风味品质的关键步骤，但灭菌常采用物理方法，不涉及生物成味。

酶对果汁生物成味的作用是通过生物催化的方式定向调控果汁的香气和滋味。果汁中的香气物质包括挥发性可直接感受到的游离态化合物，以及以糖苷键合态的形式存在而无法直接感受的化合物，通常需要酸或酶水解释放后才能感知。相关研究表明，向葡萄和樱桃汁中加入 β-葡萄糖苷酶水解后，萜烯、酯和醇的含量显著增加，如 β-紫罗兰酮、氧化芳樟醇、月桂烯、3-甲基-1-丁醇和顺-2-辛醇等，进而提升了花香味和果香味强度，让果汁风味浓郁且香气品质更为稳定[7]。

滋味也是评价果汁风味优劣的关键指标，加工后苦味、涩味等滋味属性会明显降低果汁适口性和市场接受度。例如，柑橘类水果中含有多种类黄酮化合物，如柠檬苦素、诺米林、宜昌橙苦素等苦味化合物，历经榨汁、灭菌等加工环节会导致苦、涩味增强，口感品质明显降低。实际生产中常用柚皮苷酶水解柚皮苷，酶解成无苦味的鼠李糖和普鲁宁[8]（图 18.2）；柚皮苷分子中的鼠李糖以糖苷键与葡萄糖相连，葡萄糖又以糖苷键与黄酮相连，因此柚皮苷酶的脱苦有 α-L-鼠李糖苷酶和 β-D-葡萄糖苷酶两种酶参与反应。柠檬苦素可通过柠檬苦素 D-环内酯水解酶酶解，水解为柠檬酸 A-环内酯后分两条途径降解为无苦味的衍生物：第一条途径是柠檬酸 A-环内酯经柠檬苦素葡萄糖基转移酶作用为柠檬苦素 17-β-D-葡萄糖苷；第二条途径是柠檬酸 A-环内酯经柠檬苦素脱氢酶作用为柠檬苦素 17-脱氢甘油酯 A-环内酯，以上两种形式的物质均稳定且无苦味，进而达到脱苦的目的（图 18.3）。此外，如柠檬苦素环氧酶、柠檬苦素脱氢酶、柠檬苦醇脱氢酶、反式消除酶、乙酰基裂解酶等也可被用来为类柠檬苦素脱苦[9]。酶解是果汁生物成味中重要的手段之一，因具有安全性和高效性而受到果汁企业的青睐。

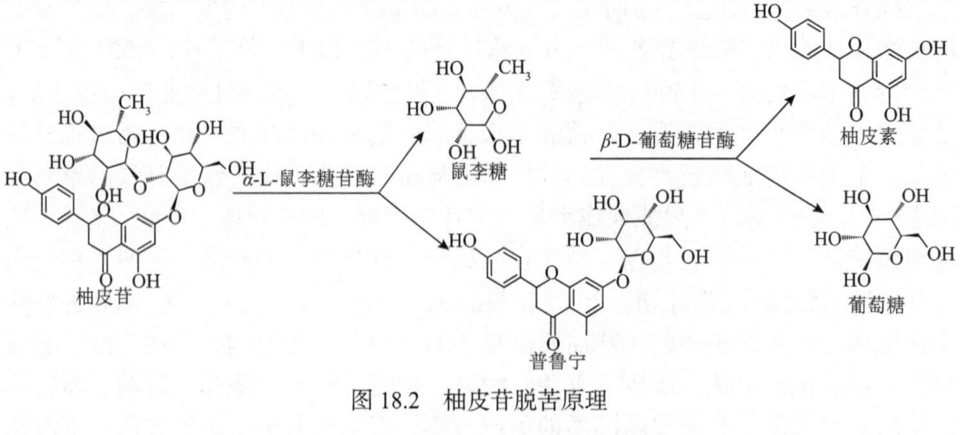

图 18.2　柚皮苷脱苦原理

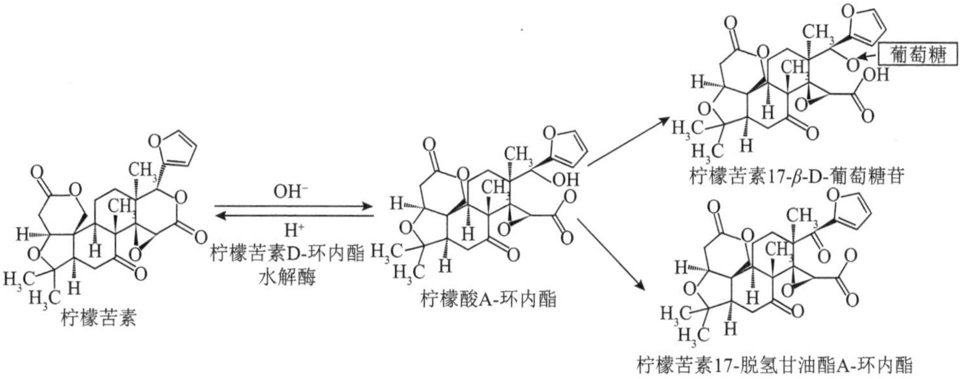

图 18.3　柠檬苦素脱苦原理

（2）果醋的生物成味

果醋是以苹果、葡萄、桑葚等果肉或皮渣为原料，经乙醇发酵和乙酸发酵而成的一种风味独特、营养丰富的调味品和饮品。中国是醋的发源地之一，《周礼》《齐民要术》中就有对不同种类醋制作工艺的介绍。随着果醋营养保健功能的进一步开发和挖掘，我国果醋行业也迎来蓬勃发展。2020 年我国果醋行业市场规模达到 76.16 亿元，其中果醋饮料行业市场规模为 49.95 亿元，占果醋整体规模的 65.6%；果醋（调味品）行业市场规模约为 26.21 亿元，占果醋整体规模的 34.4%。目前广东、河南、陕西及江苏等主产区共有 50 多个果醋品牌，其中广东地区果醋产量占据全国的 40%以上。相较于传统食醋，果醋兼有食醋和水果的风味及保健功效，在具有酿造食醋抗菌防腐、增进食欲等功能的同时，形成了丰富的芳香酯、醛、酮等香气成分，明显提升了果醋的呈香品质，一款风味品质优良的果醋应具有柔和的、富有层次的酸感及浓郁的果香、花香香气等风味特点。

果醋生物成味主要集中于发酵过程，可以分为乙醇发酵和乙酸发酵两个阶段（图 18.4）。在乙醇发酵阶段，酵母在无氧环境中将果汁中的葡萄糖、氨基酸等成分转化成乙醇、二氧化碳及其他副产物，形成具有一定酒精度的果酒；到乙酸发酵阶段，醋酸菌在有氧条件下利用乙醇脱氢酶催化乙醇转化为乙醛，再进一步由乙醛脱氢酶氧化成乙酸，最终形成香气多样、口感丰富的果醋。目前果醋的酿造工艺主要分为固态发酵法、液态发酵法和固液发酵法三类。固态发酵法是利用固态原料进行传统乙酸发酵的过程，一般以不易榨汁的水果如猕猴桃、草莓、柿子、枣等为原料，成品具有口味醇厚、色泽良好等优点；液态发酵法一般以水分含量高、易榨汁的水果如沙棘、梨、葡萄、桃等为原料，具有酿造周期短、原料利用率高等优点，是当前工业化果醋生产中常用的发酵工艺；固液发酵法是固态乙醇发酵和液态乙酸发酵，或者是液态乙醇发酵和固态乙酸发酵的结合，一般选择的原料介于上述两类之间。

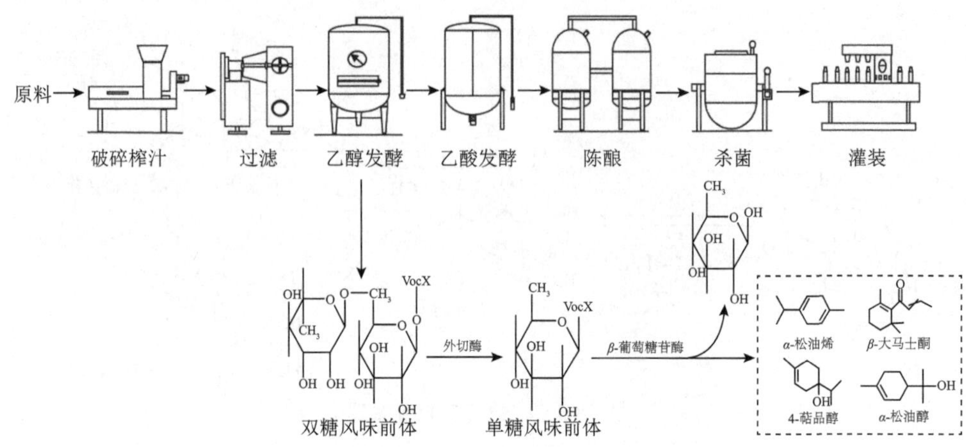

图 18.4　果醋中采用 β-葡萄糖苷酶生物成味途径

VocX. 挥发性香气物质，如 α-松油醇、β-大马士酮等

（3）其他发酵水果制品的生物成味

生物成味在水果加工中除了应用于鲜果汁和发酵果醋，也在发酵果汁、发酵果酱、发酵果泥等发酵产品中起到关键作用，不仅满足了延长水果保质期的需求，也充分地利用了水果营养和药理价值，发酵赋予其极具特色的发酵香、弱酸感，使发酵水果产品的滋味更为丰富，香气浓郁且柔和。

1）发酵果汁。发酵果汁是以新鲜的果蔬汁为原料，经乳酸菌或者酵母发酵而成的无醇或低醇的果汁饮料，我国关于无醇及低醇发酵果汁中乙醇的含量尚未有标准化的要求，通常以无醇发酵果汁乙醇含量≤0.5%（*V*/*V*）为标准，低醇发酵果汁的乙醇含量略高于无醇发酵果汁。若采用酵母参与发酵过程，可通过限制性发酵工艺（包括中止发酵法、低温发酵法、特种酵母法）和乙醇脱除工艺控制发酵过程中的乙醇含量以实现低醇。发酵果汁按照原料可以分为单一发酵果汁（只有一种水果原料）或混合发酵果汁（有两种及以上的水果原料）两种类型。

果汁发酵生物成味过程中醇类、酯类、萜烯类香气物质的含量会发生非线性趋变。醇类化合物能通过醛类化合物的脱氢后还原形成，也可经过亚油酸和亚麻酸的降解形成[10]。酯类物质可经酯酶水解作用，短链脂肪酸与醇类在分子间脱水生成酯类化合物；也能够经酯酶或酰基转移酶水解，由乙酰辅酶 A（或甘油酯）与醇类物质生成酯类物质（醇解）。萜烯类化合物则是在发酵过程中经由酶解从糖苷中释放的。酮类物质可通过脂肪酸氧化、类胡萝卜素降解或脱羧途径形成[11]。挥发性脂肪酸可通过磷酸激酶-葡萄糖酸途径或柠檬酸的代谢途径产生[12]。以上发酵果汁的生物成味过程中醇、酯、酮及萜烯类等物质含量的改变，可显著提升特征呈香属性强度并弱化不良风味影响，如芳樟醇、α-松油醇、苯甲醇、2-乙基己醇、(*Z*)-3-己烯-1-醇含量的增加，对花香味、果香味、草香味等属性有明显的提升作用。酯类化合物则与果香味、甜香味等呈香属性有明显的正相关性。同时也发现，乳酸菌发酵可促进桃汁中癸内酯、γ-己内酯、烯丙基 2-丁酸乙酯的形成，其中癸内酯具有果香味、桃味和奶油味香气属性，γ-己内酯带有甜味、香豆素味和果香味，烯丙基 2-丁酸乙酯呈现出果味和脂肪味的特点；又如，柠檬烯、β-月桂烯、γ-萜品烯、α-萜品烯等萜烯类化合物，可以赋予果汁甜香味，D-柠檬烯具有典型的柠檬味和柑橘味[13]。此外，发酵生物成味过程中能将醛还原为醇或氧化为酸，醛类物质含量降低会在一定程度上弱化刺激性或类似青草的“生腥”味强度，进一步提升发酵果汁呈香协调性和柔和度。果汁经乳酸菌发酵后产生的乙醛，在较低浓度下呈现为果香味，但在高浓度（>200mg/kg）时，则呈现刺激性气味。酮类物质的气味阈值较低，低浓度就具有呈香效应。例如，大马士酮赋予了发酵桃汁浓郁的花香味；2-壬酮则可为发酵椰子汁、发酵胡柚汁提供果香味属性。

发酵果汁中以甜和酸为特征滋味，分别由糖类和有机酸提供，其中糖类包括葡萄糖、果糖、蔗糖等，有机酸包括乳酸、乙酸、苹果酸、柠檬酸等，以上滋味物质作为挥发性香气物质的关键前体物质的同时，也是果汁呈味品质的重要体现。发酵生物成味过程中总糖类物质会经糖代谢等途径消耗而产生有机酸，恰当的糖酸构成能够赋予发酵果汁协调的口感。例如，苹果酸的口感酸涩，若大量存在会导致果汁过酸，乳酸发酵可以将苹果酸经苹果酸-乳酸途径转化成乳酸和二氧化碳，乳酸则可赋予果汁较为柔和的酸味；值得注意的是，如果发酵过度，大部分的苹果酸转化为乳酸，则会导致发酵苹果汁的特征滋味消失[14]。不同氨基酸可以提供酸、甜、苦、鲜等滋味，可分为苦味氨基酸（组氨酸、精氨酸、亮氨酸、赖氨酸、缬氨酸、苯丙氨酸和异亮氨酸）、甜味氨基酸（甘氨酸、丙氨酸、脯氨酸、丝氨酸、苏氨酸和甲硫氨酸）、鲜味氨基酸（天冬氨酸和谷氨酸）和收敛氨基酸（酪氨酸）。

2）发酵果酱（泥）。果酱（泥）是以新鲜水果为原料，经打浆、灭菌、发酵等工序制成的，可选用多种水果原料，也可利用水果加工后的副产物。发酵过程会促使果酱（泥）中产生辛酸乙酯、己酸乙酯、异戊酸乙酯、甲酸异丁酯等酯类香气物质，提升了果酱（泥）的果香味和甜香味[15]。例如，蜜桃果酱经鼠李糖乳杆菌、干酪乳杆菌发酵后，(*Z*)-3-己烯-1-醇含量显著增加，赋予蜜桃果酱浓郁的青草味；发酵杨梅果酱中(*E*)-2-庚烯醛含量的增多，对杨梅果酱（泥）的木质香和花香味提升有显著增益作用；果酱（泥）中的酮类化合物形成与发酵果汁相同，主要是由酸类物质发生脱羧或氧化反应形成的，采用乳酸菌发酵蜜桃果酱，酮类物质整体含量增加，如 2,3-丁二酮的含量提升会明显增加甜味、黄油味和奶油味强度。

发酵果酱（泥）中的甜味主要由葡萄糖、果糖等还原糖提供，酸味由乳酸、柠檬酸、丙酮酸、乙酸、草酸等有机酸提供，具体的有机酸生物成味特征如表 18.1

所示。发酵生物成味过程可以将果酱（泥）中的葡萄糖、果糖等代谢为有机酸，使其口感柔和，酸甜适度。果酱（泥）经乳酸菌发酵后，通过糖代谢途径、苹果酸-乳酸途径、柠檬酸途径产生大量的乳酸，增加了果酱（泥）的浓厚感。具有清爽柑橘味的柠檬酸可通过葡萄糖糖酵解转换成丙酮酸，丙酮酸再通过柠檬酸循环形成，乙酸和草酸可通过酵母发酵产生，具有柑橘香味和酸味的酒石酸可经乳酸发酵形成[15]。

表 18.1　发酵果酱（泥）关键呈味物质

类别	关键呈味物质	结构式	生物成味特点
醇类	苯乙醇	OH	玫瑰花味
	苯甲醇	OH	芳香味、微弱花香味
	叶绿醇	H OH	植物清香味
	正庚醇	OH	芳香味
	香叶醇	HO	甜玫瑰味
	己醇	HO	草香味、花香味
	3-苯丙醇	OH	花香蜜饯味
	(*Z*)-6-壬烯醇	HO	瓜香味、清香味
	芳樟醇	HO	玉兰花味、玫瑰花味
酯类	苯甲酸甲酯	O O	芳香味
	苯甲酸乙酯	O O	果香味
	丙酸乙酯	O O	菠萝味
	乙酸丙酯	O O	果香味、梨香味
	乙酸苄酯	O O	花香味、辛辣味

续表

类别	关键呈味物质	结构式	生物成味特点
酯类	己酸乙酯	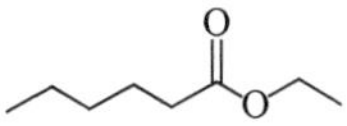	果香味、甜香味
	苯乙酸乙酯	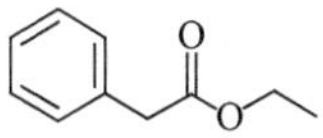	蜂蜜味
	乙酸异丙酯	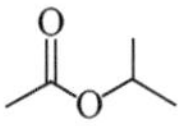	果香味
	肉桂酸乙酯	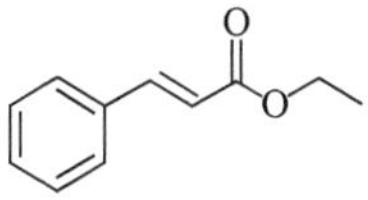	果香味、花香味
	辛酸乙酯	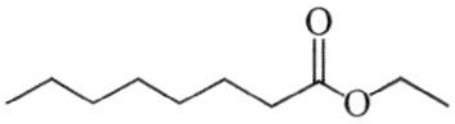	菠萝甜味、花香味、果香味、甜香味
	癸酸乙酯	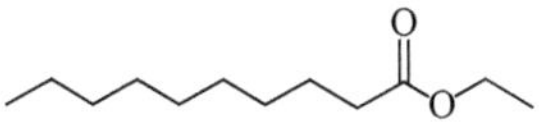	椰子香味
	十四酸乙酯	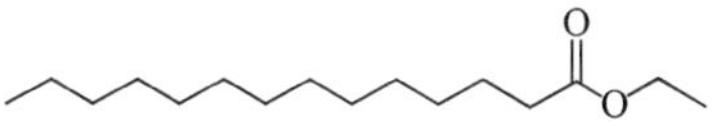	鸢尾花香味、蜡香味
	棕榈酸乙酯	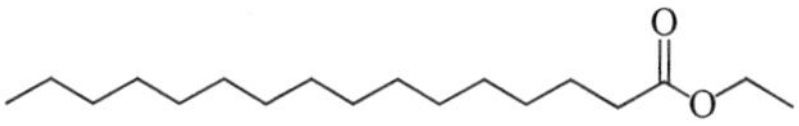	奶油香味、弱蜡香味
	异丁酸乙酯	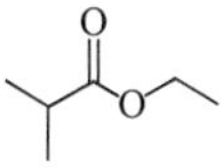	果香味
	丁酸乙酯	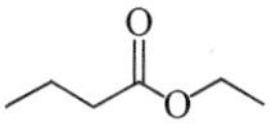	香蕉味、苹果味
	丁酸甲酯	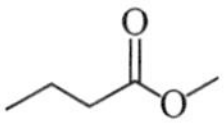	苹果味
	戊酸乙酯	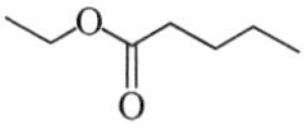	苹果类果香味
	异戊酸乙酯	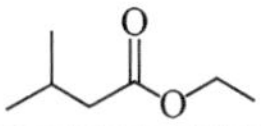	甜果味
酚类	2,4-二叔丁基苯酚	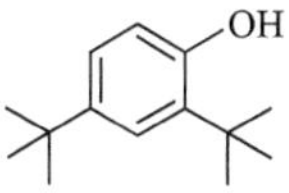 OH	石炭酸味
	4-乙基愈创木酚	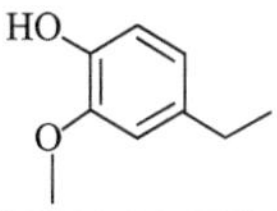 HO	香荚兰味、木香味
醛类	壬醛	 O	柑橘味
	戊醛	 O	面包味、浆果味

续表

类别	关键呈味物质	结构式	生物成味特点
醛类	苯乙醛	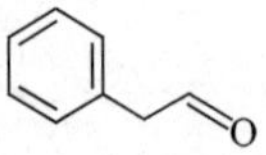	风信子花香味
	癸醛	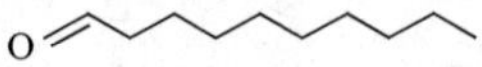	橙香味、橘子香味
	苯甲醛	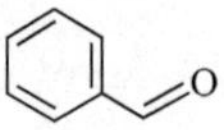	苦杏仁味
	椰子醛	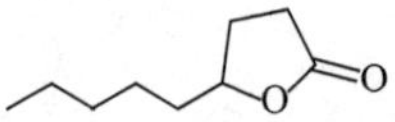	椰香味、桃花味
	乙缩醛	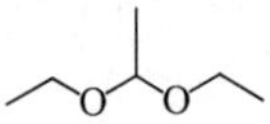	芳香味
	月桂醛	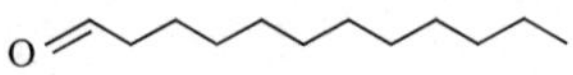	脂香味、紫罗兰香味
	(*E*)-2-庚烯醛	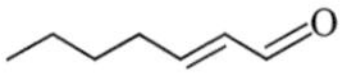	青草味、果香味
	正己醛	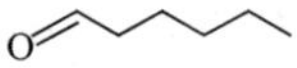	青草味、果香味
	2-己烯醛	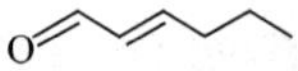	甜味、果香味、青草味、杏仁味
酮类	2-辛酮	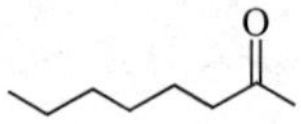	草木清香味
	2-壬酮	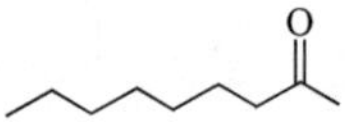	药草味
	大马士酮	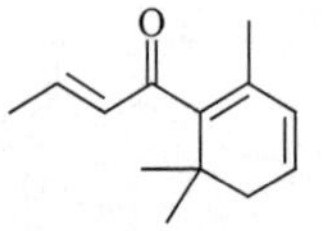	玫瑰花味、甜香味
	2-庚酮	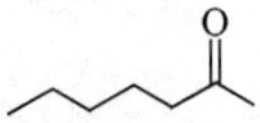	梨香味
	二氢-*β*-紫罗兰酮	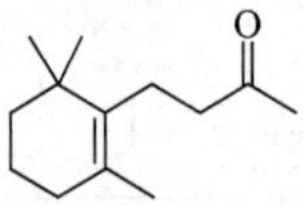	木香味、紫罗兰香味
	2,3-丁二酮	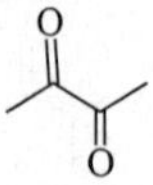	甜香味、奶油味
	3-羟基-2-丁酮	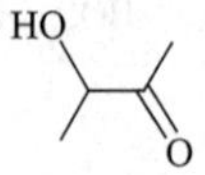	甜香味、奶油味、脂肪味、黄油味
	3-辛酮	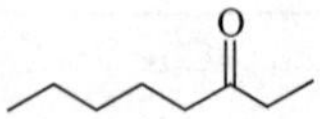	蘑菇味、发酵味
	6-甲基-5-庚烯-2-酮	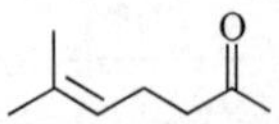	果香味、奶酪味、香蕉味

续表

类别	关键呈味物质	结构式	生物成味特点
烯烃类	苯乙烯	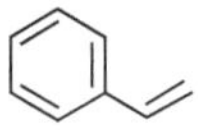	特殊香味、甜香味
	α-蒎烯	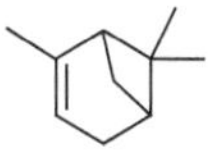	果香味
	柠檬烯	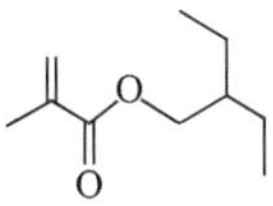 O O	果香味
	γ-萜品烯	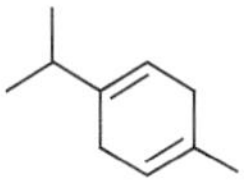	果香味
	α-石竹烯	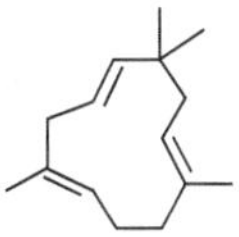	木香味、柑橘味、丁香味
酸类	苯甲酸	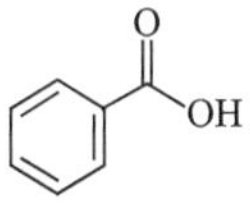 O OH	微甜味
其他	苯甲醚	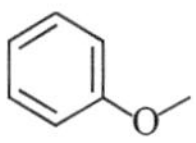 O	茴香味

18.2.2　典型蔬菜制品的生物成味实践

（1）发酵蔬菜汁的生物成味

我国拥有丰富的蔬菜资源，将蔬菜制汁的历史悠久，但部分蔬菜汁本真风味不佳且加工后异味明显，导致市场接受度低，利用发酵优化蔬菜汁风味品质成为蔬菜加工行业深加工利用的典范。发酵蔬菜汁因具有天然、健康的属性成为当下国内外绿色饮品的首选，我国发酵蔬菜汁市场发展潜力巨大。发酵蔬菜汁种类可分为单一菌种发酵单一蔬菜汁、单一菌种发酵复合蔬菜汁、混合菌种发酵单一蔬菜汁和混合菌种发酵复合蔬菜汁。我国主要采用乳酸菌发酵蔬菜汁，原料涉及广泛，以产品胡萝卜、番茄、南瓜、黄瓜和苦瓜等发酵汁居多，乳酸菌发酵蔬菜汁的工艺流程及生物成味机制如图 18.5 所示。

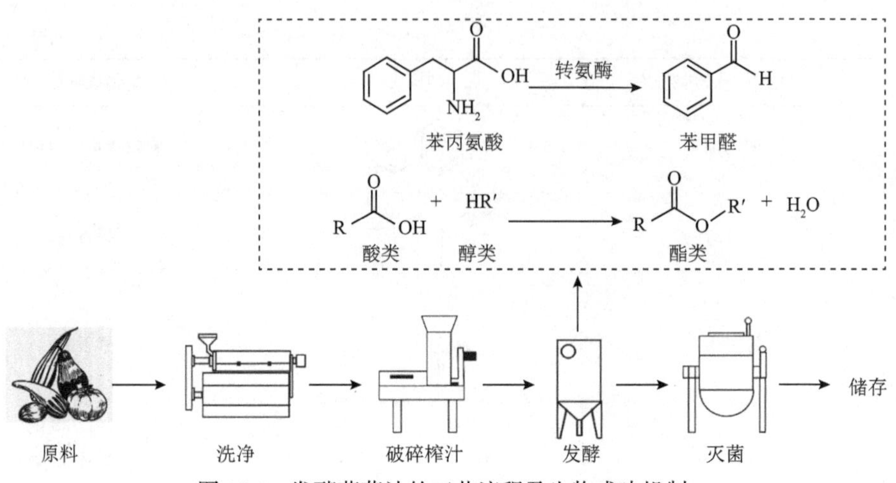

图 18.5　发酵蔬菜汁的工艺流程及生物成味机制

发酵蔬菜汁的生物成味途径包括以有机酸为典型的滋味属性和以醛、醇、酯类挥发性物质为主的香气属性调控。发酵蔬菜汁的香气主要是因为发酵成味过程中产生的酸会和醇类物质发生酯化反应形成酯类化合物，赋予了蔬菜汁花香味和果香味，能明显弱化蔬菜汁不易被接受的天然本真风味，进而提升了产品整体风味品质。例如，采用植物乳杆菌发酵苦瓜汁形成了己醇、苯甲醛，其中己醇的来源是脂氧合酶途径，苯甲醛是经由转氨酶将苯丙氨酸转化形成的；苦瓜汁发酵过程中醇类、萜类和酮类含量提升，增加了苦瓜汁中木香味、松香味、甜味、果香味等正向呈香属性强度[16]；也有采用植物乳杆菌、乳双歧杆菌和嗜热链球菌等菌株发酵红枣汁、苹果汁、橙汁和胡萝卜汁混合果蔬汁[17]等的实践案例，在原料特征香气基础上进一步提升了产品风味品质。

在发酵蔬菜汁滋味生物成味方面，主要是利用微生物将蛋白质代谢分解形成肽或氨基酸，这是发酵和成熟期间产生风味物质的主要生化反应之一。蛋白质可被乳酸菌如干酪乳杆菌、植物乳杆菌、弯曲乳杆菌和清酒乳杆菌水解为肽和氨基酸。大的疏水肽与苦味有关，氨基酸也可赋予发酵蔬菜汁酸味（酪氨酸和丙氨酸）、苦味（组氨酸、亮氨酸、精氨酸、苯丙氨酸、异亮氨酸、赖氨酸和缬氨酸）、甜味（丙氨酸、甘氨酸、苏氨酸、丝氨酸、脯氨酸和甲硫氨酸）和鲜味/咸味（天冬氨酸和谷氨酸）。此外，游离氨基酸可作为后续风味形成的底物。游离氨基酸向挥发性化合物转化有两条途径：一是氨基酸裂解酶催化的消除反应，主要是甲硫氨酸和苏氨酸通过消除反应生成含硫化合物，而碳硫裂解酶导致了硫醇的释放，最后硫醇转化为硫化合物（类似大蒜、卷心菜和煮土豆的气味）；二是由氨基酸转氨酶引发的转氨反应，转氨途径由转氨酶启动，转氨酶将 α-酮戊二酸转化为谷氨酸，同时将氨基酸转化为 α-酮酸风味前体，生成的 α-酮酸经各种酶促反应，包括由羟基酸脱氢酶催化的还原反应生成 *α*-羟基酸和脱羧反应生成醛，醛可以被醇脱氢酶进一步还原为醇，并被醛脱氢酶氧化为有机酸，或经过氧化脱羧作用形成酰基辅酶 A 和羧酸。例如，酿酒酵母代谢甲硫氨酸、亮氨酸、苯丙氨酸和缬氨酸等，通过氨基酸分解代谢途径（即 Ehrlich-Neubauer 途径）产生芳香醇、酯和醛等[18]。

（2）其他发酵蔬菜制品的生物成味

将蔬菜发酵在中国有着悠久的历史，古人将新鲜蔬菜放入密封的发酵罐中，通过微生物发酵，不仅能够延长制品的货架期，还能产生独特的风味与口感。根据工艺的不同，可以分为泡菜类和腌菜类，原料种类丰富且几乎无局限性。例如，黄瓜、白菜、胡萝卜、卷心菜、辣椒、甜菜等均能通过发酵被制成泡菜或腌菜。

1）泡菜类。泡菜是由乳酸菌在低盐情况下发酵蔬菜制成，因其制作简单且风味独特，受到国内外消费者青睐。泡菜的种类繁多，以四川泡椒、东北酸菜和朝鲜族泡菜等为典型代表。截至 2023 年，中国约有 2.7 万家泡菜类生产相关企业，主要集中于安徽、广东和江苏地区。泡菜具体的制作工艺尚未有统一标准，以东北酸菜为例，其加工过程可大致分为原料精选、清洗、切分、食盐水腌制、密封发酵、调味、灭菌、包装，生物成味过程主要发生在密封发酵阶段，也是发酵蔬菜产业化加工中风味品质调控的重点。

东北酸菜以乳酸菌为主，通过乳酸发酵产生了丁酸乙酯、乙酸乙酯、异硫氰酸酯（图 18.6）、乙醇、苯乙醇、辛酮、己醛、邻伞花烃、柠檬烯、乙酸、二甲基二硫、二甲基三硫和(*E*,*Z*)-2,6-壬二烯醛等具有呈香效应的物质。研究表明，酯类物质主要呈现为果香和青草香，一般是由微生物代谢脂肪酸和碳水化合物的副产物酯化而成的。醛类物质主要呈现为花香，一般是由乳酸菌代谢蔬菜中的有机酸产生的。不同发酵蔬菜制品中的关键香气物质如表 18.2 所示。在白菜的发酵过程中，芥子苷在芥子苷酶的作用下会产生如异硫氰酸酯等异味物质，会使酸菜形成一种类似于芥末的辛辣味。酸菜中的滋味主要由呈味氨基酸和有机酸协同赋呈，与发酵蔬菜汁相近，也是历经乳酸发酵过程，产生的乳酸和柠檬酸、乙酸等其他有机酸形成酸味，并利用微生物将蛋白质代谢为氨基酸，最终形成了泡菜酸香鲜美的风味特征。

表 18.2　不同发酵蔬菜制品中的关键香气物质

产品名称[19,20]		关键香气物质	结构式	气味描述
东北酸菜	酯类	壬酸乙酯	O; O	果香与酒香
		2-甲基戊酸乙酯	O; O; CH_3	果香与青草香
		丙基异硫氰酸酯	S=C=N, S, CH_3	芥末味

续表

产品名称[19,20]		关键香气物质	结构式	气味描述
东北酸菜	硫类	二甲基二硫	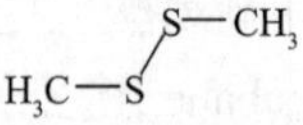 $H_3C-S-S-CH_3$	熟白菜味
		二甲基三硫	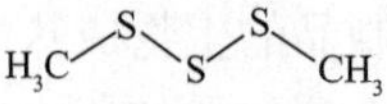 $H_3C-S-S-S-CH_3$	熟洋葱味
酸萝卜	醛类	苯甲醛	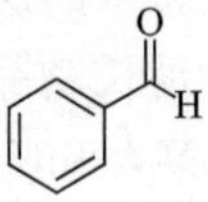	杏仁味和蘑菇味
		壬醛	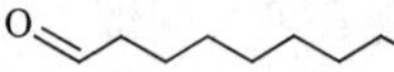	油脂和甜橙气味
		己醛	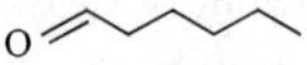	油脂味
	醇类	乙醇	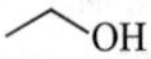 OH	醇香
		己醇	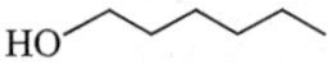 HO	果香
	酮类	丙酮	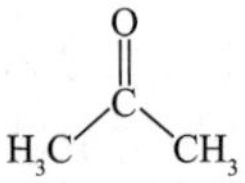 $H_3C-C(=O)-CH_3$	薄荷香气
泡椒	醛类	反-2-壬烯醛	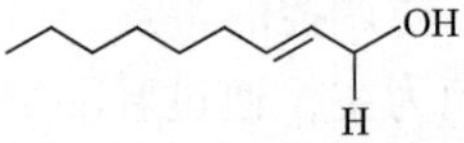 OH, H	果香
		糠醛	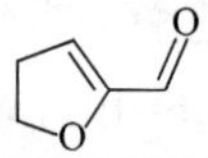 O, O	涩味
	醇类	2-庚醇	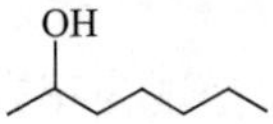 OH	花香
		α-松油醇	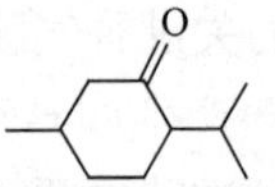 O	清香
		芳樟醇	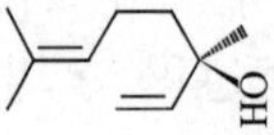 HO	木香和果香
		苯乙醇	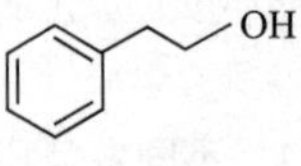 OH	花香
		乙醇	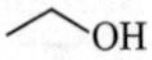 OH	醇香
	吡嗪类	二甲基吡嗪	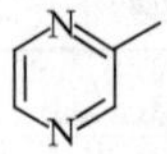 N, N	烤香
	酸类	乳酸	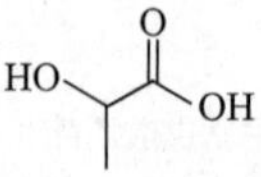 HO, O, OH	酸味
		乙酸	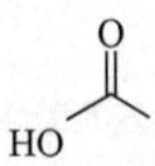 O, HO	酸味

续表

产品名称[19,20]	关键香气物质		结构式	气味描述
朝鲜族泡菜	醚类	二烯丙基二硫醚	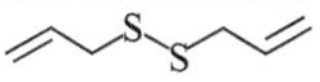	大蒜味
		烯丙基甲基硫醚	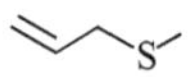	大蒜味
		二烯丙基硫醚	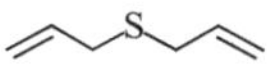	芥末味
	醇类	异戊醇	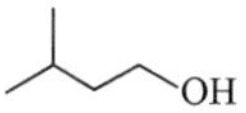	刺激气味
	酸类	甲酸	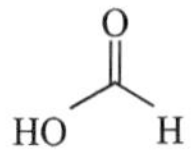	酸味
		柠檬酸	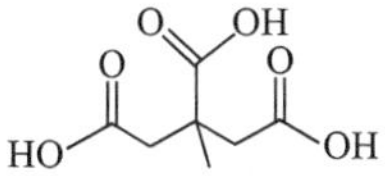	酸味
		乳酸	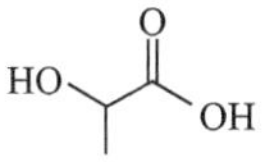	酸味

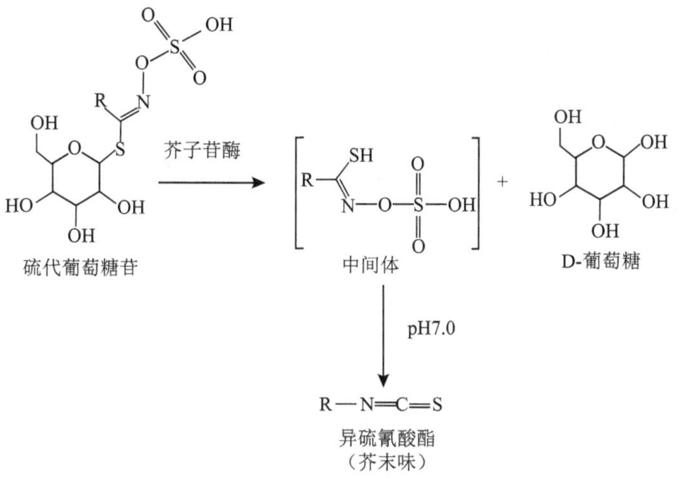

图 18.6　酸菜发酵过程中异硫氰酸酯产生机制

泡椒是以新鲜辣椒为原料，经腌制、发酵等工序制成的，主要流行于中国川菜中，因其独特的酸辣味成为泡菜种类中不可或缺的一部分。泡椒发酵过程会促使辣椒中产生 2-庚醇、α-松油醇、芳樟醇等醇类物质，以提高泡椒的清香味，以及乳酸、乙酸等酸类物质，以赋予泡椒酸味。在泡椒发酵过程中，存在同型发酵和异型发酵。发酵前期，由于杂菌过多，主要为异型发酵，泡椒独特的风味也主要在该阶段生成。复杂的微生物群通过多种生物化学反应赋予泡椒独特的风味，主要的代谢途径包括碳水化合物代谢、蛋白质/氨基酸分解代谢和脂肪/脂肪酸代谢[19]。乳酸菌可以分解蛋白质生成多肽和游离的氨基酸，从而赋予泡椒苦味、甜味和鲜味。此外，某些微生物还通过 6-磷酸葡萄糖酸盐/磷酸酮醇酶途径[20]，产生其他副产物，如乙醇、乙酸盐和二氧化碳等，从而丰富泡椒风味。随着发酵逐渐进行，乳酸菌的糖酵解途径积累了大量乳酸，酸度逐渐上升，乳酸的生成导致酸度升高，抑制有害微生物的生长，同时赋予泡椒酸味，此时进入发酵过程中后期，该阶段以同型发酵为主。在同型发酵过程中，微生物群以乳酸菌为强势菌种，并通过糖酵解途径最终产生乳酸，pH逐渐降低。

2）腌菜类。腌菜通过使用不同的酱料和腌制技术，形成了各种具有地方特色的产品，其中具有代表性的有涪陵榨菜、腌竹笋和糖蒜等产品。腌菜的腌制方法分为低盐、高盐和复合腌制剂等，与泡菜不同的是，腌菜腌制完成后会与酱油或其他调味料混合，再进行酱渍发酵。腌菜的挥发性物质主要包括糠醛、2-呋喃乙醛、己醛、壬醛、二甲基吡嗪、香叶醇；其中醛类物质如壬醛、己醛、糠醛等主要由糖酵解产物糠醛化和脂肪 β-氧化产生；酮类物质通常是由酯类物质在酸性条件下发生酮化反应而生成的，这个反应可以使糠醛转化为呋喃酮；此外，部分风味成分是由于腌菜制品腌制过程中添加的香料，如 β-月桂烯（源自香叶）、α-松油醇（源自桂皮）、芳樟醇（源自八角）。以上物质和腌制形成的香气物质协同赋予了腌菜制品独特的风味。

发酵型腌菜的生物成味主要发生在酱渍发酵过程中，风味物质主要来源于腌制过程中的微生物发酵作用。如图 18.7 所示，在腌菜的发酵过程中，微生物在体内酶的作用下，通过脂肪代谢、氨基酸代谢和碳水化合物代谢三种途径，将腌菜中的脂肪、蛋白质和碳水化合物等大分子化学物质分解为游离脂肪酸、葡萄糖等单糖、短链肽等初级代谢产物，在此基础上进一步代谢生成多种次级代谢产物，如丁二醇、糠醛等物质，从而形成腌菜独特的风味。其中碳水化合物代谢是微生物利用腌菜汁液中的营养物质在水解酶的作用下生成单糖，并进一步通过糖酵解途径将单糖转化为丙酮酸；随后腌菜中的乳酸菌、酵母等优势微生物通过乳酸发酵、乙醇发酵、丁二醇发酵、有机酸发酵将丙酮酸转化成乳酸、乙醇、乙醛、乙偶姻及多种挥发性风味物质；乳酸发酵是最重要的代谢过程，分为同型乳酸发酵和异型乳酸发酵，片球菌属（*Pediococcus*）、乳杆菌属（*Lactobacillus*）、魏斯氏菌属（*Weissella*）等是同型乳酸发酵的主要乳酸菌，活跃于酱腌菜发酵中期和后期[21]；明串珠菌属（*Leuconostoc*）、乳球菌属（*Lactococcus*）和部分乳杆菌属（*Lactobacillus*）是异型乳酸发酵的主要乳酸菌，活跃于发酵前期。乳酸菌通过乳酸发酵产生乳酸，使酱腌菜具有独特的酸味。在榨菜发酵过程中，乳杆菌属和片球菌属可通过丙酮酸代谢途径将丙酮酸分解为乳酸[22]。氨基酸代谢是微生物在脱氢酶、转氨酶、脱羧酶、裂解酶的作用下，通过 Ehrlich-Neubauer 途径（氨基酸分解代谢途径），将含硫的氨基酸转化为含硫的化合物，将支链氨基酸转化为酸类和醇类，如将苯丙氨酸、酪氨酸和色氨酸转化为苯甲醛、挥发性酚等呈香成分[23]。

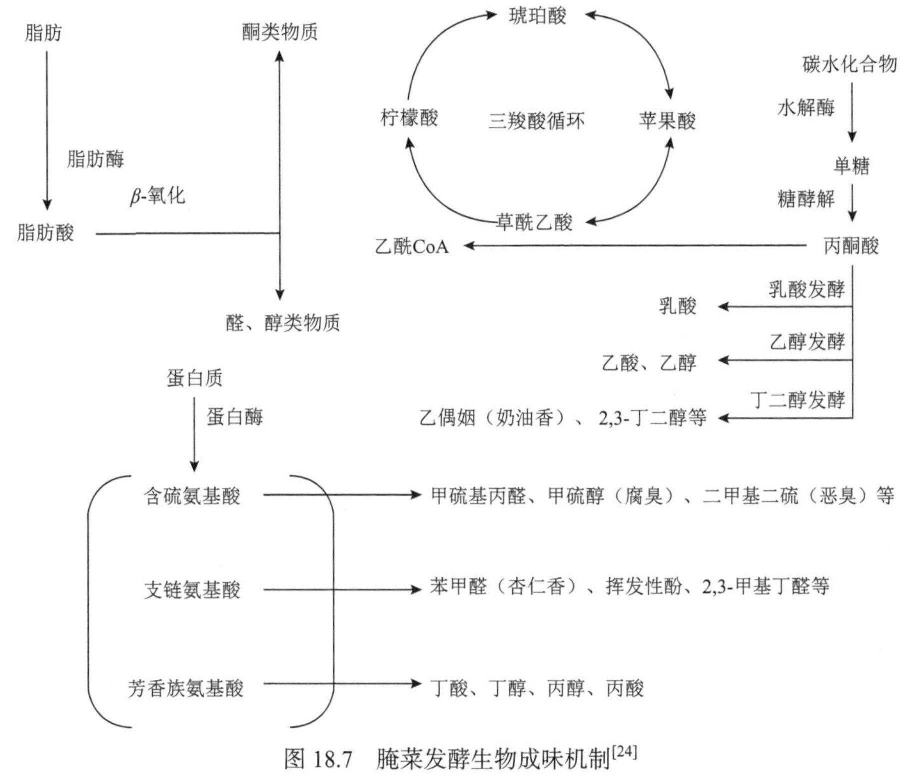

图 18.7　腌菜发酵生物成味机制[24]

18.3　果蔬食品中生物成味的影响因素

18.3.1　酶对果蔬食品生物成味的影响

酶可在加工过程中将风味前体物质或键合态物质水解为可挥发性的呈香或非挥发性滋味物质。酶制剂的使用为食品工业应用提供了许多好处，包括提高产品一致性和质量、减少对加工原料的依赖、作为化学食品添加剂的替代品及防止食品中产生潜在的有害副产品。例如，水果加工过程中常利用果胶酶达到澄清和提高提取率的目的；漆酶可以有效地防止各种水果饮料中蛋白质-多酚聚合物沉淀的形成；通过纤维素酶和其他浸渍酶的催化作用可进一步降低果汁的浑浊度。酶在果蔬加工过程中发挥了重要的生物催化作用，对果蔬的生物成味有着积极作用。其中，β-葡萄糖苷酶可以水解 β-D-吡喃葡萄糖苷的 β-1,4-葡萄糖苷键和 β-1,6-葡萄糖苷键，能够将短寡糖分解成葡萄糖单体，同时释放键合态的香气化合物。β-葡萄糖苷酶可从不同的生物体中获得，包括真核生物、细菌和古细菌。根据底物特异性，该酶可分为 3 种：①裂解芳基-β-D-葡萄糖苷的芳基-β-D-葡萄糖苷酶；②水解二糖的纤维二酶；③水解一系列底物的其他葡萄糖苷酶。迄今为止，β-葡萄糖苷酶因在风味释放和营养增强方面的高效作用而被广泛用于果蔬饮料加工行业中。

漆酶是一种可以氧化酚类和非酚类木质素的酶，可以从真菌、植物、细菌或昆虫中获取。果汁中含有的单宁、花青素等多酚类物质会导致果汁产生令人不悦的苦味，同时容易引发褐变、浑浊度增加等不良感官特征。漆酶可使酚类物质转化为易沉淀的醌类化合物，从而达到澄清果汁和消除异味的目的。例如，在苹果汁、石榴汁、樱桃汁中常含有一种具有胡椒味的乙烯基愈创木酚，固定化漆酶可有效减少这种不良风味物质，明显改善果汁的感官品质。同时漆酶还可以通过消耗氧气达到减少由氧气与脂肪酸、氨基酸和醇反应产生不良异味前体的目的。

单宁酶也是果蔬产品加工中最常使用的酶之一，通常使用单宁酶水解单宁以弱化苦味，并且解决由单宁含量过高导致的果汁产生沉淀问题[25]，主要被应用于葡萄汁饮料生产中。单宁酶可将单宁酸中的没食子酸葡萄糖酯依次水解为1,2,3,4,6-黄棓酰单宁、2,3,4,6-四棓酰单宁及两种单体没食子酸葡萄糖，最后产物为没食子酸和葡萄糖，从而降低果汁中的苦涩感，同时为果汁增添一定的口感和风味特点。

柚皮苷酶的水解功能也被应用于食品加工中，由 α-鼠李糖苷酶和 β-葡萄糖苷酶组成，可促进柚皮苷 α-鼠李糖苷酶首先将柚皮苷水解为嘌呤和鼠李糖，并通过 β-葡萄糖苷酶将普鲁宁水解为柚皮素和葡萄糖[26]，其中柚皮素具有清除自由基和修复 DNA 等益生功能，而葡萄糖可弱化柑橘类果汁中苦涩的滋味。除了脱苦作用，柚皮苷酶与 β-葡萄糖苷酶和阿拉伯糖苷酶联合使用可改善葡萄汁的香气。

18.3.2 发酵剂对果蔬食品生物成味的影响

（1）发酵剂对果醋生物成味的影响

果醋生物发酵成味中发酵菌种的选择是影响其品质的重要因素之一，因为风味物质主要来源于微生物发酵。用于果醋发酵的微生物种类繁多，发酵剂种类、代谢途径、接种量的不同所形成的果醋的风味品质也有所差异。如图 18.8 所示，果醋酿造的第一阶段为乙醇发酵，即酵母利用糖类等营养成分产生乙醇形成果酒的过程。相关研究利用不同产香酵母发酵芒果酒，发现戴尔布有孢圆酵母（*Torulaspora delbrueckii*）能够提高乙醇发酵效率，并进一步增加芒果酒中甘油含量，降低了果酒中挥发性酸含量，改善了芒果酒风味品质[27]。不同菌种在果酒发酵过程中造成的代谢物差异会对乙酸发酵阶段醋酸菌的代谢产生影响。利用酿酒酵母 JUN-S 和酿酒酵母 JUN-R6 发酵苹果醋，其中 JUN-R6 发酵果醋中含有更多的柠檬酸和苹果酸等有机酸，表现出更为强烈的酸味，同时含有更为丰富的必需氨基酸，增加了入口的丰富度及营养价值；而 JUN-S 发酵果醋中的香气物质含量相对较少，各物质比例较为协调，表现出纯净、柔和的风味特征[28]。

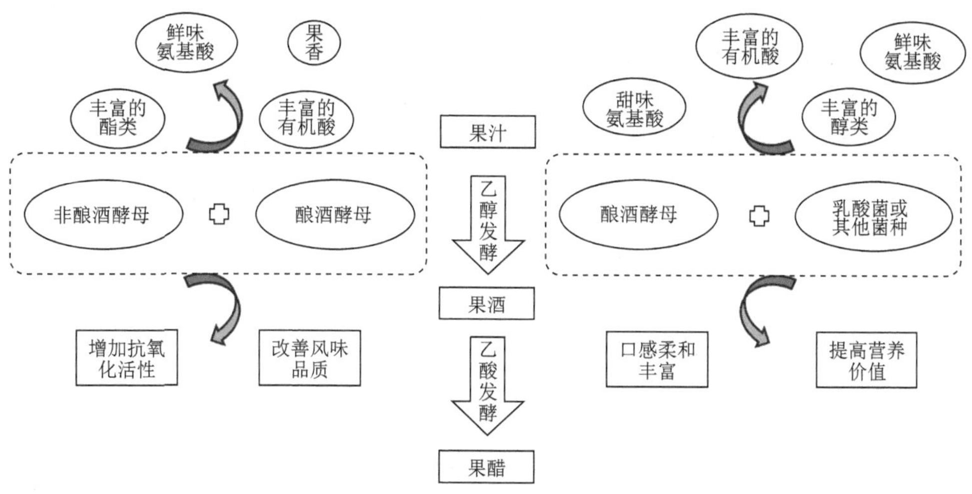

图 18.8　果醋生物成味机制

酿造果醋的第二阶段为乙酸发酵，即醋酸菌利用乙醇生成乙酸的过程。目前国内外常用奥尔兰醋酸杆菌（*Acetobacter orleanense*）、许氏醋酸杆菌（*A. schutzenbachii*）、恶臭醋酸杆菌（*A. rancells*）、攀膜醋酸杆菌（*A. scendens*）、沪酿 1.01 醋酸杆菌及罗旺醋酸杆菌等醋酸菌种。我国果醋生产用菌大多为食醋用菌，受限于耐乙醇和产酸能力而无法满足生产高品质果醋的要求。有研究学者采用 3 种醋酸菌（1.01 醋酸杆菌、AS1.41 醋酸杆菌、许氏醋酸杆菌）在相同发酵条件下酿造柑橘果醋，研究表明 AS1.41 醋酸杆菌在一次发酵法条件下所酿造的果醋中总酚、总黄酮、呈味氨基酸、有机酸等含量均高于其他发酵组，表明发酵菌种的选择对果醋产品的风味品质起着决定性作用[29]。

采用单一菌种发酵易于获得稳定风味，但会降低产品的层次感和丰富度，若多菌种混合发酵能够明显提升果醋中酶的种类与含量，促进果醋中风味物质前体的水解及香气物质的生成，使果醋香味更加浓郁、持久。例如，在苹果醋酿造过程中添加乳酸菌进行协同发酵，能够增加苹果醋中乳酸含量，从而减少苹果醋口感刺激性，同时促进了苹果醋中苯甲醛、月桂醛等香气物质的释放，使苹果醋香气更加柔和浓郁[30]；利用酵母和植物乳杆菌混合发酵柑橘醋，发现混合发酵果醋中甜味和鲜味氨基酸含量均有所提升，同时酯类、醇类和醛类物质含量也相对提高，复合发酵果醋呈现出了更强的甜味和鲜味属性及更为浓郁的花香和果香味，明显提升了柑橘醋的风味品质[31]；此外，非酿酒酵母中含有丰富的酵母胞外酶（如糖苷酶、果胶酶等），能够水解更多的香气物质前体，非酿酒酵母与酿酒酵母的混合发酵已被广泛应用于果醋风味品质的改善中[32]。

（2）发酵剂/发酵菌的种类对蔬菜制品生物成味的影响

发酵剂/发酵菌的种类对发酵蔬菜制品的风味起决定性作用。在传统的自然发酵过程中，乳酸菌、醋酸菌、酵母等均会参与发酵过程，并产生乳酸、氨基酸、游离脂肪酸等代谢产物，从而形成了发酵蔬菜的特色风味。例如，在发酵酸菜中，汉逊德巴利氏酵母可利用葡萄糖经过糖酵解过程产生乙酸乙酯和D-阿拉伯糖，赋予泡菜更加丰富的香气和滋味；而乳酸菌属的明串珠球菌经过糖酵解途径，可以将葡萄糖等单糖水解为丙酮酸，再经过乙醇发酵从而产生乙醇，为酸菜提供了一种醇香[33]。乳酸乳球菌与糖类共同代谢，柠檬酸可以通过柠檬酸裂解酶转化为草酰乙酸和乙酸盐，草酰乙酸在草酰乙酸脱羧酶的催化作用下产生二氧化碳和丙酮酸；丙酮酸产生挥发性化合物，如 2,3-丁二醇、双乙酰和乙偶姻，赋予发酵蔬菜令人愉悦的浓郁奶油香味。

在发酵蔬菜制品中利用多菌种发酵也会有明显的风味品质增益效果，可明显提升脂肪酶的种类与含量，产生大量的芳香化合物。例如，加利福尼亚拟威尔酵母（*Williopsis californica*）、酿酒酵母（*Saccharomyces cerevisiae*）、乳酸乳球菌（*Lactococcus lactis*）和乳杆菌属（*Lactobacillus*，1901）降解脂肪产生饱和脂肪酸和不饱和脂肪酸等游离脂肪酸，可通过脂质氧化分解产生烷烃、甲基酮、仲醇和内酯等挥发性化合物。不同菌种的脂肪降解产物也不同。除菌种因素外，在发酵过程中，不同时期的主要发酵菌种也有差异，不同微生物产生的代谢产物不同，整个发酵时期所有代谢产物融组后形成了独特风味。在发酵初期以异型乳酸发酵为主，主要菌种有魏斯氏菌属、明串珠菌属和部分乳杆菌属，如短乳杆菌、发酵乳杆菌和罗伊氏乳杆菌等[34]；发酵中期以同型乳酸发酵为主，常见的同型乳酸菌包括片球菌属、乳球菌属、肠球菌属、链球菌属和某些乳杆菌属，如干酪乳杆菌、弯曲乳杆菌、嗜酸乳杆菌和植物乳杆菌等，通过糖酵解代谢途径，可将 80%以上的葡萄糖转化为乳酸，抑制不耐酸的杂菌生长；到发酵后期，乳酸菌的不断产酸，导致乳酸含量增加到抑制乳酸菌自身的生长，发酵慢慢减弱直至停止[35]。不同菌种之间在发酵过程中存在竞争和协同作用。例如，酵母在生长代谢过程中产生促乳酸菌生长的丙酮酸、丙酸、琥珀酸等。综上所述，选择合适的发酵菌种或组合以加速生物成味过程，提高产品风味品质，节约发酵成本，实现绿色环保型高效发酵。

（3）发酵剂对发酵果蔬汁生物成味的影响

由于发酵剂中发酵菌种的代谢差异，聚呈风味也存在差异。例如，不同乳酸菌菌株发酵的西瓜汁风味也不同，其中采用鼠李糖乳杆菌、干酪乳杆菌、植物乳杆菌发酵的西瓜汁多与苦味、异味、酸味等不良感官属性呈显著相关性，且与产生具有黄油味的 2,3-丁二酮、油脂气味的壬酸，以及表征异味的二甲基硫醚密切相关，而采用短乳杆菌和戊糖片球菌发酵的西瓜汁与西瓜特征香味、甜味等感官属性呈显著相关性[36]；与单一菌株发酵相比，利用植物乳杆菌与短乳杆菌混合发酵猕猴桃汁，可促进酮类物质及醇类物质的产生，如具有果香味、草香味和花香味的 3-羟甲基-2-壬酮、8-壬烯-2-酮、(*E*)-2-己烯-1-醇、1-辛醇、1-辛烯-3-醇、环辛甲醇[37]。在食品工业生产实践中，常采用多菌种复配发酵的方式，利用不同菌种的生长特性和代谢特性等优势，提升发酵果蔬汁的香气、口感和营养品质。

18.3.3　加工工艺对果蔬食品生物成味的影响

（1）发酵工艺参数

发酵工艺是影响果蔬生物成味品质优劣的关键因素，其中发酵温度、发酵剂接种量、外源发酵辅料添加量等参数则直接影响着发酵果蔬制品的整体感官品质。在高温条件下，酿造苹果醋通常缺乏果香且适口性差；当发酵温度较低时，普遍存在香气不足、产率较低的现象，因而选择适宜的发酵温度不仅可以减少原料中特征香气物质的损失，还可促进微生物代谢，从而综合改善发酵制品的感官属性。除温度外，菌种接种量也会显著影响发酵的效率和风味品质。当酵母接种量较少时，发酵液中营养充足，酵母主要进行繁殖而非乙醇发酵，不利于乙醇发酵的进行，但当酵母接种过多时，发酵液中营养成分不足以维持酵母生长，也会造成乙醇产量下降，最后导致产品风味品质降低，因此需要综合考虑发酵效果选择合适的发酵接种量。此外，在果汁发酵前添加蔗糖能够有效控制酸度、调节口感、促进发酵过程等，但当添加量过高时，菌种生长会被抑制，导致发酵果汁总酸含量降低。与果蔬汁发酵类似，不同食盐添加量也会影响发酵菌种的组成，从而影响制品的最终风味。例如，在酸菜的发酵过程中，高盐浓度较低盐浓度下，因为耐盐菌群（如明串珠菌）的活动较多，乙酸等有机酸会不断积累，乙醇含量持续增加，减少了风味物质的形成；而低盐浓度有助于乳酸菌转化有机酸为其他风味化合物，促进酯类和萜烯的形成，增加醇类、醛类和硫化物等挥发性物质种类和含量。

（2）酶解工艺参数

酶解工艺中酶解方式和酶解参数及酶的种类等因素的不同，会影响果蔬生物成味品质。酶解方式包括前酶解和后酶解，前酶解是在原料处理前进行酶解，适用于需要进一步酶解的产品，如利用酶分解木聚糖等物质；后酶解是在原料处理后进行酶解，需要根据目标产物的分子质量来调整酶用量和酶解时间。酶解参数主要包括酶解温度、浓度、时间。酶解温度是影响酶活性的重要因素之一，较高的温度可以增加酶的活性，加快酶解反应速率。然而，过高的温度可能会导致酶失活或产生不良反应，同时也会影响果汁的风味。应选择适当的温度，以保证酶的活性和尽量减少热处理对果汁风味的影响。酶浓度是指酶在反应体系中的含量，较高的酶浓度可以加速酶解反应速率，但过高的酶浓度可能会导致不完全的酶解或产生副反应。酶解时间是指酶解反应进行的时间，较长的反应时间可以实现更充分的酶解，但也可能导致过度酶解和不良反应。酶解工艺对不同原料的生物成味作用存在区别，如在一定范围内酶解处理橙汁后的增香效果随着酶添加量的增大而增强，超过一定量后增香效果就趋于平稳；随着酶解温度的增高，增香效果先逐渐增强而后减弱；如果延长酶解时间，酶解处理的增香效果先快速增强后缓慢减弱，其原因可能是随着酶解作用的深入，由于细胞壁的降解，细胞结构遭到破坏，细胞中键合态的风味前体物质转化机制被激活，转化成香气成分被释放。在苹果汁中，不同的工艺参数对不同挥发性香气化合物有着不同的影响，其中影响酯类物质含量的主要因素为酶用量，影响醇类物质含量的主要因素为酶解时间，影响酸类物质含量的主要因素为酶解温度，影响醛酮类物质含量的主要因素为酶解时间；在菠萝蜜果汁中，主要影响其香气成分的酶解参数是酶的添加量，具体如果胶酶较高浓度酶解对果汁澄清效果明显，但是会引起香气成分逸散；高浓度的半纤维素酶酶解后香气成分含量会提升，但澄清效果不佳，因此选择多种酶复合使用可解决以上问题。

18.3.4 原料对果蔬食品生物成味的影响

水果中糖分、氨基酸、维生素等是微生物代谢的主要营养来源，也是重要的生物成味前体物质。发酵原料与发酵工艺的不同，都会影响果醋中有机酸和风味物质种类与含量，发酵原料品质的好坏很大程度上决定了果醋的品质。以鲜榨果汁为原料酿造的果醋，其挥发性物质含量要明显高于以浓缩果汁为原料酿造的果醋，且整体风味轮廓更优。此外，不同香型果蔬原料使用相同的发酵剂也会形成不同的风味轮廓，呈现不同的味型。例如，苹果汁和梨汁这类酯香型果汁经过植物乳杆菌发酵后，醇类和酯类物质等关键香气含量增加，赋予其浓烈的果香和花香，且发酵后糖酸比适中，具有酸甜适度的味感，而葡萄汁和青瓜汁这类醇香型蔬菜汁经发酵后，醇类物质含量显著增加，使得发酵汁中乙醇味等刺激性气味突出，且发酵后糖酸比较低，表现出过酸的滋味特点。

相关研究表明，不同品种、不同部位的水果营养成分存在较大差异。果皮中含有丰富的多酚和黄酮等营养物质，将果皮作为发酵原料添加到发酵液中，不仅可以有效改善由酒石酸和柠檬酸过高而导致的刺激性口感，还可以显著增加果醋中的果香、花香等正向感官属性的香气物质，从而实现猕猴桃果醋感官品质的提升[38]。此外，利用水果加工后的副产物果渣发酵果醋也成为近几年的研究热点。例如，采用固态发酵法对桑葚果渣进行发酵处理，相较于桑葚果汁醋，果渣醋中有机酸、总酚、总黄酮含量显著增加，草酸和琥珀酸含量逐渐降低，果渣醋中酯类、醇类物质在发酵过程中变化较大，共检测出 132 种香气物质，较桑葚果汁醋的 86 种有明显的提升，丰富了桑葚果汁醋香气，提升了风味品质[39]。

与水果相似，发酵原料的种类直接决定了发酵蔬菜制品的风味物质。尽管不同的发酵蔬菜制品都是在以乳酸发酵为主的反应下完成的，但产生的风味物质存在明显差异。不同的蔬菜化学成分和微生物群落的差异导致了不同风味产物的形成，不同蔬菜的碳水化合物、蛋白质、脂肪和各种有机酸等风味前体物质的含量和种类均有显著差异，这是导致发酵蔬菜制品风味物质具有显著区别的原因之一；另外，不同蔬菜发酵时外界的微生物群落组成差异也是发酵蔬菜制品风味差异的又一原因，蔬菜表面和内部存在着各种微生物，包括乳酸菌、酵母和其他细菌，在发酵过程中会与乳酸菌相互作用，产生不同的代谢产物和风味物质。

18.4　果蔬食品中生物成味的发展趋势

我国果蔬食品种类繁多且各具特色，悠长的食用历史已形成了以地域为导向的“分界”，伴随着消费水平和健康意识的提升，果蔬食品从初级鲜食鲜售模式升级为多元化深加工产品已势在必行。本章内容汇总了我国主要的果蔬食品生物成味实践案例和影响成味的因素，不难发现如果想将新鲜果蔬加工成高风味品质的产品涉及的因素之多，需要应用成味技术之广。在我国持续推进食品标准化加工进程的背景下，面对国外企业研发经验和市场基础等挑战，国内果蔬食品科技创新的需求显得尤为重要。基于现阶段发展现状，相关生产企业和研究学者致力于开发果蔬食品专用发酵剂或酶制剂、构建感官品质标准化评价体系、创制生物成味品质定向调控技术等以推进产业转型与升级。如今我国发酵果蔬食品正面临着由传统向现代发酵转型的关键时刻，传统发酵食品产业的特点是以多菌种混合发酵为主要发酵方式，且发酵过程不可控，发酵品质尚未制定标准；加工环节依赖人工程度高，大多仅能实现半机械化，不仅难以提升生产效率且存在能耗高、环保性差的环境问题。以上瓶颈造成传统发酵果蔬食品拓展消费市场的难度大，有效产值提升慢，导致相关企业没有充足的资金投入研发，进而形成了行业集中度低，核心技术不强，市场竞争力差，消费市场占比低的恶性循环。此外，果蔬食品的风味品质评价缺乏标准化、科学化的方法，国内外学者通常结合相关定量检测分析技术定性定量解析产品挥发性物质组分，通过对比风味物质含量差异结合人工模糊性感官方法评价风味品质，试图为果蔬食品加工工序改进或新型加工技术创制提供依据。然而，前文已提出仅通过对比挥发性或非挥发性物质种类或其含量差异，或单纯通过主观模糊性感官评价或挥发性物质种类和含量的监测，均难以实现不同物质风味属性的准确解析。特征风味物质组成及其整体呈香属性贡献率尚未确定，以及特征风味物质在生物成味的进程中转化或形成途径也未明晰的基础上，进行果蔬产品升级或产业化转型，势必将造成其产品风味品质调控的盲目性。那么果蔬食品中生物成味的未来发展趋势是什么？

果蔬汁食品酶解剂的高效化、精准化使用。由于大多数酶具有稳定性差、纯度低的特点，其活性效果存在差异，因而果蔬汁食品在明晰生物成味机制的基础上实施酶制剂筛选培育，并结合不同领域酶资源的禀赋，创制滋味和风味双导向的高品质酶制剂是主要发展趋势；利用各果蔬在自然条件下的生物酶资源进行基因酶基因种质扩建或对产酶微生物进行改造，有助于突破现阶段酶制剂选育的瓶颈和局限。进行重点突破，如酶制剂活性快速辨识酶解效果的精准预测技术，紧密结合不同地域果蔬资源的特点和消费者的饮食需求，构建智能化、高效化的酶制剂培育和智能活性监测体系，加快新型复合多效高纯度酶制剂的研制技术，并基于各酶解剂的特点和成味机制，在各酶解参数与成味品质间构建相关的预测模型，形成酶解风味品质动态监测系统，可为酶解过程中风味品质定向调控奠定科学标准评价方法的技术基础。

发酵果蔬食品发酵剂的专用化、精准化使用。发酵果蔬食品在明晰生物成味机制的基础上实施菌种筛选培育，并基于不同区域酶或发酵菌种资源禀赋，构建酶和发酵菌种资源库，创制发酵菌种选育和培养技术是主要发展趋势。利用各地区独特的自然环境条件形成的特有益生菌种质资源，有助于突破传统菌种选育的瓶颈和局限。重点突破根据菌种特征快速高效辨识发酵特性的精准预测技术壁垒，紧密结合不同地域文化、不同饮食特点和不同生活习惯的消费者特点及饮食需求，构建智能化、快速选育的发酵微生物自动培养及智能监控分析系统，完善新型发酵菌株高通量筛选体系，筛选具有地域特色性、自主知识产权的果蔬食品专用发酵菌株。并基于各菌株发酵特点和成味机制，将各发酵参数与成味品质间构建相关性预测模型，形成发酵风味品质动态监测模型，可为发酵过程中风味品质定向调控奠定技术基础。

最新研究统计表明，中国是世界上食盐摄入量最高的国家之一[40]。而盐又是发酵蔬菜中必不可少的调味料，除了可以赋予发酵蔬菜基础底味和抑制杂菌生长，盐还能与发酵蔬菜中的游离氨基酸作用，并增加发酵风味。盐浓度会影响微生物群落结构及其代谢过程，进而影响发酵制品的整体风味品质[41]。高盐饮食已被确定为不利于身体健康，《国民营养计划（2017—2030 年）》指出，到 2030 年实现全民人均每日食盐摄入量降低 20%的目标，推动低盐化转型是未来发酵蔬菜的发展趋势，如何在保障风味品质和食品健康的基础上推动低盐发酵蔬菜制品转型是行业发展中的关键一环。

随着各行业能源和人力等综合成本的不断增加及全球化经济竞争的不断加剧，转型升级成为企业在市场发展中提质增效的关键。果蔬制品调控技术的升级优化成为企业转型的有效途径。例如，基因重组技术可作为解决果醋发酵剂在高浓度乙酸环境中活性不足问题的潜在方法，通过对基因的重组改造构建出产酸能力和耐乙醇能力更强的醋酸菌，使得果醋发酵过程更加高效[42]；又如，通过计算机监测发酵过程中关键香气物质的含量，智能调控发酵剂的添加量，实现果蔬发酵制品全自动化标准化生产，此技术已经在白酒酿造领域得到初步实现；此外，计算机大数据测算和生物技术结合，可实现个性化口味定制，如在明晰生物成味基础上，根据所输入的目标口味，计算机自动识别目标相关的成味途径，再通过调整目标呈味物质前体（酶制剂/发酵剂），实现果蔬制品口味定向调控。

果蔬中生物成味手段升级的同时，产品的感官品质智能化、标准化评价体系构建也至关重要。突破传统食品风味评价方法依赖于感官评价技术和仪器分析技术的现状，针对果蔬食品风味品质标准化评价，在实现精确定量定性解析各类果蔬食品特征呈香/味成分，并采用多变量解析方法构建与人工描述性感官强度值间预测模型的同时，通过特征物质间量化差异实现对果蔬产品的感官品质预测和真伪鉴别。由于传统感官品质评价受限于人工感官评价人员的专业性和经验，极易受到感官评价者个体差异的影响，难以避免由主观因素导致的结果代表性不强且复现性差的问题，可采用智能感官评价方法（电子鼻和电子舌等），从多维感官特征补充人工感官数据不足，进而能够满足食品风味标准化评价数据维度和精确度的需求。将智能感官评价与人工感官评价科学结合，比传统采用人工感官和仪器分析技术实现风味品质评价有明显的精准和快速优势。未来基于人工智能构建人工感官属性强度与电子感官传感数值间量化预测模型，以实现果蔬食品加工各环节在线监测及产品的品质监控，为风味品质标准化评价和数字化制造升级提供关键技术支持，推动未来果蔬加工产业融入数字化农业生产网络的进程。

参 考 文 献

[1] 田怀香, 郑国茂, 于海燕, 等. 气味与滋味间相互作用对食品风味感知影响研究进展. 食品科学, 2023, 44(9): 259-269

[2] XU L, ZANG E, SUN S, et al. Main flavor compounds and molecular regulation mechanisms in fruits and vegetables. Critical Reviews in Food Science and Nutrition, 2022, 63(33): 11859-11879

[3] WANG Y, ZHANG C, LI J, et al. Different influences of β-glucosidases on volatile compounds and anthocyanins of Cabernet Gernischt and possible reason. Food Chemistry, 2013, 140(1-2): 245-254

[4] GAO X, FENG T, LIU E, et al. Ougan juice debittering using ultrasound-aided enzymatic hydrolysis: Impacts on aroma and taste. Food Chemistry, 2021, 345: 128767

[5] RÍOS-REINA R, SEGURA-BORREGE M P, MORALES M L, et al. Characterization of the aroma profile and key odorants of the Spanish PDO wine vinegars. Food Chemistry, 2020, 311: 126012

[6] DZOGBEFIA V P, DJOKOTO D K. Combined effects of enzyme dosage and reaction time on papaya juice extraction with the aid of pectic enzymes—A preliminary report. Journal of Food Biochemistry, 2006, 30(1): 117-122

[7] WANG Z, CHEN K, LIU C, et al. Effects of glycosidase on glycoside-bound aroma compounds in grape and cherry juice. Journal of Food Science and Technology, 2023, 60(2): 761-771

[8] 仇农学, 罗仓学, 易建华. 现代果汁加工技术与设备. 北京: 化学工业出版社, 2006

[9] 王松林, 彭荣, 崔榕, 等. 类柠檬苦素生物转化与脱苦研究进展. 食品科学, 2015, 36(9): 279-283

[10] SMID E J, KLEEREBEZEM M. Production of aroma compounds in lactic fermentations. Annual Review of Food Science and Technology, 2014, 5: 313-326

[11] MULTARI S, CARAFA I, BARP L, et al. Effects of *Lactobacillus* spp. on the phytochemical composition of juices from two varieties of *Citrus sinensis* L. Osbeck: 'Tarocco' and 'Washington navel'. LWT, 2020, 125: 109205

[12] YANG W, LIU J, ZHANG Q, et al. Changes in nutritional composition, volatile organic compounds and antioxidant activity of peach pulp fermented by *Lactobacillus*. Food Bioscience, 2022, 49: 101894

[13] QUAN Q, LIU W, GUO J, et al. Effect of six lactic acid bacteria strains on physicochemical characteristics, antioxidant activities and sensory properties of fermented orange juices. Foods, 2022, 11(13): 1920

[14] GUO X, CAO X, GUO A, et al. Improving the taste of Ougan (*Citrus reticulate* cv. Suavissima) juice by slight fermentation with lactic acid bacteria. Journal of Food Processing and Preservation, 2019, 43(9): e14056

[15] YANG W, LIU J, LIU H, et al. Characterization of strawberry purees fermented by *Lactobacillus* spp. based on nutrition and flavor profiles using LC-TOF/MS, HS-SPME-GC/MS and E-nose. LWT, 2023, 189: 115457

[16] GAO H, WEN J J, HU J L, et al. Momordica charantia juice with *Lactobacillus plantarum* fermentation: Chemical composition, antioxidant properties and aroma profile. Food Bioscience, 2019, 29: 2962-2972

[17] XU X, BAO Y, WU B, et al. Chemical analysis and flavor properties of blended orange, carrot, apple and Chinese jujube juice fermented by selenium-enriched probiotics. Food Chemistry, 2019, 289: 250-258

[18] PARK S E, SEO S H, KIM E J, et al. Changes of microbial community and metabolite in kimchi inoculated with different microbial community starters. Food Chemistry, 2019, 274: 558-565

[19] CHO Y J, YONG S, LEE M J, et al. Changes in volatile and non-volatile compounds of model kimchi through fermentation by lactic acid bacteria. LWT, 2019, 105: 118-126

[20] YE Z, SHANG Z X, ZHANG S Y, et al. Dynamic analysis of flavor properties and microbial communities in Chinese pickled chili pepper (*Capsicum frutescens* L.): A typical industrial-scale natural fermentation process. Food Research International, 2022, 153: 110952

[21] KIM K H, CHUN B H, BAEK J H, et al. Genomic and metabolic features of *Lactobacillus sakei* as revealed by its pan-genome and the metatranscriptome of kimchi fermentation. Food Microbiology, 2020, 86: 103341

[22] LIANG H P, CHEN H Y, ZHANG W X, et al. Investigation on microbial diversity of industrial zhacai paocai during fermentation using high-throughput sequencing and their functional characterization. LWT-Food Science and Technology, 2018, 91: 460-466

[23] MARILLEY L, CASEY M G. Flavours of cheese products: Metabolic pathways, analytical tools and identification of producing strains. International Journal of Food Microbiology, 2004, 90(2): 139-159

[24] 李彤, 乌日娜, 张其圣, 等. 酱腌菜中微生物及与产品风味品质关系研究进展. 食品工业科技, 2022, 43(14): 475-483

[25] RINALDI A, MOIO L. Effect of enological tannin addition on astringency subqualities and phenolic content of red wines. Journal of Sensory Studies, 2018, 33(3): e12325

[26] SINGH J, KUNDU D, DAS M, et al. Enzymatic processing of juice from fruits/vegetables: An emerging trend and cutting edge research in food biotechnology. Enzymes in Food Biotechnology, 2019, 2019: 419-432

[27] CHEN D, YAP Z Y, LIU S Q. Evaluation of the performance of *Torulaspora delbrueckii*, *Williopsis saturnus*, and *Kluyveromyces lactis* in lychee wine fermentation. International Journal of Food Microbiology, 2015, 206: 45-50

[28] 高鹏岩, 刘瑞山, 张晓娟, 等. 酵母对苹果汁发酵果醋不同阶段风味影响的分析. 中国调味品, 2019, 44(7): 20-24

[29] 刘天宇, 丁健洋, 许立伟, 等. 不同醋酸菌及发酵方式对柑橘果醋品质的影响. 中国酿造, 2022, 41(12): 160-165

[30] DIERINGS L R, BRAGA C M, SILVA K M D, et al. Population dynamics of mixed cultures of yeast and lactic acid bacteria in cider conditions. Brazilian Archives of Biology and Technology, 2013, 56: 837-847

[31] CHEN Y, HUANG Y, BAI Y, et al. Effects of mixed cultures of *Saccharomyces cerevisiae* and *Lactobacillus plantarum* in alcoholic fermentation on the physicochemical and sensory properties of citrus vinegar. LWT-Food Science and Technology, 2017, 84: 753-763

[32] 谭凤玲, 王宝石, 胡培霞, 等. 非酿酒酵母在葡萄酒混菌发酵中的应用及其挑战. 食品与发酵工业, 2020, 46(22): 282-286

[33] ERKUS O, JAGER V D, SPUS M, et al. Multifactorial diversity sustains microbial community stability. ISME Journal, 2013, 7(11): 2126-2136

[34] MOOM H S, KIM R C, CHANG C H. Heterofermentative lactic acid bacteria as a starter culture to control kimchi fermentation. LWT, 2018, 88: 181-188

[35] 史梅莓, 伍亚龙, 吕鹏军, 等. 不同乳酸菌接种发酵对泡白菜理化特征及风味的影响. 食品与发酵工业, 2024, 50(1): 80-88

[36] MANDHA J, SHUMOY H, DEVAERE J, et al. Effect of lactic acid fermentation of watermelon juice on its sensory acceptability and volatile compounds. Food Chemistry, 2021, 358: 129809

[37] LAN T, LV X, ZHAO Q, et al. Optimization of strains for fermentation of kiwifruit juice and effects of mono-and mixed culture fermentation on its sensory and aroma profiles. Food Chemistry X, 2023, 17: 100595

[38] 钟武, 王腾腾, 张娜威, 等. 带皮发酵对'金艳'猕猴桃果醋品质的影响. 食品科学, 2020, 41(22): 74-81

[39] 吴震, 吴煜樟, 陈莉, 等. 桑葚果渣固态发酵醋有机酸及风味特征分析. 食品与发酵工业, 2021, 47(10): 103-108

[40] TAN M, HE F J, WANG C, et al. Twenty-four-hour urinary sodium and potassium excretion in China: a systematic review and meta-analysis. Journal of the American Heart Association, 2019, 8(14): e012923

[41] LEE M A, CHOI Y J, LEE H, et al. Influence of salinity on the microbial community composition and metabolite profile in kimchi. Fermentation, 2021, 7(4): 308

[42] WEI K, CAO X, LI X, et al. Genome shuffling to improve fermentation properties of acetic acid bacterium by the improvement of ethanol tolerance. International Journal of Food Science & Technology, 2012, 47(10): 2184-2189

第 19 章

粮谷食品中的生物成味

19.1 粮谷食品中的生物成味研究现状

19.1.1 麦类的风味物质组成

小麦在不同的生理时期风味不同。在青麦中，己醛和(*E*)-2-庚烯醛散发青草的香味，(*E*)-2-己烯醛具有绿叶的清香味，香叶基丙酮带有清淡的花香味，2-十一酮具有芸香的香气，甲基庚烯酮有新鲜的青香和柑橘的气息，醇类物质 1-辛烯-3-醇具有干草的气味，苯环类的芳香烃具有良好的风味。此外，青麦独特的风味是由于籽粒中含有大量的脂类。成熟小麦中烃类物质的种类和数量远多于青麦，己醛相对含量显著低于青麦，几乎没有(*E*)-2-庚烯醛和(*E*)-2-己烯醛[1]，具体挥发性风味物质如表 19.1 所示[2]。

表 19.1　小麦中主要挥发性成分及其气味描述

名称	气味描述	名称	气味描述
2-甲基呋喃	巧克力、可可味	吡啶	腐臭味
2-丁酮	乙醚味	2-庚酮	肥皂味
2-乙基呋喃	黄油、焦糖味	庚醛	脂肪、柑橘、腐臭味
2-戊酮	乙醚、水果味	己酸甲酯	水果、甜味
2,3-丁二酮	黄油味	异戊醇	威士忌、麦芽、烧焦味
α-蒎烯	松树、松节油味	2-己烯醛	苹果、草坪味
正丙醇	乙醇、辛辣味	2-正戊基呋喃	青豆、黄油味
二甲基二硫	洋葱、卷心菜、腐烂味	正戊醇	香油味
正己醛	青草、牛脂、脂肪味	2-甲基吡嗪	爆米花味
异丁醇	乙醇、苦味	4-异丙基甲苯	汽油、柑橘味
正丁醇	水果味	正辛醛	脂肪、肥皂、柠檬味

续表

名称	气味描述	名称	气味描述
1-辛烯-3-酮	蘑菇、金属味	丁酸	腐臭、奶酪、汗味
2,5-二甲基吡嗪	可可、烤坚果、烤牛肉味	苯乙酮	花香、杏仁味
(*E*)-2-庚烯醛	肥皂、脂肪、杏仁味	1-壬醛	脂肪、草坪味
2,6-二甲基吡嗪	烤坚果、可可、烤牛肉味	糠醇	烧焦味
6-甲基-5-庚烯-2-酮	胡椒、蘑菇、橡胶味	异戊酸	汗、酸、腐臭味
正己醇	树脂、花香、草坪味	冰片	樟脑味
二甲基三硫	硫黄、鱼、卷心菜味	(*E*,*E*)-2,4-壬二烯醛	脂肪、蜡、草坪味
2-乙基己基乙酸酯	水果味	γ-己内酯	香豆素、甜味
壬醛	脂肪、柑橘、草坪味	3-甲基-2-(5*H*)-呋喃酮	烤炙味
2,3,5-三甲基吡嗪	烤肉、土豆味	正戊酸	汗水味
(*E*)-2-己烯醇	草坪、树叶、核桃味	4′-甲基苯乙酮	苦杏仁味
3-辛烯-2-酮	坚果味	γ-庚内酯	坚果、脂肪、水果味
(*E*)-2-辛烯醛	草坪、坚果、脂肪味	己酸	汗水味
(*Z*)-氧化芳樟醇	水果味	愈创木酚	烟、甜味、药剂味
1-辛烯-3-醇	蘑菇味	苯甲醇	甜味、花香味
正庚醇	草坪味	苯乙醇	蜂蜜、玫瑰、丁香味
乙酸	酸味	γ-辛内酯	椰子味
糠醛	面包、杏仁、甜味	苯并噻唑	汽油、橡胶味
(*E*)-氧化芳樟醇	水果味	2-乙酰基吡咯	坚果、核桃、面包味
2-乙基己醇	玫瑰、草坪味	苯酚	苯酚味
2,4-庚二烯醛	坚果、脂肪味	对甲氧基苯甲醛	薄荷、甜味
癸醛	肥皂、橘子皮、牛油味	γ-壬内酯	椰子、桃子味
2-乙酰基呋喃	香油味	4-乙烯基-2-甲氧基苯酚	丁香、咖喱味
丙酸	刺鼻、腐臭、黄豆味	苯甲酸	尿味
辛醇	金属、烧焦味	香兰素	香草味
甲基壬基甲酮	柑橘味		

麦类除了小麦，还有大麦、藜麦、燕麦、黑麦和荞麦等不同麦类，它们的主要风味物质也不同。大麦的主要风味物质是醛类化合物，它们通常赋予大麦一种新鲜绿色的气息，而脂肪醛类则给予大麦淡淡的青草香气。己醛和 1-戊醇是大麦

品种中的主要化合物，而异戊醇和异戊醛则具有浓厚的麦香气，也是构成麦芽风味的重要成分之一。燕麦籽粒中含有 111 种挥发性物质，其中萜烯、烷基苯、醇和酮等物质赋予了燕麦青草的味道，萜类化合物和酯类是燕麦中的主要风味化合物，其中化学、玫瑰、蜂蜜、花椰菜、脂肪、萜烯和酒味的重叠可能解释了燕麦独特的风味[3]。燕麦的风味更主要的是来源于加工过程中的美拉德反应产物和不饱和脂肪酸氧化分解，这个过程中会产生杂环吡嗪、吡咯、呋喃和含硫化合物，以及醛类和酮类物质，在酸败的燕麦籽粒中，己醛含量最丰富，烹制过程还可以增加燕麦产品中挥发性风味物质的种类。藜麦麦芽挥发性成分中含有大量的酯类，尤其是己酸乙酯和丁酸乙酯，赋予藜麦蜡香、油脂香和果香等令人愉悦的坚果和焦糖香气，藜麦在发芽过程中产生具有独特的霉味和泥土味的甲氧基吡嗪，2-甲氧基-3-异丙基吡嗪散发出类似新鲜黄瓜或芦笋的气味，而 2-甲氧基-3-仲丁基吡嗪和 2-甲氧基-3-异丁基吡嗪则赋予了藜麦强烈的甜椒香气[4]。黑麦中高含量的酚类化合物和麸皮中高含量的酚类化合物共同导致其具有浓郁的苦味，其中含量最高的酚类化合物是烷基间苯二酚和酚酸。荞麦的挥发性化合物包含醛类、酮类和吡嗪类[5]，其中己醛和壬醛是风味贡献的主要成分，使其具有谷物和坚果的香气，水杨醛则是荞麦风味的特征性成分。

19.1.2　稻米的风味物质组成

稻米风味的形成受到醛类、酮类、酯类、酸类、醇类、烯醇类、烃类、芳香烃类和杂环化合物等许多不同种类有机物的影响，这些有机物一类是在水稻自然生长期形成的，如醛类、醇类、烷烃类和 2-乙酰基-1-吡咯啉（2-AP）；另一类是在后期加工贮藏中由于大米中的脂质氧化分解等反应形成的，如杂环类、醛类、酯类和酚类物质[6]。如表 19.2[7]所示，大米中的(*E*,*E*)-2,4-癸二烯醛、香叶基丙酮、2-乙酰基-1-吡咯啉（2-AP）等风味化合物对其风味形成具有显著的正作用，而高浓度的脂肪醛、苯衍生物和酸则会对大米风味产生副作用，形成难闻的气味[8]。2-乙酰基-1-吡咯啉被认为是大米香气的关键挥发性物质之一，并为大米提供类似爆米花的香气，被认为是香米中的特征挥发物。醛类化合物是主要的挥发性化合物，(*E*)-2-壬烯醛和(*E*,*E*)-2,4-癸二烯醛两种醛在早期被认定为重要的挥发性化合物，其中(*E*)-2-壬烯醛被认为会产生一种脂肪、牛油、豆类、黄瓜和木质类香气，(*E*,*E*)-2,4-癸二烯醛则是具有脂肪和蜡味的物质。醇类是大米中含量第二的挥发性物质，醇类化合物通常赋予大米芳香、植物香、酸败和土气味。大米中检测出的主要醇类物质为戊醇、己醇、庚醇、辛醇、1-辛烯-3-醇等。其中 1-辛烯-3-醇是最丰富的挥发性醇类物质和有效的芳香性化合物，具有浓烈的蘑菇香[9]。酮类物质也可以被认为是不饱和脂肪酸的氧化降解产物。其中，2-庚酮和 6-甲基-5-庚烯-2-酮为大米提供水果香和花香；3-辛酮和 3-壬烯-2-酮则产生草药香和花香[10]。杂环化合物如吡嗪、呋喃、吡啶、吡咯、噻唑和噻吩等，是由美拉德反应和脂质氧化过程中产生的主要大米香气化合物。其中，2-戊基呋喃是在大米发育过程中进行脂质氧化时生成的一种呋喃化合物。它赋予大米果味、坚果味和焦糖味[10]。

表 19.2　大米及米饭中主要的挥发性风味物质

类别	物质名称	保留指数	香气阈值/（mg/kg）	香气描述
醇类	壬醇	1 662	—	玫瑰香气
	2-丁醇	—	—	葡萄酒香气
	2-甲基丁醇	729	—	特殊气味
	2-乙基-1-己醇	1 026	0.078	花香
	戊醇	769	0.150 2	果香
	辛醇	1 073	0.125 8	果香
	异丁醇	631	—	茶香
	异辛醇	—	—	—
	1-辛烯-3-醇	986	0.001 5	蘑菇香
	糠醇	845	1.9	苦辣香气
	庚醇	1 461	0.005 4	柑橘香
	己醇	873	0.005 6	水果香气
	异戊醇	769	—	不愉快香气
醛类	丁醛	906	—	刺激性气味
	2-甲基丁醛	942	—	果香
	己醛	800	0.005	青草味
	(*E*)-2-庚烯醛	957	0.013	青草香
	(*E*)-2-辛烯醛	1 057	0.003	脂肪香
	壬醛	1 105	0.001 1	柑橘香
	苯甲醛	961	0.3	苦坚果味
	3-甲基丁醛	653	—	麦芽香
	(*E*)-2-己烯醛	852	—	绿叶香
	乙醛	718	0.025 1	果香

续表

类别	物质名称	保留指数	香气阈值/（mg/kg）	香气描述
醛类	(*E*,*E*)-2,4-葵二烯醛	1 314	0.094 8	脂肪香气
	异丁醛	807	—	刺激气味
	戊醛	700	0.012	木香
	庚醛	904	—	水果香
	辛醛	1 001	0.000 8	甜橙香
	葵醛	1 200	0.000 1	橙子香
	(*E*)-2-壬烯醛	1 551	0.000 19	鸡肉香
	苯乙醛	1 041	0.006 3	坚果香
	(*E*)-2-戊烯醛	751	—	—
	糠醛	1 467	0.77	苦杏仁香
	香草醛	1 491	—	香草味
酮类	2-丁酮	587	—	—
	2-庚酮	897.5	0.14	果香
	2,3-丁二酮	982	—	清香
	香叶基丙酮	1 885	0.06	花香
	2-戊酮	690	—	指甲油气味
	6-甲基-5-庚烯-2-酮	—	—	花香
	3-辛酮	—	—	草药香
	3-壬烯-2-酮	—	—	花香
脂类	邻苯二甲酸二异丁酯	1 872	—	—
	亚油酸甲酯	2 488	—	—
	邻苯二甲酸二甲酯	1 466	—	—
	棕榈酸乙酯	2 240	2	奶油香气
	己酸乙酯	1 003	0.001	菠萝香
	邻苯二甲酸二丁酯	1 937	—	芳香气味
	γ-壬内酯	1 362	0.009 7	椰香、桃子香
	棕榈酸甲酯	1 328	—	茶香
	乙酸乙酯	609	0.005	果香
	乙酸丁酯	809	—	果香气味
其他	2,4-二叔丁基苯酚	2 280	—	—
	苯酚	1 200	5	特殊气味
	2-乙基呋喃	712	—	—
	2-AP	922	0.000 053	爆米花香、坚果香

续表

类别	物质名称	保留指数	香气阈值/（mg/kg）	香气描述
其他	萘	1 707	—	刺激气味
	乙酸	1 449	30.7	酸味
	2-戊基呋喃	987	—	花香
	2,3-二氢苯并呋喃	1 219	—	甜香
	吡啶	753	2	恶臭
	吲哚	1 287	0.04	焦油味
	4-甲基-2-甲氧基苯酚	1 312	—	甜味

注：“—”表示未查询到参考数据；保留指数来源于 NIST Chemistry WebBook（https://webbook.nist.gov/chemistry/），部分香气描述资料来源于化源网（https://www.chemsrc.com/）

19.1.3 玉米的风味物质组成

玉米是重要的粮食作物、饲料及工业原料，含 64%～78%淀粉、8%～14%蛋白质、3.5%～5.7%脂肪、1.8%～3.5%膳食纤维等营养成分，此外还含有丰富的钙、铁、镁、硒、维生素、亚油酸等营养物质。按用途与籽粒组成成分分类，可将玉米分为特用玉米和普通玉米两大类。如表 19.3 所示，玉米的主要风味物质包括酯类、芳香烃类、醛类、酮类、醇类、萜烯类和杂环类化合物等。玉米中醇类和芳香烃类的含量比例较大，醇类大多具有特殊的香味，在香味中起协调作用，而烃类含量虽也较高，但其相应的风味阈值也较高，对风味的贡献不大。

表 19.3 玉米中主要的挥发性风味化合物及其含量

编号	挥发性化合物	含量/（μg/kg）	编号	挥发性化合物	含量/（μg/kg）
	醛类	230.89	A9	2-甲基-2-己烯醛	—
A1	(*Z*)-2-庚醛	44.68±9.24	A10	苯甲醛	—
A2	癸醛	30.73±5.77	A11	壬醛	87.18±16.81
A3	辛醛	—	A12	苯乙醛	—
A4	2-甲基丙醛	—	A13	(*E*)-2-壬烯醛	68.30±8.81
A5	3-甲基丁醛	—		醇类	0
A6	2-甲基丁醛	—	B1	1-辛醇	—
A7	2-甲基-(*E*)-2-丁烯醛	—	B2	2,3-丁二醇	—
A8	己醛	—	B3	叔丁醇	—

续表

编号	挥发性化合物	含量/（μg/kg）	编号	挥发性化合物	含量/（μg/kg）
	酮类	306.00	E8	2,4-二(1,1-二甲基乙基)-苯酚	—
C1	2-庚酮	168.38±1.84	E9	1-甲基萘	—
C2	4-辛酮	55.63±3.06		杂环类	14.48
C3	苯乙酮	18.66±3.84	F1	3-蒈烯	14.48±1.12
C4	2-壬酮	35.79±4.06	F2	2-乙基-6-甲基吡嗪	—
C5	2,3-辛二酮	—	F3	2-乙基-3-甲基吡嗪	—
C6	1-(1*H*-吡咯-2-基)-乙酮	—	F4	2-乙基-5-甲基吡嗪	—
C7	3-辛烯-2-酮	27.54±2.37	F5	3-乙基-2,5-二甲基吡嗪	—
	酯类	320.43	F6	2-乙基-3,5-二甲基吡嗪	—
D1	丁酸乙酯	148.46±7.12	F7	2,3-二甲基-5-乙基吡嗪	—
D2	己酸乙酯	58.41±10.04	F8	2,5-二乙基吡嗪	—
D3	苯甲酸乙酯	77.43±9.43	F9	2-乙酰-3-甲基吡嗪	—
D4	辛酸乙酯	11.20±1.79	F10	2,3-二乙基-5-甲基吡嗪	—
D5	十六酸乙酯	16.88±3.25	F11	3,5-二乙基-2-甲基吡嗪	—
D6	2-羟基苯甲酸乙酯	—	F12	2-乙酰-3-乙基吡嗪	—
D7	苯甲酸丁酯	8.05±1.52	F13	2,5-二甲基-3-(2-甲基丙基)-吡嗪	—
D8	乙酸乙酯	—	F14	2-乙酰基-1-吡咯啉	—
	芳香烃类	598.79		萜烯类	270.25
E1	甲苯	54.25±1.87	G1	1*R*-*α*-蒎烯	6.14±1.64
E2	乙苯	30.34±1.98	G2	D-柠檬烯	21.28±0.63
E3	对二甲苯	188.89±21.73	G3	3-乙基-2-甲基-1,3-己二烯	242.83±10.81
E4	苯乙烯	314.99±1.77		其他	0
E5	1-乙基-2,3-二甲基苯	13.99±1.61	H1	乙酸	—
E6	1,2,3,5-四甲基苯	10.32±1.26	H2	噻吩	—
E7	1,2,4,5-四甲基苯	—	H3	二甲基硫醚	—

注：“—”表示未检测到；数据参考 NIST Chemistry WebBook 中 HP-5ms 上的色谱指数（RI）

研究表明，玉米成熟过程中挥发性风味物质种类、含量不断变化，随着成熟度的增加，辛酸乙酯等酯类物质含量增加；癸醛、壬醛等醛类物质含量下降；苯乙烯、甲苯、乙苯等芳香烃类物质含量增加，其风味特征包括花香、青香、果香、甜香、脂香、坚果香、木香、蜡香，脂香强度明显增强，青香强度明显减弱。玉米具有的典型特征香味物质仍无法确定，有的研究认为乙酸乙酯是玉米高含量香气物质，也有研究认为叔丁醇是含量最高的风味物质，有的专家则认为与品种相关，如只在甜玉米中鉴定出特征香味物质二甲基硫醚，而在其他的玉米品种中尚未检测到。

19.1.4　小米的风味物质组成

小米俗称谷子，原产于我国北方黄河流域，全世界 80%的小米产于中国，小米富含碳水化合物、蛋白质、脂肪、维生素及钾、铁、磷和膳食纤维等营养物质。风味是衡量小米品质的重要指标之一，对红谷小米、绿小米、白小米、金苗小米和黑小米等 5 种小米进行测定，发现了 48 种挥发性物质组分，共有挥发性物质为乙酸乙酯、苯乙烯 [11]。小米中的挥发性物质见表 19.4。

表 19.4　5 种小米中挥发性物质组分[11]　　（%）

名称	红谷小米	绿小米	白小米	金苗小米	黑小米	气味特征
(*E*)-2-辛烯醛	3.90±0.05d	9.78±0.71a	7.21±0.77b	5.78±0.27c	6.65±0.14bc	青草香、坚果香、脂香
2-庚烯醛(M)	4.77±0.20d	10.57±0.08a	7.00±0.18b	4.86±0.08d	6.13±0.14c	皂香、脂香、杏仁味
2-庚烯醛(D)	4.18±0.31d	14.28±0.11a	6.31±0.21b	3.99±0.04d	4.57±0.16c	
正庚醛(M)	5.41±0.35d	8.08±0.19a	6.49±0.03c	5.63±0.09c	7.72±0.35b	脂香、柑橘香、腥臭味
正庚醛(D)	4.91±0.61d	9.77±0.27a	6.48±0.34c	4.55±0.16d	7.62±0.69b	
正己醇(M)	4.23±0.11e	8.83±0.27b	9.74±0.19a	4.71±0.04d	5.83±0.28c	松香、花香、青草香
2-正戊基呋喃	3.05±0.61b	9.08±0.90a	8.13±0.63a	4.18±0.24b	8.88±1.47a	青草香、豆香、黄油香
1-辛烯-3-醇	4.82±0.12d	8.99±0.31a	7.15±0.32b	5.55±0.25c	6.83±0.11b	蘑菇香
正辛醛(M)	5.35±0.18c	8.93±0.30a	6.54±0.07b	5.46±0.08c	7.05±0.04b	脂香、皂香、柠檬香、青草香
正辛醛(D)	5.55±0.62c	9.30±0.41a	6.71±0.43b	5.73±0.36c	6.04±0.35bc	
二甲基三硫化物	6.18±0.13c	8.64±0.25a	6.82±0.36b	5.81±0.30c	5.88±0.12c	硫黄、鱼、卷心菜味
(*E*)-2-戊烯醛	6.01±0.23b	9.46±0.35a	6.49±0.33b	5.12±0.13c	6.25±0.58b	草莓香、果香、番茄味

续表

名称	红谷小米	绿小米	白小米	金苗小米	黑小米	气味特征
苯甲醇	5.16±0.19c	8.74±0.62a	6.79±0.41b	6.58±0.25b	6.06±0.25b	甜味、花香
戊醛(M)	6.20±0.18c	7.34±0.08a	6.72±0.19b	6.20±0.02c	6.87±0.40b	杏仁、麦芽、辛辣味
正丁醇	5.93±0.22c	6.78±0.26ab	7.07±0.24a	6.54±0.07b	7.03±0.15a	中药、果香
乙酸乙酯(M)	6.53±0.31a	6.49±0.20a	6.72±0.07a	6.86±0.13a	6.72±0.08a	菠萝味
乙酸乙酯(D)	6.92±0.34a	6.93±0.11a	6.88±0.18b	6.23±0.12b	6.38±0.15b	
丙醇	6.67±0.31b	7.97±0.12a	6.90±0.19b	5.78±0.17c	6.01±0.24c	酒香、辛辣味
2-庚酮(M)	4.49±0.45e	9.23±0.26a	6.42±0.14c	5.20±0.21d	7.99±0.41b	皂香
2-庚酮(D)	5.09±0.41c	9.60±0.77a	6.87±0.36b	4.94±0.59c	6.84±0.39b	
环己酮	5.90±0.40c	7.76±0.32a	6.57±0.66bc	6.28±0.22bc	6.82±0.30b	薄荷香
(*E*)-2-己烯-1-醇	5.38±0.49d	7.09±0.48b	6.64±0.17bc	6.08±0.11cd	8.14±0.45a	青草香、花香、胡桃味
(*E*)-2-己烯醛(M)	5.31±0.36c	9.34±0.11a	6.53±0.26b	5.63±0.13c	6.52±0.34b	苹果味、青草香
乙酸丁酯(M)	6.28±0.26a	6.94±0.18a	6.75±0.01b	6.48±0.05c	6.88±0.19bc	梨香
乙酸丁酯(D)	7.30±0.56a	7.49±0.13a	6.57±0.23b	5.71±0.16c	6.26±0.30bc	
1-戊醇(M)	4.50±0.25e	8.43±0.17a	7.10±0.09c	5.66±0.16d	7.65±0.17b	脂香
1-戊醇(D)	3.34±0.08d	11.13±0.48a	7.07±0.12b	4.28±0.06c	7.51±0.33b	
1-庚醇	6.26±0.51c	8.67±0.21a	5.99±0.04c	4.62±0.18d	7.80±0.26b	化学品、青草香
苯乙醛	3.46±0.09d	14.52±0.67a	5.31±0.32c	3.74±0.28d	6.30±0.25b	青草香、芳香、风信子、可可味
己醛(D)	5.27±0.56c	8.40±0.06a	6.84±0.14b	5.58±0.07c	7.24±0.63c	草、牛油、脂香
己醛(M)	6.50±0.11d	6.64±0.03bc	6.71±0.03b	6.58±0.05cd	6.90±0.07a	
2-甲基丁酸乙酯	5.76±0.84bc	9.61±0.21a	6.35±0.63b	5.24±0.44c	6.37±0.31b	苹果香
戊醛(D)	4.30±0.58c	10.91±0.47a	6.78±0.48b	4.63±0.19c	6.71±0.63b	杏仁、麦芽、辣味
3-甲基-3-丁烯-1-醇	7.12±0.14b	8.58±0.39a	6.78±0.28b	5.18±0.08b	5.68±0.20c	果香
(*E*)-2-己烯醛(D)	5.41±0.67b	11.05±1.06a	5.89±0.83b	5.26±0.37b	5.73±0.33b	苹果味、青草香
苯乙烯	6.25±0.90a	6.46±0.32a	6.91±0.35a	7.15±0.37a	6.56±0.36a	脂香、汽油味

续表

名称	红谷小米	绿小米	白小米	金苗小米	黑小米	气味特征
5-甲基-2-呋喃甲醇	6.15±0.09b	9.42±0.22a	6.38±0.15b	5.08±0.20c	6.30±0.30b	芳香
丁醛	6.70±0.30b	7.44±0.13a	7.07±0.14ab	5.86±0.32c	6.26±0.10c	辛辣味、青草香
3-甲基-1-丁醇	6.39±0.07c	7.94±0.37b	8.58±0.07a	4.73±0.39e	5.70±0.28d	威士忌酒、麦芽味、焦味

注：同行小写字母不同表示差异显著（P<0.05）

19.2　典型粮谷食品的生物成味实践

19.2.1　麦类的生物成味实践

馒头是我国以小麦粉为主的传统发酵主食，经过和面、醒发、揉面和蒸制等一系列步骤，酵母在面团发酵过程中进行酯化反应、蛋白质水解和脂肪转化过程，蒸制还会引起单糖的热降解，还会生成少量新的醛类物质。馒头中共检测出 95 种挥发性物质，包括醇类、醛类、酮类、芳香类和杂环类，主要物质是乙醇、异戊醇、2-甲基-1-丙醇、正己醇、1-辛烯-3-醇、苯乙醇、顺-3-壬烯醇、己醛、庚醛、苯甲醛、壬醛、(*E*)-2-壬烯醛、(*E*,*E*)-2,4-癸二烯醛、癸醛、6-甲基-5-庚烯-2-酮、吲哚和 2-戊基呋喃，(*E*)-2-壬烯醛、(*E*,*E*)-2,4-癸二烯醛、2-戊基呋喃、1-辛烯-3-醇、2-甲基-1-丙醇、己醛、癸醛和壬醛是馒头的关键风味物质。其与面粉相比较有 32 种共同物质，主要物质是乙醇、异戊醇、正己醇、苯乙醇、顺-3-壬烯醇、己醛和壬醛。

面条是面粉种类和添加剂不同配比，通过揉制、辊压、烘干或晾晒后，再经过煮制后食用的一种面食。面条的风味主要源于面粉种类和添加剂，小麦面条中共含有 35 种风味化合物，包括醛类、醇类、呋喃类、烃类、苯环类、酮类和酯类等，14 种烃类含量最高[12]，醛类是面条中关键的呈味物质，具有青草味、柑橘味和果香味，正己醛具有芳香性，呈现青草的味道；苯甲醛则带有苦杏仁味和焦味；而己醛和己醇则是面条中两种主要的香气化合物，它们的含量分别占普通面条的 51.84%和 25.49%。此外，还在小麦面条中检测到一种具有烧焦气味的苯酚，即 2,4-二(叔丁基)苯酚，其对风味有一定的影响；在小麦面粉中添加油莎豆粉，其中桉叶油醇让面条呈现出薄荷的味道；在小麦面条中添加银耳粉，醛类物质的含量最高，其中 1-辛烯-3-醇呈现蘑菇香气，1-壬醇具有玫瑰和橙子的宜人香气。藜麦面条中共含有 43 种挥发性风味物质，包括醛类、醇类、呋喃类、烃类、苯环类、酮类和酯类等，3-辛烯-2-酮赋予了藜麦面条坚果味和蘑菇味的特点，而庚酸乙酯则丰富了藜麦面条的果香味。物料的前期处理对面条风味也有很重要的作用，全麦面条（生/熟）的特征风味物质不同，生全麦面条的特征风味物质包括(*E*)-2-壬烯醛、己醛、壬醛和邻苯二甲酸二异丁酯，而熟全麦面条的特征风味物质则为(*E*)-2-辛烯醛和(*Z*)-2,4-癸二烯醛。

面包属于粱谷粉的烘焙食品，制作过程包括醒发和焙烤，其风味物质的形成主要源于加工过程中的发酵、脂质氧化和美拉德反应等。美拉德反应的化合物造成面包外皮的颜色和烤制香味，工艺的不同导致面包外皮中的呋喃和醛类物质存在明显差异。在制作面包过程中，加入的白砂糖、果酱和黄油等物质也会显著影响面包中挥发性风味物质的种类和含量，如乙酸甲酯、乙酸异戊酯、己酸乙酯、糠醛等物质的含量明显增加。此外，添加不同的风味物质也可以改变面包的风味。例如，在面粉中添加银耳蒂头超微粉制作面包，可以提升面包的风味。

饼干与面包一样都属于烘焙食品，烘烤过程中发生美拉德反应和焦糖化反应会产生表面有色物质和风味物质。小麦饼干挥发性的香味物质主要包括醛类、烃类、酮类、含氮的杂环化合物及少量的脂类和醚类，高含量的 3-氨基-2,6-二甲基吡啶可能是麦香味形成的重要贡献物质。曲奇饼干中的主要芳香族化合物是 2,5-二甲基吡嗪，其次是 1-辛烯-3-酮和 2-乙酰基-1-吡咯啉。另外，还有吡嗪类、醛类和酮类等芳香族化合物[13]。

19.2.2　稻米的生物成味实践

稻米被制作成米糕、米酒、米线等食品，需要通过一系列的加工过程，如发酵或酶解等，这些过程使大米中的化合物发生转化和变化，产生丰富的挥发性化合物，为产品赋予独特的风味，这些化合物包括有机酸、醛类、酮类、酯类、醇类等，正是由于产生了丰富的、独特的香气物质，这些加工食品才获得不同于普通大米的风味特点，为消费者提供更多的选择和多样性的口味体验。

籼米中直链淀粉的含量 > 25%，如果制作成米饭会易碎且口感粗糙，但在糊化冷却过程中能够迅速凝结和沉淀，形成米凝胶，弥补了大米中缺少面筋蛋白的不足，非常适合用来制作米粉。米粉的制作工艺包括清洗、浸泡、磨浆（或粉碎）、调浆、发酵（或不发酵）、熟化、成型、冷却，根据米粉制作过程中是否发酵，米粉可以分为发酵型和非发酵型。发酵型相较于非发酵型，醛类物质是其主要的香气成分，另外还含有丰富的醇类化合物和酸类化合物，赋予了发酵型米粉独特的酸爽和醇香的风味特色。

米酒是以糯米作为原料，通过酒曲或酵母发酵制成的低度乙醇饮品。米酒的制作过程为浸泡、蒸煮、拌曲、糖化、醪糟加水、倒粑、发酵等。米酒的香气可以简单概括为原料香、发酵香和陈酿香，这些风味物质包括醇类、醛类、酸类和酯类，它们一部分来自原料自身，另一部分是发酵过程中酵母代谢产生的。在米酒中，酯类物质是最重要的芳香化合物，数量也最多，如丁酸乙酯和乙酸乙酯的比例对米酒的风味特征至关重要；其次，醇类物质对米酒的风味也起到关键的调节作用，如 3-甲基丁醇、β-苯乙醇和 2-甲基丁醇是米酒中主要的香气强度较高的醇类物质；另外，调节米酒香气的化合物还有一部分酸类物质，如乳酸和乙酸能够起到酒体的缓冲作用，消除饮酒后上头和口味不协调等问题。研究表明，原料产地、原料性质、发酵工艺和发酵环境都会影响米酒的香气。例如，固态发酵酒和液态发酵酒的风味存在明显差异，固态酿造的米酒中酯类物质更为丰富，而液态酿造的米酒中醇类更为丰富。

米糕是由精白米（籼型或粳型）作为主要原料，利用乳酸菌和酵母发酵制作而成的。米糕的制作过程包括选料、浸泡、磨浆、发酵、调味和蒸糕等。米糕中构成其发酵香气的主要成分是酯类物质，含量最高的酯类物质是辛酸乙酯，它具有独特的白兰地酒香味，赋予发酵米糕独特的酒香风味，大部分酯类物质是由酵母和乳酸菌产生的醇与酸反应产生的，阈值较低，常呈现清新的水果香和鲜花香。

醪糟是由糯米或其他谷物作为原料发酵而成的传统食品。醪糟的制作过程包括浸泡、蒸煮、拌曲、发酵等。从醪糟中鉴定出 121 种挥发性物质，主要是酯类、醇类、醛类、酸类和萜烯类，其中酯类和醇类是构成醪糟主要香气的成分。酯类物质种类在醪糟的挥发性成分中占比最多，一般是由醇类物质与酸类物质进行酯化反应产生的，呈现出水果香和花香的香气；其次是在乙醇发酵阶段产生的醇类物质，也是醪糟中重要的呈味化合物，并且是酯类物质生成的前体，在醇类物质中，乙醇含量最高，对醪糟的口感有着重要影响。

大米饮料是以糯米或大米为主要原料制作而成的新型饮料。大米饮料的制作过程包括除杂、烘烤、粉碎、酶解、均质、调配、灭菌和灌装等。大米饮料中检测到 6 大类 27 种风味物质，包括醛类（6 种）、醇类（2 种）、吡嗪类（13 种）、呋喃类（2 种）、酯类（2 种）和酚类（2 种），相对含量最高的是吡嗪化合物。大米饮料风味化合物可能是在烘烤过程中通过美拉德反应形成的，使其具有丰富的营养成分和特殊的风味物质。

大米面包是以大米粉为主要原料，经过面包烘焙过程制作的大米制品。大米面包的工艺流程包括调粉、发酵、整形、静置、烘焙、冷却和包装。在大米面包中检测到含量最高的风味物质是 2-氨基苯乙酮和 4-乙烯基苯酚，与小麦面包皮相比，大米面包皮中缺少麦芽酚带来的焦糖样气味，这可能是米粉中游离碳水化合物的含量较低所致[14]。与传统米饭相比，方便米饭中存在 31 种风味物质，主要包括醛类、醇类、酮类和呋喃类等。除了 2-丁基呋喃，方便米饭与新鲜米饭在风味成分上没有太大差异，只是一些风味的强度稍微减弱。方便米饭中醇类损失较大，而酮类的风味成分含量有所增加。年糕和大米爆米花都是通过快速高温加热形成的，内部产生高压蒸汽，导致谷物破裂或爆裂，己醛的浓度较高，可能与年糕使用的是糙米有关，因为糙米和米糠相对容易因氧化脂质分解而变质。

19.2.3　玉米的生物成味实践

玉米馒头产生的风味物质中，烃类物质相对含量为 32.82%，共 25 种，对风味的贡献率最小；而醛类、酯类、酮类及醇类等相对含量及种类均较少，但对馒头风味的影响较大。羰基类物质包括醛和酮，苯乙醛、2-戊基呋喃等物质的阈值较低，但是可以赋予玉米馒头特殊的香味。芳香族物质苯乙醇具有清甜的玫瑰花香，呋喃具有未成熟青水果香气，是食品中重要的增香剂。玉米馒头中的酯类比普通馒头多了 6 种，其中具有葡萄酒香气的癸酸乙酯、油脂气味的十四酸乙酯只存在于玉米馒头中，这使得玉米馒头的风味物质更加丰富。玉米馒头中的醛类物质比普通馒头多了 4 种，醛类物质在风味中起着很重要的作用，是一种阈值低、易挥发的风味物质。醛类物质的产生有可能是因为脂肪的氧化分解，在玉米粉中的脂肪含量比麦芯粉高，这可能是玉米馒头的醛类物质比普通馒头高的原因。

19.2.4　小米的生物成味实践

从小米粥中共鉴定出 51 种化合物，包括 16 种醛、10 种醇、3 种酮、15 种碳氢物质、5 种杂环和 2 种其他类物质。其中醛类物质含量最高，醛类物质可能为小米粥最重要的风味特征物质，占总量的 40.57%；其次为碳氢类物质，占总量的 33.27%，8 种醛类物质和 1-辛烯-3-醇与脂肪酸的代谢途径有关，且脂氧合酶对挥发性香味物质的形成具有重要作用，如己醛、壬醛、(*E*,*E*)-2,4-癸二烯醛等均来源于亚油酸和油酸的降解。

小米发酵饮料是由酵母或乳酸菌进行发酵而成的，并加入了大豆分离蛋白或其他材料，如绿豆小米酸奶、小米红枣酸奶、燕麦小米酸奶、苦荞米小米酸奶、小米南瓜香蕉混合发酵饮料，还有不含脂肪和乙醇且小分子碳水化合物和氨基酸含量丰富的无醇小米饮料，本书中对焙烤型小米饮料的风味物质进行了详细的测定，见表 19.5。

表 19.5　小米饮料风味成分的分析结果[15]

化合物名称	香气描述	相对含量 / %
	醛类化合物	
己醛	青草气味	8.17±0.13
庚醛	水果气味	2.83±0.22
壬醛	水果气味	0.79±0.08

续表

化合物名称	香气描述	相对含量 / %
糠醛	杏仁气味	5.99±0.06
苯甲醛	花香气味	2.29±0.01
5-甲基-2-糠醛	熟米饭气味	1.17±0.10
	醇类化合物	
1-戊醇	水果气味	0.49±0.25
1-辛醇	水果气味	0.36±0.51
	吡嗪化合物	
甲基吡嗪	青椒气味	7.80±0.11
2,6-二甲基吡嗪	青椒气味	8.36±0.18
2-乙基吡嗪	爆米花气味	6.82±0.09
2,3-二甲基吡嗪	树叶气味	1.09±0.12
2-乙基-6-甲基吡嗪	焙烤香	2.54±0.31
2-乙基-5-甲基吡嗪	草叶气味	2.85±0.04
2-乙基-3-甲基吡嗪	焦糊气味	3.18±0.01
三甲基吡嗪	土豆气味	1.58± 0.19
2,6-二乙基吡嗪	焙烤气味	0.51 ±0.33
3-乙基-2,5-二甲基吡嗪	土豆气味	7.25±0.40
2,3-二甲基-5-乙基吡嗪	土豆气味	1.00±0.41
3,5-二乙基-2-甲基吡嗪	树叶气味	1.44±0.11
二甲基-2-乙烯基吡嗪	土豆气味	0.60±0.06
	呋喃化合物	
2-呋喃醇	焦糖气味	1.33±0.10
2,3-二氢-2-苯基呋喃	—	0.87±0.11
	酯类化合物	
琥珀酸二异丁酯	—	0.63±0.29
戊二酸二丁酯	水果气味	1.93±0.42
	酚类化合物	
2-甲氧基苯酚	花香气味	1.49±0.02

对小米醋挥发性成分进行分析发现，普通小米醋酚类物质含量较高，炒制小米醋的醛类物质含量较高，膨化小米醋的酯类和醇类物质含量明显提高[16]，所以酯类、醛类和醇类是小米醋的重要香气物质。小米醋的挥发性物质如表19.6所示。

表 19.6　小米醋挥发性物质分析[16]

编号	名称	相对含量/（μg/L）		
		普通小米醋	炒制小米醋	膨化小米醋
		酯类		
1	乙酸异戊酯	270.80±55.32	—	—
2	乙酸糠酯	—	—	31.39±3.68
3	DL-2-己酸乙酯	61.89±6.61	316.67±16.63	287.94±30.23
4	乳酸异戊酯	—	—	22.54±2.06
5	乙酸苯甲酯	13.94±0.68	—	2.67±2.31
6	苯甲酸乙酯	—	7.07±1.31	—
7	丁二酸二乙酯	9.25±1.45	71.97±2.56	141.78±8.18
8	苯乙酸乙酯	42.58±3.33	80.27±4.16	75.5±6.75
9	乙酸苯乙酯	1239.77±81.80	739.28±20.27	2279.51±196.41
10	γ-壬内酯	293.79±12.83	401.56±15.91	295.88±6.12
11	邻苯二甲酸二丁酯	4.30±0.37	3.38±0.18	4.52±0.10
12	棕榈酸乙酯	6.32±1.40	6.72±1.22	9.60±3.20
		醛类		
13	糠醛	164.40±39.64	1036.34±175.83	300.67±39.40
14	苯甲醛	347.10±38.28	417.19±5.41	284.18±24.38
15	苯乙醛	66.72±7.57	86.48±6.52	111.67±7.18
16	壬醛	10.42±11.00	16.65±15.36	—
17	2-苯基巴豆醛	—	71.68±1.10	—
18	3,5-二叔丁基-4-羟基苯甲醛	1.69±0.07	1.47±0.22	1.71±0.16
		醇类		
19	2,3-丁二醇	228.05±5.25	336.32±44.59	310.63±62.48
20	糠醇	26.95±7.79	—	62.56±5.47
21	苯乙醇	950.03±125.30	1265.4±103.68	2683.05±87.65

续表

编号	名称	相对含量/（μg/L）		
		普通小米醋	炒制小米醋	膨化小米醋
		杂环类		
22	4-甲基苯酚	157.88±17.42	—	—
23	2,3,5,6-四甲基吡嗪	—	63.2±4.99	14.79±1.51
24	4-甲基愈创木酚	1287.38±125.15	1002.4±86.94	454.13±82.53
25	4-乙基愈创木酚	621.05±40.97	351.7±0.77	212.09±18.07
26	4-乙烯基-2-甲氧基苯酚	16.74±11.55	7.43±0.14	—
27	2,4-二叔丁基苯酚	602.35±34.21	446.2±97.47	447.03±105.13
28	3-羟基-2-丁酮	—	—	108.81±42.08
		其他		
29	十六烷	—	—	11.66±1.03

19.3 粮谷食品中生物成味的影响因素

19.3.1 加工条件对粮谷风味物质组成的影响

（1）麦类加工条件对风味物质组成的影响

1）原料。不同的播种期（春小麦和冬小麦），不同的种植环境，不同的品种和不同的年生长期，均能够导致小麦风味的差异。冬小麦 XM26 中 2-庚酮、2-己酮、乙酸己酯、2-戊基呋喃、(*E*)-2-辛烯醛、(*E*)-2-庚烯醛、(*E*)-2-己烯醛、(*E*)-2-戊烯醛、(*E*,*E*)-2,4-庚二烯醛、庚醛、丁醛、苯乙醛、乙醛、α-蒎烯、乙醇、乙酸叶醇酯、丁内酯、乙酸乙酯、丁酸、1-庚醇、1-苯乙醇等物质的含量较高。而冬小麦 BN4199 中 1-己醇、1-戊醇、己醛、3-甲基丁醇、异丁醇、戊醛、癸醛、壬醛、辛醛、(*E*)-2-壬烯醛、苯甲醛、6-甲基-5-庚烯-2-酮、2-戊酮、乙酸丁酯、丙酸乙酯、2-辛醇、1-丁醇等物质的含量较高。春小麦与冬小麦品种在不同风味物质含量上具有较大差异。春小麦中醛类物质含量最高，占 30.55%，醛类物质中含量最高的是己醛，占 6.12%；其次是酮类，占 30.28%，丙酮含量最高，占 17.60%；再次是醇类，占 27.80%，1-己醇含量最高，占 7.31%；酚类占 3.19%，主要是麦芽酚；酸类占 1.70%，主要是己酸和丙酸；酯类占 1.62%，乙酸乙酯含量较高；2-戊基呋喃和 α-蒎烯共占 0.87%。这些化合物中麦芽酚具有焦奶油硬糖的特殊香气，2-甲基丁醛具有独特的可可和咖啡的香气，3-甲基丁醛具有甜、微带水果味、坚果、麦芽、发酵香韵及巧克力样的风味，1-辛烯-3-醇具有蘑菇、薰衣草、玫瑰和干草香气，这些特殊香气的风味物质含量高是春小麦麦香味浓郁的物质基础。

水土、气候、栽培措施等条件不同及小麦品种不同，必然导致组成香气成分的物质种类和各种化合物比例不同。本书测定了 109 个样品，检测出 32 种萜烯、26 种醛类、22 种酮类、21 种醇类、11 种有机酸、8 种烷烃类、8 种酯类、5 种内酯类、5 种醚类、4 种烯烃类、2 种苯衍生物和 5 种其他未包含在前几组中的化合物；在所有样品中均鉴定出的化合物包括醛（16 种）、酮（8 种）、烯烃（7 种）和醇（6 种）；而苯衍生物是所有化合物中最少的一类[1]。(*E*)-2-庚烯醛、1-辛烯-3-醇、十五烷、联二苯、2,6-二甲基-萘、二对甲苯基甲烷、乙酸是小麦粉的主要风味物质。此外，从麸皮中检出的挥发性物质种类显著增加，1-庚醇、1-辛烯-3-醇、2,3-丁二醇、苯乙醇、2,5-辛二酮为特征性物质，而 2-丙基-1-戊醇和己醛分别是轻碾脱皮和全麦所独有的物质。小麦成熟度也会影响风味物质的组成，青麦中醛类和酮类物质含量较高，而烃类物质含量为 8.92%～16.34%；成熟小麦中烃类物质的种类和数量更多，含量为 51.56%～62.15%。

2）发酵。小麦粉无论是制作馒头或者烘焙面包，通常是添加酵母或使用老面来完成发酵，从小麦粉发酵面团共检测出 75 种挥发性物质，以醇类、醛类和酯类为主，包括乙醇、异丁醇、异戊醇、正己醇、苯乙醇、顺-3-壬烯醇、己醛、壬醛、棕榈酸乙酯、己酸乙酯、1-壬醇和 2-壬酮等，发酵面团中 3 种关键特征挥发性物质分别为己酸乙酯、1-壬醇和 2-壬酮，共同提供了玫瑰香、果香、油脂气息和药草香；添加马克斯克鲁维酵母等混合菌种，菌种之间的协同作用使得小麦粉发酵获得更好的风味特性并改善风味强度；利用米根霉固态发酵麦麸，36h 时风味最佳，发酵降低了麦麸中正己醛、庚醛、苯甲醛等令人不快的风味物质相对含量，并且能够增加醇类、酯类等各种芳香成分的相对含量[17]；固态制曲-液态酶-谷氨酸棒杆菌 3 步水解发酵制备的独特风味的发酵液，包括四甲基吡嗪、苯乙醇和 3-羟基-2-丁酮 3 种具有良好风味的香气物质，占总香气成分的 70.3%，明显改善了小麦大曲水解物的感官品质。发酵不仅会让小麦产生更好的风味物质，对燕麦的风味也有正向作用，发酵前后挥发性成分在种类和含量上均具有较大差异，醇类和酯类物质种类和含量增加，发酵后会产生烷烃类、醇类、酯类、芳香烃类、烯烃类、醛酮类、酸类和呋喃类等挥发性化合物，其中含量较高的是烷烃类、醇类和酯类。

3）加工工艺。小麦经过脱壳、除杂、制粉、制成品和熟化等一系列加工工艺处理后，发生了美拉德、焦糖化和脂质氧化等一种或多种化学反应，改变了挥发性成分的种类和含量，使其具有新的特征性风味。研究表明，这些挥发性成分包括醇类、酸酯类、酮类、烯烃类和杂环类等多种化合物，如表 19.7 所示。

表 19.7　小麦制品中主要挥发性成分及其气味描述[18]

名称	气味描述
	醇类
戊醇	水果味、甜味
己醇	石油味、青草味、甜味、木香味、香蕉味、花香味、香草味
庚醇	柑橘味、干鱼味、脂肪味、坚果味
辛醇	蘑菇味、脂肪味、茉莉花香、柠檬香、草药味、金属味、土味
2-甲基丙醇	麦芽酒味
2-甲基丁醇	乙醇味、酒味
3-甲基丁醇	威士忌味、麦芽酒味、烧焦味
2-乙基己醇	青草香、玫瑰香
1-辛烯-3-乙醇	土壤香、油脂香、花香、蘑菇香
	酸酯类
苯甲酸	香油脂香味
月桂酸	清油脂味、椰油味
正己酸乙酯	水果香味
辛酸乙酯	酒香味
γ-壬内酯	椰子香、茴香味、杏李香味
	酮类
己-3-酮	水果味
辛-3-酮	草药味
壬酮	水果味、甜味、蜡味、绿草味
庚酮	奶酪味、水果味、绿香蕉味、辣味、草药味、椰子味、木香味
苯甲酮	香油脂香味
苯乙酮	扁桃仁味、花香味
乙烯酮	威士忌味
3-辛烯-2-酮	玫瑰香
2-甲基戊-3-酮	薄荷味
(*E*,*E*)-3,5-辛二烯-2-酮	脂香味、莳萝味、甜味、香草味

续表

名称	气味描述
	烯烃类
十五烯	塑料味
苯乙烯	脂肪味、黄瓜味
β-月桂烯	香油脂香味、发酵味、辣味
D-柠檬烯	柑橘味、薄荷味
双戊烯	柑橘味、薄荷味
(*E*)-2-癸烯	脂肪味、鱼味、干草味、油漆味
	杂环类
甲苯	油漆味
间二甲苯	塑料味
乙酰苯	发酵味、花香味、扁桃仁味
p-甲基异丙基苯	柑橘味、甜味、草药味、辣味
2-甲基呋喃	爆米花味
2-乙基呋喃	面包味、扁桃仁味、甜味
2-正戊基呋喃	坚果味、奶油味、可可味、肉味
2-乙基吡嗪	花生酱味、木头味
2-乙基-5-甲基吡嗪	水果味、甜味
2,5-二甲基吡嗪	可可味、烤坚果味、烤牛肉味、药味
2,6-二甲基吡嗪	烤坚果味、可可味、烤牛肉味

热处理及其工艺参数能够使麦类的风味物质发生变化。燕麦最初的特征风味物质以醛类为主，包括癸醛、(*E*)-2-壬烯醛、壬醛、苯甲醛等，呈果香、甜香、花香、弱油脂香，热处理过程中发生美拉德反应和脂质氧化反应，还会引起 *N*-杂环化合物及戊醛的形成，特征风味物质发生改变，主要有 2-乙基-3,6-二甲基吡嗪、3,5-二乙基-2-甲基吡嗪、癸醛、庚醛等，呈焦香味、坚果味、果香味，风味还可能受到吡嗪类、吡咯类和呋喃类的影响。热处理对藜麦风味也有影响，显示藜麦的关键风味物质包括苯乙醛、(*E*)-2-辛烯醛、壬醛、(*E*)-2-壬烯醛和癸醛；此外，藜麦在蒸汽热处理后可获得(*E*)-2,4-壬二烯醛等特有的关键风味物质，烘烤藜麦则获得具有熟花生香味的苯乙醛，而且加工后藜麦中的皂苷含量降低，苦味减少。烘烤黑麦茶的挥发性物质主要为醛类、杂环化合物和一些醇类。

挤压膨化技术会导致理化特性和质构特性的改变，如淀粉糊化、蛋白质交联及风味物质的形成。挤压膨化使麸皮成分发生美拉德反应，全麦粉中醛类、吡嗪类、酮类化合物相对含量增加较多，风味更佳；在挤压膨化后的藜麦中检测出 57 种风味物质，风味物质略有增加，但酯类大量减少，而杂环类、醛类、酮类等种类变得更加丰富，使得其风味中青草香和坚果香较为突出，其次为果香和花香，各类香气总体更均衡。

用高压蒸汽处理麦麸，在蒸汽爆破过程中发生了非酶促褐变反应，产生具有杏仁香气的糠醛和具有奶酪味的芳香族化合物己酸，香气显著增强[19]。用高压蒸汽单独处理荞麦粉后，己醛、水杨醛、壬醛、癸醛、1-辛烯-3-醇及 2-甲基萘等醛类和萜烯类风味物质最多，而联合高压蒸汽-高温短时焙烤处理荞麦粉后，水杨醛、壬醛、2,5-二甲基吡嗪、2,5-二甲基-3-乙基吡嗪及 2,6-二乙基-3-甲基吡嗪等醛类、萜烯类及吡嗪类物质最多；联合高压蒸汽-低温长时焙烤处理荞麦粉后，水杨醛和壬醛等醛类物质最多。此外，微波处理还可使小麦中的 2-戊基呋喃、醛类、酸类和酯类等挥发性物质的含量降低，从而降低全麦粉的风味。

（2）稻米加工条件对风味物质组成的影响

1）原料。稻米品种的差异是造成风味不同的主要原因。研究表明，粳米与籼米两种米饭中香草醛、1-辛烯-3-醇、戊醛、己醛等风味物质的相对含量存在显著差异，并且籼米中未检测出 4-乙烯基苯酚和 2-乙酰基-1-吡咯啉。盘锦稻米和越光稻米两种稻米的风味具有较大区别，是由于越光稻米中的挥发性物质壬醛、1-辛烯-3-醇和二甲基三硫化物的相对含量均更高。另外，醇类与醛类物质含量高的品种风味更浓郁。除了品种原因，光照条件、土壤类型、地理环境、栽培方式等生长环境因素也是决定稻米香气差异的重要原因。例如，巴西黑米生长的纬度高于其他品种的稻米，造成日照时间、光的强度和温度等也与其他稻米不同，醇类与醛类物质含量较高，从而风味上存在较大差异[20]。

2）发酵。不同的发酵剂和发酵条件均会引起稻米发酵产物风味物质的差异性。研究表明，用发酵乳杆菌 *Limosilactobacillus fermentum* FR-21 和植物乳杆菌 *Lactobacillus plantarum* YI-Y2013 两种发酵剂发酵大米呈现较高的甜味，前者醇香浓郁，后者米香浓郁；用东方醋酸菌 *Acetobacter orientalis* AO-21 发酵剂发酵大米呈味较弱，具有较强的酸味；*L. fermentum* FR-21 以醛类和醇类挥发物为主，*A. orientalis* AO-21 以醛类和酸类挥发物为主，*L. plantarum*YI-Y2013 的醛类挥发物含量相对最高。在米酒发酵过程中，发酵条件对关键风味物质乙酸乙酯的含量有显著影响，发酵时间、发酵温度等条件的变化导致乙酸乙酯含量的增加或减少，在一定的温度和时间条件下会使乙酸乙酯含量达到最高值，该条件下的米酒风味更加香醇。

3）加工工艺。除稻米本身的原因外，稻米的添加量、加工技术及食品添加剂都是造成稻米产品具有不同风味的重要原因。

研究表明，稻米的碾磨和破碎过程对其风味物质的影响显著，碾磨时间越长的风味物质含量变化越大，糙米在 10～140s 的研磨过程中，醛的含量从 35%增加到 45%，烃的含量从 29%减少到 20%，在碾磨的 100～120s（对应于糙米 8.0%～9.6%的质量损失）内更为突出；随着碾磨时间的延长，酮和呋喃的含量下降；2-AP、醇类基本不受碾磨时间的影响[21]。因此，在米粉的生产中常通过控制精白米的破碎度来增加米粉整体香气。

高压处理会引起挥发性物质相对含量的变化，对稻米风味有显著影响。200MPa 和 400MPa 高压处理可能使氢过氧化物裂解酶或脂氧合酶等与挥发性物质相关的酶失活，影响不饱和脂肪酸氧化或裂解，从而导致己醛、庚醛、辛醛和 2-己烯醛等醛类挥发性物质的浓度显著降低。高压处理会导致挥发性物质的结构发生改变从而改变风味。例如，高压下淀粉糊化改性会导致其结构及淀粉与 2-AP 络合物的结构坍塌。

蒸煮时间会导致稻米的风味成分种类和含量发生变化。蒸煮有利于米饭中风味成分的挥发和扩散，蒸煮时间越长，挥发性物质种类越多，相对含量也会有变化。随着蒸煮时间的延长，醛类物质含量都有不同程度的增加，尤其是庚醛、辛醛和(*E*)-2-壬烯醛的增加量最为显著；(*E*)-2,4-庚二烯醛在蒸煮 20min 时被检测到，而后含量不断增加；糠醛和香草醛在蒸煮 30min 时被检测到。随着蒸煮时间的增加，醇类物质中乙醇、1-庚醇、1-戊醇和 2-甲基-1-丁醇的含量下降，1-辛烯-3-醇和 2-乙基己醇的含量增加。酯类物质中乙酸甲酯和乙酸乙酯的含量也随着蒸煮时间的增加而下降。这可能是因为小分子醇具有较低的沸点。随着蒸煮时间的增加，低沸点化合物的含量降低，同时短链醛类化合物的含量增加，其他物质也出现显著变化。

（3）玉米加工条件对风味物质组成的影响

1）原料。玉米品种和品质主要成分的差异性，导致不同的生物成味。例如，甜玉米含糖量较高，适合即食或者甜玉米罐头的制作；而糯玉米中淀粉含量达 70%～75%，蛋白质含量高于 10%，脂肪含量为 4%～5%，含有多种维生素，含量在 2%左右，且具有较好的黏滞性和可口性。不同品种的鲜食甜糯玉米均含有独特的挥发性风味物质组合，‘渝糯 7 号’的主要挥发性风味成分是十七烷、十六烷、2-己基-1-癸醇、3-甲基-呋喃、1-戊醇；‘渝糯 9 号’的主要挥发性风味成分是叶醇、庚醛、2,3-二氢苯并呋喃、3-甲基-2-丁烯醛、2-甲基-3-辛酮；‘渝糯 930 号’的主要挥发性风味成分是甲基庚烯酮、2,6,11-三甲基十二烷、2-(十八氧基)乙醇；‘粤甜 16 号’的主要挥发性风味成分是金合欢醇、雪松醇、辛酸，这些挥发性风味成分的差异在一定程度上反映了不同品种鲜食甜糯玉米之间的风味型差异。

2）发酵。玉米可以通过发酵等方式来提高其营养组成和促进风味物质的产生，研究人员利用植物乳杆菌、乳球菌、枯草杆菌和长双歧杆菌对玉米进行发酵处理，不同发酵条件下均产生了挥发性风味物质乳酸、2,3-丁二醇、苯并呋喃，长双歧杆菌发酵产生了己酸，并且挥发性化合物的含量均高于其他发酵处理，而另外 3 种微生物则产生了吲哚。植物乳杆菌发酵与未发酵的风味重合较多，主要是因为发酵过程水解了玉米粉中的有机物复合大分子，部分芳香类有机物被释放，但是又流失了一部分游离态芳香类有机物，而且发酵过程中会有部分有机物相互抵消，所以产品风味的变化相似[22]。植物乳杆菌、酿酒酵母和复配菌种发酵玉米粉三者的挥发性物质差异较大。玉米粉中氢化物、烷烃和芳香烃类物质相对较多，发酵对芳香烃类物质、烷烃和醇类物质的影响较大。酿酒酵母在发酵过程中会产生乙醇，增加玉米粉醇类化合物的产生，醇类会赋予发酵产物不同的芳香味，如酒香、果香等[23]。经植物乳杆菌和酿酒酵母复配发酵的玉米粉可以更好地提高芳香烃化合物、氮氧化合物和醇类物质的挥发，同时，由于植物乳杆菌和酿酒酵母的协同作用，发酵过程中会产生更多的有机酸、多糖和酶等物质，使玉米粉带有淡淡的水果香气[24]。

3）加工工艺。玉米从农产品到各式各样的产品，需要经过多种加工手段，而加工工艺对玉米挥发性风味物质种类和含量的影响显著。

新鲜玉米未经处理时，其挥发性成分以醇类为主，其中乙醇、3-甲基丁醇、庚醇含量较高；经烫漂处理后，其含硫类化合物占比最大，其中主要物质为二甲基硫醚，是对煮熟玉米贡献香气的关键挥发性物质，酮类、芳香烃类化合物、萜烯类和醛类等挥发性化合物的含量下降了 1/3，喷雾干燥后 2-壬烯醛(*E*)、3-乙基-2-甲基-1,3-己二烯、辛醛、D-柠檬烯化合物含量降低，而二甲基硫醚、2-乙酰基-1-吡咯啉、2-甲基丙醛、3-甲基丁醛、2-甲基丁醛、2-甲基-(*E*)-2-丁烯醛化合物含量升高。整个烫漂、喷雾干燥过程中，3 个样品共检测到 58 种挥发性风味物质，整体香味强度显著提高，其中坚果、青香气味强度明显增强，并出现较强的烧烤香味。

除喷雾干燥外，低温干燥、炒制干燥、冷冻干燥等不同干燥工艺也会造成玉米中挥发性成分的改变。从冷冻玉米粉中检测到大量的醛类物质，炒制玉米粉含有大量的杂环类化合物，可能来自加热过程中的美拉德反应。相比其他两种干燥方式而言，低温干燥处理的玉米粉能更好地保留鲜玉米中的香气成分。挤压膨化过程中会发生分解、降解、变性和交联作用及氧化、聚合、水解等各种化学反应，诱导大量风味物质的产生。温度、湿度或时间会影响美拉德衍生化合物的数量和含量，如吡嗪类、吡咯类、呋喃类和含硫杂环类等。

灭菌是食品加工过程中必要的过程，不同食品的灭菌方式不同，营养成分和风味也会导致不同程度上的变化。不同灭菌条件下，在玉米中均检测到醛类、醇类、酯类、酸类、酮类、萜烯类、醚类、芳香烃和含硫化合物，各挥发性成分含量随灭菌条件的变化呈现出不同的变化趋势。随着灭菌温度的升高，醇类、酸类含量降低，酯类含量总体上呈增加的趋势。D-柠檬烯和月桂烯作为生鲜玉米汁中主要的风味成分，含量均随灭菌强度的增加而减少，而玉米典型风味物质二甲基硫醚在高温杀菌处理后仍有较高的含量。高压灭菌后，玉米匀浆中所含风味物质的数量明显增加，新检出了 2-甲基呋喃、丙酸乙烯酯、2-庚酮、嘧啶、二甲基亚砜，且糯玉米中二甲基硫醚的含量显著增加。除了以上提到的加工处理方式，还有超高压、辐射等多种加工处理手段，均会对玉米的风味物质产生不同程度的影响，还需要进一步的分析研究，以探究其机制。

（4）小米加工条件对风味物质组成的影响

1）原料。不同品种小米的营养组分、风味物质与感官评分均存在显著差异。从不同品种小米中检测出 62 种挥发性化合物，其中包括 19 种醛类、6 种醇类、10 种酮类、5 种酸类、10 种碳氢化合物、10 种苯衍生物和 4 种其他物质，共有的风味物质在不同的品种间，其相对含量也各不相同。各品种挥发性物质中，醛类是小米挥发物中含量最多的风味物质成分（62.88%～81.6%），有己醛、庚醛、(*Z*)-2-庚醛、(*E*)-2-辛烯醛、(*E*)-2-壬烯醛和(*E*,*E*)-2,4-癸二烯醛；其次为非酚类化合物（6.63%～15.26%）、碳氢化合物（4.3%～11.59%）、酮类（3.07%～6.56%）、醇类（1.06%～6.73%）和苯衍生物（1.14%～3.92%），而且壬醛、(*Z*)-2-壬烯醛、(*E*,*E*)-2,4-壬二烯醛、邻苯二甲酸萘二丁酯等 18 种气味的活性值大于 1。

2）发酵。小米发酵能够使其拥有独特的风味，同时也是让益生菌进入体内的良好方式。发酵小米样品中共分离出 28 种挥发性物质，包括醛类、醇类、酮类、酯类和呋喃类。挥发性成分随着发酵时间的改变而不断改变，其中壬醛、正庚醛、正己醛、正戊醛、正戊醇、庚醇、正丁醇、丁酸丙酯、乙酸丁酯、乙酸乙酯及甲酸乙酯在发酵起初时含量最高，发酵过后基本消失；3-羟基-2-丁酮、丙酮酸乙酯在发酵过程中从无到有并不断增加，大部分的挥发性物质在发酵过程中呈波动趋势，发酵 24h 时小米样品的风味物质含量最高且丰富，有花果及奶油等香味，达到感官最佳值。

3）加工工艺。蒸煮是小米最主要的加工和食用方式，从小米粥中共鉴定出 12 种芳香类化合物，其中己醛、庚醛、(*E*)-2-辛烯醛、2,4-壬二烯醛和(*E*,*E*)-2,4-癸二烯醛是小米粥的主要风味物质。在加热过程中，不饱和醛类、醇类和苯类衍生物的含量显著增加（$P<0.05$），而焙烧过程中主要是吡嗪类增加，冷冻干燥会降低挥发性化合物的含量。从碾磨小米和小米麸中鉴定出 65 种挥发性化合物，醛类和苯类衍生物含量最高，包括己醛、壬醛、(*E*)-2-壬烯醛、萘、2-甲基萘、1-甲基萘、十六酸和 2-戊基呋喃等。

19.3.2　贮藏条件对粮谷风味物质组成的影响

（1）贮藏条件对麦类风味物质组成的影响

麦类贮藏有高温密闭贮藏、低温贮藏、气调贮藏和化学贮藏等多种方法，由于麦类存在后熟现象，生命活动比较旺盛，并产生大量的热，因此一般选择低温贮藏和气调贮藏联合保存麦类。小麦挥发性风味物质中醇类物质相对含量最高，其中 1-己醇、1-戊醇和 1-庚醇相对含量较高，使小麦具有脂香味、树脂味、花香味和青草味；4 种内酯类特征差异化合物 γ-辛内酯、γ-庚内酯、γ-己内酯和 γ-壬内酯则形成了小麦中的椰子味、水果味、甜味和脂肪味。醛类物质是脂质氧化的主要产物，对小麦风味起着至关重要的作用。其中 1-己醛、壬醛和庚醛相对含量较高，形成了小麦脂肪味、青草味和柑橘味。酮类物质中含量相对较高的分别是苯乙酮、3-辛烯-2-酮和 2,3-丁二酮，为小麦贡献了花香味、坚果味和油脂味[2]。

（2）贮藏条件对稻米风味物质组成的影响

稻米中的原有挥发性风味物质在贮藏期内会随着温度和时间的增长而发生变化，原有部分挥发性风味物质含量流失或增加，非大米原有挥发性风味物质增加。研究表明，贮藏后稻米中的挥发性物质种类通常比新鲜大米中多，在新鲜稻米中鉴定出 50 种挥发性成分，主要包括 19 种烃类、8 种醛类、7 种醇类、4 种酮类、6 种有机酸类和 3 种酯类及其他类；而贮藏 6 个月后鉴定出 74 种挥发性成分，其中最多的是烃类（25 种），其次是醛类（11 种）、醇类（11 种）、酮类（10 种）、酯类（7 种）和有机酸类（6 种）等。这是由于贮藏期间稻米中的淀粉、蛋白质、脂类等成分易受外界环境的影响而发生氧化和分解等反应。例如，在高温高湿的条件下贮藏会导致脂质降解更快，形成醛、酮和呋喃类挥发性风味成分。随着贮藏时间的延长与温度的升高，挥发性风味物质的总体相对含量升高，醛类物质变化最为明显。同时，微生物的分解作用也会对挥发性物质的种类产生影响。在贮藏期间如编织袋、麻袋等包装材质，自然密闭和真空状态等也会影响稻米中的挥发性物质含量，以这三种包装方式贮藏 180d 后，烃类种类和含量均减少，但正戊醛、己醛含量随贮藏时间的延长而增加。

（3）贮藏条件对玉米风味物质组成的影响

玉米的主要贮藏条件为 0～4℃，湿度≥95%，以冷藏保鲜为主，在各种条件下，脂肪酸、表面颜色都会随着储藏时间的推移而变化。用气相色谱-质谱共检出醇类 15 种，芳香烃类 25 种，醛类 23 种，酸酯类 59 种，酮类 18 种，烷烃 53 种，烯烃 22 种，杂环类 27 种。贡献率较大的是酸酯类、芳香烃和醇类物质，累计达 43.158%、65.786%和 80.657%。在高温条件下贮藏，1,4-二氧杂螺[4.5]癸烷-6-羧酸、二甲基酰胺挥发量较高，*N*-甲基-4-氯苯磺酰胺在高水分玉米中挥发量较高，酰胺类在高温高湿条件下比低温低湿下更容易水解，生成羧酸和胺，从而导致酸酯类挥发物变多。香兰素具有香荚兰豆香气及浓郁的奶香，高温高水分样品中香兰素的挥发量远低于其他样品，不饱和烯烃与烯醇类物质都随着储藏时间的推移而增加。

贮藏期间，正十七烷、正十六烷、2,6,10-三甲基-十五烷等的相对含量在贮藏期间均呈先上升后下降的趋势，且在−4℃条件下贮藏时变化更明显。醇类物质种类由 2～4 种增加至 7～10 种，相对含量增加的有饱和醇（正己醇）、半萜醇（芳樟醇、柏木醇）、烯醇（顺-3-壬烯-1-醇）等，这可能来源于脂氧合酶对部分脂肪酸的氧化作用、醇脱氢酶对部分醛类物质的还原作用、酯类物质的水解反应等。酮类物质种类由 15～19 种减少至 10 种，相对含量由 12.58%～14.45%减少至 9.13%～10.39%。癸醛、辛醛、十二醛、7-十六烯醛等醛类物质在贮藏 3 个月时相对含量均呈下降趋势，壬醛在贮藏 2 个月时相对含量下降。其中，壬醛具有花香和柑橘味，癸醛具有柑橘味和糖果味，辛醛具有青草味和水果香，十二醛具有椰子香，表明在贮藏期间玉米特有的香气风味逐渐散失。而壬醛相对含量在第 3 个月时上升，己醛、(*E*)-2-壬烯醛、(*E*)-2-辛烯醛在贮藏 3 个月期间相对含量呈上升趋势，推测其来源于不饱和脂肪酸的部分氧化。当贮藏 3 个月时，贮藏温度越高，乙醛相对含量越大，其中在–4℃条件下己醛相对含量最高，达到 32.3%，表明在–4℃贮藏温度下存在较大反应。各醛类物质的相对含量变化不一，可能是由于不饱和脂肪酸氧化分解生成和酯化反应消耗的共同作用。

（4）贮藏条件对小米风味物质组成的影响

小米脱壳后稳定性差且极易受环境温度、湿度、氧气、微生物等影响而劣变，造成风味变差。目前小米贮藏方法有常温贮藏、低温贮藏、气调贮藏、化学贮藏、电离辐射贮藏等。常温和低温（4℃）贮藏后，小米蒸煮后共有 50 种挥发性风味物质，常温贮藏过程中醛类、醇类、杂环类及烷烃类物质相对含量变化呈“W”形，而酸酯类呈“M”形；低温（4℃）贮藏过程中风味物质的相对含量变化规律一致，但趋势更为平缓、集中。小米贮藏过程中造成异味的关键物质是正己醛、1-辛-3-醇、对二甲苯、正壬醇和 2-正戊基呋喃。因此，在条件允许的情况下，应将小米进行低温密封贮藏。还有研究通过“冷处理”辐照技术处理，共检测出 22 种挥发性风味化合物，包括醛类、酮类、醇类、杂环类和烃类，其中醛类化合物是主要的挥发性化合物，饱和醛（C_5～C_{10}）具有青草和油脂的味道，有助于小米形成基本风味，与辐照前比较，小米中的醛类种类从 7 种增加到 11 种，相对含量显著增加，使小米的异味加重，并且辐照剂量越大，苯甲醛、2,5-二甲基-吡嗪和 2-乙基-3,5-二甲基-吡嗪的相对含量都增加，且苯甲醛浓度急剧上升，导致小米产生苦杏仁味[25]。

19.4　粮谷食品中生物成味的发展趋势

“五谷者万民之命”，国之重宝。我国是粮食生产与消费大国，粮食加工业是农产品加工业和食品工业的战略性支柱，我国全谷物发展仍然处于起步发展阶段，固树立“国之大者”的国家粮食大安全观，确保中国人的饭碗牢牢端在自己手中，这是关乎国计民生的头等大事，也是新时代国家粮食安全的目标任务。在习近平新时代中国特色社会主义思想及党的二十大精神指导下，党中央确立了“以我为主、立足国内、确保产能、适度进口、科技支撑”的国家粮食安全战略，要建立全产业链协同科技创新体系。

首先，利用数字技术赋能国家粮食安全治理，保障国家生存与发展的制度逻辑、维护人民群众根本利益的价值逻辑、屹立于世界民族之林的发展逻辑。从现实向度看，数字技术极大地提升了国家粮食安全治理能力，但仍面临信息孤岛制约治理资源集聚、技术应用滞后阻碍数字红利释放、外部风险增加扰乱粮食产业数字化转型周期等问题。为此，要坚持确保“谷物基本自给，口粮绝对安全”的中国理念，坚持加强数字技术在国家粮食安全治理中研发与应用推广力度的中国思路，坚持“藏粮于地、藏粮于技”和“我们的饭碗应该主要装中国粮”的中国范式，提升数字时代国家粮食安全治理现代化的能力和水平。

其次，运用人工智能（artificial intelligence，AI）技术提升粮食产后的管理水平，AI 技术应用于储粮智能通风、智能粮情监测等，推动储备粮“四合一”技术；促进 AI 在粮食干燥控制、害虫识别方面的应用；在粮食产业链管理中，5T（收割、田场、干燥、收仓、仓储）管理理念与方法使 AI 与技术管理高度融合，使成品质量管理与作业过程管理有机结合，为大数据的全链条应用提供了路径。

最后，国家粮食应用首先要构建符合我国膳食习惯的全谷物加工技术体系，完善标准标识认证体系，规范市场良性发展，凝聚产业力量，构建多样化全谷物产品体系等。此外，未来可能出现更先进的生产和加工技术，加强对风味化合物的前体物质及相关合成酶的研究，结合食品风味化学、基因组学、蛋白质组学和代谢组学揭示风味的形成机制，将 HS-SPME-GC-MS、GC-O、GC-IMS 等多种测定手段应用到谷物食品风味鉴别中，为品种选育和香气调控提供理论依据。

未来食品生物成味研究趋势如下：①挥发性化合物来源研究的完善。针对粮谷中挥发性物质的来源，需要进一步深入研究其生成条件和关键因素，以便准确追溯这些化合物的来源和生成机制，借助先进的分析技术和模型，有望揭示不同挥发性新化合物的来源和转化途径。②建立风味物质含量与感官强度的关联关系。通过对风味物质含量和感官评价之间的关系进行深入研究，可以建立风味物质含量与感官强度之间的关联关系。③随着科学技术的不断发展，未来可望实现粮谷反新技术和研发特殊包装材料等新技术，以延缓粮谷挥发性风味物质的变化，保留粮谷原有的挥发性风味物质，并减少贮藏期挥发性风味成分的变化或损失。④在未来可能加强对粮谷风味物质的提取和回收技术的研究，开发出更多能够充分利用粮谷风味物质的新产品和技术。这将有助于提高粮谷食品的品质和多样性，满足消费者对丰富风味的需求。

参 考 文 献

[1] DE FLAVIIS R, SANTARELLI V, SACCHETTI G, et al. Heritage and modern wheat varieties discrimination by volatiles profiling. Is it a matter of flavor? Food Chemistry, 2023, 401: 134142

[2] 郭瑞, 张晓莉, 李盼盼, 等. 基于挥发性风味物质分析的小麦储藏年份鉴别方法研究. 食品安全质量检测学报, 2023, 14(24): 303-312

[3] WANG T, AN J, CHAI M, et al. Volatile metabolomics reveals the characteristics of the unique flavor substances in oats. Food Chemistry X, 2023, 20: 101000

[4] CYNTHIA A, HUBERT K, MARTINA G, et al. Characterization of the aroma profile of quinoa (*Chenopodium quinoa* Willd.) and assessment of the impact of malting on the odor-active volatile composition. Journal of the Science of Food and Agriculture, 2023, 103(5): 2283-2294

[5] FAN X, ZHONG M, FENG L, et al. Evaluation of flavor characteristics in tartary buckwheat (*Fagopyrum tataricum*) by E-nose, GC-IMS, and HS-SPME-GC-MS: Influence of different roasting temperatures. LWT, 2024, 191: 115672

[6] HU X, LU L, GUO Z, et al. Volatile compounds, affecting factors and evaluation methods for rice aroma: A review. Trends in Food Science & Technology, 2020, 97: 136-146

[7] 彭凯雄, 唐群勇, 郑钰涵, 等. 大米中挥发性风味物质的研究进展. 食品安全质量检测学报, 2022, 13(15): 4794-4801

[8] MA R, TIAN Y, CHEN L, et al. Impact of cooling rates on the flavor of cooked rice during storage. Food Bioscience, 2020, 35: 100563

[9] MENG J, XIXI W, JINGUANG L, et al. Physicochemical and volatile characteristics present in different grain layers of various rice cultivars. Food Chemistry, 2022, 371: 131119

[10] VERMA D K, SRIVASTAV P P. A paradigm of volatile aroma compounds in rice and their product with extraction and identification methods: A comprehensive review. Food Research International, 2020, 130: 108924

[11] 张昱格, 江珍凤, 黄若绚, 等. 5 种小米挥发性物质和质构特性分析. 中国粮油学报, 2022, 37(9): 262-269

[12] LIFAN Z, JIE C, FEI X, et al. Effect of tremella fuciformis on dough structure and rheology, noodle flavor, and quality characteristics. LWT-Food Science and Technology, 2022, 172: 114180

[13] EGI N, HIRAO K, MITSUBOSHI S, et al. The main aroma compounds in cookie analysis of the main aroma compounds in cookies using steam distillation extraction and aroma extract dilution methods. J Jpn Soc Food Sci Technol-Nippon Shokuhin Kagaku Kogaku Kaishi, 2020, 67(5): 171-175

[14] BOESWETTER A R, SCHERF K A, SCHIEBERLE P, et al. Identification of the key aroma compounds in gluten-free rice bread. Journal of Agricultural and Food Chemistry, 2019, 67(10): 2963-2972

[15] 张爱霞, 刘敬科, 赵巍, 等. 无醇小米饮料的研制与营养分析. 河北农业科学, 2016, 20(1):

8-11

[16] 王鑫源, 李朋亮, 赵巍, 等. 小米不同热处理对小米醋挥发性成分的影响. 中国调味品, 2023, 48(4): 7-14

[17] WU J, REN L, ZHAO N, et al. Solid-state fermentation by *Rhizopus oryzae* improves flavor of wheat bran for application in food. Journal of Cereal Science, 2022, 107: 103536

[18] 朱寅, 滕健. 小麦制品中挥发性成分的研究综述. 食品工业科技, 2023, 44(2): 436-444

[19] ZHAO G Z, GAO Q D, HADIATULLAH H, et al. Effect of wheat bran steam explosion pretreatment on flavors of nonenzymatic browning products. LWT-Food Sci Technol, 2021, 135: 9

[20] DITTGEN C L, HOFFMANN J F, CHAVES F C, et al. Discrimination of genotype and geographical origin of black rice grown in brazil by LC-MS analysis of phenolics. Food Chemistry, 2019, 288: 297-305

[21] CHAYAN MAHMUD M M, YEJIN O, TAE-HYEONG K, et al. Effects of milling on aromatics, lipophilic phytonutrients, and fatty acids in unprocessed white rice of scented rice "Cheonjihyang-1-se". Food Science and Biotechnology, 2018, 27(2): 383-392

[22] BASSO F C, RABELO C H S, LARA E C, et al. Effects of *Lactobacillus buchneri* NCIMB 40788 and forage: Concentrate ratio on the growth performance of finishing feedlot lambs fed maize silage. Animal Feed Science and Technology, 2018, 244: 104-115

[23] OLIVEIRA D R, LOPES A C A, PEREIRA R A, et al. Selection of potentially probiotic *Kluyveromyces lactis* for the fermentation of cheese whey-based beverage. Annals of Microbiology, 2019, 69(13): 1361-1372

[24] JIANG Y, RAN C, CHEN L, et al. Purification and characterization of a novel antifungal flagellin protein from endophyte *Bacillus methylotrophicus* NJ13 against *Ilyonectria robusta*. Microorganisms, 2019, 7(12): 605

[25] WANG Z, WANG K, ZHANG M, et al. Effect of electron beam irradiation on shelf life, noodle quality, and volatile compounds of fresh millet-wheat noodles. Journal of Food Processing and Preservation, 2021, 45(12): E16064

第四篇

展　望　篇

第 20 章

人工智能关联下的生物成味

前沿技术与传统食品科学研究的融合开启了食品科学研究创新创造的新时代。随着越来越多的消费者开始寻求独特和个性化的食品感官体验，人工智能与复杂食品风味的融合脱颖而出，为革新传统食品风味感官研究提供了全新途径。人工智能凭借其高效强大的数据分析、模式识别和预测建模的能力，从根本上改变了风味开发的格局。目前，食品生物成味领域面临的重大挑战之一是如何更深入地理解、组织和充分使用过往食品风味研究得到的大量数据，而当前飞速发展的人工智能技术在工程、制药和医学领域取得了显著成果，这些技术可与农业、食品科学和健康营养研究形成互补，有望为上述难题提供有效的解决方案。

风味在反映食品感官品质、等级、分类、产地、成熟度、腐败变质等方面发挥着重要作用，最终影响消费者的食品消费偏好。风味也是食品生产加工的重要监测参数。在生物成味过程中，不同风味物质的产生机制、风味分析、新型风味物质预测也非常重要，人们可以借此了解风味的生成、调控风味物质组合并设计工业化风味改良流程。然而随着数据量的增大，研究人员很难直观或是全面地对数据进行归纳总结，并以此指导生产实践，因此需要更为精准、全面的数据分析工具的帮助。随着计算技术的快速发展和食品风味领域数据的大规模累积，具有高预测能力和准确性的人工智能模型已成为当前食品风味研究的重要工具。与此同时，在国际上，欧洲食品安全局（EFSA）在 2023 的七月刊物上发布了名为《2030 年食品安全监管研究需求》的报告，称未来食品安全法规的研究需求预计包括增加对于人工智能技术的应用程度（主要侧重于机器学习），如通过大数据所提供的信息加强更广泛的社会合作，获取社会提供的风险评估价值。

人工智能并非指某一特定单一的技术，而是一个相对广泛的概念，涵盖了机器学习、深度学习和神经网络等多种技术。目前，机器学习是使用最为广泛的人工智能模型，其属于人工智能的子领域，是一种从原始数据中提取模式以做出主观决策的算法。Popenici 和 Kerr 在 2017 年将机器学习定义为“包括能够识别模式、进行预测并将新发现的模式应用于其初始设计未包含或涵盖的情况的软件”。而神经网络是机器学习中一种特殊的模型，是一种有监督的机器学习算法，其主要模仿生物神经网络（动物的中枢神经系统，特别是大脑）的结构和功能，用于对函数进行估计或近似，被广泛地应用于解决分类预测、图像识别等问题。深度学习则是对传统的人工神经网络算法进行了改进，通过模仿人的大脑处理信号时的多层抽象机制来完成对数据的识别分类。与传统机器学习使用问题划分和管理的技术不同，深度学习侧重于端到端问题的解决。本章节将从以下 5 个方面阐述人工智能技术对于推动食品生物成味研究的重要作用。

（1）食品风味分析

人工智能可以分析存在于各种食物来源中的大量天然化合物，帮助识别和理解风味成分，基于不同化合物的组成预测风味特征。

（2）多组学数据分析

人工智能可以分析与食物来源相关的包括代谢组学和基因组学等多组学数据，识别用于食品生产的植物和其他生物中负责产生特定风味化合物的基因、代谢途径等。

（3）发酵过程优化

对于需要发酵工艺形成独特风味的食品，人工智能可优化微生物培养条件、发酵菌种组合等工艺参数。

（4）生物合成途径预测

人工智能可以预测特定风味化合物的生物合成途径，在此基础上设计或优化微生物代谢活动，从而更有效地合成风味组分。

（5）数据驱动的食品风味创新

人工智能可以分析与食品生物成味相关的大型数据集，揭示模式和相关性，创新风味物质组合或生产方法。

20.1 机器学习在生物成味中的应用

20.1.1 机器学习与食品风味分析

食品风味分析方法的发展可分为 4 个阶段：感官分析、仪器分析、感官分析与仪器分析相结合、嵌入机器学习的分析方法。仪器分析的出现使研究人员能够分析食品和饮料的挥发性和可溶性成分。一些具有嗅觉阈值且挥发性较弱的化合物可以通过仪器分析结合嗅觉探测的 GC-O 技术来检测。风味感官分析方法主要依赖实验者的主观判断，容易受到如实验者的经验、当天的状态等因素的影响，且重复性较差。嵌入机器学习的分析方法可以有效解决感官分析完全依赖实验者主观判断的缺陷。

机器学习（ML）算法一般可分为三类：监督学习、无监督学习和强化学习。监督学习算法会利用预先筛选的海量标记数据（即训练数据）构建预测模型（图 20.1）。训练后，可以使用该模型预测未知和未标记数据的标签（即测试集）。常见的监督学习算法主要有随机森林（RF）、神经网络（NN）中的支持向量机（SVM）、*k* 近邻（KNN）和反向传播神经网络（BPNN）。无监督学习和监督学习之间的核心区别在于分析的数据无法产生标签或预定的假设。无监督学习算法的模型主要包括聚类分析（CA）和主成分分析（PCA），通常用于数据集的降维和特征提取，以补充和进一步增强监督学习中预测模型的性能。与前两者相比，强化学习主要关注智能体与环境之间的交互，通过奖励函数计算出的环境反馈寻求最优策略，而不是根据输入数据来预测输出数据。目前，监督学习中的 PLS-DA、OPLS-DA 和无监督学习中的 PCA/CA 在食品风味分析的应用最为广泛，其主要被应用于对已知不同风味食品的分类和对未知风味的预测中，而强化学习则很少被用于风味分析中。

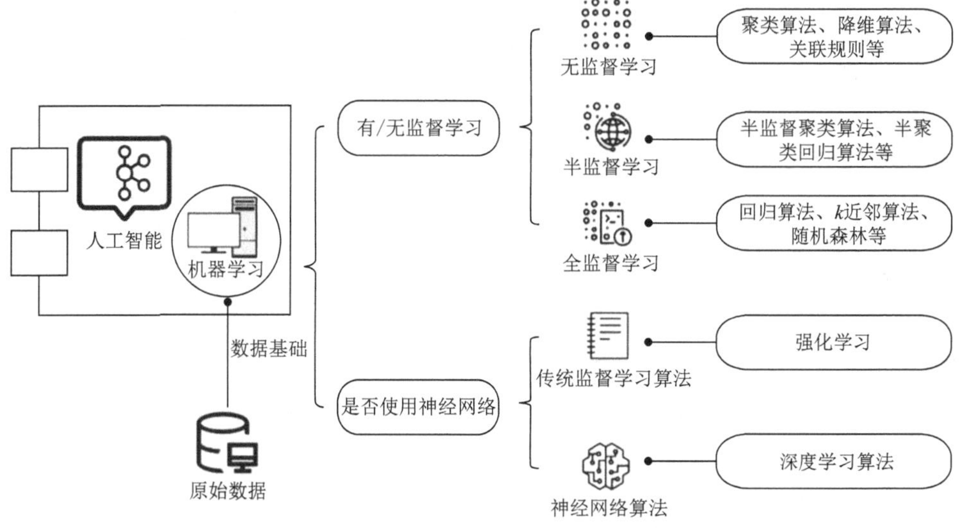

图 20.1　机器学习介绍

20.1.2　机器学习算法在食品风味分析中的应用

（1）RF 在食品风味分析中的应用

一般来说，相比单一模型，组合模型具有更好的预测能力。RF 就是由海量决策树组成的树预测器组合，表现出了卓越的性能。此外，由于其精确的预测率和面对噪声出现时较强的鲁棒性，RF 近年来受到越来越多的关注。RF 执行运算时，先由每个决策树基于随机选择的属性的子集来执行分类，而后根据最大分类数确定模型输出的结果。

目前已有利用 RF 算法结合电子鼻技术替代人工感官评价、建立食品气味识别的分类模型的相关研究报道。Schroeder 等在 2019 年建立了基于特征提取的 RF 模型（f-RF）和 KNN 模型，可根据代表性气味化合物区分不同种类的奶酪、葡萄酒和食用油[1]。结果表明，f-RF 模型对奶酪的分类准确率（91%）显著高于 KNN 模型（73%）。然而，这两个模型对食用油的分类精度相对较低（73%和 36%），这表明不同油样中的挥发性有机化合物（VOC）成分较为相似，目前的仪器精度很难高效分离。Voss 等为了表征不同生长阶段桃子的风味，使用 PCA、线性判别分析（LDA）对电子鼻传感器数据进行降维处理后构建了 RF、SVM、极限学习机（ELM）和 KNN 模型[2]。当使用 Pearson 卡方检验和 Cramer's V 系数剔除与实验输出无关的 6 个传感器后，KNN（从 92.31%提高到 94.23%）和 ELM（从 61.54%提高到 90.38%）的测试分类精度显著改善，但 RF 的表现略有降低（从 96.15%下降至 94.23%），而 SVM 的准确性没有变化。在所有模型组合中，带有 LDA 的 RF 模型具有最高的分类准确率（10 倍 Cramer's V 优化后的训练集中为 99.23%，测试集中为 98.08%）。

复杂的质谱数据同样可以作为 RF 模型的输入。例如，Chen 等使用 RF 模型研究了非靶向 GC-MS 数据与添加长链多不饱和脂肪酸和铁的乳粉的感官鱼腥味之间的相关性。将每个 MS 峰的 *m/z* 作为输入后，RF 分类模型的预测误差（RMSE=0.47）显著低于回归模型（RMSE=0.83），表明分类实现了更准确的预测结果。Anderson 等使用 RF 分类模型和高斯朴素贝叶斯（GNB）区分不同品牌啤酒的口味。每个样品的液相色谱-质谱（LC-MS）数据首先经过处理并转换为两个模型可以识别的 10 000 个特征，而后应用 PCA 将 10 000 个特征转换为 10 个、5 个和 3 个主成分数据组。RF 算法在原始特征数下和不同主成分处理后均能保持 100%准确率，表现出了比 GNB 更好的预测能力[3]。综上所述，使用 RF 分类算法和 MS 数据构建预测感官模型可以使研究人员快速了解样品的整体风味特征。

（2）SVM 在食品风味分析中的应用

SVM 是最大区间分类器，使经验误差最小化，边缘面积最大化，主要用于处理处于非线性和不可分离状态的复杂数据。

在之前的研究中，Liu 等使用 BPNN、LDA 和 SVM 算法对不同口味的白酒进行分类[4]。他们发现 PCA 和 CA 无法区分 8 种风味中的 5 种风味类型，因此进一步利用 LDA、BPNN 和 SVM 模型以增强对白酒风味的预测能力。3 种分类模型的平均测试准确率分别为 62.5%（LDA）、83.3%（BPNN）和 83.3%（SVM），与 BPNN 相比，SVM 的测试准确率方差更小，适用范围更广。上述结果表明与 LDA 和 BPNN 相比，SVM 由于其结构风险最小化（SRM）的优点，在准确管理分类任务方面具有明显更强的泛化能力。Dai 等采用 SVM 分类模型识别银耳在不同发酵天数的风味变化，其中“第 4 天”“第 5 天”和“第 6 天”的样品无法直接通过

PCA 分离，相比之下，SVM 对训练集和测试集中不同发酵时期的样本的分类准确率较高，分别达到 100%和 97.14%。

（3）KNN 在食品风味分析中的应用

KNN 是所有监督学习算法中最简单的样本分类方法。该方法的分类机制是使用不同的距离来搜索数据集中最接近的 k 个示例，然后选择基于多数接近距离的主要类别作为输出类别。因此，距离的类型[闵可夫斯基距离（Minkowski distance）、切比雪夫距离（Chebyshev distance）、曼哈顿距离（Manhattan distance）和欧氏距离（Euclidean distance）]和邻域数量（k）在 KNN 模型中起着重要作用。KNN 模型分类方法简单，但是必须计算每个测试点与训练集之间的距离，导致当训练集较大时，计算量较大，时间复杂度较高，因此在风味分析中常用来进行小样本的测试。

在 *Zakaria* 等的一项研究中，通过使用不同数据融合技术——低级数据融合（LLDF）和中级数据融合（ILDF），以及 SVM、LDA、KNN、概率神经网络（PNN）4 种算法，在不同类型和品牌的花草茶分类中探讨了掩味效果与花草茶浓度的数学关系。4 种算法使用 LLDF 与 ILDF 技术的分类结果均相似。KNN 对不同种类、品牌的花草茶和不同掩味剂的预测准确率均为 100%，其次是 SVM、LDA 和 PNN。当花草茶的浓度不同时，所有模型的分类性能都会降低，说明样本的特征极其相似。以上研究结果表明 KNN 是两种融合方法的最佳模型，对于构建花草茶自动风味评估和分级系统具有重要意义。Wu 等通过结合模糊理论和 Foley-Sammon 变换（FST）开发了一种新的特征提取方法，称为模糊 Foley-Sammon 变换（FFST），用于提高 KNN 算法的准确性[5]。

（4）BPNN 在食品风味分析中的应用

BPNN 是最具代表性的神经网络算法，主要由输入层、隐藏层和输出层组成。BPNN 算法的运行过程包括前向信息传播和误差反向传播。前向信息传播意味着计算出的信息从输入层通过隐藏层传输到输出层。在分析输出层模型输出与实际输出之间的误差后，误差从输出层经隐藏层传播到输入层，实现误差反向传播[6]。BPNN 模型的最终预测输出始终接近实际实验得到的数值，因为模型能够基于获得的自误差不断优化各层参数以提高模型的预测性能。输入或输出层中的节点数量由数据中变量或类别的数量决定。然而，隐藏层和各层中神经元的数量仅与实验过程相关。因此，BPNN 也被称为“黑箱”算法，研究人员很难完全了解它具体的计算过程。

为了解释金鲳鱼发酵程度与 VOC 之间的相关性，Chen 等通过结合 BPNN 和 GC-IMS 对金鲳鱼发酵程度进行了分析。根据 PLS-DA 投影中的变量重要性评估 GC-IMS 检测到的每个变量的贡献后，选择来自 45 个离子峰的 11 个关键 VOC 作为 BPNN 回归模型的输入[7]。结果表明，BPNN 模型对发酵程度的预测能力非常出色（R=0.9723）。上述研究证明基于 VOC 变化的 BPNN 回归模型可准确预测金鲳鱼加工过程中的发酵周期，为中国发酵金鲳鱼加工过程中发酵程度的监测提供了一种前瞻性的研究方法。

（5）DL 在食品风味分析中的应用

深度学习（DL）是机器学习的重要组成部分，利用神经网络从海量数据集中提取特征以解决高度复杂的分类和回归任务。该算法主要由用于图像分类的卷积神经网络（CNN）、用于语音识别的深度置信网络（DBN）、用于信号的深度神经网络（DNN）和用于语言翻译的循环神经网络（RNN）组成。其中，CNN 和 DNN 已经被应用于食品风味分析中。与具有一至两个隐藏层的传统神经网络相比，DNN 在多个隐藏层中具有大量人工神经元，提供了具有大量可调整参数的模型，使其能够表达更复杂的函数以获得更好的性能。

一般来说，传统的机器学习由于无法分析原始自然数据集，需要辅以手动特征提取方法。然而，CNN 可以通过卷积层自动提取特征，因此被认为是大数据分析中最流行的 ML 算法之一。CNN 通常由 3 个组件组成：卷积层、池化层和全连接层。Bi 等通过混合 Google Net 和 Squeeze Net 的结构构建了一种新颖的用于确定不同品牌花生油样品 GC-O 结果中香气化合物香气强度的 CNN 模型。该模型结合了 Google Net 的泛化能力和 Squeeze Net 的轻量级设计，并使用了 GC-MS（结构化数据）对图像（非结构化数据）进行特征提取和识别以准确预测香气化合物的香气强度[8]。经过 CNN 训练（大约 600s）和数据结构化后，整个分析过程（包括频谱分析、ML 预测和输出解释）在 30s 内完成，准确率达到 93%。相比之下，使用 GC-MS（结构化数据）识别的相同关键化合物作为输入向量的传统 PLSR 模型的准确度仅为 66.8%。因此，CNN 模型由于其可接受的精度和较短的时间消耗，展现出比 PLS 模型更强大的优势，在 GC-O 分析中具有广阔的应用前景。

本章节详细介绍了近年来机器学习算法在食品风味分析中的应用案例，主要包括 RF、SVM、KNN、BPNN 及深度学习[包括 DNN、CNN 和深度卷积神经网络（dynamic convolution neural network，DCNN）]算法在食品风味分析中的应用。研究人员通过各类计算模型对蔬菜、水果、肉类、饮料、发酵食品等的风味组成进行了分析、分类和预测，在减少仪器和人工的同时能快速、准确地获得分析结果，模型表现良好。然而，上述模型仍存在一些问题。首先，随着更为先进的风味仪器分析手段的出现，新的机器学习模型需要更加注重将算法与新颖的风味分析技术相结合，如综合全二维气相色谱（GC×GC）、串联质谱（MS×MS）和飞行时间质谱（TOF-MS）技术。与此同时，数据量的提升也有助于通过增加训练样本数量或从现有数据中提取更多特征进一步提高模型性能。此外，未来应建立适用于更为复杂的食品体系的预测模型，探索食品生产中风味动态变化的机制，如美拉德反应过程中风味的自动预测、GC-O 中 VOC 含量的识别及食品加工过程中风味的动态监测等。

20.1.3　机器学习揭示结构-风味关系

食品生物成味是一个复杂的“黑箱”过程，其中仍存在大量未知的风味组分及其前体，而借助机器学习对于定量结构-性质关系（quantitative structure-property relationship，QSPR）的解析能力有望实现对新型风味物质的预测。QSPR 研究可增强分子结构与化合物特定性质（如风味）之间数学关系的定义，在评估和研究分子特征如何与风味相关联方面发挥重要作用。构建 QSPR 模型需要分子描述符作为自变量，即编码分子详细化学和结构信息的数字索引。描述符和人们感兴趣的属性（如化合物的味道）之间的关系需要通过化学计量学和机器学习方法计算。

（1）甜味与苦味预测

QSPR 研究中最早的预测模型是用于区分甜味和苦味化合物。1980 年，Kier 等进行了二变量 LDA 分析以区分甜味和苦味醛肟，该分类器用于预测 9 种分子的味道，模型达到了 7 种正确、1 种错误和 1 种被标记为模糊的预测结果[9]。在这项开创性工作之后，Takahashi 和 Miyashita 开发了基于 LDA 和 SIMCA（soft independent modeling of class analogy）的新模型，使用 3 个分子描述符通过该模型正确分类了 22 种紫苏子（每类 11 种），并在进一步关于紫苏碱衍生物的研究中成功识别出了 4 种甜味和两种苦味化合物。此外，Drew 等构建了 21 种甜味剂、20 种甜味/苦味剂及 9 种苦味单取代与双取代氨基磺酸钠的数据集，并通过半经验 PM3 方法进行适当优化计算了 11 个分子描述符，而后进行了判别分析（DA），结果显示模型能够较好地区分所有的风味化合物[10]。

（2）酸味预测

目前，酸味预测模型的研究相对较少。Fritz 等在 2021 年发布了一种用于区分酸性和非酸性化合物的基于配体的分类器，名为 Virtual Sour，是 RF 分类器与增强随机数据采样方法的集成[11]。其中，分子信息从 CheMBL 和 PubMed 数据库中整理得到，从而构建了一个包含 1347 种化合物的数据集，并分为训练集和测试集，分别包含 1214 个和 133 个分子。该模型在交叉验证（NER=0.955，AUC=0.998，F-score=0.980 和 ACC=0.978）和预测（NER=0.896，AUC=0.994，F-score=0.842 和 ACC=0.977）方面均取得了良好的效果。

（3）鲜味预测

风味感知中除了甜、苦、酸，鲜味也是非常重要的组成部分。鲜味在发酵制品、海产品中较为常见。人类味蕾含有专门的受体细胞，能对包括鲜味在内的不同味道做出反应，这些受体对谷氨酸的存在很敏感，当谷氨酸或含谷氨酸的化合物（如味精谷氨酸钠）与味觉受体细胞上的 T1R1/T1R3 受体复合物结合时，受体会发生构象变化。这种变化激活了细胞内信号通路，导致神经信号的产生，这些信号被传递到大脑从而使人产生鲜味感知。

目前人们较为熟知的鲜味预测模型是 iUmami-SCM[11]。在模型构建过程中，鲜味分子信息从文献和 BIOPEP-UWM 数据库中检索得到，非鲜味分子为作者前期研究得到的苦味肽分子，两者合并得到了包含 442 个分子的 UMP442 数据库（其中包含 140 种鲜味分子和 302 种非鲜味分子），之后使用二肽倾向评分（PDS）校准 SCM 分类器进行建模，最终最优模型在预测中取得了良好的结果（AUC=0.898，ACC=0.865，MCC=0.679，S_n=0.714，S_p=0.934）。

与著名的 iUmami-SCM 模型的作者同一课题组的 Charoenkwan 建立了结合 6 个著名的 ML 分类器（ETree、KNN、LR、PLS、RF 和 SVM）的 UMPred-FRL 模型[12]。该模型同样使用了 UMP442 数据库的分子，每个分子由 7 个特征描述符表征：氨基酸组成（AAC）、两亲性伪氨基酸组成（APAAC）、二肽组成（DPC）、转变组成（CTDC）、转变（CTDT）、分布（CTDD）和伪氨基酸组成（PAAC）。UMPred-FRL 预测器由最好的 7 个特征信息（SVM-AAC、PLS-AAC、SVM-CTDC、RF-DPC、RF-CTDC、PLS-APAAC 和 LRDPC）组装而成，其分类预测能力相比 iUmami-SCM 模型有所提升（AUC=0.919，ACC=0.888 和 MCC=0.735）。

2022 年，Pallante 团队开发了 Virteous Umami 平台[13]，使用 SVM 分类器和 Charoenkwan 团队建立的 UMP442 数据库中的鲜味数据进行鲜味预测。Virteous Umami 平台通过不同的特征提取方法对 1613 个与构象无关的 Mordred 特征[14]进行特征选择，从而校准 SVM 模型。与 iUmami-SCM 和 UMPred-FRL 预测器相比，Virteous Umami 平台的预测性能略有逊色（AUC=0.850，F-score=0.793 和 ACC=0.876）。随着鲜味数据的逐渐完善，鲜味预测器可以通过筛选 FooDB、Flavor DB、Phenol Explorer、Natural Product Atlas 和 Phyto Hub 等风味数据库信息，挖掘未知的鲜味物质。

综上所述，机器学习算法在快速、精确预测食品风味方面显示出了巨大的潜力。然而，目前尚不存在一种绝对领先的机器学习算法可以解决所有食物风味预测面临的问题。在实际应用中需要根据不同的问题、预测精度要求，结合算法的优势和短板来构建最合适的预测模型。通常，RF 和 SVM 模型适用于分类和回归任务，KNN 在分类任务中具有良好的预测性能，DP 则适用于使用高度复杂的数据进行风味预测的研究。此外，不同技术的数据融合，如电子鼻和电子舌数据的组合，通常比使用单一数据作为模型输入表现出更好的预测性能。因此，数据融合策略与机器学习模型相结合是食品风味预测模型的发展趋势。未来，研究人员有望通过 ML 算法的选择和改进或使用混合模型（即多种 ML 算法的组合）来促进机器学习在食品风味研究中的应用，从而大幅度提高模型的预测能力并减少单一模型的弊端。例如，使用新的复合式 ML 模型预测风味形成机制及复杂食品组分体系中的风味组成，之后根据风味组成的预测结果对食品配方进行改进、设计新风味食品等，设计满足消费者对食品风味多样化需求的新方案。

20.2　分子模拟在生物成味中的应用

食品的风味包含香气（嗅觉）、滋味（味觉）和口感，其中味觉感知是一个极其复杂的多尺度过程，涉及分子、亚细胞、细胞和组织等各个水平。味觉是由溶解在唾液中的风味物质与特定蛋白质（即味觉受体）相互作用，激活味蕾上的味觉受体细胞（TRC）而产生的。每种味觉类型都存在由味觉受体介导的特定信号转导途径：甜味、鲜味和苦味由有机分子决定它们的受体是 G 蛋白偶联受体（GPCR），而酸味和咸味则通过离子通道来感知。味觉受体细胞的激活能够触发一系列与味觉相关的信号通路，最终传递给神经系统引发人体的味觉感知。因此，研究配体-蛋白质相互作用如何驱动与味觉受体激活/失活相关的分子结构变化（如蛋白质构象变化）是深入理解味觉生物学性质与人类营养关联性的关键。但在目前的研究中，人体的味觉受体蛋白还缺少完整的结晶体，难以直接通过实验进一步深入研究。在此背景下，分子模拟技术因具有较高的原子分辨率，有望成为揭示不同风味物质的分子作用模式，阐明驱动受体水平信号转导的结构与功能关系的有力工具。

20.2.1　分子模拟技术简介

蛋白质建模、分子动力学和分子对接是风味研究中常用的分子模拟方法。蛋白质是生命活动必不可少的成分，进行风味感知的受体、微生物合成风味物质所需要的酶等均属于蛋白质。因此，了解这些蛋白质的结构有助于从机制上理解其功能特性。目前用于解析蛋白质结构的实验手段主要包括 X 射线晶体衍射技术、核磁共振技术及冷冻电镜技术。以上 3 种方法均依赖于大型设施/仪器。目前，在结构生物学领域已经鉴定出约 100 000 个蛋白质晶体结构，但这也仅仅只是已知蛋白质序列中的极小部分。鉴定单一蛋白质的结构通常需要数月到数年的艰苦努力，因此如何快速确定蛋白质的结构是长久以来的技术瓶颈，基于蛋白质氨基酸序列的三维结构预测和构建也是一直以来的重要研究方向。然而，在食品生物成味领域，由于产生和感受风味的主体（微生物、人）的蛋白质通常都较为复杂，难以提纯结晶，因此无须纯化蛋白质的基于模板的蛋白质三维结构建模方法（又称同源建模）得到了广泛应用。

同源建模的步骤包括选择合适的结构模板，将靶序列与模板结构进行比对，以及采用分子建模解决靶-模板比对中存在的突变、插入和缺失问题（图 20.2）。首先，通过使用诸如 BLAST 的单序列搜索方法扫描蛋白质数据库中的序列检测与待建模蛋白质密切相关的模板。而后，通过结合可用的晶体结构，同源建模方法可以提供目前约 2/3 的已知蛋白质的同源结构信息。然而，自然界中还存在大量无模板蛋白，如一些转录因子因为结构分子量过小难以结晶，在缺少数据库信息的蛋白质预测过程中，同源建模的预测精度下降，难以解析得到合适的结构。因此，随着近年来机器学习技术的发展，无模板结构预测技术逐渐崭露头角。例如，谷歌推出的 AlphaFold2 可以利用神经网络技术学习目前数据库中已知蛋白质的氨基酸距离与键角，从而调整构型达到合理的蛋白质构象，模型预测准确性可达 98.5%。与此同时，AlphaFold 团队利用该技术建立了蛋白质模型数据库，成功计算构建了大量过去难以确定的蛋白质结构。未来，使用机器学习和基于片段的采样方法结合蛋白质结构数据库的建模技术将有助于蛋白质结构的精确预测[15]。而蛋白质分子建模技术是分子模拟的基础，只有合理且稳定的蛋白质模型才能为后续研究提供坚实的基础。除此之外，蛋白质模型也有助于帮助研究人员理解蛋白质的作用机制，为后续蛋白质的调控研究提供潜在靶点。

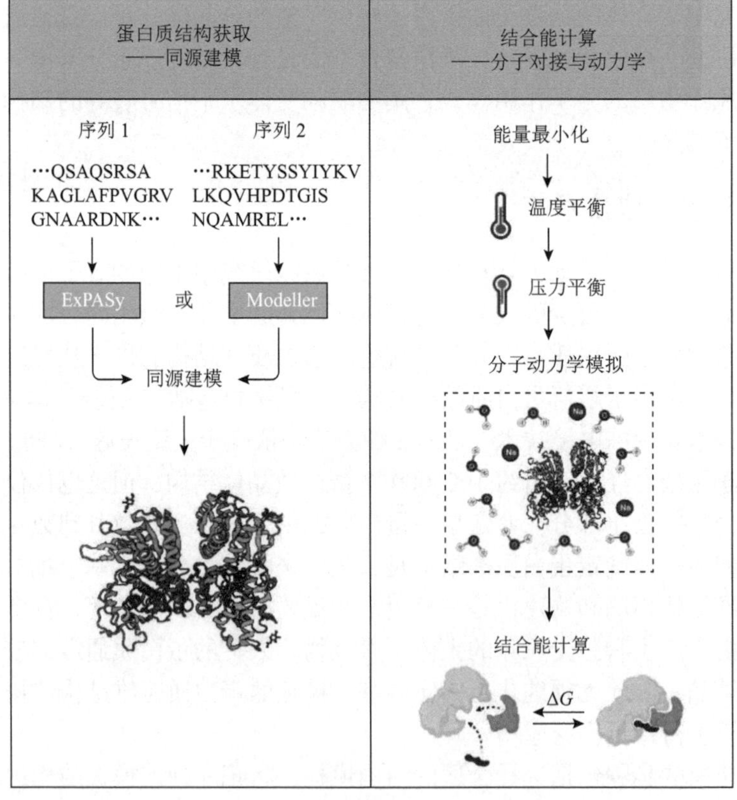

图 20.2　同源建模与分子模拟

与同源建模不同，分子对接（molecular docking）是一种基于锁与钥匙理论的技术。通过计算风味分子和受体之间的分子间相互作用，最小化作用能量，分子对接可预测风味分子与受体间可能的结合模式，识别出最稳定的结合构象。分子动力学（MD）是一种研究分子系统构象动力学的计算机模拟实验技术，可表征原子系统的分子结构与其功能之间的关系，揭示重要的分子过程和机制，包括蛋白质-配体结合、蛋白质折叠、驱动受体激活的构象变化/抑制等[16]。MD 主要采用"力场"来代表化学体系所有原子间的相互作用力及原子之间相互作用的势能函数，并根据原子随时间变化的位置和速度对复杂生物系统进行计算模拟，从而在原子水平上描述运动、相互作用和动力学规律。目前分子对接与分子动力学已越来越多地用于探索风味分子与受体之间的相互作用机制和构象关系。其研究结果可以加深人们对风味特性的理解，也可以作为下游实验分析的指南。

20.2.2　分子模拟技术在风味研究中的应用

如本节开篇所述，每种味道均由特定味细胞上表达的特定受体介导，本小节将以鲜味为例介绍分子模拟技术在风味研究中的应用。

鲜味受体属于 GPCR 的 C 家族。其结构包括 7 个跨膜螺旋（TMD）、一个由维纳斯捕蝇草模块（VFTM）组成的大型细胞外 N 端和一个与跨膜结构域相连的富含半胱氨酸的结构域（CRD）。最初只有 C 类 GPCR 异二聚体 TAS1R1-TAS1R3（图 20.3）被认为是鲜味受体，但现在有 8 种不同类型的受体被认为是鲜味受体的候选者。在这些受体中，已有 Pallante 等提出了几种 C 类 GPCR 同二聚体，如代谢型谷氨酸受体，包括 brain-mGluR1、brain-mGluR4、taste-mGluR1 和 taste-mGluR4、GPCR 6 亚型 A（GPCR6A）和钙敏感受体（CASR），最后还指出了一种非二聚体结构，即 GPCR92——A 类 GPCR[17]。

图 20.3　TAS1R1-TAS1R3 模型

由于 TAS1R1-TAS1R3 异二聚体的晶体结构尚未被成功解析，人类鲜味受体的唯一可用结构来自同源建模。Kunishim 等首次从亚型 1 代谢型谷氨酸受体（mGluR1，PDB ID：T12 A5WR）的自由形式Ⅱ结构创建受体 VFTM 结构域模型，但模型的参考模板是动物蛋白，其与 TAS1R1 和 TAS1R3 的同源性仅为 17%[18]。2019 年，在鱼甜味受体细胞外部分的晶体结构（PDB ID：5X2P）被成功解析后，Liu 等使用该模板创建了人类鲜味受体模型。与谷氨酸受体不同，该模板具有更高的同源性，约为 33%[19]。然而，上述所有模型仅包括细胞外部分的同源模型，即 VFTM，仍需更加优质的数据及技术手段对其完整结构进行解析。

分子对接与分子动力学通常用于探究风味分子与受体的相互作用。一般来说，人类的鲜味受体是由 L-谷氨酸钠（MSG）激活的。然而，其他氨基酸也可以激活该受体，如天冬氨酸，或一些有机酸，包括乳酸、琥珀酸和丙酸。此外，鸟苷 5′-单磷酸（GMP）和肌苷 5′-单磷酸（IMP）等酯类也有增鲜作用。

鲜味受体的特征性结合位点是位于两条链 TAS1R1 和 TAS1R3 的 VFTM 中的正构结合位点，以及 TMD 和 CRD 中的变构结合位点，当鲜味增强肽结合在变构位点时会引起受体构象重排，从而通过增加活性位点对鲜味促味剂的亲和力而放大正构转导途径。例如，Töle 等报道了变构结合的甜蜜素能够增强 VFTM 正构位点中 L-谷氨酸结合的受体构象结合程度[20]。此外，也有研究表明 IMP 和 GMP 能够结合在变构位点，并通过稳定 TAS1R1 的闭合构象来改善味觉信号转导[21]。目前，从 VFTM 中配体结合开始并最终导致下游信号转导的构象变化相关研究已经提出了几个不同的模型。Zhang 等通过分子动力学实验发现 TAS1R1 和 TAS1R3 的 VFTM 的闭合发生是一个两阶段过程：首先从谷氨酸在 VFTM LB1 中的初始定位开始发生微秒时间尺度下的变化，然后在空腔结构中进行进一步的毫秒尺度位置优化[22]。

在风味研究中，如何更好地理解味觉受体的分子行为和配体驱动的活性调节是目前面临的关键科学挑战之一。对此问题的系统研究将帮助人们从分子水平理解味觉形式出现的复杂机制。计算机分子建模技术因具有超高的原子分辨率，是探索受体结构与功能关系、阐明配体在驱动味觉受体活性中作用的强大工具。分子模拟研究可以定量表征配体结合过程、结合模式、热力学/动力学结合机制和配体-靶点相互作用特性，定量测量受体激活/抑制、局部和整体蛋白质重排、受体之间的相关性。配体-受体结合研究可以从特异性、选择性和多目标特征等方面评估食物风味分子，并揭示味觉受体在区分健康食品和危险食品中的作用。尽管近年来相关研究取得了初步进展，特别是在分子的结构-功能研究和与味觉受体相关的配体-受体相互作用的计算研究方面，但仍然无法以更为整体的方式解释味觉的产生机制。因此，通过计算机模拟和受体实验相结合的方式解释味觉信息从化学水平（食物分子成分与味觉受体结合）传递到人体感知的机制至关重要，也是未来食品风味感知研究的重要方向。

20.3　数据挖掘与生物成味过程设计

基于分子模拟和机器学习的高通量筛选使研究人员能够从大型数据库中识别出具有已知风味特性的分子。然而，现有研究成果中对于风味分子的覆盖范围仍然有限。多组学技术和人工智能辅助过程设计技术的快速发展为挖掘未知的天然风味分子提供了新途径。

20.3.1　多组学探究生物介导的天然风味分子形成

在生物成味研究中，代谢组学、基因组学和人工智能的融合为解开风味的复杂作用机制提供了新方法。多组学数据整合和挖掘不仅加速了对风味分子生化基础的理解，并且有助于提高对消费者新颖和个性化的味觉体验需求的理解。

在过去的几十年里，研究人员在了解影响水果和蔬菜的营养含量与风味的生化因素方面取得了重大进展。鉴于消费者对特殊风味需求的增加，食物种植者和供应商希望改进果蔬中特定风味物质的含量，棉花糖葡萄、特色番茄和菠萝味的白草莓就是几个比较有趣的例子。要实现这一目标，就需要了解控制这些遗传性状的关键因素，并发展可使其遗传收益最大化的育种方法，需要通过多组学联合研究相关技术手段挖掘风味形成的机制，特别是生物成味过程中基因转录、翻译、细胞代谢等各层面活动如何以整体方式相互关联。

全基因组关联分析（GWAS）和数量性状位点（QTL）定位研究是识别影响食品风味和营养的候选基因的主要方法（图 20.4）。相关研究表明，黄瓜中的苦味是由葫芦素引起的，转录因子 BL（bitter leaf）和 BT（bitter fruit）可分别用于调节叶子和果实中苦味的形成，并鉴定出其他 4 个与 BL 簇共表达的 P450 基因（*Csa3G698490*、*Csa3G903540*、*Csa3G903550* 和 *Csa1G044890*）[23]。除苦味外，研究人员使用 GC-MS 分析了黄瓜的 23 种不同组织中的 85 种挥发性化学物质，包括 36 种对于黄瓜风味有改善效果的挥发性萜烯，并发现 TPS11（terpene synthase 11）/TPS14、TPS01 和 TPS15 与其合成密切相关[24]。

番茄是全球第一大蔬菜作物。影响番茄风味品质的主要因素是糖、酸的含量及其比例。高糖低酸使番茄味道清淡，而低糖酸比则使番茄味道偏酸。近年来，随着消费群体和偏好的多元化，在含糖量较高的前提下，酸度增加的番茄果实受到了饮料爱好者等特殊群体的青睐。研究表明，参与番茄葡萄糖代谢的细胞壁转换酶抑制剂 1（*SlCIF1*）基因通过激活小热休克蛋白 17.7（*SlHSP17.7*）基因控制番茄的风味。在 *SlHSP17.7* RNA 干扰（RNAi）品系中观察到蔗糖和果糖含量的改变使得番茄的甜度显著降低[25]。

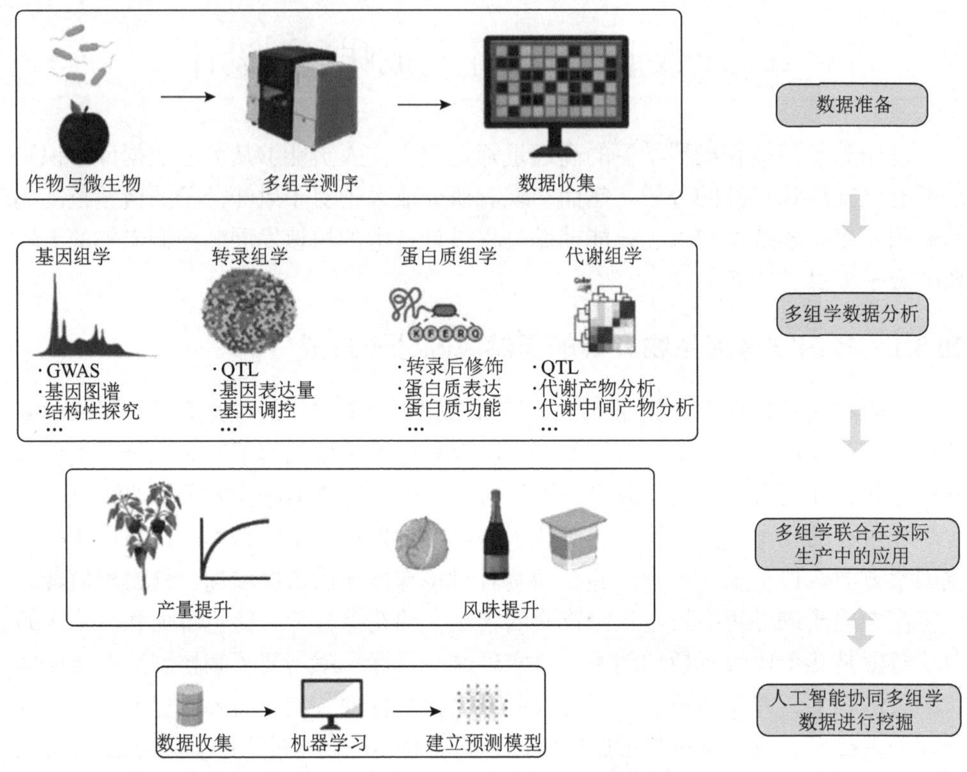

图 20.4　多组学协同人工智能进行数据挖掘

除了果蔬生长过程中形成的大量天然风味物质，发酵也是重要的生物成味手段，特别是随着代谢工程、系统生物学和合成生物学的高速发展，精准发酵技术正在受到大量关注[26]。食品发酵过程中广泛存在蛋白质的水解，其产物小肽和游离氨基酸等部分具有甜味和苦味属性，对食品风味具有显著影响。例如，在可可豆的发酵中，多组学研究表明酿酒酵母、植物乳杆菌和巴氏醋杆菌之间的组合可提供最佳的巧克力风味[27]。此外，该系列菌株的共培养也能够改善酸奶的风味[28]。

随着合成生物学技术的兴起，多组学联合分析可以帮助识别特定的“风味基因”，从而尝试优化下游合成通路，构建更合适的产香表型。一旦“风味基因”被识别，就可以追踪其转录和翻译，并将其与风味形成相关联。复杂的风味分子的生物合成途径一般都包含多步催化，并与转运系统和能量供应密切相关，而野生型菌株往往难以达到人们对于高效风味合成的要求。因此，需要使用工程菌、异源酶及合成路径优化等方法补充风味合成所需的酶和途径，完成目标风味分子的生物合成。

随着基于多组学的风味研究成果的大量积累，如何协调整合不同类别、不同维度的大数据集也逐渐受到关注，研究人员需要从纷繁复杂的数据里挖掘曾经不易察觉的或是被忽视的风味信息。下一节将进一步讨论人工智能技术能否从海量数据中精准筛选“风味基因”、能否协助设计生物成味过程、能否制定食品风味改良策略等热点问题。

20.3.2　基于人工智能的食品生物成味过程设计

上文提到发酵是食品风味形成的重要手段。在此过程中，底物组成、发酵微生物群落、培养条件等过程参数的优化对最终产品的风味品质均有重要影响。目前，如何使用计算机模型取代或减少昂贵的前期实验，如何通过模型分析、设计、优化发酵过程受到了广泛关注。对于发酵过程的建模可分为三种：机制驱动（机制型）、数据驱动（数据经验型）或两者的组合。机制驱动的模型又称机制性模型，典型代表是基于约束的建模（constraint-based modelling，CBM）。CBM 是一种通过重构基因组规模代谢网络来研究微生物生长和代谢过程的机制性建模方法，其核心产出——基因组规模代谢模型（GSMM）及其在食品生物成味领域的应用在本书 22.1 章节有详细阐述。数据驱动模型又称经验性模型，核心是寻找数据间的关联，无须机制性模型强调的先验知识。随着多组学数据和发酵表型数据的快速增加，越来越多的研究开始使用机器学习挖掘大数据集以对发酵过程进行分析和优化。显然，机制性和数据驱动的经验模型的融合模型将具有更强的预测能力和准确性。

近年来，基于数据驱动的机器学习算法如人工神经网络（ANN）等已被成功应用于食品发酵预测和优化研究中。*Zhu* 等开发了一种基于 ML 的模型，利用 ANN、RF 和 SVM 预测红茶发酵过程中的品质变化。研究表明，ANN、RF 和 SVM 的预测精度分别为 88.90%、100%和 76.92%，表明 RF 是预测红茶发酵度的优质算法[29]。然而，数据驱动模型本质上还是一个“黑箱”模型，无法解释输入参数和输出结果间的生物学机制。因此，经验性模型（以 ML 为代表）和机制性模型（以 CBM 为代表）的集成对于进一步挖掘风味形成机制，系统设计和调控生物成味过程具有重要意义。例如，高质量代谢调控网络的整合可提高 CBM 模型的预测能力。在多组学研究的背景下，Zampieri 等使用 CBM-ML 模型预测了 CHO 细胞培养物中乳酸的产生。在这项研究中，研究人员将来自不同培养条件的转录组学数据与来自计算机基因建模的流通量组学数据相整合，结果显示该模型性能与纯转录组分析能力相比有所提高（RMSE 系数显著降低，P=0.027，表示预测结果均匀稳定）[30]。

如上所述，CBM 和 ML 都是分析微生物代谢和发酵过程的强大工具，ML 和 CBM 模型的整合是一个交互过程。一方面，ML 可用于优化 CBM 的输入数据集，从而提高代谢模型的预测能力。另一方面，CBM 可用于生成被称为代谢通量组学的新组学数据层，提高数据驱动的 ML 模型的可解释性。尽管如此，现有 CBM-ML 模型仍存在一些挑战。首先，由于数据集的异质性和高维性及缺乏自动化数据整合平台，CBM 衍生的代谢通量组数据需要多个手动的预处理步骤才能与多组学数据集成，因此应用效率和场景受到极大的限制。此外，集成多源数据集还可能会导致误报检测困难。其次，虽然集成模型的预测结果准确性可大幅度提高，但是由于实验室规模和工业规模生物成味过程的发酵条件存在较大差异，而已有研究中的训练数据大多来自实验室，集成模型的工业规模应用存在较大的不确定性。因此，需要补充基于工业级高质量数据训练 ML 模型的相关工作。

在过去 10 年里，随着算力的高速发展和数据的大量积累，在“风味健康双导向”战略发展要求的驱动下，人工智能技术越来越多地被应用于食品风味研究中。本章节首先阐述了机器学习在食品风味分析中的应用。面对传统食品风味分析遇到的如过于依赖实验者主观的感官感受、感官数据重复性低、仪器分析无法与感官数据形成统一标准等问题，研究人员将机器学习与仪器-感官数据、分子结构数据相结合，通过构建相应的算法模型，在常见的食品体系中实现了对风味成分的预测与快速分析。本章 20.2 节关注分子模拟计算在风味研究中的应用，从分子机制角度研究风味分子-受体蛋白的相互作用，其中如何驱动与味觉受体激活/失活相关的分子结构变化是深入理解味觉生物学性质与人类营养关联性的关键。但利用现代的蛋白质纯化技术还很难得到较高纯度的人体味觉受体，因此需要借助分子模拟手段，从计算理论的角度解释各类风味分子如何通过与受体的结合产生各类味道。本章 20.3 节讨论了数据挖掘在设计生物成味过程中的作用。研究人员通过多组学联合研究挖掘了许多已知与未知的风味物质在食品体系中形成与积累的机制。随着数据量的增大，越来越多的研究开始借助人工智能的手段在庞大的组学数据集中挖掘风味形成的关键因子，从而实现对食品风味的精准、高效调控。综上所述，人工智能凭借其在数据分析上的巨大优势，逐渐在食品的风味研究中占据了主要位置。但基于人工智能的风味研究的推进也带来了新的问题，如尚缺乏对于复杂、动态食品体系风味分析的算法模型，用于建模的受体蛋白同源性差，从实验室得到的理论风味合成路线设计难以在工厂实践中实现等。未来生物成味研究中，需要更多地尝试算法组合、收集更加优质的工业规模数据，以构建更为优质的风味预测模型和风味受体蛋白模型。这些研究将有助于企业研发出符合消费者需求和偏好的新产品，对推动食品风味的可持续创新和食品产业高质量发展具有重要意义。

参 考 文 献

[1] SCHROEDER V, EVANS E D, WU Y C M, et al. Chemiresistive sensor array and machine

learning classification of food. ACS Sensors, 2019, 4(8): 2101-2108
[2] VOSS H G J, STEVAN S L, AYUB R A. Peach growth cycle monitoring using an electronic nose. Computers and Electronics in Agriculture, 2019, 163: 104858
[3] ANDERSON H E, LIDEN T, BERGER B K, et al. Profiling of contemporary beer styles using liquid chromatography quadrupole time-of-flight mass spectrometry, multivariate analysis, and machine learning techniques. Analytica Chimica Acta, 2021, 1172: 338668
[4] LIU M, HAN X M, TU K, et al. Application of electronic nose in Chinese spirits quality control and flavour assessment. Food Control, 2012, 26(2): 564-570
[5] WU X H, ZHU J, WU B, et al. Classification of Chinese vinegar varieties using electronic nose and fuzzy Foley-Sammon transformation. Journal of Food Science and Technology, 2020, 57: 1310-1319
[6] BAYKAL H, YILDIRIM H K. Application of artificial neural networks (ANNs) in wine technology. Critical Reviews in Food Science and Nutrition, 2013, 53(5): 415-421
[7] CHEN Q, WANG Y Q, WU Y Y, et al. Investigation of fermentation-induced changes in the volatile compounds of *Trachinotus ovatus* (meixiangyu) based on molecular sensory and interpretable machine-learning techniques: Comparison of different fermentation stages. Food Research International, 2021, 150: 110739
[8] BI K X, ZHANG D, QIU T, et al. GC-MS fingerprints profiling using machine learning models for food flavor prediction. Processes, 2019, 8(1): 23
[9] KIER L B. Molecular structure influencing either a sweet or bitter taste among aldoximes. Journal of Pharmaceutical Sciences, 1980, 69(4): 416-419
[10] DREW M G, WILDEN G R, SPILLANE W J, et al. Quantitative structure-activity relationship studies of sulfamates rNHSO3Na: Distinction between sweet, sweet-bitter, and bitter molecules. Journal of Agricultural and Food Chemistry, 1998, 46(8): 3016-3026
[11] FRITZ F, PREISSNER R, BANERJEE P. VirtualTaste: a web server for the prediction of organoleptic properties of chemical compounds. Nucleic Acids Research, 2021, 49(W1): W679-W684
[12] CHAROENKWAN P, NANTASENAMAT C, HASAN M M, et al. UMPred-FRL: A new approach for accurate prediction of umami peptides using feature representation learning. International Journal of Molecular Sciences, 2021, 22(23): 13124
[13] PALLANTE L, KORFIATI A, ANDROUTSOS L, et al. Toward a general and interpretable umami taste predictor using a multi-objective machine learning approach. Scientific Reports, 2022, 12(1): 21735
[14] MORIWAKI H, TIAN Y S, KAWASHITA N, et al. Mordred: a molecular descriptor calculator. Journal of Cheminformatics, 2018, 10(1): 1-14
[15] VAN DER LUBBE S C C, GUERRA C F. The nature of hydrogen bonds: A delineation of the role of different energy components on hydrogen bond strengths and lengths. Chemistry—An Asian Journal, 2019, 14(16): 2760-2769
[16] SINGH S, SINGH V K. Molecular dynamics simulation: Methods and application. Frontiers in Protein Structure, Function, and Dynamics, 2020, DOI: 10.1007/978-981-15-5530-5_9

[17] PALLANTE L, MALAVOLTA M, GRASSO G, et al. On the human taste perception: molecular-level understanding empowered by computational methods. Trends in Food Science & Technology, 2021, 116: 445-459
[18] KUNISHIMA N, SHIMADA Y, TSUJI Y, et al. Structural basis of glutamate recognition by a dimeric metabotropic glutamate receptor. Nature, 2000, 407(6807): 971-977
[19] LIU H, DA L T, LIU Y. Understanding the molecular mechanism of umami recognition by T1R1-T1R3 using molecular dynamics simulations. Biochemical and Biophysical Research Communications, 2019, 514(3): 967-973
[20] TÖLE J C, BEHRENS M, MEYERHOF W. Taste receptor function. Handbook of Clinical Neurology, 2019, 164: 173-185
[21] SPAGGIARI G, DI PIZIO A, COZZINI P. Sweet, umami and bitter taste receptors: state of the art of in silico molecular modeling approaches. Trends in Food Science & Technology, 2020, 96: 21-29
[22] ZHANG F, KLEBANSKY B, FINE R M, et al. Molecular mechanism for the umami taste synergism. Proceedings of the National Academy of Sciences, 2008, 105(52): 20930-20934
[23] SHANG Y, MA Y S, ZHOU Y, et al. Biosynthesis, regulation, and domestication of bitterness in cucumber. Science, 2014, 346(6213): 1084-1088
[24] WEI G, TIAN P, ZHANG F X, et al. Integrative analyses of nontargeted volatile profiling and transcriptome data provide molecular insight into VOC diversity in cucumber plants (*Cucumis sativus*). Plant Physiology, 2016, 172(1): 603-618
[25] ZHANG N, SHI J W, ZHAO H Y, et al. Activation of small heat shock protein (SlHSP17.7) gene by cell wall invertase inhibitor (SlCIF1) gene involved in sugar metabolism in tomato. Gene, 2018, 679: 90-99
[26] CHOI K R, JANG W D, YANG D, et al. Systems metabolic engineering strategies: integrating systems and synthetic biology with metabolic engineering. Trends in Biotechnology, 2019, 37(8): 817-837
[27] MAGALHÃES DA VEIGA MOREIRA I, DE FIGUEIREDO VILELA L, DA CRUZ PEDROSO MIGUEL M G, et al. Impact of a microbial cocktail used as a starter culture on cocoa fermentation and chocolate flavor. Molecules, 2017, 22(5): 766
[28] TIAN H X, SHEN Y B, YU H Y, et al. Effects of 4 probiotic strains in coculture with traditional starters on the flavor profile of yogurt. Journal of Food Science, 2017, 82(7): 1693-1701
[29] ZHU H K, LIU F, YE Y, et al. Application of machine learning algorithms in quality assurance of fermentation process of black tea—based on electrical properties. Journal of Food Engineering, 2019, 263: 165-172
[30] ZAMPIERI G, COGGINS M, VALLE G, et al. The 2nd International Electronic Conference on Metabolomics. Basel: MDPI, 2017

第 21 章

未来食品资源中的生物成味

工业革命 4.0 的推进加速了全球食品创新版图的重构和全球食品产业结构的重塑。从传统食品品质改良转向未来食品全新合成是食品科学不可逆转的发展趋势。当今世界人口增长、耕地面积锐减、环境气候劣化、能源损失浪费等带来的生存压力，以及人们日益增长的美好生活和营养健康需要，均对全球食品产业的可持续性提出了巨大的挑战。一方面，2050 年全球人口预计达 98 亿，对食物需求将增加 70%[1]。另一方面，世界范围内存在严重的食物资源浪费问题，每年有 1/3 的食物（约 13 亿吨）被浪费或损耗[2]。因此，如何挖掘新资源、生产充足的食物以满足生存需求，同时最大限度地减少对环境造成的无可逆转的损伤，是未来食品行业亟待解决的问题。

在此背景下，未来食品科学应运而生。未来食品要立足于“大食物观”，基于生物科技和生物产业构建多元化食物供给体系，拓展更丰富的未来食品资源，实现向耕地草原森林海洋、植物动物微生物要热量、要蛋白。未来食品科学以解决全球食物供给、资源环境、质量安全、营养健康、饮食方式和精神享受等问题为目标，以食品组学、合成生物学、人工智能、增材制造等颠覆性前沿技术为支撑，遵循“安全、营养、方便、个性化”产业新需求和“智能、节能、环保、可持续”产业新追求的业态发展趋势[3]。

未来食品根据其原料来源可以分为四大类：动物基、植物基、微生物源和以藻类、昆虫等为代表的其他来源（图 21.1）。借助微生物、细胞、蛋白质等生物媒介，结合酶工程、发酵工程、代谢工程、合成生物学、系统生物学等生物前沿理论和技术，未来食品科学有望从不同生物资源中提取和开发更丰富、更多元的食味成分，创制安全、可持续、风味与健康双导向的高品质未来食品。

21.1　植物基未来食品中的生物成味

植物基食品一般是指以植物原料或其制品为蛋白质、脂肪等来源，添加或不添加其他配料，经一定工艺制成的具有类似某种动物来源食品的质构、风味、形态

图 21.1　未来食品与生物成味

等品质特征的食品。而 T/CIFST 001—2020《植物基肉制品》团体标准对植物基食品原料范围有所扩大，包括了藻类和真菌类，此部分内容详见本章 21.3 节，本节聚焦植物原料生产的植物基食品。随着人们对可持续发展的关注和对健康饮食的追求，植物基食品正迅速成为食品产业的一个重要分支。相较于动物制品，植物基食品在供应链过程中产生的温室气体排放量更少，可以缓解传统养殖业带来的社会环境问题。

根据食品工业行业管理分类，植物基食品可分为植物基肉制品、植物基乳制品及植物基蛋制品等，通常以豆类、谷物、蔬菜、坚果等来源的植物蛋白为基础原料，旨在为消费者提供更多样、更低碳、更环保的饮食选择。如何复制传统动物源食品独特的风味、质地和感官体验，同时满足蛋白质质量、必需氨基酸、维生素和矿物质等营养需求，是植物基未来食品目前面临的主要挑战。

21.1.1　植物基肉制品

近五年来，全球肉制品需求量持续增长，2022 年世界肉类总产量约 3.62 亿吨[4]。为缓解传统畜牧养殖业对环境造成的负担，以植物蛋白、动物细胞蛋白、微生物蛋白为基础的人造肉成为传统肉类替代品的研究热点并逐步实现产业化。

相较于其他肉类替代品，目前植物蛋白肉因成熟的技术优势，具有优先发展的潜力。根据《2021 年度中国植物肉行业洞察白皮书》数据，每年若动物肉制品消费中的 10%可由植物肉代替，将可节省 882.5 亿元环境成本。近年来，植物基肉制品行业发展迅猛。人们熟悉的传统素食产品如素鸡和素鸭等就是植物基肉制品的初级形态，但其在营养、口感、加工程度及经济成本方面仍有改进空间。随着生物技术的不断更新迭代，植物基肉制品将更好地模拟动物肉的营养和食用感官体验，逐步发展为更加营养且对健康更有益的替代蛋白选择。

植物肉的核心成分是植物性替代蛋白。为了植物肉成品能最大程度地模拟动物肉的特性，在生产过程中会适量添加微生物和微生物来源的配料与食品添加剂，除水和食用盐外，其他非植物性配料的总添加量的质量分数不应超过 10%[5]。目前，常见的市售植物基肉制品多以大豆蛋白、豌豆蛋白和小麦蛋白为主要替代蛋白。通常，豆科植物蛋白的天然球状结构不利于构建肉状纤维质地，还需借助挤压、剪切、静电纺丝、3D 打印等加工技术创造和模仿动物肉的质地、外观、风味和口感。植物基肉制品中风味物质的开发过程如图 21.2 所示，通过植物蛋白的酶解产生具有典型肉味的风味前体物质，利用植物油的氧化模拟动物油脂的风味，最后通过热加工处理赋予更丰富的风味特性。生物技术对于植物肉风味的改善和增强发挥着至关重要的作用，主要体现在生物呈味和掩蔽异味（如“豆腥味”“苦味”“草本味”“涩味”等）两个方面。发酵、酶工程、基因改造等生物技术可以创造和增强植物肉中期望的风味特性，也可以减少和掩蔽植物肉的不良风味，后文将详细介绍其在植物肉风味中的应用。

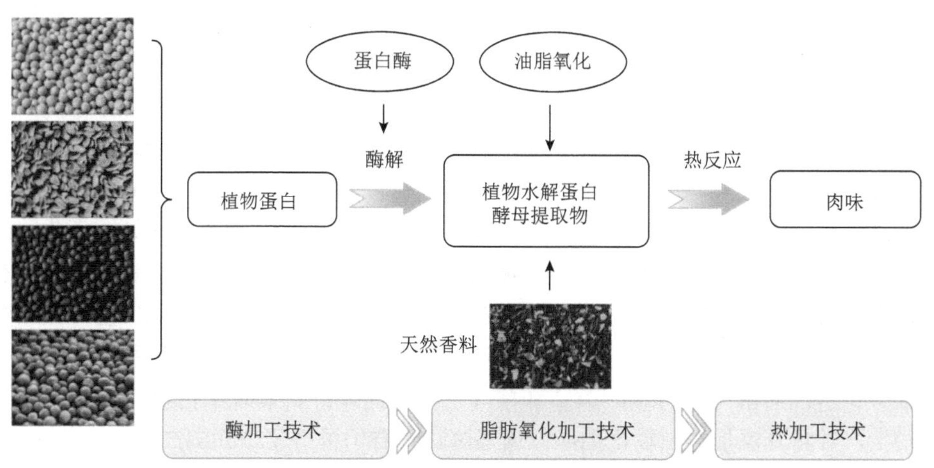

图 21.2　植物基肉制品中风味物质的开发过程[6]

发酵工艺可有效改善植物基食品的感官、营养和功能特征，通常与蛋白质工程相结合改变植物蛋白的分子结构，从而更好地模拟肉制品的纤维状质地，使植物肉产品具有理想肉制品的理化特性和风味。例如，植物乳杆菌发酵可以提高大豆蛋白类植物肉的多汁度、改善质地、减少苦味；枯草芽孢杆菌发酵可以改善组织化植物蛋白（包括大豆蛋白、玉米淀粉和小麦面筋蛋白）的咀嚼性、硬度及分层结构。2023 年，Ou 等[7]利用胶红酵母和紫红曲霉固态混合发酵的大豆蛋白成功制备了具有良好网状纤维结构的植物肉，同时通过添加植物乳杆菌改善了发酵产物的风味和品质。除了改善质构，发酵也可以去除或掩盖植物肉中的豆腥味。乳杆菌属在发酵过程中能通过分解醛或酮类化合物减少“豆腥味”，也可以通过生物转化将醛类转化为酯类化合物而产生令人愉悦的“果味”。新的香气物质在掩盖原有的豆腥味的同时还可以进一步增强产品的整体香气特征。值得注意的是，发酵微生物的选择和发酵条件的优化对于最终产品的风味至关重要。研究表明，发酵时间的长短会影响植物蛋白功能（如水油结合能力、乳化和发泡能力）与掩蔽异味之间的平衡[8]。综上，精确控制发酵过程可以显著提升植物肉产品的风味和接受度。

酶处理技术是利用酶进行化学反应或生物转化，生成或改善植物基肉制品的风味。一方面，酶处理有助于释放更多的风味化合物，增强植物肉的整体风味。具体而言，酶解能有效提高大豆人造肉的保水性和保油性，并减少蛋白质的氧化能力。另一方面，酶处理可以分解带有异味的化合物或产生异味的前体物质。例如，醇脱氢酶和醛脱氢酶能有效分解产生豆腥味的化合物（主要为醛类物质），将其转化为醇类和羧酸从而减少异味。此外，来自枯草杆菌和地衣芽孢杆菌的 Protamex、磷脂酶、葡聚糖转移酶、蛋白谷氨酰胺酶等酶已被证明可以有效掩蔽豆腥味。然而，不当的酶处理也可能导致蛋白质结构破坏，从而改变蛋白质的味道或引发苦味，因此需要谨慎控制酶处理过程。为了进一步提升植物蛋白肉的安全性和风味品质，可以通过酶工程技术筛选和改造具有高特异性和高活性的蛋白酶、风味蛋白酶及相关食品微生物等，实现脂肪氧化酶的失活、腥味物质的降解及微生物共发酵等，从而提高食品原料利用效率，优化植物肉中的氨基酸组分，推动植物蛋白肉市场的拓展。

除了发酵工艺和酶工程技术，酵母提取物也可作为微生物来源的配料添加在植物肉中改善产品风味。Marmite 酵母酱和 Vegemite 酵母酱就是两种常见的商业酵母提取物，被广泛地用于提升食品的肉味和鲜味。此外，基于酵母的精准发酵可针对性地生产模仿肉制品风味的特定成分。植物肉巨头企业 Impossible Foods 公司在对肉制品的基本组成和口感的研究中发现，血红蛋白是模仿动物肉风味和质感所需的关键成分，进而对酵母进行基因改造和精准发酵靶向调控，实现了植物血红蛋白的大规模生产并将其添加在植物蛋白中以增强鲜味，有力推进了植物肉产品的商业化。

21.1.2 植物基乳制品

近年来，西方国家的乳制品消费量呈下降趋势，而植物性乳替代品的销量日益增长。相较于传统乳制品可能引发的乳糖不耐受、牛奶过敏、高胆固醇和苯丙酮尿症等问题，植物基乳制品具有零乳糖、零胆固醇、高蛋白的优点，同时富含膳食纤维和植物化学物质等组分，逐渐成为消费者尤其是素食主义者的优先消费选择。市售植物基乳制品种类繁多，包括植物基发酵乳、植物基乳酪、植物基乳粉及植物基饮料等。由于纯植物乳无法提供动物乳的全部营养价值且常常伴有不理想的异味，商业植物乳生产过程中通常会加入维生素、氨基酸和矿物质等添加剂成分，使得成品乳在营养、色泽和质地上更接近动物乳。

植物基乳制品的主要品类之一是植物奶，包括豆奶、燕麦奶、杏仁奶、榛子奶、椰奶等，一般通过将植物原料在水中分解并进一步均质化获得，其颗粒大小分布在 5～20μm[9]，与牛奶具有相似的外观和质地。植物奶的加工工艺对其感官品质和储存稳定性具有显著影响。热处理是植物奶传统的加工方法，可以降低豆类植物奶中内源性脂氧合酶活性、减少豆腥味的产生，但过高的加工温度（高于 90℃）可能导致非豆腥风味成分的损失[10]。因此，发酵和酶解等非热处理方法成为近年来植物奶加工工艺优化领域的研究热点。发酵或酶解可分解植物奶中蛋白质、多糖等成分，在优化口感的同时还能够生成黄酮类和多酚类化合物、矿物质、维生素等有益成分，从而提升植物奶的营养价值和功能特性。

除植物奶之外，植物酸奶也是植物基乳制品中的另一热门产品。植物酸奶制作工艺与动物酸奶相近，借助乳酸菌属、杆菌属、酵母属等发酵乳制品常用的发酵剂菌株，经发酵过程即可达到与动物酸奶相似的营养和风味。一方面，发酵过程中微生物分泌的胞外多糖可以增厚植物基质，增强产品的奶油质地。另一方面，微生物通过分解蛋白质、合成挥发性有机化合物提供香味，还可以通过降低己醛水平掩盖或消除植物材料中的天然异味。常见的用于发酵酸奶的乳酸菌种类及其发酵特性如表 21.1 所示。

表 21.1　常见的用于发酵酸奶的乳酸菌种类及其发酵特性[11]

菌种	发酵类型	常见商业用途	在发酵中的作用
瑞士乳杆菌	同源发酵	奶酪（马苏里拉奶酪、埃门塔尔奶酪、格拉纳帕达诺奶酪）、发酵乳	乳制品发酵中的蛋白质水解
嗜热链球菌	同源发酵	酸奶发酵剂、奶酪、发酵乳	酸奶中乳酸菌胞外多糖的生产
加利亚亚种	同源发酵	酸奶发酵剂、奶酪、发酵乳	酸奶中的蛋白质水解
乳酸乳球菌亚种	同源发酵	奶酪	奶酪中风味化合物的生产
乳酸乳球菌乳亚种	同源发酵	奶酪	将乳糖转化为乳酸，实现快速酸化
肠膜明串珠菌	异质发酵	奶酪	产生一氧化碳和双乙酰，生成复杂的风味物质

优化发酵方式是控制植物酸奶风味品质的关键技术之一。发酵可以增加植物蛋白的网络交联或产生特殊的芳香物质，达到改良质构和风味的作用。常见的发酵方式可以分为 3 类：单菌发酵、复合菌发酵和直投式发酵剂发酵。单菌发酵在生产过程中具有简便性和可控性的优点，但在风味、营养价值、生产效率等方面存在局限。相应的，多菌株复配发酵体系可以根据不同菌种的优势提供多种可能的组合，利用复配发酵弥补单菌发酵的不足。保加利亚乳杆菌和嗜热链球菌是经典的酸奶发酵剂组合，也是植物酸奶最常用的复合菌组合。前者为主要的风味菌株，产生乳酸及其他风味化合物；后者可视为功能菌，在参与乳酸产生的过程中维持适宜的酸度。除上述两种菌之外，植物乳杆菌、双歧杆菌、鼠李糖乳杆菌等益生菌也被广泛组合应用于植物代乳的发酵中，生产益生菌杏仁奶、益生菌发酵代乳粉、益生菌大豆酸奶等产品，以提供额外的健康益处。风味菌株和功能菌的科学复配、混合发酵可有效改善植物基原料在发酵时营养不均衡、感官属性不佳、理化性质不稳定等难题，从风味和功能特性两方面着手创制更多元、更健康的植物基乳制品。

21.1.3　植物基蛋制品

植物基蛋制品是以植物为原料制备的模仿动物蛋类口感和味道的植物制品，具有零胆固醇和低饱和脂肪酸的特点。美国 Hampton Creek 公司已成功研发出 Beyond Eggs 植物基蛋粉末和 Just Mayo 植物基蛋黄酱等商业化产品。植物基蛋制品通常由球状植物蛋白组装而成，其关键在于能否模仿真实鸡蛋在加热过程中（为 63～93℃）发生凝胶化的现象，形成与熟鸡蛋相似的外观和质构特性[12]。大豆、豌豆、绿豆、鹰嘴豆等植物蛋白由于具备加热时凝胶化的特性，是常见的植物基蛋制品原料。此外，在生产过程中乳化植物油等成分的辅助添加可以提高植物基蛋制品的质地、感官特性及风味。相较于植物肉和植物乳制品，针对植物基蛋制品加工工艺和风味品质优化的研究报道较少，有待进一步深入探究。

21.2　动物基未来食品中的生物成味

动物基未来食品的典型代表和最重要的组成部分是动物细胞培养肉，也被称为体外肉，通过体外培养动物细胞生产肌纤维、脂肪等组织再经食品化加工而成。与植物基肉制品相比，动物细胞培养肉在营养、口感和风味方面更接近于真实肉制品，是未来人造肉的重要发展趋势。2013 年，荷兰生物学家 Post 利用动物原始干细胞经增殖分化获得了世界上第一整块人造肉，标志着细胞培养肉的诞生[13]。近年来，随着细胞生物学、分子生物学和合成生物学技术的快速发展，重组制造新型未来肉类食品的“动物细胞工厂”得到了规模化发展。

提升培养肉风味品质是现阶段动物细胞培养肉市场化面临的主要挑战之一。除了不同类型的肌肉细胞本身具有不同的风味特征，肌内脂肪也是肉类多汁性、风味和营养的关键因素。培养肉中脂肪细胞的高效生产可以提高人造肉的纹理结构（赋予其大理石样花纹），提高肉的香味和口感。此外，如何将二维单片层的细胞培养成三维肌肉组织以扩大培养肉的尺寸、提升口感是另一难点。细胞培养肉的体外培养需要借助细胞支架系统以模拟体内细胞外基质的组成成分，使细胞可以黏附生长进而辅助三维肌肉组织结构的形成。胶原蛋白、黏连蛋白、糖蛋白等动物源性聚合物是常用的细胞外基质成分，但可能会对人造肉中的必需氨基酸组成产生影响[14]。鉴于此，植物基蛋白、天然多糖类大分子、合成材料（如聚谷氨酸、聚乳酸）等非哺乳动物来源的材料作为稳定、低成本、可食用和可生物降解的支架材料替代品已被用于培育肉的组织塑形，是目前培养肉风味改良研究的热点。将成肌细胞、成脂细胞、成纤维细胞等按照仿生结构接种于可食用的三维支架中共培养，并在适宜的培养条件下促使细胞分化形成肌纤维和脂肪细胞，可以制造出在外观、纹理和风味上接近真实肉类的细胞培养肉产品。除了细胞支架，近年来食品 3D 生物打印技术的迅速兴起也为高品质细胞培养肉制造提供了新的便利条件。3D 生物打印能够对仿真肉制品的结构进行重塑，使其获得更紧密、富有弹性的三维结构，从而提高培养肉的纹理、口感和整体外观。

在细胞培养肉生产过程中，为确保产品在颜色、风味方面与真实动物肉相似，细胞培养结束后还需要额外的增色、调味等加工过程以增强产品在视觉、味觉、嗅觉上的吸引力。在味觉方面，“肉味”主要来源于含有氮、硫、氧原子的杂环化合物及脂肪族羰基，因此通过美拉德反应可以增强培养肉的感官和风味特性。动物或植物蛋白的酶解产物与氨基酸（半胱氨酸）和还原糖（木糖或果糖）反应可以有效地产生各种强烈且逼真的肉香味物质。在此基础上，适当添加脂质成分与美拉德反应产物相互作用，还可增强人造肉产品风味的复杂性和丰富性。有趣的是，美拉德反应的中间产物具有更高的生物活性，可以克服传统复合调味料在烹饪、烘焙等热处理过程中易挥发的缺点，有效促进培养肉的颜色变化并保留肉香味[15]，被视为潜在的提高细胞培养肉肉制品风味的调味剂。

总之，动物细胞培养肉是目前唯一含有动物蛋白的人造肉[16]，不仅能够提供真实动物蛋白，还能有效避免激素和抗生素滥用，是安全、高效、可持续的未来肉制品生产方式。然而，现阶段细胞培养肉在生产成本、规模化生产、消费者接受度、法规和安全评估等方面仍然存在诸多挑战。尽管如此，随着干细胞培养技术和细胞工厂技术的快速发展，动物细胞培养肉仍将是未来传统肉类替代品市场最具潜力的产业之一。

21.3　微生物源未来食品中的生物成味

以微生物为原料制备微生物蛋白是未来食品中替代蛋白的新兴发展趋势。相较于植物蛋白存在“豆腥味”，动物细胞培养肉存在生产周期长、成本高昂等问题，微生物具有繁殖速率快、生产周期短、蛋白质丰富等天然优势，可实现食品营养组分的工程化定制。当前，微生物源食品已展现出巨大的市场潜力。据 QYResearch 调研显示，2022 年全球微生物发酵替代蛋白市场规模达到了 11 341 万元，预计 2029 年将达到 870 676 万元，年均复合增长率为 85.92%。得益于系统生物学、合成生物学、多组学等领域及其技术的快速发展，研究人员可逐渐实现对微生物生长、代谢活动的精准调控，从而改善微生物源食品的风味特征、增强营养价值，助力多样化、功能化的微生物蛋白和微生物源未来食品开发，使微生物真正成为宝贵的未来食品资源。根据不同的微生物来源，微生物蛋白可以分为 3 类：细菌蛋白、真菌蛋白及微藻蛋白。后文将逐一介绍这三类微生物蛋白在食品及食品成味中的应用。

21.3.1　细菌蛋白

细菌蛋白，即从细菌中提取的蛋白质，具有高蛋白含量、高消化率、高生产效率（细菌一般在 20～120min 即可倍增[17]）、低占地面积等特点，且富含必需氨基酸、维生素及其他营养物质。细菌蛋白通常被认为是一种极具应用潜力的饲料蛋白质来源，在营养方面甚至具有替代肉类的潜力。常见的用于生产微生物蛋白的天然细菌主要包括紫光合细菌、乙醇梭菌、甲烷单胞菌、氢氧化细菌等。其中，紫光合细菌可以利用 CO_2 为碳源进行光合自养生长，还可分解利用食品工业废水中的有机碳、氮、磷进行异养生长，其生产的单细胞蛋白具有丰富的必需氨基酸、类胡萝卜素、维生素和聚羟基脂肪酸酯等成分，营养价值较高，可用于开发功能性食品[18]。氢氧化细菌、乙醇梭菌、甲烷单胞菌均为化能自养微生物，可以拓展细菌蛋白的供给体系。目前，细菌蛋白由于在发酵过程中仍然存在适口性较差、容易受到噬菌体污染、产生内毒素等问题，主要限于动物饲料、蛋白质强化剂等产品的工业化生产，在食品中的应用和商业化程度仍处于发展阶段。

21.3.2　真菌蛋白

真菌蛋白也称菌体蛋白，是将目标菌种通过微生物发酵技术进行培养获得的微生物蛋白。作为一种新兴的替代蛋白，真菌蛋白具有氨基酸组成均衡全面、膳食纤维丰富、饱和脂肪酸含量低等优点，且相较于细菌蛋白更易被消费者接受，因此在商业化和产业化方面取得了显著进展。食品用途的真菌蛋白按照其来源主要可以分为酵母蛋白、丝状真菌蛋白和食用菌蛋白，可用于生产人造奶、人造蛋、人造肉等新型未来食品。

酵母能够利用多种底物原料合成菌体蛋白，具有极高的营养价值，其蛋白质含量占细胞干质量的 40%～60%[19]。相较于大豆蛋白和乳清蛋白，酵母蛋白由 18 种编码氨基酸（包括 9 种人体必需的氨基酸）组成，其中具有风味调节特性的谷氨酸、天冬氨酸、甘氨酸和丙氨酸等增味氨基酸占比约为 34%，氨基酸组成平衡度高[20]，对于维持人体健康和身体机能具有重要作用。近年来，通过酵母精准发酵生产的人造奶和人造蛋掀起了新型食品热潮。美国 Perfect Day Foods 公司将牛奶蛋白的 DNA 序列导入酵母细胞，通过发酵生产酪蛋白和乳清蛋白，经分离纯化后与维生素、矿物质等成分进行配比混合、均质，得到了口味和营养与天然牛奶相同且不含胆固醇和乳糖的类乳产品，引发了公众热议。与此同时，美国 Clara Foods 科技公司通过构建酵母细胞工厂首次合成了卵清蛋白，而后借助分子合成技术完成了人造蛋的创制。

丝状真菌是一类由有隔菌丝组成的微生物，当其处于适宜的生长环境时，通常会聚集形成密集的菌丝进而构成丝状真菌蛋白。在丝状真菌中，镰刀菌（*Fusarium venenatum* ATCC 20334）是最广为人知、最广泛用于生产微生物蛋白人造肉的真菌菌株，其蛋白质含量高达干质量的 44%，包含所有种类的必需氨基酸、膳食纤维（6%）和脂肪（2.9%），同时富含铁、锌、硒、锰、钙和维生素 B_2 等无机盐和维生素[21]。英国植物肉品牌 Quorn 利用镰刀菌为原料，通过连续发酵培养生产菌丝体蛋白进而得到了肉丸、肉糜、香肠和肉饼等一系列模拟肉产品。在加工工艺方面，经过挤压等工序的菌丝体蛋白可以模拟传统肉制品的纤维状结构，提供相似的咀嚼感和口感。此外，镰刀菌在发酵过程中产生的酯、醇和有机酸等风味化合物能增强人造肉的风味，在此基础上辅助添加其他食品成分可使最终产品具有丰富的风味层次。除了经典的镰刀菌，近年来，紫红曲霉（*Monascus purpureus*）、米曲霉（*Aspergillus oryzae*）、米根霉（*Rhizopus oryzae*）等其他可食用丝状真菌菌株也被应用于生产真菌蛋白。其中，担子菌门高山炮孔菌（*Laetiporus montanus*）可合成具有辛辣肉香味的 2-甲基-3-（甲硫基）呋喃，成为天然咸味香料的潜在替代品[22]。

与酵母蛋白和丝状真菌蛋白等单细胞蛋白不同的是，食用菌蛋白是一种多细胞蛋白，主要来源于食用菌的子实体和菌丝体，结构复杂、种类丰富、功能多样。除传统的食用和药用文化外，食用菌蛋白具有抗病毒、抗氧化、抗肿瘤及免疫调节等多种生物功能活性。添加食用菌蛋白可以提高植物基肉制品的纤维结构，改善紧实度、弹性和咀嚼感等口感特性。例如，经过发酵处理的香菇、草菇、金针菇和黑木耳等食用菌的菌丝体富含多种挥发性化合物，如醛、酮、酯、醇、酚和醚等，同时含有全面的呈味氨基酸。这些成分均有助于增强模拟肉制品的风味特性。

综上所述，真菌蛋白是一种极具潜力的替代蛋白来源，其产品的商业化程度也较高。然而，真菌蛋白食品产业化过程中仍存在菌种选育研究不足、发酵成本较高、模拟肉纤维结构和组织紧密度不足等挑战。生物技术的快速发展有望为此提供有效的解决途径，如可以借助基因工程筛选关键高产基因、培育高产菌株，使用代谢工程优化发酵工艺提高蛋白质的生产效率和产量，运用合成生物学进行细胞或菌株定向改造，使替代肉制品更接近传统肉类的风味和质感，利用系统生物学预测、调控微生物发酵过程中的代谢活动，控制风味物质的产生，降低异味物质的合成。

21.3.3 微藻蛋白

微藻是一类形态微小、结构简单的原生生物，可以将太阳能转化为生物质能，富含蛋白质、藻多糖、脂肪酸、维生素、矿质元素及β-胡萝卜素、岩藻黄素与虾青素等多种活性物质，被誉为“21 世纪的健康食品”。螺旋藻、小球藻等微藻的整体干物质可作为替代蛋白来源，部分微藻还能以粉剂、丸剂、提取物等形式作为食品添加剂应用于功能食品和保健品中。事实上，市售可食用微藻食品多为含有微藻或微藻衍生的产品，微藻添加量不高，通常被用作着色剂或辅助营销[23]。尽管如此，添加微藻也可以有效改善产品的颜色和结构并附带提高产品的营养和功能特性，因此微藻食品受到了广泛欢迎。

微藻蛋白具有良好的乳化性、发泡性和凝胶特性，可用于代替部分植物蛋白生产模拟肉并辅助形成良好的风味。首先，微藻蛋白水解后可产生大量的呈味肽（咸味肽、鲜味肽）和鲜味氨基酸（天冬氨酸、谷氨酸），实现模拟肉的减盐增咸。其次，微藻中含有大量具有海鲜香味的挥发性有机化合物（如脂肪酸衍生的醛、酮和醇），可赋予模拟肉独特的海洋风味。尽管如此，微藻也会呈现出“发霉味”“泥土味”“青草味”或“鱼腥味”等令人不愉快的味道。为此，经研究发现向微藻生长培养基中添加氮源能够降低异味挥发性化合物的产生量[24]，也可以通过调整微藻收获时间来管理不同生长阶段的微藻异味[25]。未来，微藻有望完全替代植物蛋白成为人造肉生产的重要来源，即使用微藻蛋白或微藻全部干物质制备肉类蛋白组织纤维，最终形成微藻基肉类产品。

综上所述，微生物替代蛋白作为一种快速、可持续的食品生产方式，已经展现出巨大的市场潜力，目前全球已有超过 80 家公司从事微生物蛋白的生产（表 21.2）。未来，微生物源食品的发展需更加深入地探索和挖掘影响产品风味品质的关键生物媒介及成味机制，从而指导构建提升食品口感品质和消费者接受度的风味调控策略，为开发新型优质的微生物源食品提供有力的技术支撑。同时，也需建立健全微生物源食品安全性评价标准体系，确保食品级微生物食用安全，保障消费者健康。

表 21.2　国内外商业化微生物蛋白产品示例[19]

公司	国家	菌种	产品	网站
Marlow Foods	英国	镰刀菌	肉饼、香肠、肉丸及整切肉类等	https://www.quorn.co.uk/
MycoTechnology	美国	香菇菌丝体	供应天然香料 ClearIQ™与蛋白原料 FermentIQ™	https://www.mycoiq.com/
Meati Foods	美国	某种食用菌	整切肉产品，包括鸡排和牛排等	https://meati.com/
MyForest Foods	美国	某种食用菌菌丝体	整切肉类产品	https://myforestfoods.com/
Mycorena	瑞典	米曲霉	肉糜、整切肉类及海鲜类产品	http://mycorena.com/
Infinite Roots	德国	某种食用菌菌丝体	香肠、肉丸、汉堡饼等	https://www.infiniteroots.com/
Protein Distillery	德国	啤酒酵母	汉堡肉饼、植物基禽蛋、奶酪等	https://proteindistillery.com/
蓝佳生物科技有限公司	中国	某种食用菌菌丝体	模拟肉类和宠物食品	http://www.bluecanopy.cn/
蘑米生物科技有限公司	中国	镰刀菌	牛肉饼、肉肠、午餐肉、蛋白棒等	https://moremeat.com

21.4　其他来源未来食品中的生物成味

21.4.1　昆虫类食品

昆虫是联合国粮食及农业组织（FAO）推荐的潜在食品资源，目前已有超过 3600 种已知的可食用昆虫种类[26,27]，有望满足未来食品对可持续蛋白质的需求。可食用昆虫是优质蛋白质和能量来源，富含多种必需氨基酸、维生素和 ω-3、ω-6 等不饱和脂肪酸，以及铜、铁、镁、磷、硒、锌等微量营养素和核黄素、泛酸、生物素等其他营养成分。食用昆虫的烹调方式多样，如油炸、煮沸、烘焙或磨成粉末。在食品制造中，通常将可食昆虫整体用作原料以干粉或者浆液的形式应用在面包、能量棒、饼干、汉堡肉饼等食品的加工中。然而，昆虫自身产生的不良气味限制了其在食品中的广泛应用。研究表明，在面包配方中添加适量的蚱蜢粉后，面包的质地、颜色和味道方面的感官评价得分与对照组没有显著差异，但是当蚱蜢粉添加量过多时，在干燥和烘烤过程中的美拉德反应产生的强烈气味会掩盖小麦面包的天然香气，使得产品面包的气味参数评分显著下降[28]。因此，如何掩蔽、去除昆虫本身的异味，以及如何提高大众对于昆虫类食品的接受度，是未来食品工业高效利用昆虫资源的核心问题。

21.4.2 海藻类食品

海藻是一种可再生的大型藻类，含有丰富的矿物质、多糖和膳食纤维等营养成分，在未来食品资源开发中也展现出巨大的潜力。大多数海藻可以直接食用，也可以经干燥、烹饪、冷冻、腌制和发酵等方法加工为高值化产品。天然海藻往往具有腥味、鱼臭味等风味缺点，而发酵对于海藻食品的风味形成和改善具有重要作用，同时可以提高其营养价值。乳酸菌、植物乳杆菌、副干酪乳杆菌、酿酒酵母等菌种已被成功应用于海藻的生物发酵中，通过微生物代谢活动对腥味物质进行生物转化达到消除或掩蔽腥味、改善海藻制品风味的效果。在营养方面，海藻具有较高的蛋白质含量（113～123g/kg DW）[29]，海藻蛋白则具有良好的水合能力、发泡能力、乳化能力、水脂结合能力和凝胶化能力等功能特性，能更好地匹配和满足消费者对于人造肉口味和营养的需求，是潜在的生产人造肉的优质原料[30]。

"向耕地草原森林海洋、向植物动物微生物要热量、要蛋白，全方位多途径开发食物资源"的大食物观为未来食品科技与产业的高质量发展作了明确的指导。未来食品要在满足人民群众"吃得饱"需求的同时达到"吃得好"的目标。因此，要持续挖掘新资源，在数量上保障食物供给，深入解析食物结构与成味机制，在质量上提升食品的功能与营养，加快生物创新技术突破，努力推进食品科技在高水平上自主发展、自立自强，满足人民群众对多元化、可持续、风味健康双导向的未来食品供给需求，早日实现未来食品美味、营养、安全、健康等多维度、高质量发展。

参 考 文 献

[1] ELHAISSOUFI W, GHOULAM C, BARAKAT A, et al. Phosphate bacterial solubilization: a key rhizosphere driving force enabling higher P use efficiency and crop productivity. Journal of Advanced Research, 2022, 38: 13-28

[2] 李兆丰, 徐勇将, 范柳萍, 等. 未来食品基础科学问题. 食品与生物技术学报, 2020, 39(10): 9-17

[3] 刘元法, 陈坚. 未来食品科学与技术. 北京: 科学出版社, 2021

[4] FAO. Food Outlook—Biannual Report on Global Food Markets. Rome: FAO, 2023

[5] 中国农业大学, 江南大学, 中国农业科学院农产品加工研究所, 等. 植物基肉制品: T/CIFST 001-2020. 北京: 中国食品科学技术学会, 2021: 2

[6] LI X J, LI J. The flavor of plant-based meat analogues. Cereal Foods World, 2020, 65: 1-7

[7] OU M J, LOU J M, LAO L F, et al. Plant-based meat analogue of soy proteins by the multi-strain

solid-state mixing fermentation. Food Chemistry, 2023, 414: 135671

[8] SHI Y, SINGH A, KITTS D D, et al. Lactic acid fermentation: a novel approach to eliminate unpleasant aroma in pea protein isolates. LWT—Food Science and Technology, 2021, 150: 111927

[9] SETHI S, TYAGI S K, ANURAG R K. Plant-based milk alternatives an emerging segment of functional beverages: a review. Journal of Food Science and Technology, 2016, 53(9): 3408-3423

[10] YANG A J, SMYTH H, CHALIHA M, et al. Sensory quality of soymilk and tofu from soybeans lacking lipoxygenases. Food Science and Nutrition, 2016, 4(2): 207-215

[11] HARPER A R, DOBSON R C J, MORRIS V K, et al. Fermentation of plant-based dairy alternatives by lactic acid bacteria. Microbial Biotechnology, 2022, 15(5): 1404-1421

[12] MCCLEMENTS D J, GROSSMANN L. The science of plant-based foods: Constructing next-generation meat, fish, milk, and egg analogs. Comprehensive Reviews in Food Science and Food Safety, 2021, 20(4): 4049-4100

[13] GOODWIN J N, SHOULDERS C W. The future of meat: a qualitative analysis of cultured meat media coverage. Meat Science, 2013, 95(3): 445-450

[14] THORREZ L, VANDENBURGH H. Challenges in the quest for “clean meat”. Nature Biotechnology, 2019, 37(3): 215-216

[15] CUI H P, YU J Y, XIA S Q, et al. Improved controlled flavor formation during heat-treatment with a stable Maillard reaction intermediate derived from xylose-phenylalanine. Food Chemistry, 2019, 271: 47-53

[16] Lee H J, YONG H I, KIM M, et al. Status of meat alternatives and their potential role in the future meat market—a review. Asian-Australasian Journal of Animal Sciences, 2020, 33(10): 1533-1543

[17] SHARIF M, ZAFAR M H, AQIB A I, et al. Single cell protein: sources, mechanism of production, nutritional value and its uses in aquaculture nutrition. Aquaculture, 2021, 531: 735885

[18] 傅晓莹, 乔玮博, 史硕博. 微生物利用一碳底物生产单细胞蛋白研究进展. 食品科学, 2023, 44(3): 1-11

[19] 周凯, 李乔智, 胡新, 等. 真菌蛋白模拟肉研究现状及未来展望. 中国食品学报, 2023, 23(12): 323-336

[20] 唐晓荞, 武宇, 樊军, 等. 酵母蛋白的营养质量评价. 公共卫生与预防医学, 2020, 31(6): 100-104

[21] FINNIGAN T J A, WALL B T, WILDE P J, et al. Mycoprotein: the future of nutritious nonmeat protein, a symposium review. Current Developments in Nutrition, 2019, 3(6): nzz021

[22] YALMAN S, TRAPP T, VETTER C, et al. Formation of a meat-like flavor by submerged cultivated *Laetiporus montanus*. Journal of Agricultural and Food Chemistry, 2023, 71(21): 8083-8092

[23] VERNI M, DEMARINIS C, RIZZELLO C G, et al. Bioprocessing to preserve and improve microalgae nutritional and functional potential: novel insight and perspectives. Foods, 2020, 9(8): 1023

[24] MILOVANOVIĆ I, MIŠAN A, SIMEUNOVIĆ J, et al. Determination of volatile organic compounds in selected strains of cyanobacteria. Journal of Chemistry, 2015, 2015: 969542

[25] FU Y L, CHEN T P, CHEN S H Y, et al. The potentials and challenges of using microalgae as an ingredient to produce meat analogues. Trends in Food Science and Technology, 2021, 112: 188-200

[26] 屈小雨，李敏，李海澜，等. 可食用昆虫的研究进展. 食品研究与开发，2021，42(23): 204-210

[27] 廖小军, 赵婧, 饶雷, 等. 未来食品：热点领域分析与展望. 食品科学技术学报, 2022, 40(2): 1-14,44

[28] HABER M, MISHYNA M, MARTINEZ J J I, et al. The influence of grasshopper (*Schistocerca gregaria*) powder enrichment on bread nutritional and sensorial properties. LWT, 2019, 115: 108395

[29] BLIKRA M J, ALTINTZOGLOU T, LØVDAL T, et al. Seaweed products for the future: using current tools to develop a sustainable food industry. Trends in Food Science & Technology, 2021, 118: 765-776

[30] NADEESHANI H, HASSOUNA A, LU J. Proteins extracted from seaweed *Undaria pinnatifida* and their potential uses as foods and nutraceuticals. Critical Reviews in Food Science and Nutrition, 2022, 62(22): 6187-6203

第 22 章

系统生物学与食品生物成味

系统生物学（systems biology）是在对纵向单个分子或功能蛋白的研究积累的基础上，以整体论的方法整合来自不同学科、不同层次的生物学信息，从而分析与理解生物系统的一门新兴学科。在大数据时代，系统生物学成为研究细胞信号通路、生理学现象机制、药物作用机制等问题的常用研究方法，也逐渐被应用于分析食品生物成味。食品生物成味是利用生物媒介合成风味物质的复杂过程，对此类过程的模型化，如果仅依赖于对某一个功能蛋白、风味化合物或微生物的独立研究，则很难解析和预测这一多要素复杂系统的表型。因此，想要深入、全面、定量研究食品生物成味体系，需要借助系统生物学的分析与建模方法（图 22.1）。

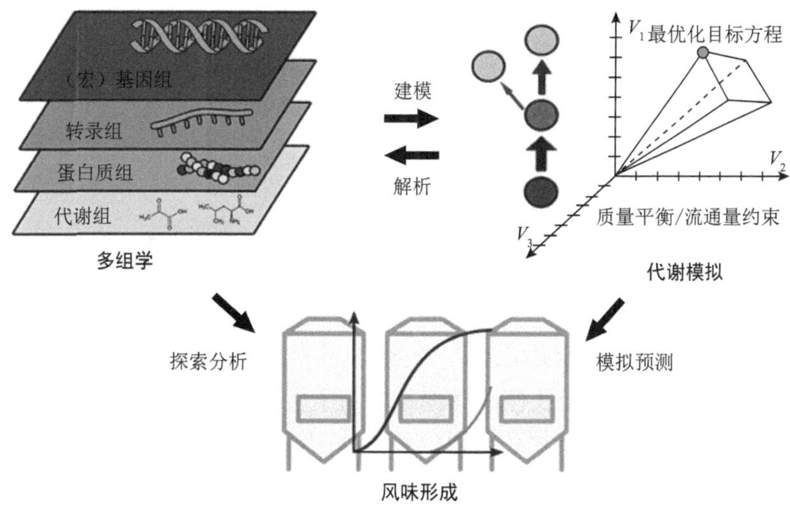

图 22.1　系统生物学研究食品生物成味的思路

22.1　食品风味物质的代谢建模

基因组规模代谢模型（genome-scale metabolic model，GSMM）提供了一种从分子层面描述微生物生长代谢过程的机制性建模方法。GSMM 通过全基因组测序中的基因-蛋白质-代谢反应对应关系（metabolic gene-protein-reaction rule）构建能够模拟细胞生长和代谢流（即反应速率）分布的代谢网络模型，将微生物已知的代谢反应网络抽象化为一个体现底物与产物转化关系的化学计量矩阵（stoichiometric matrix，简称 S 矩阵）。流平衡分析（flux balance analysis，FBA）是使用 GSMM 估算或预测代谢反应网络中各反应速率的主要算法（图 22.2）。GSMM 和 FBA 对于分析复杂的食品生物成味体系具有广阔的应用前景，目前已经在乳酸菌代谢仿真领域实现了大量应用。

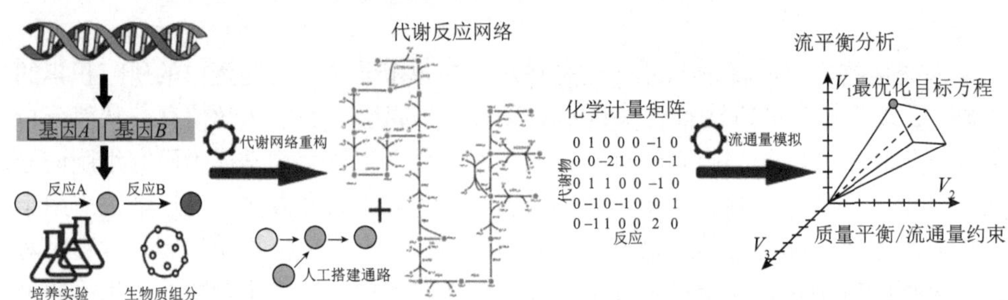

图 22.2 基因组规模代谢模型的搭建与代谢通量模拟

22.1.1 风味化合物数据库

风味化合物是食品生物成味的化学基础，对这些呈味物质代谢合成通路的解析与重构是研究食品生物成味过程的前提，而完成解析的关键在于食品体系专属的系统化风味化合物数据库。本节从目前已公开的 32 个食品生物活性分子数据库中总结了 6 个包含风味化合物的化学信息（如分子结构、分子量等）、理化性质（如溶解度、pK_a 等）、合成通路与相关催化酶等重要信息的数据库（表 22.1）。其中，只有 FooDB 数据库同时含有风味化合物分子的化学结构信息和系统生物学代谢建模所需的合成通路信息。相对于其他领域的生化反应数据库，针对食品风味化合物的数据库数量和信息量都相对较少，限制了食品生物成味的系统生物学研究。因此，在实际研究中通常需要借助其他领域的生化反应数据库（如 Biocyc），搭建更全面的食品风味化合物专属生化反应数据库也亟待进行。

表 22.1 食品风味化合物数据库

数据库	内容	含合成通路信息/分子结构信息	网址
FooDB	食品中宏量营养素和微量营养素的数据与信息	是/是	http://foodb.ca/

续表

数据库	内容	含合成通路信息/分子结构信息	网址
Phenol-Explorer	食品体系中多酚的数据与信息	否/是	http://phenol-explorer. eu/
FlavorDB	各种味道和气味的分子	否/是	http://cosylab.iiitd. edu.in/flavordb
AromaDb	植物中的芳香化合物信息	否/是	http://bioinfo.cimap.res.in/aromadb/
SuperSweet	天然甜味素的数据与信息	否/是	https://insilico-cyp.charite.de/VirtualTaste
BitterDB	天然苦味素的数据与信息	否/是	https://insilico-cyp.charite.de/VirtualTaste

22.1.2　风味物质代谢合成通路重构

（1）基因组规模代谢模型搭建

风味物质的合成代谢需要的前体代谢物与能量来自细胞初级代谢（primary metabolism），因此对风味物质进行代谢建模需要先完成对初级代谢网络模型的搭建，即构建 GSMM。GSMM 的搭建可分为 3 个核心步骤：①草稿模型搭建；②模型细化与完善；③模型评估。第一步需要从注释基因组开始，将被注释的编码基因（coding gene）与数据库或模板 GSMM 中的代谢相关基因进行比对，从而获取输入的基因序列所编码的代谢反应网络。因为草稿模型大多会存在纳入错误反应、缺少必要反应、生物质组分不准确等问题，所以需要进行第二步 GSMM 的细化与完善，最后还需要第三步模型评估来保证模型质量。评估时会检测 GSMM 中各个反应是否存在电荷不守恒、质量不守恒、反应缺失关联基因等问题，根据评估结果决定是否需要重复第二步。最终版的 GSMM 是通过第二、三步的不断迭代过程搭建完成的。目前，在不同物种的 GSMM 大量积累的背景下，已有一系列软件可以实现 GSMM 的自动化搭建，如 CarveMe、Raven toolbox、Model SEED 等。然而，由于食品风味物质大多来自次级代谢过程，而非 GSMM 主要包含的初级代谢过程，因此需要额外使用其他方法搭建风味物质专属的次级代谢合成通路，然后补充到对应的 GSMM 中。

（2）基因组挖掘算法

风味物质的代谢合成由基因组中编码基因的产物“酶”所驱动。因此，微生物合成风味物质的潜力由基因组决定。在第二代测序技术与生物信息算法高速发展的背景下，基因组挖掘算法即将基因组序列与风味表型关联，是识别微生物风味代谢合成潜力、解析与重构风味化合物合成通路的重要研究手段（图 22.3）。基因组挖掘算法主要是将数据库中已知的编码基因序列或基因簇通过局部对齐搜索（BLAST）、隐马尔可夫模型（hidden Markov model）或机器学习预测等算法在微生物基因组或宏基因组中搜索序列高度类似的同源基因。根据基因序列搜索的结果，可以得到序列高度匹配的编码催化风味形成的酶的基因，并由此推导出特定生物成味过程中的风味化合物合成通路。在已报道的研究中使用 BLAST 搜索的基因组功能注释解析风味形成途径的工作居多。例如，Shi 等与 Yang 等研究者利用全基因测序结果对 COG、KEGG、GO 等数据库进行功能注释，从而分别解析泸州酒中乙酯类风味分子[1]与茅台酒中 3-羟基-2-丁酮、萜类化合物等风味分子的代谢合成通路[2]。然而，受到风味化合物生化反应数据库建设滞后的影响，迄今较为复杂的基因组挖掘算法（如隐马尔可夫模型）在风味代谢研究中应用较少，对于代谢合成途径较为复杂的风味化合物的基因挖掘工作缺乏。

（3）逆合成算法

由于基因组挖掘算法极度受限于风味物质专属的生化反应数据库，研究人员尝试使用如逆合成算法（retrosynthesis）等其他算法探索风味化合物的潜在合成通路（图 22.3）。与基因组挖掘算法不同，逆合成算法可通过目标产物（即风味化合物）的分子结构反向推导其合成路径中需要的系列反应与前体。该算法需要预先生成反应规则（reaction rule），之后基于模块化的反应规则将目标化合物分子拆解为一系列基础的代谢物前体[3]。逆合成反应规则可从 SimPheny 或者 BNICE 这类生化反应数据库中获取。该算法最终会输出将前体与目标产物联系起来的含有一系列必需生化反应的合成途径。例如，Liu 等在研究中使用 THERESA 逆合成软件推导出风味化合物 3-甲基丁醇由 3-甲基丁醛被脱氢酶还原生成，而 3-甲基丁醛由 α-酮异己酸酯脱羧而来，α-酮异己酸酯又由亮氨酸与丙酮酸经过转氨反应生成[4]。由于逆合成算法的途径预测是基于反应规则和最终产物的分子结构，而非像基因组挖掘算法那样依赖于代谢合成途径与基因组序列的对应关系，因此使用逆合成算法重构目标产物合成通路的突出优点是不再局限于少数研究较多、已经具有大量上述对应关系注释的化合物。然而，由于逆合成算法所使用的数据库中反应规则并不针对特定物种，逆合成的输出结果往往是目标产物的多种可能的合成途径，且输出的合成途径并不考虑实际食品体系中存在的微生物种类和代谢能力。因此，为了更好地利用逆合成算法解析和重构风味化合物的潜在合成途径，需要先根据所研究的食品体系中的微生物蛋白质序列调整逆合成反应规则，或在使用逆合成预测之后人工筛选输出的合成路径。尽管目前利用逆合成算法预测风味代谢通路的研究工作较少，但是随着风味数据库的不断完善与机器学习算法的持续发展，逆合成算法在未来会成为解析食品生物成味的生物化学基础的重要技术手段。

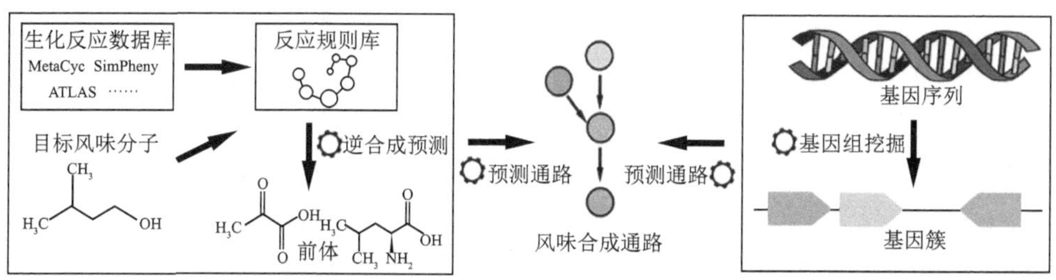

图 22.3　风味化合物分子代谢合成通路重构

22.1.3　流平衡分析

流平衡分析（flux balance analysis，FBA）是基于化学计量矩阵中的物质守恒与代谢反应流通量上下限的约束条件，对目标函数（objective function）进行线性最优化（linear optimization）得出代谢流的解空间的一种代谢流分析方法，其数学表达如下所示。

$$\max \ \mathrm{obj}(v)$$

$$Sv=0$$

$$\mathrm{lb}_i \leqslant v_i \leqslant \mathrm{ub}_i$$

式中，obj(v)是基于各反应代谢通量 v 的目标函数；S 是化学计量矩阵，Sv=0 表示代谢反应网络物质守恒；lb_i 与 ub_i 分别为各反应流通量的上限与下限。最常见的目标函数[obj(v)]是最大化生物质合成速率（又称生长速率）。将目标函数设置为最大化生长速率是基于微生物会利用细胞内的代谢流来最优化群体繁殖速率的进化学假设。此外，已报道的 FBA 研究中也使用过其他目标函数，如最大化 ATP 生成、最小化氧化还原电位差等。

为满足多样化的代谢通量分析需求，在经典 FBA 算法的基础上还衍生出了流通量变化分析（flux variability analysis，FVA）、产量包络线（production envelope）或表型相平面分析（phenotype phase plane analysis）、简约通量平衡分析（parsimonious FBA，pFBA）、几何通量平衡分析（geometric FBA，gFBA）等变体算法。其中 FVA 与产量包络线是通过探索 FBA 的解空间，展示一定约束条件下的不同代谢通量状态，而 pFBA 与 gFBA 则是进一步约束解空间以提供代谢流的唯一解。pFBA 在优化目标函数的同时最小化流通量总和，gFBA 取流通量解的中心值作为唯一解。

增加额外的代谢通量约束条件可提高 FBA 模拟结果的准确性。约束条件可分为多组学约束条件和非多组学约束条件，前者在本章 22.2.3 小节中详细介绍。为了约束 FBA 的解空间，Lularevic 等研究者提出了碳流约束 FBA（carbon constraint

FBA，ccFBA），通过限制各反应碳元素流通量不高于碳元素总摄入量而减小了FBA 结果的不确定性[5]。此外，由于微生物主要通过转运蛋白摄入其生长代谢所需的碳源与氮源，转运蛋白的米氏方程（Michaelis-Menten equation）可用于约束微生物碳氮源摄取速率，从而约束解空间，提高 FBA 模拟结果的准确性。

目前，已有丰富多样的软件可实现对 FBA 及其变体算法的应用。其中，COBRA ToolBox 和 COBRApy 是最常用的 FBA 工具包，分别在 MATLAB、Python 环境中运行。此外，还有如 Model SEED、FAME 等网页工具可运行 FBA，它们相对于独立的工具包虽然缺少灵活性和可编辑性，但对于初学者而言使用起来更为方便快捷。

22.1.4 风味物质代谢模拟

近几年已有研究者将一些风味化合物代谢纳入 GSMM 中，主要包括糖酵解下游产物如双乙酰、乙偶姻、乙醛等，以及氨基酸衍生化合物如 4,2-氧代戊酸甲酯、3,2-氧代戊酸甲酯、3-甲基-2-氧代丁酸酯等。从微生物角度，目前利用 GSMM 模拟风味物质形成的研究主要集中于乳酸菌。Flahaut 等发表的乳酸乳球菌（*Lactococcus lactis* MG1363）GSMM[6]纳入了由氨基酸衍生的风味化合物，并利用氨基酸摄入限制与氧化还原平衡约束模拟高生长速率时风味化合物的产量包络线。利用类似的约束条件，Özcan 等使用 FVA 预测了肠膜明串珠菌奶油亚种（*Leuconostoc mesenteroides* subsp. *cremoris*）中双乙酰、乙偶姻、乙醛、4,2-氧代戊酸甲酯、3,2-氧代戊酸甲酯、3-甲基-2-氧代丁酸酯和 2,3-丁二醇的产量包络线[7]。在单菌 GSMM 研究的基础上，研究人员逐渐开始使用群落代谢流平衡分析（community flux balance analysis）模拟食品发酵过程中更为常见的微生物群落相互作用和生长代谢。2021 年，Özcan 等发表了动态模拟奶酪发酵剂乳酸菌群代谢生长的模型[8]，首次利用动态代谢流平衡分析（dynamic FBA，dFBA）与 FVA 预测了多种乳酸菌共培养体系中风味化合物的最大生产曲线。2023 年，裘思哲等搭建的酸奶发酵剂菌群规模 GSMM 在蛋白质资源分配约束条件下模拟了乙酸、4-羟基苯甲醇、3-甲基丁酸等风味化合物的生物合成[9]。

除乳制品体系外，GSMM 也可用于模拟葡萄酒、可可发酵等体系的生物成味过程。例如，Pelicaen 等使用 pFBA 算法结合细胞摄入与输出流通量约束模拟了巴氏醋杆菌（*Acetobacter pasteurianus* 386B）两种不同生长模式下的生长代谢与双乙酰合成[10]。Contreras 等利用酒类酒球菌（*Oenococcus oeni* PSU-1）GSMM 量化研究了苹果酸乳酸发酵通过降低红酒酸度而提升风味口感的微生物代谢机制[11]。

由于国内外对风味化合物代谢通路研究的缺乏及 FBA 算法本身的局限性，现有代谢模拟方法很难实现对风味物质合成的精准定量预测。目前，食品微生物代谢建模工作主要存在以下三点不足：①大量食品体系中重要的风味化合物（如内酯、甲基酮等）的代谢合成通路尚未被构建；②使用 GSMM 进行风味形成仿真模拟时缺少如本章 22.2.3 所述的与多组学数据的结合分析；③由于风味化合物大多是与中心碳代谢和生物质合成无关的次级代谢产物，现有的以初级代谢分析为主的代谢通量模拟仅能够基于氧化还原平衡、氨基酸摄入限制等约束条件估算风味化合物合成速率的潜在空间，缺少能够准确预测风味化合物代谢通量的次级代谢模拟方法。

22.2　食品风味物质的组学解析

随着近年来生物信息学与测序技术的发展，多组学分析（multi-omics analysis）作为系统生物学的重要研究方法，被广泛应用于研究食品生产过程中发酵形成优良风味的微生物机制。多组学分析一般是指将代谢组学、微生物组学、转录组学等组学数据整合并利用统计学工具或机器学习（machine learning）模型进行综合分析的方法。本小节将介绍食品生物成味研究中不同组学方法之间的联用及多组学数据与代谢建模的融合（图 22.4）。

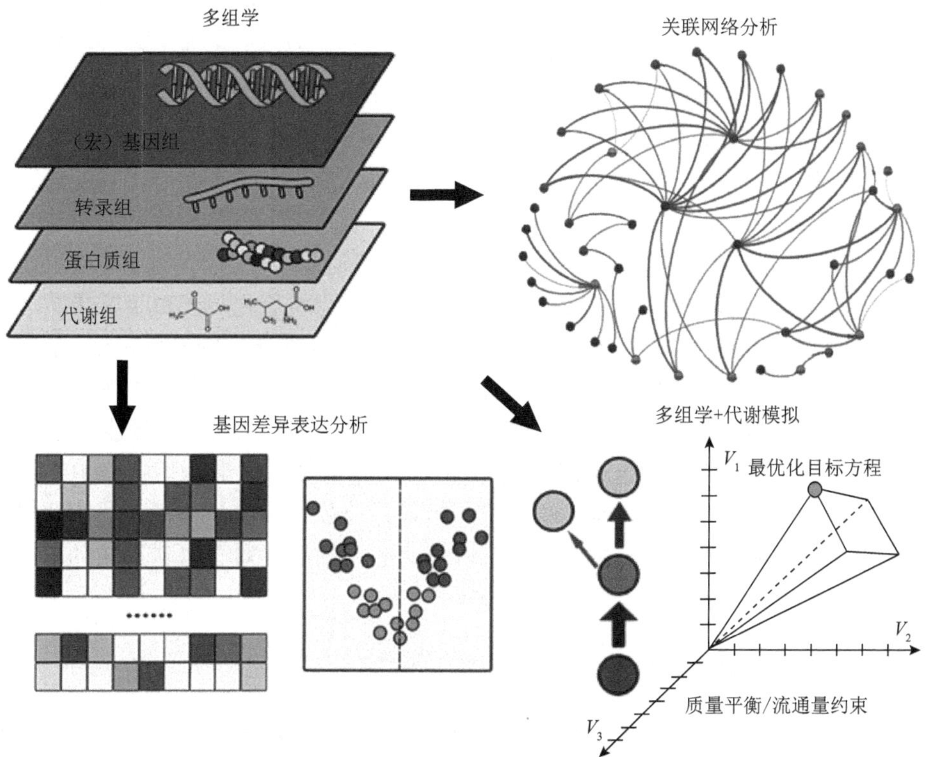

图 22.4　基于多组学的生物成味机制分析

22.2.1 微生物组-代谢组关联分析

食品科学研究中常用的微生物组学方法主要包括 16S 核糖体 RNA（16S rRNA）测序和宏基因组学。16S rRNA 测序比宏基因组学的成本低，但物种识别通常只能精确到属或者科，而宏基因组学物种分析可以精确到种。微生物组学分析可以获得食品生物成味中所涉及的各微生物的物种分类与丰度，即物种分类谱。研究食品体系常用的代谢组学方法是利用液相色谱-质谱（LC-MS）或气相色谱-质谱（GC-MS）对代谢物的浓度进行定量分析。代谢组学中又可以把具有滋味或气味特质的化合物细分为风味组学（flavoromics）。而具有气味特质的代谢物多为挥发性化合物，对该类化合物的定量分析也被称为挥发物组学（volatolomics）。

微生物组学与代谢组学联合分析是探索风味形成背后微生物与代谢物复杂联系的重要手段，也是多组学分析食品生物成味过程最常用的方法。在红曲奶酪关键风味化合物与功能微生物的研究中，研究人员通过对微生物组和代谢组进行关联性分析，发现了一系列具有显著关联的细菌、真菌与风味化合物，在此基础上推断出影响红曲奶酪风味的主要功能微生物和关键风味化合物的潜在生物合成通路[12]。类似的代谢物-微生物关联分析也被应用于酿酒、肉类加工等食品生物成味过程中。例如，Martins 等发现了杜罗河葡萄酒产区三个不同品种葡萄浆果中 15 个代谢物与 11 种微生物的显著关联[13]；Zhao 等通过代谢物-微生物关联分析发现葡萄球菌属（*Staphylococcus*）是干腌草鱼风味形成的关键因素[14]。

脂质组学和挥发物组学作为代谢组学中的分支，在使用多组学分析风味形成的研究中能起到单一代谢组学不具备的重要作用。脂质组学主要研究甘油磷脂、鞘脂等各类脂类分子。在食品体系中，脂质分子及其衍生物是影响食品风味与质感的重要因素，因此脂质组学在食品风味分析中具有重要地位。Wang 等通过构建脂质组学与其他代谢物之间的关联网络研究了不同脂质氧化阶段对于咸蛋黄风味形成的影响[15]；Yang 等研究者发现脂质组分在不同种类鸡蛋间的显著差异是影响蛋黄特征香气的关键因素[16]。挥发性化合物则与食品的气味特质紧密相关。例如，Ferrocino 等采用宏基因组学与挥发物组学联合分析了香肠发酵的风味形成过程[17]。

微生物组-代谢组关联分析有助于识别与风味物质关联最密切的微生物或代谢物，从而推导出潜在的风味代谢通路。但是，仅依靠多组学分析无法阐明风味物质代谢合成的分子生物学机制，即基因层面或者酶层面对于风味形成的影响。解决此问题可以考虑纳入基因表达量分析。

22.2.2 基因表达分析

转录组学与蛋白质组学是最常用的两类定量描述基因表达水平的方法，前者通过 RNA 片段测序定量转录表达强度，后者通过质谱定量编码基因所编码蛋白质序列的翻译表达强度。转录组学可以定量描述大量编码基因，蛋白质组学虽然对于编码基因的定量程度少于转录组学，但可以更直接地测量蛋白质浓度（如风味代谢通路中的各种酶）。如果说上节中微生物组-代谢组关联分析有助于发现影响风味形成的关键微生物或潜在代谢通路，那么转录组学与蛋白质组学则可以进一步量化理解造成这种显著关联的分子学生物机制。

研究风味形成的转录组学可分为两类，最常见的是测定单个微生物转录表达量的转录组学；第二类则是测定微生物群体转录表达量的宏转录组学。在食品生物成味研究中，转录组通常与代谢组联合使用。例如，Wei 等在差异表达分析中发现与苹果酒发酵中风味化合物合成有关的是克鲁维毕赤酵母（*Pichia kluyveri*）特有的 *ADH6*、*LEU7* 等基因[18]； Li 等基于啤酒发酵过程中多种风味物质的浓度差异及对于酵母转录组的加权基因共表达网络分析，识别了对风味形成有重要作用的基因[19]。相比单一微生物转录组学，宏转录组可以明确复杂发酵环境中不同微生物之间的基因表达差异。例如，An 等采用宏转录组结合代谢组分析东北大酱发酵菌群，发现对风味有主要影响作用的是乳酸杆菌属（*Lactobacillus*）和四联球菌属（*Tetragenococcus*）菌株中催化风味代谢的酶[20]；类似的方法也被 Zhao 等用于识别四川萝卜泡菜风味形成中发挥关键作用的微生物中的风味代谢通路，并构建了关键风味化合物的代谢反应网络[21]。

蛋白质组学同样可以对风味代谢合成相关基因的表达量进行定量分析。例如，Zhao 等研究者采用蛋白质组与代谢组联合分析了米曲霉酱油发酵中风味形成机制[22]。然而由于检测成本较高，蛋白质组的应用相对于转录组较少。此外，转录组-蛋白质组-代谢组三者联用可更全面地探索风味形成机制。例如，Liu 等研究者采用转录组-蛋白质组-代谢组联合分析，发现了米酸发酵过程中显著上调与下调的蛋白质和转录片段，从而识别了风味形成的关键基因和蛋白质[23]。

总之，多组学分析是从复杂生化反应系统中解析主要风味物质及其形成机制的重要工具，已经在不同食品体系的风味研究中取得了显著成果，如上文提到的啤酒发酵、肉类腌制等。然而，目前食品科学领域尚缺乏形如生物医学领域中 MOFA（multi-omics factor analysis）的多组学最优通用的标准化分析框架，限制了该分析技术在食品生物成味研究中的广泛应用。

22.2.3　多组学分析结合 GSMM

GSMM 中的基因-蛋白质-代谢化学反应对应关系具有纳入、整合多组学数据的天然优势。目前，在系统微生物学研究领域中已经存在大量将转录组、蛋白质组及代谢组纳入 GSMM 从而提升模型预测准确度的实践案例。例如，Me-model 将大肠杆菌细胞内大分子的合成代谢（如转录合成 RNA、翻译合成蛋白质的过程）

与 GSMM 结合，预测了大分子约束条件（如 tRNA 总量限制蛋白质合成速率）与培养组分限制情况下的代谢通量，如乙酸溢流代谢。此外，约束蛋白质分配模型（constrained proteome allocation model）把蛋白质组数据融入 GSMM，将催化代谢反应的蛋白质区块分配总量作为约束条件优化流平衡分析结果。调控流平衡分析（regulatory FBA）可将蛋白质组或转录组数据转化为流平衡分析中的目标函数，以最小化通路中酶的使用进行代谢通量预测。最后，代谢组学可提供初级代谢物在细胞内外的浓度，通过反应热力学对代谢反应通量方向进行约束，即热力学流平衡分析（thermodynamic FBA，tFBA）。

除了可以使用多组学数据作为额外约束条件融入 GSMM 提升代谢模拟准确度，模拟代谢通量组学（fluxomics）也可与多组学数据结合，通过机器学习等手段对细胞代谢活动进行直观定量描述。模拟代谢通量组学为传统代谢组、转录组与蛋白质组学的数据分析提供了新的角度，同时传统多组学数据可以辅助解读和验证模拟代谢通量组学数据。以上思想在合成生物学、生物医学等领域中均取得了一定成就。例如，Cortassa 等将代谢组学数据与模拟代谢通量数据结合，揭示了糖尿病小鼠心脏中棕榈酸酯补充下代谢流方向的转变[24]。此外，将模拟代谢通量与多组学数据结合提取的特征值用于监督机器学习，可以训练支持向量机、神经网络等机器学习模型预测细胞工厂生物合成表型。例如，Oyetunde 等把微生物基因组信息、碳源种类、氧气条件、反应器类型等生物过程重要参数、目标产物特征与模拟代谢通量结合，训练了集成学习回归器，成功评估了目标产物生产的产量、滴度和速率[25]。除了预测目标物的产量，GSMM 得到的模拟代谢通量与多组学联用还能够预测目标产物的理化特性，如多聚物的结构。Kotidis 和 Kontoravdi 利用中国仓鼠卵巢细胞的 GSMM（iCHO）预测了不同生长情况下各核苷酸糖供体合成代谢通量，并结合代谢组与转录组数据训练了人工神经网络模型，精准预测了蛋白质糖基化中不同糖型的分布[26]。

22.3 食品生物成味的数字孪生

本章从食品风味物质的定性解析、定量分析到基因组规模代谢模型搭建、风味化合物形成预测，多维度、多层次阐述了系统生物学在食品生物成味研究中的应用。上述各层面的系统生物学分析应当是相互辅助、相互验证的，而非独立存在。例如，风味物质代谢合成通路的重构有助于多组学分析中准确关联基因表达量与风味物质的形成；多组学分析中的微生物组-代谢组关联分析得到的核心功能微生物可辅助风味代谢合成通路的重构。此外，多组学分析与风味代谢合成通路的重构是进行风味物质代谢模拟的前提。

本章前两节介绍了系统生物学在食品生物成味研究中取得的系列成果，然而食品风味化合物数据库、风味物质代谢模拟、多组学分析等方面仍然存在制约系统生物学在食品生物成味领域进一步应用和发展的技术瓶颈。首先，目前由于缺乏形如 ATLAS[27]或 Biocyc 形式的食品风味化合物专属生化反应数据库，直接限制了对特定风味分子的生物合成途径的重构工作（本章 22.1.2）。解决此问题的关键是要在如 FooDB 等现有食品风味化合物数据库的基础上增加泛化的生化反应数据库（如 Biocyc）中包含的与生物成味相关的酶和催化反应信息，从而开发一套可用于检索、预测风味化合物反应规则的数据平台。其次，目前缺少能让研究者根据多组学实验数据选择最优的分析流程并标准化地解读数据生成分析结果的食品生物成味多组学分析框架。最后，传统的流平衡分析算法无法模拟与微生物生长（即初级代谢）耦合度不高的风味物质形成次级代谢过程，亟须开发可预测次级代谢通量的代谢模拟框架[28]，详见本章 22.1.4 节。

随着生物信息技术的发展，数据驱动的分析、建模、预测与设计是食品科学研究与食品智慧生产的发展趋势。尽管系统生物学在食品生物成味的应用仍存在上文所总结的诸多限制因素，为满足食品风味研究对于专属系统生物学工具与平台愈发强烈的需求，一套整合利用各层面信息知识、可真正指导生物成味过程设计的食品生物成味的数字孪生（digital twin）平台已经呼之欲出。目前，中国已有一些极具参考价值的生物学数字孪生平台，如张和平教授科研团队搭建的全球最大乳酸菌基因组数据库 iLABdb（https://www.imhpc.com/iLABdb）[29]。截至 2023 年底，iLABdb 已收录 62 891 条乳酸菌基因组序列，为乳酸菌物种注释、功能解析和深度开发利用提供了全球共享的免费在线分析平台。在不久的未来，食品生物成味的数字孪生将可完成对各类风味物质代谢合成通路的自动化解析和搭建，并对复杂微生物群落体系中风味物质生成进行全过程的定量预测，最终实现基于数据与机制性代谢模型的食品生物成味过程的计算机辅助设计和优化。

参 考 文 献

[1] SHI X, WANG X, HOU X G, et al. Gene mining and flavour metabolism analyses of Y-1 isolated from a Chinese liquor fermentation starter. Frontiers in Microbiology, 2022, 13: 891387

[2] YANG F, LIU Y F, CHEN L Q, et al. Genome sequencing and flavor compound biosynthesis pathway analyses of isolated from Chinese-flavor liquor-brewing microbiome. Food Biotechnology, 2020, 34(3): 193-211

[3] WATSON I A, WANG J B, NICOLAOU C A. A retrosynthetic analysis algorithm implementation. Journal of Cheminformatics, 2019, 11: 1

[4] LIU M J, BIENFAIT B, SACHER O, et al. Combining chemoinformatics with bioinformatics:

prediction of bacterial flavor-forming pathways by a chemical systems biology approach "reverse pathway engineering". PLoS One, 2014, 9(1): E84769

[5] LULAREVIC M, RACHER A J, JAQUES C, et al. Improving the accuracy of flux balance analysis through the implementation of carbon availability constraints for intracellular reactions. Biotechnology and Bioengineering, 2019, 116(9): 2339-2352

[6] FLAHAUT N A L, WIERSMA A, BUNT B, et al. Genome-scale metabolic model for *Lactococcus lactis* MG1363 and its application to the analysis of flavor formation. Applied Microbiology and Biotechnology, 2013, 97(19): 8729-8739

[7] ÖZCAN E, SELVI S S, NIKEREL E, et al. A genome-scale metabolic network of the aroma bacterium *Leuconostoc mesenteroides* subsp. *cremoris*. Applied Microbiology and Biotechnology, 2019, 103(7): 3153-3165

[8] ÖZCAN E, SEVEN M, SIRIN B, et al. Dynamic co-culture metabolic models reveal the fermentation dynamics, metabolic capacities and interplays of cheese starter cultures. Biotechnology and Bioengineering, 2021, 118(1): 223-237

[9] QIU S Z, ZENG H, YANG Z J, et al. Dynamic metagenome-scale metabolic modeling of a yogurt bacterial community. Biotechnology and Bioengineering, 2023, 120(8): 2186-2198

[10] PELICAEN R, GONZE D, VUYST L D, et al. Genome-scale metabolic modeling of 386B reveals its metabolic adaptation to cocoa fermentation conditions. Food Microbiology, 2020, 92: 103597

[11] CONTRERAS A, RIBBECK M, GUTIÉRREZ G D, et al. Mapping the physiological response of to ethanol stress using an extended genome- scale metabolic model. Frontiers in Microbiology, 2018, 9: 291

[12] WANG Y D, ZENG H, QIU S Z, et al. Identification of key aroma compounds and core functional microorganisms associated with aroma formation for *Monascus*-fermented cheese. Food Chemistry, 2024, 434: 137401

[13] MARTINS V, SZAKIEL A, TEIXEIRA A, et al. Combined omics approaches expose metabolite-microbiota correlations in grape berries of three cultivars of Douro wine region. Food Chemistry, 2023, 429: 136859

[14] ZHAO D D, HU J, CHEN W X. Analysis of the relationship between microorganisms and flavour development in dry-cured grass carp by high-throughput sequencing, volatile flavour analysis and metabolomics. Food Chemistry, 2022, 368: 130889

[15] WANG X Y, XIANG X L, WEI S S, et al. Multi-omics revealed the formation mechanism of flavor in salted egg yolk induced by the stages of lipid oxidation during salting. Food Chemistry, 2023, 398: 133794

[16] YANG W F, YANG Y Y, WANG L, et al. Comparative characterization of flavor precursors and volatiles of taihe black-boned silky fowl and Hy-line brown yolks using multiomics and GC-O-MS-based volatilomics. Food Research International, 2023, 172: 113168

[17] FERROCINO I, BELLIO A, GIORDANO M, et al. Shotgun metagenomics and volatilome profile of the microbiota of fermented sausages. Applied and Environmental Microbiology, 2018, 84(3), DOI: 10.1128/AEM.02120-17

[18] WEI J P, ZHANG Y X, ZHANG X, et al. Multi-omics discovery of aroma-active compound formation by during cider production. LWT-Food Science and Technology, 2022, 159: 113233

[19] LI C, ZHANG S K, DONG G Y, et al. Multi-omics study revealed the genetic basis of beer flavor quality in yeast. LWT-Food Science and Technology, 2022, 168: 113932

[20] AN F Y, LI M, ZHAO Y, et al. Metatranscriptome-based investigation of flavor-producing core microbiota in different fermentation stages of dajiang, a traditional fermented soybean paste of Northeast China. Food Chemistry, 2021, 343: 128509

[21] ZHAO Y J, WU Z Y, Miyao S G, et al. Unraveling the flavor profile and microbial roles during industrial Sichuan radish paocai fermentation by molecular sensory science and metatranscriptomics. Food Bioscience, 2022, 48: 101815

[22] ZHAO G Z, LIU C, LI S, et al. Exploring the flavor formation mechanism under osmotic conditions during soy sauce fermentation in by proteomic analysis. Food and Function, 2020, 11(1): 640-648

[23] LIU N, QIN L K, MAZHAR M, et al. Integrative transcriptomic-proteomic analysis revealed the flavor formation mechanism and antioxidant activity in rice-acid inoculated with *Lactobacillus paracasei* and *Kluyveromyces marxianus*. Journal of Proteomics, 2021, 238: 104158

[24] CORTASSA S, CACERES V, TOCCHETTI C G, et al. Metabolic remodelling of glucose, fatty acid and redox pathways in the heart of type 2 diabetic mice. Journal of Physiology, 2020, 598(7): 1393-1415

[25] OYETUNDE T, LIU D, MARTIN H G, et al. Machine learning framework for assessment of microbial factory performance. PLoS One, 2019, 14(1): E0210558

[26] KOTIDIS P, KONTORAVDI C. Harnessing the potential of artificial neural networks for predicting protein glycosylation. Metabolic Engineering Communications, 2020, 10: E00131

[27] HADADI N, HAFNER J, SHAJKOFCI A, et al. ATLAS of biochemistry: a repository of all possible biochemical reactions for synthetic biology and metabolic engineering studies. Acs Synthetic Biology, 2016, 5(10): 1155-1166

[28] QIU S Z, YANG A D, ZENG H. Flux balance analysis-based metabolic modeling of microbial secondary metabolism: current status and outlook. Plos Computational Biology, 2023, 19(8): E1011391

[29] JIN H, MA T, CHEN L, et al. The iLABdb: a web-based integrated lactic acid bacteria database. Science Bulletin, 2023, 68(21): 2527-2530